『 이 책 하나면 충분히 합격할 수 있습니다 』

실내건축기사 2차실기

(제1회~제39회 / 시공실무 포함)
제40회부터는 실내건축기사 2차실기Ⅱ에 수록

저 · (주)동방디자인학원®

도서출판
동방디자인

머리글

"더 이상 완벽한 교재는 없습니다"

실내건축기사 자격증 시험은 1992년 9월 의장기사 1급으로 첫 시행되었으며 그후 1999년 3월 22회차부터 실내건축기사로 명칭이 변경되어 시행되고 있습니다.

저희 (주)동방디자인학원은 제1회 시험때부터 오늘에 이르기까지 실내건축 자격시험을 전문으로 강의해 온 경험을 바탕으로 자격증 취득에 필요한 실내건축기초제도와 투시도 작성방법, 공간별 가구치수를 이해하고 쉽게 따라할 수 있도록 단계별 작도법 등 (주)동방디자인학원의 강의 노하우를 바탕으로 반드시 알아야 할 내용들을 정리하여 수록하였고 매회 출제되었던 기출문제를 확보하여 시공실무는 물론 도면설계와 컬러링까지 시간안에 완성할 수 있도록 설계하여 집필하였기 때문에 더 이상의 완벽한 교재는 없습니다.

이 책의 특징

1. 매회 시공실무 기출 및 건축실내의 설계 실기 모법답안 수록
2. 수험서이므로 시간안에 작도할 수 있을 정도의 수준으로 설계·디자인
3. ㈜동방디자인학원에서 연구개발한 투시도법 사용
4. 완성도 높은 투시도 및 컬러링 작품
5. 반복 출제된 기출문제도 디자인을 달리하여 수록
6. 시공실무 문제는 "실내건축 시공실무" 이론서와 "실내건축 시공실무 핸드북" 요약집과 병행하여 공부가능

이 책이 실내건축기사 자격증을 취득하는데 크게 도움이 될 것이라 확신하며 수험생 여러분들의 건투를 기원합니다.

(주)동방디자인학원

차 례

실내건축분야 국가기술자격 검정안내 ---------- 7

제1편 실내건축 제도의 기초 ---------- 15
  제1장 제도용구의 종류와 사용법 ---------- 17
  제2장 도면표기법 ---------- 23
  제3장 도면작성방법 ---------- 50
  제4장 도면실습 ---------- 67

제2편 투시도 작성방법 ---------- 91
  제1장 투시도 작성방법 ---------- 93
  제2장 투시도 점경표현 ---------- 107
  제3장 단면도 ---------- 112

제3편 공간별 가구치수 ---------- 113
  제1장 주거공간 ---------- 115
  제2장 상업공간 ---------- 127
  제3장 업무공간 ---------- 140

제4편 과년도 출제문제 ---------- 145
  제1회   시공실무 ---------- 147
          실내디자인 - 인테리어 사무실
  제2회   시공실무 ---------- 156
          실내디자인 - 오피스 빌딩 홀
  제3회   시공실무 ---------- 164
          실내디자인 - 호텔 객실
  제4회   시공실무 ---------- 173
          실내디자인 - 커피숍
  제5회   시공실무 ---------- 182
          실내디자인 - 락카페
  제6회   시공실무 ---------- 191
          실내디자인 - 인테리어 사무실
  제7회   시공실무 ---------- 201
          실내디자인 - 패션숍
  제8회   시공실무 ---------- 211
          실내디자인 - 숙녀복 전문점
  제9회   시공실무 ---------- 220
          실내디자인 - 커피숍
  제10회   시공실무 ---------- 228
          실내디자인 - 약 국
  제11회   시공실무 ---------- 236
          실내디자인 - 재택근무 원룸
  제12회   시공실무 ---------- 245
          실내디자인 - 빌딩내 업무공간(사장실)
  제13회   시공실무 ---------- 253
          실내디자인 - 락카페
  제14회   시공실무 ---------- 261
          실내디자인 - 숙녀복 전문점
  제15회   시공실무 ---------- 270
          실내디자인 - 패션숍
  제16회   시공실무 ---------- 279
          실내디자인 - 재택근무 원룸

회차	과목	페이지
제17회	시공실무	288
	실내디자인 - 빌딩내 업무공간(사장실)	
제18회	시공실무	296
	실내디자인 - 약 국	
제19회	시공실무	304
	실내디자인 - 패션숍	
제20회	시공실무	313
	실내디자인 - 숙녀복 전문점	
제21회	시공실무	321
	실내디자인 - 락카페	
제22회	시공실무	330
	건축실내의 설계 - 호텔 객실	
제23회	시공실무	338
	건축실내의 설계 - 재택근무 원룸	
제24회	시공실무	348
	건축실내의 설계 - 빌딩내 업무공간(사장실)	
제25회	시공실무	356
	건축실내의 설계 - 약 국	
제26회	시공실무	364
	건축실내의 설계 - 숙녀복 전문점	
제27회	시공실무	372
	건축실내의 설계 - 전시장내 컴퓨터 홍보용 부스	
제28회	시공실무	380
	건축실내의 설계 - PC방	
제29회	시공실무	388
	건축실내의 설계 - 빌딩내 업무공간(사장실)	
제30회	시공실무	396
	건축실내의 설계 - CD·비디오 숍	
제31회	시공실무	404
	건축실내의 설계 - 커피숍(B)	
제32회	시공실무	412
	건축실내의 설계 - 전시장내 컴퓨터 홍보용 부스	
제33회	시공실무	421
	건축실내의 설계 - 치과의원	
제34회	시공실무	429
	건축실내의 설계 - PC방	
제35회	시공실무	437
	건축실내의 설계 - CD·비디오 숍	
제36회	시공실무	446
	건축실내의 설계 - 커피숍(B)	
제37회	시공실무	455
	건축실내의 설계 - 치과의원	
제38회	시공실무	463
	건축실내의 설계 - 전시장내 컴퓨터 홍보용 부스	
제39회	시공실무	471
	건축실내의 설계 - 귀금속 전시·판매점	
컬러링작품		480

◆ 제40회 이후 출제문제는 실내건축기사 2차실기Ⅱ에 수록되어 있습니다 ◆

실내건축분야 국가기술자격 검정안내

[1] 시험방법

실내건축(산업)기사 시험은 1차(필기)와 2차(실기) 시험으로 나누어지며 필기시험은 100점 만점에 과락점수(40점 미만)없이 평균 60점 이상이면 합격이 되며, 2차 실기시험은 1차 합격자에 한해 당해 필기시험의 합격자 발표일로부터 2년 이내의 실기시험에 응시할 수 있으며 100점 만점 중에서 평균 60점 이상이 되면 최종 합격을 인정받아 자격증을 취득할 수 있습니다.

[2] 출제기준(실내건축기사)

1. 필기

필기과목명	문항수	주요항목	세부항목
실내디자인 계획	20	1. 실내디자인 기획 2. 실내디자인 기본계획 3. 실내디자인 세부공간계획 4. 실내디자인 설계도서작성	- 사용자 요구사항 파악, 설계개념 설정 - 디자인요소, 원리, 공간기본 및 계획, 실내디자인요소 - 주거 / 업무 / 상업 / 전시 - 실시설계도서작성 수집, 실시설계도면 작성
실내디자인 색채 및 사용자 행태분석	20	1. 실내디자인 프레젠테이션 2. 실내디자인 색채계획 3. 실내디자인 가구계획 4. 사용자 행태분석 5. 인체계측	- 프레젠테이션 기획, 프레젠테이션 작성, 프레젠테이션 - 색채구상, 색채적용검토, 색채계획 - 가구자료조사, 가구적용검토, 가구계획 - 인간-기계시스템과 인간요소, 시스템 설계와 인간요소, 사용자 행태분석 연구 및 적용 - 신체활동의 생리적 배경, 신체반응의 측정 및 신체역학, 근력 및 지구력, 신체활동의 에너지소비, 동작의 속도와 정확성, 신체계측
실내디자인 시공 및 재료	20	1. 실내디자인 시공관리 2. 실내디자인 마감계획 3. 실내디자인 실무도서 작성	- 공정계획관리, 안전관리, 실내디자인 협력공사, 시공감리 - 목공사, 석공사, 조적공사, 타일공사, 금속공사, 창호및유리공사, 도장공사, 미장공사, 수장공사 - 실무도서작성
실내디자인 환경	20	1. 실내디자인 자료조사분석 2. 실내디자인 조명계획 3. 실내디자인 설비계획	- 주변환경조사, 건축법령분석, 건축관계법령분석, 화재예방, 소방시설 설치·유지 및 안전관리에 관한 법령 분석 - 실내조명 자료조사, 실내조명 적용검토, 실내조명 계획 - 기계설비 계획, 전기설비 계획, 소방설비 계획
필기검정방법 - 객관식 / 80문항 / 2시간			

2. 실기

실기과목명	주요항목	세부항목
실내디자인 실무	1. 실내디자인 자료조사분석 2. 실내디자인 기획 3. 실내디자인 세부공간 계획 4. 실내디자인 기본계획 5. 실내디자인 실무도서작성 6. 실내디자인 설계도서작성 7. 실내건축설계 프레젠테이션 8. 실내디자인 시공관리	- 실내공간 자료조사, 관계법령 분석, 관련자료 분석 - 사용자요구사항 파악, 설계개념 설정, 공간 프로그램 적용 - 주거 / 업무 / 상업 / 전시공간 세부계획 - 공간 기본구상, 공간 기본계획, 기본 설계도면 작성 - 내역서, 시방서, 공정표 작성 - 실시설계도서작성 수집, 실시설계도면 작성, 마감재 도서작성 - 프레젠테이션 기획, 보고서 작성, 프레젠테이션 - 공정계획, 현장관리, 안전관리, 시공감리
실기검정방법 - 복합형 7시간 정도 (필답형 1시간 + 작업형 6시간 정도)		

[3] 응시자격

1. 기사

가. 산업기사 등급 이상의 자격을 취득한 후 응시하려는 종목이 속하는 동일 및 유사 직무분야에서 1년 이상 실무에 종사한 사람.

나. 기능사 자격을 취득한 후 응시하려는 종목이 속하는 동일 및 유사 직무분야에서 3년 이상 실무에 종사한 사람.

다. 응시하려는 종목이 속하는 동일 및 유사 직무분야의 다른 종목의 기사 등급 이상의 자격을 취득한 사람.

라. 관련학과 및 유사관련학과의 대학졸업자등 또는 그 졸업예정자.

마. 3년제 전문대학 관련학과 및 유사관련학과 졸업자등으로서 졸업 후 응시하려는 종목이 속하는 동일 및 유사 직무분야에서 1년 이상 실무에 종사한 사람.

바. 2년제 전문대학 관련학과 및 유사관련학과 졸업자등으로서 졸업 후 응시하려는 종목이 속하는 동일 및 유사 직무분야에서 2년 이상 실무에 종사한 사람.

사. 동일 및 유사 직무분야의 기사 수준 기술훈련과정 이수자 또는 그 이수예정자.

아. 동일 및 유사 직무분야의 산업기사 수준 기술훈련과정 이수자로서 이수 후 응시하려는 종목이 속하는 동일 및 유사 직무분야에서 2년 이상 실무에 종사한 사람.

자. 응시하려는 종목이 속하는 동일 및 유사 직무분야에서 4년 이상 실무에 종사한 사람.

차. 외국에서 동일한 종목에 해당하는 자격을 취득한 사람.

2. 산업기사

가. 기능사 등급 이상의 자격을 취득한 후 응시하려는 종목이 속하는 동일 및 유사 직무분야에 1년 이상 실무에 종사한 사람.

나. 응시하려는 종목이 속하는 동일 및 유사 직무분야의 다른 종목의 산업기사 등급 이상의 자격을 취득한 사람.

다. 관련학과 및 유사관련학과의 2년제 또는 3년제 전문대학졸업자등 또는 그 졸업예정자.

라. 관련학과및 유사관련학과의 대학졸업자등 또는 그 졸업예정자

마. 동일 및 유사 직무분야의 산업기사 수준 기술훈련과정 이수자 또는 그 이수예정자

바. 응시하려는 종목이 속하는 동일 및 유사 직무분야에서 2년 이상 실무에 종사한 사람

사. 고용노동부령으로 정하는 기능경기대회 입상자

아. 외국에서 동일한 종목에 해당하는 자격을 취득한 사람

[4] 수험원서교부 및 접수

1. 산업인력공단 지역본부 및 지사

사 무 소 명	주 소	전 화 번 호	
서울지역본부	서울 동대문구 장안벚꽃로 279 (휘경동 49-35)	02	2137-0590
서울서부지사	서울 은평구 진관3로 36 (진관동 산100-23)	02	2024-1700
서울남부지사	서울시 영등포구 버드나루로 110 (당산동)	02	876-8322
강원지사	강원도 춘천시 동내면 원창 고개길 135 (학곡리)	033	248-8500
강원동부지사	강원도 강릉시 사천면 방동길 60 (방동리)	033	650-5700
인천지역본부	인천시 남동구 남동서로 209 (고잔동)	032	820-8600
경기지사	경기도 수원시 권선구 호매실로 46-68 (탑동)	031	249-1201
경기북부지사	경기도 의정부시 추동로 140 (신곡동)	031	850-9100
경기동부지사	경기 성남시 수정구 성남대로 1217 (수진동)	031	750-6200
경기서부지사	경기도 부천시 길주로 463번길 69(춘의동)	032	719-0800
경기남부지사	경기 안성시 공도읍 공도로 51-23	031	615-9000
대전지역본부	대전광역시 중구 서문로 25번길 1 (문화동)	042	580-9100
충북지사	충북 청주시 흥덕구 1순환로 394번길 81 (신봉동)	043	279-9000
충남지사	충남 천안시 서북구 천일고1길 27 (신당동)	041	620-7600
세종지사	세종특별자치시 한누리대로 296 (나성동)	044	410-8000
부산지역본부	부산시 북구 금곡대로 441번길 26 (금곡동)	051	330-1910
부산남부지사	부산시 남구 신선로 454-18 (용당동)	051	620-1910
울산지사	울산광역시 중구 종가로 347 (교동)	052	220-3224
경남지사	경남 창원시 성산구 두대로 239 (중앙동)	055	212-7200
경남서부지사	경남 진주시 남강로 1689 (초전동 260)	055	791-0700
대구지역본부	대구시 달서구 성서공단로 213 (갈산동)	053	580-2300
경북지사	경북 안동시 서후면 학가산 온천길 42 (명리)	054	840-3000
경북동부지사	경북 포항시 북구 법원로 140번길 9 (장성동)	054	230-3200
경북서부지사	경북 구미시 산호대로 253 (구미첨단의료기술타워 2층)	054	713-3005
광주지역본부	광주광역시 북구 첨단벤처로 82 (대촌동)	062	970-1700
전북지사	전북 전주시 덕진구 유상로 69 (팔복동)	063	210-9200
전남지사	전남 순천시 순광로 35-2 (조례동)	061	720-8500
전남서부지사	전남 목포시 영산로 820 (대양동)	061	288-3300
제주지사	제주 제주시 복지로 19 (도남동)	064	729-0701

2. 수험원서 접수

가. 접수 : 한국산업인력공단 홈페이지(http://Q-net.or.kr)

3. 제출서류

가. 필기시험 원서접수시 제출서류

1) 수험원서 1통(공단홈페이지에서 작성하되 접수일전 6개월 이내에 촬영한 3.5cm×4.5cm 규격의 동일원판 탈모 상반신 사진 부착)
2) 검정과목의 일부 또는 필기시험 전과목 면제 해당자는 취득한 자격증 원본제시

3) 다른 법령에 의한 자격취득자 중 필기시험 과목면제 해당자는 자격증 원본제시 및 검정과목 면제신청서와 자격증 사본제출
4) 외국에서 기술자격을 취득한 사람으로서 검정과목의 일부 또는 전부의 면제를 받고자 하는 사람은 검정과목 면제신청서, 해외공관장이 확인한 자격증 사본 및 이력서, 자격을 취득한 국가의 자격법령에 관한 자료와 각 관련자료 번역문 각1부
  * 해외공관장 확인 : 자격증을 발행한 국가에 주재하고 있는 한국대사관 또는 영사관의 확인을 말함.

나. 실기[면접]시험 원서접수시 제출서류
1) 검정의 일부시험 합격자(필기시험 면제자) : 수험원서 1통(공단 홈페이지에서 작성하되 접수일전 6개월 이내에 촬영한 3.5cm×4.5cm 규격의 동일원판 탈모상반신 사진 부착)
2) 다음의 응시자격서류는 필기시험 합격예정자로 발표된 사람에 한하여 수험자격을 인정할 수 있는 관계증명서류 각 1통씩을 응시자격서류 제출기간(실기「면접」시험 실비 납부기간) 중 제출하여야 하며 동 기간중에 제출하지 않은 사람의 필기시험 합격예정은 무효됨.
  가) 국가기술자격취득자는 자격증 원본제시
  나) 대학, 전문대학, 고등학교 졸업자는 졸업증명서
  다) 대학, 전문대학 졸업예정자는 최종학년 재학증명서
  라) 실무경력으로 응시하고자 하는 사람은 한국산업인력공단에서 배포하는 소정양식의 경력증명서 또는 재직증명서(근무부서, 근무기간, 직명, 담당업무가 구체적으로 명시된 것)
  마) 노동부령으로 규정한 교육훈련기관의 이수자 및 이수예정자는 이수증명서 또는 이수예정증명서

[5] 검정수수료 및 실기(면접)시험 실비납부

1. 검정수수료

필기시험 대상자는 필기시험 원서접수시, 필기시험면제자는 실기(면접)시험 실비납부기간에 실기(면접)시험 실비와 함께 결제하여야 함.
결제는 신용카드/계좌이체/가상계좌이체(무통장입금) 중 택하여 결제하면 되고 검정수수료는 공단 홈페이지에서 검색할 수 있음.

2. 실기(면접)시험 실비

가. 실기(면접)시험 실비는 필기시험 면제자 원서접수(실기「면접」시험 실비납부)기간에 결제하여야 함.
나. 종목별 실기(면접)시험 실비는 공단 홈페이지에서 검색할 수 있음.
 * 단, 검정수수료 및 실기(면접)시험 실비는 관계규정의 개정에 따라 변동될 수도 있음.

[6] 수험자가 반드시 알아야 할 사항

1. 국가기술자격시험을 전면 "인터넷"으로만 접수합니다.

2. 접수된 응시자격 서류 등은 일체 반환하지 않으며 모든 응시자격 서류는 원본제출이 원칙입니다.
3. 수험원서 및 답안지 등의 허위, 착오기재 또는 누락 등으로 인한 불이익은 일체 수험자 책임으로 합니다.
4. 필기시험 면제기간 산정 기준일은 당회 필기시험 합격자 발표일로부터 2년간 입니다.
5. 필기시험 답안카드 작성시 답안카드 전면의 인적사항과 답란에 답을 기재할 경우에는 반드시 「컴퓨터용싸인펜」을 사용하고, 뒷면의 볼펜사용란에는 「흑색볼펜」을 사용 기재하여야 하며, 기타 필기용구를 사용시는 채점되지 아니함.
6. 수험자격에 관한 증빙서류는 반드시 지정된 기일 내에 제출하여야 하며, 제출하지 아니한 경우에는 합격예정이 무효 되며, 학력 및 경력이 허위 또는 위조한 사실이 발견될 경우에는 불합격처리 또는 합격을 취소합니다.
7. 실기시험 접수기간 이전(필기원서 접수일로부터 필기시험 합격자 발표전)에 학력 및 경력증명서는 온라인을 통해 사전제출 가능합니다.
8. 경력은 중복되지 않아야 하며, 경력(학력 포함) 환산은 졸업 후(이수한 후)의 경력을 필기시험일을 기준으로 합니다. 경력증명서류는 4대보험 가입을 증명할 수 있는 경우에 한해 사전제출 가능합니다.
9. 필기시험 원서접수 기간은 7일간, 실기시험 원서접수 기간은 4일간으로 원서접수 첫날 09:00부터 마지막날 18:00까지 입니다.
10. 합격자 발표 후 답안지는 공개하지 아니합니다.
11. 한국산업인력공단에서 지정하는 일부종목의 실기시험 재료는 수험자가 지참하여야 하며 미지참시에는 시험에 응시할 수 없습니다. (해당 재료 및 지참공구 목록은 실기시험 원서접수기간 「실기시험 실비납부기간」에 공단홈페이지에서 검색 가능)
12. 필기시험 일시 및 장소는 인터넷 접수시 기재한 사항과 일치하는지 반드시 대조확인하고, 실기「면접」시험 일시 및 장소는 부득이한 경우 변경될 수도 있습니다.
13. 작업형 실기시험은 시험장 임차기관의 시설, 장비 및 일정, 수험인원 등을 고려하여 시행하므로 평일에도 시행하고 있으며 일부 종목은 부득이 타 지역으로 이동하여 응시해야 하는 수도 있습니다.
14. 소지품 정리시간 이후 소지가 불가한 전자 및 통신기기[휴대용 전화기, 휴대용 개인정보단말기(PDA), 휴대용 멀티미디어 재생장치(PMP), 휴대용 컴퓨터, 휴대용 카세트, 디지털 카메라, 음성파일 변환기(MP3), 휴대용 게임기, 전자사전, 카메라펜, 시각표시 외의 기능이 부착된 시계, 스마트워치 등]를 소지·착용 시는 당해시험 정지(퇴실) 및 무효처리 됩니다.
15. 전자 및 통신기기를 이용한 부정행위방지를 위해 필요시 수험자에 대해 금속탐지기를 사용하여 검색할 수 있으니 시험응시에 참고하시기 바랍니다.
16. 신분증을 미지참한 경우 시험응시가 불가하며, 당해시험이 정지(퇴실) 및 무효처리 되오니 반드시 신분증을 지참하여야 합니다.
17. 수험자는 시험시작 30분전에 지정된 좌석에 착석하여야 하며, 시험이 시작된 이후에는 해당 시험실에 입실할 수 없습니다.
18. 기타 의문사항은 HRD고객센터(☎1644-8000) 또는 한국산업인력공단 소속기관으로 문의바랍니다.

실내건축 2차실기 수험자 유의사항

1. 시공실무 분야 답안 작성시 유의사항

가. 답안지의 인적사항(수험번호, 성명 등)은 흑색 싸인펜으로 기재하여야 하며, 답안은 반드시 흑색 필기구(연필류 제외)로 작성하여야 하며, 기타의 필기구를 사용한 답항은 0점 처리된다.

나. 답안내용은 간단, 명료하게 작성하여야 하며, 답안지에 불필요한 낙서나 특이한 기록사항 등 부정의 목적이 있다고 판단될 경우에는 모든 득점이 0점으로 처리된다.

다. 계산문제는 답란에 반드시 계산과정과 답을 기재하여야 하며, 계산식이 없는 답은 0점 처리된다.

라. 계산과정에서 소수가 발생되면 문제의 요구사항에 따르고 명시가 없으면 소수점 이하 세째자리에서 반올림하여 둘째자리까지만 구하여 답하여야 한다.

마. 문제의 요구사항에서 단위가 주어졌을 경우에는 계산식 및 답에서 생략되어도 되나, 기타의 경우 계산식 및 답란에 단위를 기재하지 않을 경우에는 틀린 답으로 처리된다.

바. 문제에서 요구한 가지수(항수)이상을 답안지에 표기한 경우에는 답안 기재순으로 요구한 가지수(항수)만 채점한다.

사. 건축적산 문제의 풀이는 국토교통부제정 건축적산 기준에 의거 산출하고 동 적산기준에 명시되지 않은 사항은 학계나 실무에서 일반적으로 통용되는 방법으로 풀이하되 정확한 물량을 산출하는 것을 원칙으로 한다.

아. 시험시간(1시간)이 끝나면 답안지 및 시험지를 제출한 후 작업형시험을 준비한다.

2. 건축실내의 설계 분야 수험시 유의사항

가. 지급된 켄트지는 받침용으로 사용한다.

나. 명기되지 않은 조건은 각종 규정, 건축구조, 건축제도 통칙을 준수한다.

다. 도면에 사용하는 용어는 국문, 영문을 혼용해도 된다.

라. 도면효과를 위해 연필이나 채색도구를 사용한다.

마. 지급된 재료 이외의 재료를 사용할 수 없으며 수험중 재료교환은 일체 허용치 않는다.

바. 타인과 잡담을 하거나 타인의 수험상황을 볼 경우는 부정행위로 처리한다.

사. 다음과 같은 경우는 오작 및 미완성으로 채점대상에서 제외한다.

    a) 요구한 내용의 전도면을 완성시키지 못했거나, 채색작업을 하지 않은 경우
    b) 구조적 또는 기능적으로 사용 불가능한 경우
    c) 각 부분이 미숙하여 시공 제작할 수 없는 경우
    d) 주어진 조건을 지키지 않고 작도한 경우

아. 각각의 도면명은 아래 예시와 같이 도면의 중앙하단에 기입하고 일체의 다른 표기를 하여서는 안된다.

"예시"　　투 시 도　　S=N·S

자. 수험번호, 성명은 도면 좌측 상단에 아래와 같이 매 장마다 기입한다.

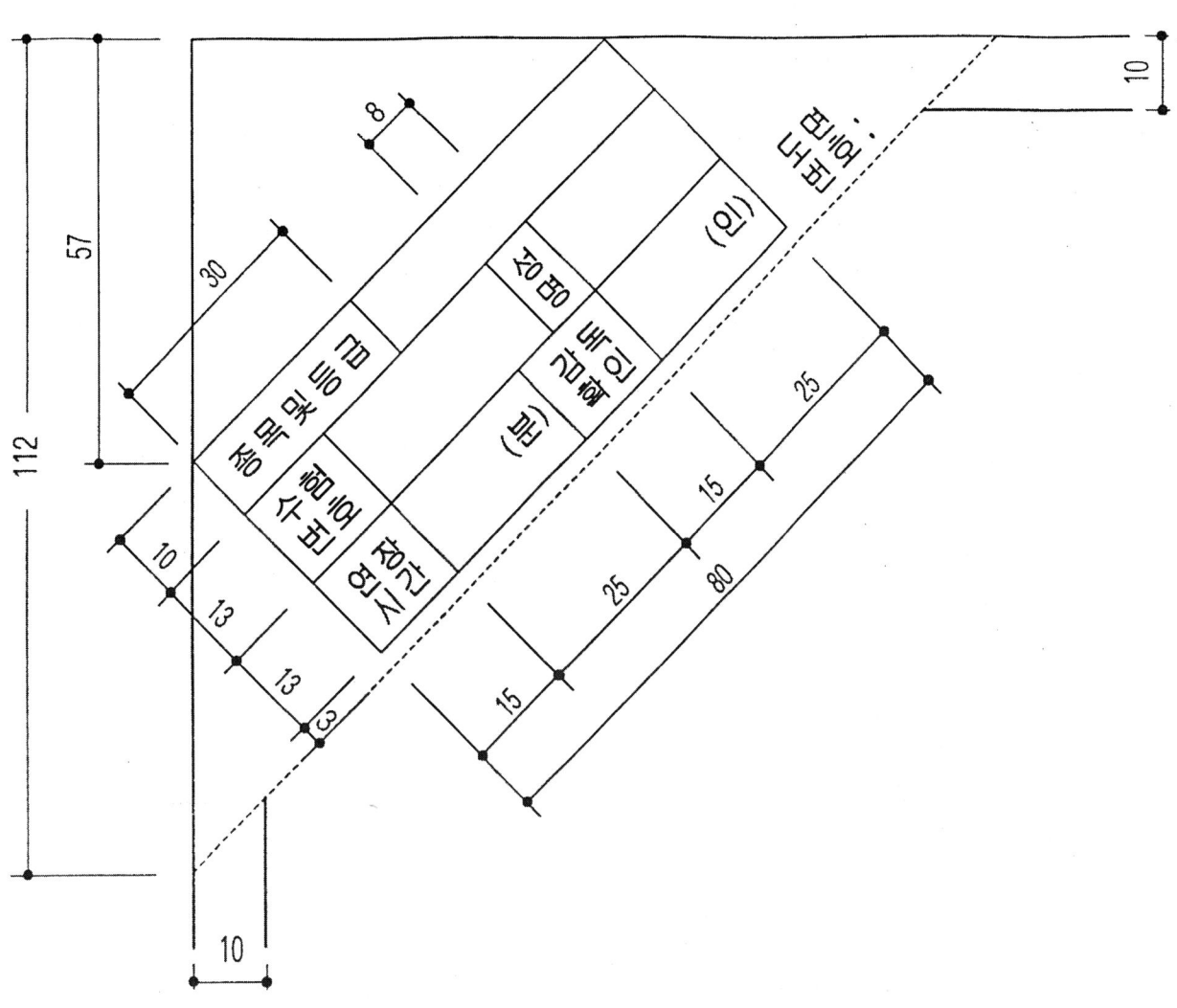

3. 도면배치법

가. 기사

(대안 ①)

평면도 (Concept)	천정도 단면도	입면도 투시도

(대안 ②)

평면도 (Concept)	천정도 입면도	단면도 투시도

나. 산업기사

(대안 ①)

평면도 (Concept)	천정도 입면도	입면도 투시도

(대안 ②)

평면도 (Concept)	천정도 입면도(2면)	투시도

※ 도면 스케일에 따라 배치방법은 달라집니다.

4. 시간배분법

※ 각 도면에 배정된 시간을 철저히 지킬 것(예상 초과시 다음 도면으로)
※ 연습은 실전과 같이(주어진 시간내에 모든 도면을 완성 시킬 것. 기사 6시간30분, 산업기사 5시간30분)

순 서		세부내용 및 주안점	시 간	
			기 사	산업기사
사전준비		• 요구사항 파악(주어진 테마 분석) • 요구조건 파악(설계면적, 평면 요구공간 및 가구) • 요구도면 파악(축척 확인) • 디자인 계획(모눈종이에 Freehand Sketch) • 각 도면의 개략 위치 확정	0:10	0:10
건축실내의설계	평면도	• 건물의 외벽은 공간쌓기나 단열처리를 반드시 하여야 한다. • 창호의 표현방법 • 선의 농도 구별 • 제도부호 • 재료표현 • 치수, 재료명 기입방법 • Concept	2:00	1:50
	천장복도	• 각종 부호(조명, 경보, 환기 등) • 창호의 표현	1:00	0:50
	내부 입면도	• 일반적인 천정고(CH:Ceiling Height) • 아 파 트 : 2.3m • 주 택 : 2.4m • 사 무 실 : 2.5~2.7m • 홀, 로비 : 3.0m 이상	0:30	0:30
	단면 상세도	• 단면도와 단면상세도는 같은 개념이나 단면상세도에는 단면부위뿐 아니라 입면으로 나타나는 부분까지 자세히 그린다. • 재료 표현뿐 아니라 재료명까지 모두 기입한다.	0:30	↓
	투시도 + 채 색	• 시간상 1소점 투시도를 많이 채택하여 연습했으나 그려야 되는 투시도가 지정된 경우 2소점 투시도를 작성해야 하므로 1소점, 2소점을 전부 연습하는 것이 바람직하다. • 컬러링은 반드시 하여야 한다. • 충분한 Freehand Sketch 연습이 필요하다.	2:00	2:00
마무리		• 요구조건과 도면내용과의 검토 • 도면사항 Check:도면명, 축척, 빠진 글씨 등 • 주어진 표준시간 안에 모든 도면을 완성하여야 하며 10분마다 5점씩 감점되며 연장시간 30분 초과시 채점대상에서 제외된다.	0:20	0:10

제 **1** 편

실내건축
제도의 기초

제1장 제도용구의 종류와 사용법

[1] 제도용구의 종류

(1) 삼각자

① 재료

삼각자는 셀룰로이드 에보나이트 플라스틱으로 만든 것으로 사용되며 건습의 영향을 받아 휘거나 비틀어지기 쉬우므로 두꺼운 것일수록 좋지만 일반적으로 3mm 이상의 것은 쓰이지 않는다.

② 종류

삼각자는 밑각이 각각 45°인 직각 이등변 삼각형인 것과 두각이 각각 30° 및 60°의 직각 삼각형인 것의 2개가 1조로 되어 있다.

삼각자는 여러가지 종류의 크기가 있는데 보통 제도에는 30cm의 것이 주로 사용되며 45, 36, 25, 18, 10(cm) 등이 있다.

③ 삼각자 검사방법

㉮ 삼각자의 각변은 정확하게 직선이어야 하고 한각은 정확히 직각이어야 한다.

㉯ 직선위에 아래 그림과 같이 삼각자 1쌍을 맞대어 놓고 일치하는지를 검사한다.

㉰ 맞댄 1쌍의 맞변이 그림(a)와 같이 서로 완전히 일치한다면 정확한 삼각자다.

㉱ 맞댄 1쌍의 맞변이 그림 (b)와 같이 사이가 생긴다면 부정확한 삼각자다.

㉲ 그림 (c)와 같이 45° 밑변과 60°의 대응변의 길이가 정확히 일치하도록 만들어진 것이어야 한다.

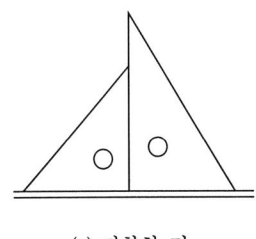
(a) 정확한 것

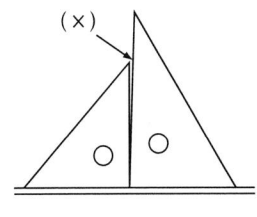
(b) 부정확한 것

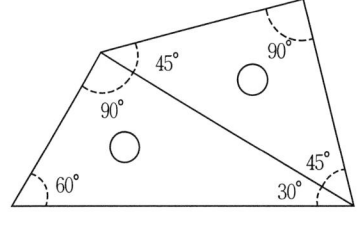
(c) 45°자와 60°자 연결(정확한 것)

▲삼각자의 검사방법

(2) T자

① 재료

T자는 충분히 건조시킨 벚나무, 플라스틱, 금속 등으로 만들며 머리부분과 몸의 줄을 치는 가장 자리에는 단단한 참나무 등을 붙인다.

② 종류

T자의 몸길이는 450~1,800mm의 여러종류가 있으나 그 중에서 학생용으로는 900mm 것이 가장 많이 사용된다.

③ T자 검사방법

㉮ T자 머리와 몸체가 직각 90°가 되어야 한다.

㉯ 머리부분이 나사로 꽉 조여져서 흔들리지 않아야 한다.

㉰ 몸체를 제도판에 대었을 때 제도판에서 뜨지 않고 몸체가 평탄해야 한다.

㉱ T자는 제도판의 가로나비보다 약간 긴것이 좋고 줄치는 가장자리는 투명한 것이 좋다.

④ T자 보관방법

T자의 보관방법은 T자 머리부분이 밑으로 향하게 하고 벽에 걸어서 보관한다.

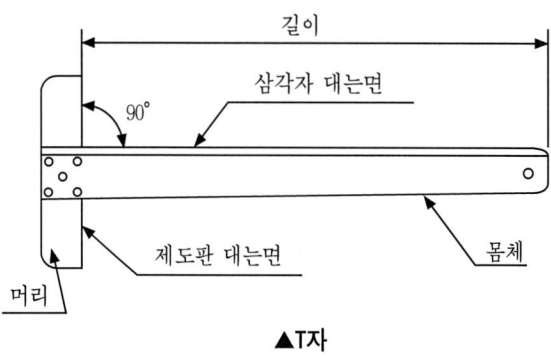

▲T자

(3) **축척**

축척은 스케일(Scale)로서 실물의 크기를 늘리거나 또는 길이를 줄이는데 쓰이는 것으로서 가장 많이 쓰이는 것이 삼각축척이다.

삼각형 단면모양을 한 자료의 3면에 1m의 1/100, 1/200, 1/300, 1/400, 1/500, 1/600에 해당하는 여섯가지로 축척된 눈금이 새겨진 것으로 사용하기에 매우 편리하며 보통길이가 300mm이고 0.5mm까지의 눈금이 매겨져 있는 것이 사용하기에 편리하다.

① 사용치

㉮ 1/100 축척은 평면도, 기초평면도, 지붕틀평면도에 사용

㉯ 1/300 축척은 주단면도 상세도, 부분상세도에 사용

㉰ 1/500 축척은 입면도, 평면도에 사용

㉱ 1/600 축척은 배치도에 사용

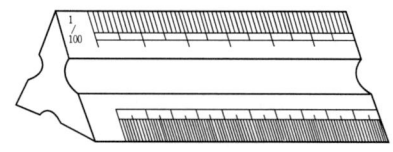

▲삼각 축척

(4) 연필

연필은 H표와 B표로서 연필심의 성질을 나타내는데 H표는 굳기를 B표는 무르기를 나타낸다. 일반적으로 H의 수가 많을수록 굳고 B의 수가 많을수록 무르며 보통 사용하는 연필은 HB이다.

제도용 연필로 많이 쓰이는 것은 HB, B, H, 2H이다.

(5) 지우개

고무가 부드러워서 도면을 지울 때 도면에 더럽혀지지 않고 찢어지지 않는 잘 지워지는 지우개를 사용한다.

(6) 지우개판

얇은 셀룰로이드, 얇은 스테인레스 강판 등으로 만든 것으로 잘못 그린선이나 불필요한 선을 지우는데 쓰인다.

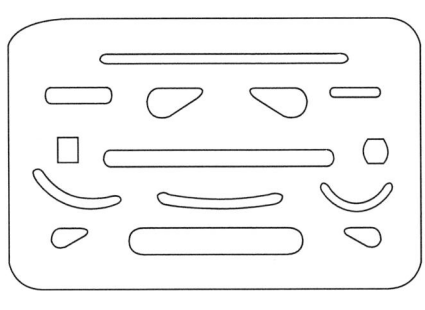

▲지우개판

(7) 형판(Templet)

셀룰로이드나 아크릴판으로 만든 얇은 판에 서로 크기가 다른 원, 타원 등과 같은 기본도형이나 문자, 기구, 위생기구 등의 형을 축척에 맞추어 정교하게 뚫어 놓은 판으로서 복잡한 도형을 판에 맞춰 연필을 대고 간단하게 그릴 수 있다.

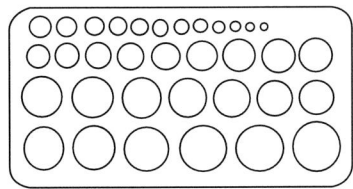 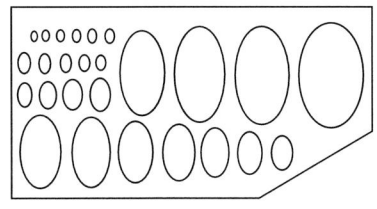

▲형판(템플릿)

(8) 제도판

제도판은 직사각형의 판으로 표면이 편평하고 T자의 안내면이 바르게 다듬질 되어 있어야 한다.

제도판의 종류에는 보통제도판, 판의 경사각을 조절할 수 있게 만든 경사제도판, 도면을 그리기에 편리하도록 T자를 부착한 T자부착 제도판의 3종류가 있다.

 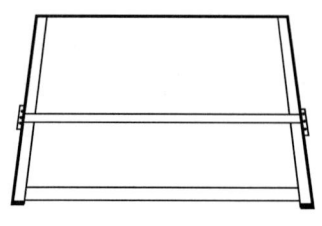

(a) 경사제도판   (b) 평행자 부착 제도판

▲제도판

(9) 운형자
운형자는 컴퍼스로 그리기 어려운 원호나 곡선을 그릴 때 쓰이는 제도용구이다.

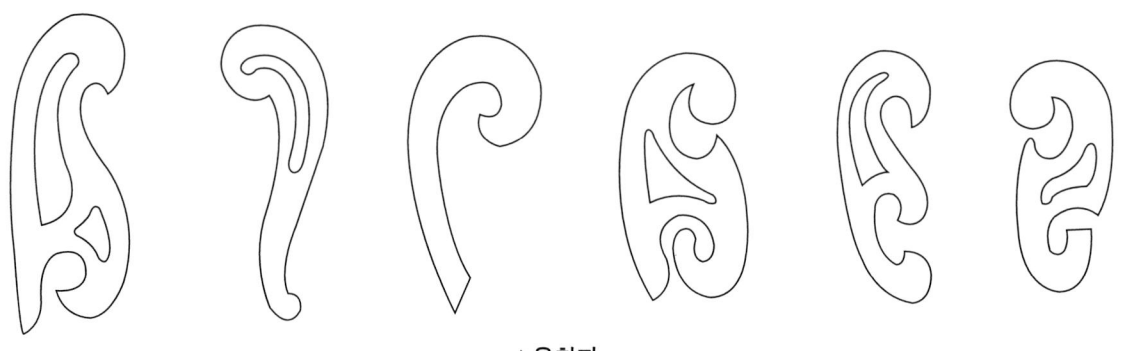

▲운형자

(10) CAD(Computer Aided Design)
컴퓨터를 이용한 자동제도방식으로 CAD장치로 도면을 작성할 때에는 먼저 키보드로 좌표 등의 데이터를 컴퓨터에 입력하고 프로그램 평선 키보드로 간단한 도형을 디스플레이로 표시한다. 그리고 치수, 숫자 등 필요한 각 사항을 입력시키고 마우스로 커서(cusor)를 제어하여 도면을 작성하게 된다.

2 제도용구의 사용법

(1) 연필의 사용법
① 연필로 수평선을 그을 때에는 그림(a)와 같이 긋는 방향으로 60° 정도 기울여 대고 연필을 돌리면서 긋는다.
② 보통의 수평선을 그을 때에는 그림 (b)와 같이 수직으로 대고 긋는다.
③ 정밀하게 선을 그어야 할 때는 그림(c)와 같이 연필심의 끝을 완전히 자에 대고 긋는다.
④ 수평선은 왼쪽에서 오른쪽으로 T자를 이용하여 일정한 속도를 유지하면서 천천히 그어야 한다.
⑤ 수직선을 그을 때에는 T자와 삼각자를 이용하여 밑에서부터 위로 선을 긋고, 연필과 자가 잘 밀착되어야 정확한 수직선을 그을 수 있다.

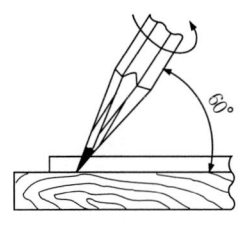 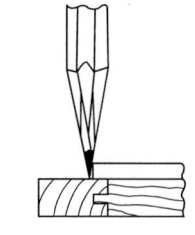 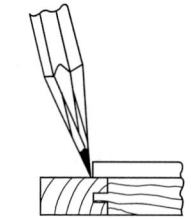

(a) 연필의 기울기　　(b) 보통의 선긋기　　(c) 정밀한 선긋기

▲연필로 수평선 긋기

(2) T자의 사용법

① T자를 사용할 때에는 제도판의 가장자리에 T자의 머리를 정확히 대고 그림 (a)와 같은 방법으로 움직여 알맞는 자리에 놓는다.
② 긴선을 수평으로 그을 때 처음에는 중간에서 비뚤어지기 쉬우므로 처음부터 끝까지 손, 팔, 몸, 전체가 선을 따라 동시에 움직이도록 한다.
③ 수평선을 그을 때는 그림 (b)와 같이 왼쪽에서 오른쪽으로 T자에 손을 밀착시키고 긋는다.
④ 수직선을 그을 때는 그림 (c)와 같이 T자에 삼각자를 정확히 대고 선과 자를 수직으로 보면서 긋는다.
⑤ 빗금선을 그을 때는 그림 (d)와 같이 한다.

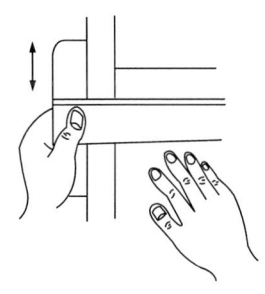 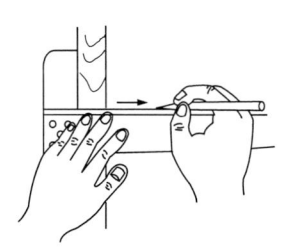 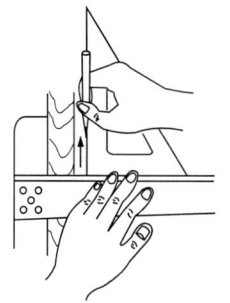

(a) T자를 움직이는 방법　　(b) 수평선을 긋는 방법　　(c) 수직선을 긋는 방법

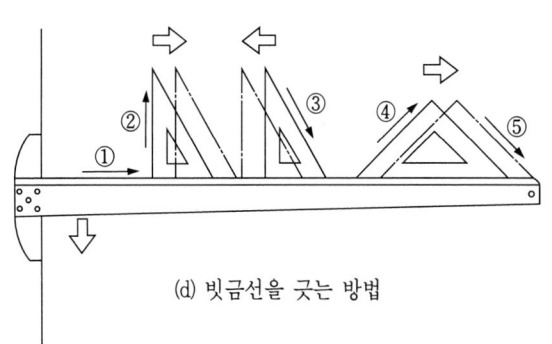

→ : 선을 긋는 방향
⇒ : 자의 이동 방향
① : 수평선
② : 수직선
④ : 우측으로 올려 긋는 선
③, ⑤ : 우측으로 내려 긋는 선

(d) 빗금선을 긋는 방법

▲T자의 사용방법 및 선긋기의 요령

(3) 삼각자의 사용법

삼각자 1개 또는 2개를 가지고 여러가지 위치를 바꾸면 우측그림과 같이 여러가지 각도를 가지는 선을 그을 수 있다.

간단한 수평선이나 수직선 뿐만 아니라 평행선이나 여러가지 빗금도 쉽게 그을 수 있다.

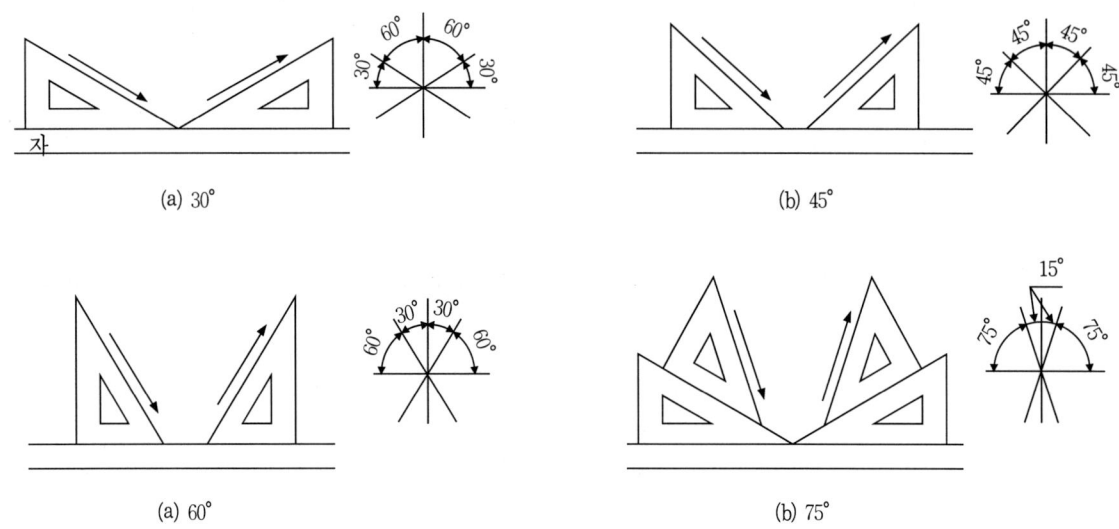

▲삼각자의 사용법

제2장 도면표기법

[1] 도면표기

(1) 도면글씨 표기

① 한글표기

㉮ 기본원칙:한글의 표기는 글자의 크기에 따라 다음의 원칙으로 표기토록 하되 도면명과 같이 큰글씨의 경우는 옆으로 늘여서 쓰도록 하고 실명, 재료명과 같이 작은글씨의 경우는 1:1 정도로 하여 힘을 주어 쓰며 될 수 있는 한 글씨가 1:1.5 정도의 비례가 되도록 노력하고 절대로 흘림글씨가 되지 않도록 할 것.

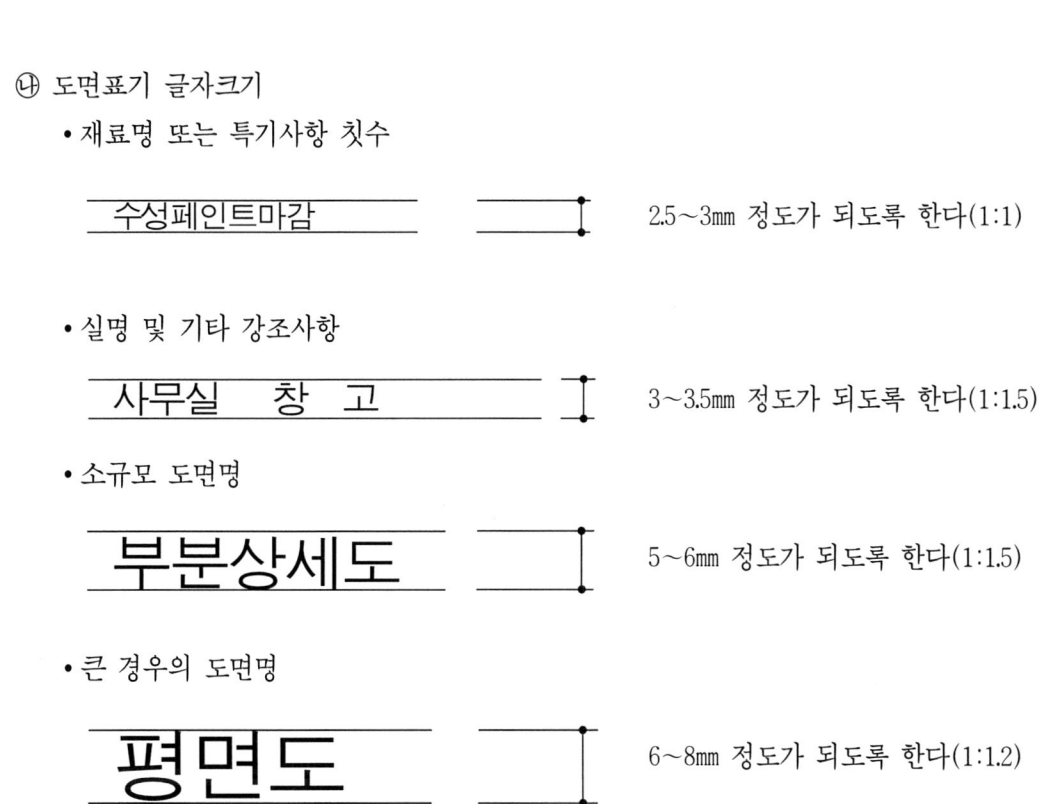

㉯ 도면표기 글자크기
- 재료명 또는 특기사항 칫수

　　수성페인트마감　　　2.5~3mm 정도가 되도록 한다(1:1)

- 실명 및 기타 강조사항

　　사무실　창　고　　　3~3.5mm 정도가 되도록 한다(1:1.5)

- 소규모 도면명

　　부분상세도　　　5~6mm 정도가 되도록 한다(1:1.5)

- 큰 경우의 도면명

　　평면도　　　6~8mm 정도가 되도록 한다(1:1.2)

② 영문표기

㉮ 기본자형:영문은 대문자를 기본으로 하고 1:1의 비율로 단정히 쓰되 글자의 시작과 끝부분에 힘을 주어 쓰도록 하여야 한다.

- 작은글자

  ABCDEFGHIJKLMNOPQRSTUVWXYZ

- 큰 글자

  ABCDEFGHIJKLMNOPQRSTUVWXYZ

㉯ 범례 : 영문글씨는 가능한한 글자간격을 좁혀서 써야 한다.

PLAN ELEVATION SECTION SCALE 1/5 PARTIAL DETAIL

SPACE PROGRAM GARDEN

③ 숫자표기

㉮ 기본자형 : 숫자의 표기는 1:1의 비례로 바로쓰되 조금 옆으로 늘여쓰는 분위기가 되도록 할 것.

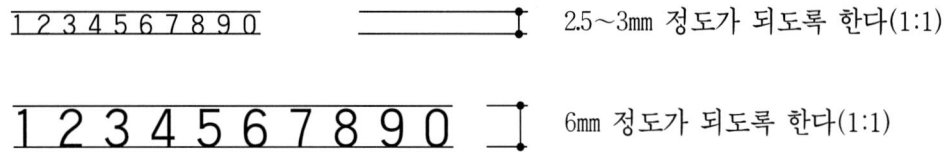

㉯ 범례

1,200 D10@300 1/50 1.0B 5,800 4,250 900 760 8,750

12층평면도   지하3층 평면도   5층

④ 도면명

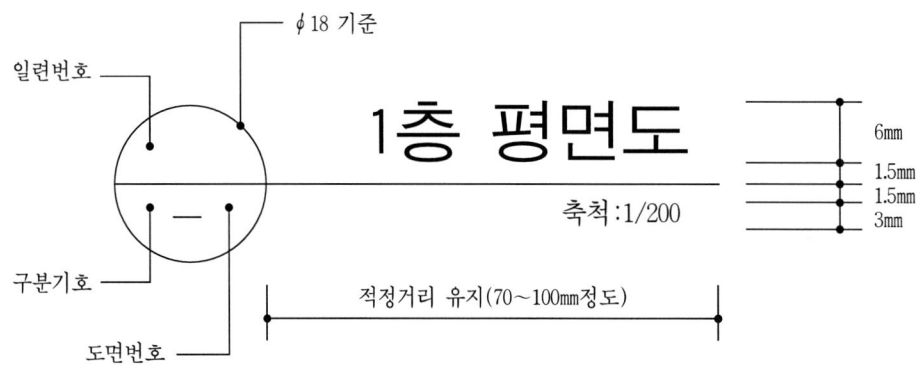

※ 실내건축분야 자격시험에서 도면명은 아래 예시와 같이 도면의 중앙하단에 기입하고 일체의 다른 표기를 하여서는 안된다.

"예시"

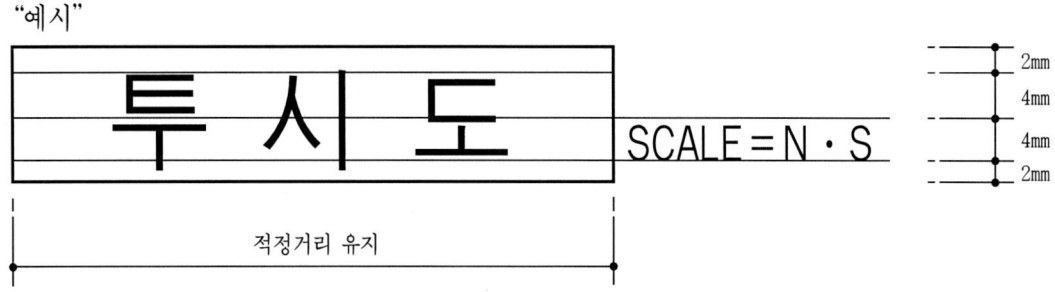

(2) **Freehand 제도용 글씨**(동방디자인체) - 이 서체는 동방디자인에서 개발한 서체입니다.

♣ 영자 및 숫자

AFEHLTI 3BPRK CGD MWNU SXYJ OQVI
FLOOR PLAN CEILING PLAN APP. WOOD FLOORING FIN.
TEA TABLE EASY CHAIR FLOOR STAND TV. TABLE DRESSING REF.
CHEST DESK BAGGAGE LOCK CASE TILE FIN. NIGHT CH PAINT
DOWN LIGHT SPOT LIGHT SPRINKLER FIRE SENSOR CURTAIN BOX
THK. 12MM COMPUTER VINYL SHET BOOK SHELF PAPER STORAGE
DISPLAY STAGE DECORATION SHELF SOFA SHOW WINDOW FRAME
PARAPET BRACKET PENDENT RAIL SIGN & LOGE NEON COUNTER
HALLOGEN MOULDING LACQ. BASE BOARD CASHIER PARTITION
HANGER RECEPTION AREA FITTING ROOM SCALE=1/50 GLASS
1234567890 4.500 3.900 6.000 8.200 7.700 70
100 ±0 +100 CH=2.400 FL. 40W×2 IL. 30W 5EA 12MM

♣ 한 글

평면도 천정도 입면도 전개도 투시도 지정벽지마감 도배지 몰딩
걸레받이 바닥 책상 컴퓨터 옷장 선반 수납장 식탁 쇼파 싱글침대
더블침대 싱크대 상부선반 타일 현관 주방 식당 테이블 카페트
냉장고 에어콘 신발장 화장대 서랍장 나이트테이블 디스플레이 스테이지
행거 쇼파 방습등 점검구 매입등 다운라이트 커튼박스 감지기 배기구
송기구 무늬목 석고보드 위 지정실크벽지 마감 도기질 타일 자기질 타일
중앙부 우물천정 진열대 전신거울 재료분리선 매장 비닐시트 창고 홀
플로링 유백색 아크릴 위 컬러시트 래커 손잡이 투명유리 반납구
세면대 세탁기 다림대 양변기 범례표 온돌마루깔기 쇼윈도우 온경
금고실 마네킹 트렌치 공중전화 연속매입 수성페인트 아크릴 조명박스
월넛무늬목 금속판 데코타일 파티션 간판이 카페트 실내건축산업기사
종목 및 등급 수검번호 성명 연장시간 분 감독확인 도면번호 현과
배기디퓨져 스프링클러 가스오븐 식기세척기 작업대 트렌치 피팅룸

(3) 도면 내부사항 기재방법
① 단면표시

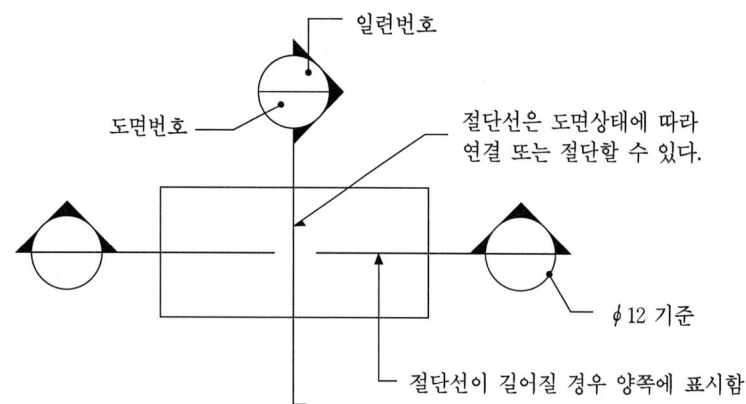

(4) 전개방향표시

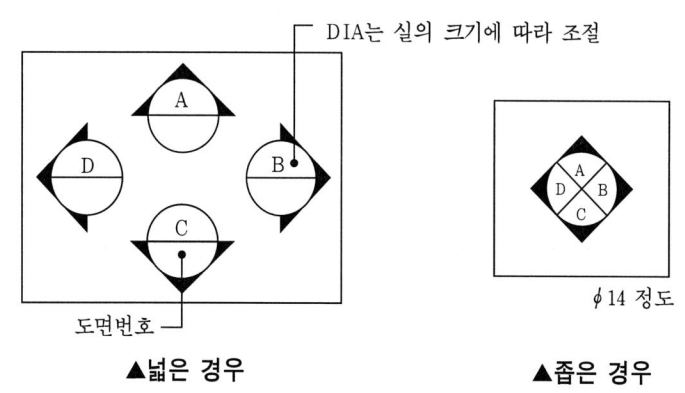

▲넓은 경우 　　　　　▲좁은 경우

(5) 단면선

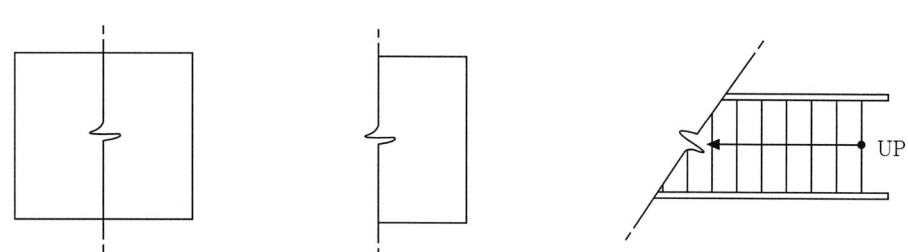

(6) 계단 및 경사로

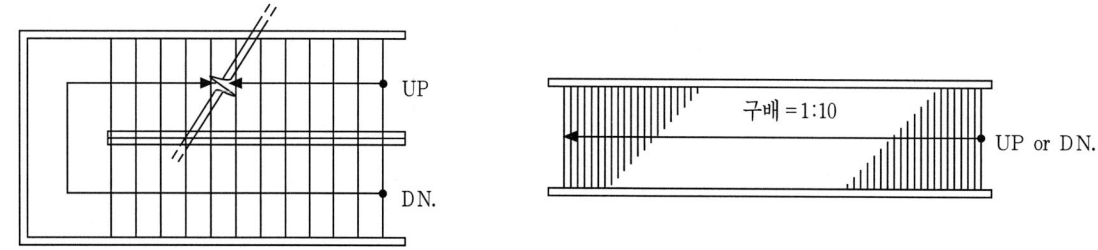

※ 단면선은 얕은 각도로 하며 축척이 큰 경우는 간략히 표현할 수도 있다.

(7) 실명

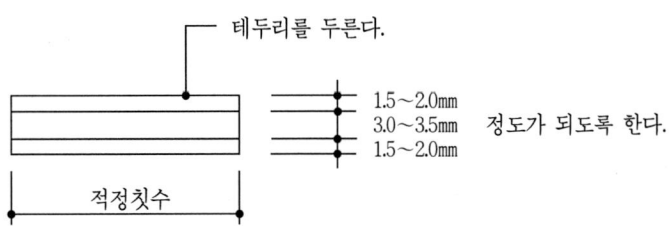

(8) 재료설명표기

① 개별적 표시-1

㉮ 면에서의 표시방법(입면도)

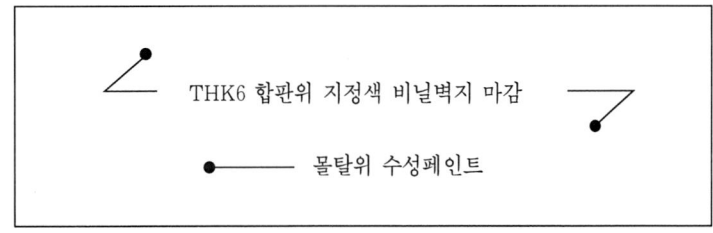

- 지시선은 45~60° 범위 또는 수평으로 긋고 끝부분은 둥근점으로 위치표시한다.
- 글자의 크기는 2.5mm 범위로 한다.

㉯ 선에서의 표시방법(단면도)

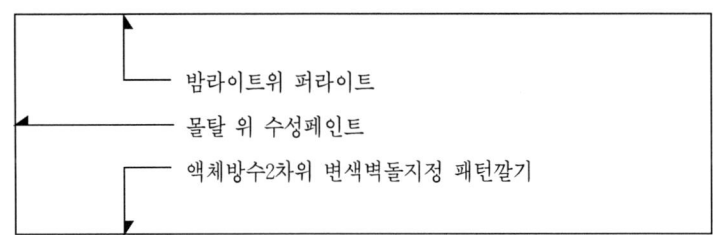

- 지시선은 40~60° 범위 또는 수평으로 긋고 끝부분은 화살표시로 위치표시한다.

② 개별적 표시방법-2

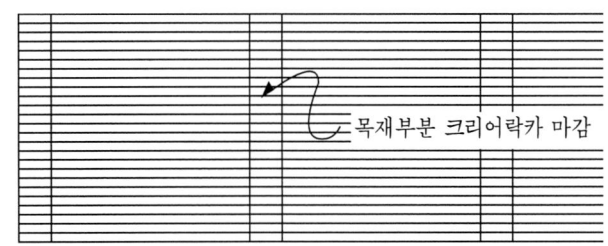

- 끌어내기 표시는 도면상태가 복잡하여 선으로 표시하는 것이 부적절한 경우 사용토록 한다.

③ 집단적 표시방법-1

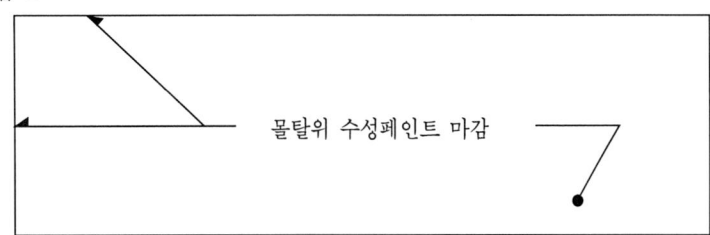

- 동일재료와 마감상태가 근접되어 분포되어 있을 때

④ 집단적 표시방법-2

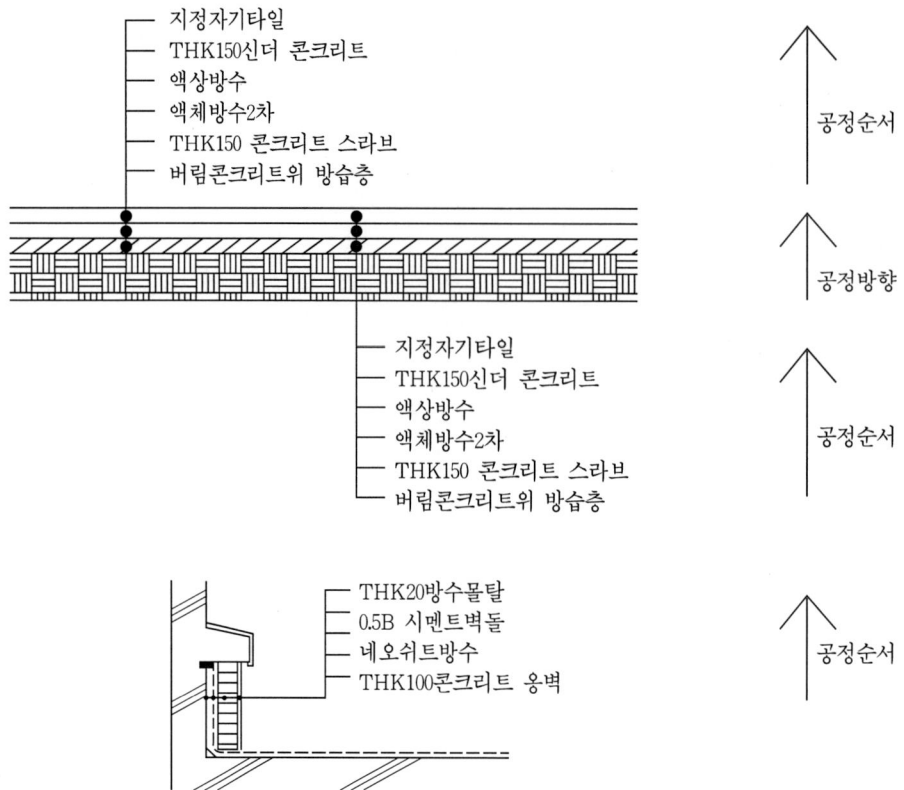

• 재료 및 공정내용을 집단적으로 표기할 경우는 끌어내기 표시를 90° 방향을 기준으로 하도록 하고 그 내용은 공정순서 방향에 따라 기재토록 할 것.
기재는 공정이 진행된 부분에 쓰고 앞머리를 맞출 것.

(9) GRID 및 벽체중심선

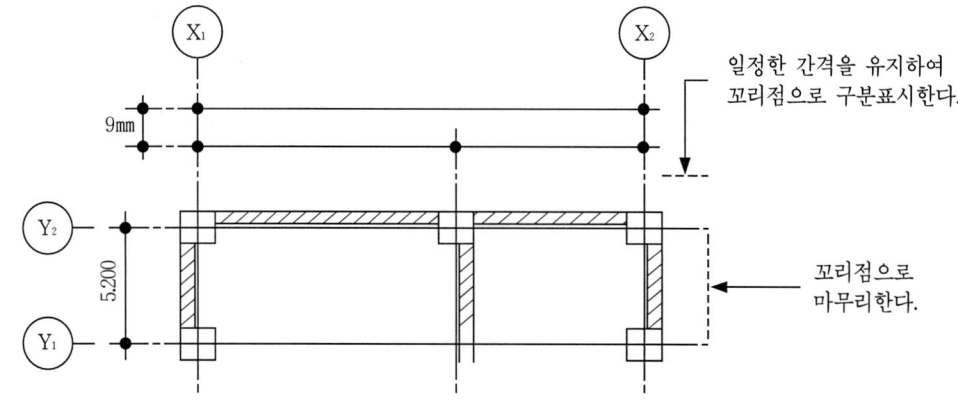

• GRID의 선은 일점쇄선을 원칙으로 연필 또는 먹선으로 명확히 긋도록 하며 배치도와 같이 큰축척의 경우에는 실선으로 표기할 수도 있다.

(10) LEVEL의 표시

① LEVEL표기의 원칙(항상불변기준점을 설정하여 0을 정할 것)

㉮ 마감 LEVEL만 표기시(표시부호의 중앙에 표기)

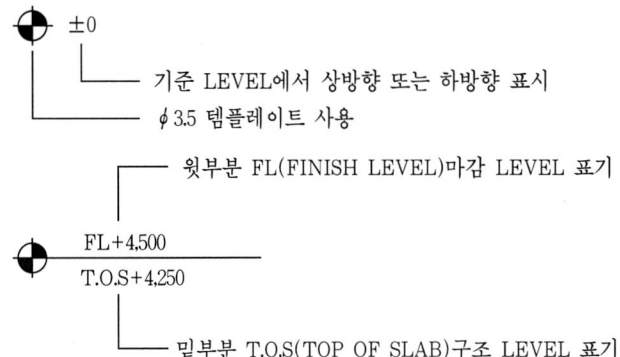

② 범례

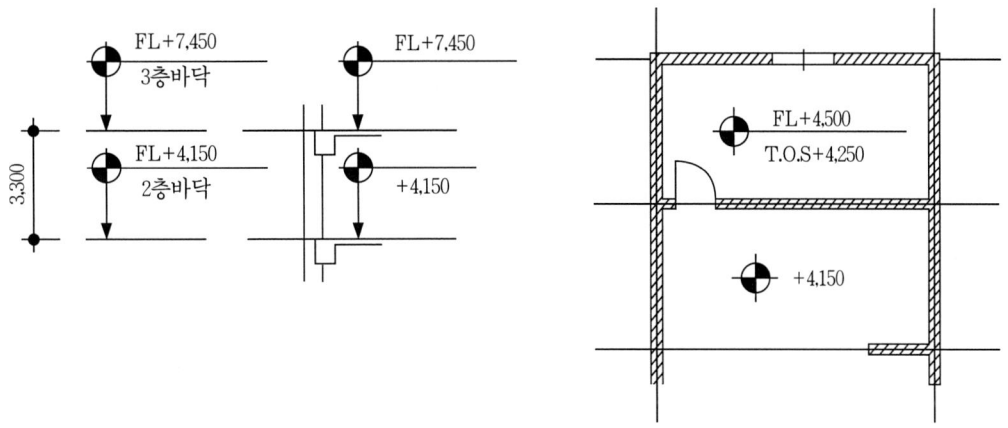

- 단 FL, T.O.S 등을 생략할 경우는 범례에 반드시 표기할 것

(11) 개구부의 표시

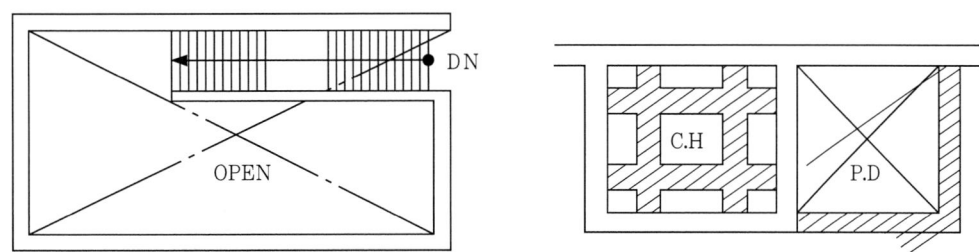

- 개구부의 표시는 평면, 단면 모두 일점쇄선으로 표시한다.
- 개구부 내부에는 개구부의 사용목적에 따라 그 내용을 기재하며 약자로 표기할 경우에는 그 약자의 내용을 범례에 표기하여야 한다.
- 사용목적이 명확하지 않은 경우에는 OPEN으로 표기토록 하여야 한다.

⑿ 구조선 및 마감선의 표시

① 큰 축척의 경우

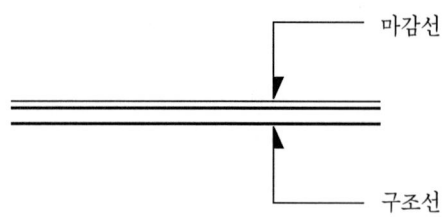

② 작은 축척의 경우

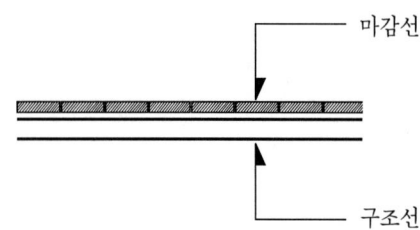

- 구조선 및 마감선은 표시된 도면에서의 선의 중요도에 따라 굵기를 달리하여 표기하며 큰 축척의 도면에서와 같이 방의 구획이나 구조의 위치가 중요시되는 경우에는 마감선에 우선하여 표기하고 상세도와 같이 최종마감칫수가 중요시되는 경우에는 구조선과 마감재의 최종바깥선을 강조하여 표기토록 한다.

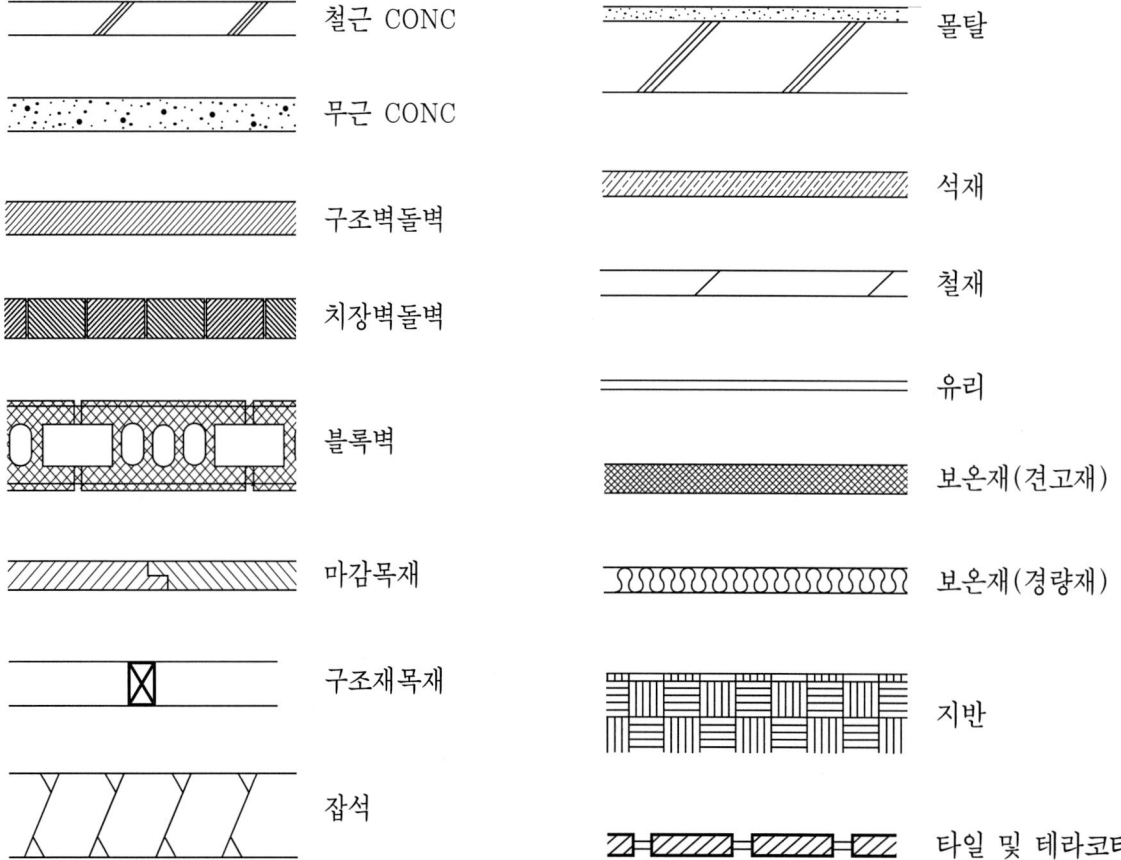

(13) 창호표시

① 약자

Al-ALUMINIUM

S-STEEL

SS-STAINLESS STEEL

W-WOOD

D-DOOR

W-WINDOW

S-SHUTTER

② 입면표시

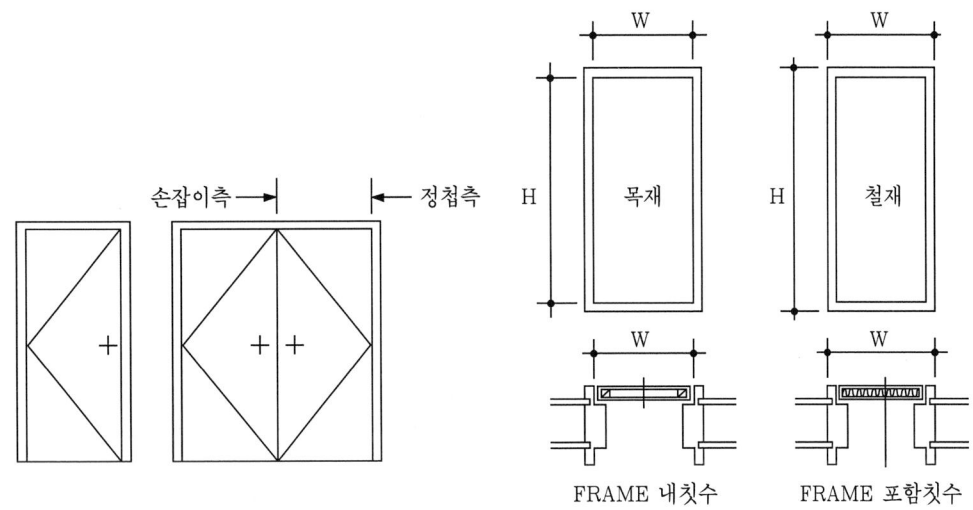

• 창호의 칫수는 목재의 경우 문짝자체의 칫수를, 철재의 경우 문틀을 포함한 칫수를 적는다.

(14) 수목표현

[2] 재료 및 약호

(1) 재료별 표기방법

구 분	분 류	표 기 예	비 고
콘크리트	① 노출 콘크리트 ② 콘크리트 제물마감 ③ 콘크리트 조면처리 ④ 콘크리트 하드너 제물마감 ⑤ 기포 콘크리트 ⑥ 경량콘크리트 ⑦ 무근 콘크리트 ⑧ 프리캐스트 콘크리트(P.C) ⑨ A.L.C(고온·고압양생경량콘크리트) ⑩ G.R.C	·THK 70 기포콘크리트 ·THK 120 경량콘크리트 ·THK 100 무근 콘크리트	·강도, 배합비 부재강도 ♯25-210-12 ·두께 표기 ·두께 표기 ·두께 표기
모 르 터	① 시멘트 모르터 ② 내산 모르터 ③ 단열 모르터(질석, 퍼라이트) ④ 셀프 레벨링 모르터	·THK 18시멘트모르터:벽 ·THK 30 : 바닥 ·THK 15 : 천정 ·THK 24 : 외벽	

벽 돌	① 시멘트 벽돌
	② 점토벽돌
	  ㉮ 적벽돌
	  ㉯ 변색벽돌
	  ㉰ 유약벽돌
	③ 내화벽돌
	④ 고압벽돌
	〈시공방법〉
	  ㉮ 치장줄눈쌓기
		·점토벽돌(적벽돌)
		 치장쌓기
			·0.5B
			·1.0B

블 록	① 콘크리트 블록
	② 시멘트 블록
	③ 바닥포장블록(Type 지정)
	〈시공방법〉
	  ㉮ 보강블록쌓기
	  ㉯ 치장줄눈쌓기
		·6″콘크리트블록
		 보강쌓기	

방 수	① 아스팔트방수(층표시)
	② 모르터방수
	③ 침투성방수
	④ 구체방수
	⑤ 쉬트방수
	⑥ 액체방수
	⑦ 도막방수
	  ㉮ 에폭시
	  ㉯ 우레탄
	  ㉰ 실리콘
		·액체방수(2차)	

석 재	〈석종분류〉 ① 화강석 ② 대리석 ③ 인조석 ④ 테라조 〈마감분류〉 ㉮ 흑두기 ㉯ 정다듬 ㉰ 도드락다듬(16,25,36,64,100目) ㉱ 잔다듬 ㉲ 기계켜기 ㉳ 버너마감 ㉴ 물갈기(유광, 무광)	· THK 30 화강석 (괴산석물갈기)	· 석종 표기 · 두께 표기
타 일	① 자기질 외장타일 ② 자기질 내장타일 ③ 석기질 외장타일 ④ 석기질 내장타일 ⑤ 도기질 타일 ⑥ 모자익 타일 ⑦ 파스텔 타일 ⑧ 쿼리 타일 〈마감분류〉 ㉮ 시유타일(무광, 유광) ㉯ 무유타일 ㉰ 조면타일		
금 속	① 아연도강판 ② 착색아연도강판 ③ 불소수지피복강판 ④ 석면수지피복강판 ⑤ 염화비닐피복강판 ⑥ 다층수지피복강판 ⑦ 스텐레스 스틸(SST) ㉮ 스텐레스 스틸 미러 ㉯ 스텐레스 스틸 헤어라인 ㉰ 스텐레스 스틸 에칭 ㉱ 칼라 스텐레스 ㉲ 불소수지코팅스텐레스 스틸 ⑧ 착색 알루미늄 판넬 ⑨ 불소수지 코팅 알루미늄 ⑩ 유공 알루미늄판 ⑪ 악세스 플러오 ㉮ 철제 ㉯ 알루미늄제 ⑫ 경량철골 천정틀 ⑬ 동판(COPPER) ⑭ 황동(BRASS) ⑮ 청동(BRONZE)	· THK 2.3 아연도강판	· 두께 표기

유 리	① 맑은 유리 ② 칼라유리 ③ 반사유리 ④ 무늬유리 ⑤ 스팬드럴 유리 ⑥ 망입유리 ⑦ 강화유리 ⑧ 투명복층유리 ⑨ 칼라복층유리 ⑩ 반사복층유리 ⑪ 에칭유리 ⑫ 접합유리 ⑬ 유리블록 ⑭ 결정화유리 ⑮ 고밀도 아크릴판 　(POLY-CARBONATED SHEET) ⑯ 거울	· THK 5 칼라유리 · THK 12 복층유리 　(3+6+3) · THK 24 칼라복층유리 　(6+12+6) (상품명：네오빠리에, 　화이트스톤…)	· 두께 명기
도 장	〈수지 TYPE별 분류〉 ① 불소수지 페인트 ② 우레탄 페인트 ③ 에폭시 페인트 ④ 실리콘 페인트 ⑤ 아크릴 페인트 ⑥ 알키드 및 페놀수지계 　㉮ 조합페인트 　㉯ 에나멜 페인트 　㉰ 은분페인트(알루미늄페인트) 　㉱ 바니쉬 　㉲ 광명단 ⑦ 카슈(CASHEW) ⑧ 락카 　㉮ 투명락카 　㉯ 유색락카 ⑨ 멜라민 페인트 ⑩ 염화고무페인트 ⑪ 비닐페인트 ⑫ 수성페인트(에멀젼페인트) 〈수지종합 예〉 　㉮ 아크릴 우레탄 페인트 　㉯ 우레탄, 바니쉬 페인트 　㉰ 염화비닐 바니쉬 페인트 　㉱ 아크릴 에멀젼 페인트	· 불소수지 페인트 　(정전도장) · 우레탄 페인트 　(스프레이) · 조합페인트(2회 도장) · 수성페인트(3회 도장)	〈특성에 따른 분류〉 ① 내산페인트 ② 내알카리페인트 ③ 내약품페인트 ④ 내열페인트 ⑤ 방균페인트 ⑥ 방청페인트 ⑦ 발수페인트 ⑧ 전도성페인트 ⑨ 낙서방지페인트 ⑩ 탄성페인트 ⑪ 내후성페인트 〈도장방법에 따른 　분류〉 ① 소부도장 ② 정전도장 ③ 전착도장 ④ 분체도장 ⑤ 스프레이 ⑥ TEXTURED 　COATING 　(하겐,죠리파트)
보 온 단 열 재	① 암면 펠트 ② 암면 보드 ③ 암면 유공 흡음판 ④ 유리면 ⑤ 우레탄 폼 보드	· THK 50 암면펠트(#80) · THK 75 암면보드(#150) · THK 50 유리면보드(# 　24, 1면 알루미늄 포일)	· 밀도 및 두께명기

	⑥ 암면 스프레이 ⑦ 퍼라이트 스프레이 ⑧ 질석 스프레이 ⑨ 우레탄 스프레이 ⑩ 내화피복재		

목 재	① 합판(일반, 내수, 방염)
	② 무늬목
	③ 원목(집성목 포함)
	④ 인조목
	   ㉮ CHIP BOARD
	   ㉯ M.D.F판
	   ㉰ 파티클 보드
		·티크 무늬목	·합판은 두께를 명기
			·원목은 적용되는 재종을 명기하고 가능한 SIZE 표기
			·인조목 두께 등 치수 표기

내 장 재
(벽·천정)
	① 석고보드(내수, 방화, 유공)
	② 석면 시멘트판
	③ 목모 시멘트판
	④ 암면텍스
	   ㉮ 평판
	   ㉯ CUBE TYPE
	   ㉰ 유공
	   ㉱ 기타 마감에 따름
	⑤ PVC 천정재
	⑥ 유리면 텍스
	⑦ 합성수지판재(비닐, 아크릴계 재질)
	⑧ 금속 천정재
	   ㉮ 금속 천정타일
	   ㉯ 금속 스판드럴
	   ㉰ 금속 천정판
	※금속:철제, 알루미늄, 스텐레스 스틸, 동, 황동
	⑨ 장식 천정재
	⑩ 벽지 및 천정지(종이, 비닐, 천)
	⑪ 장판지(종이, 비닐)
	⑫ 라미네이션
	   ㉮ 멜라민
	   ㉯ 우레탄
	   ㉰ 호마이카
		·THK 12 석고보드(방화)
		·THK 3.2 석면시멘트판
		
		·THK 12 암면텍스
		 (300×600 평판)
		
		·PVC 천정재(리브형)
		
		·금속천정타일(알루미늄)
		·금속스판드럴
		 (스텐레스 스틸)
		·금속천정판(황동)
			·두께 및 SIZE 표기
			·암면텍스는 필요에 따라 EDGE TYPE 명기
			 - EXPOSED
			 - CONCEALED
			 - SEMI-EXPOSED
			
			·하이보드
			·하니소 톤
			·크링클글라스
			·와룬쉬트
			·이삭글라스
			·루마사이트
			
			·벽지(천정지)는 방염처리 여부명기

바 닥 재	① 비닐 쉬트
	   ㉮ 장판용
	   ㉯ 중보행용
	② 비닐, 무석면 타일
	③ 라바 타일
	④ 전도성 비닐 타일
	⑤ 카페트
	⑥ 카페트 타일
	⑦ 라바 베이스
	⑧ 카페트 라바베이스		

(2) 실내마감재료 사례

① 주택

구 분	천 정	벽	바 닥	걸레받이
방	45mm합판위 천정지	모르타르위 벽지마감	모르타르위 장판지마감	H:50 굽도리
거 실	45mm합판위 천정지	모르타르위 벽지마감	온수 동 파이프위 모노륨	H:150 나왕위 니스칠
	12mm무늬목위 니스칠	12mm무늬목위 니스칠	18mm플로링널위 니스칠	H:150 나왕위 니스칠
주방·식당	4.5mm합판위 비닐천정지	모르타르위 비닐벽지	아스타일, 모노륨마감	H:150 나왕위니스칠
욕 실	6mm합판위 비닐천정지	세라믹 타일 시공	모자이크 타일 시공	
	3mm평스레트위 비닐천정			
	리빙우드마감			
현 관	12mm무늬목위 니스칠	12mm무늬목위 니스칠	바닥타일, 클링커타일	바닥타일, 클링커타일
창 고	모르타르위 WP칠	모르타르위 WP칠	모르타르마감	
테라스	모르타르위 WP칠	모르타르위 WP칠	인조석물갈기, 클링커타일	
계단실	12mm무늬목위 니스칠	12mm무늬목위 니스칠	18mm마루널	

② 아파트

구 분	천 정	벽	바 닥	걸레받이
방	45mm합판위 천정지	모르타르위 벽지마감	모르타르위 장판지	H:50 굽도리
거 실	45mm합판위 천정지	모르타르위 벽지마감	온수 동 파이프위 모노륨	H:150 나왕위 니스칠
	12mm무늬목위 니스칠	12mm무늬목위 니스칠	18mm플로링널위 니스칠	H:150 나왕위 니스칠
주방·식당	45mm합판위 비닐천정지	모르타르위 비닐벽지	모르타르위 모노륨	H:150 나왕위 니스칠
욕 실	6mm합판위 비닐천정지	세라믹 타일 시공	모자이크 타일 시공	
	3mm평스레트위 비닐천정지			
	리빙우드			
현 관	12mm무늬목위 니스칠	12mm무늬목위 니스칠	바닥타일, 클링커타일	바닥타일, 클링커타일
보일러실·창고	모르타르위 WP칠	모르타르위 WP칠	모르타르마감	
발코니	모르타르위 WP칠	모르타르위 WP칠	바닥용 타일 깔기	
계단실	모르타르위 WP칠	모르타르위 WP칠	인조석 현장물갈기	인조석 현장 물갈기
	무늬코트뿜칠	무늬코트뿜칠		

③ 사무소

구 분	천 정	벽	바 닥	걸레받이
사무실	6mm석고보드 마감	6mm평스레이트위 WP칠	인조석 현장물갈기	인조석현장물갈기
화장실	6mm석고보드 마감	세라믹 타일 마감	모자이크타일, 바닥타일	
창 고	모르타르위 WP칠	모르타르위 WP칠	모르타르마감	
계단실	무늬코트 뿜칠	무늬코트뿜칠		

계단실	본타일마감	본타일마감	인조석 현장물갈기	인조석 현장물갈기
	모르타르위 WP칠	모르타르위 WP칠	아스타일 마감	아스타일 마감
지하층 사무실	모르타르위 WP칠 6mm석고보드마감	모르타르위 WP칠	인조석 현장 물갈기	인조석 현장 물갈기

(3) 약호표기해설

약 호	원 어	우리말 표기	약 호	원 어	우리말 표기
@	at	~에서, 간격표기	EA.	Each	개, 각각
A.B	Anchor Bolt	앵커볼트	ENT.	Enterance	현관
ABS	Asbestos	석면	FIN.	Finish	마감
ACST.	Acoustic	음향	FD.	Floor drain	바닥, 드레인
ADD.	Addition	부기	FL.	Floor	바닥
AGGR.	Aggregate	자갈	F.C.U.	Fan Coil Unit	팬코일유니트
AIRCOND	Air Conditioning	에어컨디션	GL.	Ground Level	지면
APPD.	Approved	승인	GYP.	Gypsum	석고
ASPH.	Asphalt	아스팔트	KIT.	Kitchen	부엌
AL.	Aluminium	알루미늄	LAB.	Laboratory	실험실
APT	Apartment	아파트	MH.	Manhole	맨홀
L	Angle	앵글	MAX	Maximum	최대의
B.L.	Building Line	건물기준선	MIN	Minimum	최소의
BLDG.	Building	건물	MECH.	Mechanical	기계의
B.M.	Bench Mark	표준점	PL.	Plate	판
BOT.	Bottom	하부	P.V.C	Poly vinyl chloride	염화비닐
BR.	Bed room	침실	PC.	Precast	프리케스트
BRS.	Brass	황동	PREFAB	Prefabricated	프리패브
BRZ.	Bronze	청동	RAD.	Radiator	라지에타
BT.	Bolt	볼트	R.C.	Reinforced concrete	철근콘크리트
C, CL	Center line	중심선	R	Riser	계단높이
CEM.	Cement	시멘트	RF.	Roof	지붕
CL.	Closet	옷장	R.D.	Roof Drain	지붕드레인
C.O.	Clean out	청소구	r	radius	반지름
COL.	Column	기둥	RM.	Room	방
CONC.	Concrete	콘크리트	Sect.	Section	단면
CORR.	Corridor	복도	SK.	Sink	개수대
C. TO C.	Center to center	중심에서 중심까지	ST. STL	Steel	철
CIR	Circle	원	SST.	Stainless steel	스텐레스
CL.G.	Clear Glass	투명유리	SYM.	Symbol	기호
CONST.	Construction	시공	T.	Toilet	화장실
DIA.	Diameter	지름	THK	Thickness	두께
DIM.	Dimension	치수	TYP	Typical	대표적인
DIST.	Distance	거리	UP	Up	오름
DN.	Down	내려감	VENT	Ventilate	환기
DR.	Drain	드레인	W	with	~와

(4) 도면의 영문표기 해설

원 어	약 호	우리말 표기	원 어	약 호	우리말 표기
ACCESS DOOR		점검구	COLOR LACQ		지정색깔있는 락카
ACCESSORY		악세사리	COLUMN	COL.	기둥
ACRYLIC		아크릴	CONCRETE	CONC.	콘크리트
AIR CONDITIONER	A/C	에어컨디션	CONFERENCE		회의
	A/H	에어컨&히터	CONSOLE		벽에붙여설치하는장식테이블
ALUMINIUM	AL	알루미늄	CORRIDOR	CORR.	복도
ANCHOR BOLT	AB.	앵커보울트	CURTAIN BOX		커텐을 다는 박스
ANGLE		앵글	DESK		책상
APPOINTMENT	APP.	지정, 선택된	DETAIL		상세도
AREA		영역	DIMENSION	DIM.	치수
AXONOMETRIC	AXONO.	이등각투상도	DINING		식당
BAGGAGE LOCK		호텔객실전용 수납장	DISPLAY SHELF		전시겸용 선반
BALCONY		발코니	DISPLAY STAGE		전시를 위한 스테이지 (H:500미만)
BAR		카운터형식의 식음료테이블			
BASE BOARD		걸레받이(굽도리)	DISPLAY TABLE		전시를 위한 테이블
BATH ROOM		욕실, 화장실	DOOR		문
BED		침대	DOUBLE BED		2인용 침대
BED ROOM		침실	DOWN	DN.	내려감(주로 계단부분표기)
BLIND		블라인드	DOWN LIGHT		매입등
BOARD		판, 널판	DRAWER CHEST		서랍장
BOLT	BT.	볼트	DRAWING TABLE		제도판
BOOTH		일정구역	DRESSING TABLE		화장대
BRACKET		벽부등	EASY CHAIR		안락의자
BRASS		황동	ELEVATION		입면도
BRICK		벽돌	ELEVATOR	EV.	엘리베이터
BRONZE		청동	EMULSION PAINT	E.P	에멀젼 페인트
CARPET		카펫	ENTRANCE	ENT.	현관(주출입구)
CARPET TILE		조각타일	ETCHING GLASS		엣칭유리
CASHIER COUNTER		계산대	EXAPANEL		욕실에사용하는PVC계열
CEILING		천장	EXIT LIGHT		비상구 표시등
CEILING HIGH	C.H	천정고	FABRIC		직물로 된 벽지
CEILING LIGHT		직부등	FINISH	FIN.	마감
CEILING PLAN		천정도	FIRE SENSOR		열감지기
CERAMIC TILE		자기질 타일	FITTING ROOM		옷을 갈아입어 보는곳
CHAIR		의자	FIXED GLASS	FIX.	고정유리
CHANDELIER		샹들리에	FLOOR	FL.	바닥
CHEST		수납가구	FLOOOR HINGE		바닥 고정축(문짝에 사용)
CIRCLE		원	FLOOR LEVEL	F.L	바닥의 높이
CLEAR GLASS		투명유리	FLOOR PLAN		평면도
CLEAR LACQ		투명락카	FLOOR STAND		바닥등
CLOSET	CL.	옥장	FLUORESCENCE	FL	형광등

원 어	약 호	우리말 표기	원 어	약 호	우리말 표기
FRAME		틀(울거미)	PARTITION		간막이벽
FURNITURE		가구	PENDANT		달대등, 달아내린 조명
GALLERY		갤러리	PERSPECTIVE	PERS.	투시도
GAS RANGE		가스레인지	PIPE DUCT	P.D	파이프 덕트
GLASS		유리	PLANT BOX		화분
GYPSUM		석고	PLATE	PL.	판(철판)
GYPSUM BORAD	G/B	석고보드	PLY WOOD		합판
H.Q.I	H.Q.I	투광기, 고광도의 등기구	POLISHING		물갈이(광택내기)
HALL		홀	POLY VINYL	P.V.C.	염화비닐
HALOGEN LAMP		할로겐 램프	PORCH		돌출현관
HANGER		봉걸이 형식의 가구	POWDER ROOM		탈의와 화장의 공간
ICE COAT		표면요철이 있는 도장재	PVC TILE		합성수지로 만든 타일
INCANDESCENT	IL	백열등	RADIATOR		라지에이터
INFORMATION DESK		안내데스크	RECEPTION		상담
INSERT		인서트, 연결철물	REFRIGERATOR	REF.	냉장고
INSULATION		단열재	REST ROOM		휴게실
ISOMETRIC	ISO.	등각투상도	ROOM	RM.	방(실)
KITCHEN		부엌	RUG		바닥에사용되는부분적인깔판
LACQUER	LACQ.	락카(도장재)	SCALE		축척
LAUAN		라왕(목재)	SECTION	SECT.	단면도
LAUNDRY		세탁실	SEMIDOUBLE BED		2인용침대보다약간 작은침대
LEGEND		범례표	SERVING COUNTER		써비스를 위한 카운터
LIGHTING TRACK		조명이연결되는 트랙	SHELF		선반
LIVING ROOM		거실	SHOW CASE		진열대
LOBBY		로비	SHOW STAGE		바닥에서그리높지않은전시판
LOUNGE		라운지	SHOW WINDOW		창가쪽에 면한 전시공간
LOUVER		루버(빗살)	SHOWER TRAY		샤워를 위한 설치물
MEDIUM DENSITY FIBERBOARD	M.D.F	잔톱을 성형한 집성목재판	SHUTTER		셔터
			SIDE TABLE		측면에 놓는 테이블
MACHINE		기계	SIGN BOARD		광고 전시판
MANIKIN		마네킹	SINGLE BED		1인용 침대
MARBLE		대리석	SINK		싱크, 개수대
MIRROR		거울	SLOPE		경사도
MOULDING		몰댕(반자돌림)	SOFA		소파
MOVABLE CHAIR		이동가능한 의자	SPOT LIGHT		국부강조조명
MOVABLE		이동가능한 간막이벽	SPRAY		뿜칠
MULTI VISION		멀티비젼	SPRINKLER		스프링쿨러, 소화전
NIGHT TABLE		침대 옆 테이블	STAINLESS	SS.	스테인레스
NON SLIP		미끄럼방지를 위한 설치물	STAINLESS STEEL	SST.	스테인레스 스틸
OAK		참나무	STAIR		계단
OFFICE		사무실	STEEL	ST.	철
OIL PAINT	O.P	유성페인트	STOOL		스툴, 간이의자

원 어	약 호	우리말 표기
STORAGE		창고
STUCCO		석회와석고등을섞어만든미장재
SUITE ROOM		호텔특실
TABLE		테이블
TEA TABLE		차를마실수있는 탁자
TELEPHONE BOOTH		전화부스
TEMPERED GLASS		강화유리
TERAZZO		인조석 종석바름
TERRACE		테라스
TERRACOTTA		자토를 소성한 점토제품
THICKNESS	THK.	두께
TOILET		화장실
TRACK SPOT		트랙을이동하며비추는국부조명
TRENCH		길이형식으로된 대용량배수구
TWIN BED		1인용 침대가 2대
UP		오름(주로계단부분에 표기)
UTILITY ROOM		탕비실
VARNISH PAINT	V.P	바니쉬 페인트
VENTILATOR		환기구
VENTILATOR-IN		송기구

원 어	약 호	우리말 표기
VENTILATOR-OUT		배기구
VERANDA		베란다
VERTICAL BLIND		수직블라인드
VINYL SHEET		비닐 장판
WAINSCOT		중간돌림대
WAITING AREA		대기영역
WAITING ROOM		대기실(ANTE ROOM)
WALL PAPER		벽지
WALNUT		호도나무
WATER PAINT		수성페인트
WINDOW		창
WOOD FLOORING		마루널
WOOD GRAIN		무늬목
ZOLATON		색알갱이가첨가된뿜칠용도료
특수기호		
at	@	간격
radius	r	반지름
	Ø	지름, 원의 구경
	□	사각단면
plant	ㅛ	철판

(5) 도면의 공간별 마감재 표기

◇ 주거공간

천정	APP.CEILING PAPER FIN.(지정 천정지 마감)	바닥	APP. VINYL SHEET FIN.(지정 장판지 마감)
	APP. FABRIC FIN.(지정 천 천정지 마감)		APP. WOOD FLOORING FIN(지정 마루널 마감)
	※화장실 APP. EXAPANEL FIN.(지정 엑사판넬마감)		APP.CARPET FIN.(지정 카펫 마감)
벽	APP. WALL PAPER FIN.(지정 벽지마감)		
	APP. FABRIC FIN.(지정 천 벽지 마감)		

◇ 상업공간/업무공간/전시공간 공통적용

천정	APP.CEILING PAPER FIN.(지정 천정지 마감)	바닥	APP. P.V.C TILE FIN.(지정 P.V.C. 타일 마감)
	APP. FABRIC FIN.(지정 천 천정지 마감)		APP. DECO TILE FIN(지정 데코타일 마감)
	APP. COLOR LACQ. FIN.(지정 칼라래커 마감)		APP. MARBLE FIN(지정 대리석 마감)
	APP. V.P FIN.(지정 바니쉬 페인트 마감)		APP. CARPET FIN.(지정 카펫 마감)
	APP. ICE COAT FIN.(지정 아이스코트 마감)		APP. CARPET TILE FIN(지정 카펫타일 마감)
	APP. ZOLATON SPRAY FIN.(지정 졸라톤 마감)		APP. CERAMIC TILE FIN(지정 자기질 타일 마감)
	※화장실 APP. EXAPANEL FIN.(지정 엑사판넬마감)		APP. TERAZZO FIN(지정 인조석 물갈기 마감)
벽	APP. WALL PAPER FIN.(지정 벽지마감)		APP. V.P FIN.(지정 바니쉬 페인트 마감)
	APP. FABRIC FIN.(지정 천 벽지 마감)		APP. ICE COAT FIN.(지정 아이스코트 마감)
	APP. COLOR LACQ. FIN.(지정 칼라 래커 마감)		APP. ZOLATON SPRAY FIN.(지정 졸라톤 마감)
			APP. CERAMIC TILE FIN.(지정 자기질타일 마감)

[3] 설계의 표현기호

(1) 재료 구조 표시기호

축척정도별 구분 표시사항	축척 1/100 또는 1/200 일때	축척 1/20 또는 1/50 일때
벽 일 반		
철골 철근 콘크리트 기둥 및 철근 콘크리트벽		
철근 콘크리트 기둥 및 장막벽	재료표시	재료표시
철골기둥 및 장막벽		
블 록 벽		축척 1/20 축척 1/50
벽 돌 벽		
목조벽 { 양쪽심벽 / 안심벽 / 밖평벽 / 안팎평벽 }		축척 1/20 반쪽기둥 통재기둥

▲평면용

표시사항구분	원칙사용	준용사용	비　　고
지　　반			경사면
잡 석 다 짐			
자갈, 모래	a자갈　b모래	자갈, 모래섞기	타재와 혼용될 우려가 있을 때에는 반드시 재료명을 기입한다.
석　　재			
인 조 석 (모 조 석)			
콘 크 리 트	a　b　c		a는 강자갈 b는 깬자갈 c는 철근배근일 때
벽　　돌			
블　　록			
목재 치장재		단면 직사각형방향 단면	
목재 구조재		합판	유심재 거심재를 구별할 때 유심재　거심재
철　　재			준용란은 축척이 실척에 가까울 때 쓰인다.
차 단 재 (보온,흡음,방수,기타)	재료명 기입		
얇은재(유리)	a		a는 실척에 가까울 때 사용한다.
망　　사	a		a는 실척에 가까울 때 사용한다.
기　　타	윤곽을 그리고 재료명을 기입한다.		실척에 가까울수록 윤곽 또는 실형을 그리고 재료명을 기입한다.

▲단면용

(2) 출입구 및 창호 표시기호

명 칭	평 면	입 면	명 칭	평 면	입 면
출입구 일반			미서기문		
회전문			미닫이문		
쌍여닫이문			셔터		
접이문			빈지문		
여닫이문			방화벽과 쌍여닫이문		
주름문 (재질 및 양식기입)			빈지문		
자재문			망사문		
창일반			망사창		

명 칭	평 면	입 면	명 칭	평 면	입 면
망 창			여닫이창		
회전창 또는 돌출창			셔터창		
오르내리창			미서기창		
격자창			계단 오름 표시		오름 / 내림
쌍여닫이창					

(3) 가구 및 설비 표시 기호

테이블		2단베드		붙박이가구 (미닫이문)	
책 상		더블베드		침 대 (전시·제안용. 도면에만 사용. 공사용도면에는 사용하지 않음)	
소의자		세로형 피아노		냉장고	
스 툴		평형 피아노		세면기	

쇼 파		싱크대		소변기	
코 치		가스렌지		대변기	
쇼 파		수납용가구 (절단된표시)		송기구	
싱글베드		붙박이가구 (여닫이문)		배기구	
닥 트	E E---전기 / A---공기 / S---위생	엘리베이터			
텔레비젼	TV.	파이프닥트	P	닥트스페이스	S
서비스콕		한쪽가스콕		탕비기	
탕가감콕		양쪽가스콕		가스미터	M
중간콕	Z	특수가스콕		가스미터	
형광등	F.L.40(20)W×1	형광등	F.L.40(20)W×2	형광등	F.L.40(20)W×3
천정등 일반	○	실링라이트	CL	샹델리어	CH
코드펜던트		파이프펜던트	P	매설기구	◎
벽 등		벽붙인콘센트		선풍기	∞

(4) 선등급 표현

| 굵은선 0.6~0.8 |
| 반선 0.4~0.5 |
| 가는선 0.3이하 |
| 굵은1점쇄선 (기준선) |
| 가는1점쇄선 (중심선) |
| 굵은 파선 |
| 가는 파선 |

* 실습방법
- 샤프연필과 테크닉펜으로 연습한다.
- T자, 45° 삼각자를 사용한다.

* 유의사항
- 일점쇄선과 파선의 간격은 일정하게 한다.
- 일점쇄선의 점은 정확한 점이어야 한다.

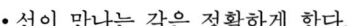 (O)

 (×)

- 선이 만나는 각은 정확하게 한다.
- 연필사용시 연필을 돌리면서 그어야 일정한 선이 된다.
- 굵은선, 중간선, 가는선이 구별되어야 한다.

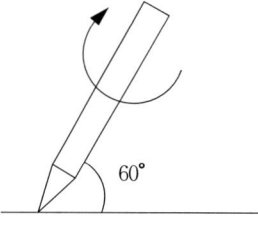

(5) 도면 설비기호 배치방법

종류	형식		기호		위치설정	
	국문	영문	원칙	준용	배치방법	계산식
조명설비	직부등	CEILING LIGHT	○	○ or ◎ or ◎	실내를 비추는 전반광원이므로 1,000~1,800mm 사이에 등거리 간격으로 배치한다.	H=작업면~천정거리 직접조명 h≥2/3H 간접조명 h=2/3H D=전등간격 S=벽과 전등과의 거리 D≤2/3h (일반) S≤1/3D (벽 측면에서 일할 때) S≤1/2D (벽 측면에서 일 안할때)
	매입등	DOWN LIGHT	◎			
	달대등	PENDANT	⊖		식탁이나 테이블 등 목적상 단란 추구나 집중력을 요하는 개소에 설치한다.(필요작업면위에서 600mm전후로 결정한다.	
	국부등	SPOT LIGHT	△	◇	상업공간이나 전시공간 등에서 필요로 하는 개소에 비추는 집중조명으로 간격에 관계없이 개별 개소에 따라 설치한다.	
	벽부등	BRACKET	⊖	오오	간접조명 형태이므로 침대 위나 액자 하부 등 효과나 비상등 목적이 있는 곳에 설치한다.	
공조설비	송기구	VENTILATOR-IN	⊠	⊠	자연환기가 되는 개구부로부터 먼 곳에 위치하되 구석을 피하고 목적성을 갖게한다.	※송기구와 배기구의 간격은 서로의 역할을 방해하지 않는 범위 (1,800정도)로 정한다.
	배기구	VENTILATOR-OUT	※	※	송기구로부터 가깝지 않은 곳에 설치하여 송기구의 역할을 방해하지 않도록 한다.	
소방설비	열감지기	FIRE SENSOR	F	○	화재의 위험성이 있는 곳에 배치하며 일반의 경우 등거리 배치한다.	
	소화전	SPRINKLER	Ⓢ	⊙	소화전의 급수압에 의해 정해지는 살수반경을 계산해서 사각지대가 없게끔 배치한다.	살수반경 1.8m ※ 일반적으로 3m마다 설치한다.
기타 조명종류	형광등	FLUORESCENT LAMP (FL)	▭	1EA ▭ 2EA ▭○▭ 3EA ▭○▭○▭		
	비상등	EXIT LIGHT	⊗			
	백열등	INCANDESCENT LAMP (IL)	상위형식에 기준한다.		※ 기타 모든 조명의 종류는 상위 조명설비 표시기호에 준하여 기입한다.	
	할로겐	HALOGEN				

(6) 도면 선의 등급 구분

진 한 선	벽체·기둥 단면선(0.7mm 정도의 샤프를 사용하여 명확히 구분해 표시한다.)/문틀·창틀 단면선
중 간 선	입면선(문지방, 현관과 거실경계선, 창문지방, 창대, 가구선) 비구조체 단면선(마감선, 미장선, 출입문짝, 창문짝) 중심선, 치수보조선, 치수선, 벽체절단 단면선, 상부선반 표시점선, 아치상부 표시점선, 하부표시 점선
가 는 선	기호(침대 표시기호, 가구절단 표시기호, 출입구의 열리는 방향표시기호, 벽돌 해칭선, 콘크리트 표시기호, 덕트의 X표시) 무늬(타일 바닥무늬, 거실 바닥무늬, 기타 바닥무늬) 질감(벽체질감, 천장질감)
특 기 사 항	천정도의 조명기구, 설비기호, 몰딩은 중간선 평면, 입면의 무늬나 질감을 나타내기 위한 절단선(생략선)은 가는선
투시도의 잉킹(Inking)시 굵기	가는선으로 그리는 것이 원칙이다. 바닥에 접지되는 가구선은 진하게 긋는다. 바닥과 벽, 천장과 벽, 벽과 벽이 만나는 모서리 선은 진하게 긋는다.

(7) 치수 기입방법

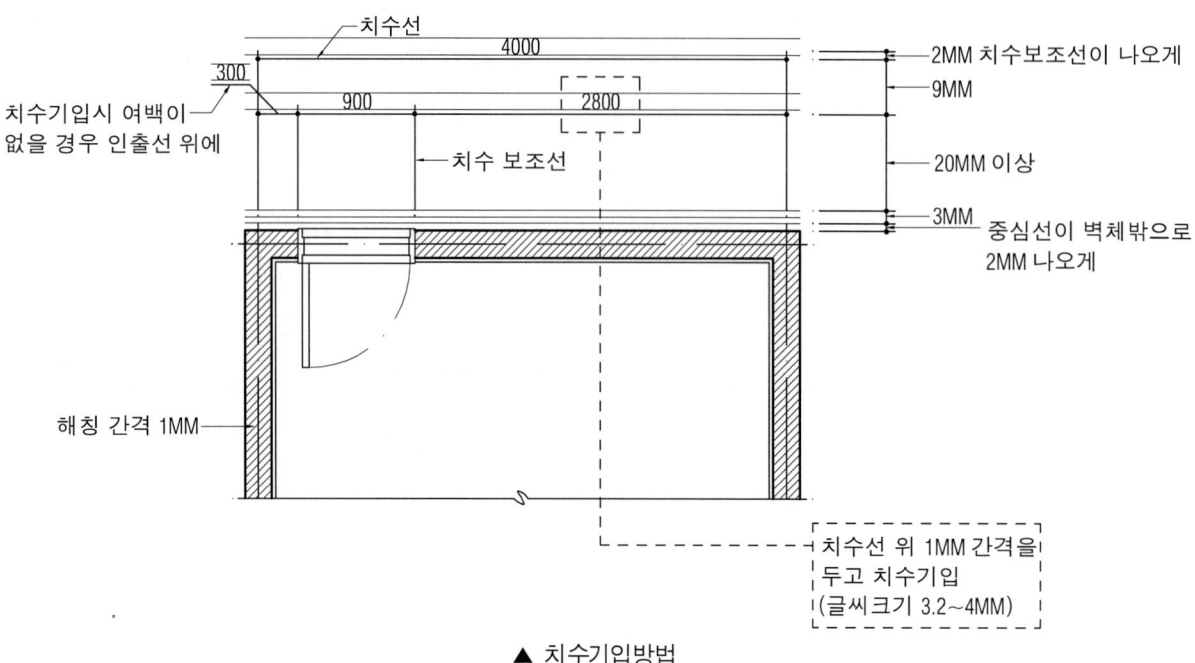

▲ 치수기입방법

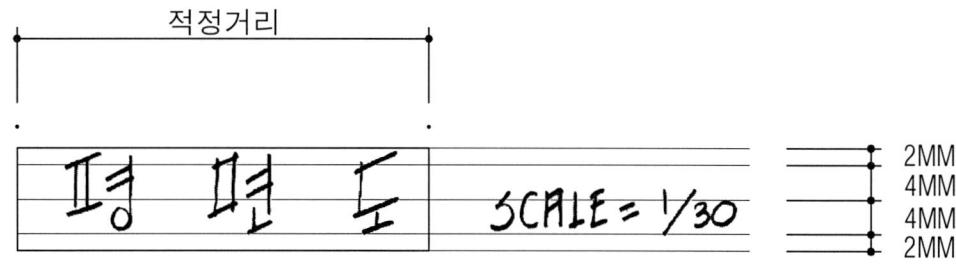

"예시"

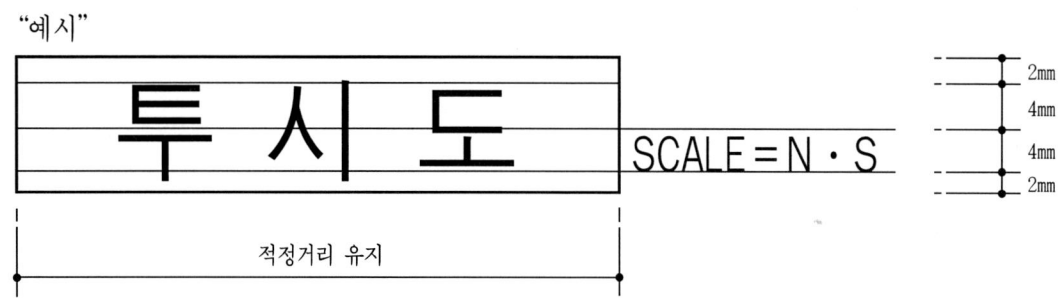

[4] 기초제도 실습

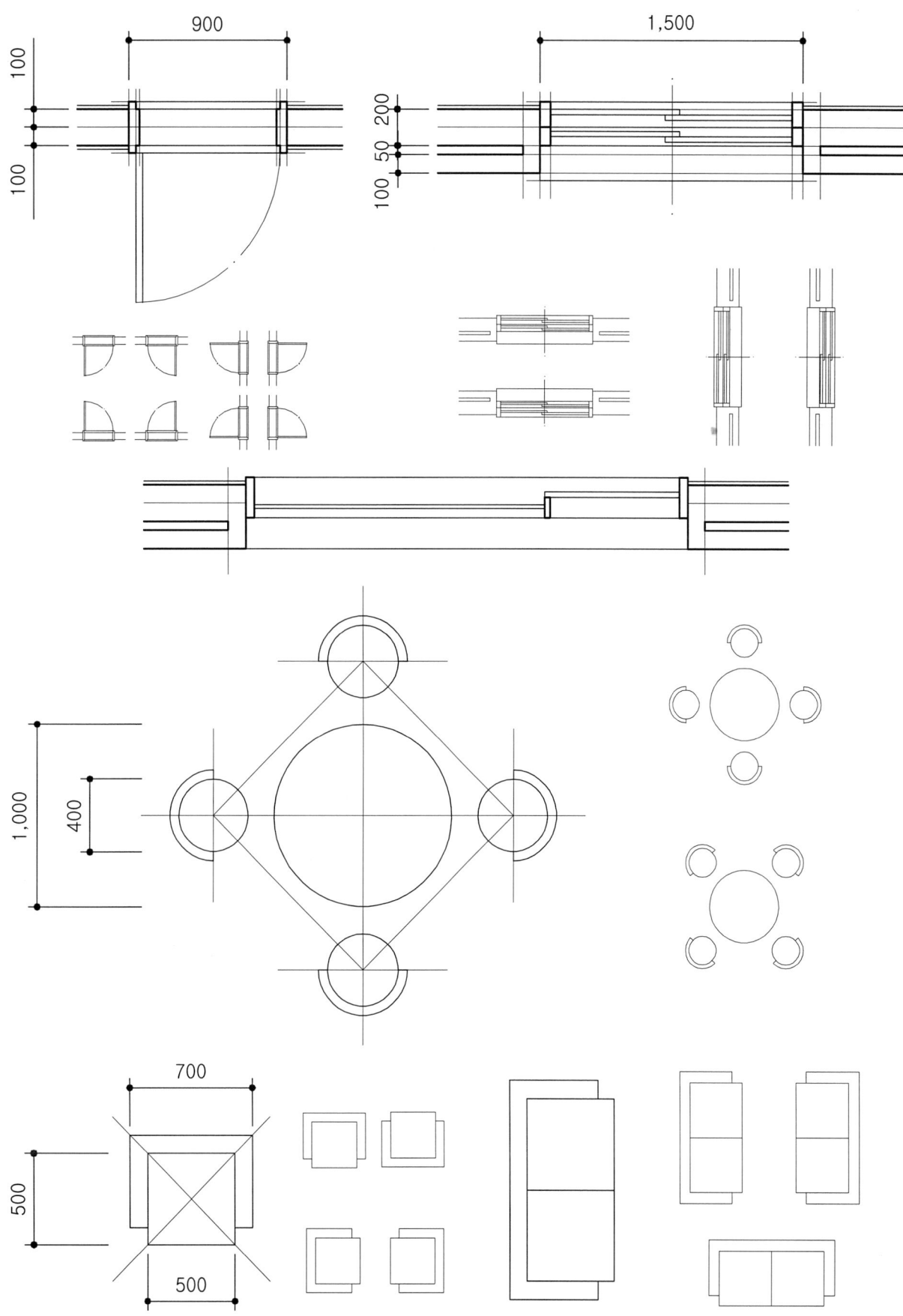

제3장 도면작성방법

[1] 평면도

건축물을 건물의 바닥면으로부터 1.5m 정도 높이에서 수평으로 절단하였을 때의 수평투영도를 말한다.

(1) 표시사항

① 기둥과 벽의 구조체　② 창호 및 개폐방법　③ 마감선
④ 가구(배치)　⑤ 위생기구　⑥ 칸막이
⑦ 줄눈이나 재료표현　⑧ 공간의 용도, 명칭, 치수, 재료명　⑨ 부호(단면, 전개면 등)
⑩ 도면제목 및 축척　⑪ 이밖에 보이지 않는 부위를 점선으로 표시　⑫ 수목 등

(2) 작도순서

① 중심선을 흐리게 긋는다.

② 벽체두께 표시를 흐리게 한다.

※ 알아야 할 사항

ⓐ 표준형 벽돌의 크기 : 190×90×57mm

ⓑ B는 벽돌 Brick의 머리글자이다.

ⓒ 0.5B 쌓기 : 벽돌을 A방향으로 쌓아 벽체를 만들 경우 벽두께는 90mm, 이것을 벽돌 반장두께 쌓기라 하며, 작도시 100mm로 한다.

ⓓ 1.0B 쌓기 : 벽돌을 B방향으로 쌓아 벽체를 만들 경우 벽두께는 190mm, 이것을 벽돌 한장 두께 쌓기라 하며, 작도시 200mm로 한다.

ⓔ 1.5B 공간쌓기 : 건물의 외벽은 공간쌓기나 단열처리를 반드시 하여야 한다.

실제는 190+50+90=330mm이나 작도시 200+ 50+100=350mm로 한다.

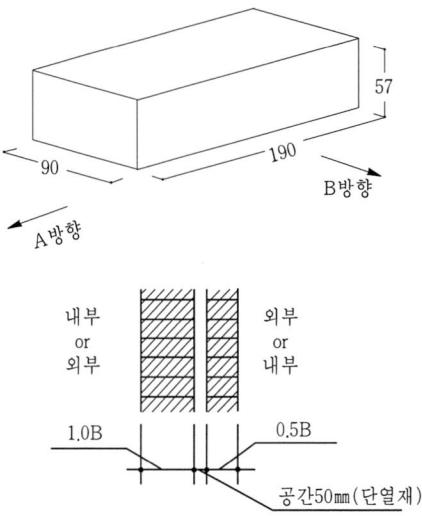

③ 창호(문과 창문)의 위치 표시를 흐리게 한다.(문의 기본 규격은 폭900㎜, 높이 2,100㎜이다)

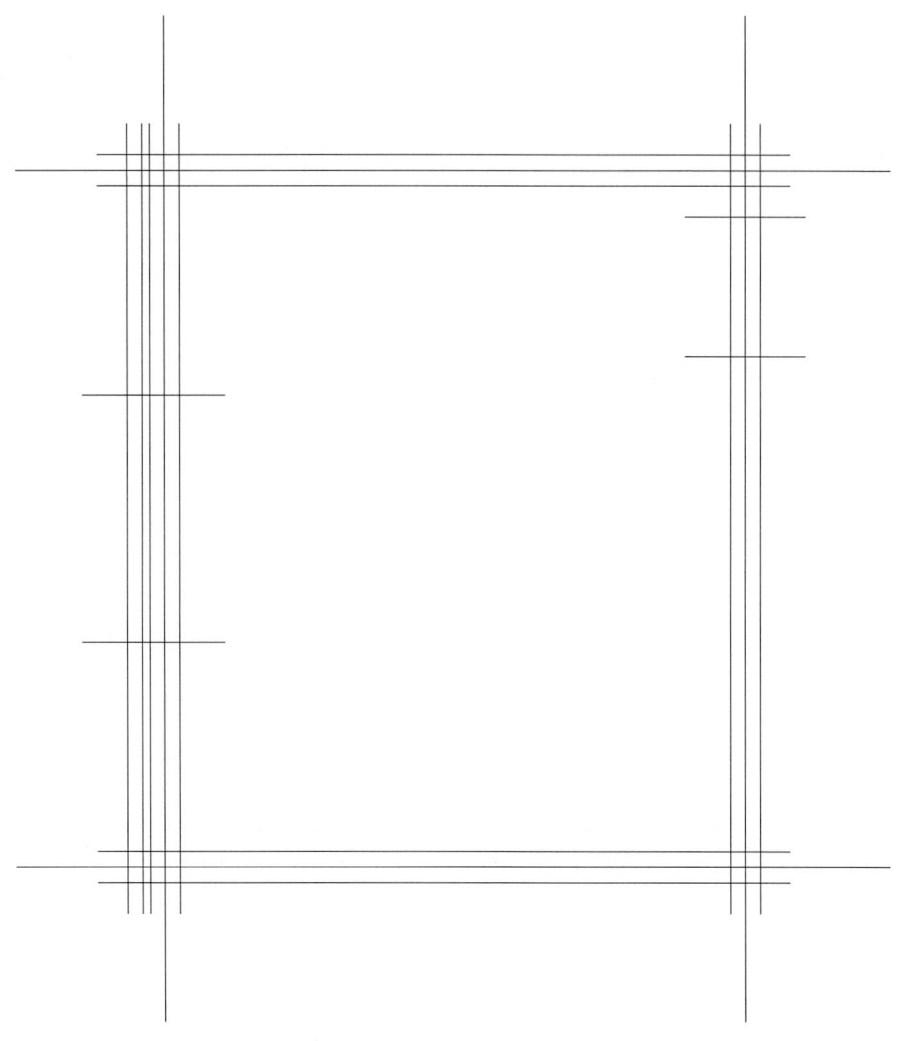

④ 단면벽체를 가장 진한 선으로 긋는다.

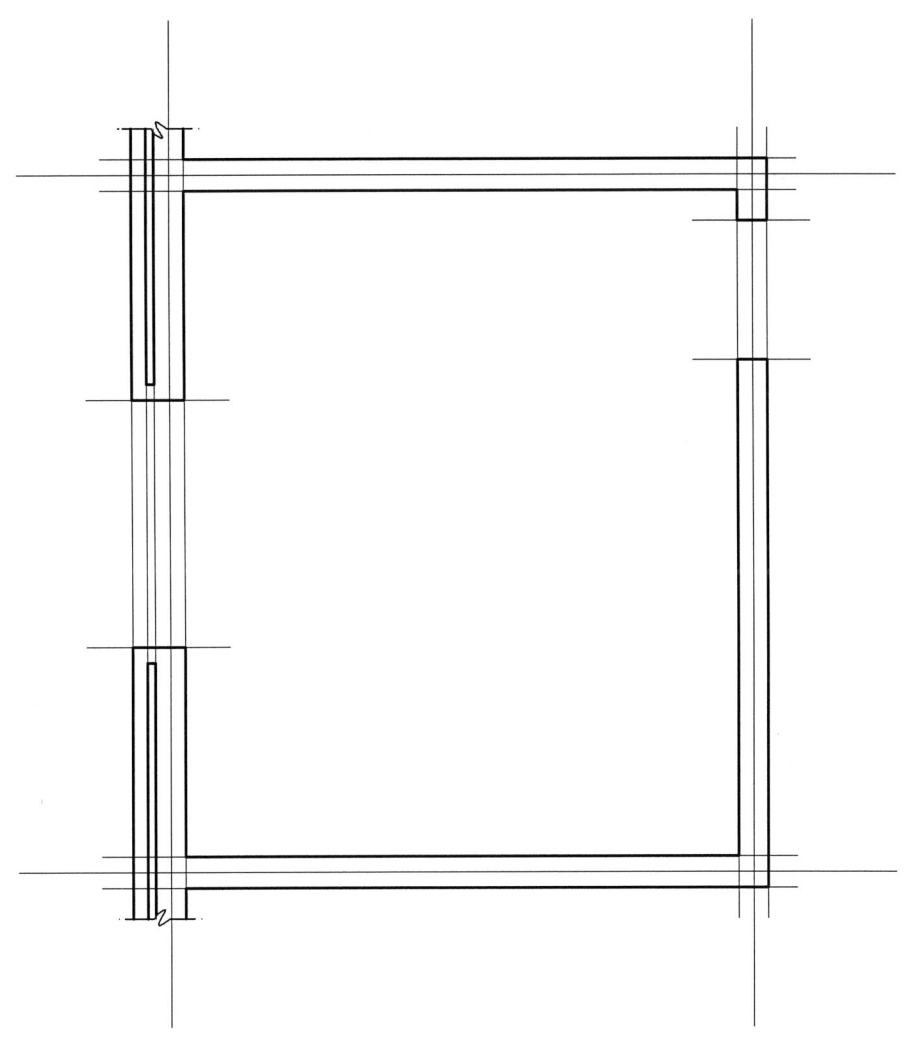

⑤ 창호(문과 창문)를 정확하게 표현한다.(여기서 문은 문지방(sill)이 있는 경우를 표현한 것임)
⑥ 벽체 마감선을 그린다.
   (마감두께 측량은 축척상 어려우므로 벽체단면선과 구별되게 벽선에 가까이 그린다.)

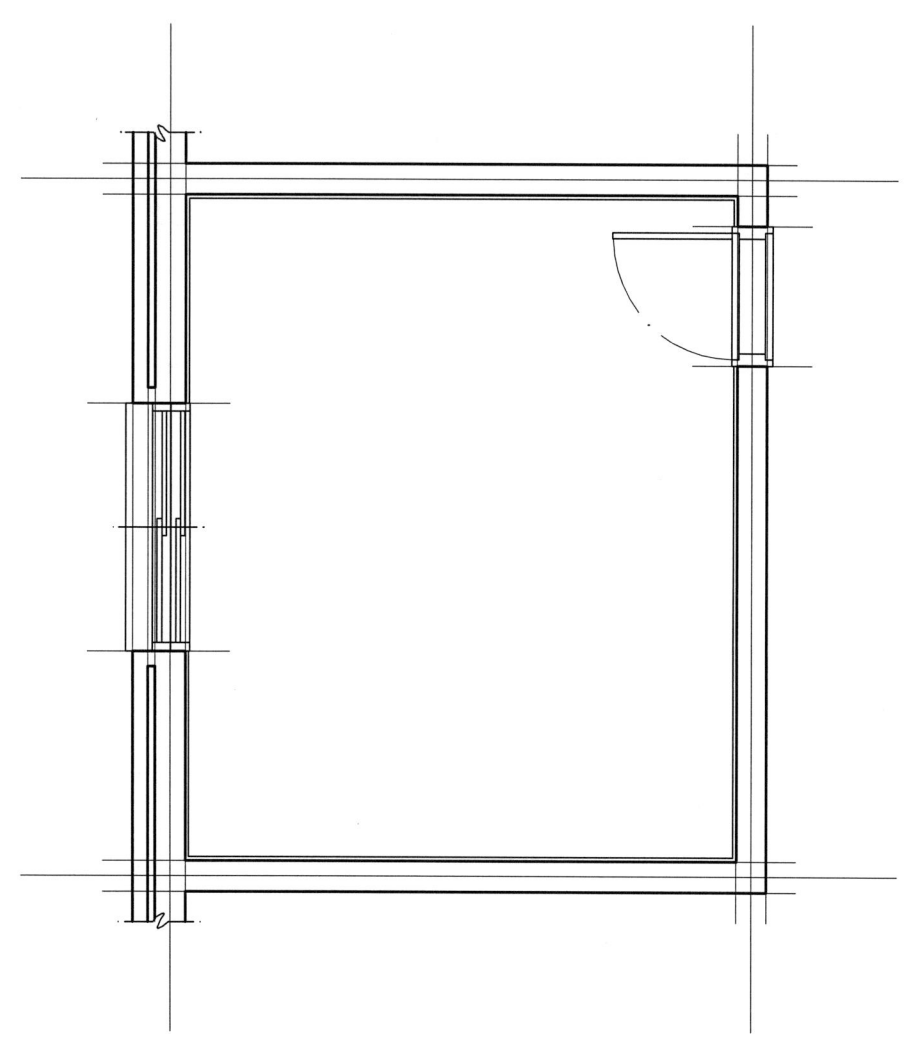

⑦ 가구 및 집기 등 표현해야 할 요소를 그린다.
⑧ 치수보조선과 치수선의 위치를 흐리게 긋는다.

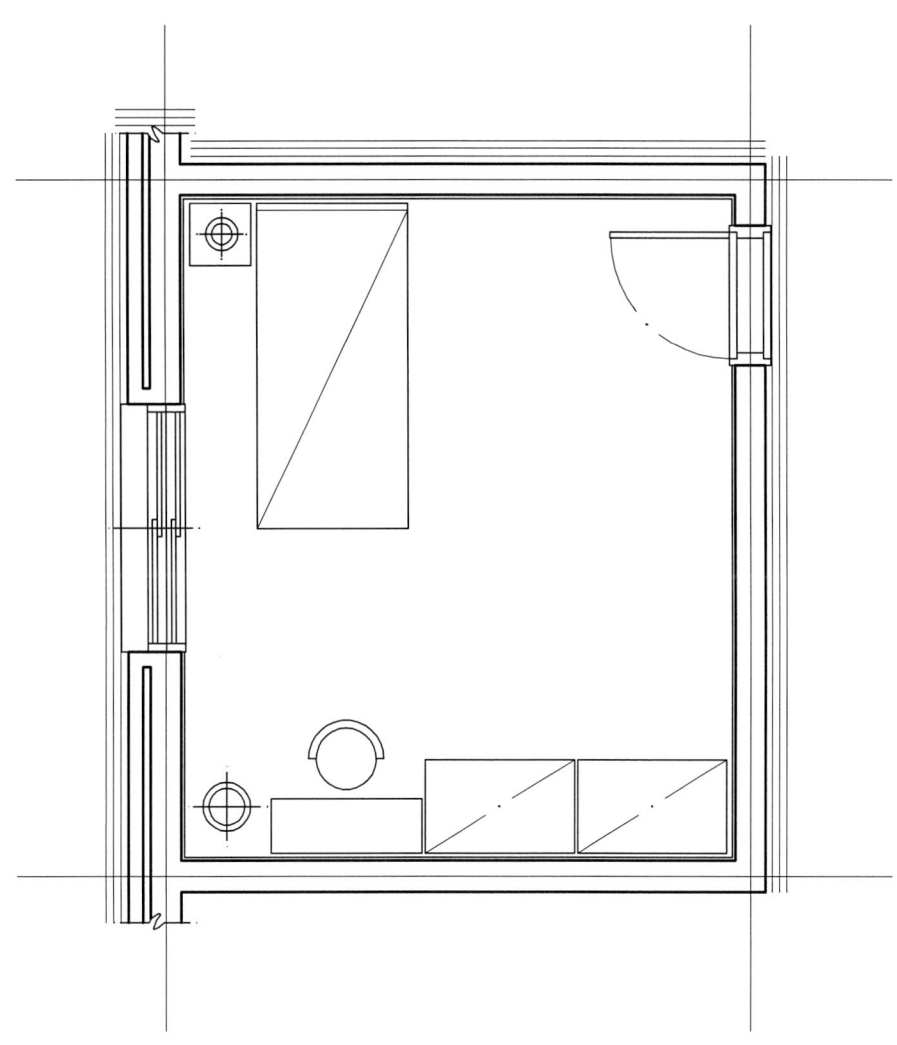

⑨ 중심선(–·–·–)과 치수선(———)을 그린다.
⑩ 글씨를 쓰기위한 보조선을 흐리게 긋고 글씨를 쓴다.
⑪ 전개면 표시부호를 그린다.
⑫ 바닥재 질감표현을 가는선으로 그린다.
⑬ 벽체단면 해칭선을 긋는다.
⑭ 도면명과 축척을 기입하고 정리한다.

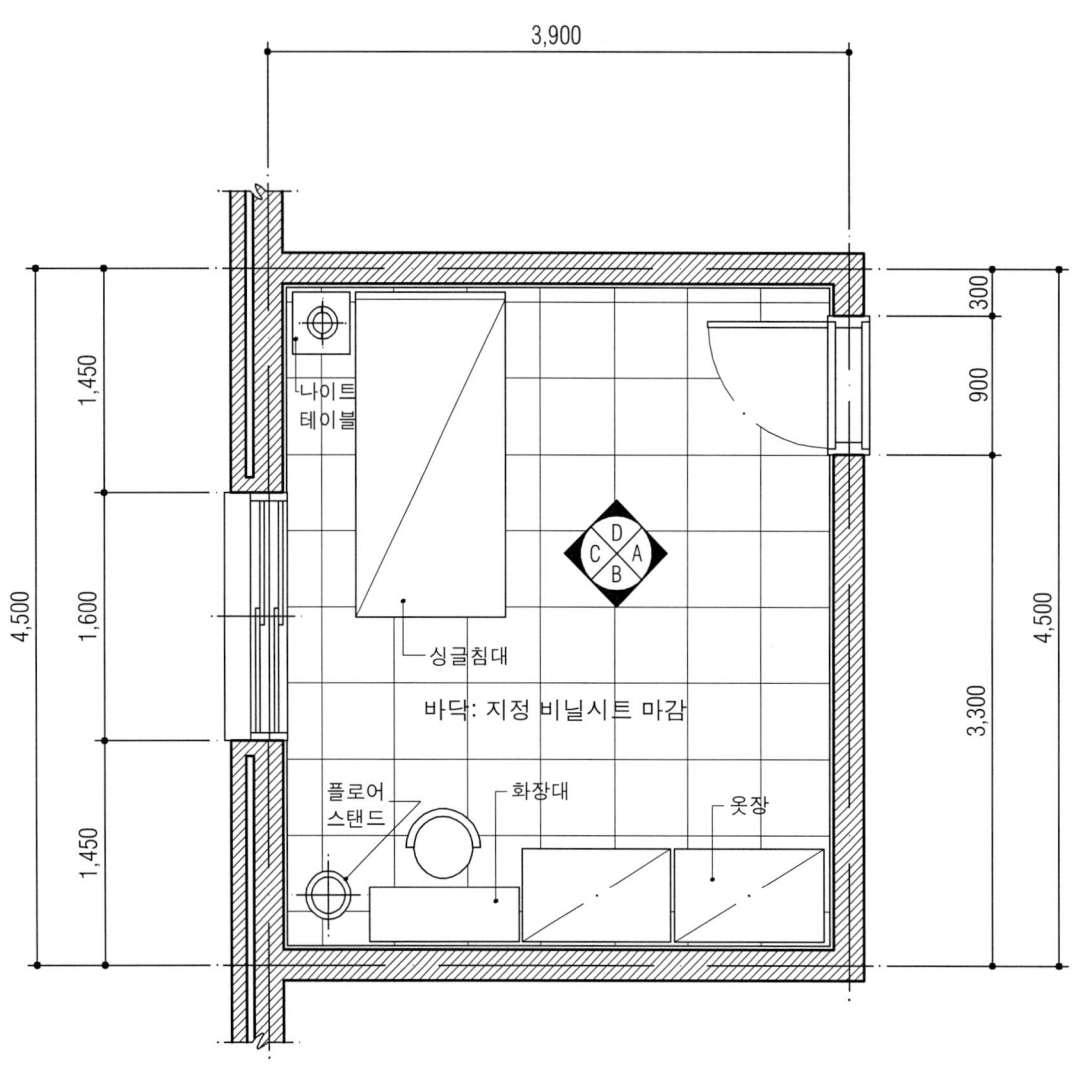

평면도   SCALE = 1/30

[2] 천정도

천정면 자체를 나타낸 도면으로 천정면을 기준으로 수평절단한 것을 기준으로 한다. 천장도, 천정 (장)복도라고도 한다.

(1) 표시사항
① 기둥과 벽의 구조체　　② 창호의 위치　　③ 마감선
④ 몰딩　　　　　　　　⑤ 조명기구　　　　⑥ 각종 설비
⑦ 천정의 고저　　　　　⑧ 재료표현
⑨ 천정고　　　　　　　⑩ 매달려 있거나 매입된 부위는 점선으로 표시
⑬ 도면 제목 및 축척　　⑫ 치수

(2) 작도순서
① 중심선을 흐리게 긋는다.(작도하고자 하는 축척에 맞추어)

② 벽체두께 표시를 흐리게 한다.

③ 창호(문과 창문)의 위치표시를 흐리게 한다.

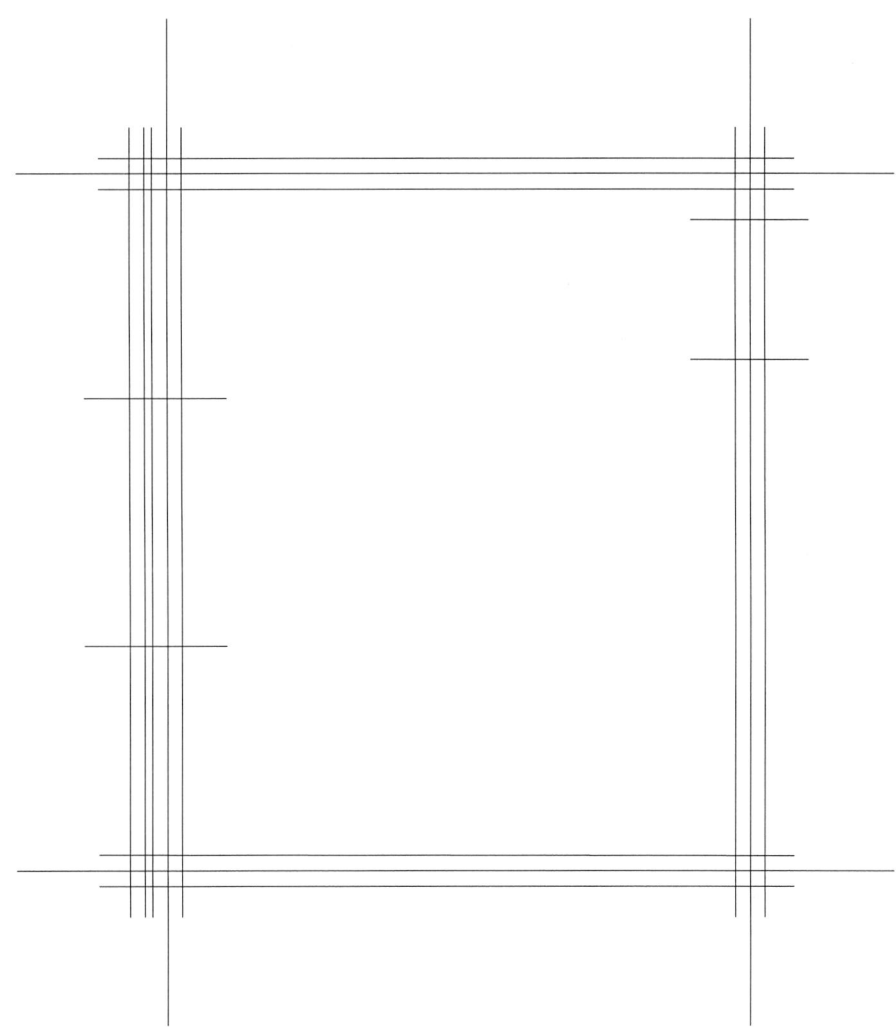

④ 벽체선을 단면선으로 진하게 긋고, 창호의 위치 표시를 정확하게 작도한다.

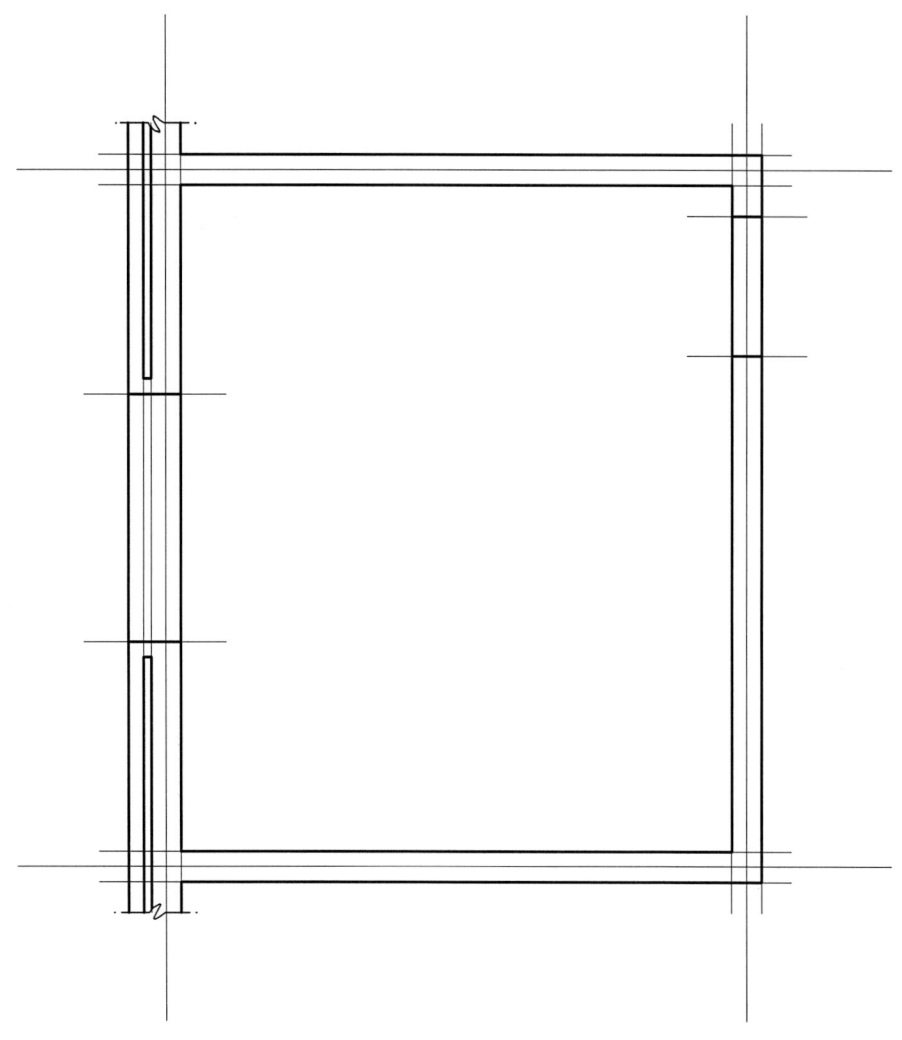

⑤ 마감선을 긋는다.
⑥ 커튼박스(Curtain Box)가 있는 경우 표현한다.
 커튼박스의 길이는 창호 크기보다 양쪽으로 100mm씩 크게 하는 것이 보통이다.
⑦ 몰딩이 있는 경우 표현한다.

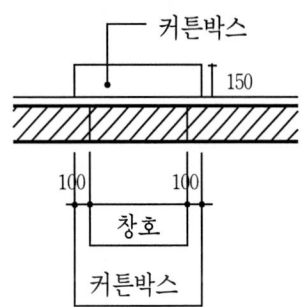

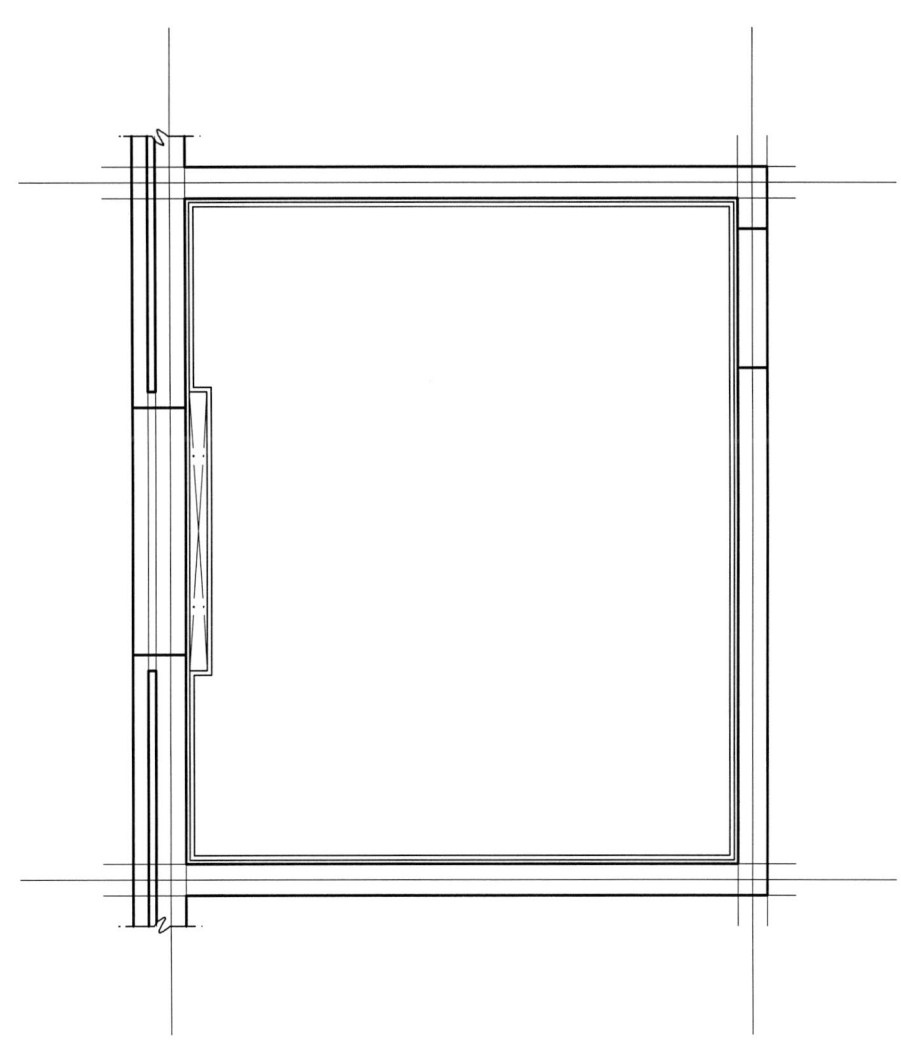

⑧ 설비(전기, 경보, 환기, 조명)류를 표현한다.
⑨ 치수보조선, 치수선을 흐리게 설정한 다음 중심선(―‧―‧―)과 치수보조선, 치수선(―――)을 정확히 작도한다.
⑩ 글씨를 쓰기위한 보조선을 흐리게 긋고 치수, 재료명, 도면명, 축척 등을 기입한다.
⑪ 해칭선을 긋고 마무리한다.

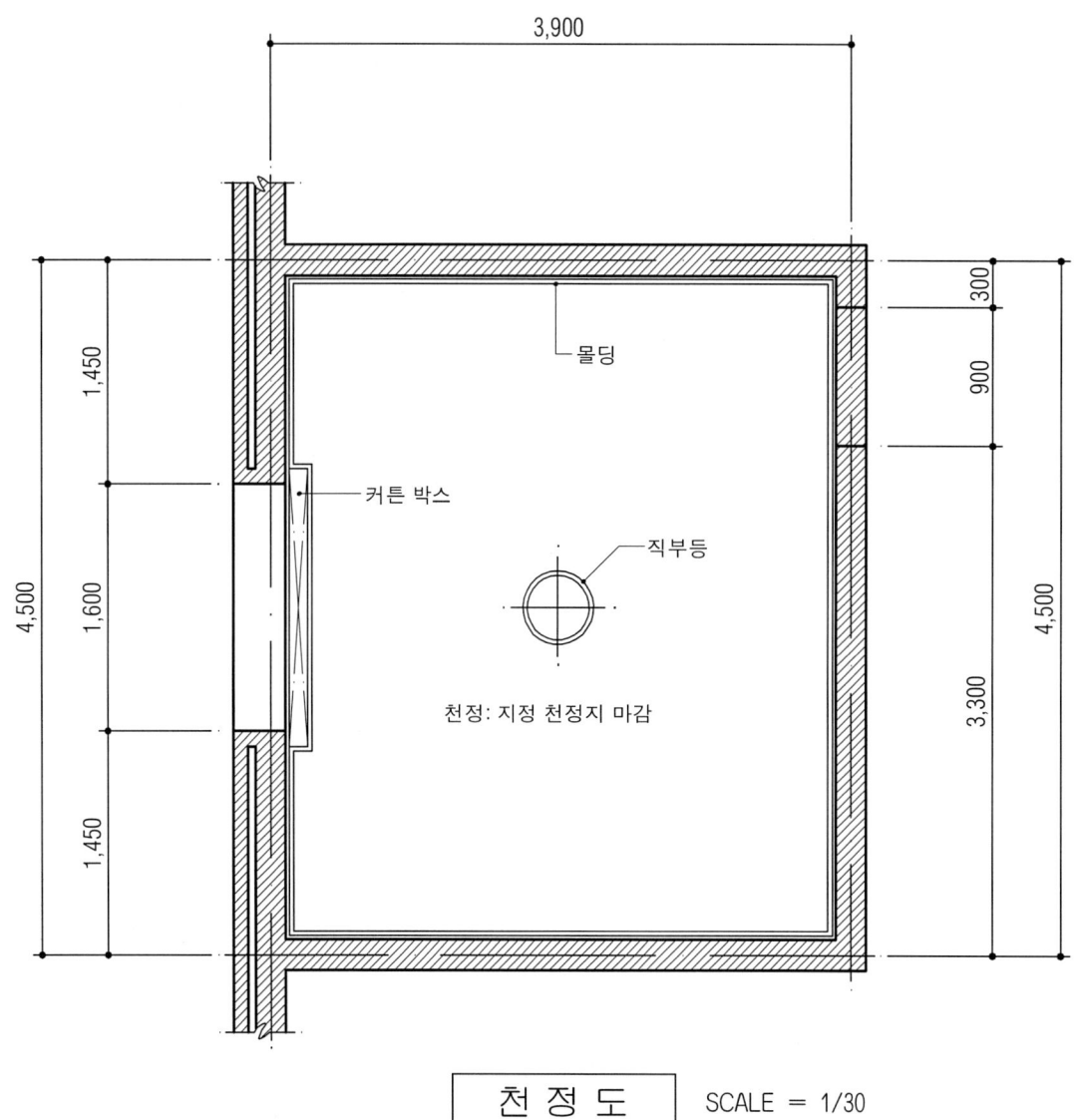

천 정 도   SCALE = 1/30

[3] 전개도(내부입면도)

건축물 내부입면도를 지칭하며 벽체의 각 면에 대하여 벽면 그 자체를 그린 도면이다. 전개도의 개념을 외부 입면도 또는 단면 상세도의 개념과 혼동하여 작도하는 경우가 종종 있는데 주의를 요한다.

(1) 표시사항

① 벽면길이　　　　　② 벽면높이(천정고)　　　③ 창호
④ 벽에 붙어 있는 가구　⑤ 장식물, 소품등　　　　⑥ 마감재료
⑦ 몰딩　　　　　　　⑧ 걸레받이　　　　　　　⑨ 도면제목 및 축척

(2) 작도순서

① 벽체의 중심선을 보조선으로 흐리게 긋는다.
② 안목치수(내부치수)로 벽면을 흐리게 긋는다.
　(일반적인 천정고는 아파트:2.3m, 주택:2.4m, 사무실:2.5~2.7m, 홀·로비:3.0m 이상이다)

③ 벽에 부착된 소품류 등의 위치를 흐리게 작도한다.(벽에 부착된 붙박이 가구는 반드시 표현하여야 하며, 벽면 디자인에 방해가 되지 않는 한 벽면에 가까이 놓이게 되는 가동성 가구는 그린다)
④ 몰딩(Moulding)이 있으면 위치표시를 한다.

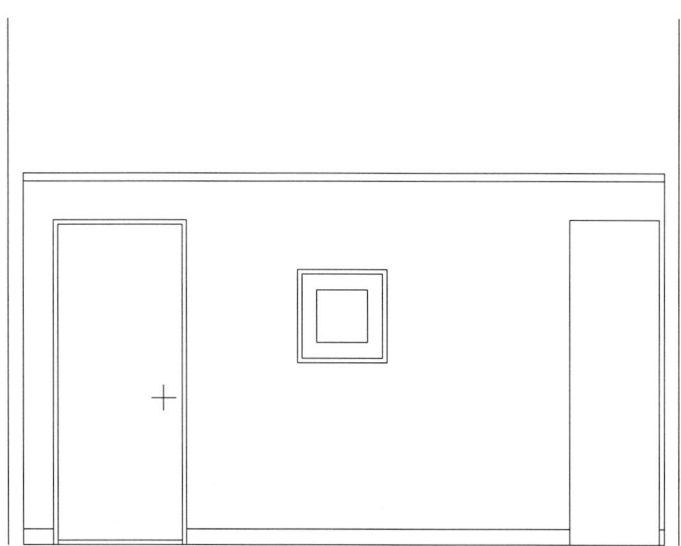

⑤ 그리고자 하는 부위의 위치가 모두 설정되었으면 벽의 외곽선부터 정확하게 작도한다.(전개도상에 표현되는 선은 부호선을 제외하고는 모두 입면선으로 처리한다. 전개도 상에는 단면부위가 전혀 표기되지 않아야 하며 벽의 외곽선은 약간 진하게 그어 시각적인 형태감을 느끼게 하는 것이 좋다)
⑥ 벽체의 질감표현을 가는선으로 긋는다.

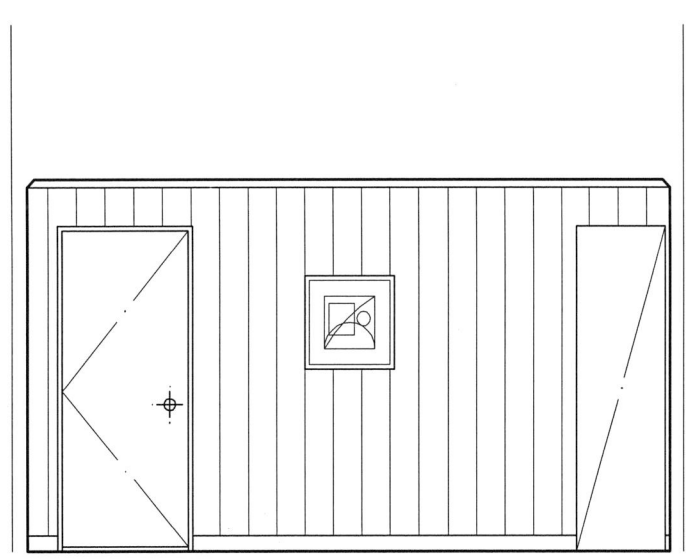

⑦ 치수보조선과 치수선의 위치를 흐리게 설정한다.
⑧ ①에서 흐리게 그었던 중심선 위에 정확한 일점쇄선으로 중심선을 긋고, 동시에 치수 보조선도 실선으로 정확하게 긋는다.
⑨ 치수선을 정확하게 긋는다.
⑩ 글씨 보조선을 긋고 치수 기입 및 재료명, 도면명, 축척 등을 기입하고 정리한다.

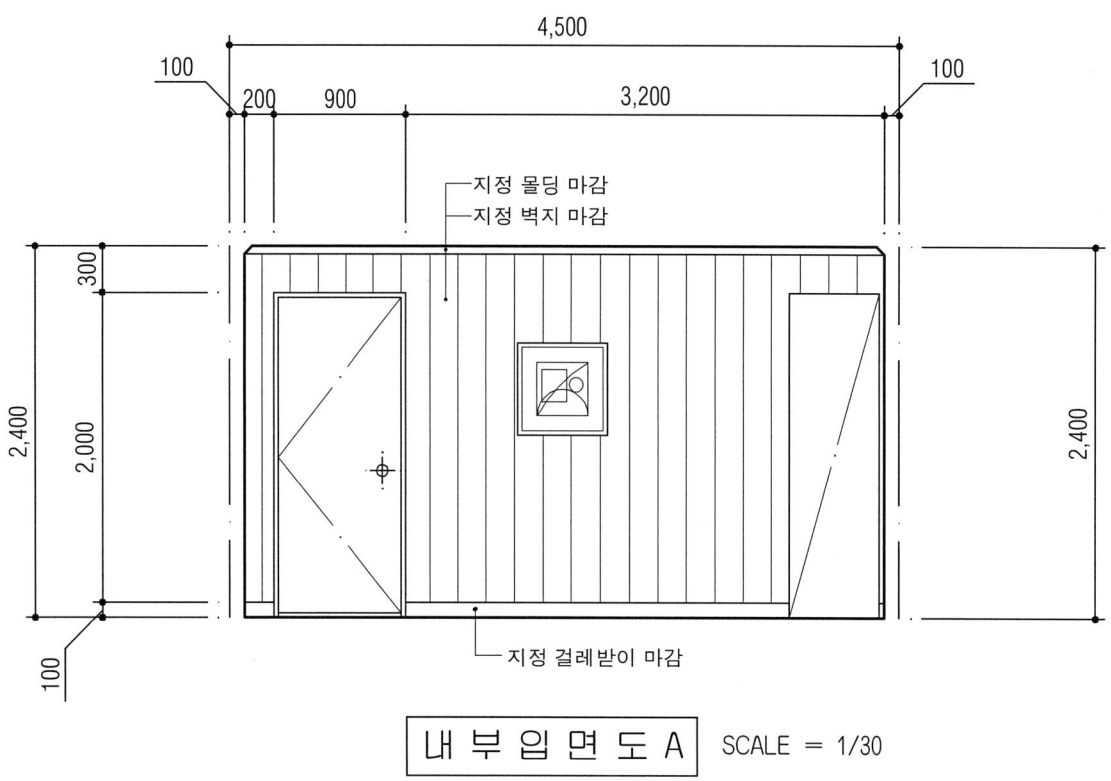

제4장 도면실습

[1] 부 엌

(1) 요구조건
　① 설계면적 : 3,900×4,500×2,400mm(H)
　② 가족구원 : 4인가족(부부, 초등학교 남학생 2)
　③ 창(W) : W1(900×600mm(H)), W2(1,800×1,500mm(H))/문(D) : 900×2,100mm(H)
　④ 창호 : 창호는 2중창호로 하되, 실내쪽은 목재로 실외쪽은 알루미늄 새시로 한다.
　⑤ 벽체 : 외벽-두께 1.5B(0.5B+50mm+1.0B)의 붉은벽돌 공간쌓기로 한다.
　　　　　　내벽-1.0B의 시멘트 벽돌쌓기로 한다.
　⑥ 공간구성 : 식탁1조(4인용), 냉장고1대, 대형 수납장식장1대, 하부수납장, 상부수납, 렌지후드, 가스렌지(3구용), 싱크대 등
　⑦ 기타 명기되지 않은 내장재는 실의 기능에 맞게 수검자가 임의로 넣을 수 있다.

(2) 요구도면
　① 평면도(가구배치 및 바닥마감재 표기) S=1/30
　② 내부입면도 A방향 1면 (벽면재료 표기) S=1/30
　③ 천정도(조명기구 및 마감재 표기) S=1/30
　④ 실내투시도 S=N.S
　(계획의 포인트가 좋은 지점에서 1소점 투시도법으로 작성하되, 작성과정의 투시보조선을 남길 것)

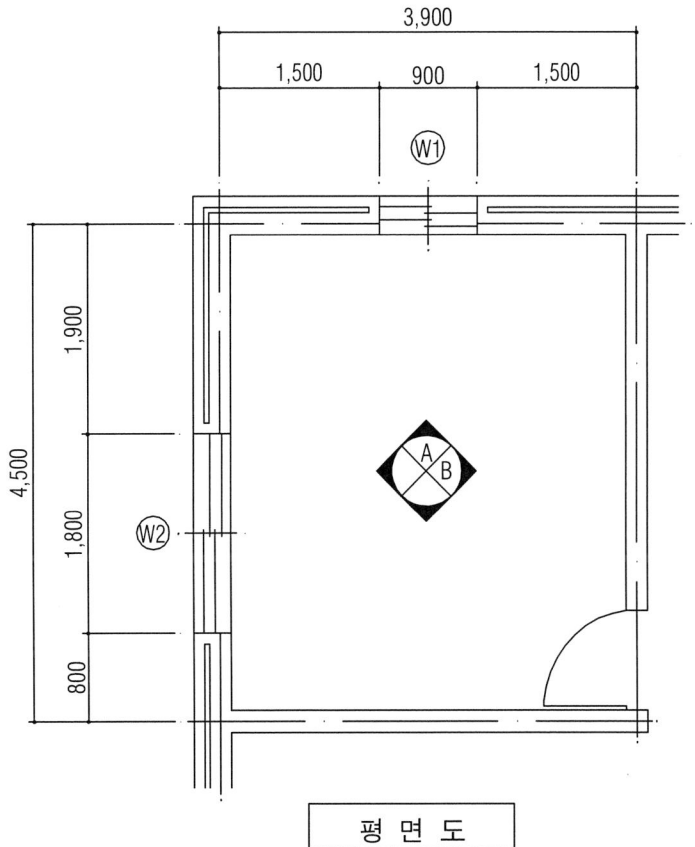

평 면 도

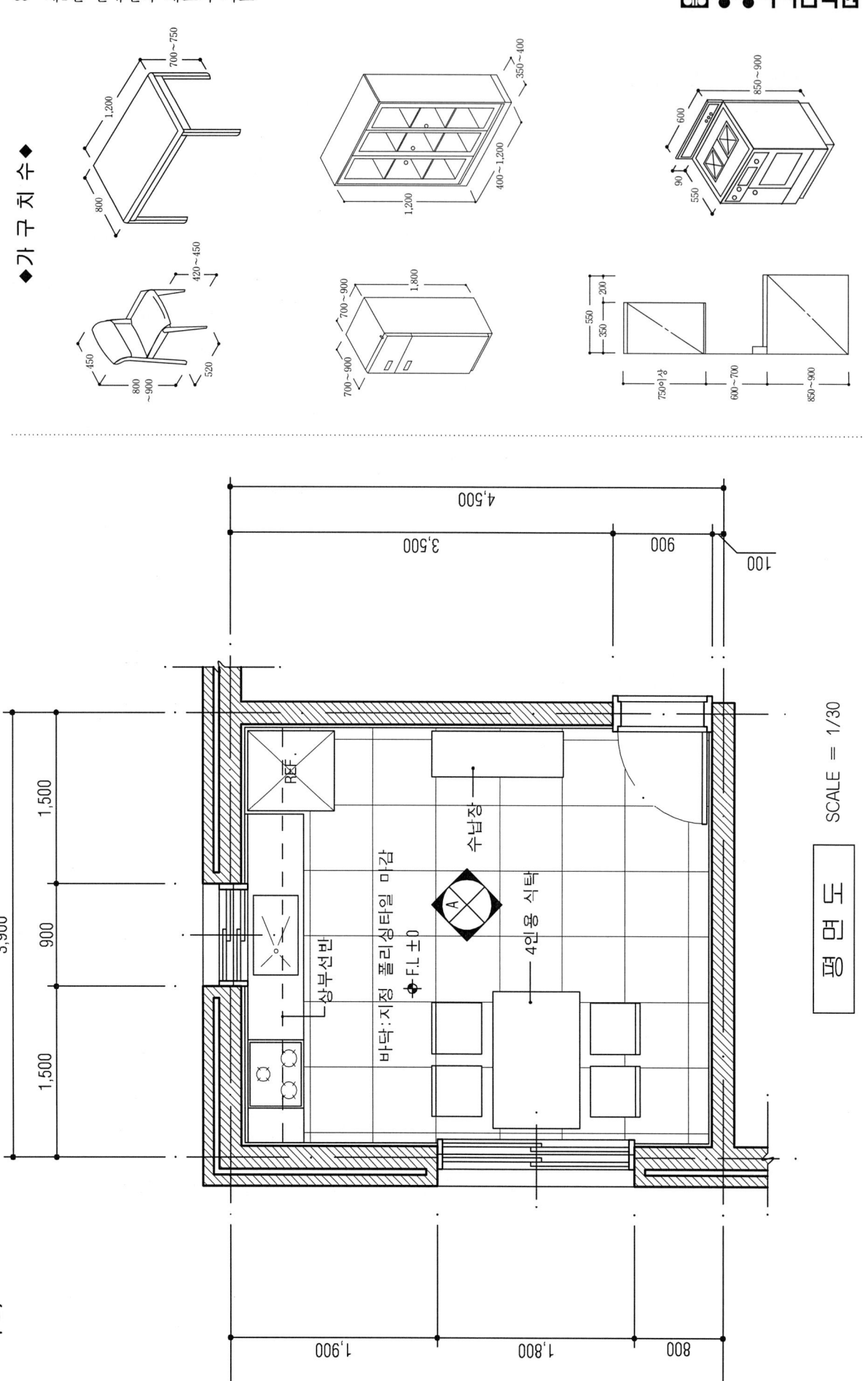

부엌

천 정 도 SCALE = 1/30

◆조 명 기 구◆

	매 입 등
	직 부 등
	형 광 등
	벽 부 등
	테이블스탠드
	테이블스탠드
	팬 던 트
	플로어스탠드

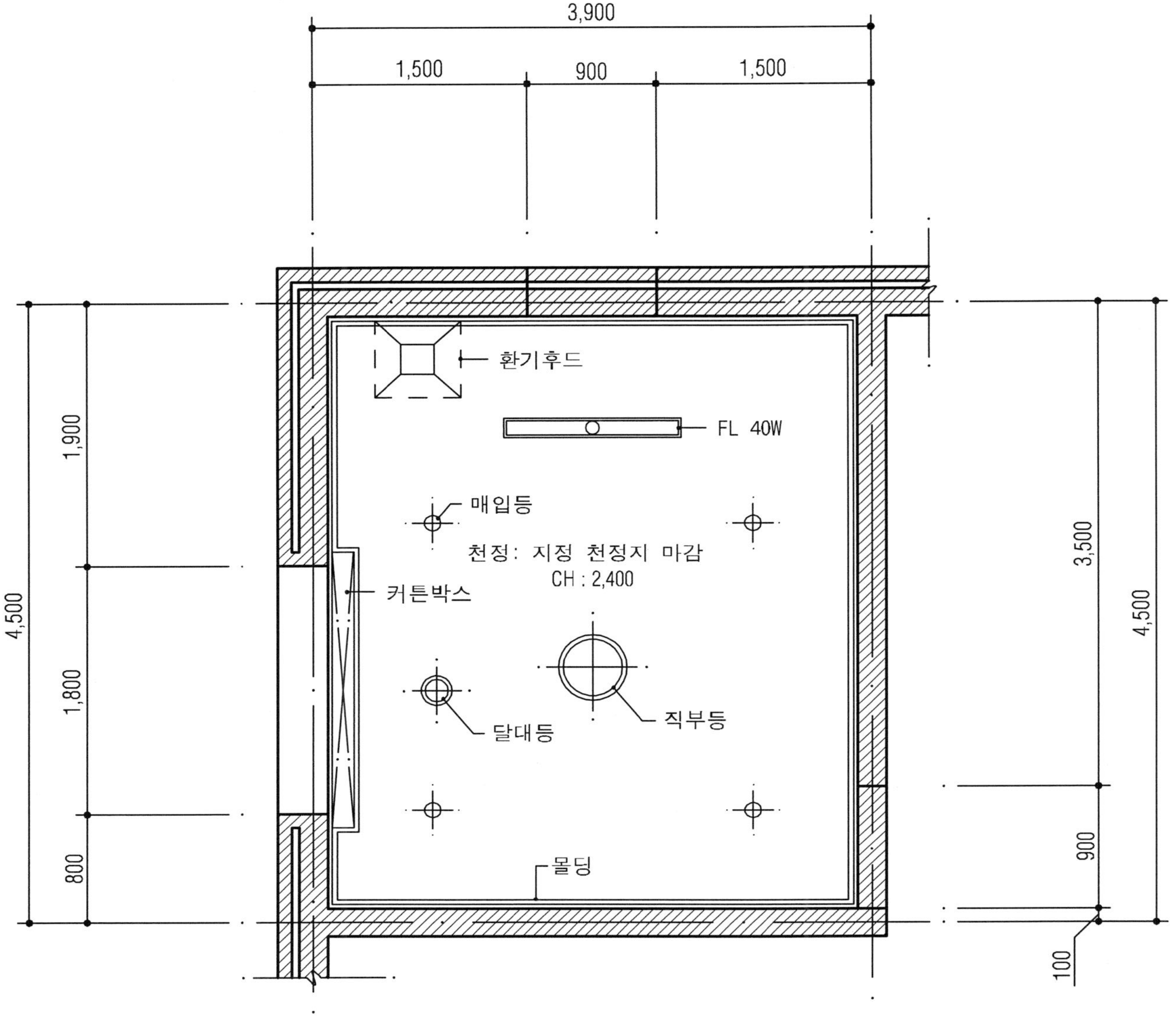

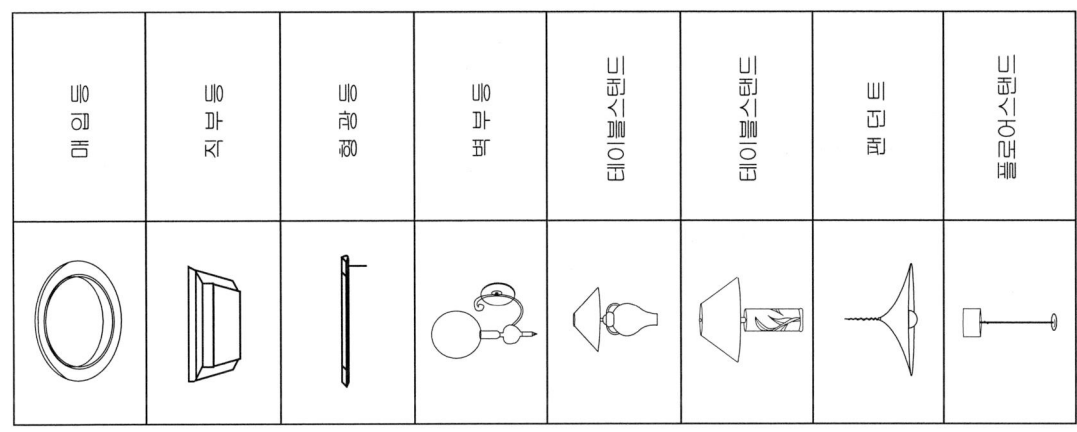

◆가구치수◆

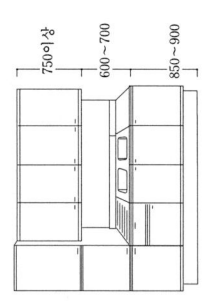
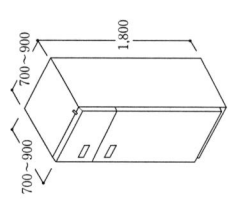
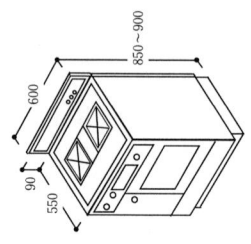

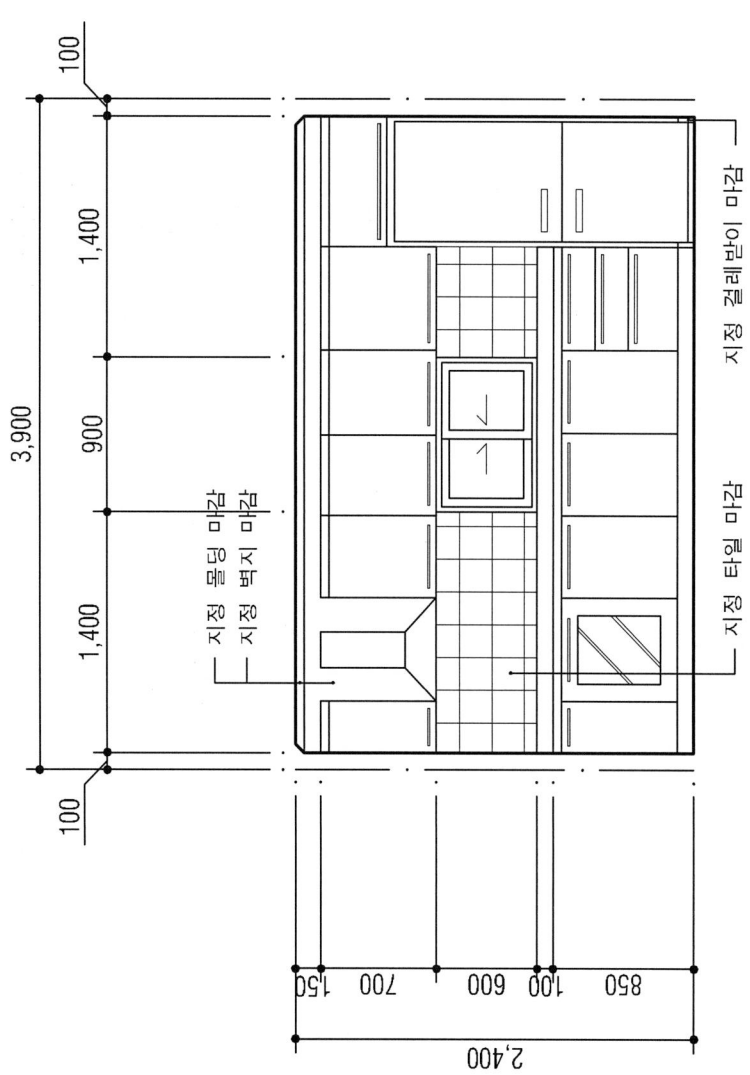

내부입면도 A SCALE = 1/30

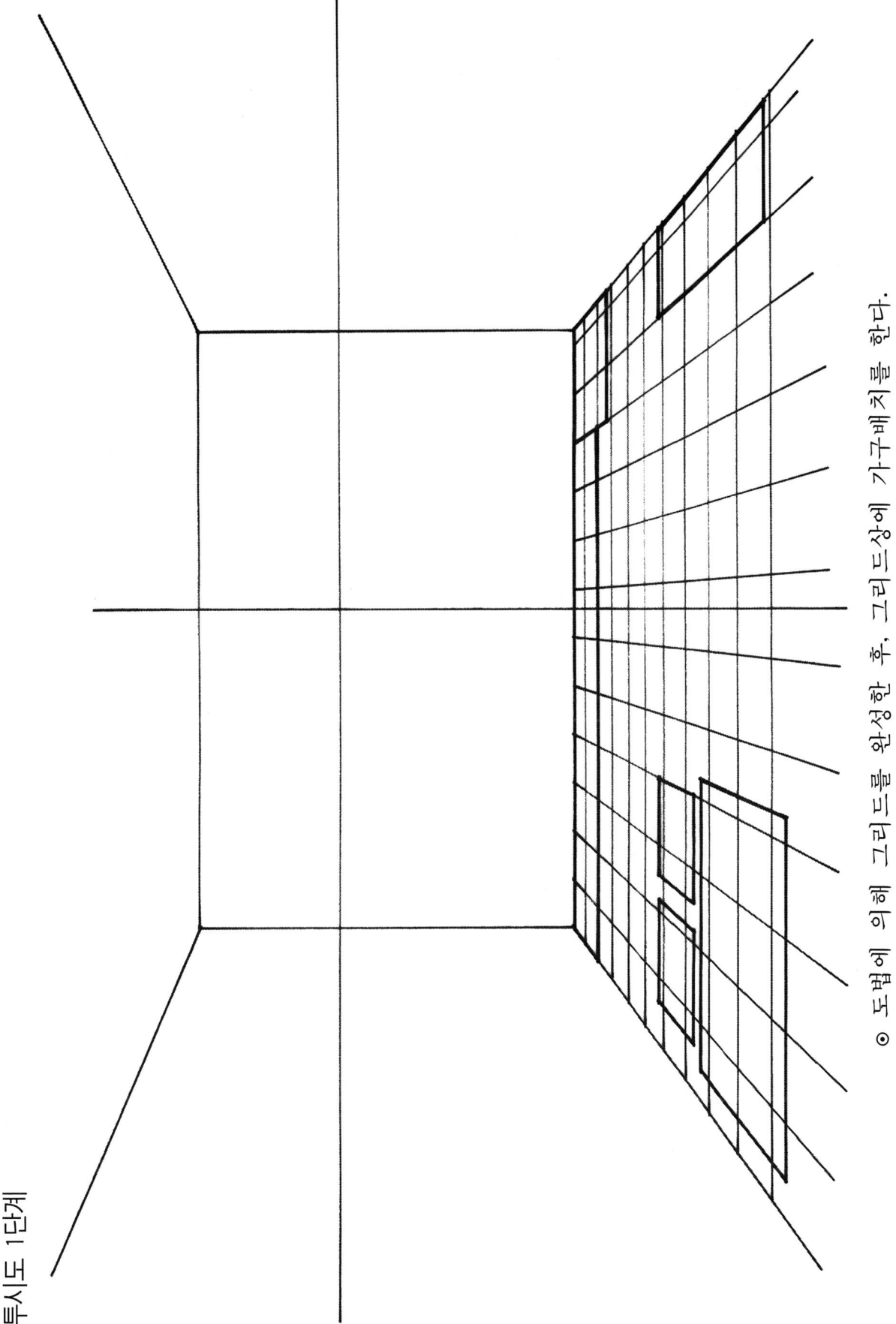

투시도 1단계

⊙ 도법에 이해 그리드를 완성한 후, 그리드상에 가구배치를 한다.

투시도 2단계

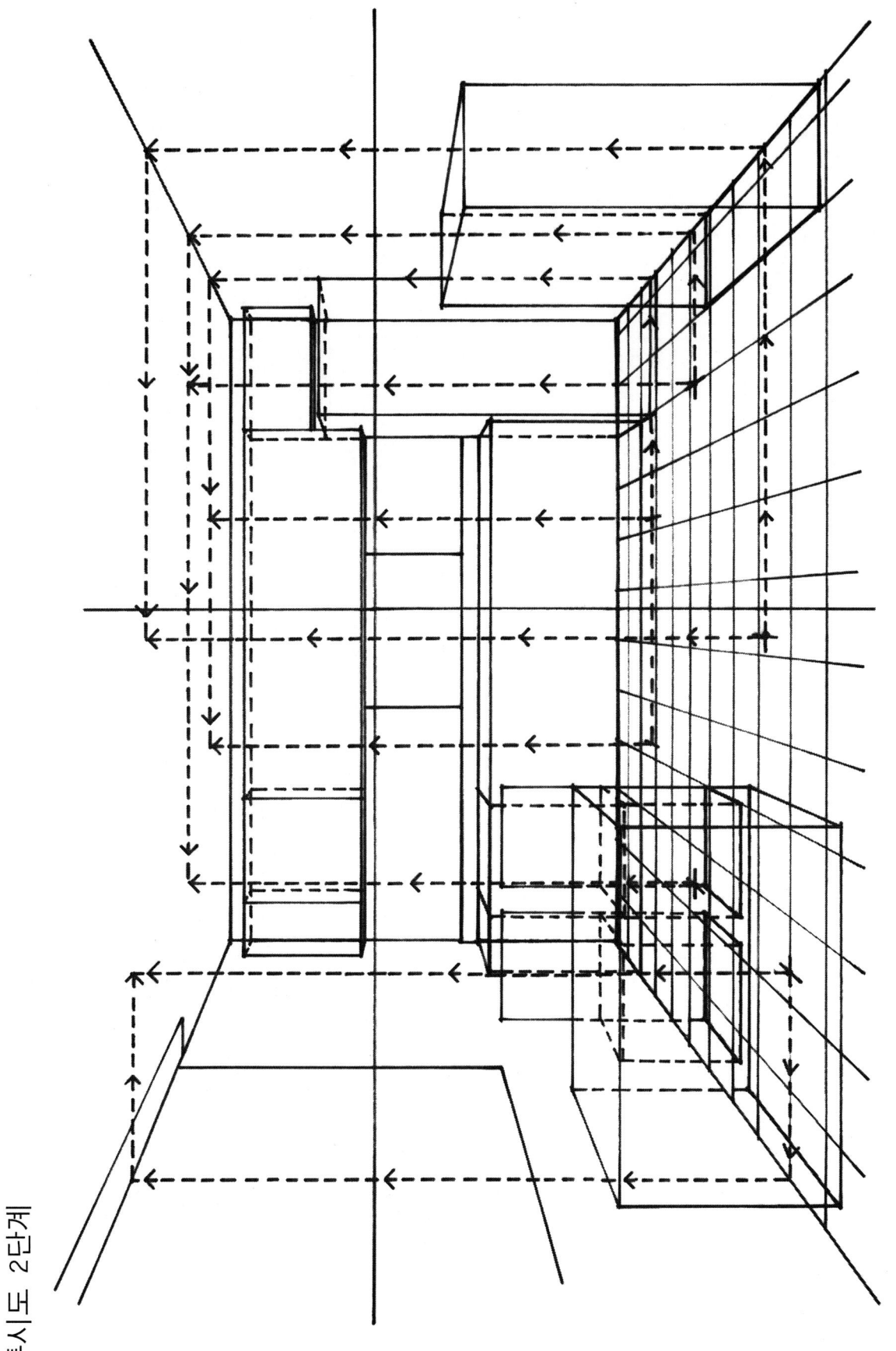

◦ 물체 높이를 적용하여 각 가구마다 입방체형으로 만든다.

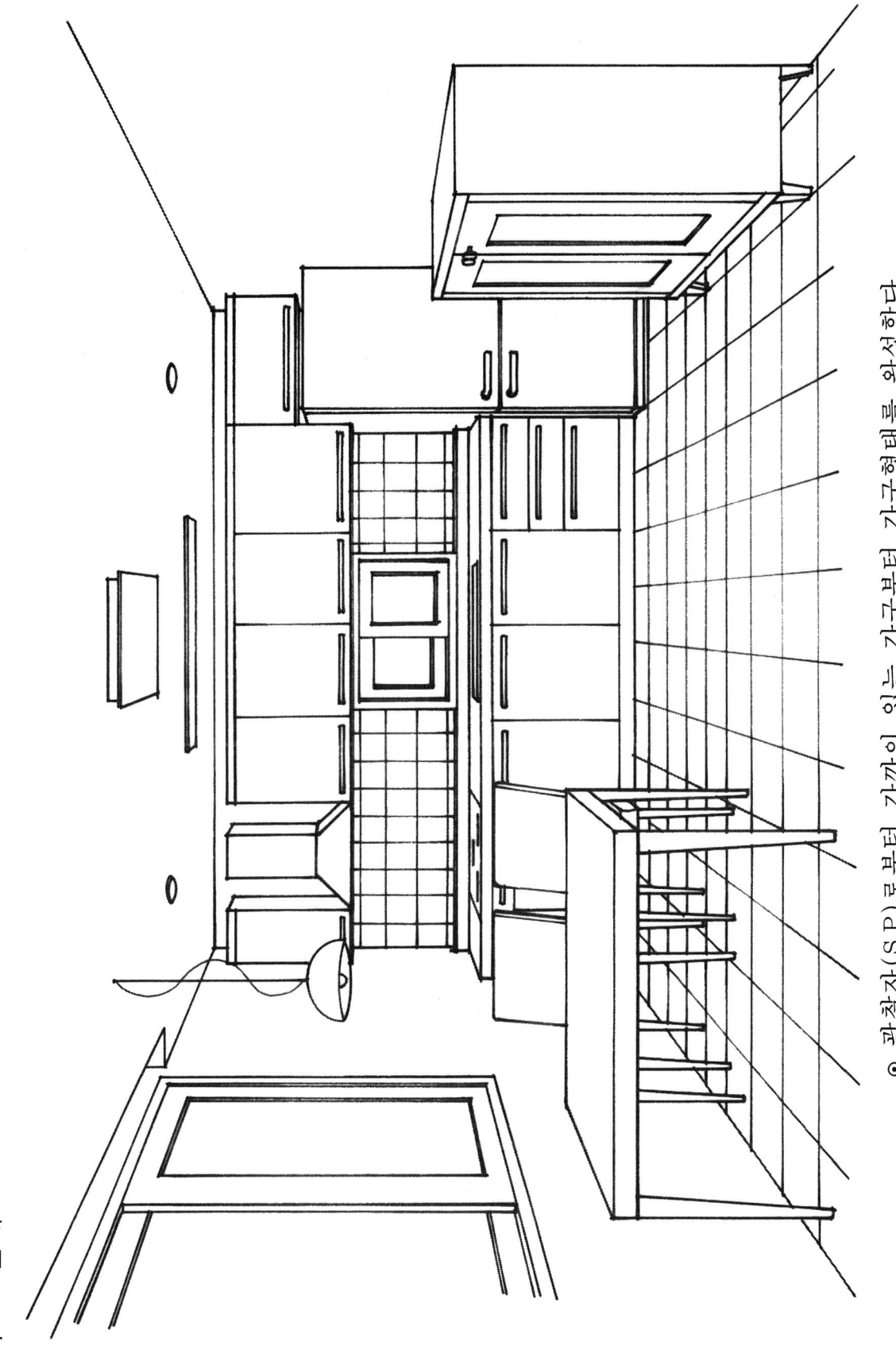

투시도 3단계

◉ 관찰자(S.P)로부터 가까이 있는 가구부터 가구형태를 완성한다.

74 · 제1편 실내건축 제도의 기초

투시도 4단계

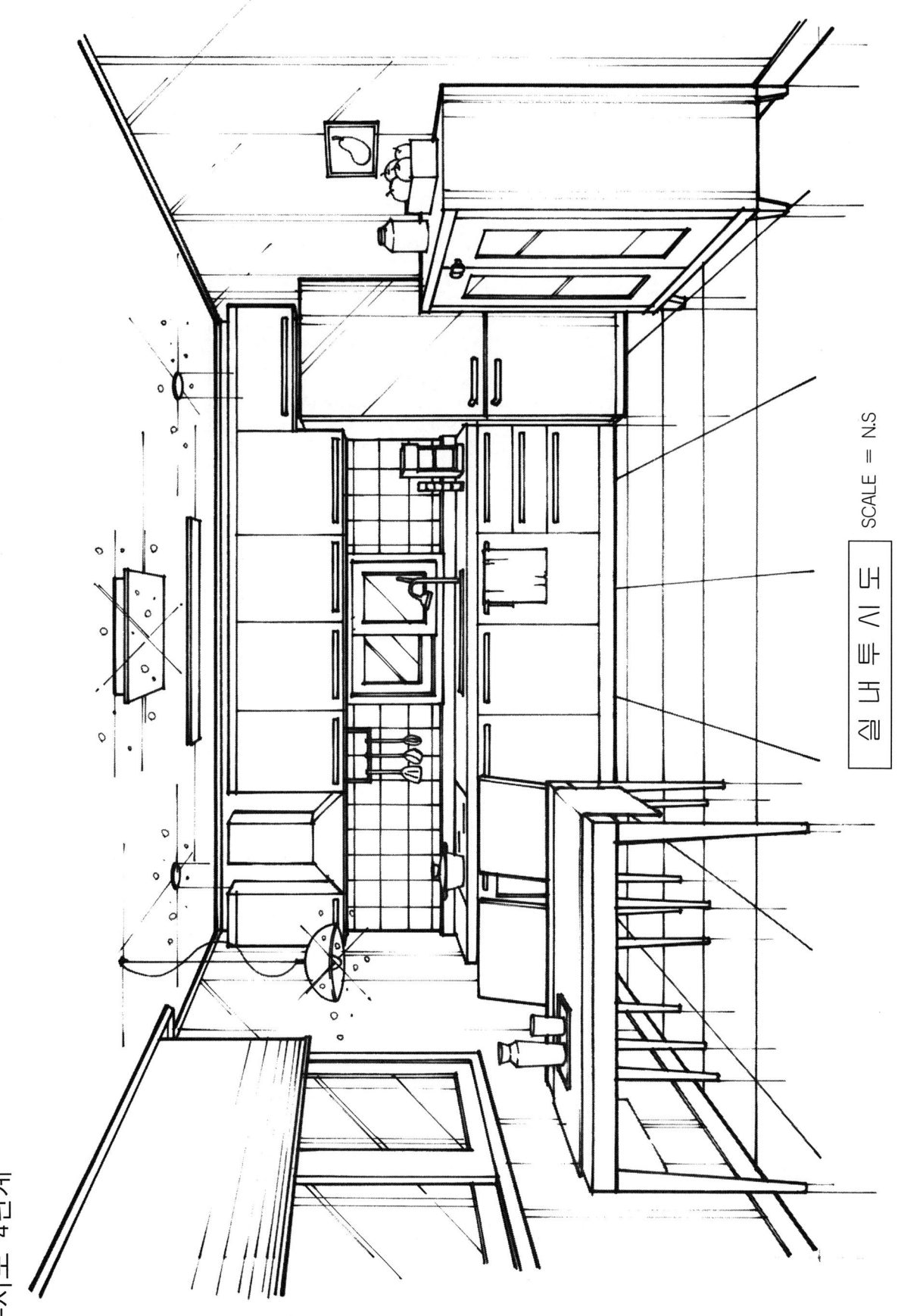

실내투시도 SCALE = N.S

○ 가구 이외의 소품, 식기, 조리용구, 예쁜 양념통, 조명의 빛그림자 등을 그려넣어 그림을 완성한다.

[2] 부부침실

(1) 요구조건
① 설계면적 : 4,500×4,500×2,400mm(H)
② 실구성원 : 30대 부부
③ 평면구성 및 가구배치 : 더블침대, 나이트테이블, 화장대, 옷장, 티테이블SET, TV테이블, 플로어스텐드. (그 외는 수검자 임의로 한다.)
④ 창호 : 창호는 2중창호(목재 및 알루미늄 새시)로 작도한다.
  출입문(900×2,100(H)) 창문(1,200×1,400(H))
⑤ 벽체 : 외벽-두께 1.5B(외단열)의 붉은 벽돌쌓기로 한다.
  내벽-1.0B의 시멘트 벽돌쌓기로 한다.
⑥ 기타 명기되지 않은 내장재료는 실의 기능에 맞게 표기 및 작도한다.

(2) 요구도면
① 평면도(가구배치 및 바닥마감재 표기) S=1/30
② 내부입면도(A방향 1면, 벽면재료 표기) S=1/30
③ 천정도(조명기구 및 마감재료 표기) S=1/30
④ 1소점 실내투시도 S=N.S
(계획의 포인트가 좋은 지점에서 1소점 투시도법으로 작성하되, 작성과정의 투시보조선을 남길 것)

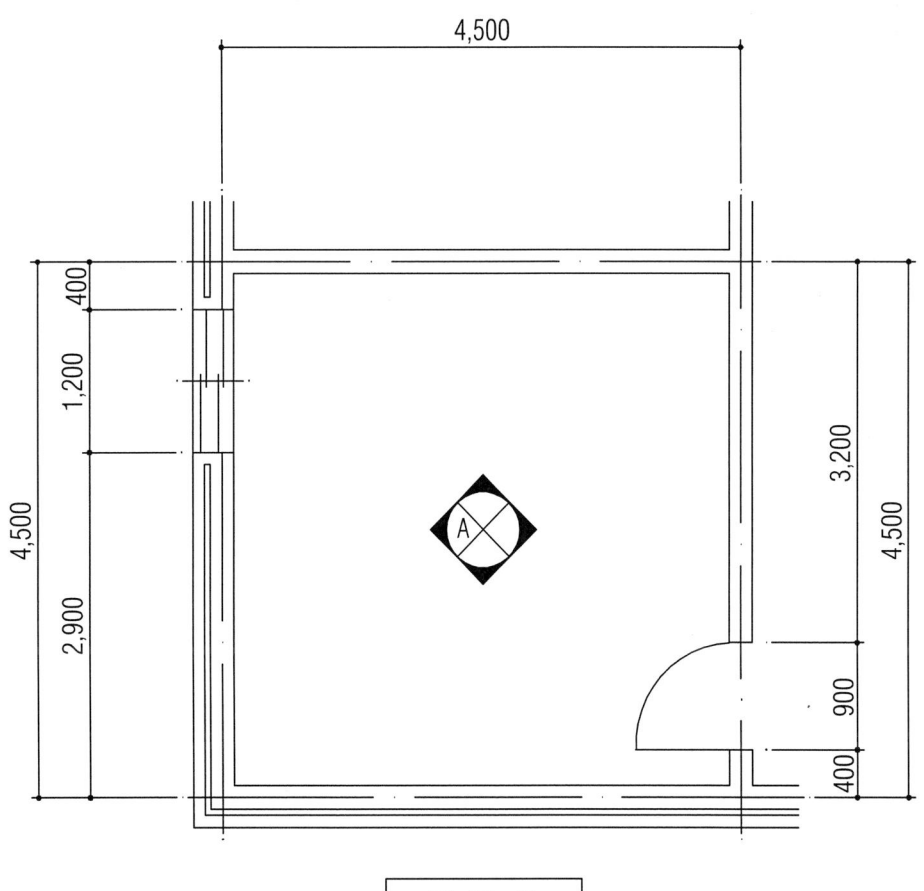

평 면 도

76 · 제1편 실내건축 제도의 기초

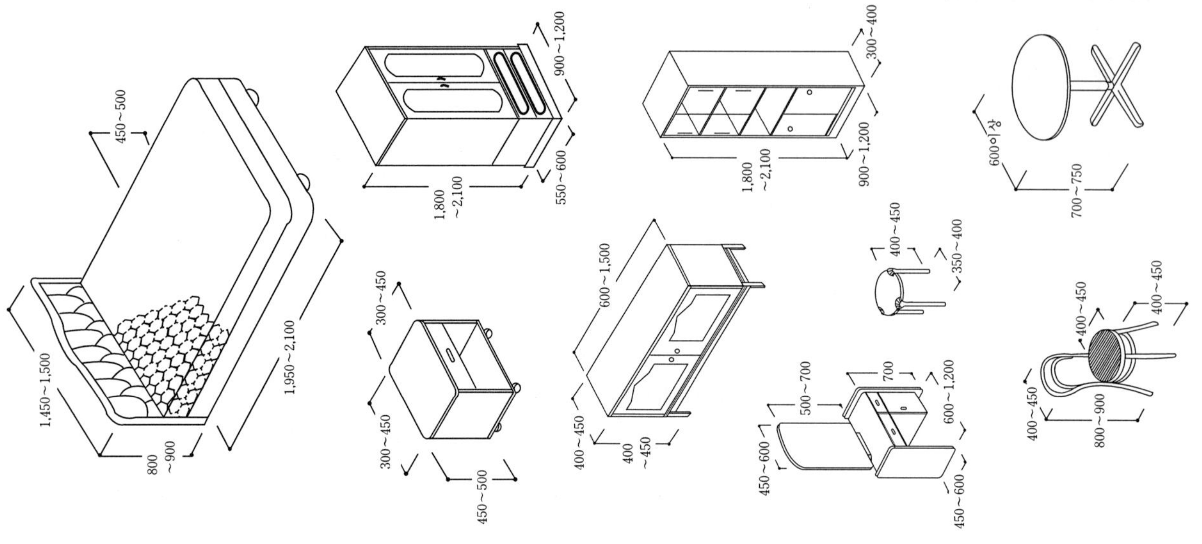

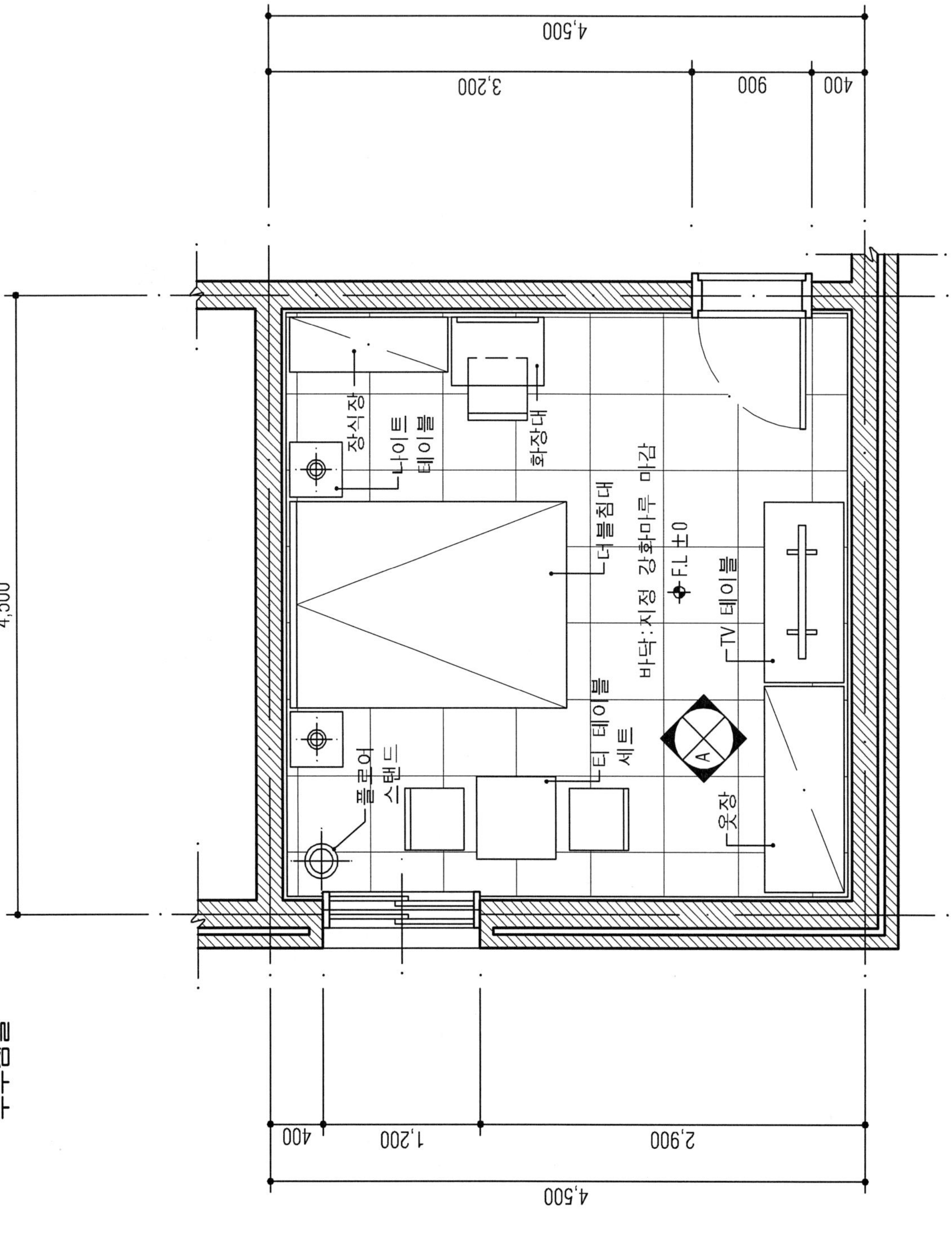

부부침실

평면도   SCALE = 1/30

부부침실

4,500
400
1,200
2,900
4,500
3,200
900
400
4,500
벽부등
커튼박스
천정: 지정 천정지 마감
CH : 2,400
직부등
매입등
몰딩

천 정 도 SCALE = 1/30

◆조 명 기 구◆

	매 입 등
	직 부 등
	형 광 등
	벽 부 등
	테이블스탠드
	테이블스탠드
	팬 던 트
	플로어스탠드

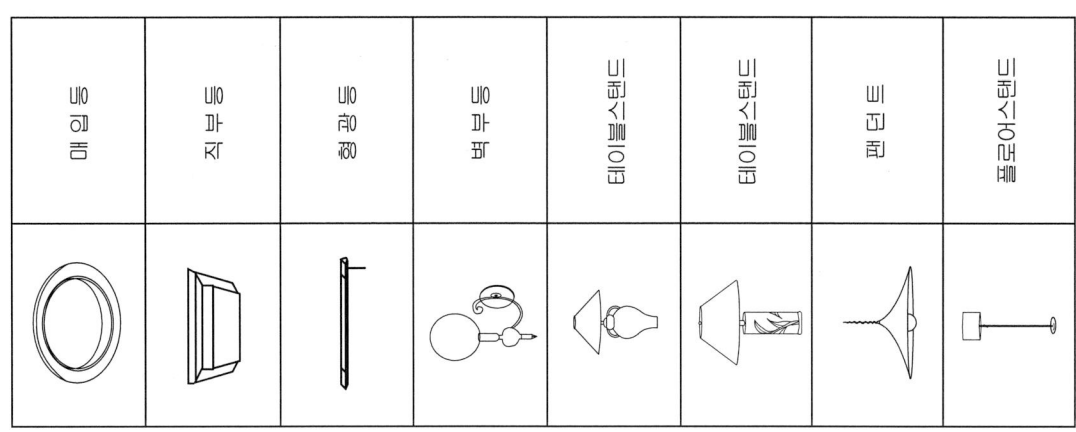

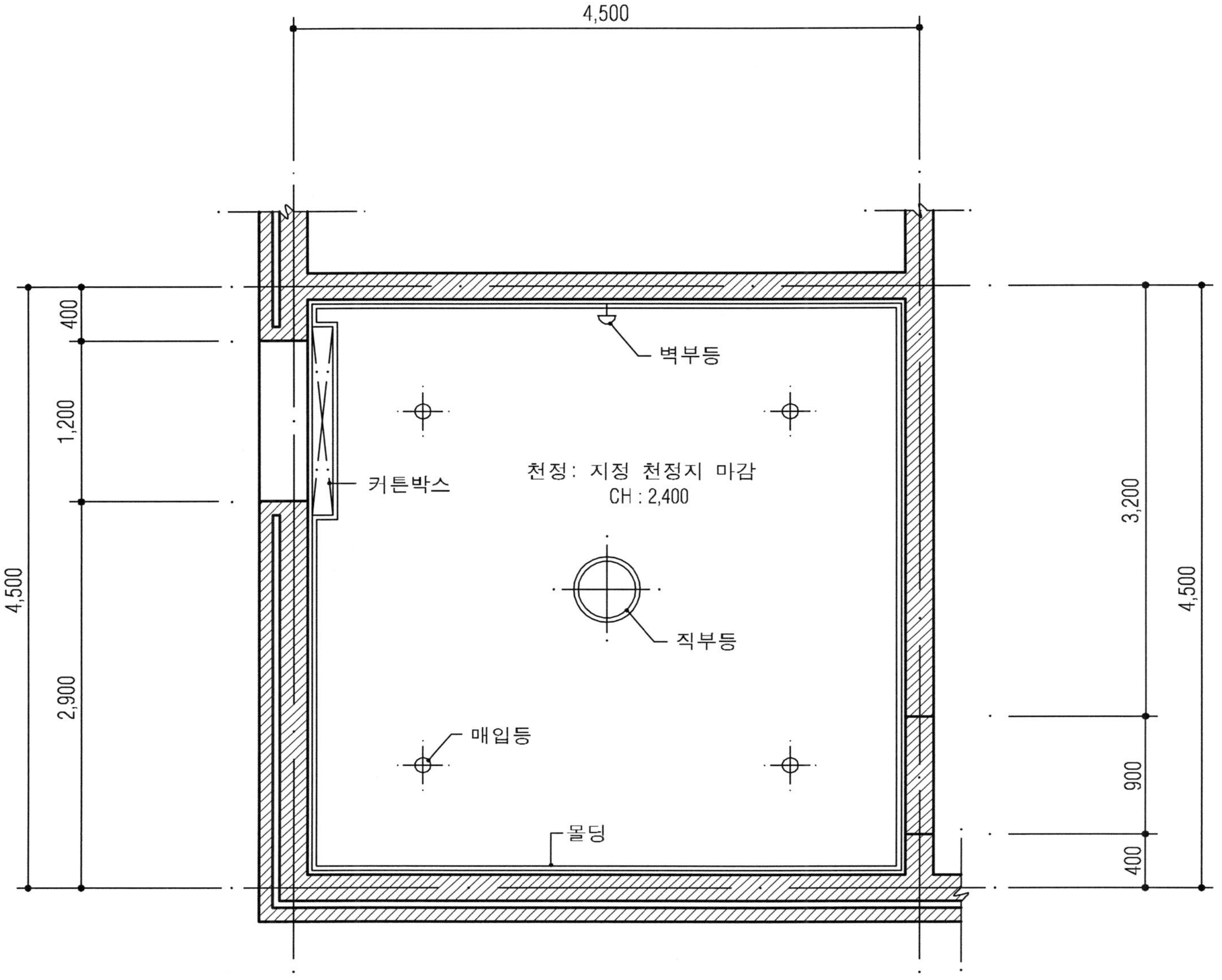

◆ 가구치수

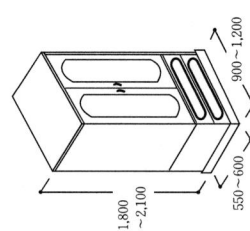

부부침실

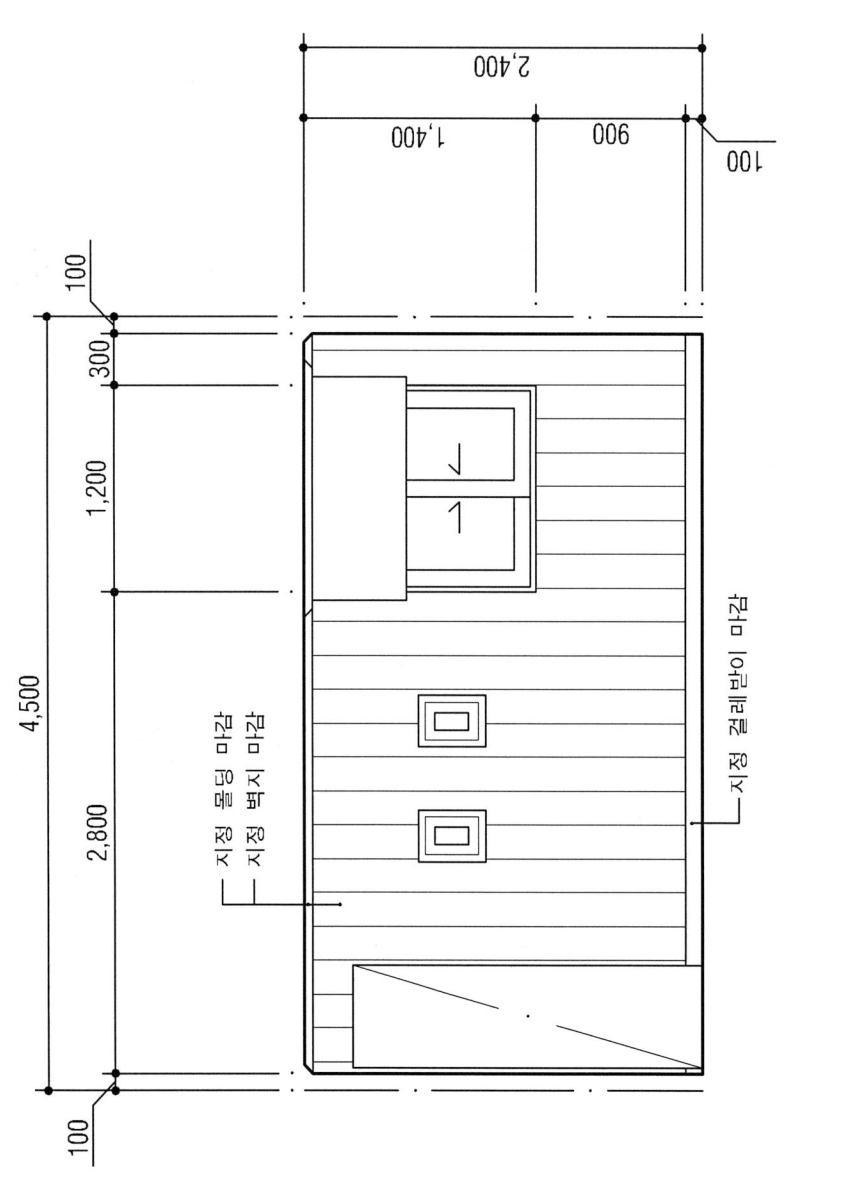

내부입면도 A SCALE = 1/30

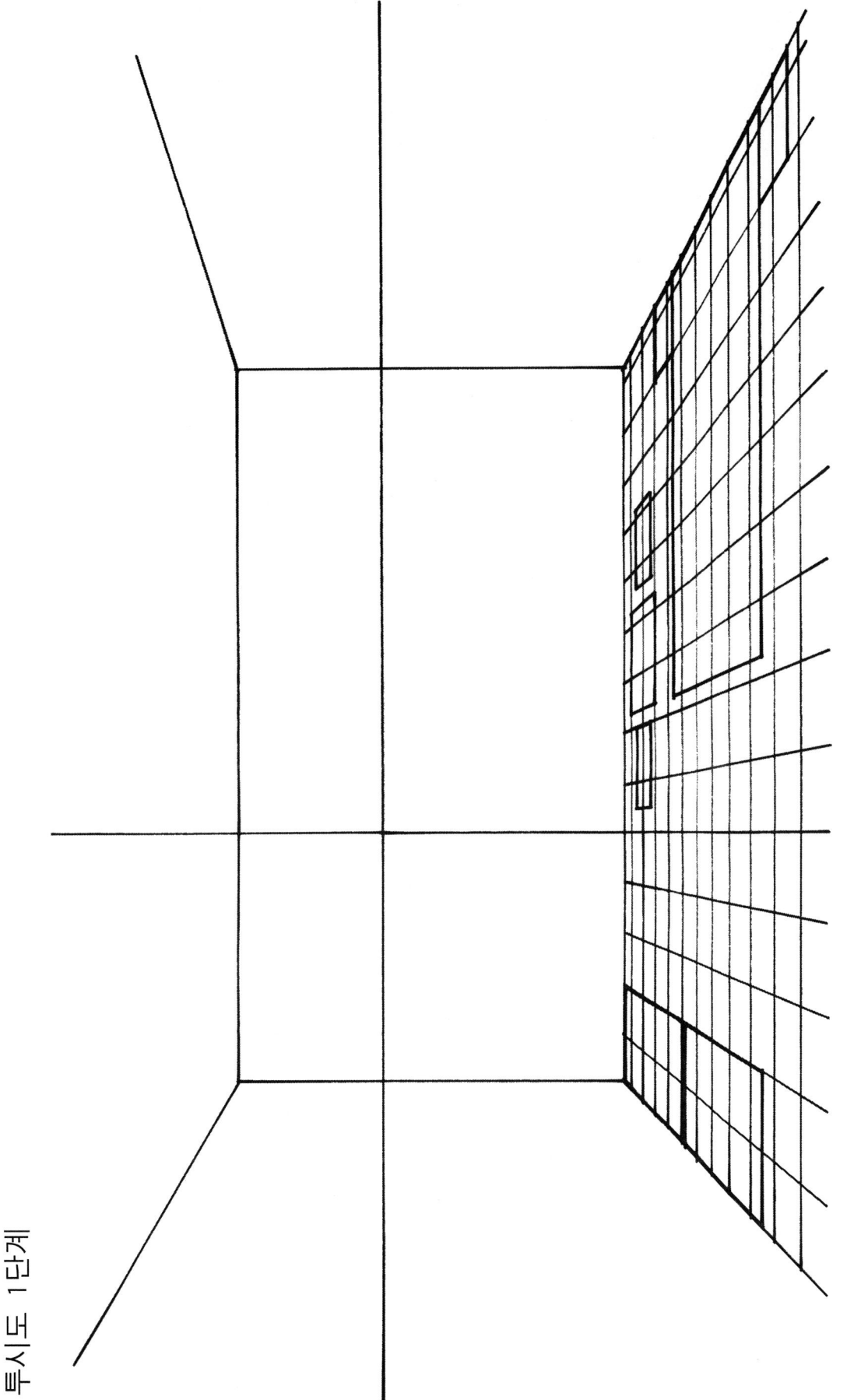

투시도 2단계

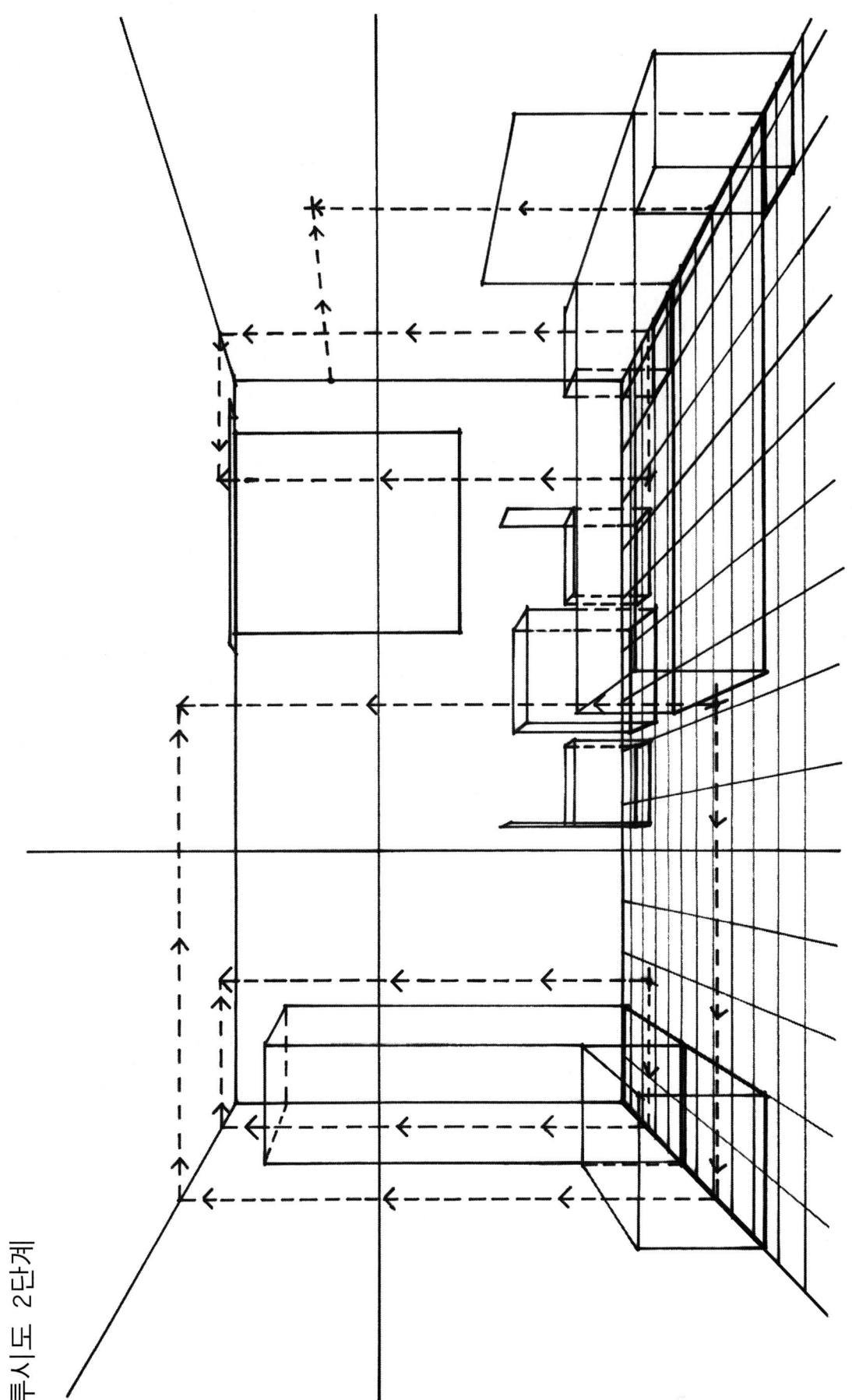

◉ 물체 높이를 적용하여 각 가구마다 입방체형으로 만든다.

투시도 3단계

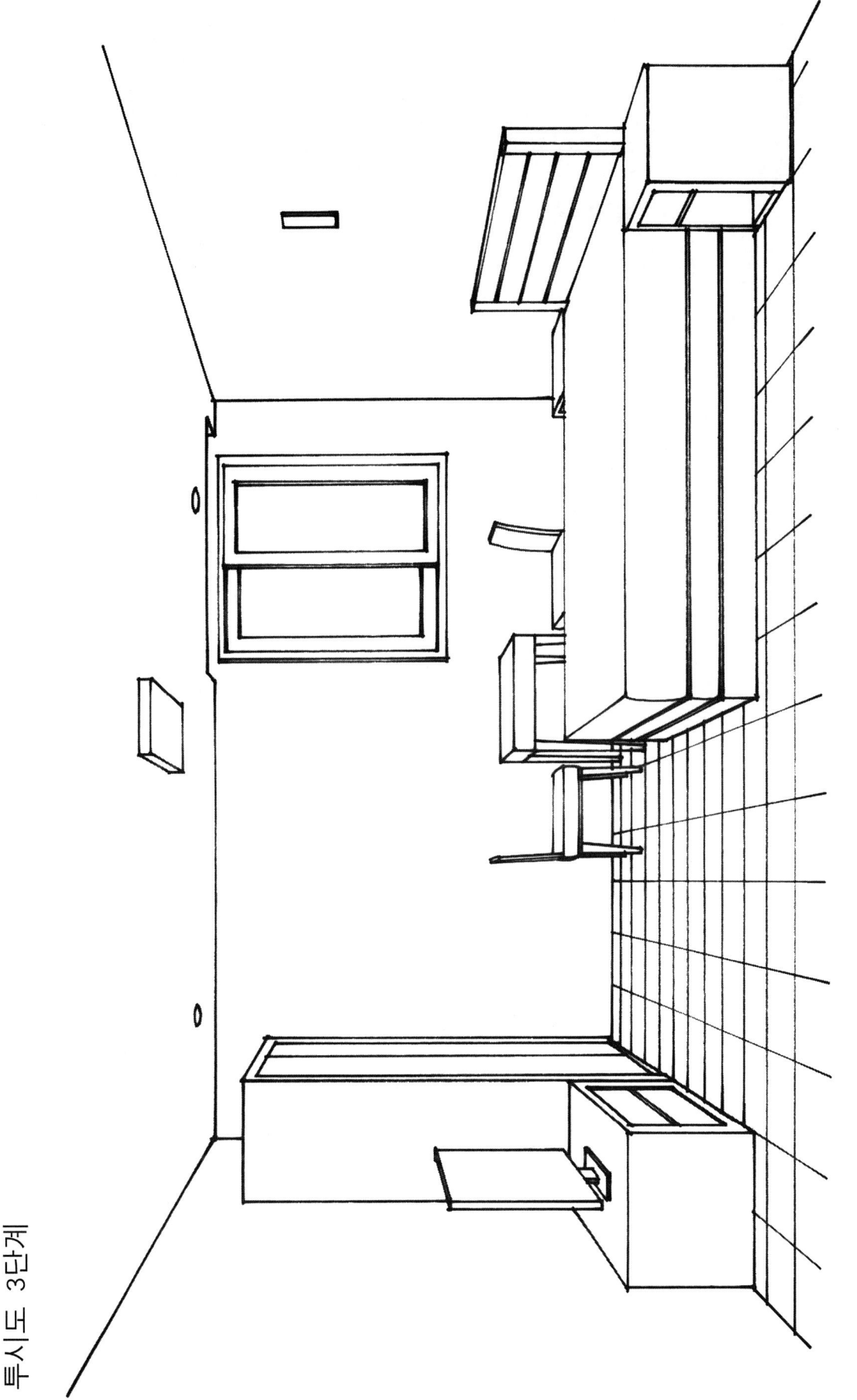

⊙ 관찰자(S.P)로부터 가까이 있는 가구부터 가구형태를 완성한다.

82 · 제1편 실내건축 제도의 기초

투시도 4단계

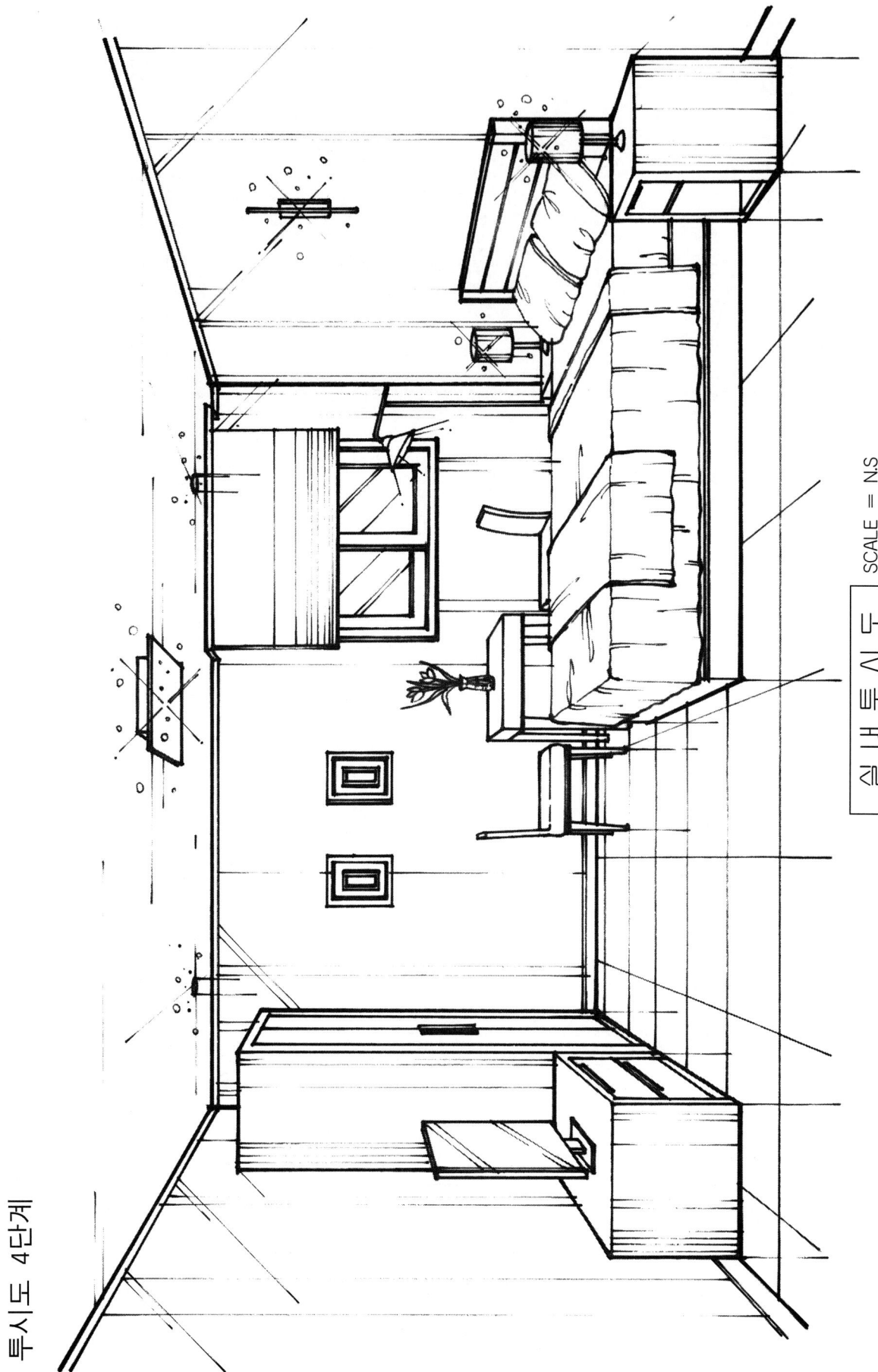

실내투시도 SCALE = N.S

⊙ 가구 이외의 소품, 액자, 수목, 조명이 빛그림자 등을 그려넣어 그림을 완성한다.

[3] 원룸

(1) 요구조건
① 설계면적 : 4,500×6,000×2,600mm(H)
② 실구성원 : 여자 대학생 1인
③ 평면구성 및 가구배치 : 싱글침대, 컴퓨터책상+의자, 책장, 옷장, 싱크대, 간이식탁 1set. 그 외 가구 및 실내장식품은 수검자가 임의로 한다
④ 창호 : 창호는 2중창호(목재 및 알루미늄 새시)로 한다. 창문(1,800×1,500)
⑤ 출입문 : 1)현관문(1,000×2,100)   2)화장실(800×2,100)
⑥ 벽체 : 외벽-두께 1.5B(외단열)의 붉은 벽돌쌓기로 한다.
　　　　 내벽-1.0B의 시멘트 벽돌쌓기로 한다.
⑦ 기타 명기되지 않은 내장재료는 실의 기능에 맞게 표기 및 작도한다.

(2) 요구도면
① 평면도(가구배치 및 바닥마감재 표기) S=1/30
② 내부입면도(A방향 1면, 벽면재료 표기) S=1/30
③ 천정도(조명기구 및 마감재료 표기) S=1/30
④ 1소점 실내투시도(반드시 채색할 것) S=N.S
(계획의 포인트가 좋은 지점에서 1소점 투시도법으로 작성하되, 작성과정의 투시보조선을 남길 것)

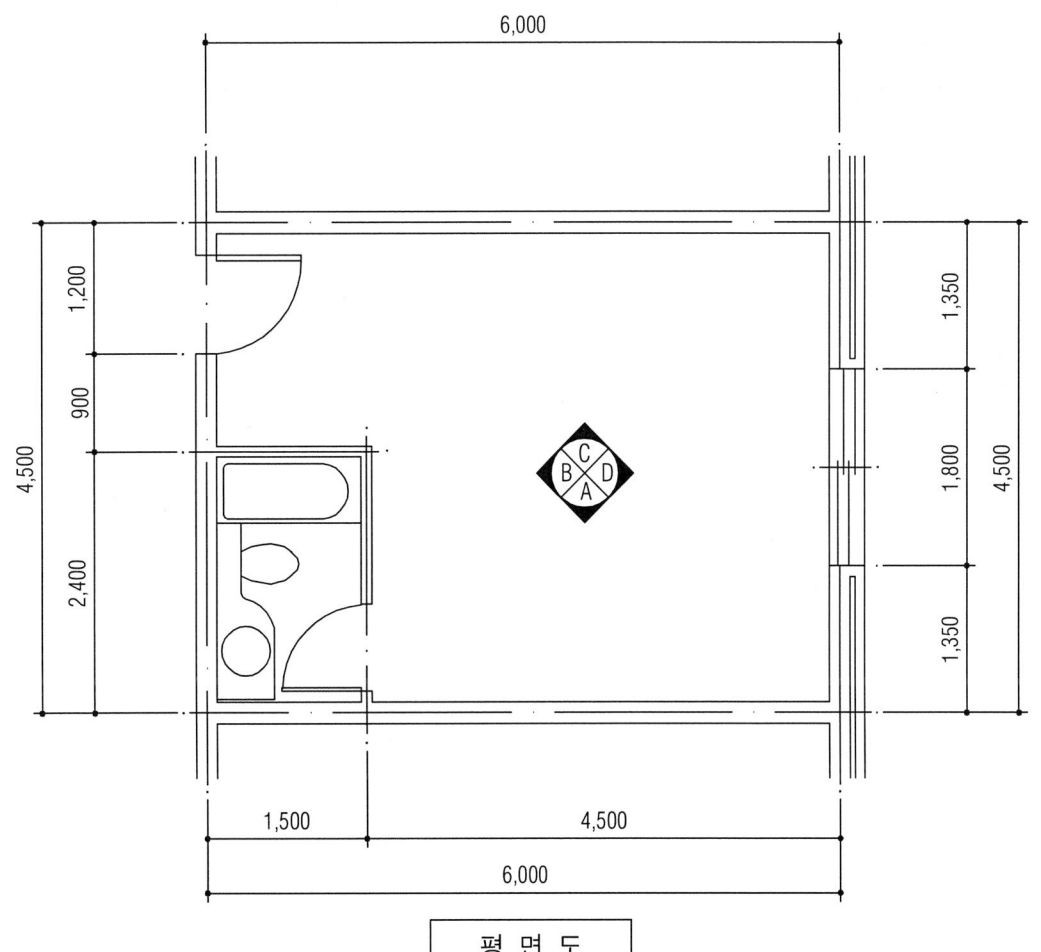

평 면 도

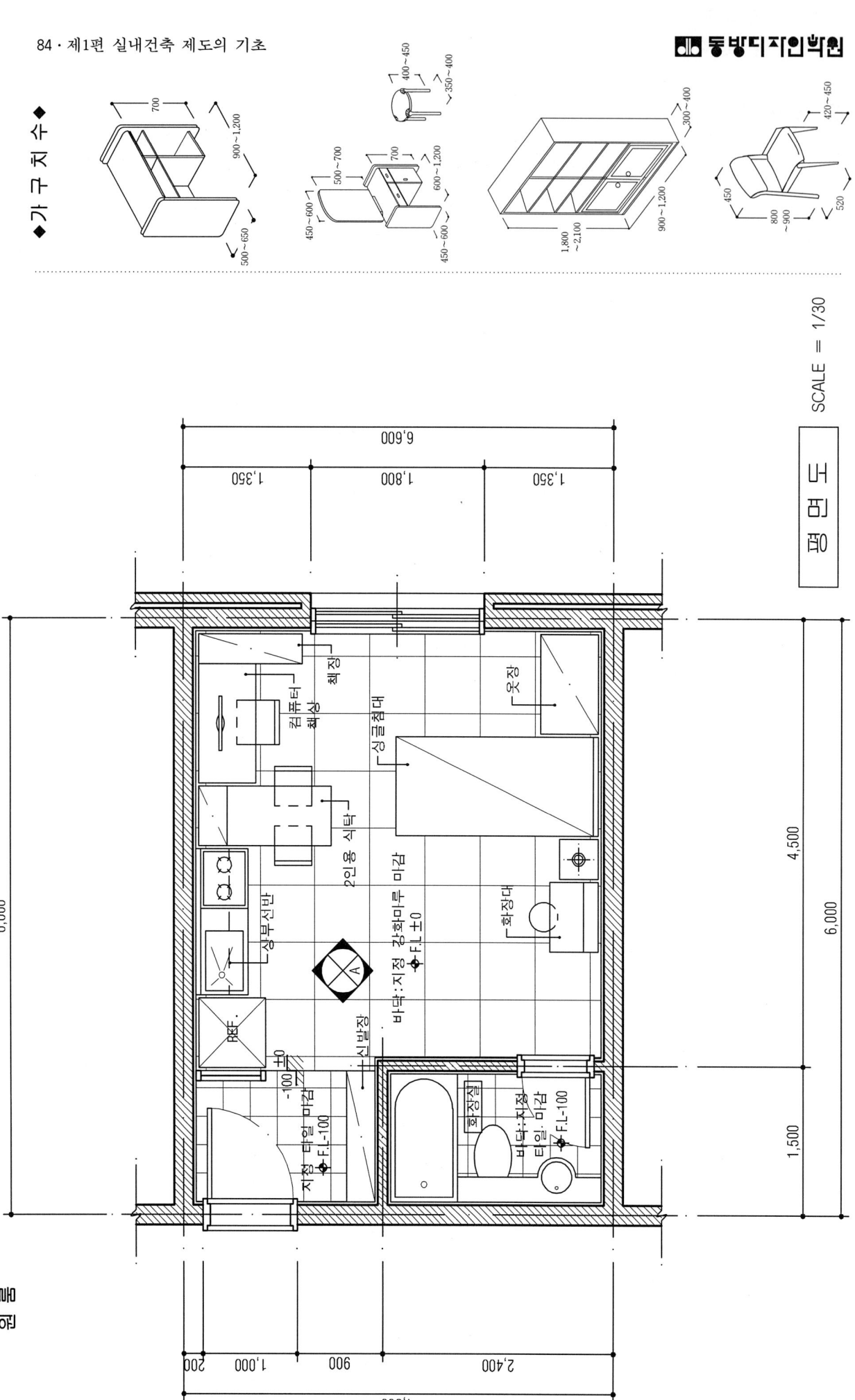

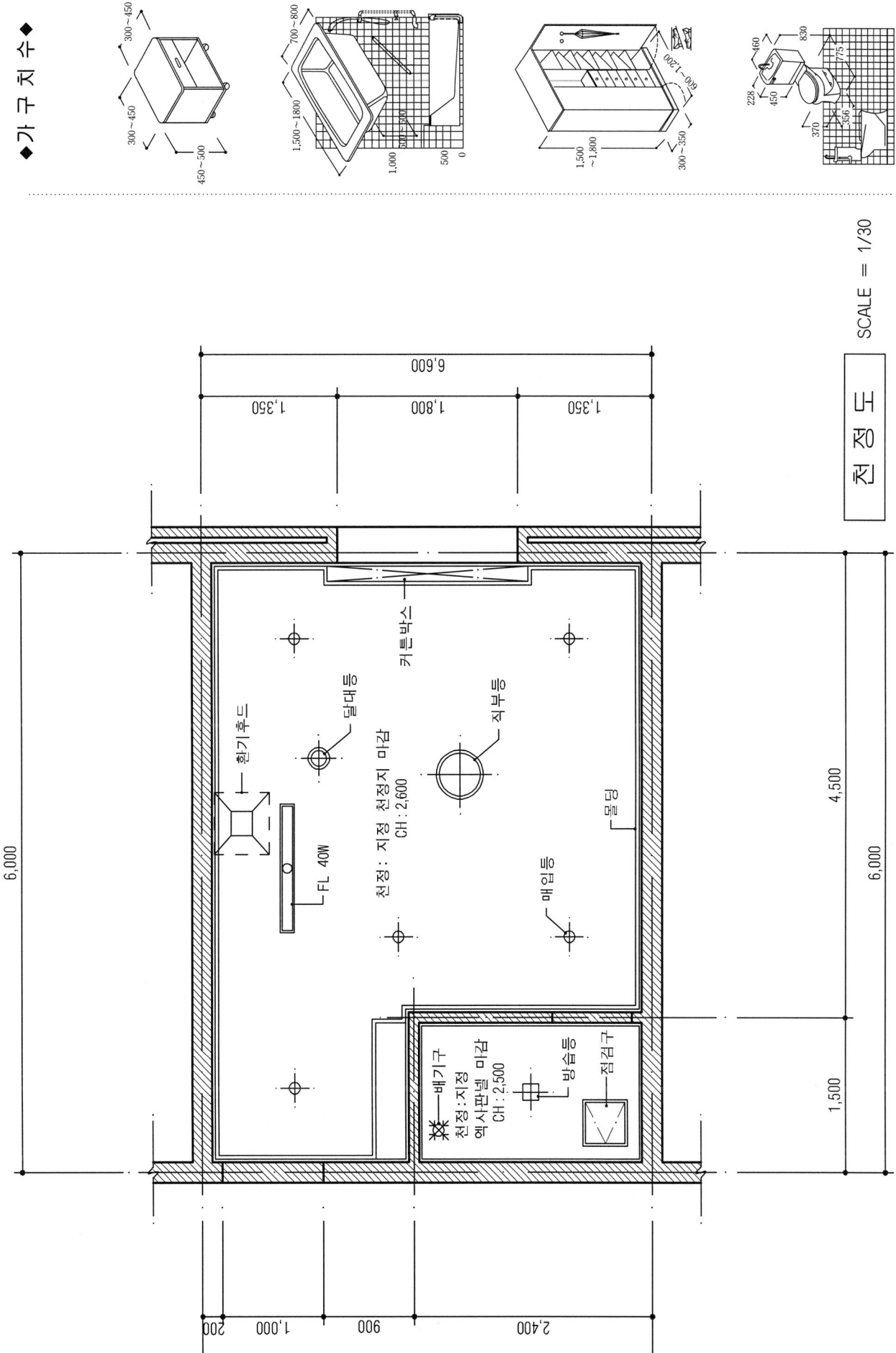

◆가구치수◆

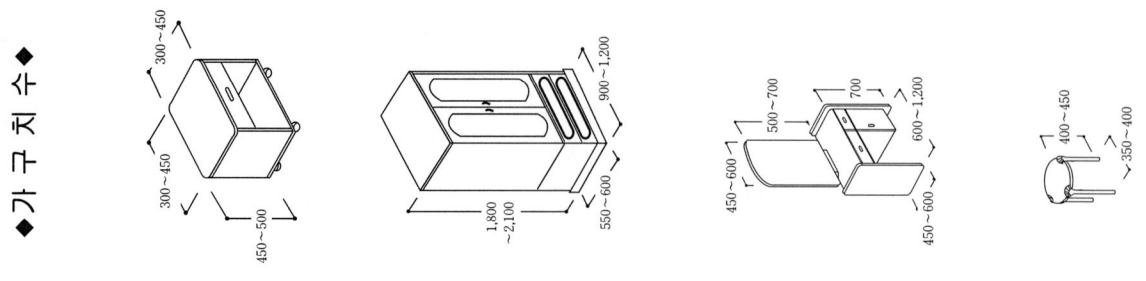

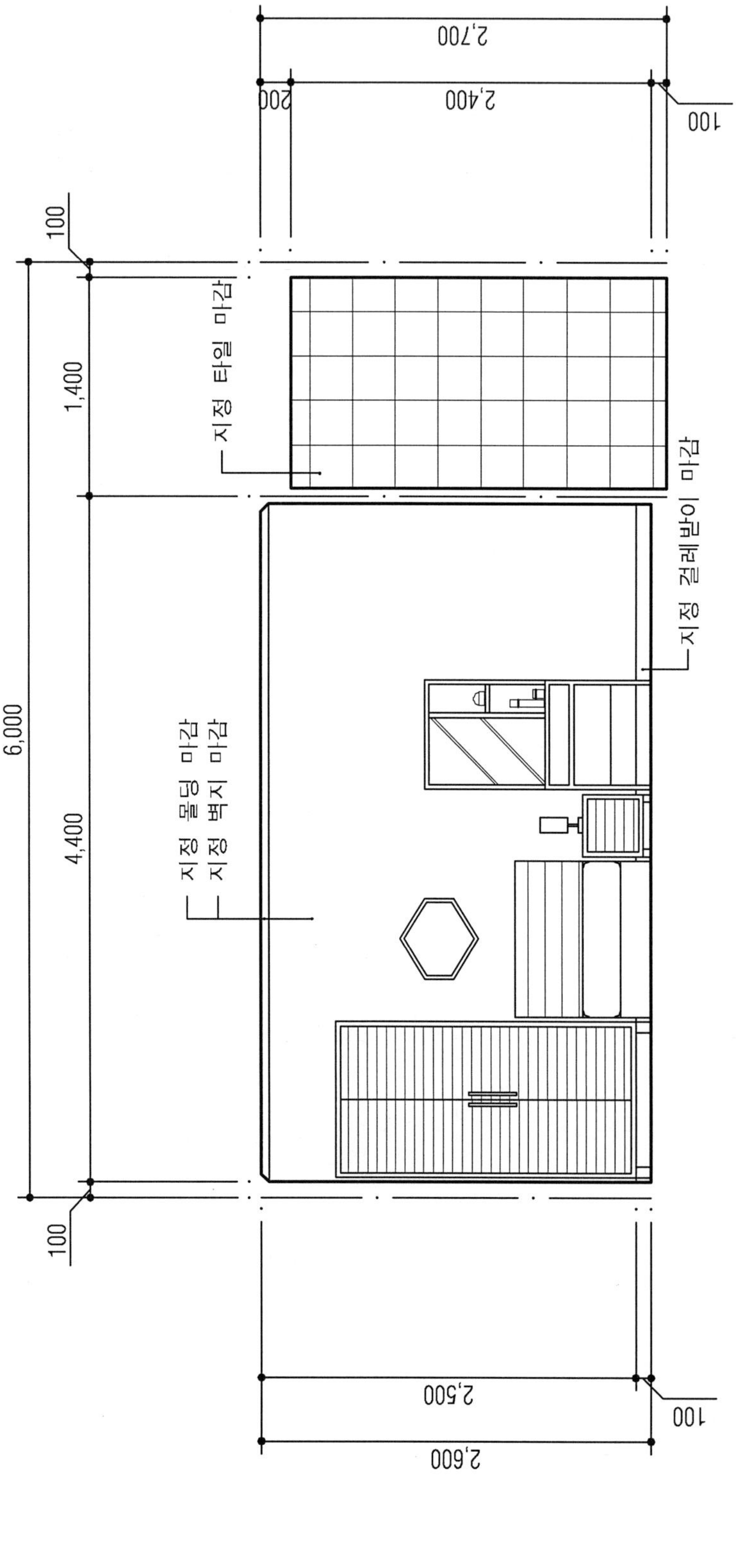

내부입면도 A SCALE = 1/30

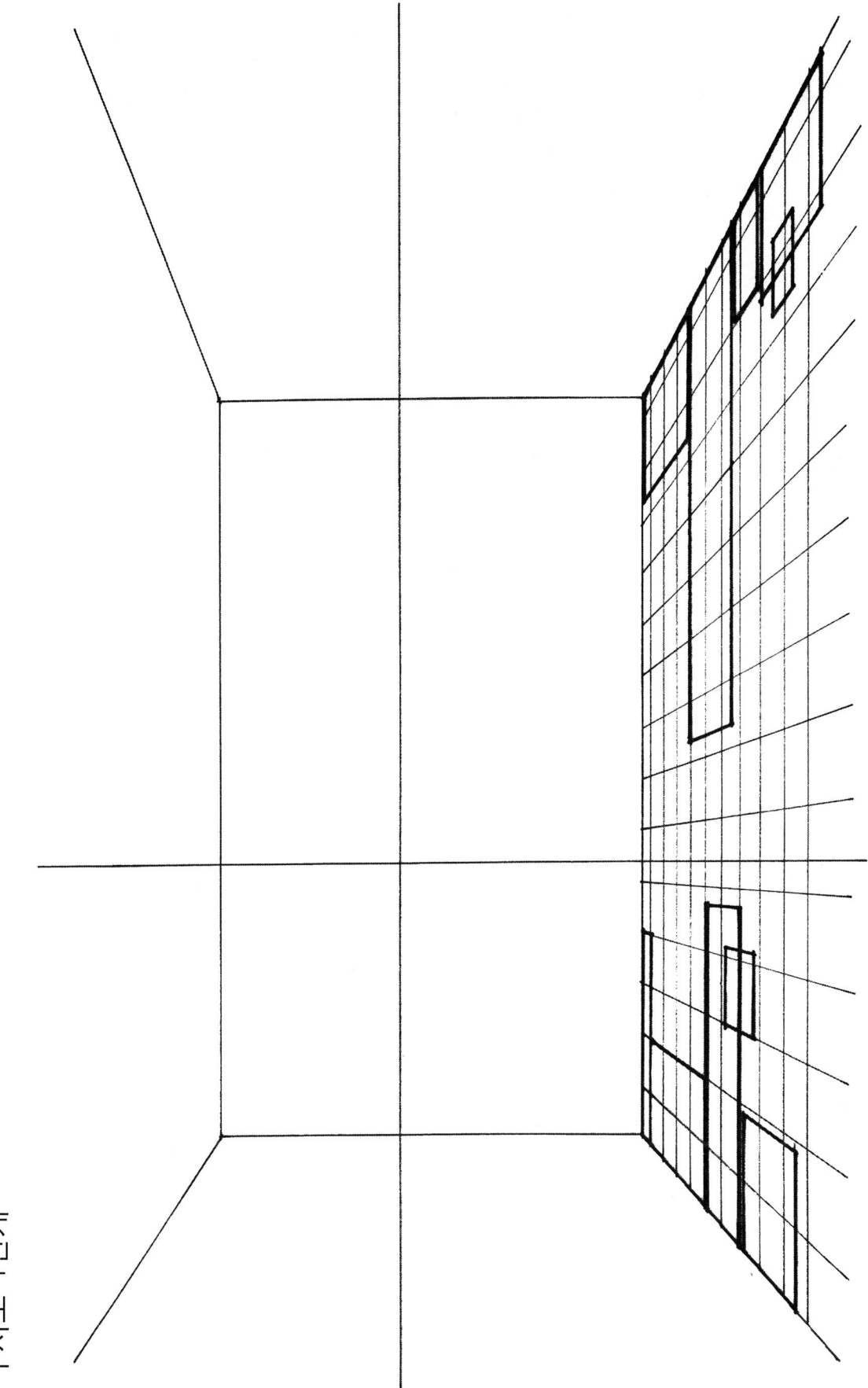

투시도 1단계

⊙ 도법에 이해 그리드를 완성한 후, 그리드상에 가구배치를 한다.

투시도 2단계

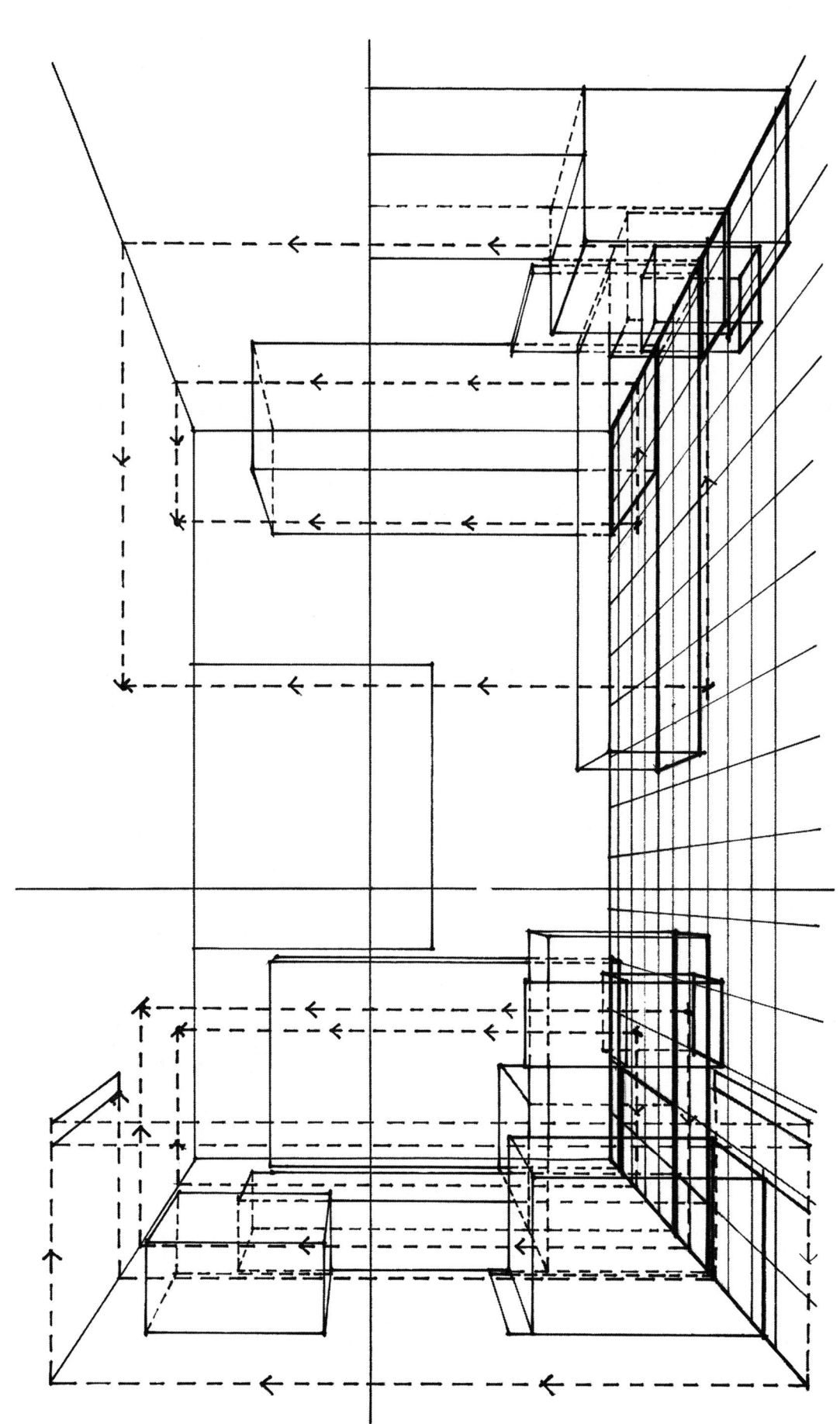

◉ 물체 높이를 적용하여 각 가구마다 입방체형으로 만든다.

투시도 3단계

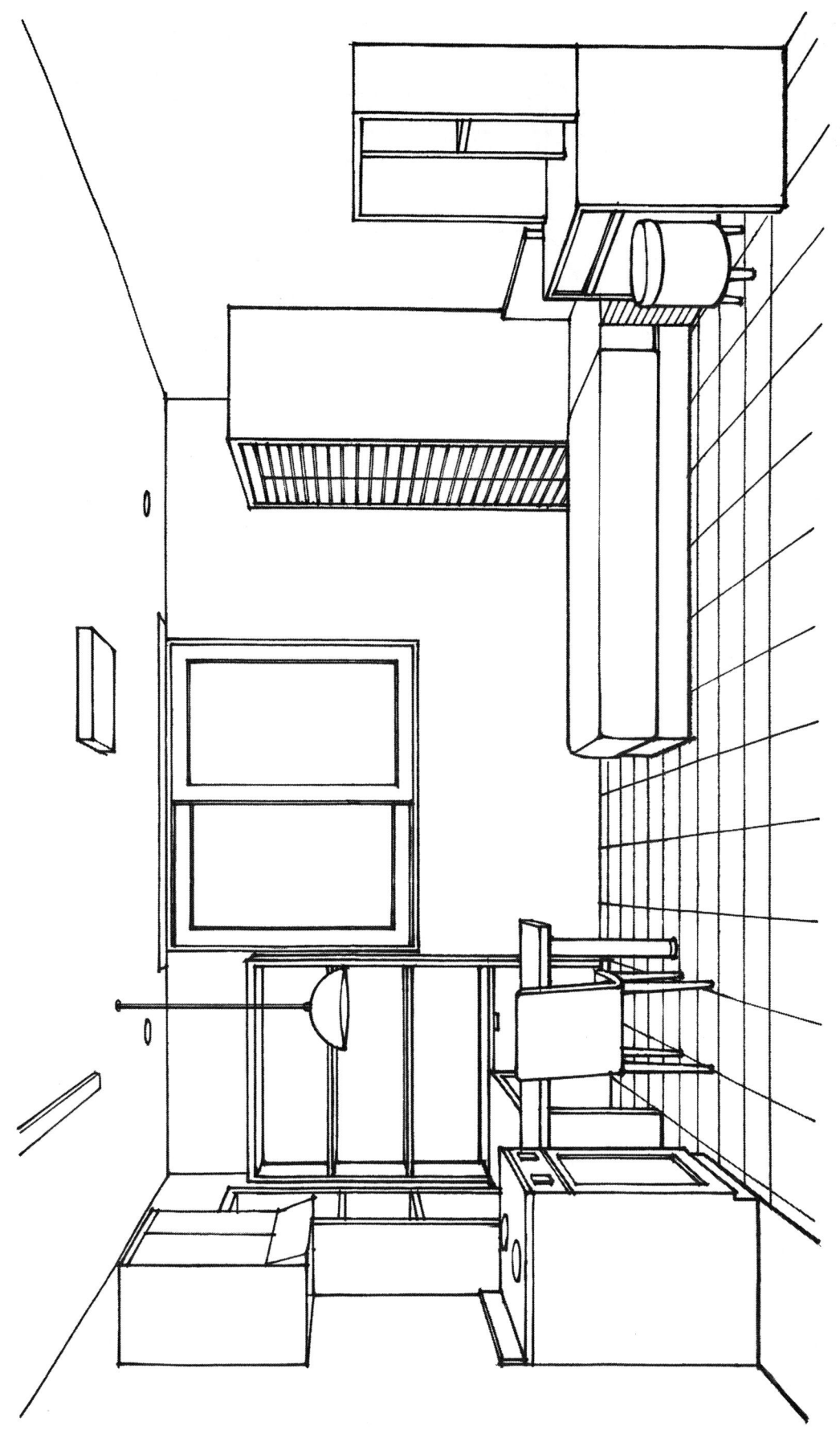

◎ 관찰자(S.P)로부터 가까이 있는 가구부터 가구형태를 완성한다.

투시도 4단계

실내투시도
SCALE = N.S

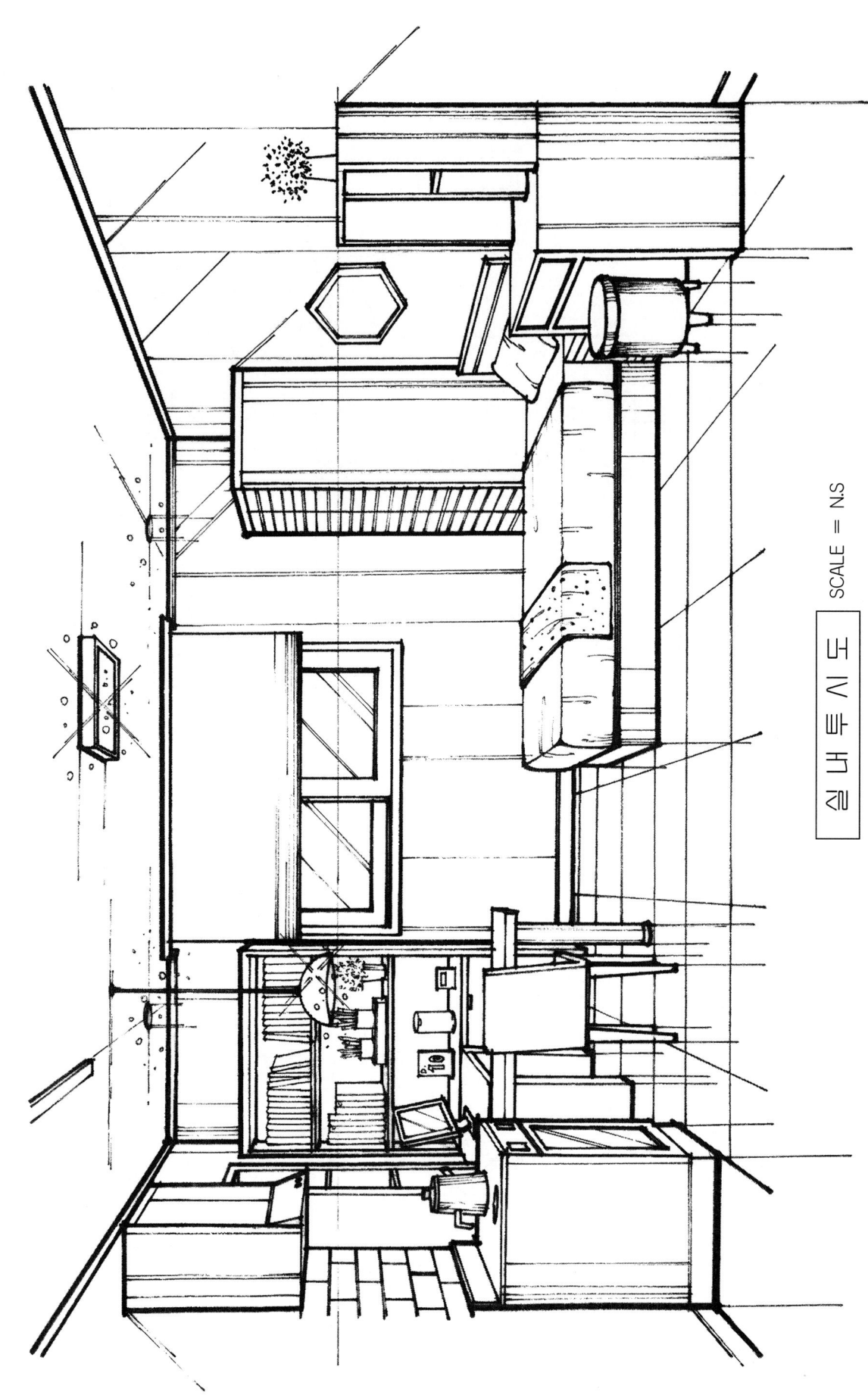

◉ 가구 이외의 소품, 액자, 수목, 조명의 빛그림자 등을 그려넣어 그림을 완성한다.

제 2 편

투시도
작성방법

제1장 투시도 작성방법

건물의 외부나 내부를 완공하기 전에 완공된 상태를 미리 예견하기 위해 그린 입체 도면으로 실제 모양과 거의 같아야 한다.(실물 그대로를 표시하며 질감, 재료, 음영 등을 묘사한다)

(1) 투시도의 정의(定義)

투시도란 입체물(3차원)을 평면상(2차원)에 입체적(3차원적)으로 표현한 그림을 말한다. 그 표현방법을 투시도법이라 하며, 도법상의 기준은 화면(P.P)상에 나타난 상(像)을 기준으로 한다.

옆의 그림을 보면 지면상에 물체가 있고 관찰자(입점)와의 사이에 커다란 유리창이 있다고 가정해 보면, 관찰자가 물체를 볼 때 물체의 상이 유리창을 통해서 관찰자의 눈으로 들어가는데 유리창을 통과할 때 그림과 같이 형태화 시킬 수 있다. 이 때 이 형태가 화면에 나타난 상이다.

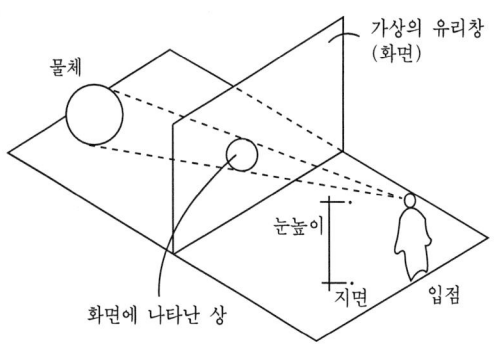

투시도를 퍼스펙티브(Perspective)라고도 하며, 퍼스(Pers.)라고 줄여서도 말한다.

(2) 투시도의 원리(原理)

위의 그림에서 볼 때 관찰자의 위치(S.P)는 고정시키고 물체를 움직여 보면 물체가 화면(P.P)에서 멀어질 수록 화면상의 상(像)은 작아지고 화면에 가까이 갈 수록 상이 커짐을 알 수 있다. 이것을 다음의 3가지로 정리해 보면

① 물체가 화면보다 멀리 있으면 화면의 상은 작게 나타나고
② 물체가 화면에 접하게 되면 물체와 상은 크기가 같게 되고
③ 물체가 화면과 관찰자 사이에 있게되면 물체와 상은 크게 나타난다.

이와 같은 현상은 원근 거리감에 따라 평행선은 하나의 점에 반드시 결집되기 때문이다. 이 점을 소점, 소실점이라 하며 V.P(Vanishing Point)라고도 한다. 철로나 직선의 도로가 멀리 한점에 만나 보이는 곳이 바로 이 소점(消点)이다.

(3) 투시도 용어(用語)

① E.P(Eye Point)시점:대상물을 보는 사람의 눈 위치.
② G.P(Ground Plane)기면:대상물이 주어지고 보는 사람이 서 있는 면.

③ P.P(Picture plane)화면 : 대상물과 관찰자 사이에 놓여져 있는 수직면.

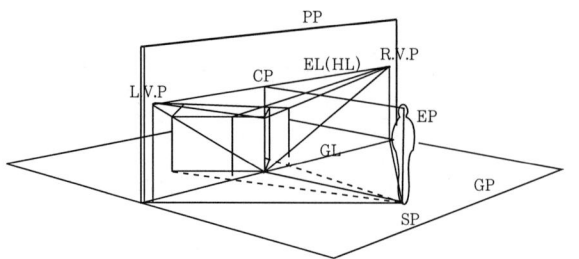

④ H.L(Horizontal Line)수평선 : 화면에 대한 시점의 높이와 같은 수평선. E.L(Eye Level)이라고도 한다.

⑤ G.L(Ground Line)기선 : 기면과 화면이 접하는 선.

⑥ S.P(Standing Point)입점 : 관찰자의 위치.

⑦ V.P(Vanishing Point)소점 : 평행선은 화면상에서 한점에 모이게 된다.

⑧ M.P(Measuring Point)측점 : 화면에 대하여 각도를 갖는 직선의 소점에서 시점과의 같은 거리의 수평선상에 잰 점.

⑨ M.L(Measuring Line)측선 : 높이값을 측량하기 위한 선.

⑩ C.P(Central Point)심점 : 시점을 화면에 투영한 점. 평행 투시도에서는 이 점이 소점이 된다.

⑪ D.P(Distance Point)거리점 : 수평선상에 시중심에서 시점거리와 같은 길이를 잰 점.

⑫ F.L(Foot Line)족선 : 입점과 대상물이 주어져 있는 기면상의 각점을 이어준 선.

(4) 투시도 기본도법

1소점 기본도법

〈작도법〉

① P.P, H.L, G.L을 수평으로 긋는다.
② 평면도를 P.P와 평행으로 설정한다.
③ 입면도를 G.L상에 설정한다.
④ 평면도에서 폭측선을 수직으로 내려 긋는다.
⑤ 입면도에서 높이측선을 수평으로 긋는다.
⑥ ④와 ⑤의 폭측선과 높이 측선의 교점을 a, b, c, d라 한다.
⑦ 평면도에 대각선을 긋고 대각선 교점에서 수직선(F.L)을 내려 긋는다.
⑧ ⑦의 수직선상에 S.P를 설정한다.
⑨ ⑦의 수직선과 H.L이 만나는 점을 V.P(소점)라 한다.
⑩ 교점 a, b, c, d에서 V.P에 결집되는 선(투시선)을 긋는다.
⑪ S.P에서 평면도 모서리점 A, B, C, D를 연결하는 선 F.L(족선)을 긋는다.
⑫ ⑪의 F.L과 P.P와의 교점을 e, f, g, h라 한다.
⑬ 교점 e, f, g, h에서 수직선을 내려 긋는다.
⑭ ⑬의 e, h의 수직선과 ⑩의 투시선이 만나는 점을 i, j, k, l이라 하면 정면의 위치가 결정된다.
⑮ ⑬의 f, g의 수직선과 ⑩의 투시선의 만나는 점을 m, n, o, p라 하면 뒷면의 사각형이 결정된다.
⑯ ⑭와 ⑮의 i, j, k, l, m, n, o, p의 각점을 연결하면 육면체가 바로 구하고자 하는 1소점 투시형이다.

▼도면 1 (1소점 기본도법의 작도법:①~⑨)

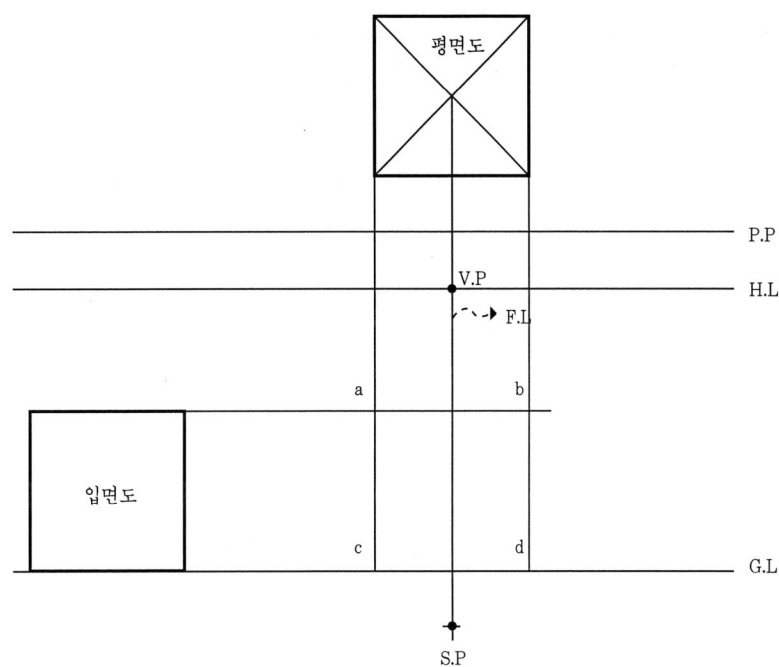

▼도면 2 (1소점 기본도법의 작도법:⑩~⑪)

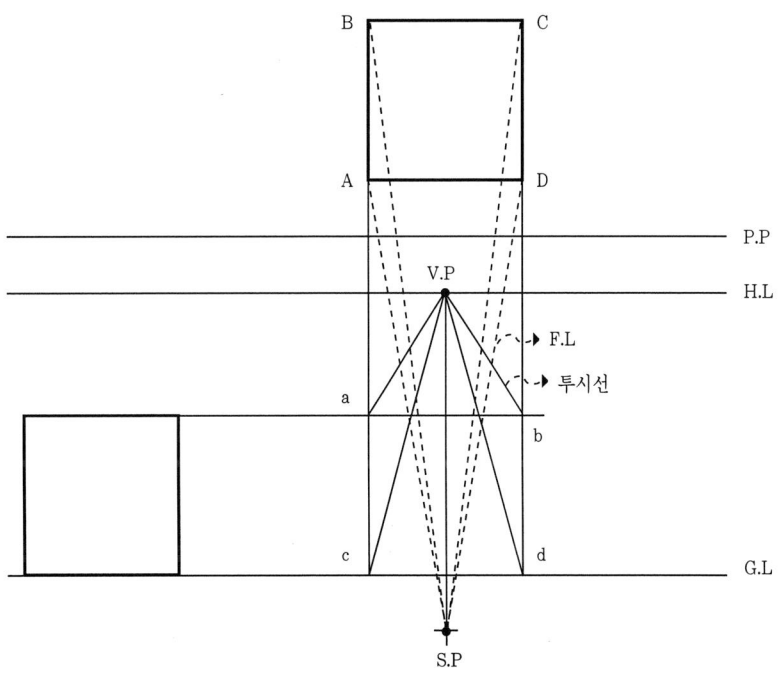

▼도면 3 (1소점 기본도법의 작도법:⑫~⑭)

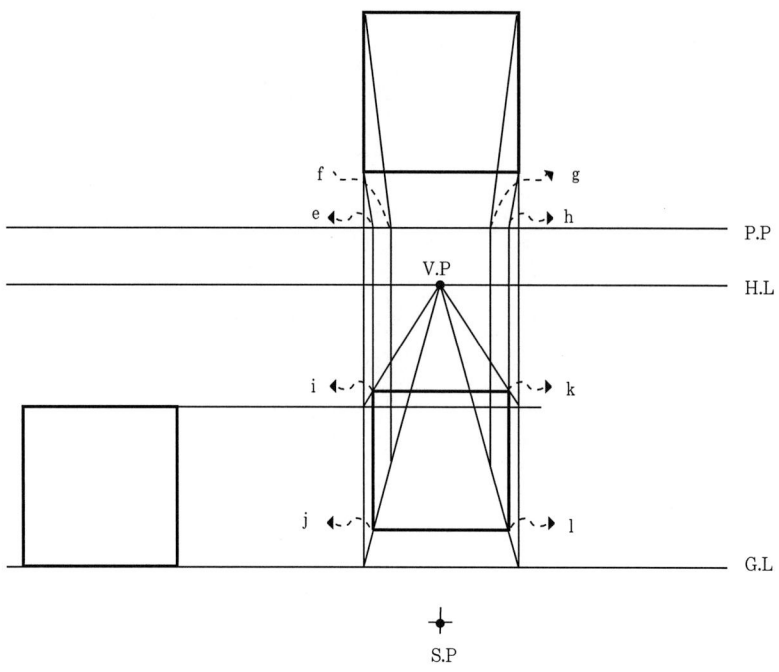

▼도면 4 (1소점 기본도법의 작도법:⑮~⑯)

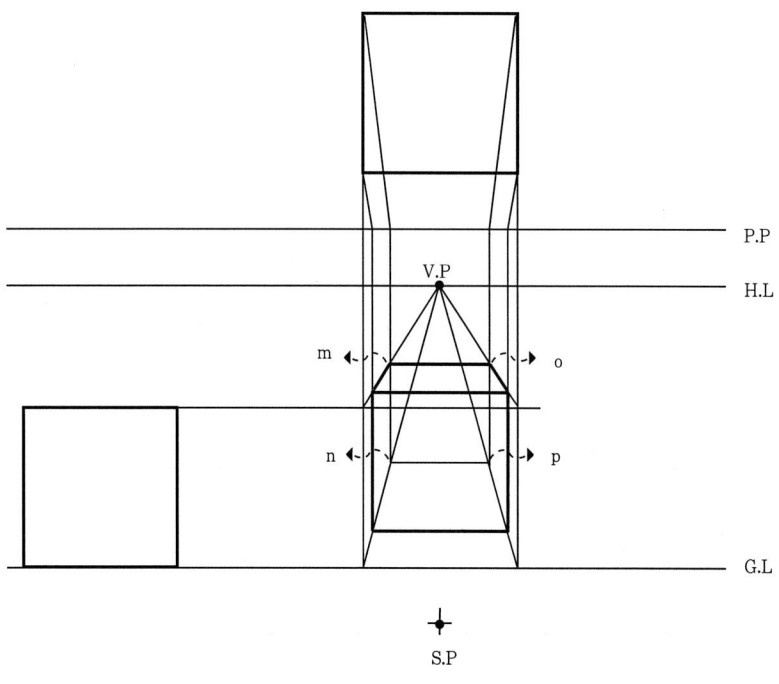

2소점 기본도법

〈작도법〉

① P.P, H.L, G.L을 수평으로 긋는다.
② 평면도를 P.P와 각도를 두고 설정한다.
③ 입면도를 G.L상에 설정한다.
④ S.P를 평면도 아래쪽에 임의로 설정한다. (화각이 45°인 범위에서)A에서 내려그은 수직선상에 S.P를 설정해도 무방하다
⑤ S.P에서 평면도상 AB, AD와 평행선을 그어 P.P와의 교점을 X, Y라 한다.
⑥ X, Y에서 수직선을 내려 그어 H.L과의 교점을 L.V.P, R.V.P라 한다.
⑦ P.P와 평면도가 만나는 점에서 수직선을 긋고, 입면도의 높이 $a_1 \sim a_2$를 설정한다. (평면도가 화면에 접해 있으므로 입면도의 높이를 그대로 적용된다)
⑧ S.P에서 평면도의 각 모서리점 A, B, C, D를 연결하는 선 F.L(족선)을 긋는다.
⑨ 점 $a_1 \sim a_2$에서 L.V.P, R.V.P에 결집되는 선(투시선)을 긋는다.
⑩ ⑧의 F.L과 P.P와 만나는 점을 b, c, d라 하고, 각각의 점에서 수직선을 내려 긋는다.
⑪ ⑩의 수직선과 ⑨의 투시선과의 교점을 $b_1 \sim b_2$, $d_1 \sim d_2$라 한다.
⑫ $b_1 \sim b_2$, $d_1 \sim d_2$에서 L.V.P, R.V.P에 결집되는 투시선을 긋는다. 그러면 교점 $c_1 \sim c_2$가 생긴다. 이 교점은 c에 내려 그은 수직선과 일치하게 된다.
　이 육면체가 구하고자 하는 2소점 투시형이다.

▼도면 1 (2소점 기본도법의 작도법:①~⑦)

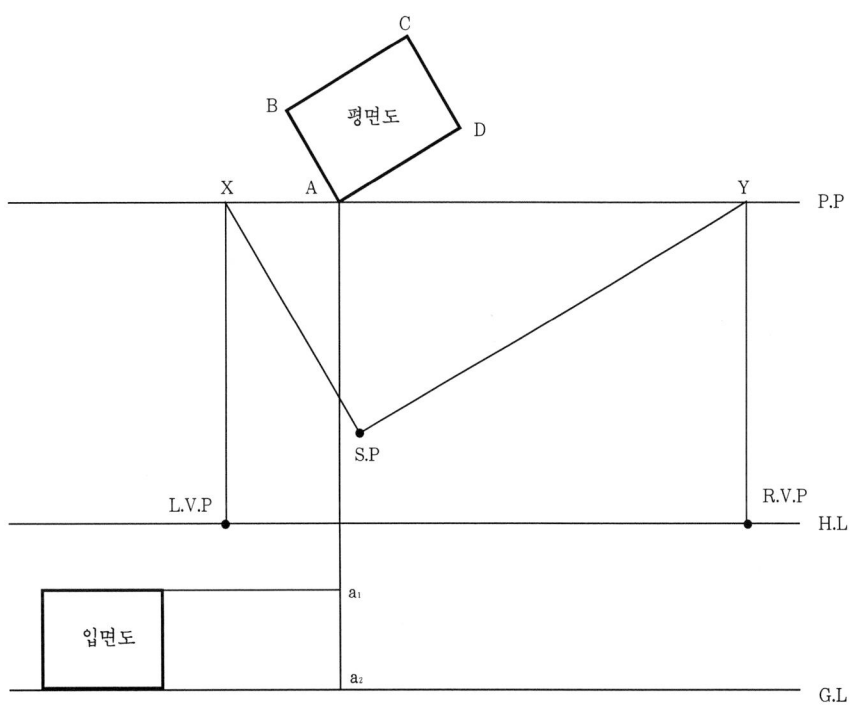

▼도면 2 (2소점 기본도법의 작도법:⑧~⑨)

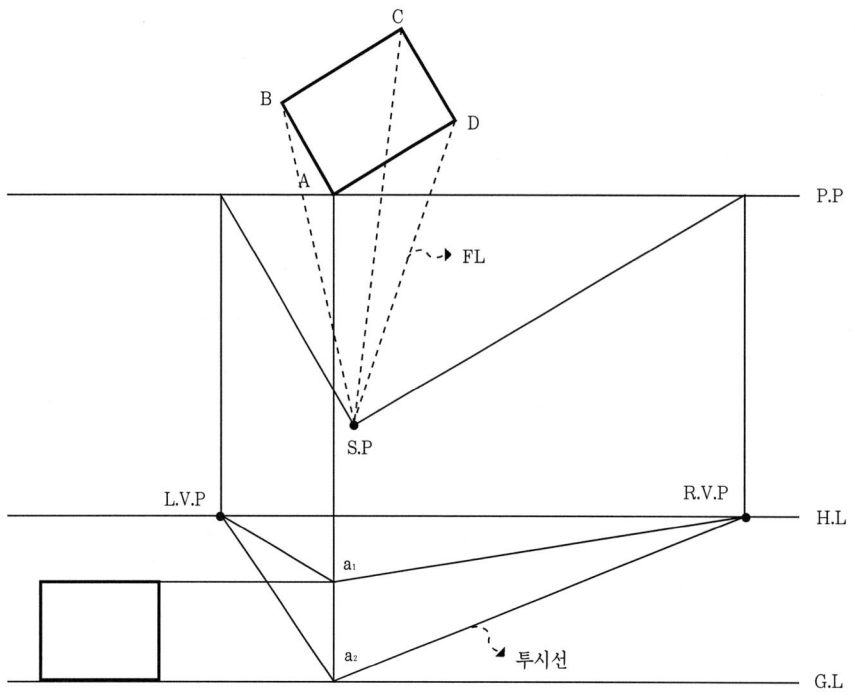

▼도면 3 (2소점 기본도법의 작도법:⑩)

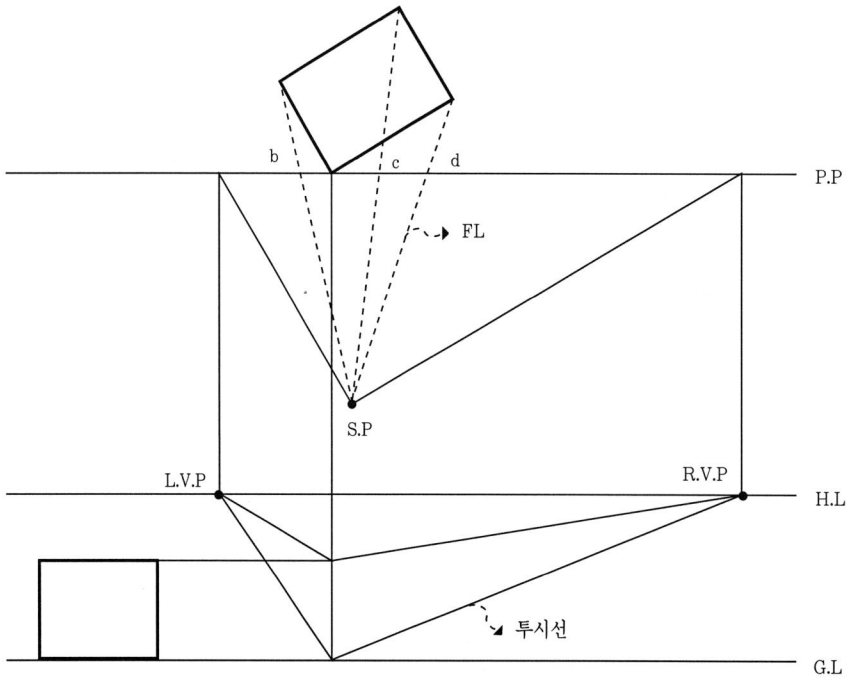

▼도면 4 (2소점 기본도법의 작도법:⑪~⑫)

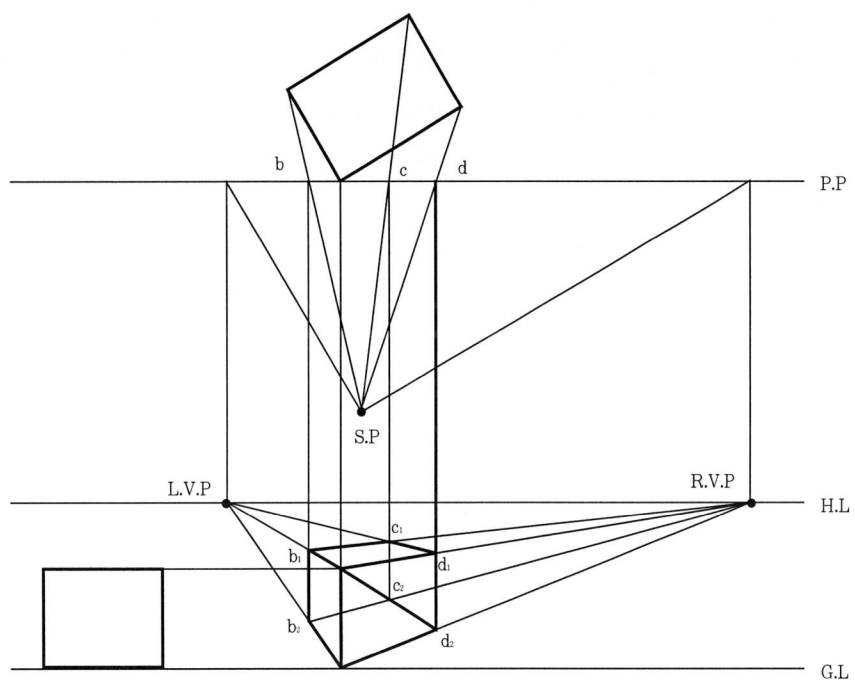

(5) 투시도 응용도법

축척(Scale)을 사용하여 그리는 도법으로 실제로 많이 사용하는 방법이다. 다음의 예를 1/40을 기준하여 작도하여 보자. 투시도에는 축척이 존재하지 않으나 기준이 되는 점에서는 축척을 사용할 수 있다.

실내 1소점법(평행 45°법)

이 도법은 동방디자인학원에서 연구·개발한 도법입니다. 잘 알고 사용합시다.

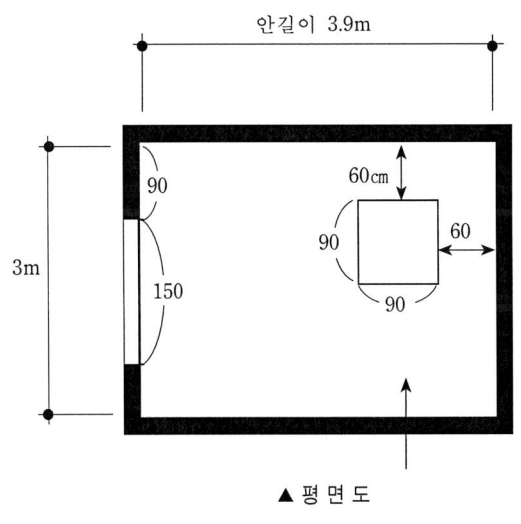

▲ 평면도

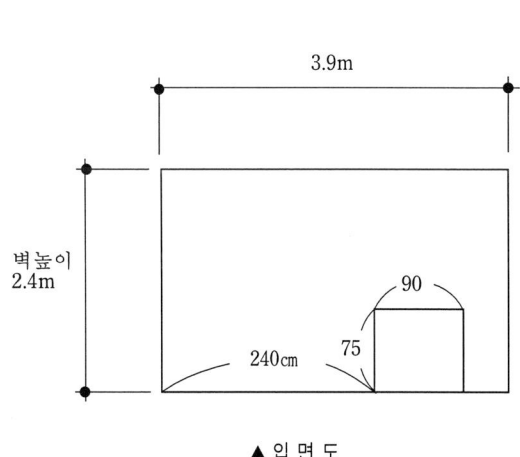

▲ 입면도

〈작도법〉

① P.P겸 H.L을 긋는다.
② 평면도를 배치한다. 화살표 방향에서 보았을 경우 마주보이는 벽체를 P.P상에 접하도록 한다. 그림에서는 굵은 점선 사각형이 평면도가 배치된 상태이다. (S.P설정을 위해서 평면도를 배치하며, S.P가 설정된 후는 필요 없는 상태이므로 흐리게 그리도록 한다)
③ 평면도 내에 수직선을 긋는다. 수직선의 위치에 따라 좌우 벽체의 넓이가 달라진다.
　①의 P.P/H.L이 만나는 점이 V.P가 된다.
④ 화각 45° 내에 평면도가 배치될 수 있도록 ③의 수직선상에 S.P를 설정한다.
⑤ ①의 P.P/H.L에서 1.5m 아래에 G.L을 긋는다. (사람의 눈높이가 보통 1.5m 이므로)
⑥ 화면에 접한 벽체의 입면도를 G.L상에서부터 그린다. (벽체높이 : 주택에서는 2.4m가 기준이다)
⑦ V.P에서 입면도 각 모서리로 향하여 벽 모서리선을 긋는다. 이렇게 해서 바닥, 벽, 천정의 형태가 잡히게 된다.
⑧ 입면도내의 G.L상에 30cm 눈금을 왼쪽부터 측량한다.
⑨ V.P에서 30cm 눈금을 지나는 선을 긋는다.
⑩ V.P에서 S.P까지의 거리를 V.P를 중심으로 하여 P.P/H.L상으로 이동시킨다. 이 점이 D.P이다. (V.P~S.P거리 = V.P~D.P거리)
⑪ D.P에서 ⑧의 30cm 눈금 시작점을 지나는 선을 긋는다.
⑫ ⑪의 선과 ⑨의 선이 만나는 점을 지나는 수평선을 긋는다.
　이렇게 하면 그리드(Grid)가 생기는데 이 그리드의 규격은 30cm×30cm이다.
⑬ 그리드가 쳐있는 바닥에 물체의 위치 a, b, c, d를 설정한다.
⑭ 물체의 바닥모서리 a, b, c, d에서 수직선을 긋는다.
⑮ 입면도상에 물체의 높이를 측량한다.
⑯ V.P에서 ⑮의 물체 높이점을 지나는 선을 긋는다.
⑰ 물체의 바닥선을 벽 모서리까지 이동시킨다.
⑱ ⑰선과 벽모서리가 만난점에서 수직선을 긋는다.
⑲ ⑯선과 ⑱선이 만나는 점에서 수평선을 그어 물체의 높이를 확정한다.
⑳ 입방체 투시형을 완성한다.
㉑ 입면도상에 바닥에서 창문높이를 측량한다. (여기서는 임의로 한다. 보통 90cm 정도)
㉒ ㉑로부터 창틀높이를 측량한다. (여기서는 임으로 한다. 보통 120cm 정도)
㉓ V.P에서 ㉑, ㉒점을 지나는 투시선을 긋는다.
㉔ 주어진 평면도를 보고 창문의 위치를 설정한 다음 수직선을 긋는다.
　이렇게 하면 창문의 형태가 완성된다.
　실제로 투시도를 그릴 때도 모든 가구를 입방체형으로 만든 다음 형태를 추출해 내는 것이다.

▼도면 1 (실내 1소점법〈평행 45°법〉의 작도법:①~⑦)

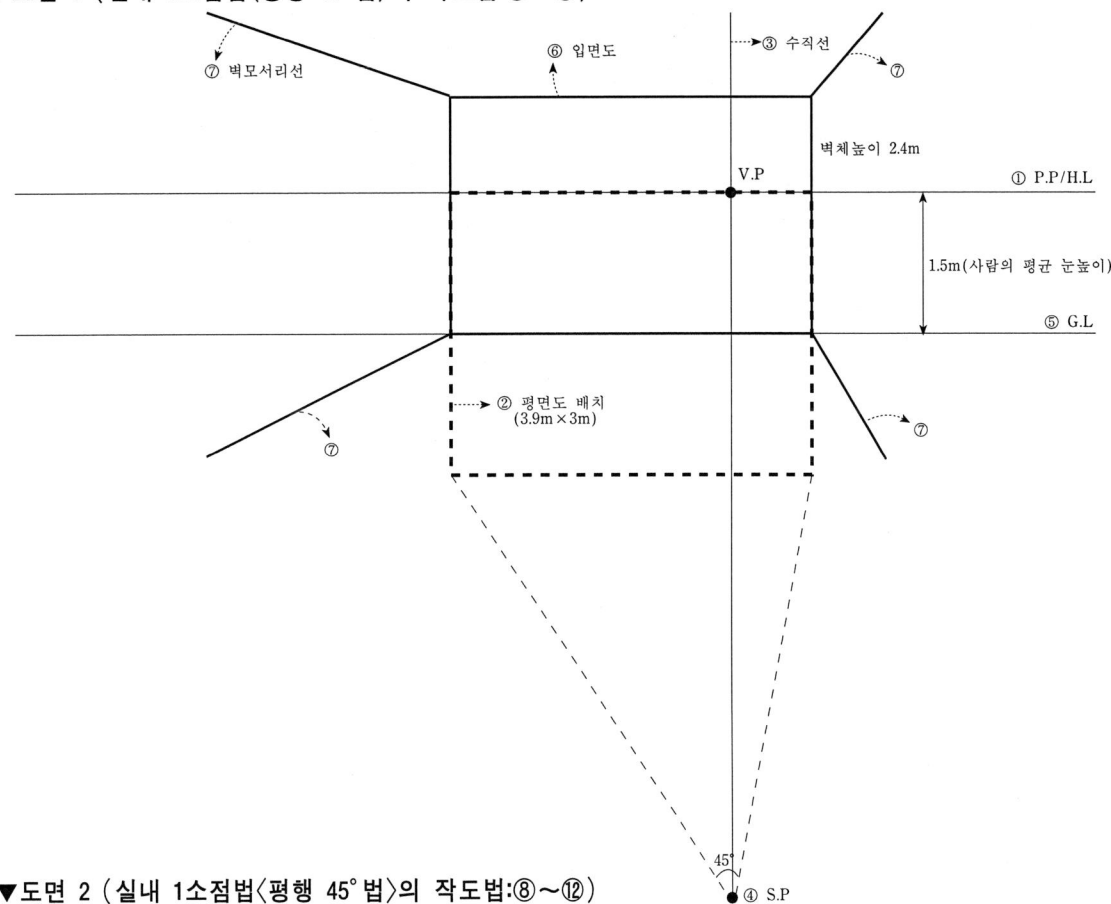

▼도면 2 (실내 1소점법〈평행 45°법〉의 작도법:⑧~⑫)

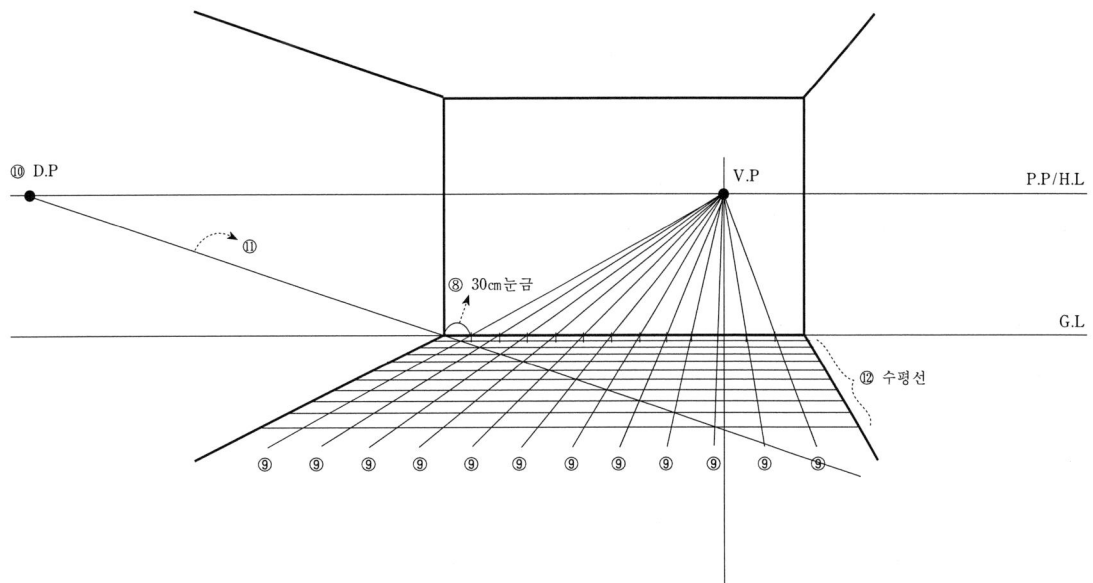

▼도면 3 (실내 1소점법〈평행 45°법〉의 작도법:⑬~㉔)

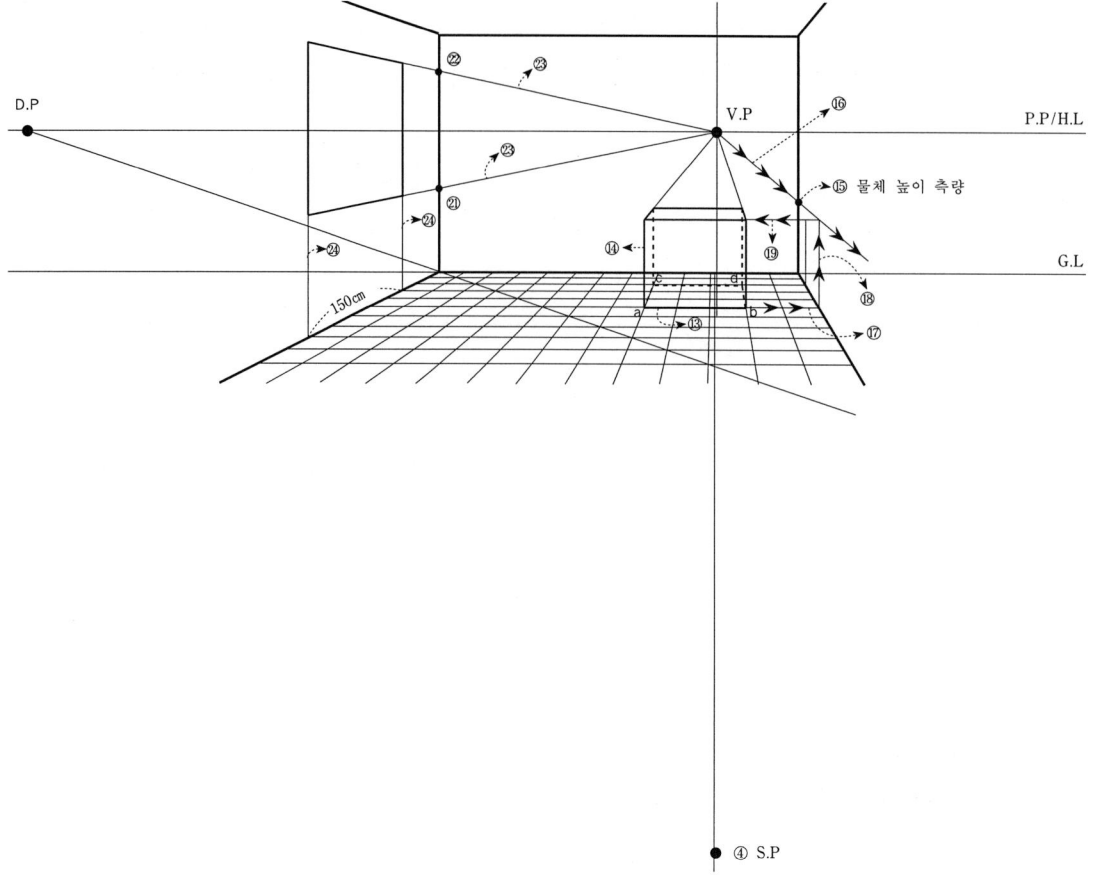

실내 2소점법(측점법)
이 도법은 동방디자인학원에서 연구·개발한 도법입니다. 잘 알고 사용합시다.

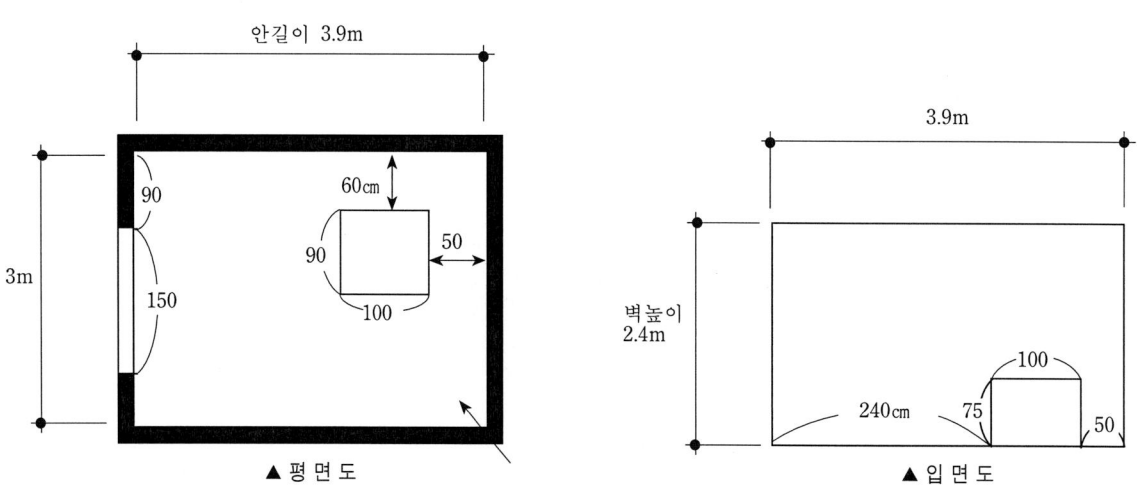

〈작도법〉

① P.P겸 H.L을 긋는다.

② 평면도를 배치한다. 화살표 방향에서 보았을 때 중심이 되는 벽모서리를 P.P/H.L에 접하도록 배치한다. S.P설정후는 필요하지 않으므로 흐리게 그린다. 여기서는 왼쪽벽이 3m, 오른쪽 벽이 3.9m가 되도록 배치한다.

③ 수직선을 평면도 모서리를 지나도록 내려 긋는다.
④ 배치된 평면도 끝이 화각 45°내에 들어오도록 S.P를 ③의 수직선상에 설정한다.
⑤ 배치된 평면도 각변과 평행이 되게 S.P에서 부터 P.P/H.L로 선을 그으면 만나는 점이 생기는데 이점이 소점(V.P)이다.
⑥ L.V.P에서 S.P까지의 거리를 L.V.P를 중심으로 P.P/H.L상으로 이동시키면 만나는 점이 R.M.P가 되고, R.V.P에서 S.P까지의 거리를 R.V.P를 중심으로 P.P/H.L상으로 이동시키면 만나는 점이 L.M.P가 되는데 이 두점이 바로 측점(Measuring point)이다.
⑦ ①의 P.P/H.L에서 1.5m 아래에 G.L을 수평으로 긋는다. (사람의 눈높이가 보통 1.5m 이므로)
⑧ ③의 수직선과 ⑦의 G.L이 만나는 점에서 부터 벽체높이(기준벽 모서리)를 설정한다.
⑨ ⑧의 벽체높이를 중심으로 L.V.P, R.V.P에서 벽체선을 긋는다.
⑩ G.L상에 30㎝ 눈금을 측량한다. 여기서는 평면도가 배치된 대로 왼쪽은 3m, 오른쪽은 3.9m만 측량한다.
⑪ L.M.P, R.M.P에서 30㎝ 눈금을 지나는 선을 ⑨의 벽모서리선까지 긋는다.
⑫ ⑪의 선과 ⑨의 벽모서리가 만나는 점을 지나는 투시선을 L.V.P와 R.V.P로부터 그으면 격자무늬가 생기는데 규격은 30㎝×30㎝이다.
⑬ 그리고자 하는 물체를 그리드가 쳐있는 바닥에 배치한다.
⑭ 배치된 물체의 각 모서리에서 수직선을 올려 긋는다.
⑮ 기준벽 모서리에 물체의 높이를 측량한다.
⑯ L.V.P에서 ⑮점을 지나는 투시선을 긋는다.
⑰ 물체의 바닥선을 벽 모서리까지 이동시킨다.
⑱ ⑰선과 바닥모서리가 만나는 점에서 수직선을 올려 긋는다.
⑲ ⑯선과 ⑱선이 만나는 점을 지나는 선을 R.V.P로부터 긋는다.
⑳ 입방체를 완성한다.
㉑ 기준벽 모서리에 창문의 높이를 측량한다. (여기서는 임으로 한다)
㉒ ㉑점을 지나는 선을 R.V.P로 부터 긋는다.
㉓ 창문의 위치를 바닥 모서리선에 측량하여 수직선을 올려 긋는다.
　이렇게 하면 창문의 형태가 완성된다.

▼도면 1 (실내 2소점법〈측점법〉의 작도법: ①~⑥)

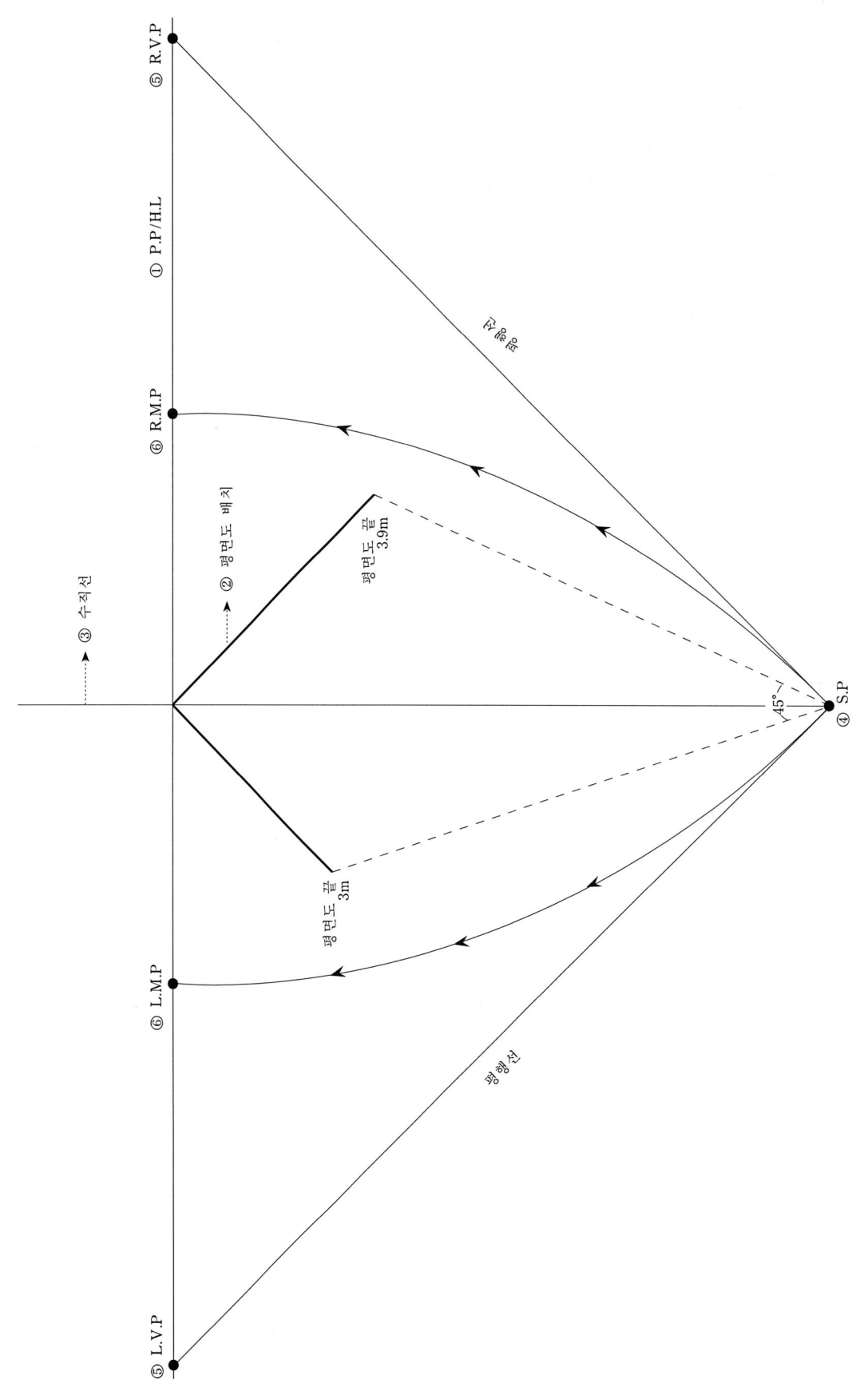

▼도면 2 (실내 2소점법〈측점법〉의 작도법:⑦~⑫)

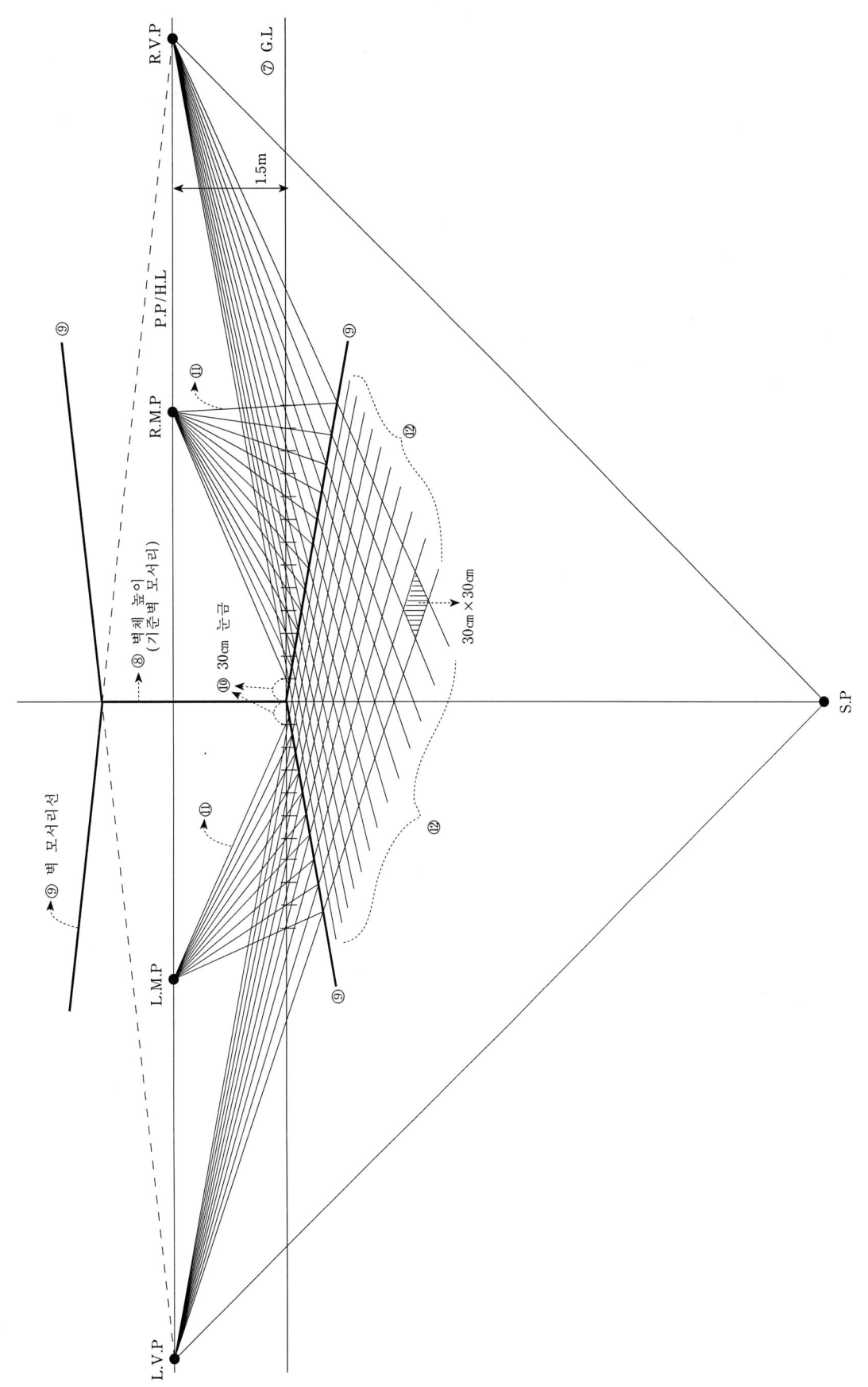

106·제2편 투시도 작성방법

▼도면 3 (실내 2소점법〈측점법〉의 작도법:⑬~㉓)

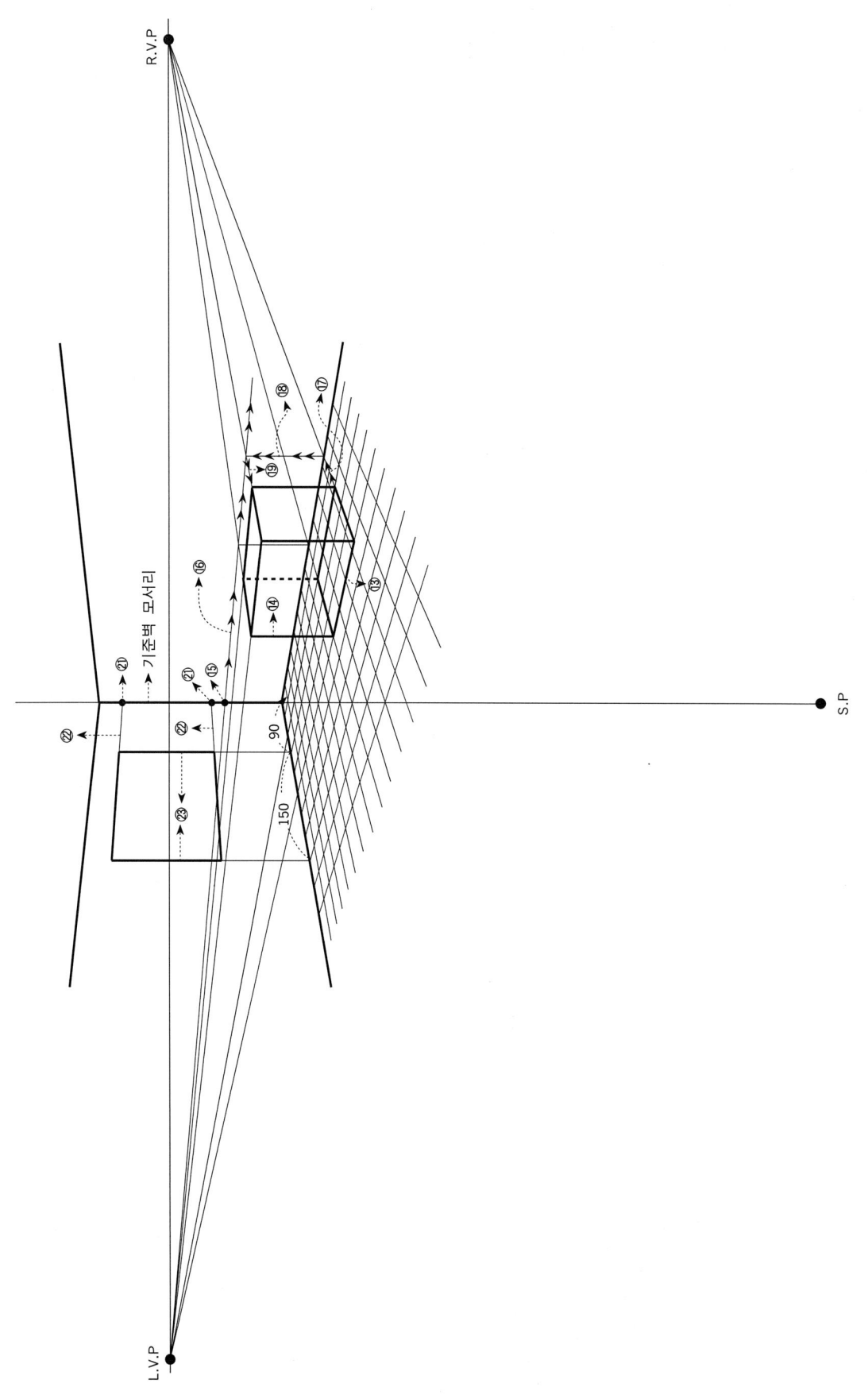

제2장 투시도 점경표현

(1) 조명기구

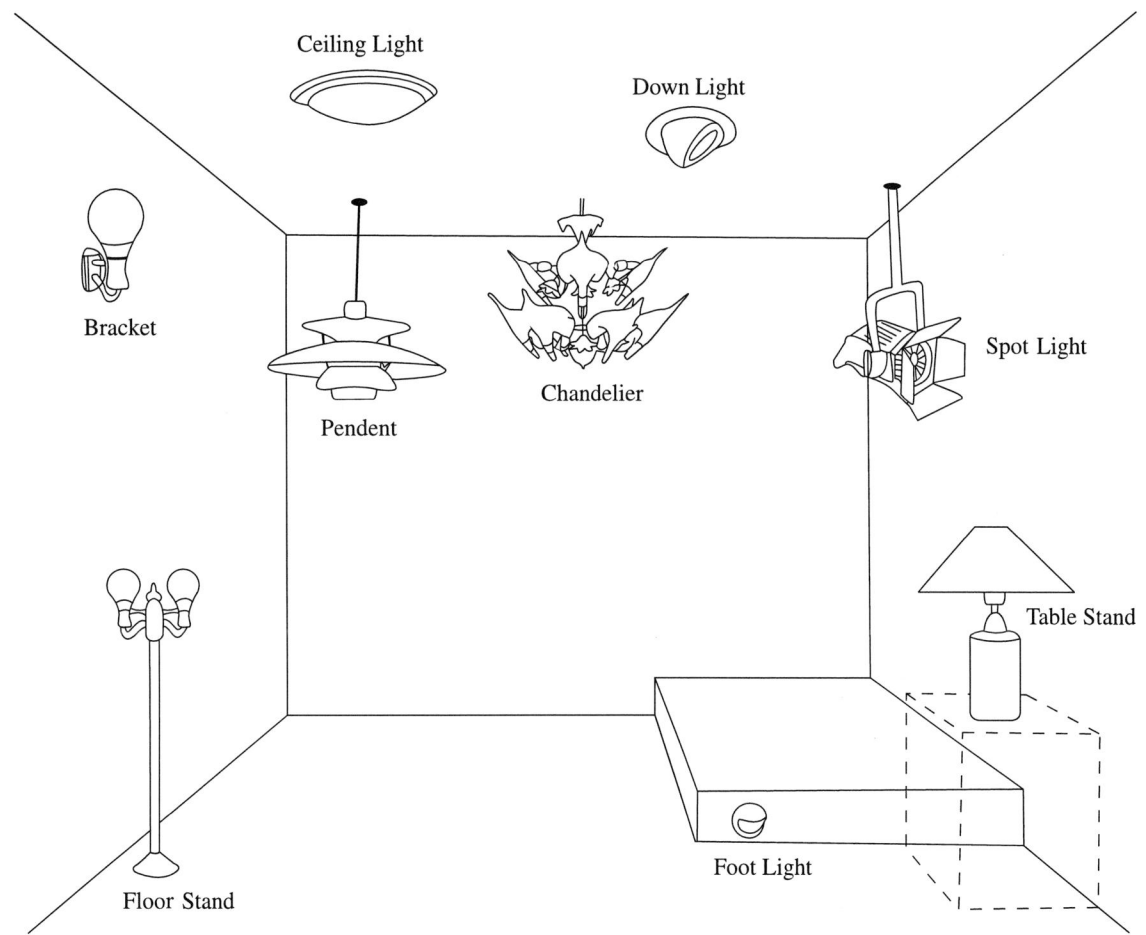

【부착위치에 의한 분류】
- 천정등(Ceiling Light)
  - 매입등(Down Light)
  - 스포트라이트(Spot Light)
  - 펜던트(Pendent)
  - 샹들리에(Chandelier)
  - 일반천정등(Ceiling Light)
- 벽등(Wall Light)
  - 브라켓(Bracket)
- 바닥등(Floor Light)
  - 풋라이트(Foot Light)
- 스탠드(Stand Light)
  - 플로어스탠드(Floor Stand)
  - 테이블스탠드(Table Stand)

【전구의 종류】
- 형광등(F.L.)
- 백열등(I.L.)
- 할로겐등
- 수은등
- 메탈라드등
- 나트륨등

(2) 수목

(3) 가구

(4) 소품, 악세사리 등

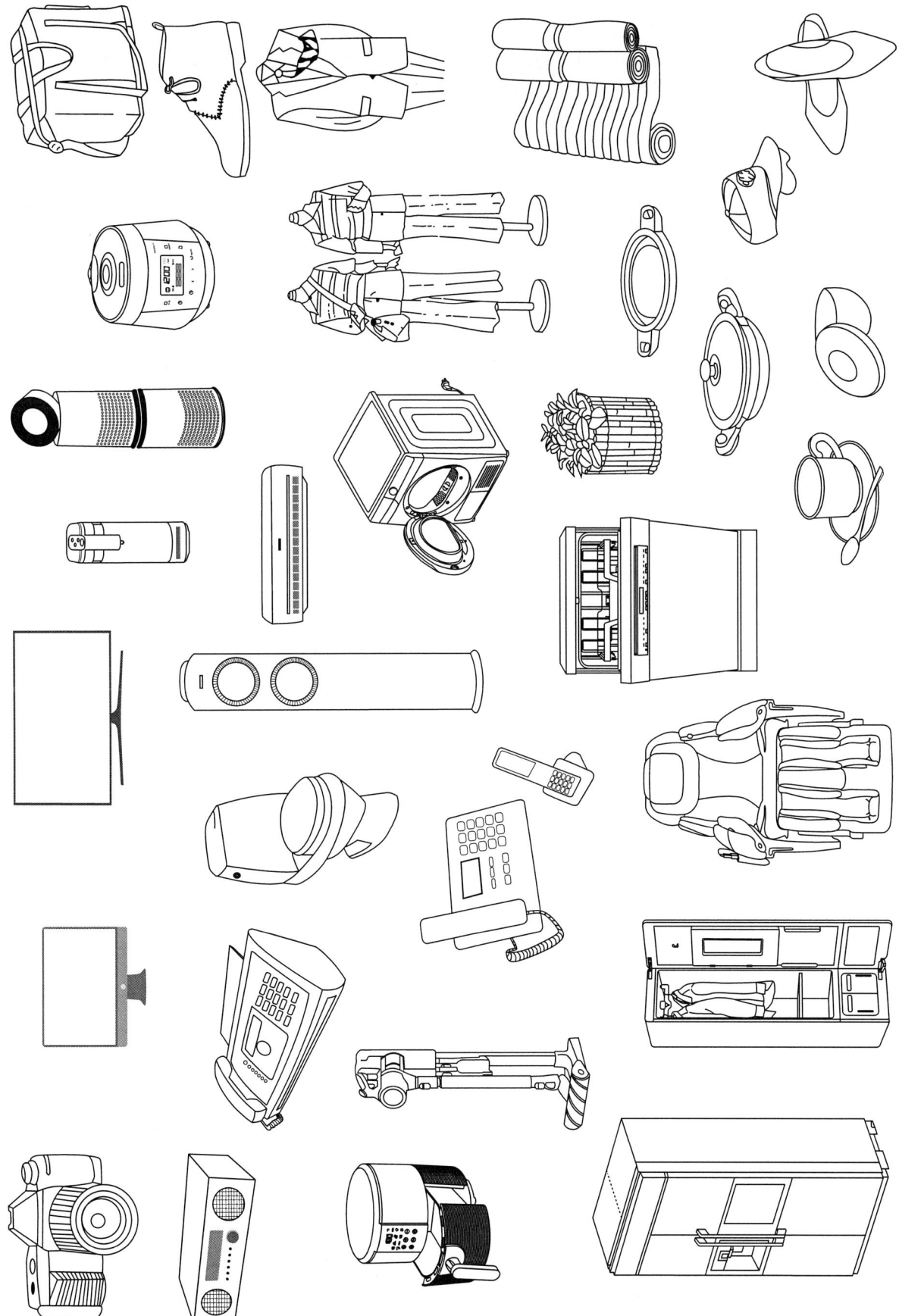

제3장 단면도

건축물을 수직으로 절단하여 수평방향에서 본 투영 도면으로 종 단면도와 횡 단면도가 있다.

· 작도순서
① 단면도의 크기를 고려하여 축적과 도면 배치를 계획한다.
② 지반선과 조립 기준선의 위치를 결정한다.
③ 기둥, 벽의 중심선을 일점쇄선으로 긋는다.
④ 지반선에서 각 높이를 그리고, 마감두께를 포함한 바닥판의 두께를 가는선으로 긋는다.
⑤ 기둥과 벽의 중심에서 기둥과 벽의 크기를 그리고 창호의 틀(Frame)의 위치를 결정한다.
⑥ 창대, 문 등의 내·외벽을 그리고, 지붕을 그린다.
⑦ 바닥면에서 각 부분의 천정높이(천정고)를 정하여 그린다.
⑧ 계단과 난간을 그린다.
⑨ 지반선(G.L)에서 건축물의 최고 높이, 처마 또는 돌출길이, 1층 바닥 높이, 천정높이 등의 치수를 기입한다.
⑩ 지붕 물매를 표시한다.
⑪ 개구부의 크기와 기둥 간격, 벽의 중심 거리와 전체 길이를 표시한다.
⑫ 재료명과 기호명을 기입한다.
⑬ 도면명과 축적을 기입하고 정리한다.

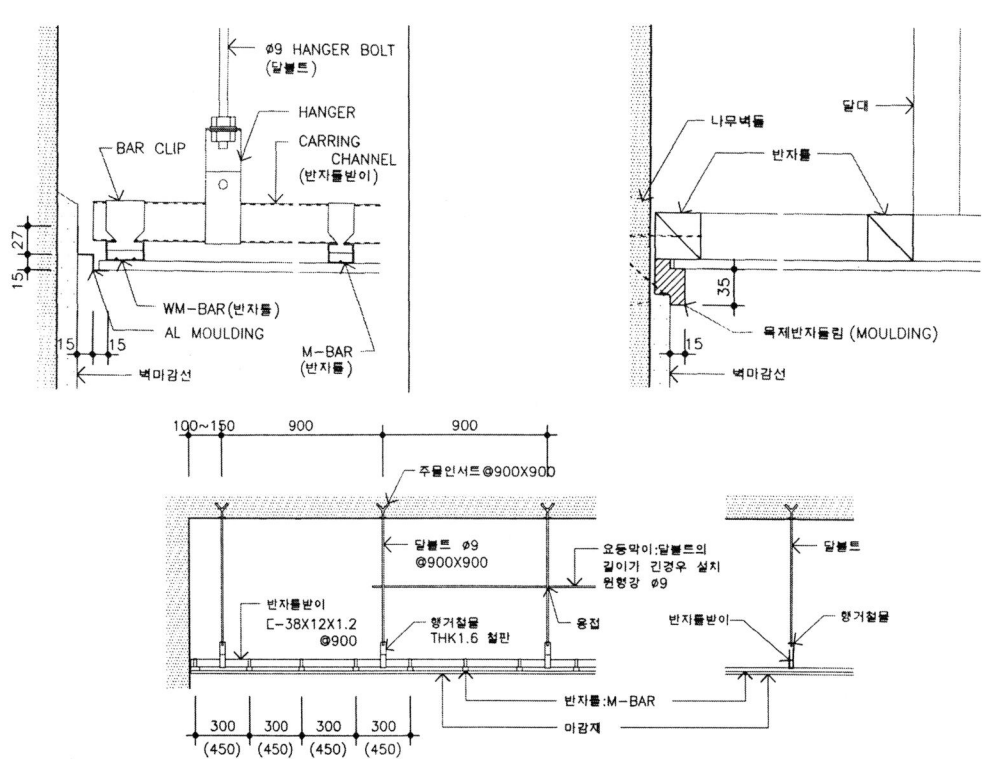

※ 달 BOLT란 달대용으로 사용하는 BOLT를 말한다.
※ FB는 Flat Bar로 평철(平鐵)을 말한다.

제 **3** 편

공간별
가구치수

제1장 주거공간

[1] 각 실의 실내계획

(1) 거실(Living room)

① 거실의 가구배치 유형

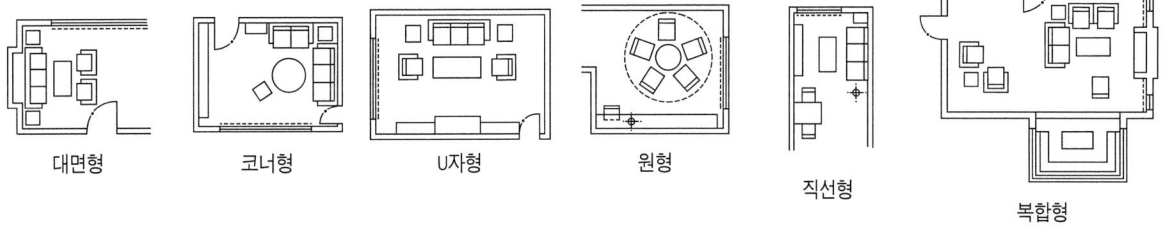

대면형   코너형   U자형   원형   직선형   복합형

② 거실의 규모

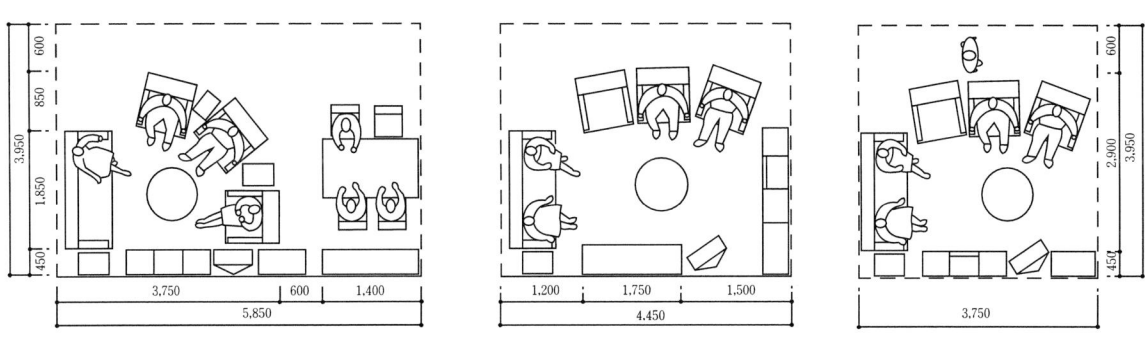

③ 거실가구의 필요치수

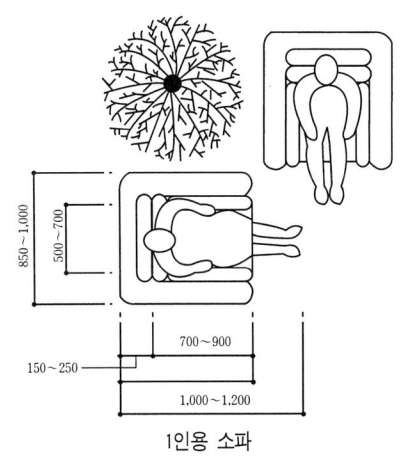

1인용 소파

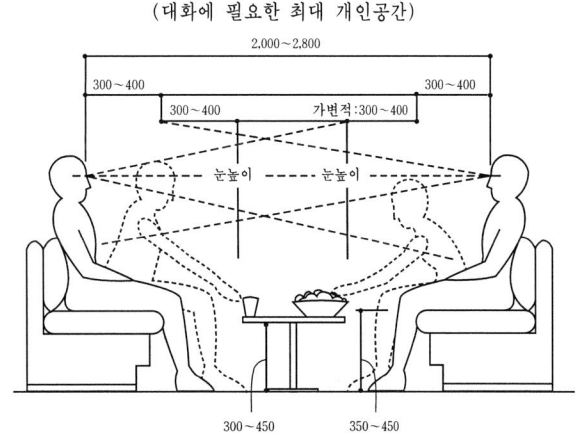

(대화에 필요한 최대 개인공간)

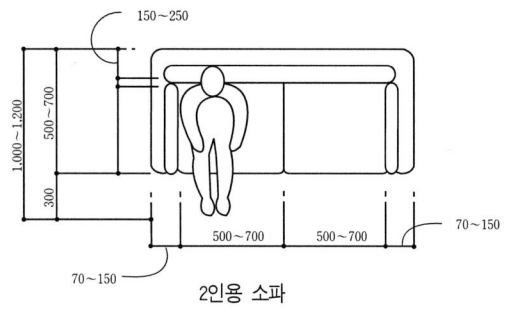
2인용 소파

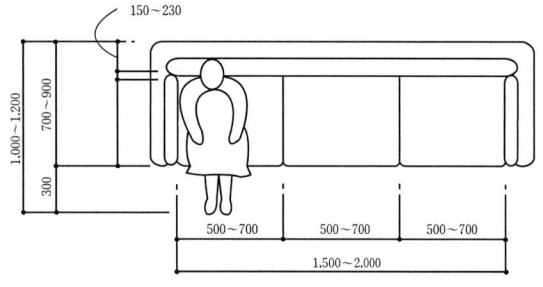
3인용 소파

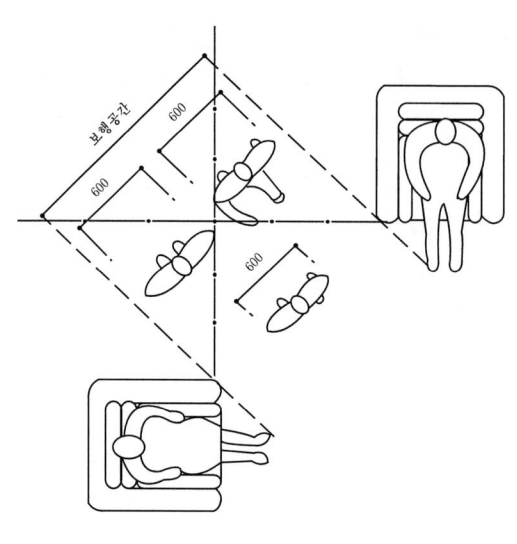

④ TV시청거리 및 오디오 청취거리

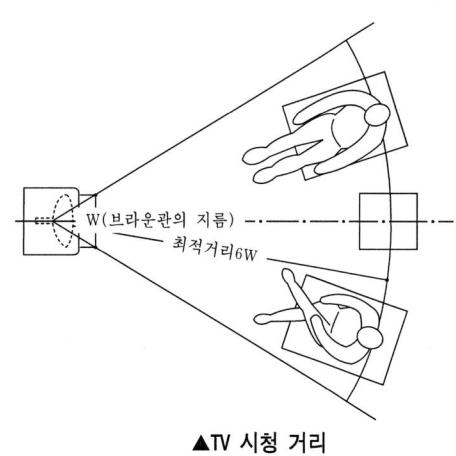
▲TV 시청 거리

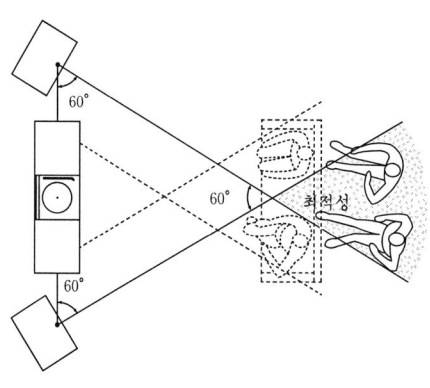
▲오디오 청취 거리

⑤ 거실 가구의 종류와 치수

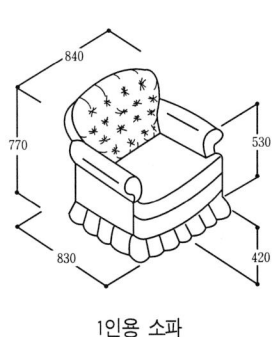
1인용 소파

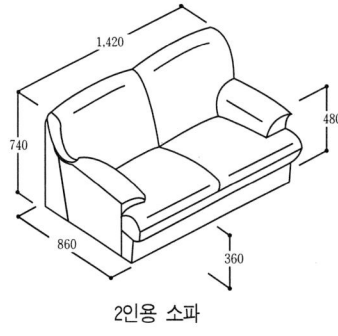
2인용 소파

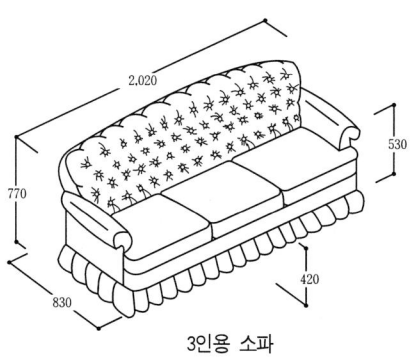
3인용 소파

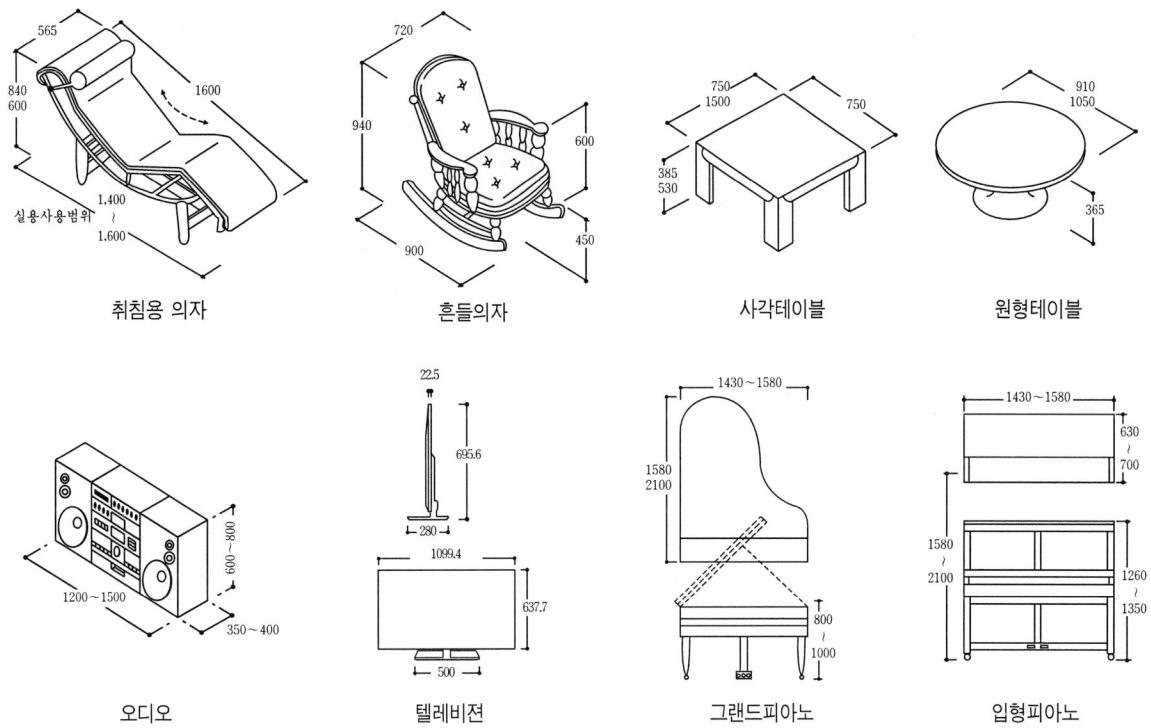

취침용 의자　　흔들의자　　사각테이블　　원형테이블

오디오　　텔레비젼　　그랜드피아노　　입형피아노

[1] 각 실의 실내계획

(1) 거실(Living room)

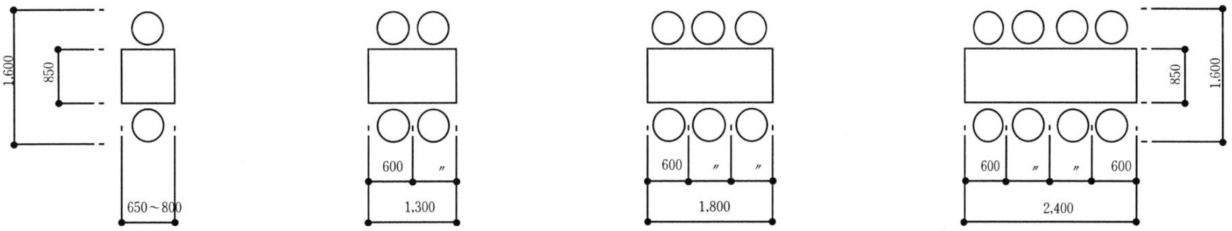

▲대좌형

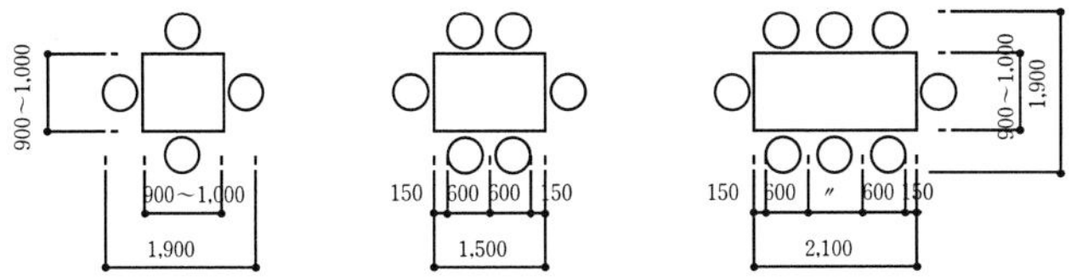

▲주위형

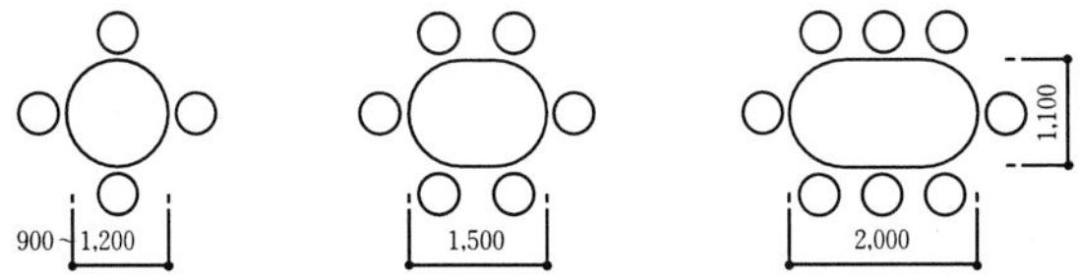

▲원형

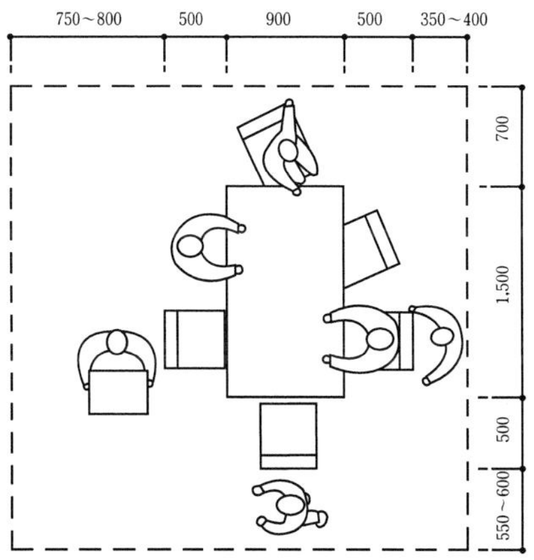

② 식당의 규모

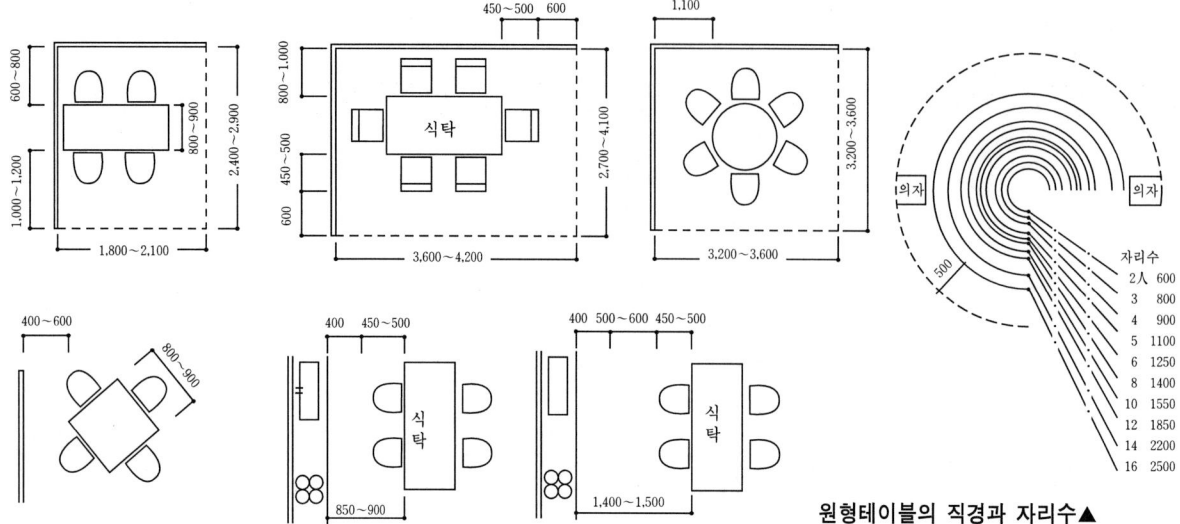

원형테이블의 직경과 자리수▲

③ 식사와 인체치수

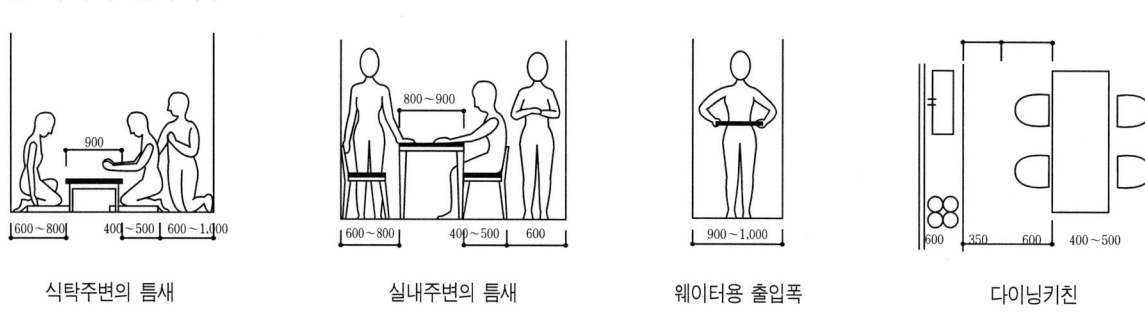

| 식탁주변의 틈새 | 실내주변의 틈새 | 웨이터용 출입폭 | 다이닝키친 |

④ 식탁과 의자높이

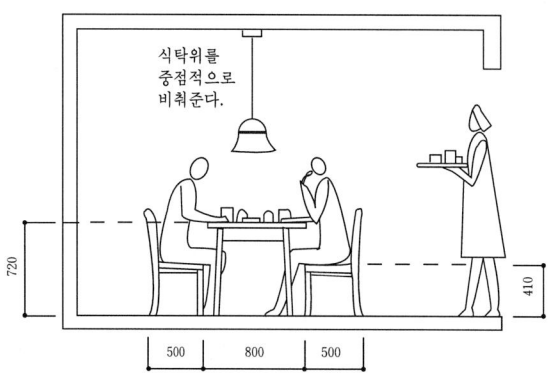

(3) 부엌(Kitchen)

① 부엌의 유형

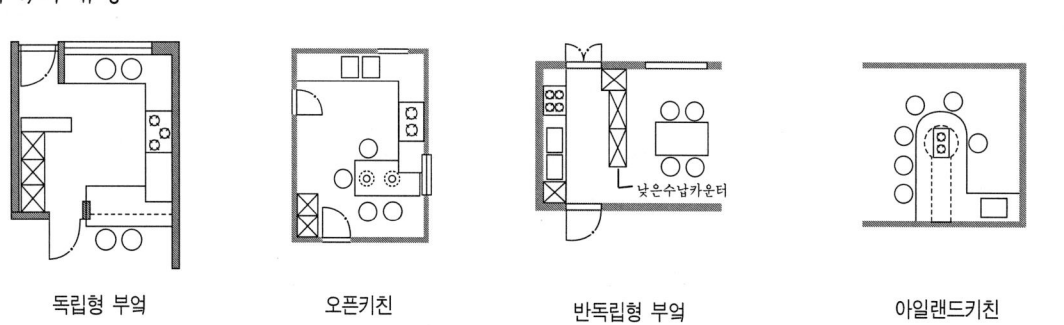

| 독립형 부엌 | 오픈키친 | 반독립형 부엌 | 아일랜드키친 |

② 부엌의 설비계획
㉮ 작업대의 배치유형

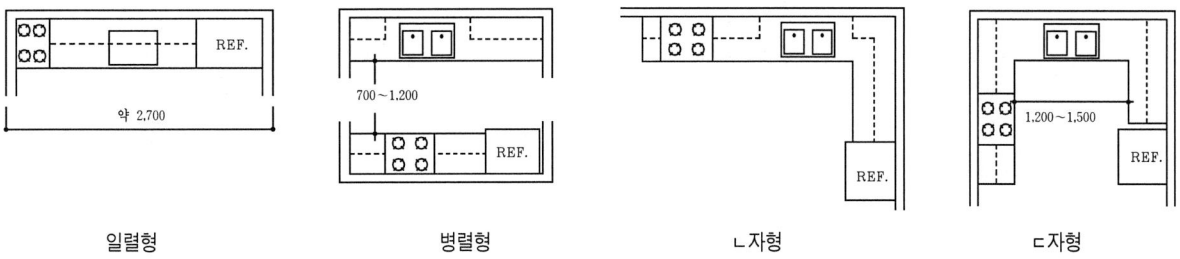

일렬형　　　　　　병렬형　　　　　　ㄴ자형　　　　　　ㄷ자형

㉯ 작업영역과 작업대의 치수계획

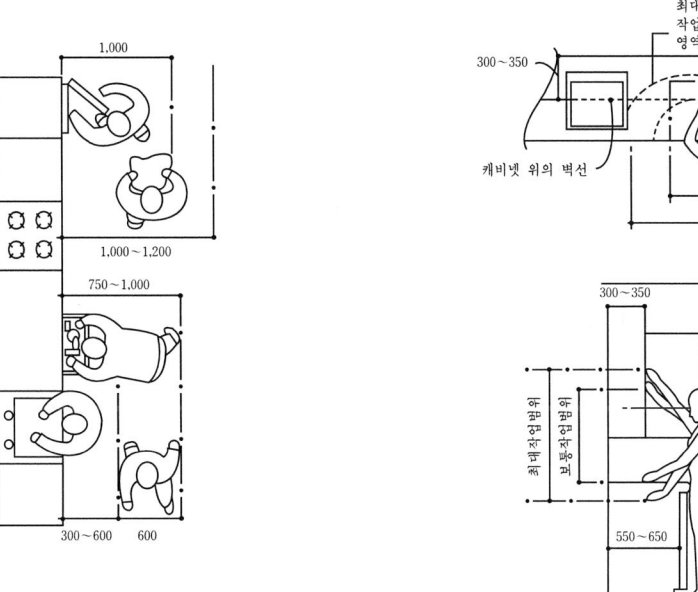

㉰ 작업대의 조명방법 및 조명계획

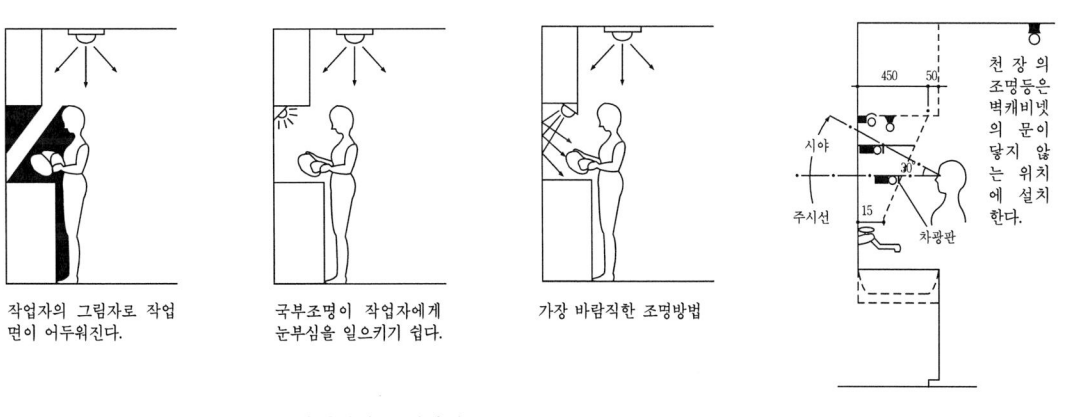

작업자의 그림자로 작업　　국부조명이 작업자에게　　가장 바람직한 조명방법
면이 어두워진다.　　　　　눈부심을 일으키기 쉽다.

▲작업대의 조명방법　　　　　　　　　▲작업대의 조명계획

③ 부엌가구의 종류와 치수

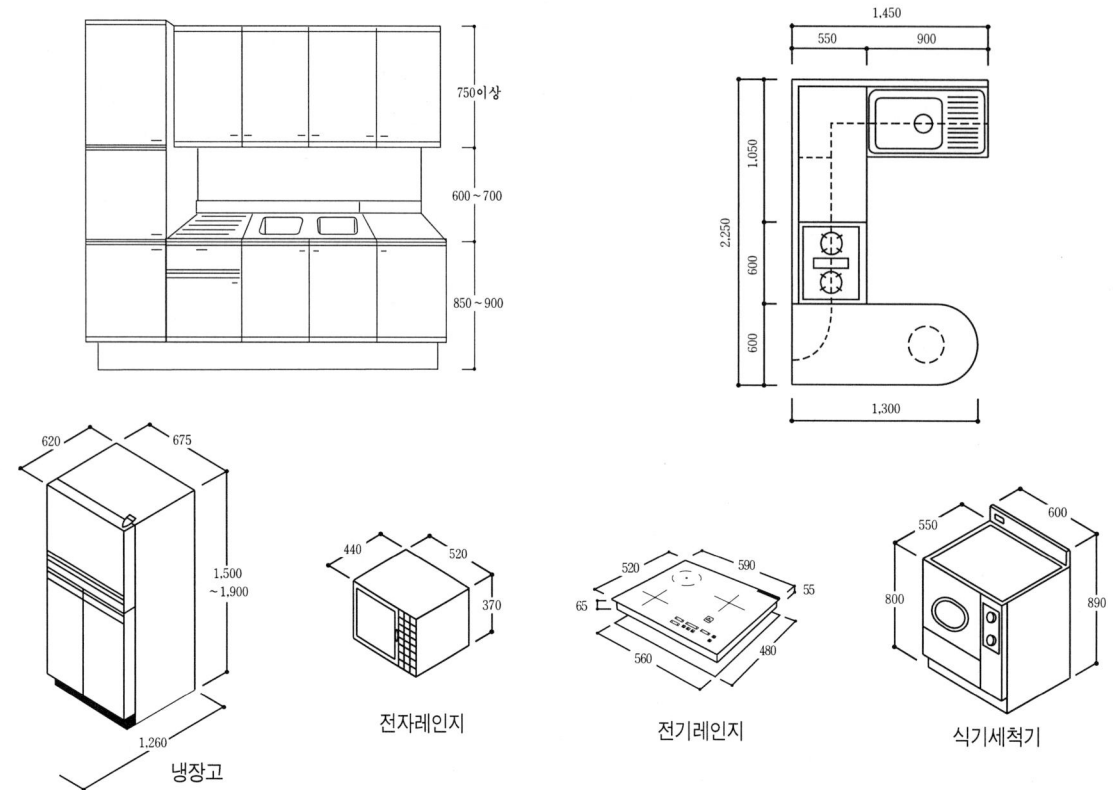

▲ㄷ자 라운드 카운터형 부엌의 치수 예

(4) 침실(Bed room)

① 침실의 규모

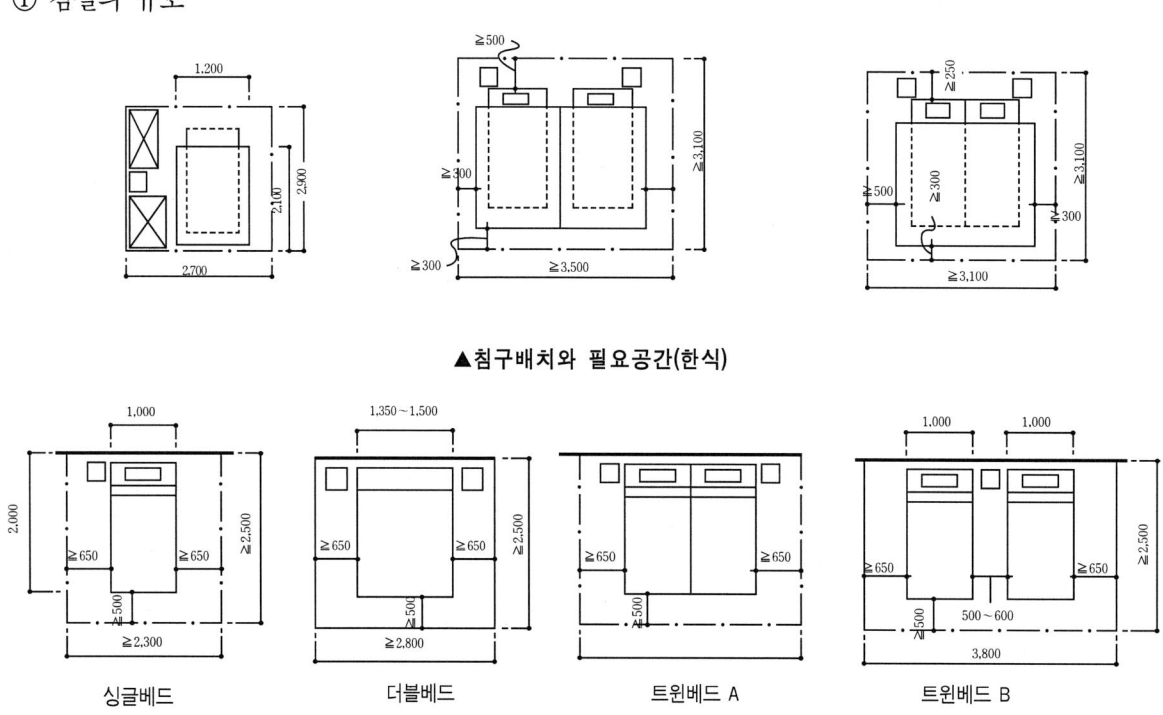

▲침구배치와 필요공간(한식)

▲침구배치와 필요공간(양식)

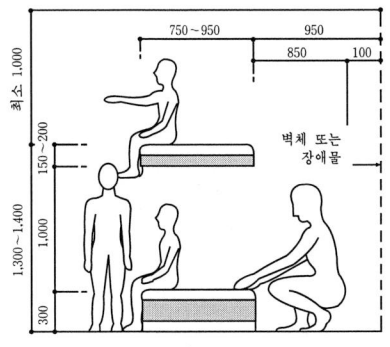
▲2층침대의 필요공간

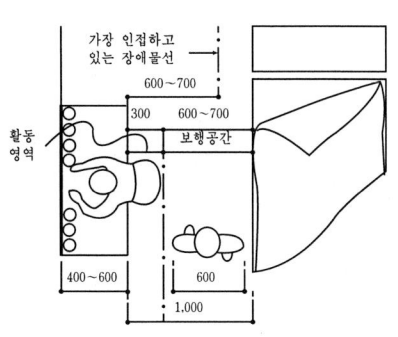
▲화장을 위한 필요공간

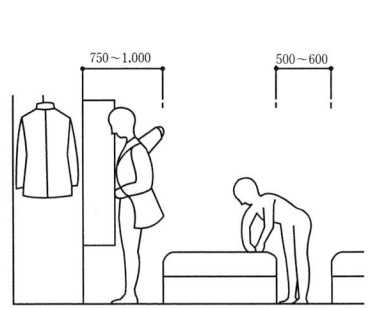
▲옷을 갈아입기 위한 필요공간

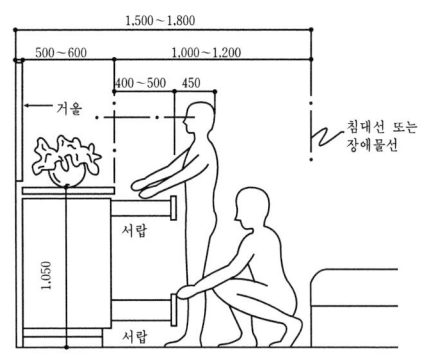
책상 또는 화장대의 필요공간▲

학생1인 : 수면, 공부

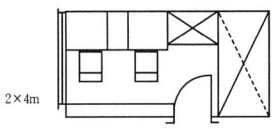
학생2인 : 수면·공부

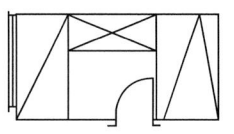
부부 : 수면

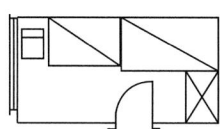
성인1인·유아 : 수면·육아

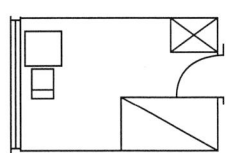
유아1인 : 수면·놀이·공부

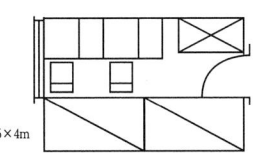
학생2인 : 수면·공부

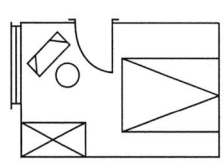
부부 : 수면·화장

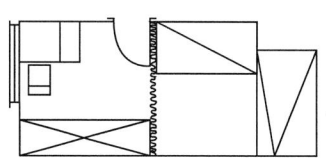
부부 : 수면·화장·독서

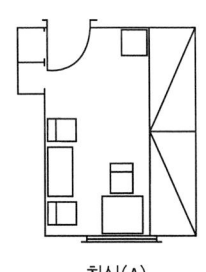
침실(A)

침실(B)

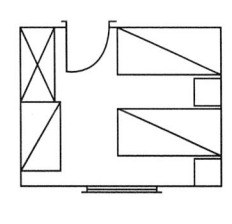
부부 및 유아 침실

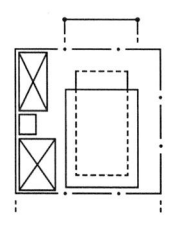
학생 침실

▲각종 침실의 평면 예

② 침실가구의 종류와 치수
　㉮ 침대

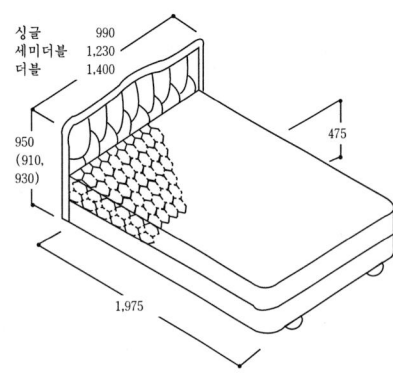
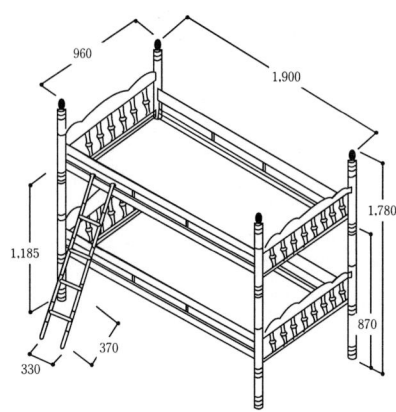

　㉯ 화장대

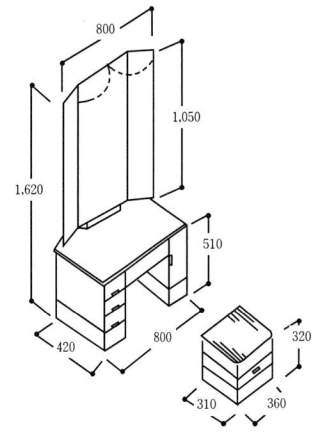
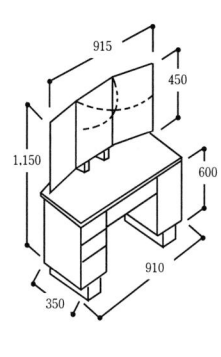

　㉰ 의자와 쇼파

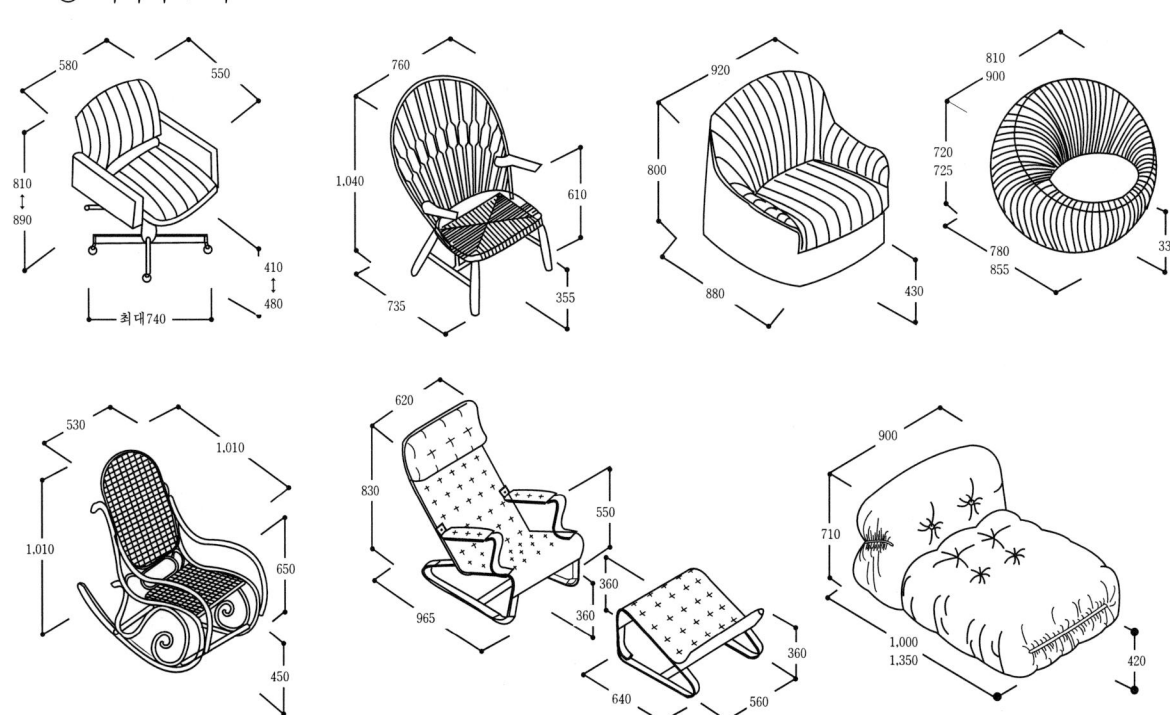

㉣ 수납 가구

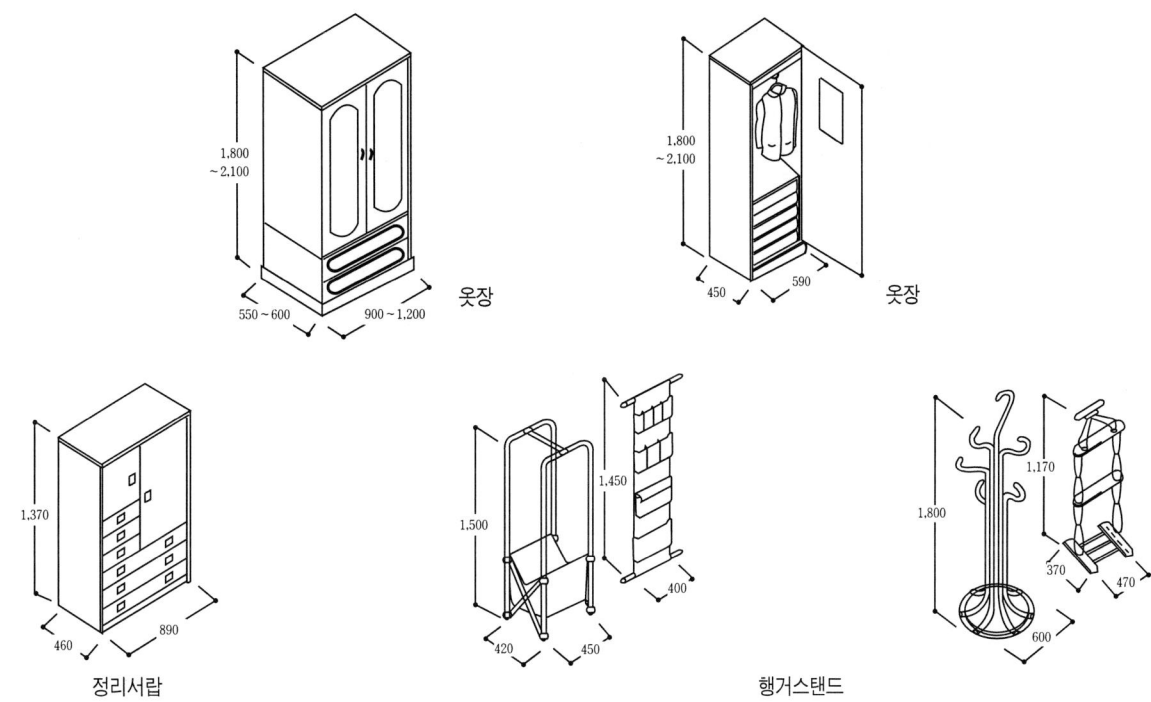

정리서랍　　　　　　　　　　　　　행거스탠드

(5) 서재

① 서재의 크기

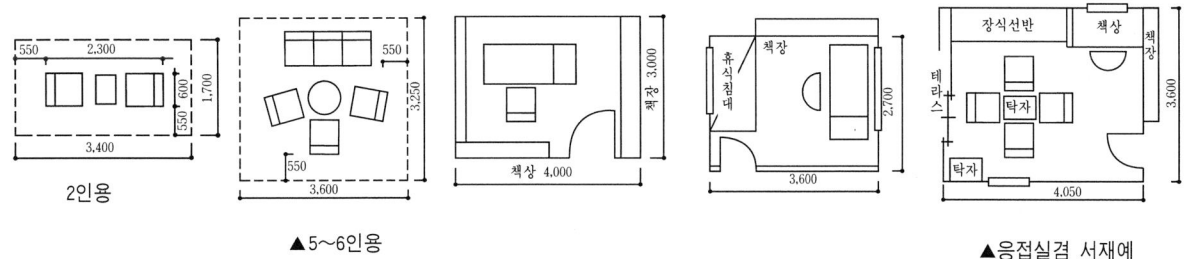

2인용　　　　▲5~6인용　　　　　　　　　　　　　▲응접실겸 서재예

② 서재가구의 종류와 치수

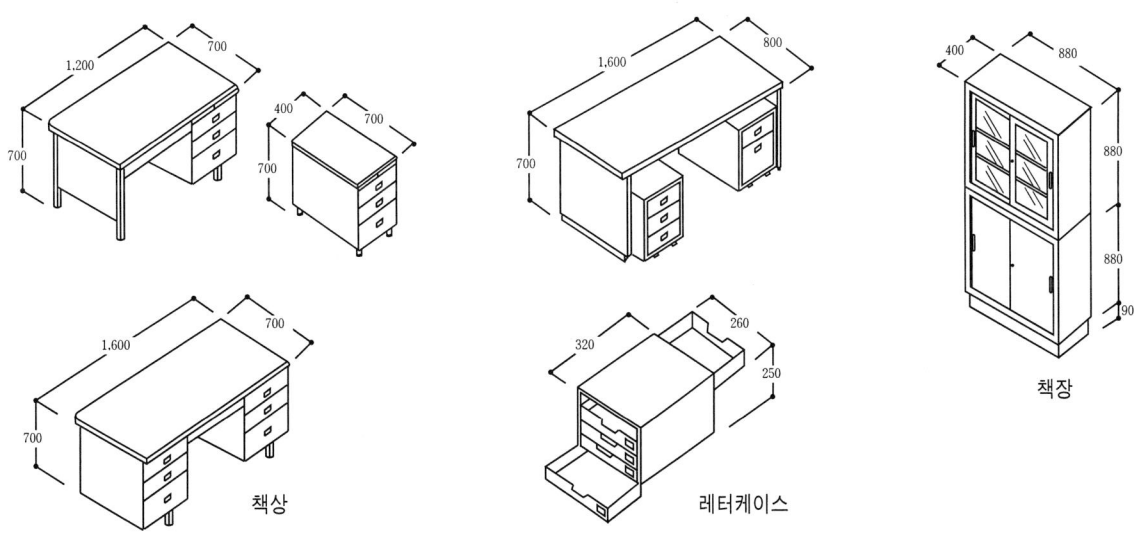

책상　　　　　　　레터케이스　　　　책장

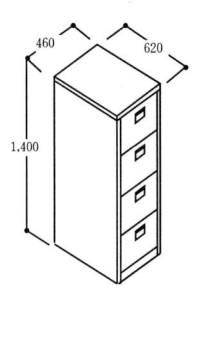
파일박스

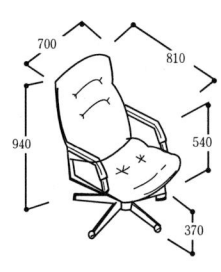
의자

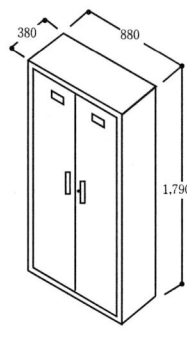
캐비닛

(6) 욕실

① 욕실의 유형

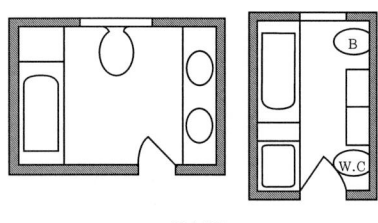
일실형

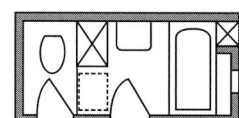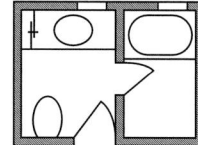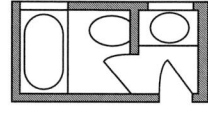
이실형

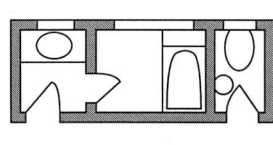
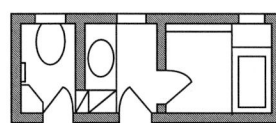

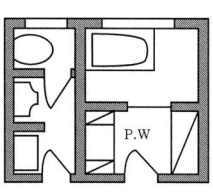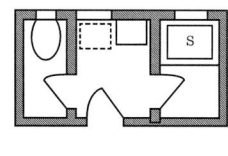
삼실형

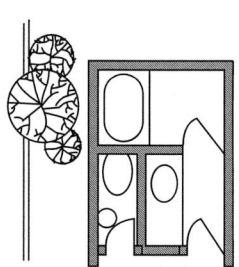

※ B:비데, S:샤워, W.C:변기, P.W:파우더룸

② 욕실의 규모계획

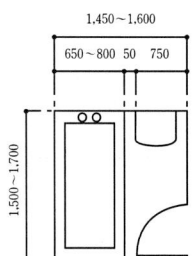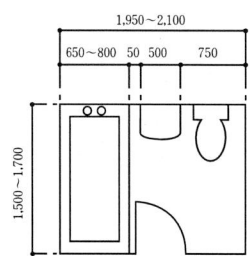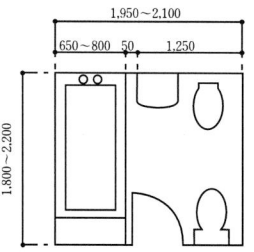

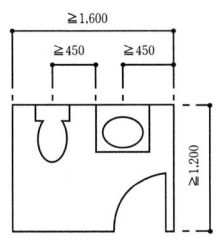 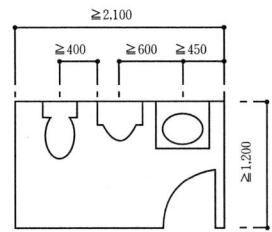 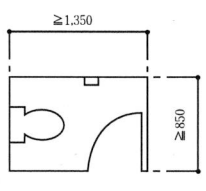

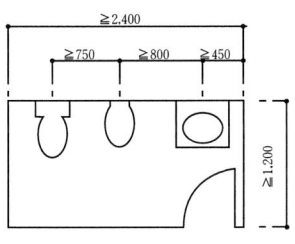 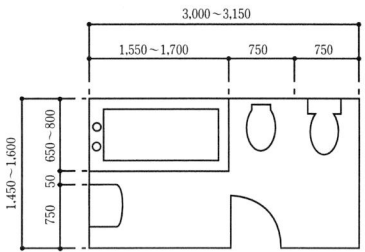

③ 욕실가구의 종류와 치수

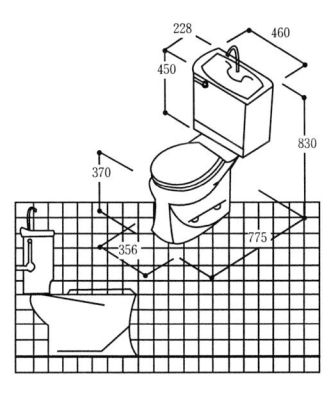 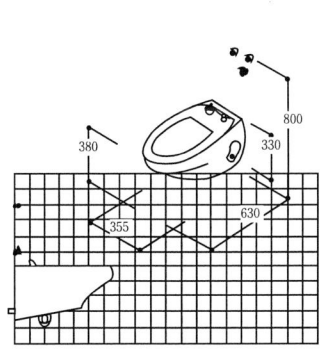 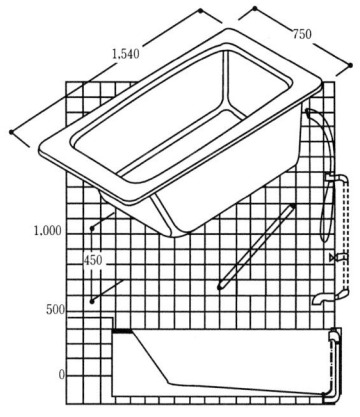

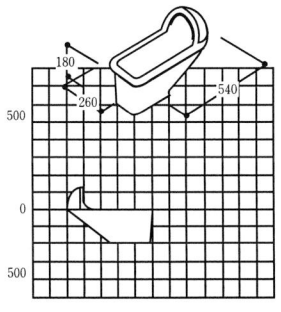 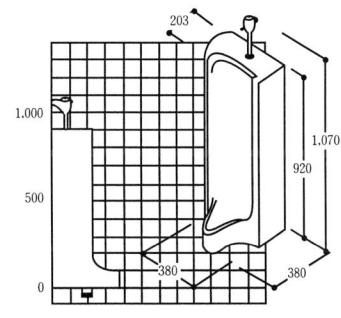 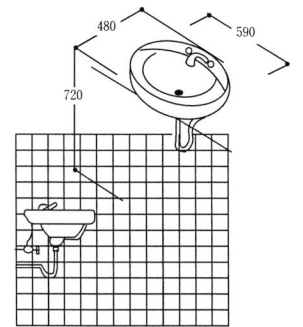

(7) 현관

① 현관에서의 행위와 필요공간

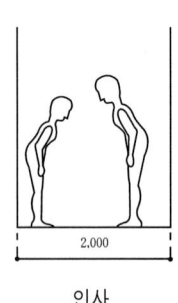
인사

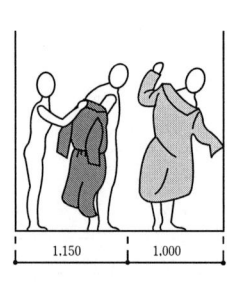

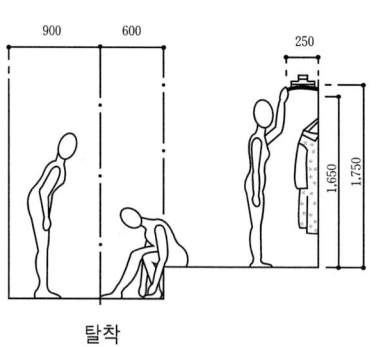
탈착

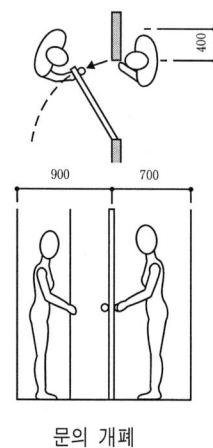
문의 개폐

② 현관가구의 종류와 치수

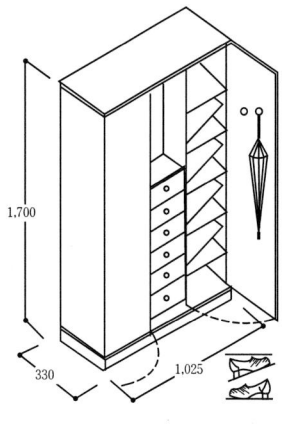

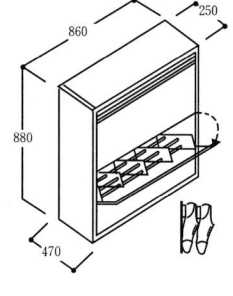

신발장

(8) 다용도실

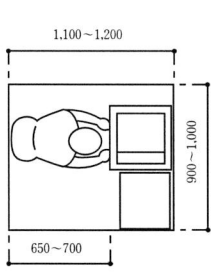

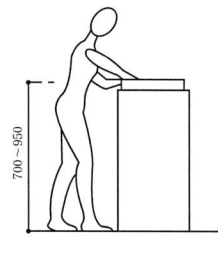
세 탁

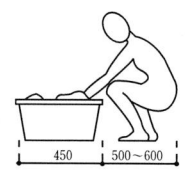

다리미질   재봉

제2장 상업공간

[1] 매장계획

(1) 쇼윈도우

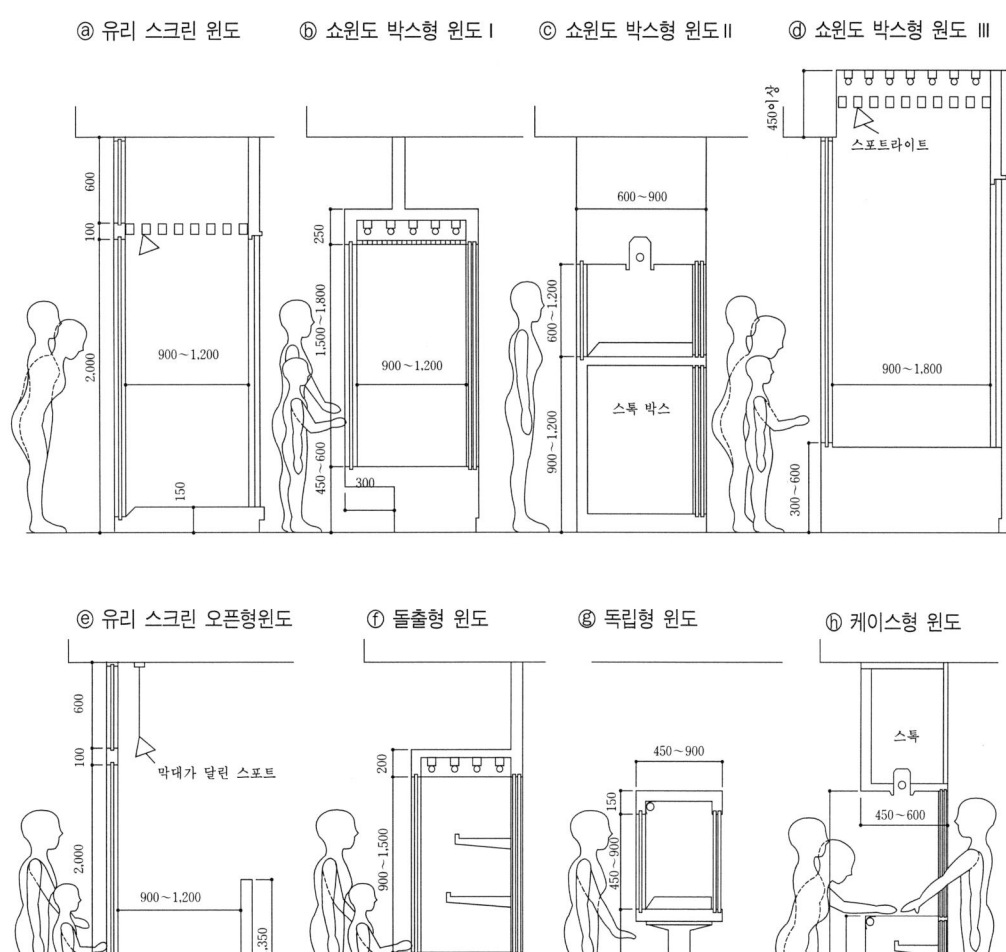

ⓐ 대형 쇼 윈도이며, 내림이 넓은 점포에 채용한다. 가구, 가전, 침구, 인테리어 용품 등
ⓑ 의류에서 잡화 등 소품까지 이용범위가 넓다. 일반 의류, 옷감, 슈즈 등
ⓒ 고급품이며 작은 상품에 적합하다. 시계, 귀금속, 양품, 잡화 등
ⓓ 양장, 양복, 대형점 등 대형 상품의 점포에 적합하다. 의류, 백화점, 가구 등
ⓔ 시즌, 행사 등 목적에 따라 레이아웃을 바꿀 수 있다. 일반 의류, 스포츠용품, 침구류, 인테리어용품, 백화점 등
ⓕ 경쾌한 느낌이며 용도는 넓다. 음식, 잡화, 카메라 등
ⓖ 폐쇄 점포에서 고급품을 취급하는 점포 등에 이형이 적합하다. 귀금속, 보석 등
ⓗ 서점의 점포 앞의 주간 잡지 판매, 식품의 테이크아웃 등 점두 판매를 위해 설치한 점포안의 레지스터로 이것을 관리한다.
　담배, 서점 등

[2] 업종별 실내계획

(1) 의류점

① 의류의 크기

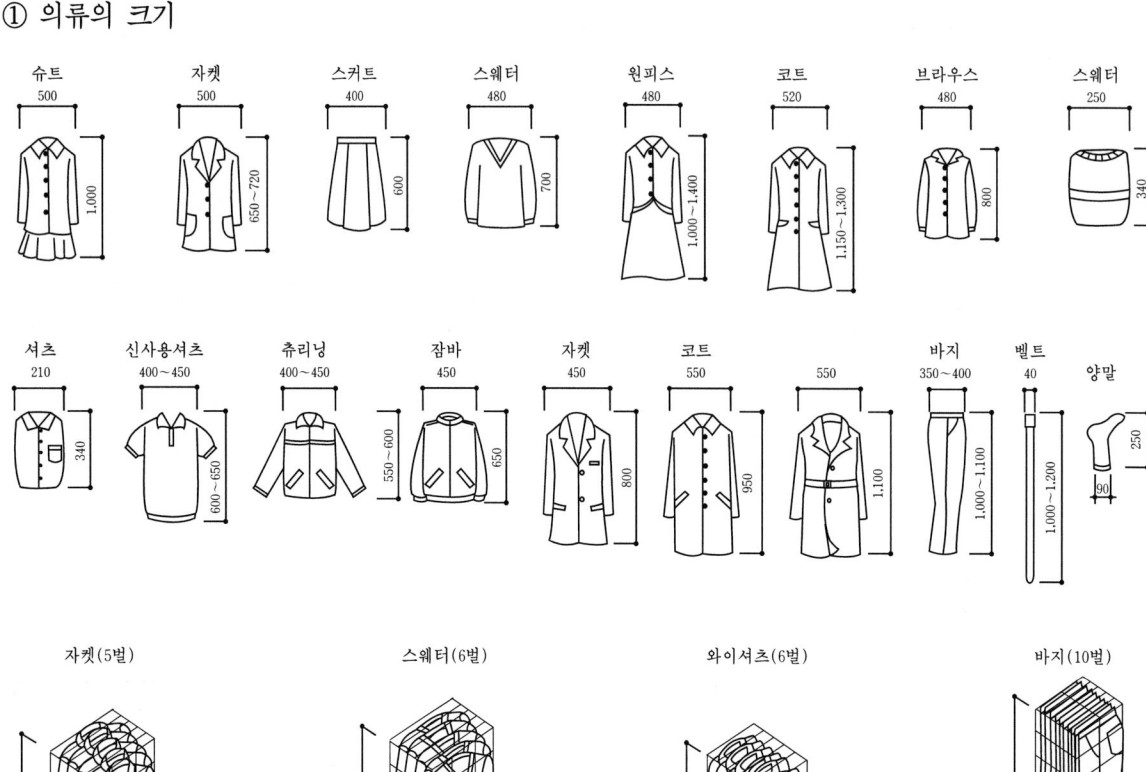

② 행거 및 마네킹 종류 및 치수

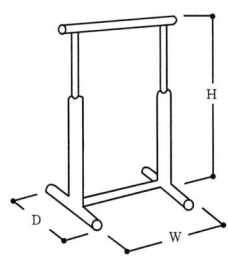

싱글행거

W	D	H
600	450	950
900	600	~
1,200	600	1,500

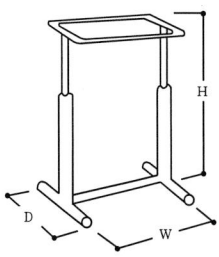

더블행거

W	D	H
600	450	950~
900	600	1,500

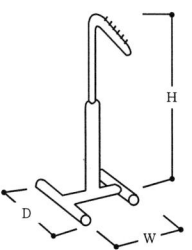

경사행거

W	D	H
300	450	950~
450	600	1,500

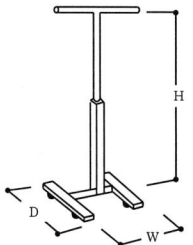

T형행거

W	D	H
600	450	950~
900	600	1,500

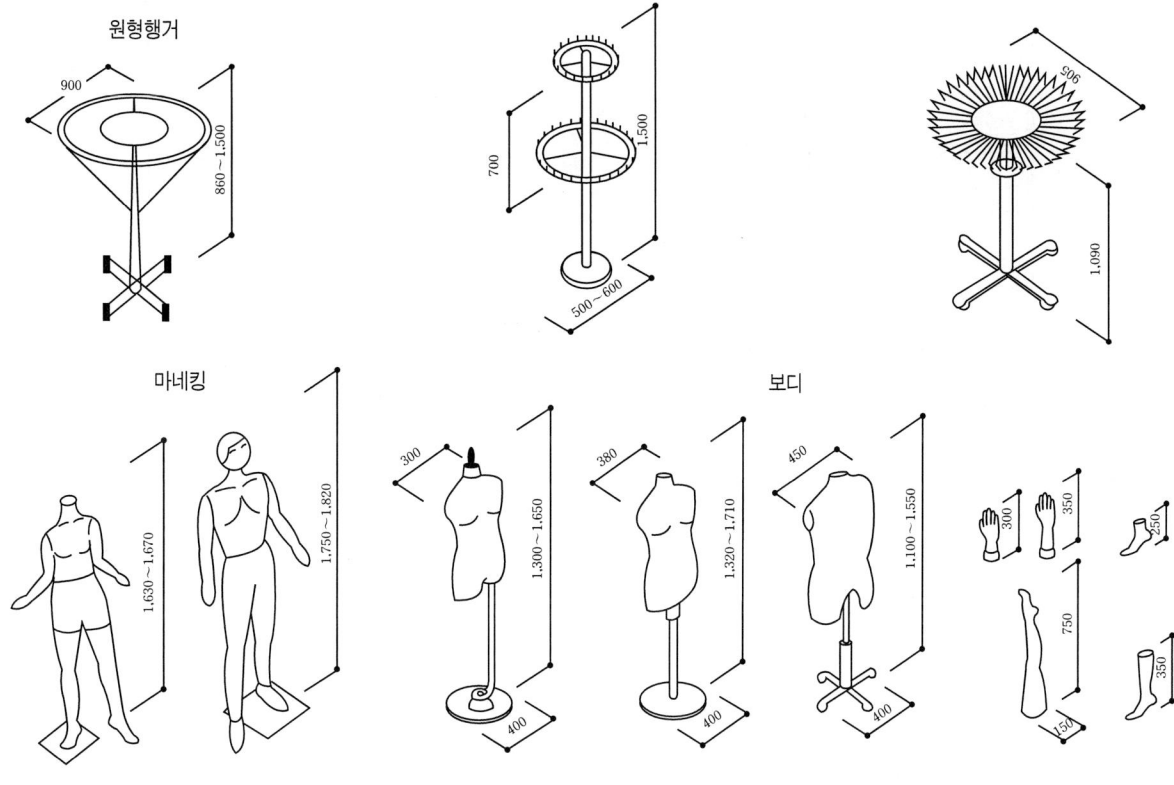

③ 진열의 소요치수

▲진열장 단면

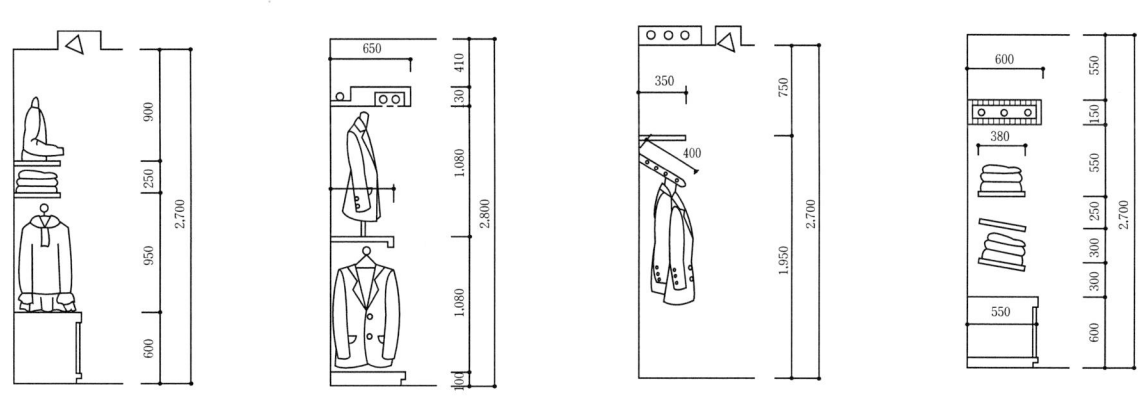

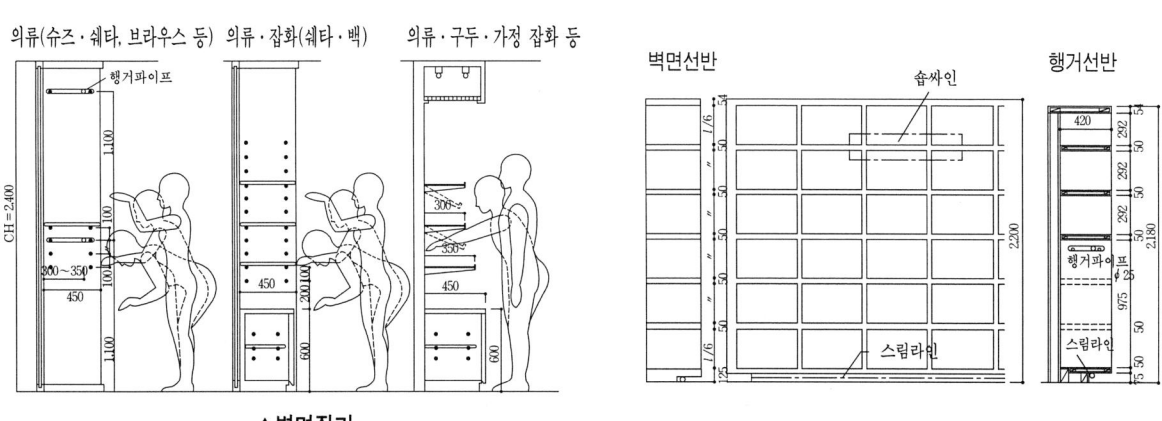

▲벽면집기

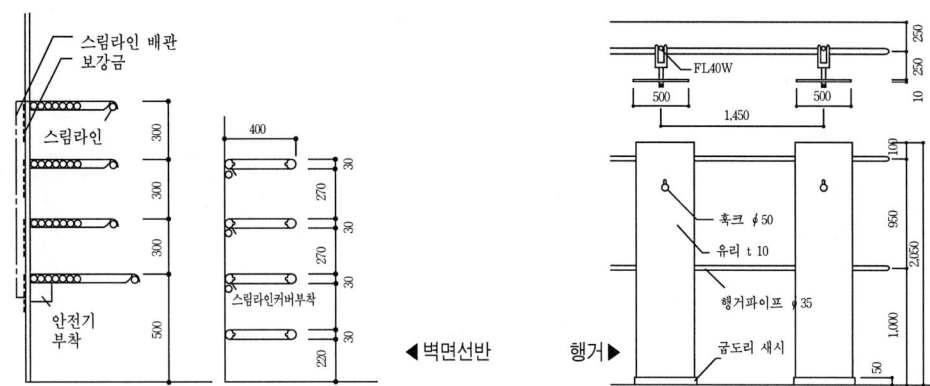

◀벽면선반　　행거▶

④ 카운터

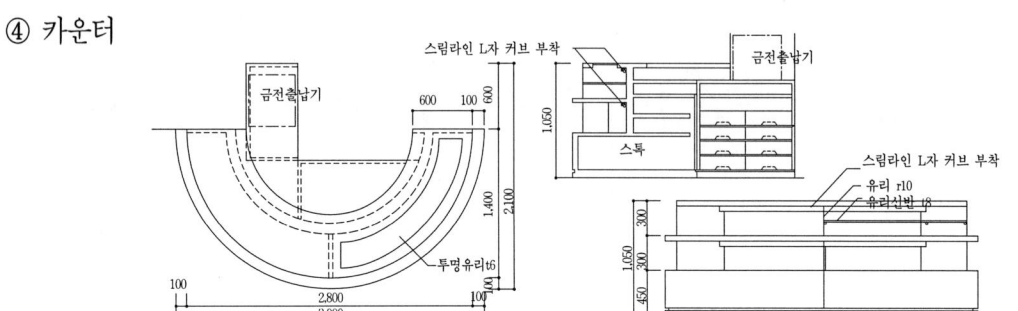

▲카운터 케이스

▲레지스터 카운터

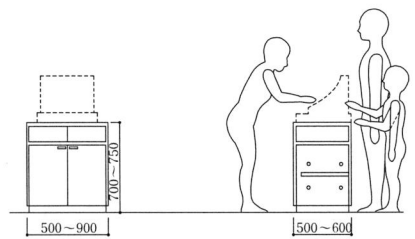

▲레지스터 카운터(레지스터 설치형)

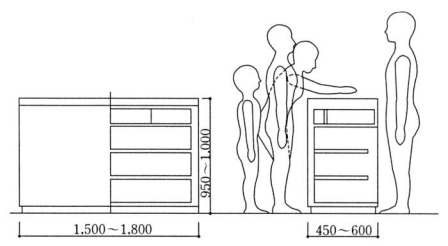

▲접객 카운터(선자세 카운터)

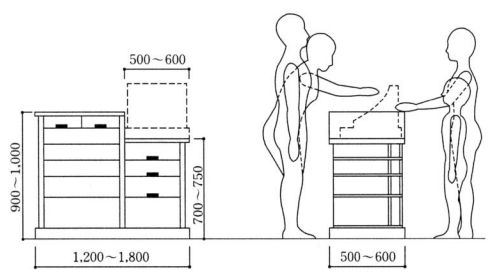

▲레지스터 카운터(포장대 겸용 레지스터 매입형)

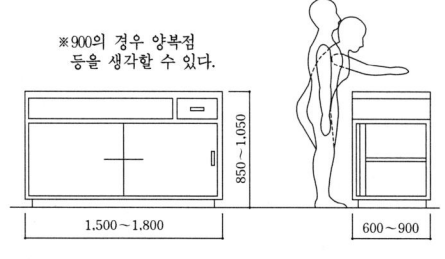

▲포장 카운터

⑤ 피팅 룸

크기는 간략식 750~900mm각, 이동식 900~1,200mm각, 고정식 1,200~1,500mm각이 표준치수이다.

대면형

표준형

원형

커튼식

(2) 구두점

① 진열대의 치수

▲아일랜드 집기

▲유리선반

▲두꺼운판선반

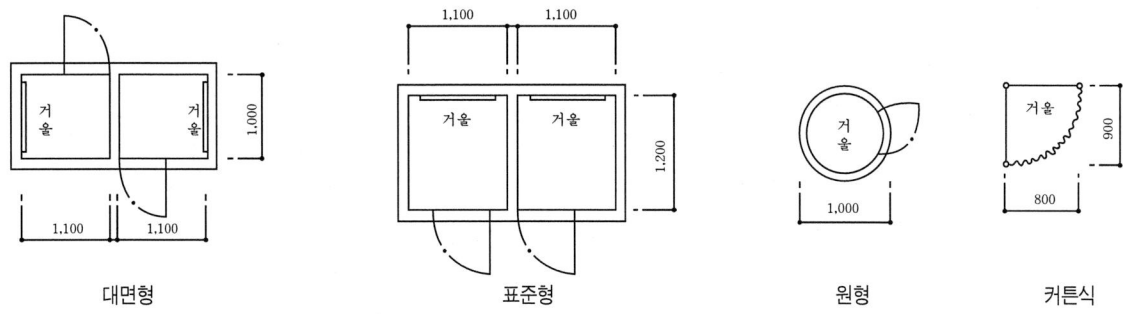

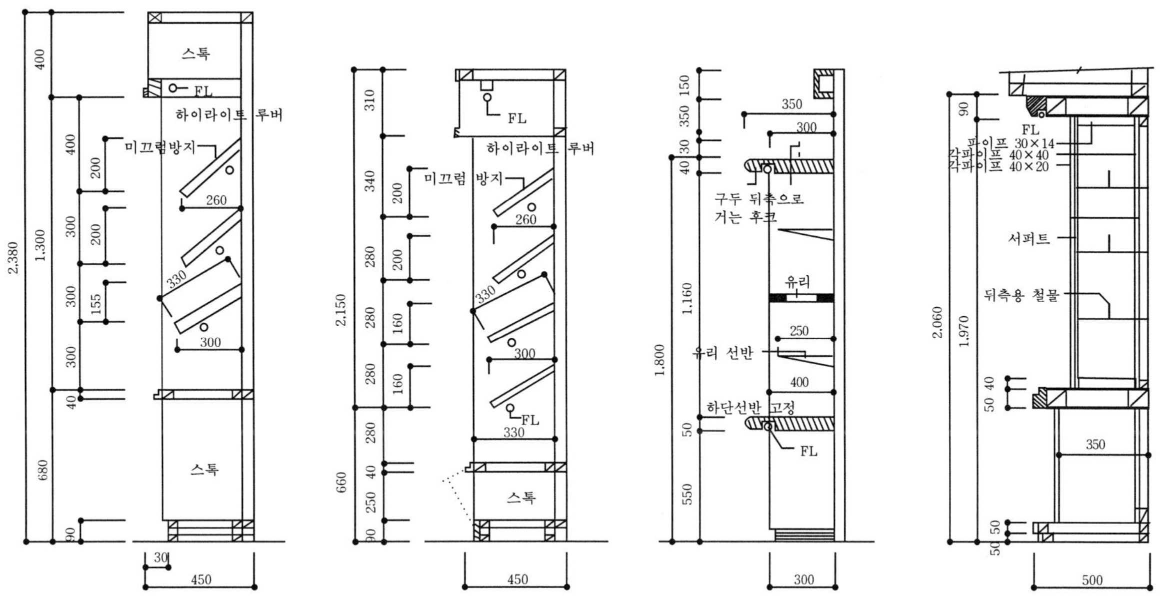

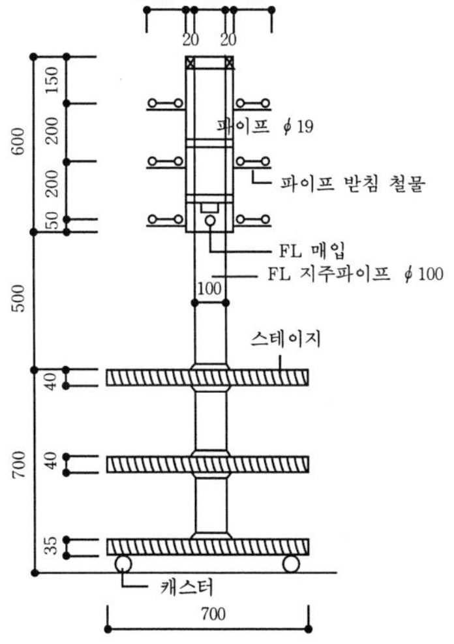

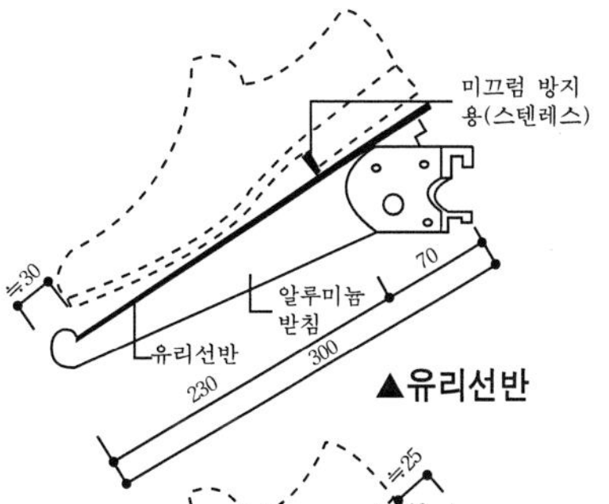

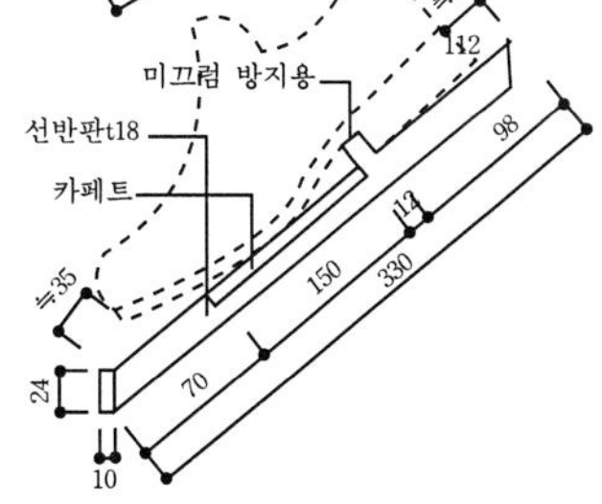

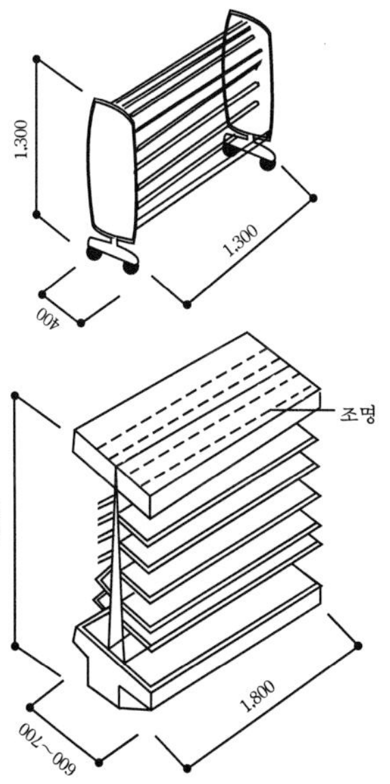

(3) 보석점

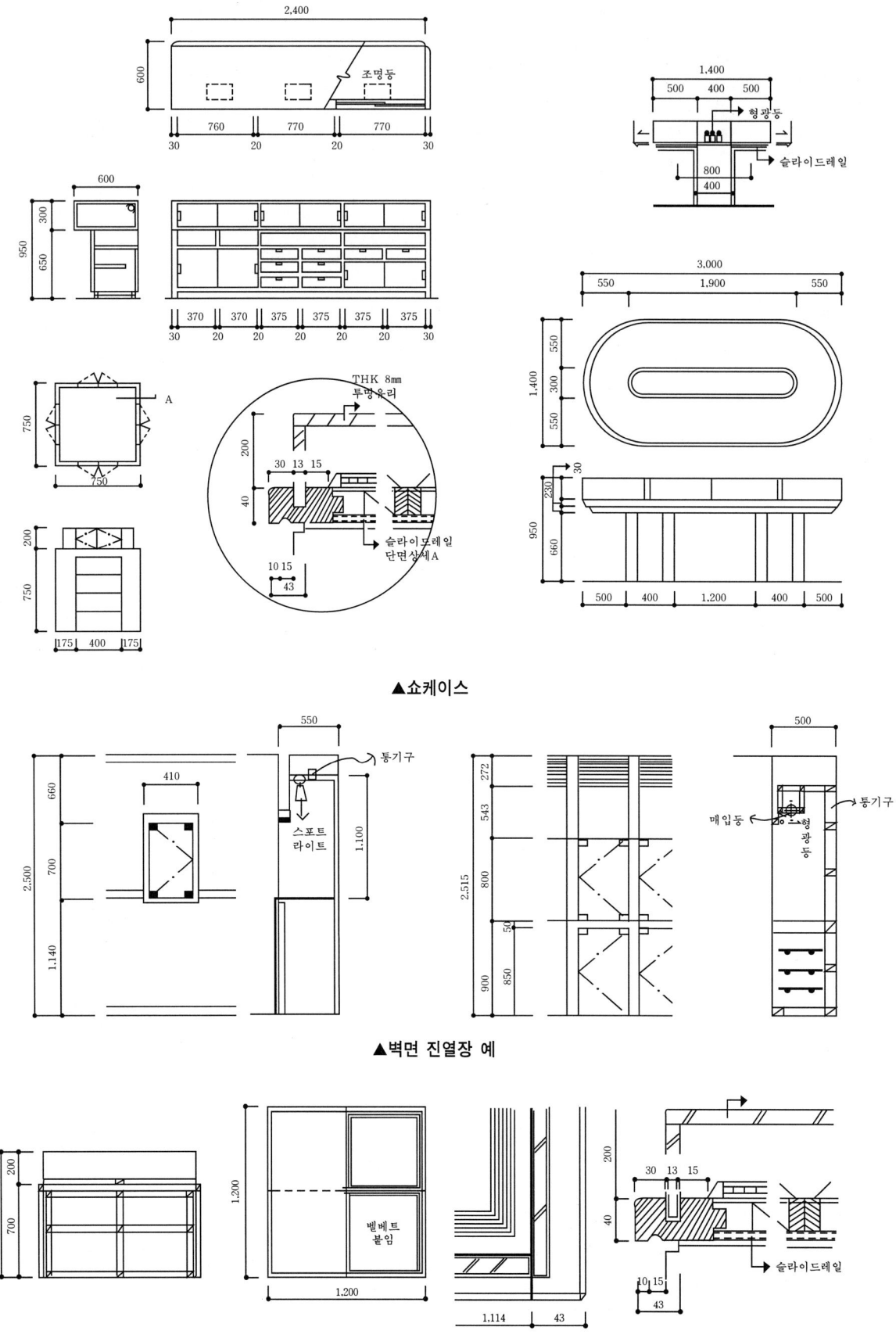

▲쇼케이스

▲벽면 진열장 예

▲쇼케이스

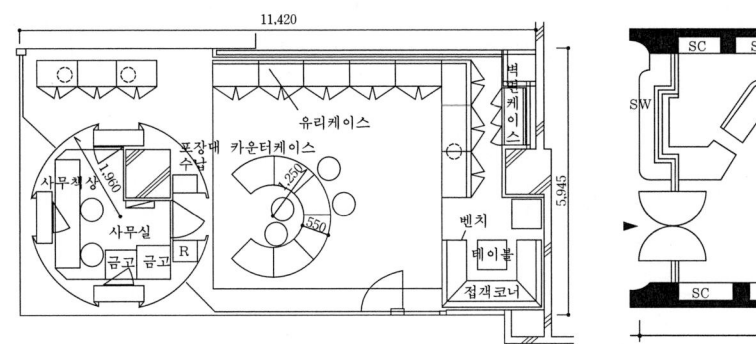
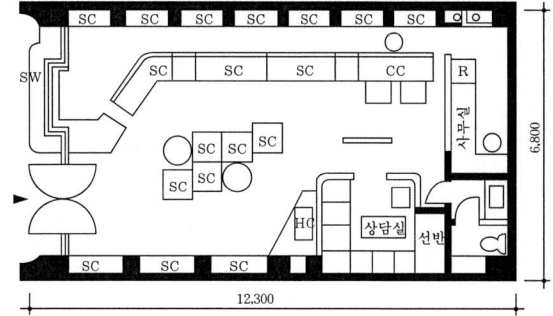

▲ 평면실 예

(4) 악세서리숍

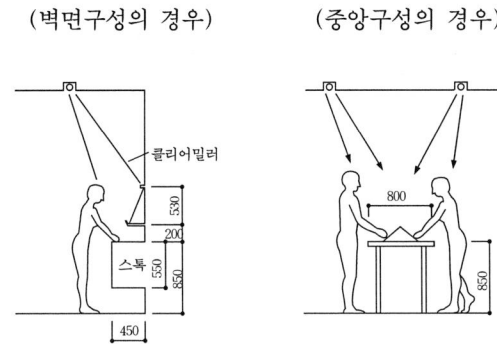

쇼케이스 설치 예

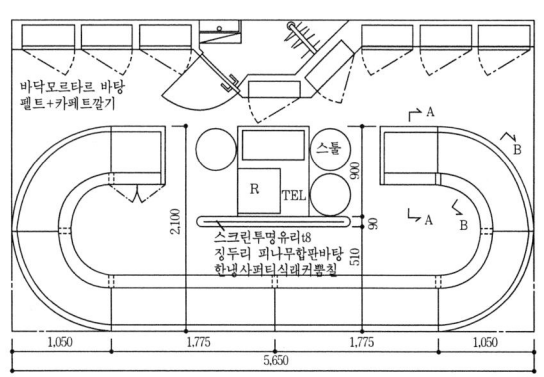

평면실 예

(5) 백화점

① 백화점의 동선계획

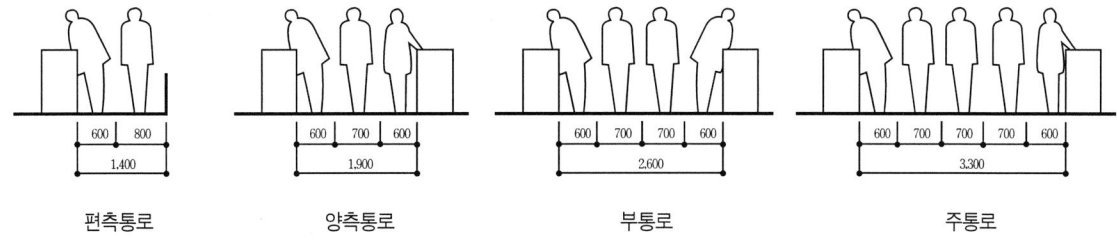

▲ 고객통로의 폭(㎜)

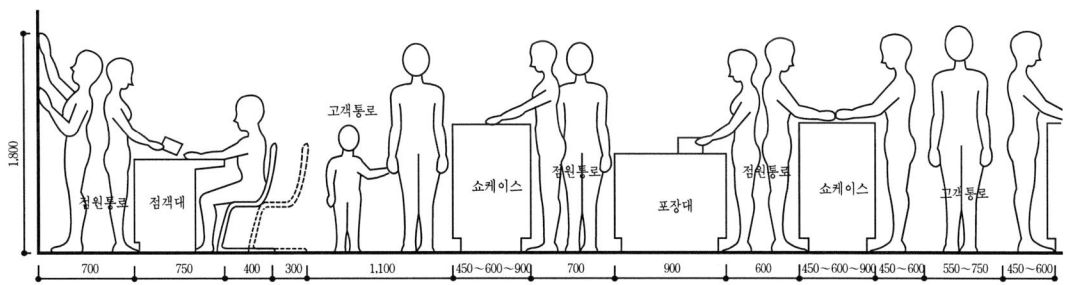

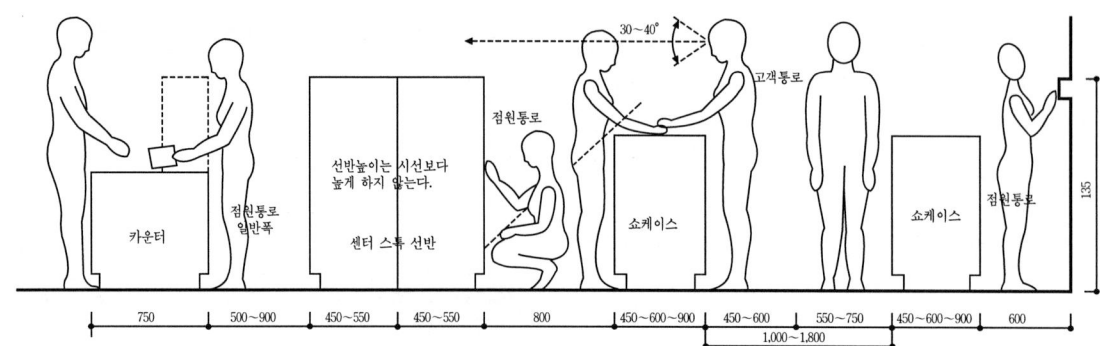

▲매장의 판매대와 통로의 단면치수(㎜)

판매장의 혼잡상황	고객의 통로조건	통로 폭	종업원의 통로조건	통로 폭
한산	1인의 통과	750	1인의 통과	400~550~700
혼잡	2인의 통과 3인의 통과 4인의 통과	1,300~1,500 1,600~1,900 2,600~3,000	· 2인이 겨우 다닐 수 있는 경우 · 2인의 통과 · 2인의 통과나 한사람이 밑의 서랍을 사용하는 경우 · 상품의 상자를 취급하는 경우	500~600~700 700 전후 800 전후 900 전후

▲매장의 통로조건과 통로폭

② 백화점의 조명계획

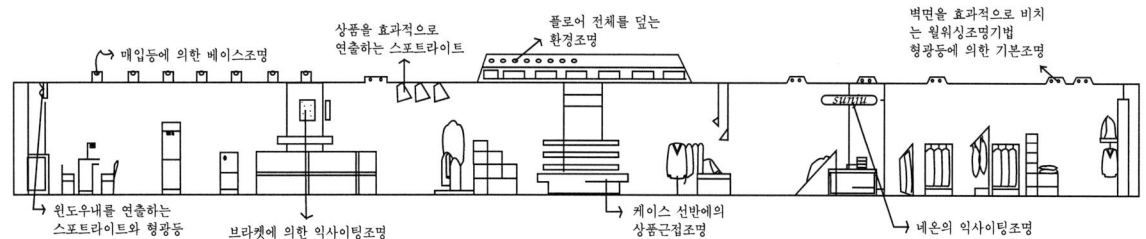

▲매장조명의 유형

(6) 레스토랑

① 동선계획

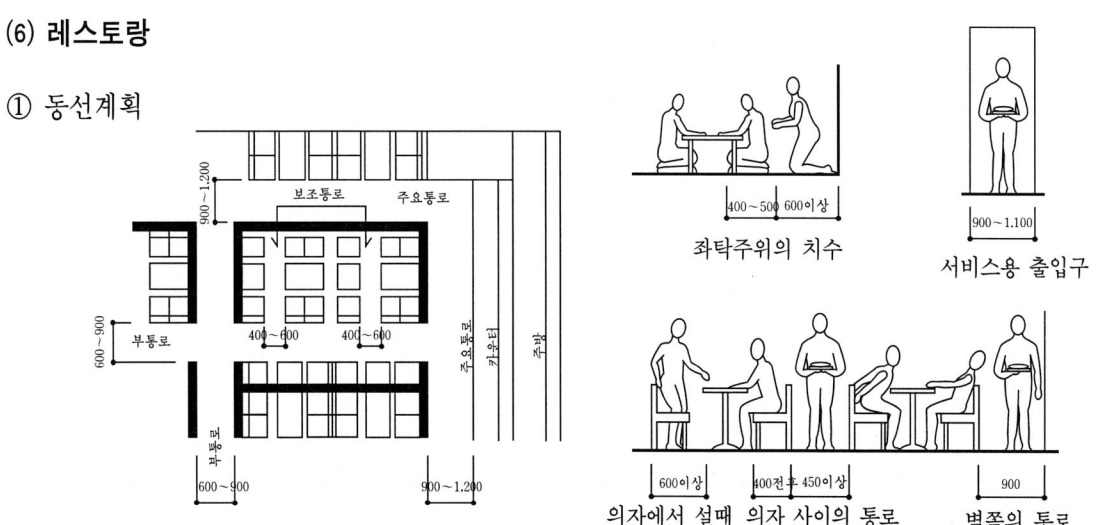

▲레스토랑의 필요치수

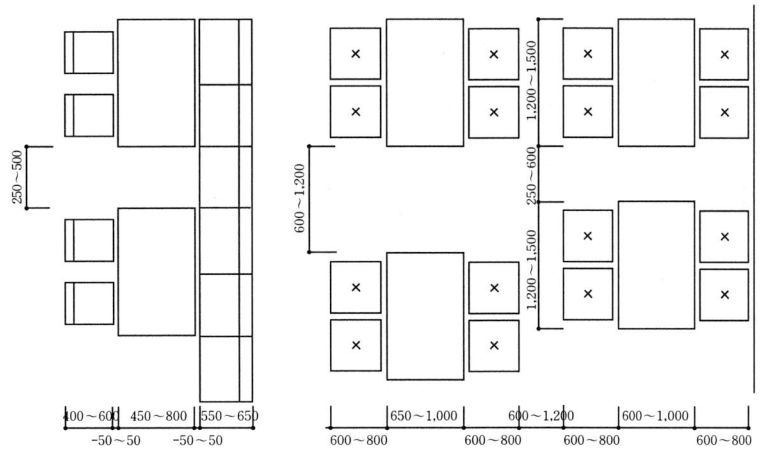

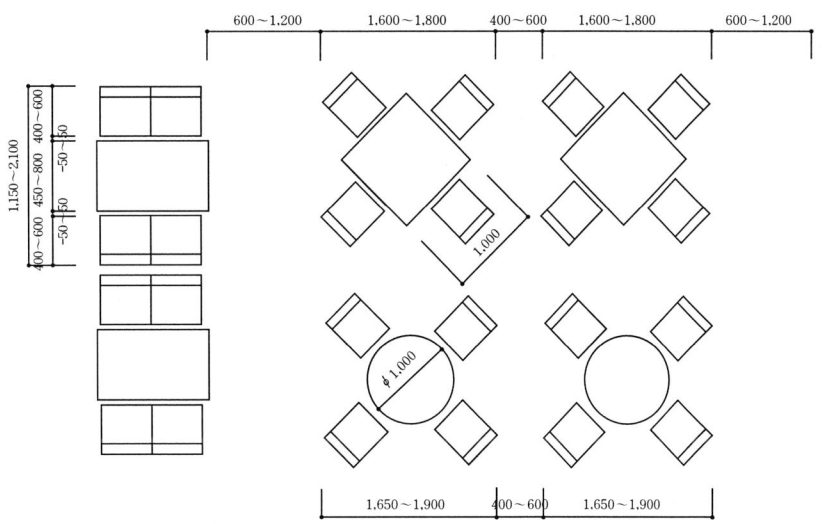

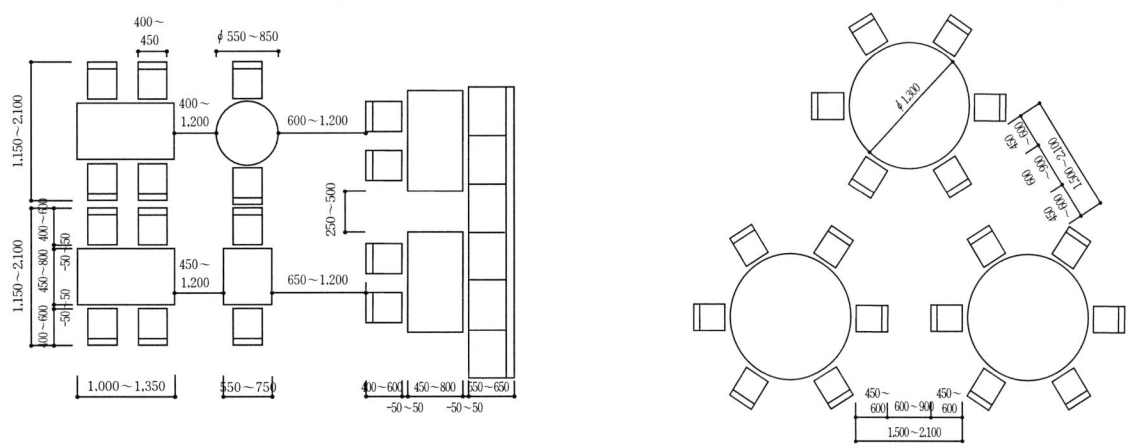

② 의자와 테이블의 치수

다과와 음료가 중심일 때는 의자 350~400, 테이블 600~650을 그리고 식사가 중심일 때는 의자 420~450, 테이블 700~750을 표준으로 한다.

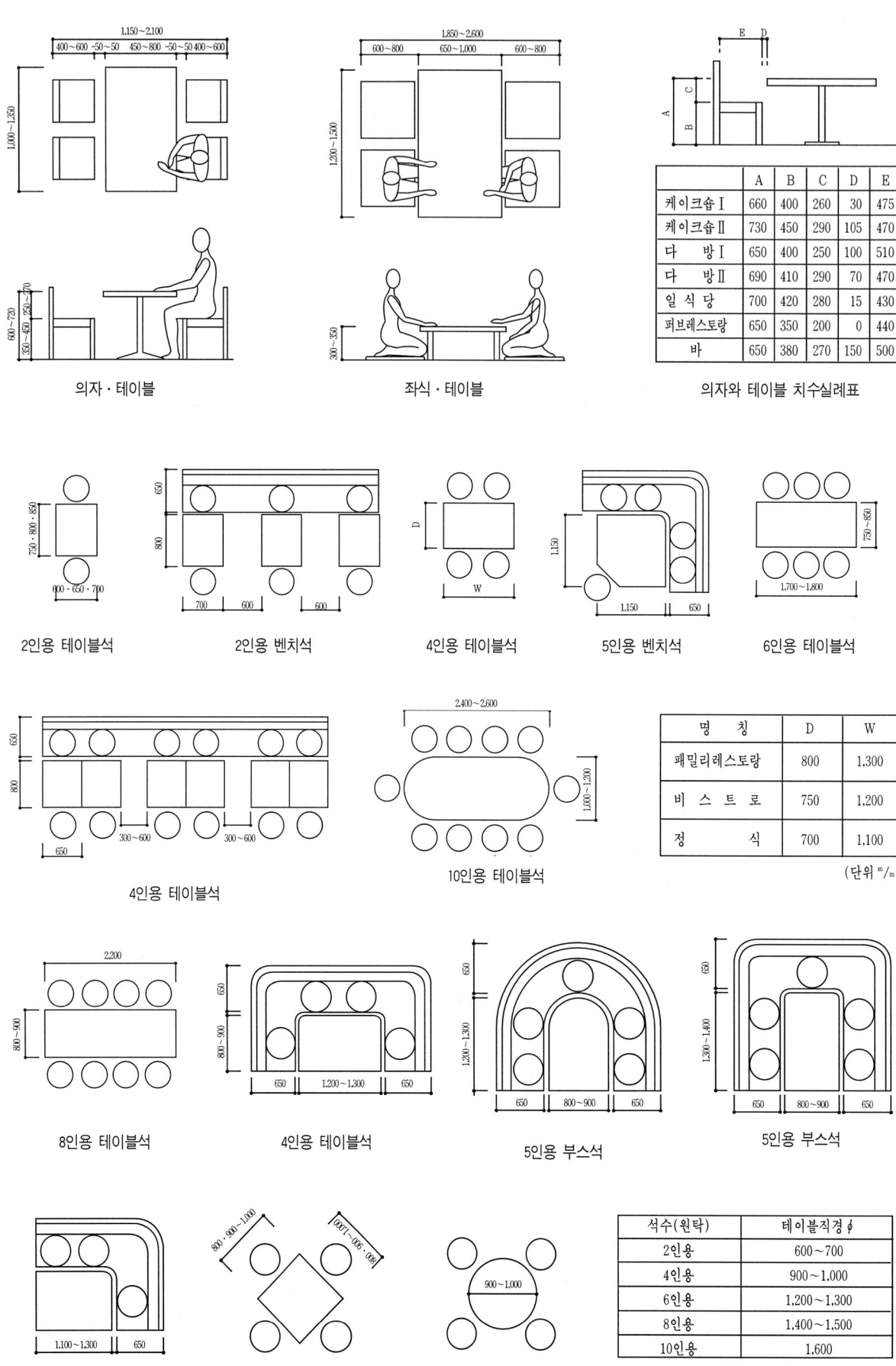

③ 카운터

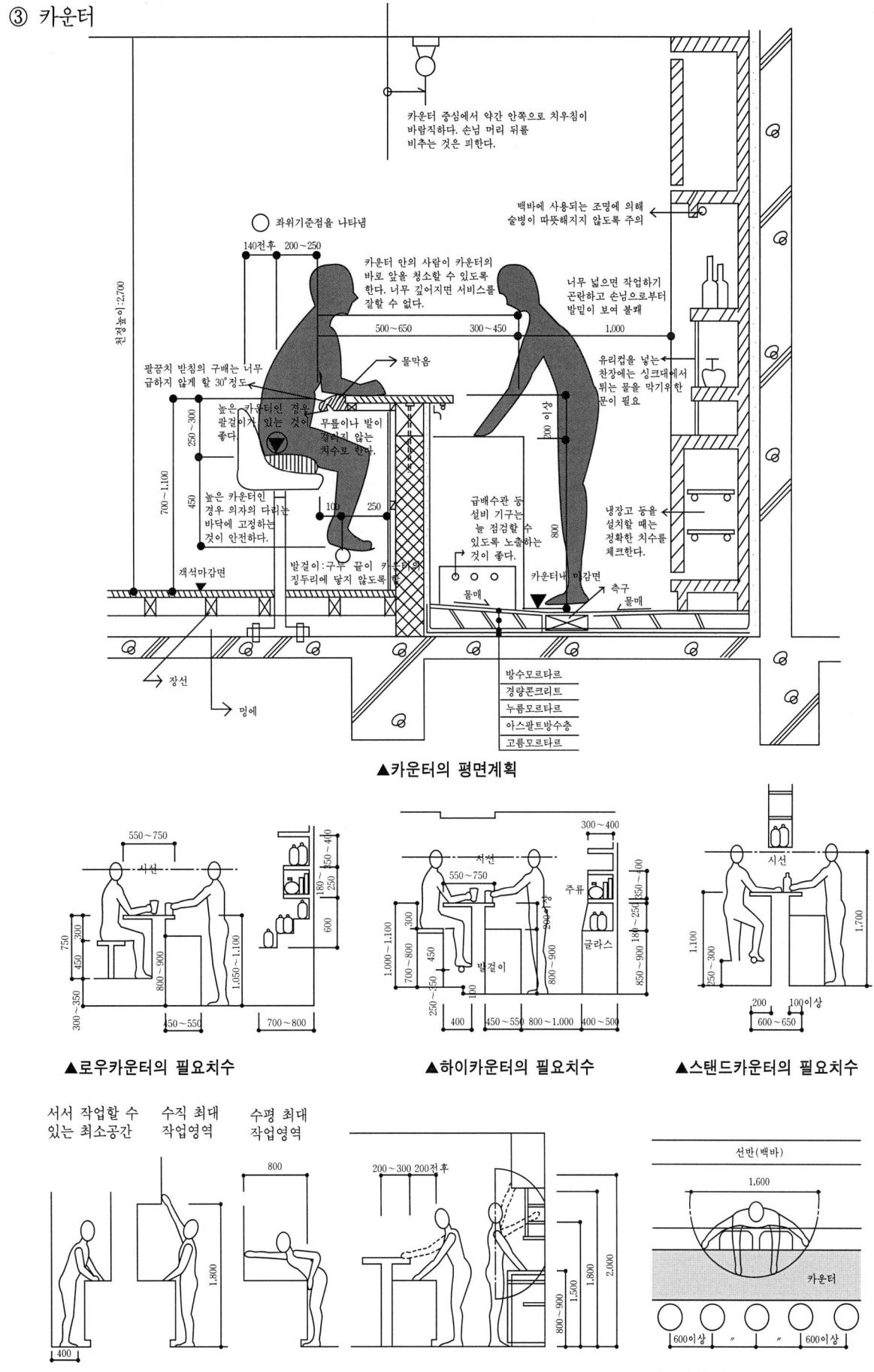

▲카운터의 평면계획

▲로우카운터의 필요치수

▲하이카운터의 필요치수

▲스탠드카운터의 필요치수

카운터의 치수계획

카운터의 작업범위와 객석의 간격

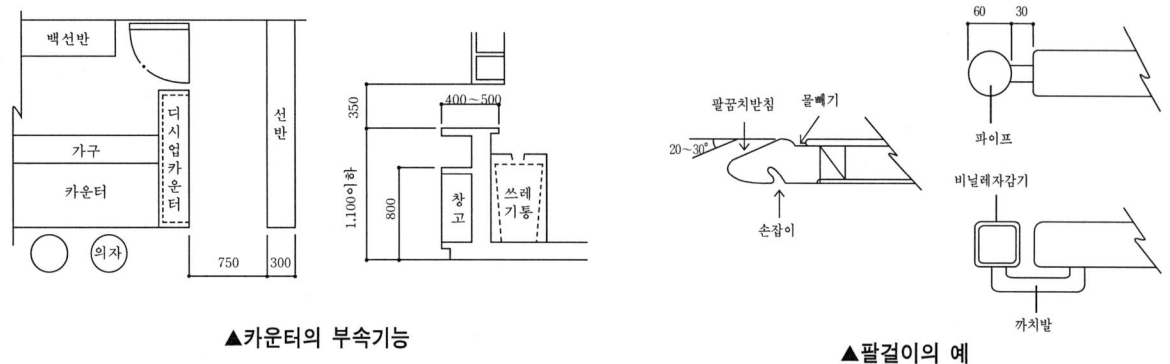

▲카운터의 부속기능　　　　　　　　▲팔걸이의 예

(7) 호텔(객실의 실내계획)

① 객실의 유형

▲객실의 평면형

ⓐ 흔히 사용하는 트윈베드:경제적이며 안락하기 위한 최적 객실폭은 3600이며 로비 안에 옷장이 있다.
ⓑ ⓐ와 비슷하지만 싱글 베드 또는 더블 베드의 경우 실깊이가 줄어든다.
ⓒ 욕실에 맞는 전면부가 좁은 객실
ⓓ 갱의실과 옷장으로 출입할 수 있게 함
ⓔ 실 폭을 늘려서 침실 사이에 욕실을 두고 욕실 하나는 자연채광이 됨
ⓕ 욕실에 간막이를 하여 비데를 설치한다. 각진 창은 앉을 자리를 더 만들 수 있고 조망을 좋게 할 수 있다.
ⓖ 욕실과 분리된 화장대를 갖춘 호화 객실
ⓗ 옷장을 간막이 벽속에 설치해 공간을 절약한다.

② 객실의 가구

(단위 : mm)

종 류	H	W	D
1. 장농붙은 책상	740	1,500	600
2. 라디오, 전화, 캐비닛	800	800	300
3. 나이트 테이블	750	700	200
4. 의자	750~850	600	700
5. 테이블	300~700	500~800	500~800
6. 화장대	700~750	1,300	550
7. 화장대부책상	800	1,800	500
8. 화장대부큰책상	800	2,500	500
9. 텔레비젼	900~1,000	500~650	350~580

▲가구의 치수

(단위 : mm)

	싱글	twin	더블	Three Quarter	소파
길 이	1,930~2,080				
폭	910.5~1,070	990~1,070	1,370~1,520	1,220~1,370	910.5~1,070

▲침대의 치수

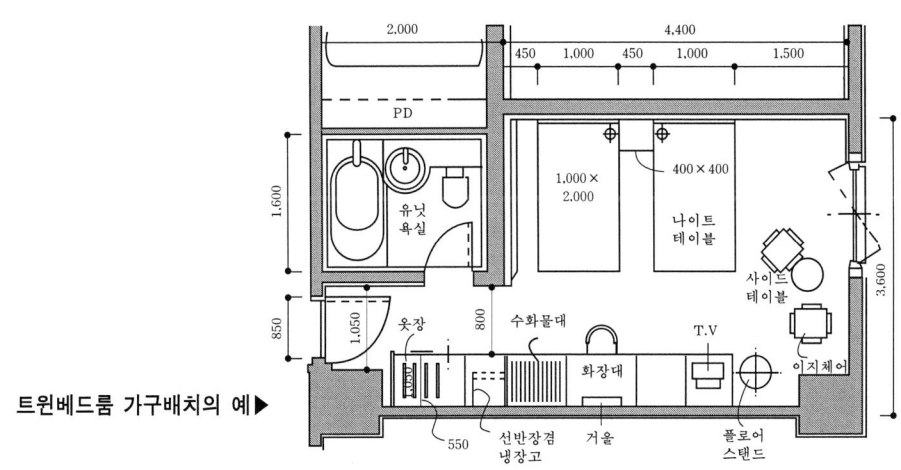

◀트윈베드룸 가구배치의 예

③ 욕실

욕조와 샤워를 병용하는 것과, 욕조 또는 샤워만인 것 등이 있다.

욕실내 시설	A최소	B최소	A×B최소
세면기, 변기의 경우	1,250mm	750mm	1.5㎡
세면기, 변기, 샤워의 경우	1,500mm	1,200mm	2.5㎡
세면기, 변기, 욕조의 경우	1,140mm	1,900mm	3.0㎡

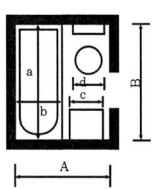

a	b	c	d	e	f
1,700mm	740mm	460~530mm	750mm	750mm	750mm

▲욕실의 크기

제3장 업무공간

[1] 가구배치

(1) 직급별 사무작업의 필요면적

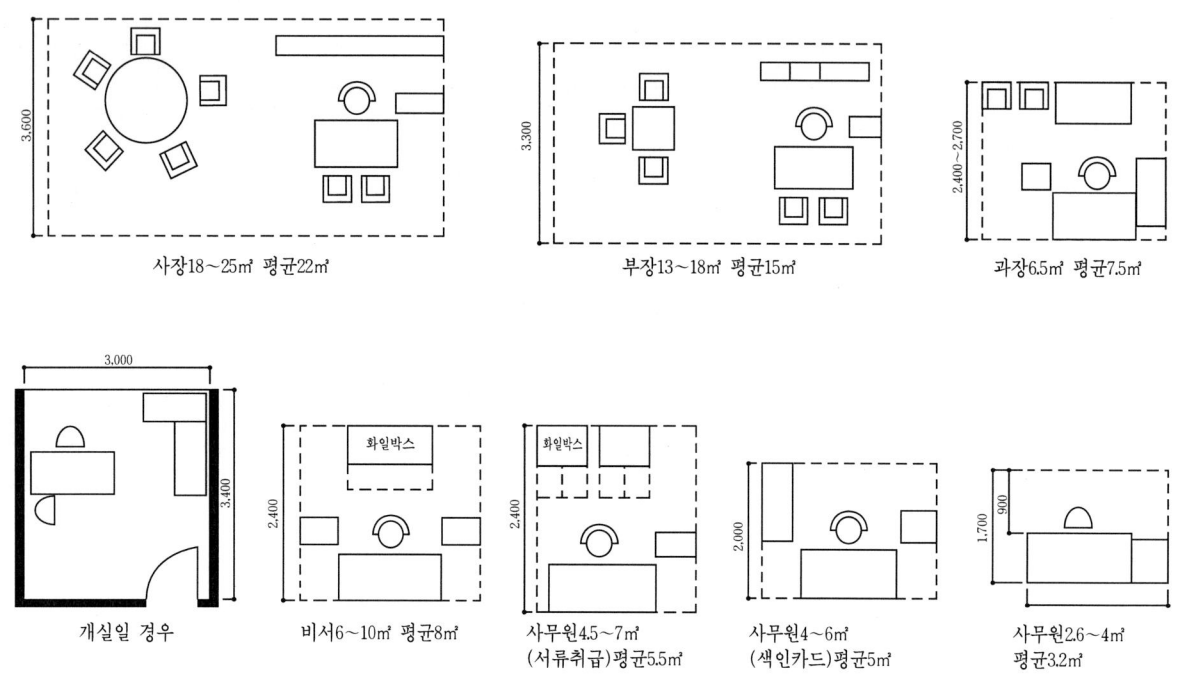

[2] 동선계획

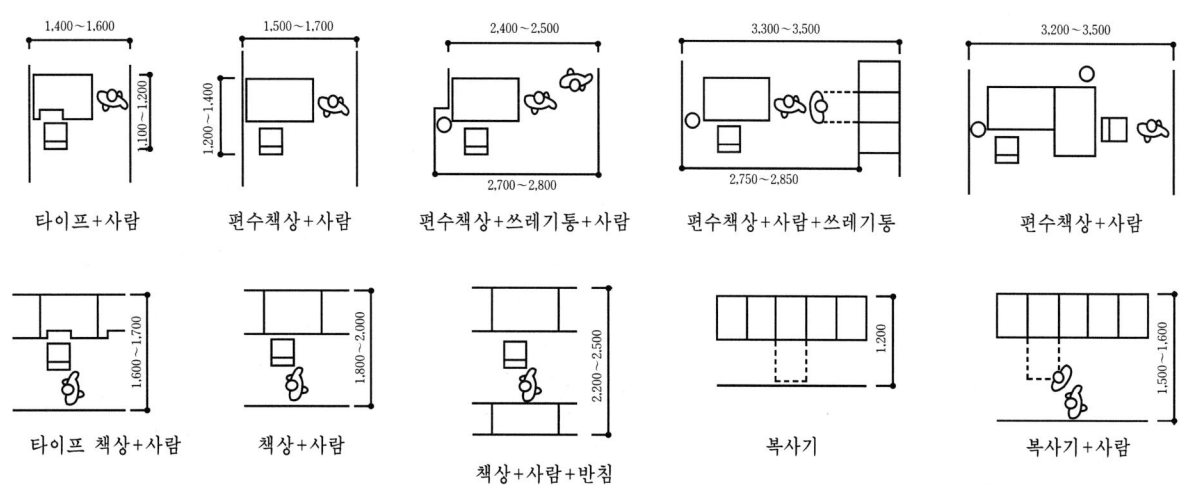

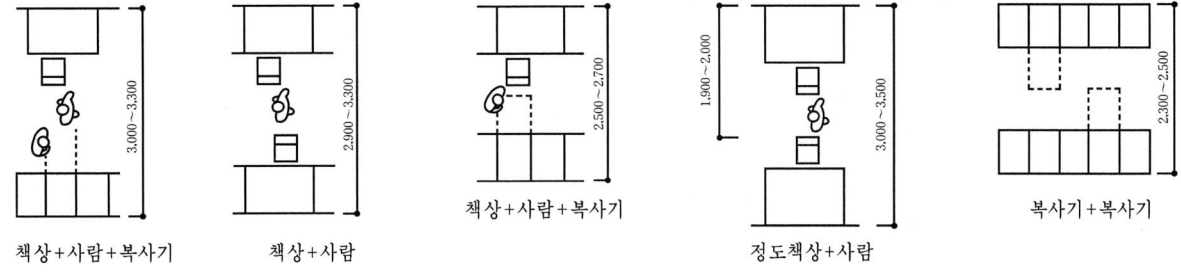

▲가구 및 사람과 조합한 제치수

[3] 가구계획

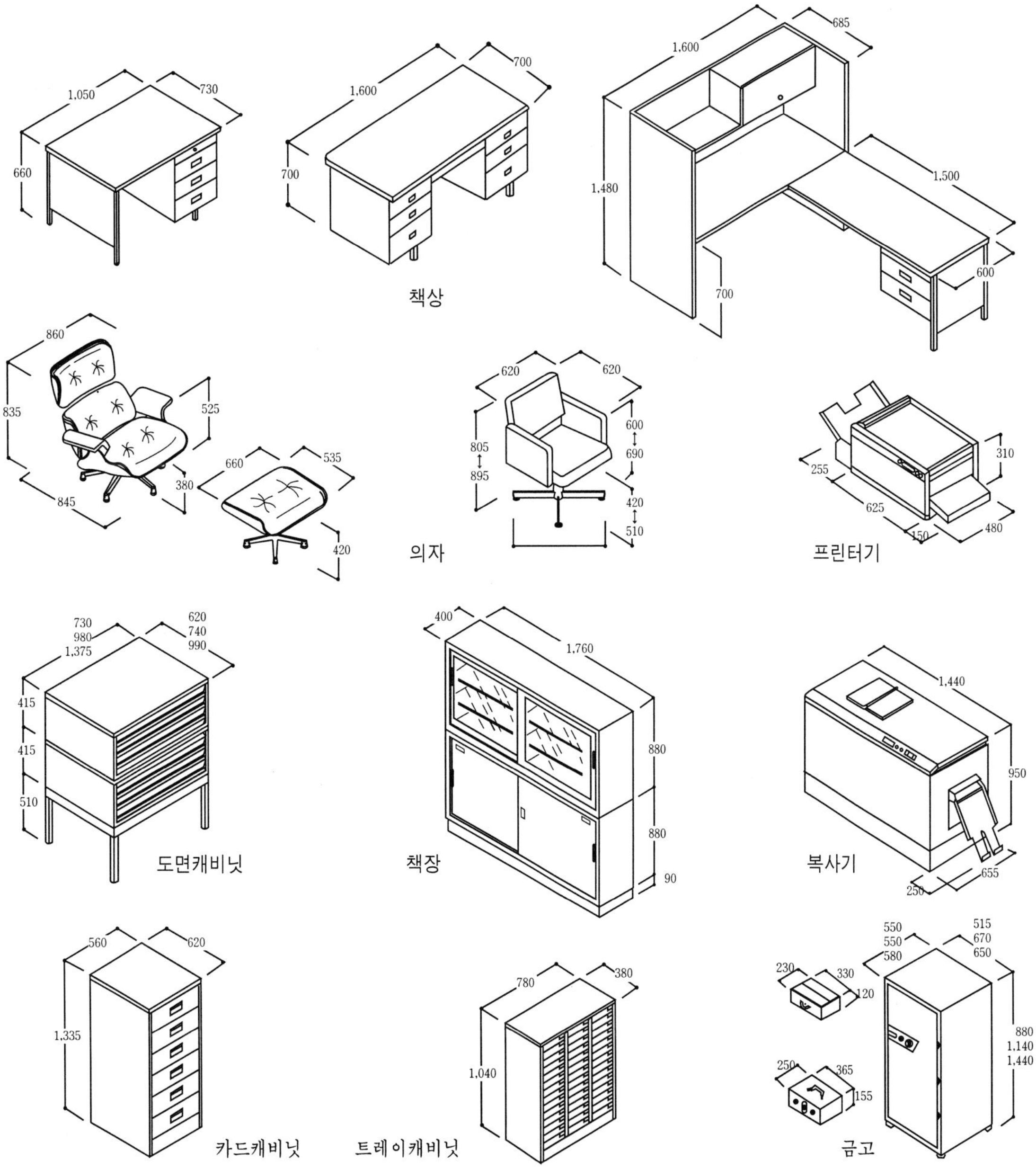

[4] 공간별 실내계획

직 사 각 형	배 모 양	트 랙

4인석 1,500×600 6인석 1,200×900
      1,800×600   1,800×900
      1,200×750   1,800×1,050
       900×750
                     10인석 2,700×1,050
8인석 2,100×900   3,000×1,050
      2,400×900   2,700×1,200
      2,100×1,050   3,000×1,200
      2,400×1,050
      2,100×1,200 12인석 3,600×1,200
      2,400×1,200
	$l \times d_1(d_2)$
	6인석 1,800×900(750)
	       2,100×950(780)
	8인석 2,400×1,000(810)
	10인석 3,000×1,400(840)
	12인석 3,600×1,200(865)
	14인석 4,200×1,300(890)
	16인석 4,800×1,400(915)
	18인석 5,400×1,500(940)
	       6,000×1,500(965)
	20인석 6,600×1,500(990)
	22인석 7,200×1,500(1,015)
		4인석 1,100×850
		6인석 1,350×900
		8인석 2,000×900
		       2,400×1,200
		10인석 3,000×1,200
		12인석 3,600×1,200
		       3,600×1,500
		       3,000×1,500
		16인석 4,500×1,500

타 원 형	타 원 형	원 형	정 사 각 형

4인석 1,500×750
       1,800×850
6인석 2,100×1,050
       2,400×1,200
8인석 2,700×1,200
       3,000×1,200
10인석 3,600×1,200
	4인석 1,750×900
	6인석 1,950×1,200
	8인석 2,400×1,200
	9인석 2,700×1,300
	10인석 3,000×1,400
	12인석 3,600×1,500
		4인석 φ 1,050
		5인석 φ 1,200
		6인석 φ 1,350
		7인석 φ 1,500
		       φ 1,650
		8인석 φ 1,800
		9인석 φ 2,100
		11인석 φ 2,400
		12인석 φ 2,700
		14인석 φ 3,000
			4인석 900×900
			6인석 1,050×1,050
			8인석 1,200×1,200

▲테이블의 유형과 좌석수에 따른 크기

(1) 복도

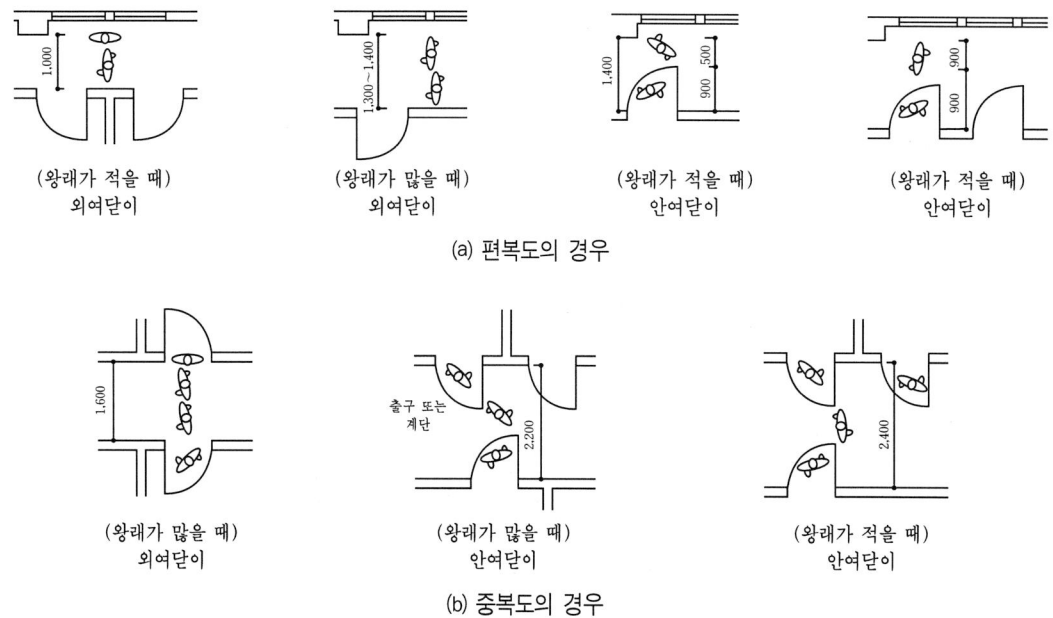

(a) 편복도의 경우

(b) 중복도의 경우

(2) 화장실

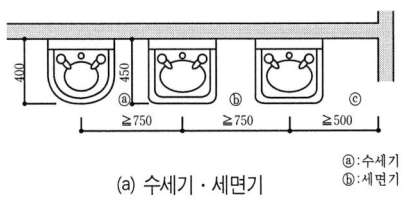

(a) 수세기·세면기
ⓐ:수세기
ⓑ:세면기

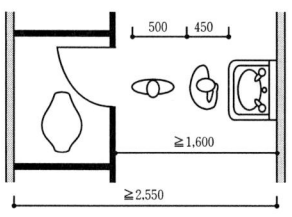

(b) 화장실 유형 ①

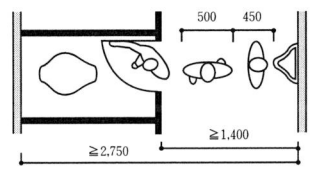

(c) 화장실 유형 ②

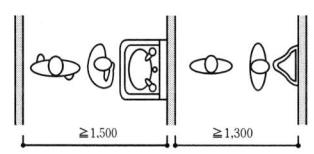

(d) 화장실 유형 ③

▲화장실 및 세면기 각부 치수

[5] 은행의 실내계획

(1) 출입구

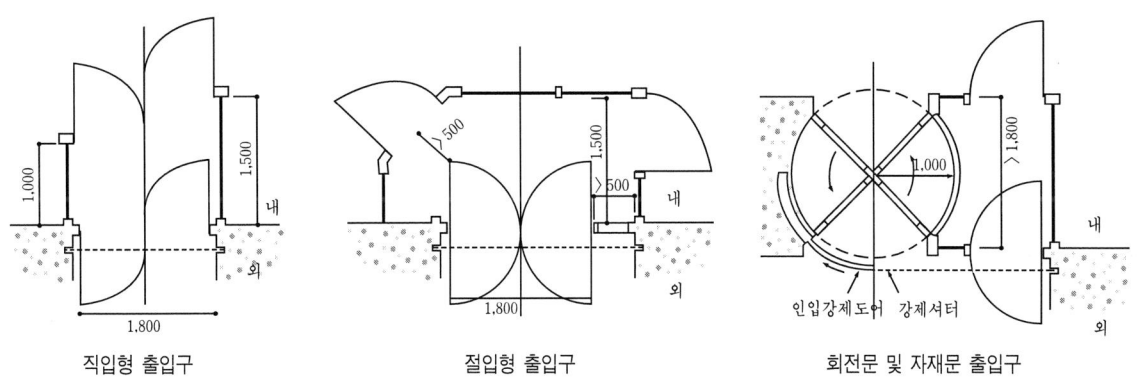

직입형 출입구   절입형 출입구   회전문 및 자재문 출입구

▲은행의 출입문

(2) 영업장

① 영업장의 면적

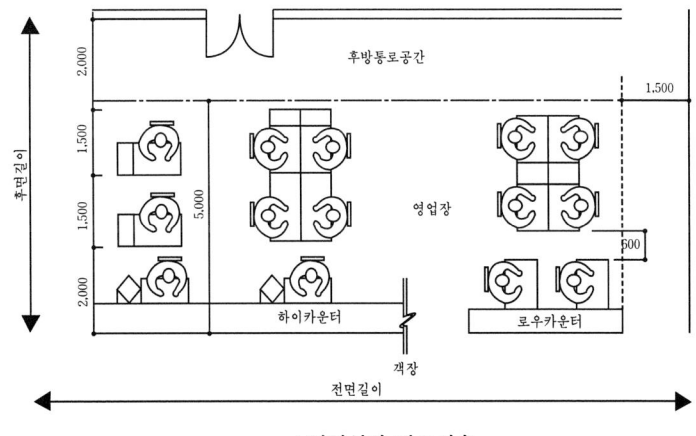

▲영업실의 필요치수

② 영업카운터

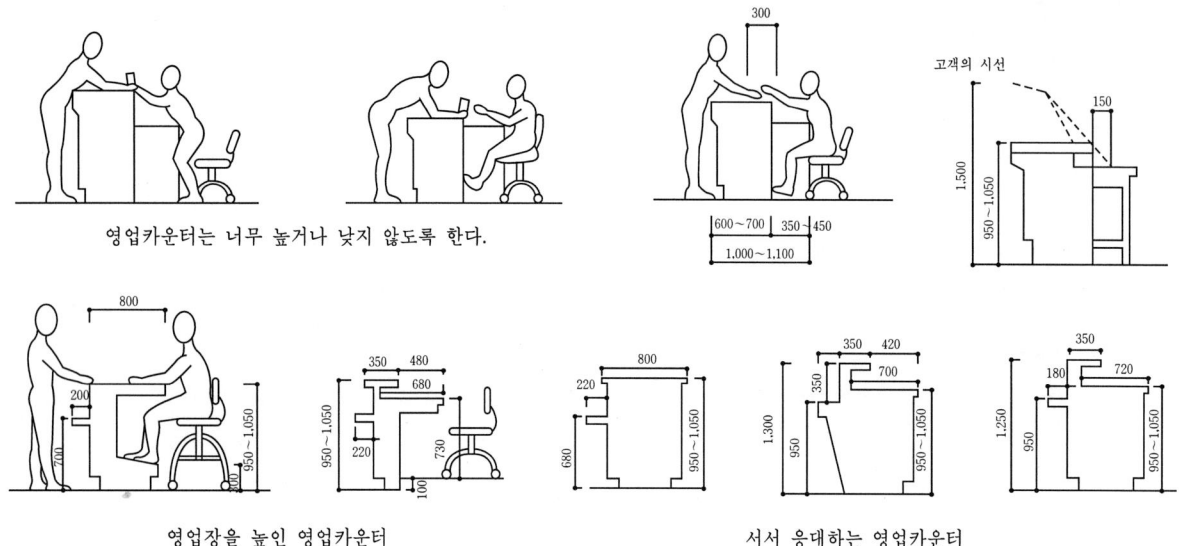

▲영업카운터의 필요치수

⑤ 객장

▲객장의 후면길이

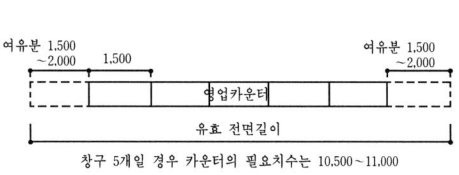

▲객장의 전면길이

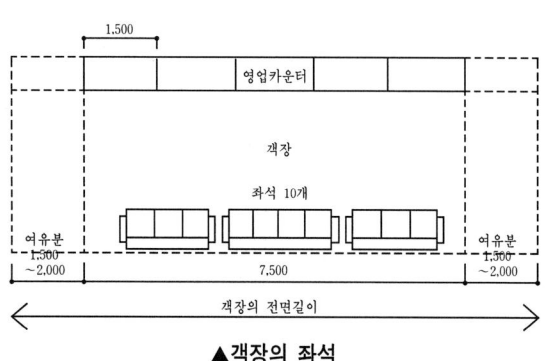

▲객장의 좌석

제 4 편

과년도
출제문제

실내건축기사 실기 출제문제 분석표

회 수	시 행 일	작 품 명	비 고
1회	92년 9월 27일 시행	인테리어사무실	신규
2회	93년 7월 12일 시행	오피스빌딩홀	신규
3회	93년 10월 31일 시행	호텔객실	신규
4회	94년 5월 17일 시행	커피숍	신규
5회	94년 7월 18일 시행	락카페	신규
6회	94년 10월 17일 시행	인테리어사무실	중복
7회	95년 5월 7일 시행	패션숍	신규
8회	95년 7월 9일 시행	숙녀복전문점	신규
9회	95년 10월 15일 시행	커피숍	중복
10회	96년 5월 12일 시행	약국	신규
11회	96년 7월 14일 시행	재택근무원룸	신규
12회	96년 9월 1일 시행	빌딩내업무공간(사장실)	신규
13회	96년 11월 16일 시행	락카페	중복
14회	97년 4월 27일 시행	숙녀복전문점	중복
15회	97년 7월 14일 시행	패션숍	중복
16회	97년 9월 1일 시행	재택근무원룸	중복
17회	97년 11월 17일 시행	빌딩내업무공간(사장실)	중복
18회	98년 5월 10일 시행	약국	중복
19회	98년 7월 6일 시행	패션숍	중복
20회	98년 10월 18일 시행	숙녀복전문점	중복
21회	99년 3월 8일 시행	락카페	중복
22회	99년 5월 30일 시행	호텔객실	중복
23회	99년 7월 26일 시행	재택근무원룸	중복
24회	99년 9월 19일 시행	빌딩내업무공간(사장실)	중복
25회	99년 11월 21일 시행	약국	중복
26회	2000년 2월 20일 시행	숙녀복전문점	중복
27회	2000년 4월 23일 시행	전시장내컴퓨터홍보용부스	신규
28회	2000년 6월 25일 시행	PC방	신규
29회	2000년 9월 3일 시행	빌딩내업무공간(사장실)	중복
30회	2000년 11월 12일 시행	CD·비디오숍	신규
31회	2001년 4월 22일 시행	커피숍(B)	신규
32회	2001년 7월 15일 시행	전시장내컴퓨터홍보용부스	중복
33회	2001년 11월 4일 시행	치과의원	신규
34회	2002년 4월 21일 시행	PC방	중복
35회	2002년 7월 7일 시행	CD·비디오숍	중복
36회	2002년 9월 26일 시행	커피숍(B)	중복
37회	2003년 4월 26일 시행	치과의원	중복
38회	2003년 7월 13일 시행	전시장내컴퓨터홍보용부스	중복
39회	2003년 10월 26일 시행	귀금속 전시·판매점	신규

◆ 제40회 이후 출제문제는 실내건축기사 2차실기Ⅱ에 수록되어 있습니다 ◆

('92. 9. 27 시행)

제1회 의장기사 1급
— 시공실무 —

문제 1) 다음 골재의 흡수율에 관한 사항을 찾아 쓰시오. (4점)

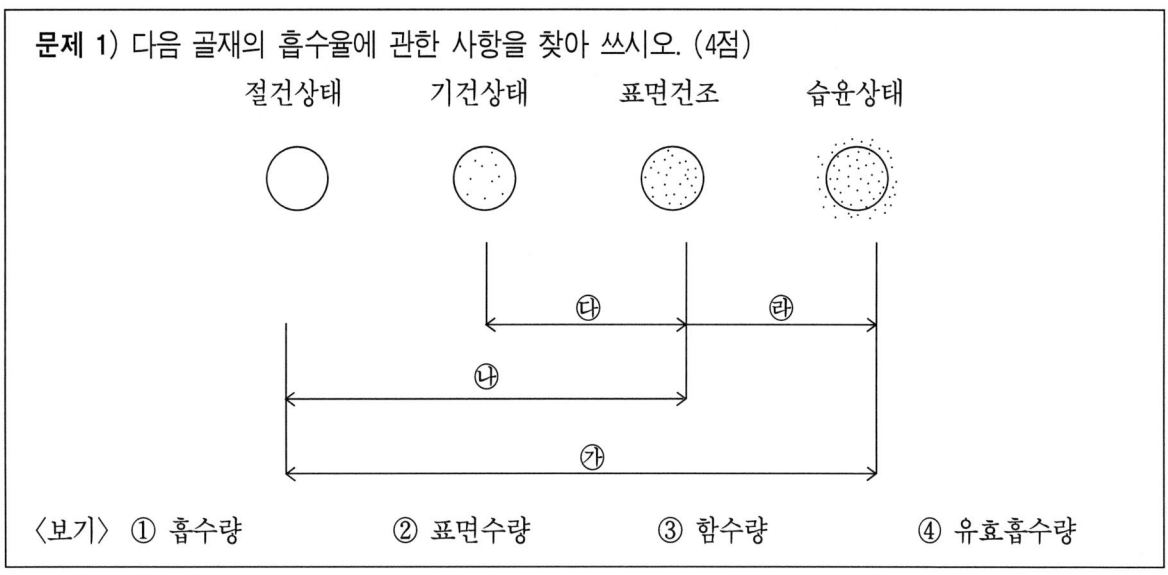

〈보기〉 ① 흡수량   ② 표면수량   ③ 함수량   ④ 유효흡수량

【해설】 ㉮-③ ㉯-① ㉰-④ ㉱-②

문제 2) 목재의 이음 맞춤에 대해 쓰시오. (4점)

【해설】 이음 : 재의 길이 방향으로 부재를 길게 접합하는 것 또는 그 자리
맞춤 : 재와 서로 직각 또는 경사지게 부재를 접합하는 것 또는 그 자리

문제 3) 돌 붙일 때 줄눈의 종류 4가지를 쓰시오. (4점)

【해설】 ① 평줄눈 ② 민줄눈 ③ 내민줄눈 ④ 빗줄눈

문제 4) 건축 목공사시 필요공구 4가지를 쓰시오. (4점)

【해설】 ① 톱 ② 대패 ③ 끌 ④ 망치

문제 5) 목부 바탕만들기 공정 순서를 쓰시오. (5점)

【해설】 ① 오염, 부착물 제거 ② 송진의 처리 ③ 연마지 닦기 ④ 옹이 땜 ⑤ 구멍 땜

문제 6) 아치의 종류 4가지를 쓰시오. (4점)

【해설】 ① 반원아치 ② 결원아치 ③ 평아치 ④ 말굽아치

문제 7) 타일에 관한 용어를 설명하시오. (4점)
㉮ Hard rolled지   ㉯ Art mosic tile

【해설】 ㉮ Hard rolled지 : 모자이크 타일 뒷면에 붙이는 종이로 보양용으로도 쓰인다.
㉯ Art mosic tile : 극히 작은 타일(11mm각 정도)로 무늬 모양, 회화적 표현 등에 쓰인다.

문제 8) 유성페인트는 (①), 건성유 및 (②), (③)를 조합해서 만든 페인트이다. (3점)

【해설】 ① 안료 ② 희석제 ③ 건조제

문제 9) 길이 100m, 높이 2m, 1.0B 벽돌벽의 정미량을 계산하시오. (3점)
(단, 벽돌 규격 표준형임.)

【해설】 ① 벽면적 = 100 × 2 = 200㎡
② 정미량 = 200 × 149 = 29,800매

문제10) 다음작업의 Network의 공정표를 작성하고 Critical path를 굵은 선으로 표시하시오. (5점)

작업명	선행작업	기 간
A	-	8
B	-	9
C	A	9
D	B, C	6
E	B, C	5
F	D, E	2
G	D	5
H	F	3

【해설】

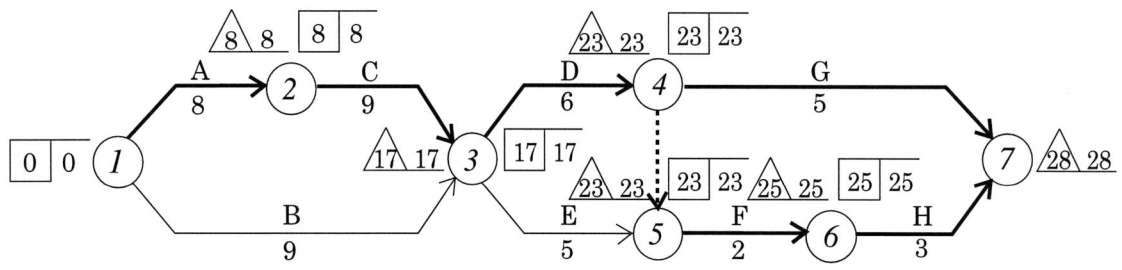

CP〉Activity : A→C→D→G and A→C→D→F→H
　　Event : ①→②→③→④→⑦ and ①→②→③→④→⑤→⑥→⑦

실내디자인

[제1회 작품명] 인테리어 사무실

1. 요구사항

   주어진 도면은 인테리어 사무실의 평면도이다. 요구조건에 따라 도면을 설계하시오.

2. 요구조건

   ① 설계면적 : 9.5m×3.5m×2.6m(H)

   ② 디자이너 공간 : 디자이너 1명, 컴퓨터테이블, 제도책상, Movable의자1, 상담의자1, Easy Chair Set

   ③ 비서 1인 공간 : 업무 책상, 컴퓨터 desk, 탕비실, 대기공간

   ④ 수납공간 : 옷장, 화일 Box, 책장

3. 요구도면

   ① 평면도 SCALE : 1/30

   ② 천정도 SCALE : 1/50

   ③ 전개도 2면 SCALE : 1/50

   ④ 주출입구 단면상세도 SCALE : 1/3

   ⑤ 투시도 SCALE : N.S

   (계획의 포인트가 좋은 지점에서 1소점 또는 2소점 투시도법으로 작성하되, 작성과정의 투시보조선을 반드시 남길 것)

   ※탕비실을 제외한 면적은 모두 open space로 한다.

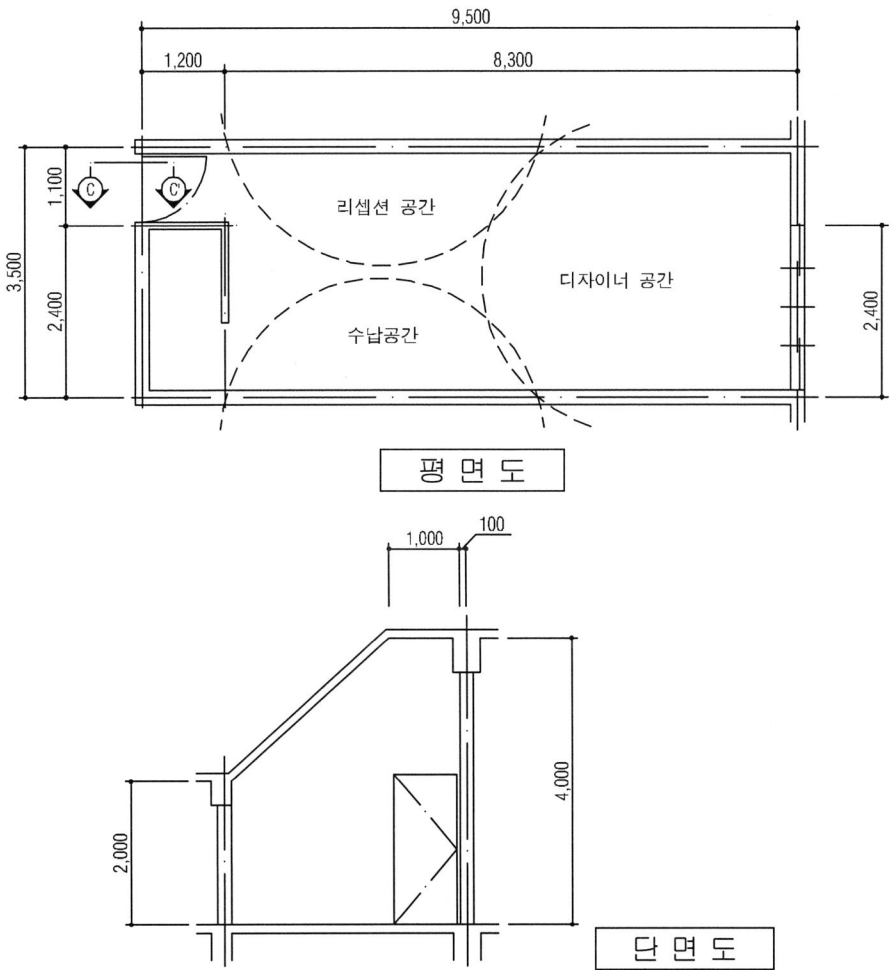

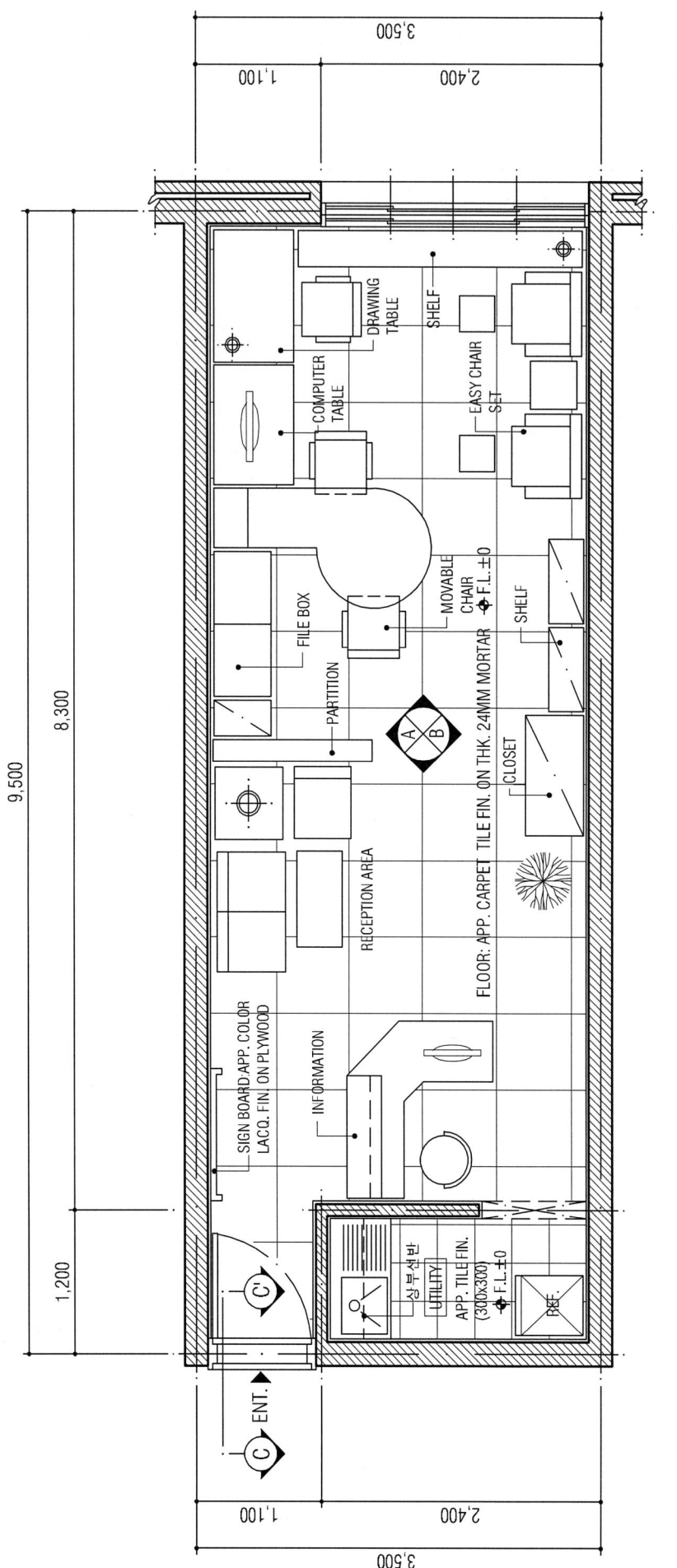

평면도　SCALE = 1/30

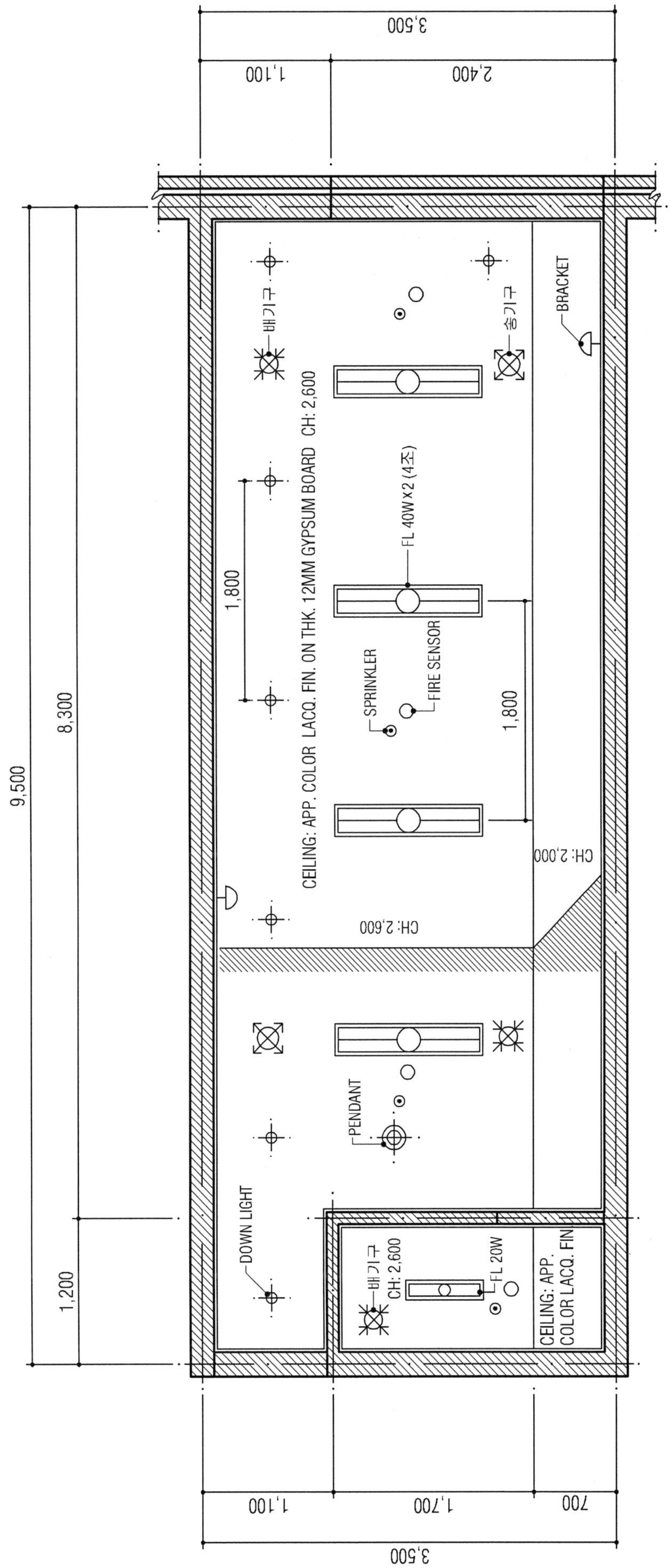

천 정 도

SCALE = 1/50

LEGEND

TYPE	NAME	EA
	DOWN LIGHT	7
	FL 40W×2	4
	BRACKET	2
	FL 20W	1
	PENDANT	1

TYPE	NAME	EA
	송기구	2
	배기구	3
	SPRINKLER	4
	FIRE SENSOR	4

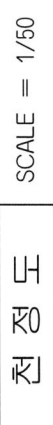

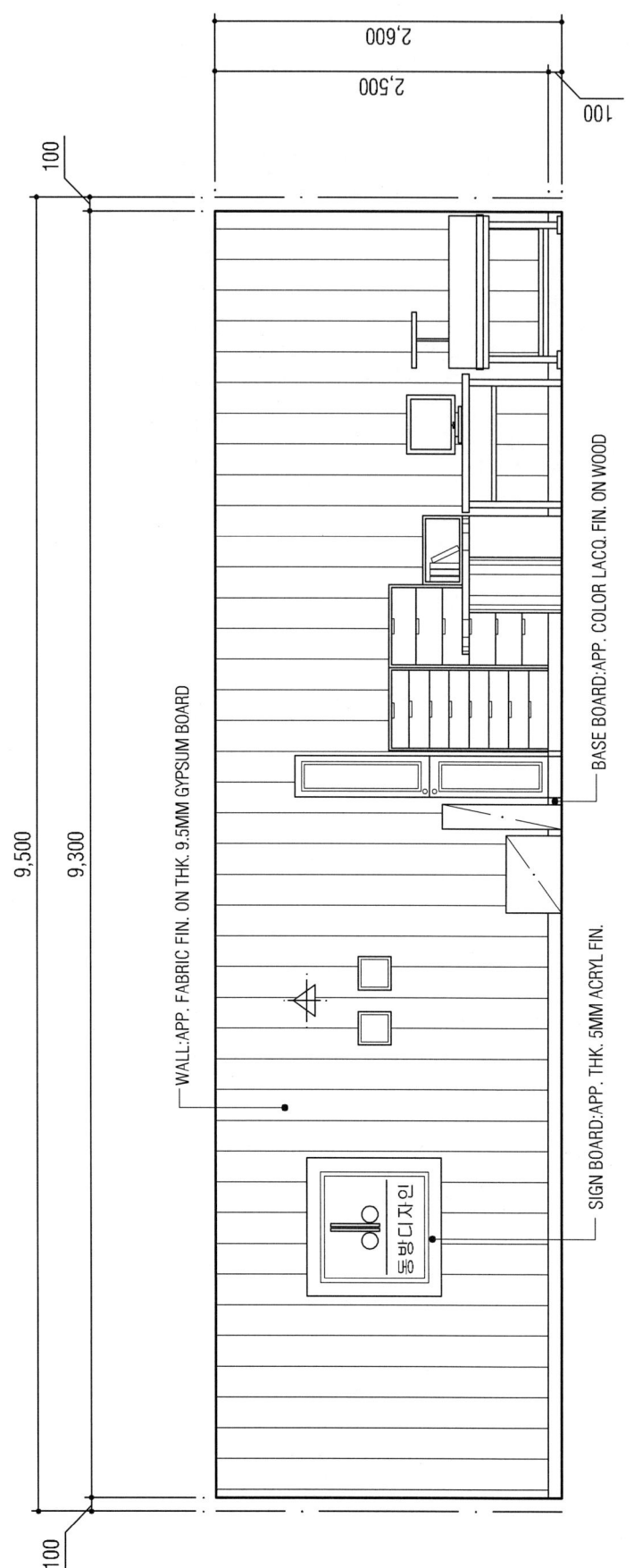

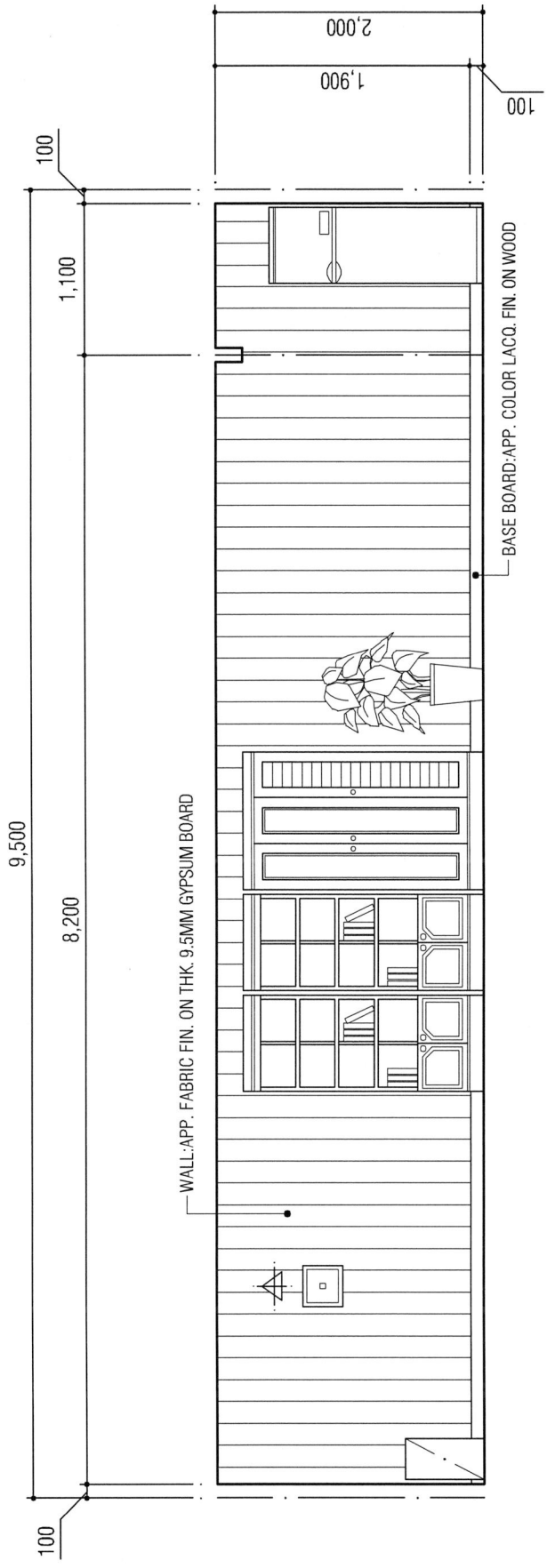

전개도 B   SCALE = 1/50

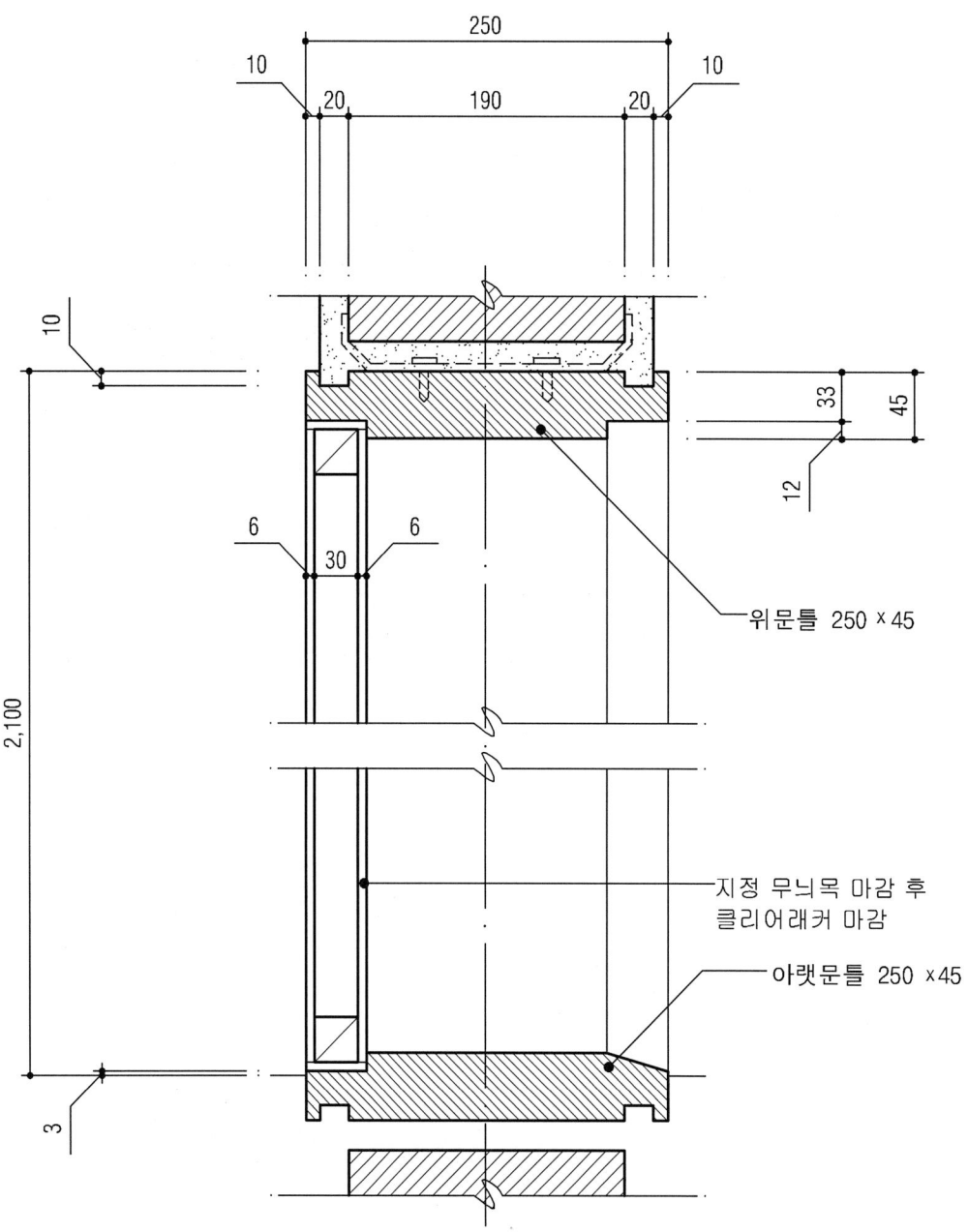

('93. 7. 12 시행)

제2회 의장기사 1급
시공실무

문제 1) 다음은 네트워크(Net work)공정표 작성이다. EST, EFT, LST, LFT를 구하시오. (5점)

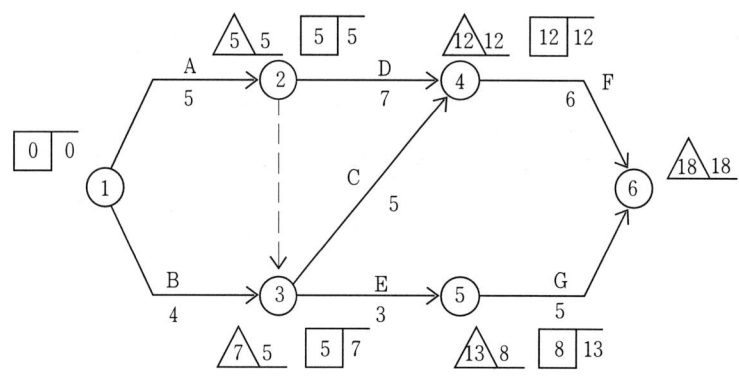

문제 2) 다음 벽돌의 줄눈특징 중 알맞은 것은? (5점)

〈보기〉 ㉮ 볼록줄눈   ㉯ 오목줄눈   ㉰ 민줄눈   ㉱ 평줄눈   ㉲ 내민줄눈

	사 용 경 우	의 장 성
①	벽돌의 형태가 고르지 않을 경우	질감(Texture)의 거침
②	면이 깨끗하고 반듯한 벽돌	순하고 부드러운 느낌, 여성적 선의 흐름
③	벽면이 고르지 않을 경우	줄눈의 효과를 확실히 함
④	면이 깨끗한 벽돌	약한 음영표시, 여성적 느낌, 평줄눈, 민줄눈의 중간 효과
⑤	형태가 고르고 깨끗한 벽돌	질감을 깨끗하게 연출, 일반적인 형태이다.

【해설】 ㉮-② ㉯-④ ㉰-⑤ ㉱-① ㉲-③

문제 3) 아래 창호의 목재량(㎥) 수를 구하라. (3점)

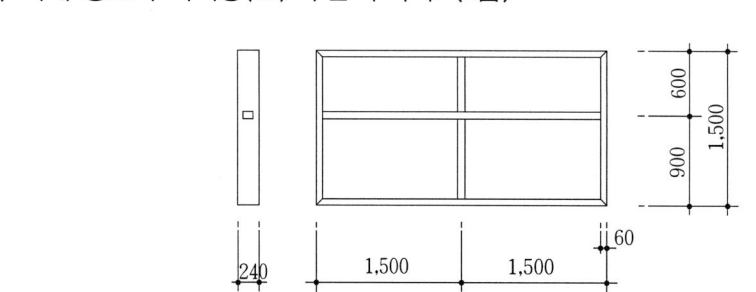

【해설】 ① 수직부재 = 0.24 × 0.06 × 1.5 × 3 = 0.0648㎥

② 수평부재 = 0.24 × 0.06 × 3 × 3 = 0.1296㎥

③ 부재합계 = 0.0648 + 0.1296 = 0.1944㎥

문제 4) 반자를 짜는 순서를 나열하시오. (4점)
〈보기〉 ① 달대   ② 반자돌림대   ③ 반자틀 설치   ④ 달대받이 설치   ⑤ 반자틀받이 설치

【해설】 ④→②→⑤→③→①

문제 5) 다음내용에 맞는 알맞는 용어를 〈보기〉에서 골라 기입하시오 (4점)
〈보기〉 ㉮ 비중   ㉯ 강도   ㉰ 허용강도   ㉱ 파괴강도
① 비강도 =   /
② 경제강도 =   /

【해설】 ① 비강도=㉯/㉮   ② 경제강도=㉱/㉰

문제 6) 목재의 제재목에 나타나는 무늬의 종류를 들어라. (3점)

【해설】 ① 곧은결 ② 무늬결 ③ 엇결

문제 7) 벽돌의 쌓기법에 대한 설명이다. 답을 써 넣으시오. (4점)
① 마구리쌓기와 길이쌓기를 번갈아 하며 이오토막과 반절이용-(①)
② 길이쌓기 5단, 마구리쌓기 1단 -(②)
③ 한켜에 마구리쌓기와 길이쌓기를 동시에-(③)
④ 마구리쌓기와 길이쌓기를 번갈아가며 칠오토막을 이용하는 가장 일반적인 방법-(④)

【해설】 ① 영식쌓기 ② 미식쌓기 ③ 불식쌓기 ④ 화란식쌓기

문제 8) 다음은 아치쌓기 종류이다. (   )안을 채우시오. (4점)
벽돌을 주문하여 제작한 것을 사용해서 쌓은 아치를 (①), 보통벽돌을 쐐기모양으로 다듬어 쓴 것을 (②), 현장에서 보통 벽돌을 써서 줄눈을 쐐기모양으로 한 (③), 아치나비가 넓을 때에는 반장별로 층을 지어 겹쳐 쌓는(④)가 있다.

【해설】 ① 본아치 ② 막만든아치 ③ 거친아치 ④ 층두리아치

문제 9) 다음 단어에 대해 설명하시오. (4점)
〈보기〉 ① 페코 빔(pecco beam)
       ② 데크 플레이트(deck plate)

【해설】 ① 페코 빔 : 철골트러스와 비슷한 형상을 한 가설보로 상부에 거푸집을 형성하기 위한 무지주 공법의 수평지지보이며, 스팬사이의 신축이 가능하다.
② 데크 플레이트 : 지주없은 거푸집으로 사용하거나 내화피복하여 구조체로도 사용하는 골모양의 금속재료

문제 10) 합성수지 도료가 유성페인트에 비해 장점인 것을 보기에서 4개를 열거하면? (4점)
〈보기〉 ① 도막이 단단하다.   ② 방화성 도료이다.   ③ 형광도료의 일종이다.
       ④ 건조가 빠르다.   ⑤ 내마모성이 있다.   ⑥ 내산·내알칼리성이 있다.

【해설】 ①, ②, ④, ⑥

실내디자인

[제2회 작품명] 오피스 빌딩 홀

1. 요구사항
   아래도면은 2층 건물안에 컴퓨터를 취급하는 회사의 안내홀이다. "A"구역의 안내홀을 작성하시오.

2. 요구조건
   ① 설계면적 : 9m×7m×3m(H) ② 2인용 안내카운터
   ③ 방문객 대기공간 ④ 가구배치 ⑤ 회사이미지 고려하며 분위기 설정

3. 요구도면
   ① 평면도(가구배치 포함) SCALE : 1/30   ② 전개도(벽면재료표기) SCALE : 1/50
   ③ 천정도(설비 및 조명시설 배치) SCALE : 1/50   ④ 단면상세도(안내카운터) SCALE : 1/10
   ⑤ 실내투시도 SCALE : N.S
   (계획의 포인트가 좋은 지점에서 1소점 또는 2소점 투시도법으로 작성하되, 작성과정의 투시보조선을 반드시 남길 것)

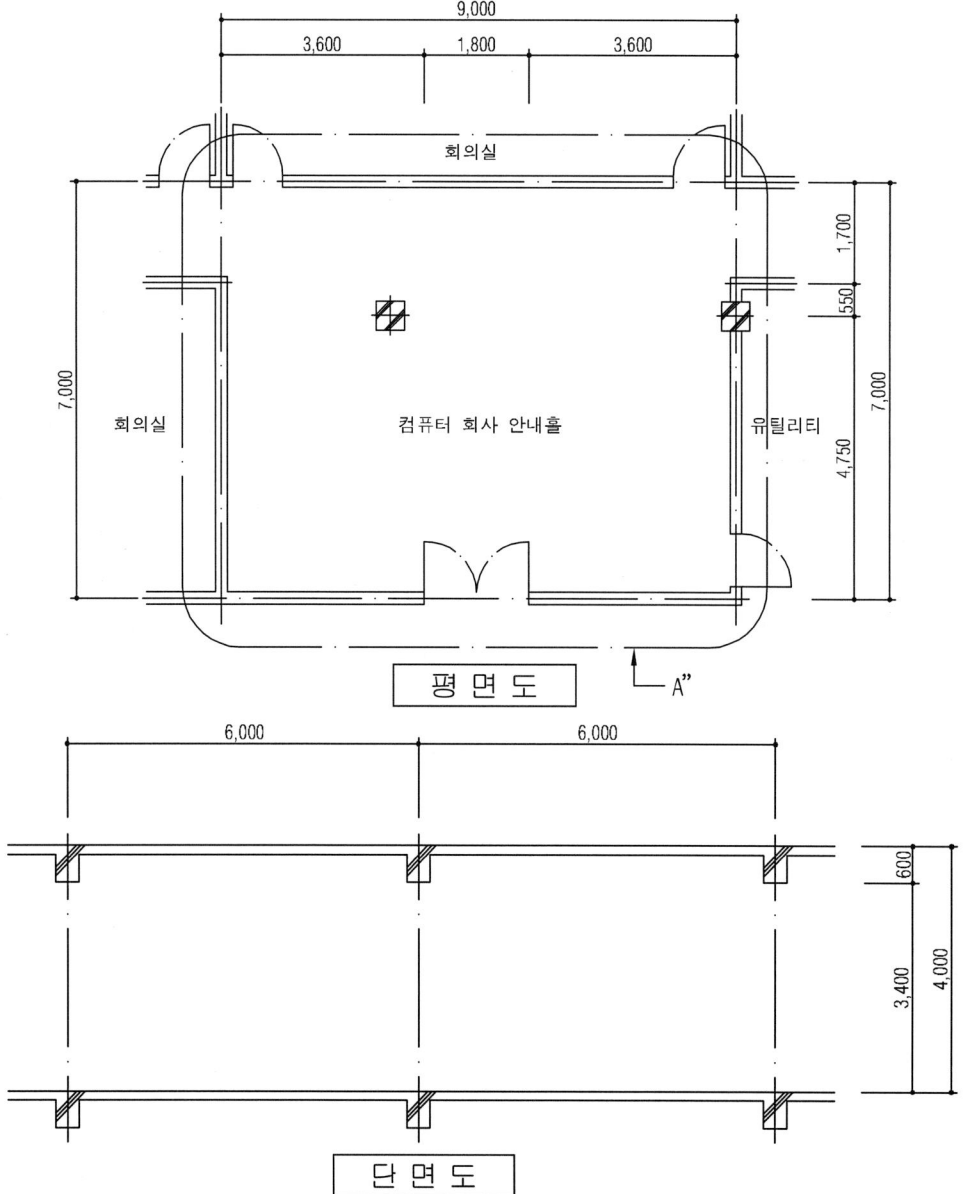

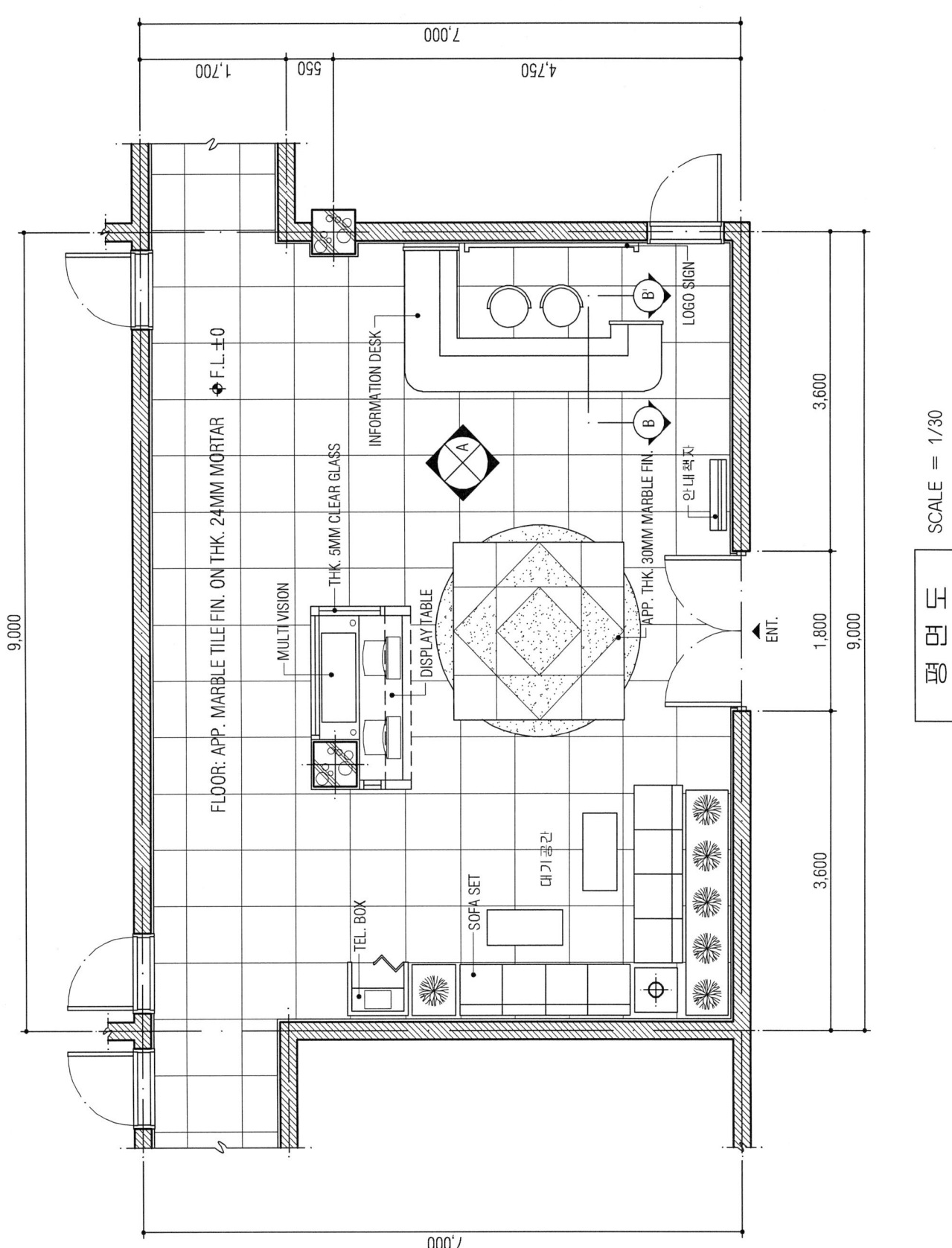

천 정 도

SCALE = 1/50

LEGEND		
TYPE	NAME	EA.
✛	DOWN LIGHT	38
⊕	CHANDELIER	1
✦	SOFT LIGHT	3
▭	FL 20W	4
⊠	송기구	2
✳	배기구	4
⊙	SPRINKLER	4
○	FIRE SENSOR	4

CEILING: APP. ZOLATON PAINT FIN. ON THK. 9.5MM GYPSUM BOARD CH: 3,000

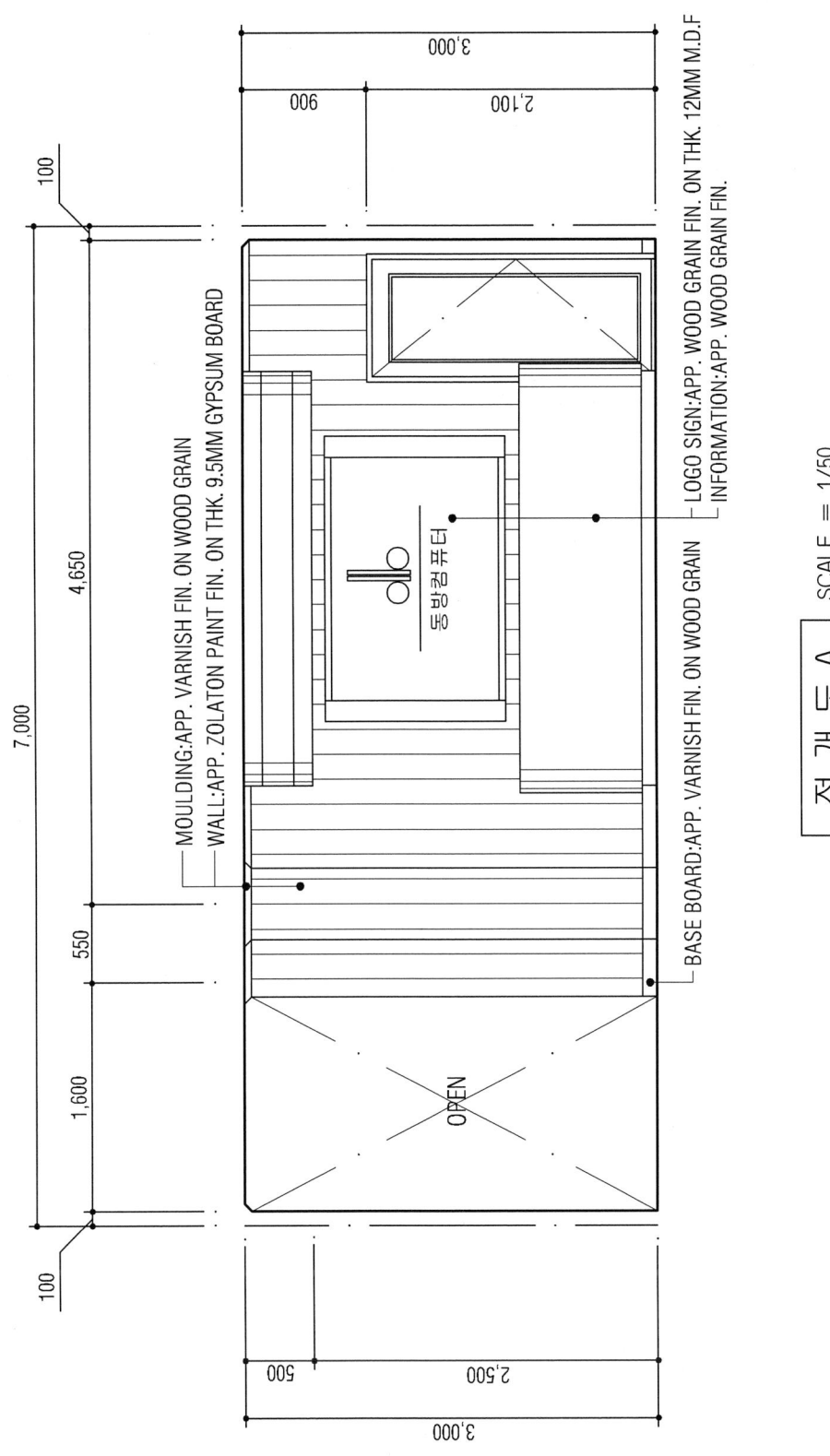

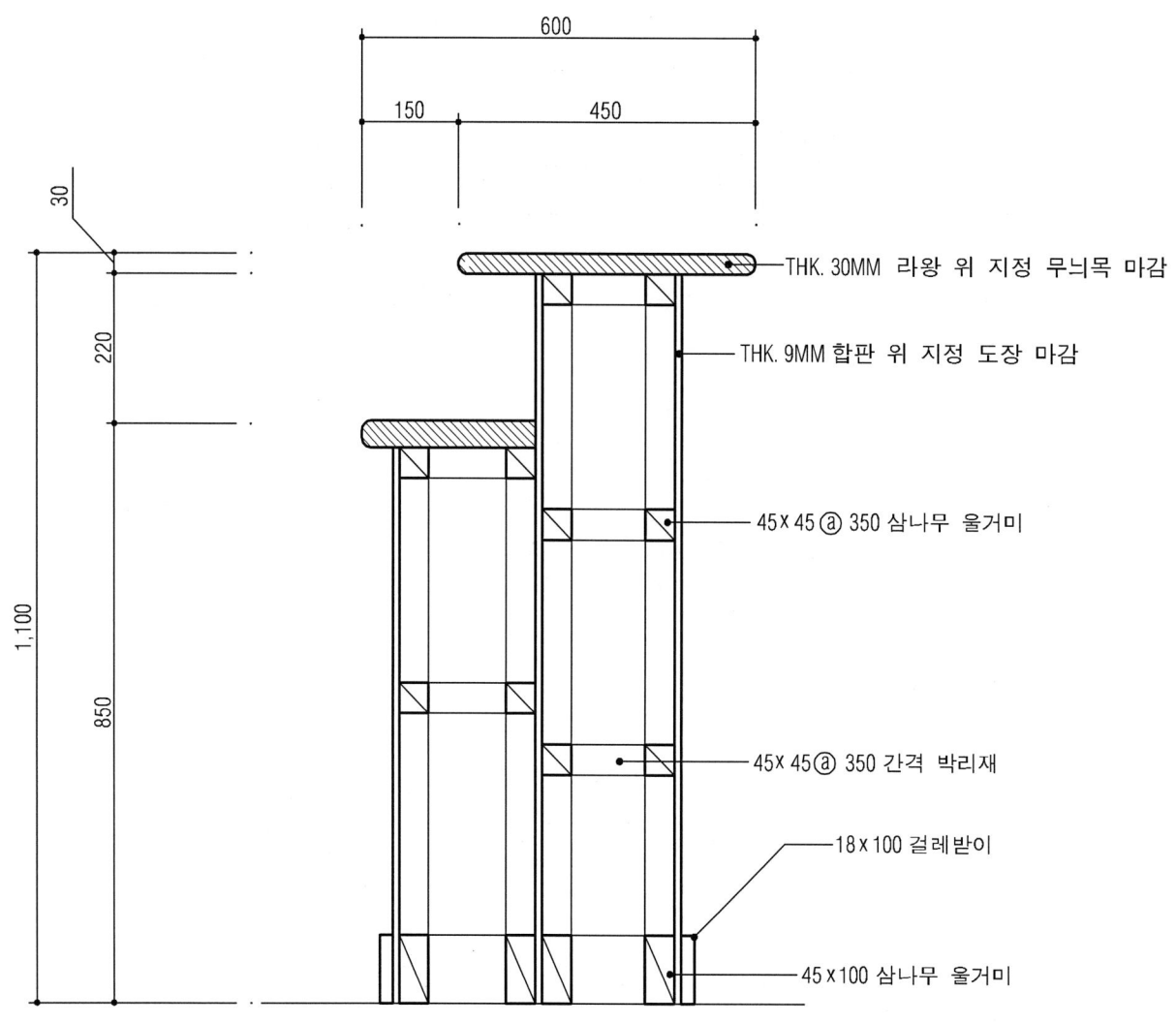

단면도 B-B' SCALE = 1/10

('93. 10. 31 시행)
제3회 의장기사 1급
시공실무

문제 1) 일반적인 도장공사의 순서를 보기에서 골라 차례대로 쓰시오. (6점)
〈보기〉 ① 왁스먹임 ② 고름질 및 퍼티 ③ 초벌칠
④ 물갈기 또는 연마작업 ⑤ 중벌칠 ⑥ 정벌칠

【해설】 ②, ④, ③, ⑤, ⑥, ①

문제 2) 실내바닥 마무리중 바름마무리외에 (①)마무리, (②)마무리가 있다. (2점)

【해설】 ① 붙임 ② 깔기

문제 3) 벽돌조의 균열원인을 계획상, 시공상으로 나누어 3가지씩 기술하시오. (3점)

【해설】 ① 계획상의 결함 : 기초의 부동침하, 건물의 평면·입면의 불균형 및 벽의 불합리 배치, 불균형 하중
② 시공상의 결함 : 벽돌 및 모르타르의 강도부족, 이질재와의 접합부의 시공결함, 온도 및 흡수에 따른 재료의 신축성

문제 4) 목재의 결함 4가지를 열거하시오. (4점)

【해설】 ① 옹이 ② 갈라짐 ③ 껍질박이 ④ 송진구멍

문제 5) 다음 도료들에 해당하는 항목을 보기에서 골라 번호를 쓰시오. (5점)
〈보기〉 ① 수지계 도료 ② 합성수지 도료 ③ 고무계 도료
④ 유성 도료 ⑤ 수성 도료 ⑥ 섬유계 도료

㉠ 셀락바니쉬 ㉡ 페놀수지도료, 멜라민수지도료, 염화비닐수지도료
㉢ 염화고무도료 ㉣ 건성유, 조합페인트, 알루미늄 페인트 ㉤ 셀룰로스, 래커

【해설】 ①-㉠ ②-㉡ ③-㉢ ④-㉣ ⑥-㉤

문제 6) 다음 보기에서 보고 빈칸을 채우시오. (3점)
목조 양식구조는 (①) 위에 지붕틀을 얹고, 지붕틀의 (②) 위에 깔도리와 같은 방향으로 (③)를 깐다.

【해설】 ① 깔도리 ② 평보 ③ 처마도리

문제 7) 단관 PIPE의 부속재료 3개를 쓰시오. (4점)

【해설】 ① 직선카풀러(capuler) ② 직교카풀러(capuler) ③ 받침대(base)

문제 8) 단열재가 되는 조건 4가지를 보기에서 고르시오. (4점)
〈보기〉 ① 열전도율이 높다. ② 비중이 작다. ③ 내식성이 있다. ④ 기포가 크다.
       ⑤ 내화성이 있다. ⑥ 어느정도의 기계적 강도가 있어야 한다. ⑦ 흡수성이 적다.

【해설】 ②, ④, ⑤, ⑦

문제 9) 코너비드에 대해 기술하시오. (3점)

【해설】 벽, 기둥 모서리에 미장바름할 때 붙이는 보호용 철물

문제 10) 다음 작업리스트에서 네트워크 공정표를 작성하시오. (6점)
       (단, 네트워크 공정표에 CP에 굵은 선으로 표기하시오.)

작업	작업일수	선행작업
A	2	None
B	6	A
C	5	A
D	4	None
E	3	B
F	7	B,C,D
G	8	D
H	6	E,F,G
I	8	F,G
J	9	G

【해설】

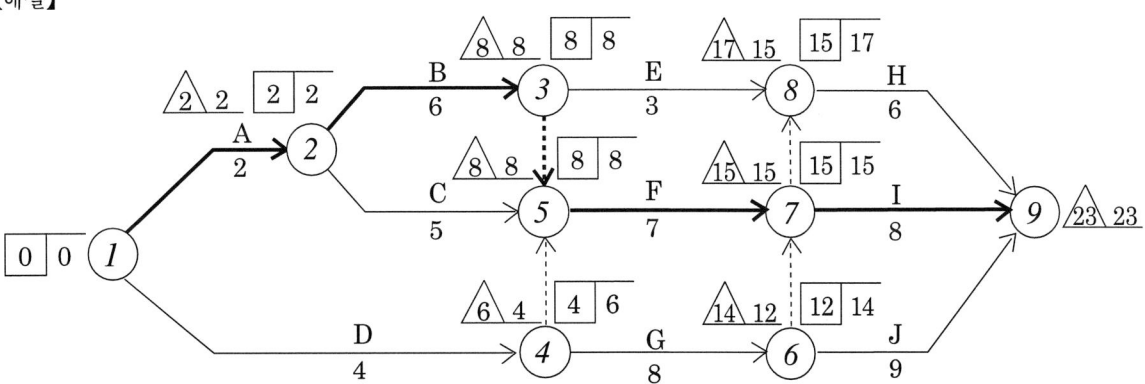

CP〉Activity : A→B→F→I Event : ①→②→③→⑤→⑦→⑨

실내디자인

[제3회 작품명] 호텔 객실

1. 요구사항
   주어진 도면은 해변에 위치한 리조트 호텔의 객실 평면도이다. 이곳을 호텔의 객실 종류중 특실인 슈트룸(suite room)으로 계획하고자 한다. 다음의 요구조건에 맞추어 설계하시오.

2. 요구조건
   ① 설계면적 : 7.7m×7.6m×2.5m(H)
   ② 필요공간 : 거실, 침실, 욕실(거실과 침실은 오픈시킬 것)
   ③ 필요가구
      ㉮ 거실 및 침실 : 3인용 소파, 1인용 소파, 티 테이블 및 사이드 테이블, 책상 및 의자, 킹베드(2m×2m), 나이트 테이블, 옷장, 서랍장, 플로어 램프 및 테이블 램프, 냉장고, TV
      ㉯ 욕실 : 욕조, 변기, 세면대(세면기 2개용), 화장대
      (이상 제시된 가구는 필수적이며 이외에 필요한 가구가 있다면 보충할 수 있음)
      ㉰ 출입문의 위치는 변경할 수 있음.(단, 현재 출입문이 위치해 있는 벽내에서만 가능)

3. 요구도면
   ① 평면도(가구배치 포함) SCALE : 1/30
   ② 전개도 2면(벽면재료 표기) SCALE : 1/50
   ③ 천정도(설비 및 조명기구 배치) SCALE : 1/50
   ④ 단면도 A-A′ SCALE : 1/30
   ⑤ 실내투시도 SCALE : N.S
      (계획의 포인트가 좋은 지점에서 1소점 투시법으로 작성하되, 작성과정의 투시보조선을 남길 것)

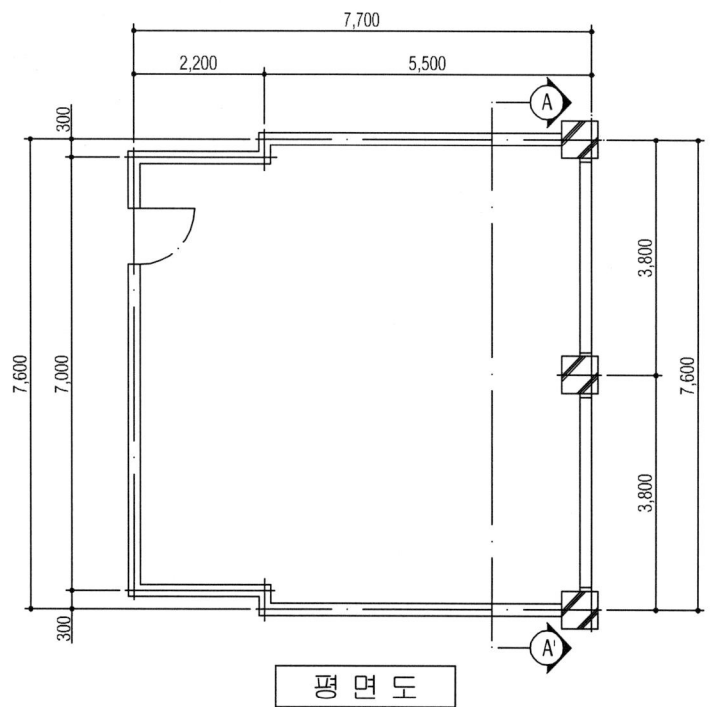

평 면 도

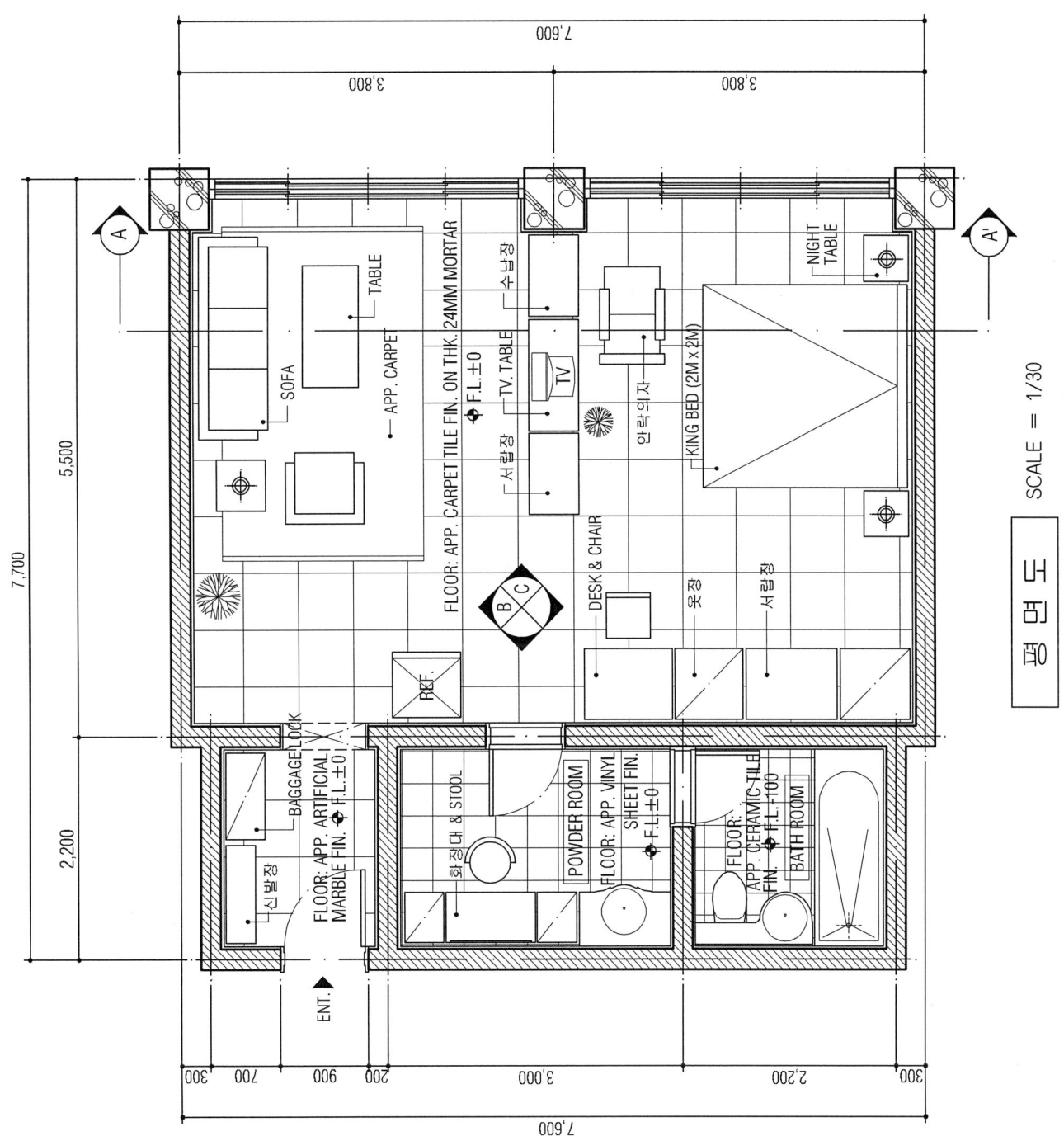

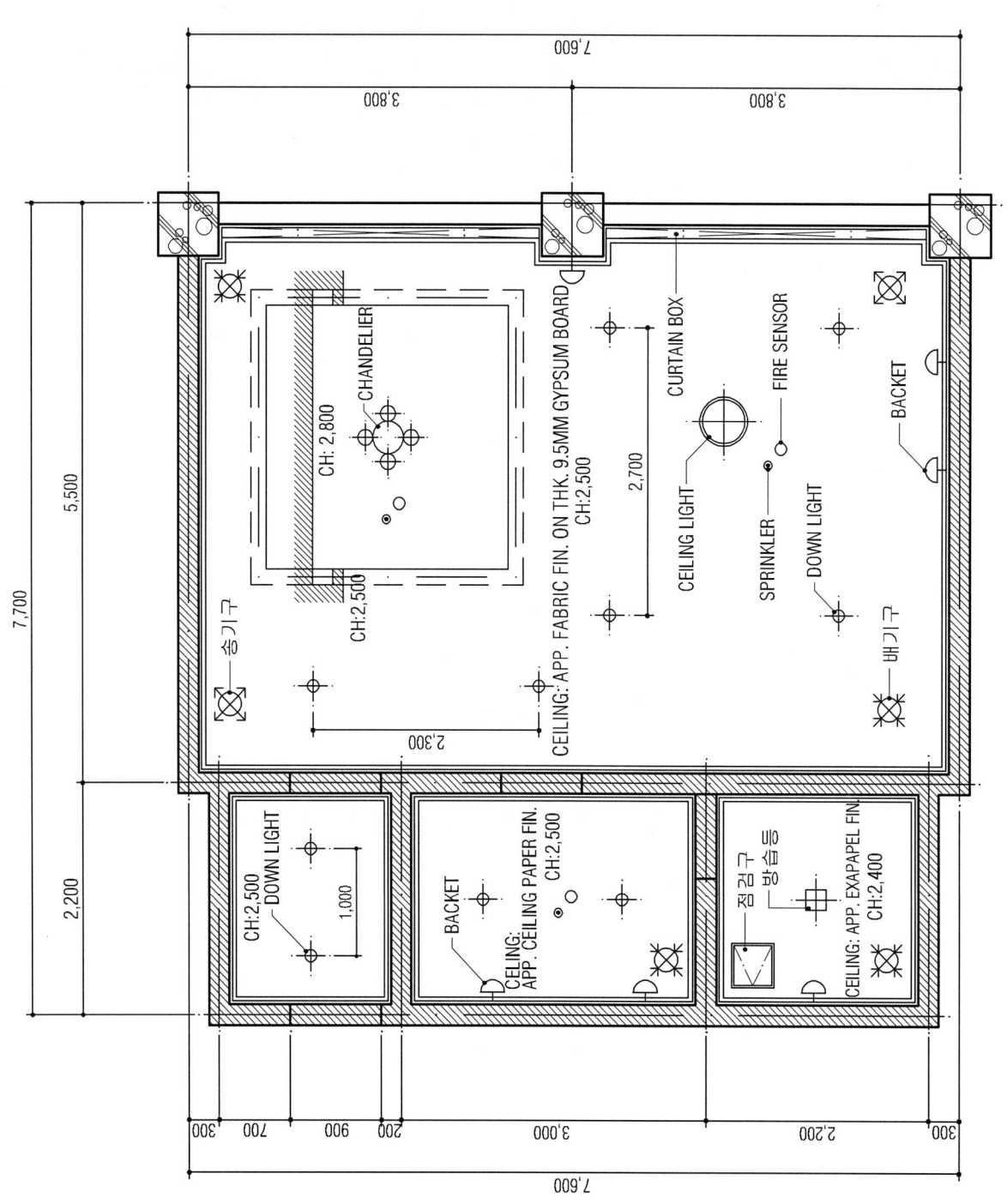

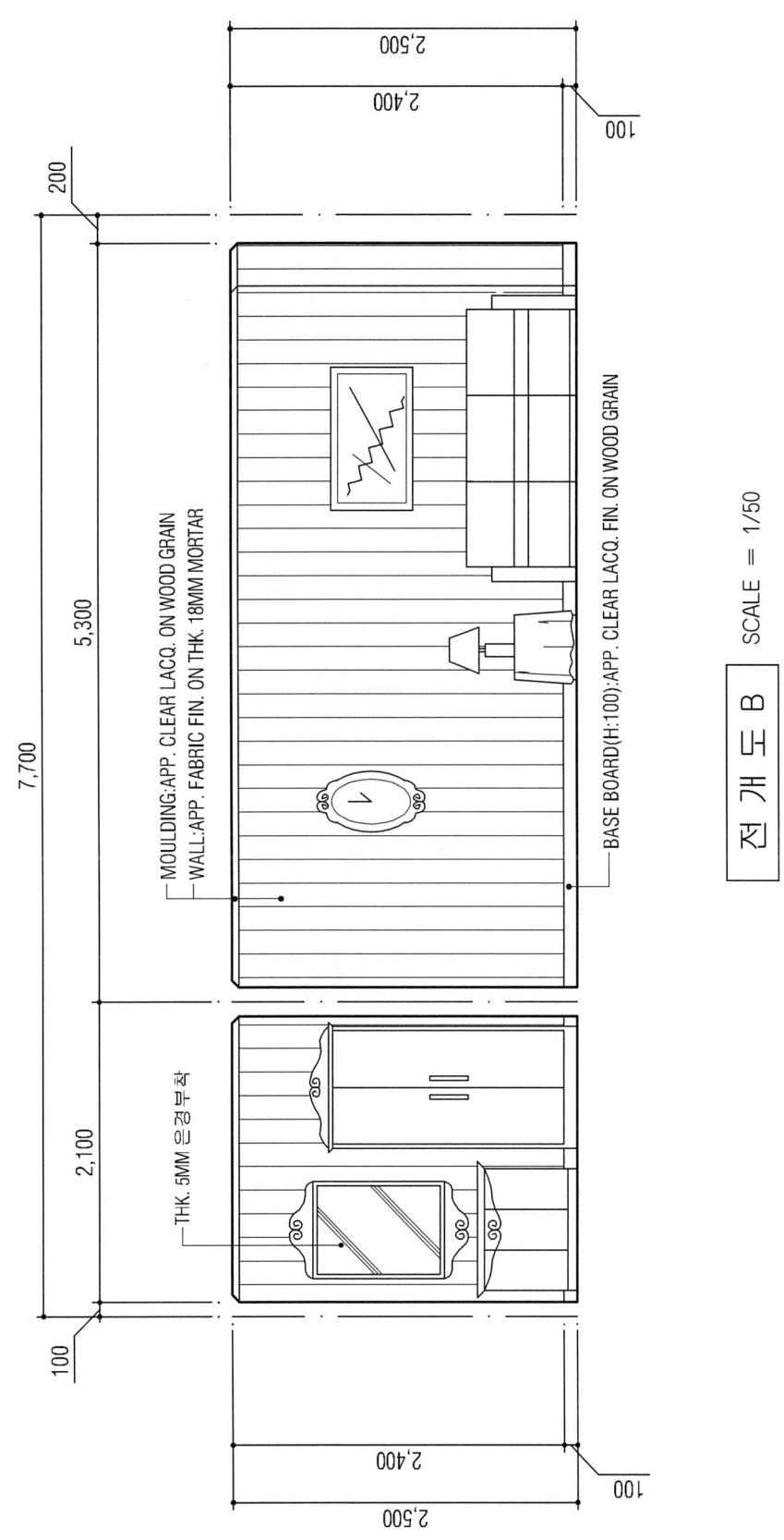

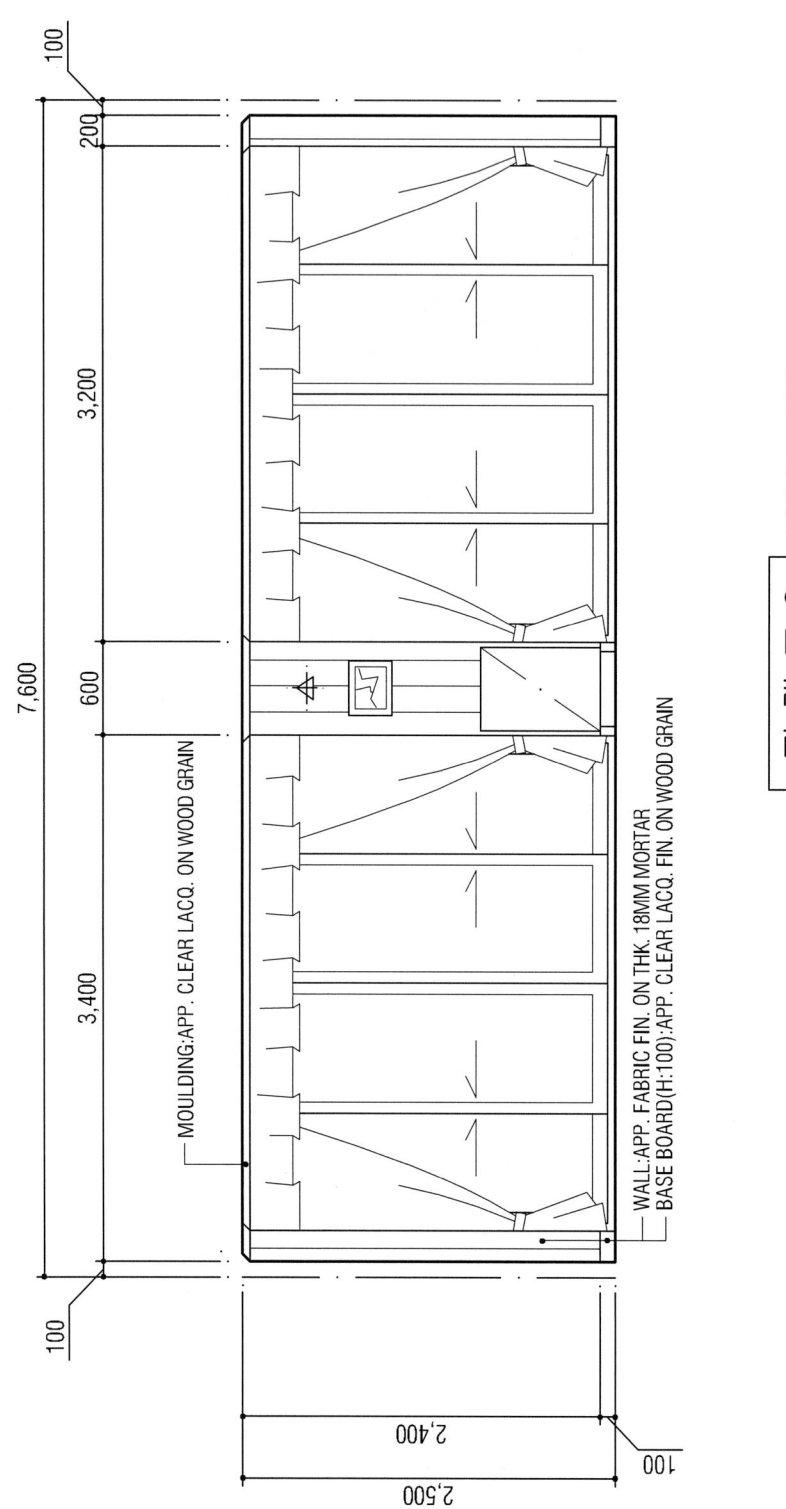

전 개 도 C SCALE = 1/50

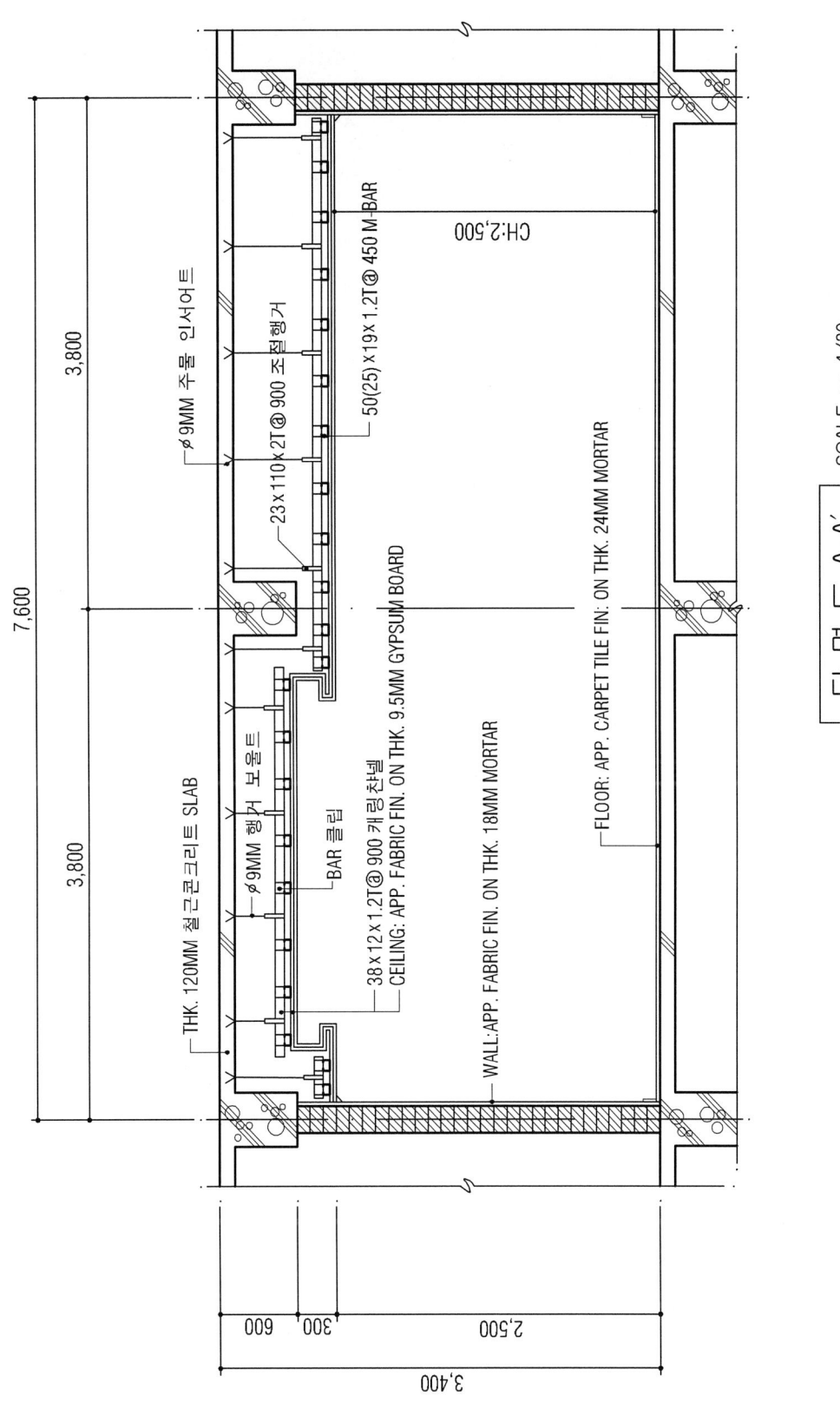

단면도 A-A' SCALE = 1/30

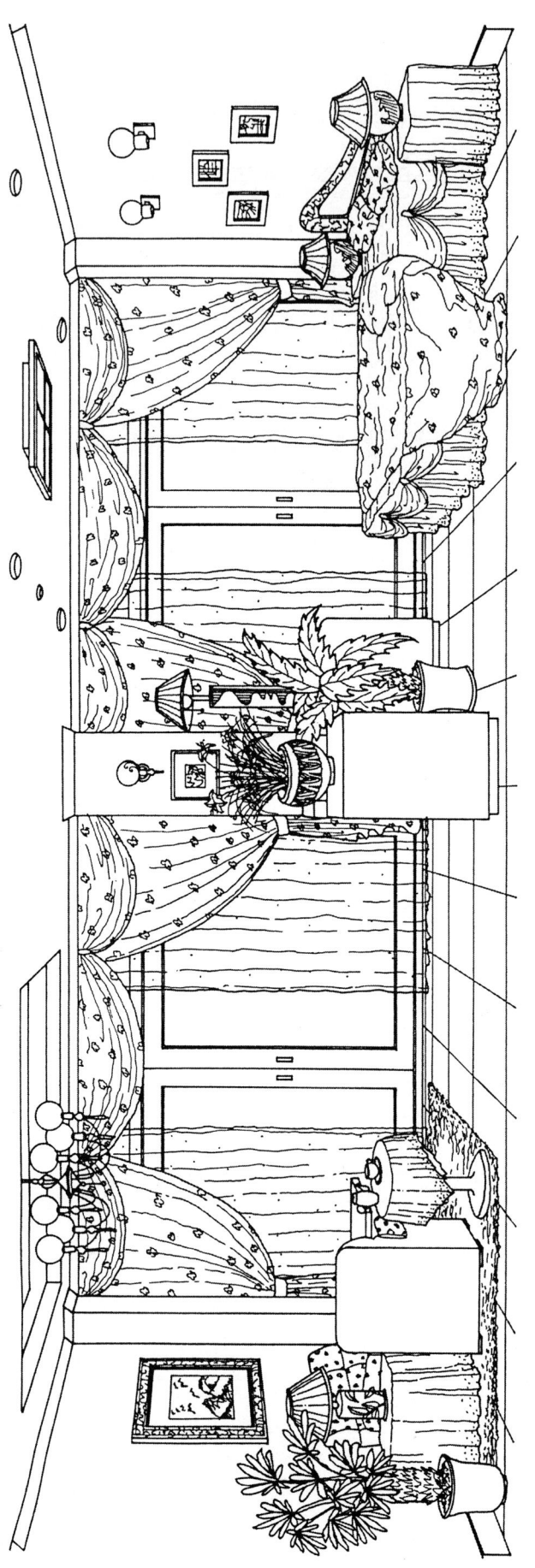

실내투시도 SCALE = N.S

('94. 5. 18 시행)

제4회 의장기사 1급
시공실무

문제 1) 유리 끼우는데 사용되는 재료 3가지만 쓰시오. (3점)

【해설】 ① 고무패킹 ② 나무졸대 ③ 코오킹재

문제 2) 회반죽 바르기 순서를 쓰시오. (4점)
〈보기〉 (①)→재료반죽→(②)→초벌→고름질 및 덧먹임→(③)→정벌→(④)

【해설】 ① 바탕처리 ② 수염붙이기 ③ 재벌 ④ 마무리 및 보양

문제 3) 다음과 같은 건물의 내부비계면적을 산출하시오. [층수:5층] (4점)

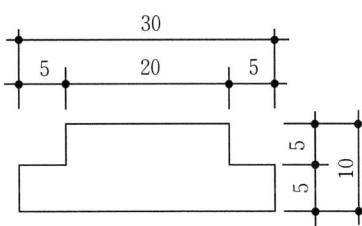

【해설】 $A = \{(10 \times 30) - (5 \times 5 \times 2)\} \times 5 \times 0.9 = 1,125 m^2$

문제 4) 연귀맞춤의 종류 4가지를 쓰시오. (4점)

【해설】 ① 연귀 ② 반연귀 ③ 안촉연귀 ④ 밖촉연귀

문제 5) 벽돌쌓기에 대하여 간단히 쓰시오. (4점)
〈보기〉 ① 영식쌓기   ② 불식쌓기   ③ 화란식쌓기   ④ 미식쌓기

【해설】 ① 영식쌓기 : 한켜는 마구리쌓기, 다음켜는 길이쌓기, 마구리쌓기의 층의 모서리에 이오토막을 사용하는 쌓기법
② 불식쌓기 : 매켜에 길이쌓기와 마구리쌓기가 번갈아 나오게 쌓는 방식
③ 화란식쌓기 : 영식쌓기와 같으나 길이층 모서리에 칠오토막을 사용하는 쌓기법
④ 미식쌓기 : 5켜 정도는 길이쌓기, 다음1켜는 마구리쌓기로 번갈아 쌓는 방식

문제 6) 백화의 원인과 대책을 각각 2가지씩 쓰시오. (4점)

【해설】 원인 : ① 벽돌중에 있는 유산나트륨이 빗물과 화학반응하여 발생
② 모르타르중에 있는 소석회가 화학반응하여 발생

대책 : ① 파라핀도료를 발라 염류가 나오는 것을 방지
② 흡수율이 적은 질 좋은 벽돌 및 모르타르 사용

문제 7) 다음 용어를 간단히 설명하시오. (3점)
〈보기〉 ① 짠마루틀   ② 거친아치   ③ 막만든 아치

【해설】 ① 짠마루틀 : 큰보위에 작은보, 장선을 걸고 마루널을 깐 마루
② 거친아치 : 보통벽돌을 써서 줄눈을 쐐기 모양으로 쌓는 아치
③ 막만든 아치 : 보통벽돌을 쐐기 모양으로 다듬어 쌓는 아치

문제 8) 합성수지계 접착제중 접착성이 약한 것부터 강한 순서를 다음 〈보기〉에서 골라 번호를 쓰시오. (3점)
〈보기〉 ① 초산비닐수지   ② 멜라민수지   ③ 요소수지   ④ 에스테르수지

【해설】 ①→④→②→③

문제 9) 다음 쪽매의 이름을 써넣으시오. (5점)
〈보기〉 ①　　　　　　②　　　　　　③　　　　　　④　　　　　　⑤

    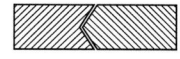

【해설】 ① 반턱쪽매 ② 틈막이대쪽매 ③ 딴혀쪽매 ④ 제혀쪽매 ⑤ 오니쪽매

문제 10) 가설공사 중 통나무 비계에 관한 시공순서를 〈보기〉에서 골라 번호를 쓰시오. (3점)
〈보기〉 ① 장선   ② 비계기둥   ③ 발판
④ 가새 및 버팀대   ⑤ 띠장

【해설】 ②→⑤→④→①→③

문제 11) 다음과 같은 공정계획이 세워졌을 때 네트워크 공정표를 작성하시오. (단, 화살형 네트워크로 표시하며 결합점 번호를 규정에 따라 반드시 기입하며, 표시방법은 다음과 같다.) (3점)

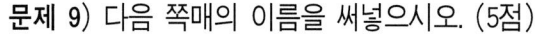

〈보기〉 ① A, B, C작업은 최초의 작업이다.
② A작업이 끝나면 H, E작업을 C작업이 끝나면 D,G 작업을 병행실시한다.
③ A, B, D 작업이 끝나면 F작업을 E, F, G작업이 끝나면 I작업을 실시한다.
④ H, I작업이 끝나면 공사가 완료된다.

【해설】

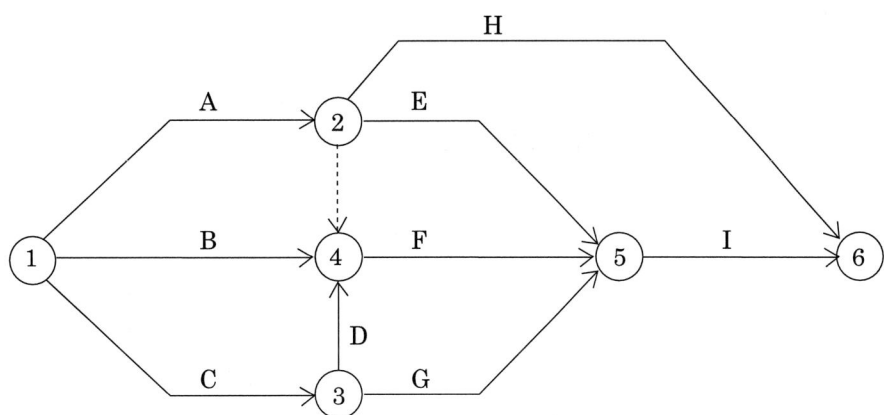

실내디자인

[제4회 작품명] 커피숍

1. 요구사항

    주어진 도면은 상업중심지역에 위치한 커피숍의 평면도이다. 요구조건에 따라 요구도면을 작성하시오.

2. 요구조건

    ① 설계면적 : 7m×12m×2.7m(H)

    ② 홀   ③ 주방   ④ 종업원실

    ⑤ 화장실(남, 여 양변기, 소변기, 세면기)

    ⑥ 카운터

    ⑦ 공중전화박스

    ⑧ 가구 : 4인조-4조, 6인조-4조, 스툴-8개

3. 요구도면

    ① 평면도(가구배치 포함) SCALE : 1/50

    ② 전개도 A방향 1면(벽면재료 표기) SCALE : 1/50

    ③ 천정도(설비 및 조명기구 배치) SCALE : 1/50

    ④ 단면상세도(카운터) SCALE : 1/10

    ⑤ 실내 투시도 SCALE : N.S

    (계획의 포인트가 좋은 지점에서 1소점 투시법으로 작성하되 작성과정과 투시보조선을 남길 것)

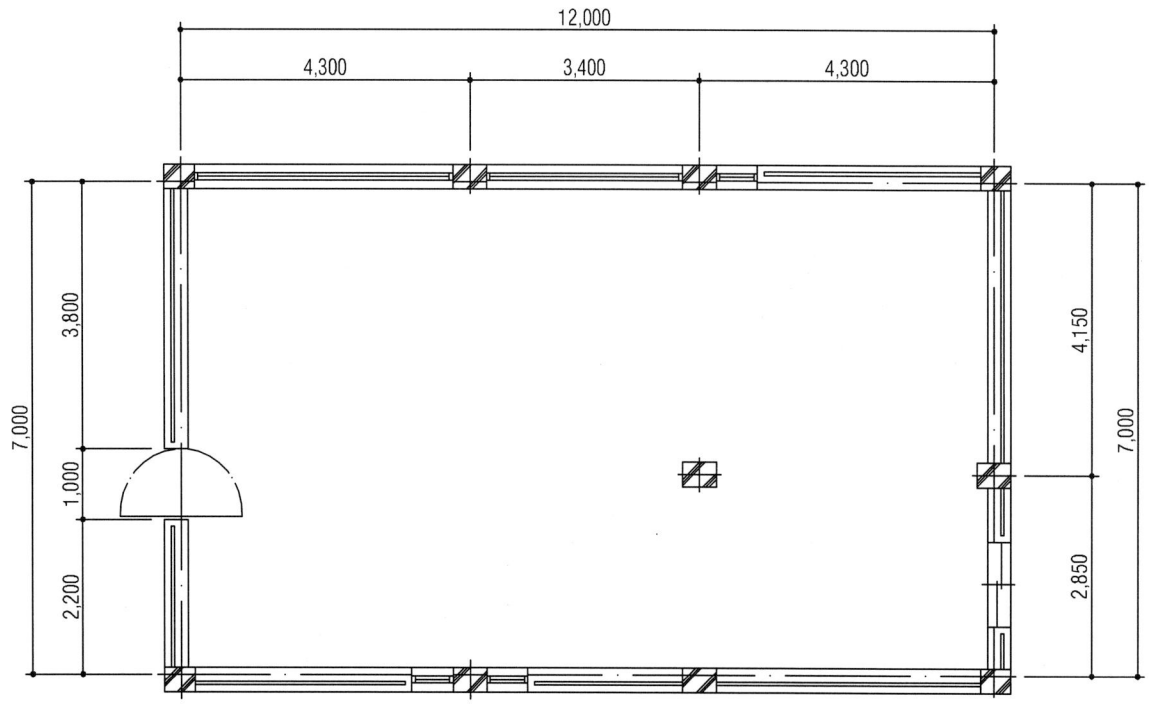

평면도

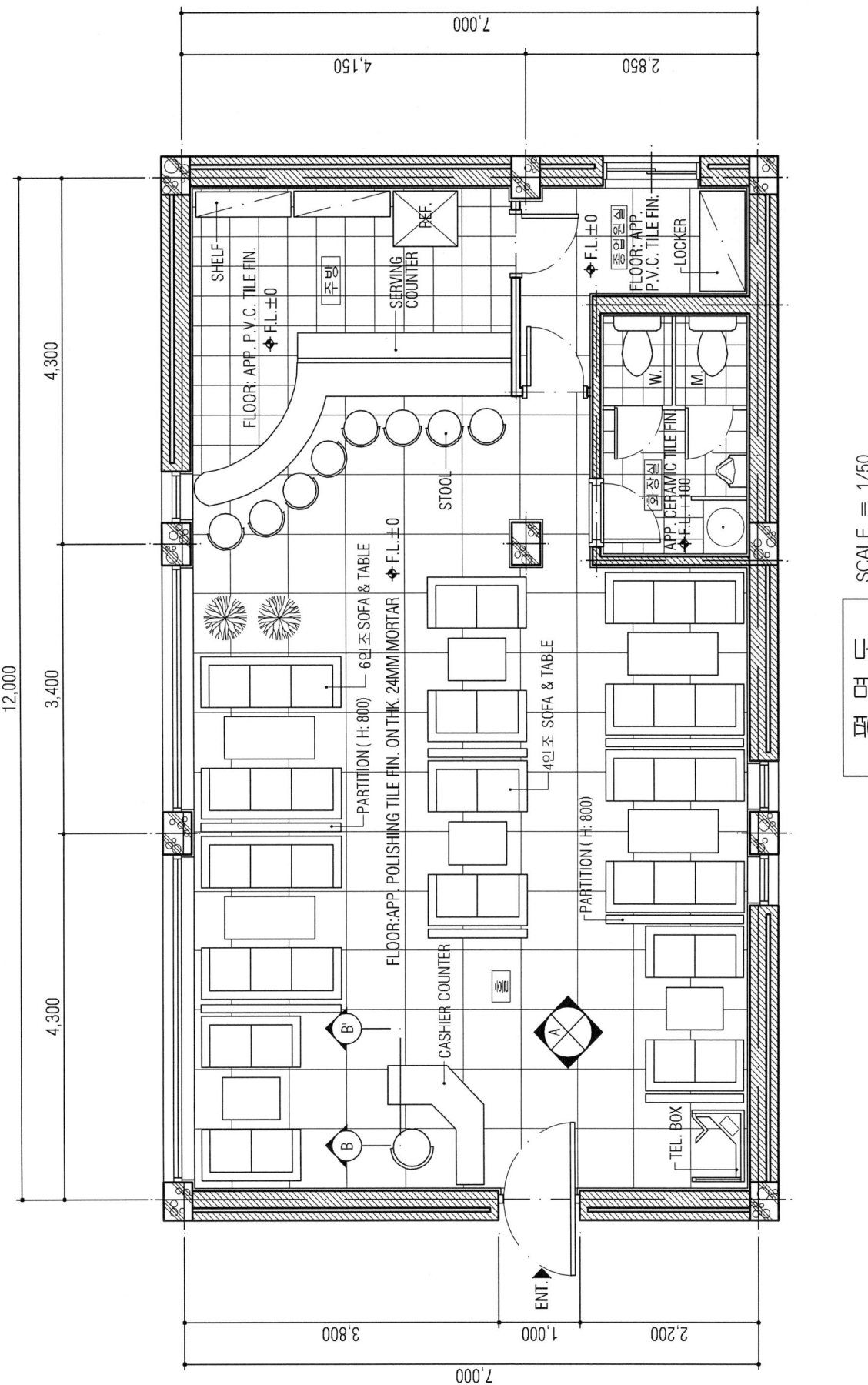

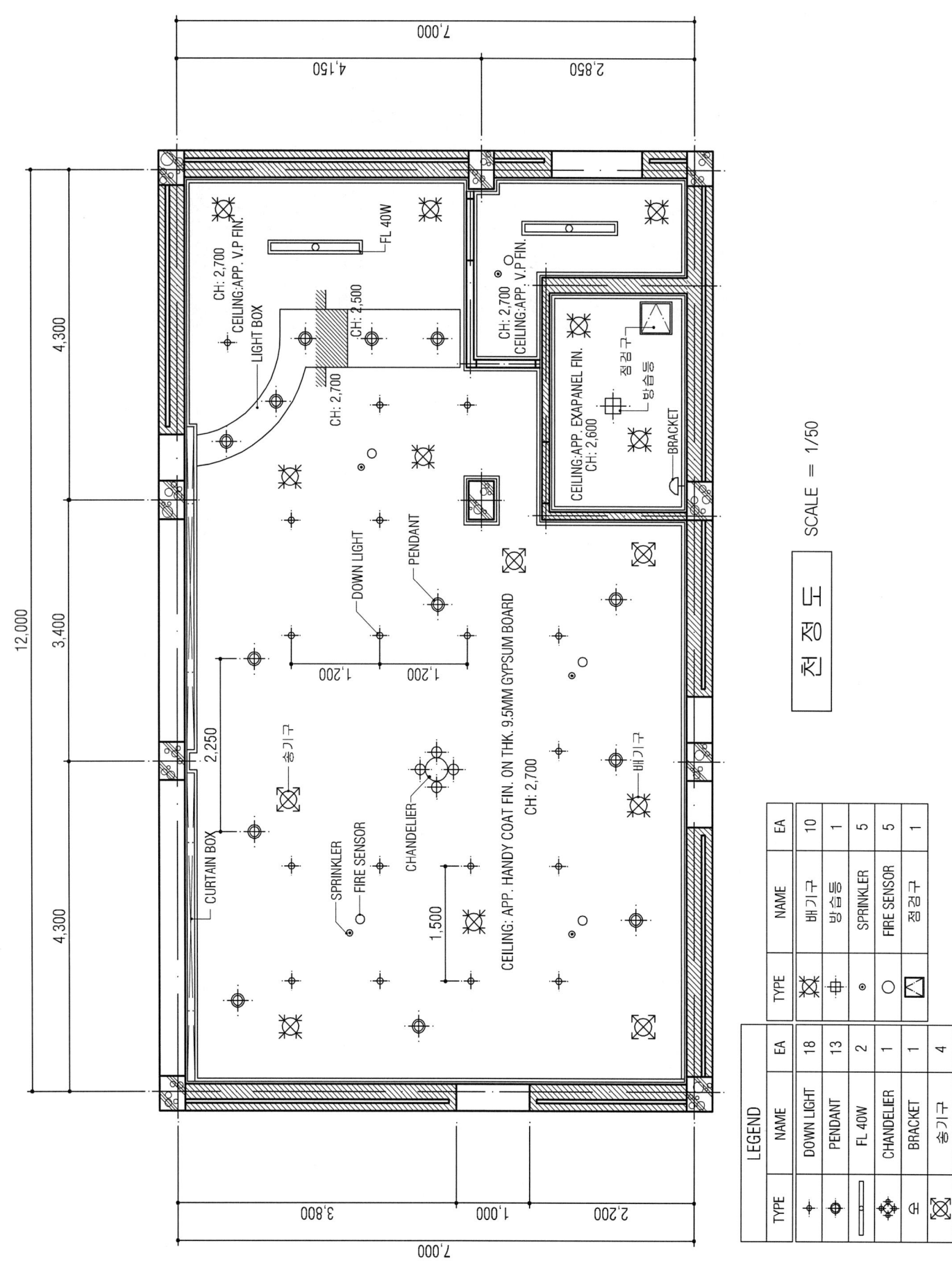

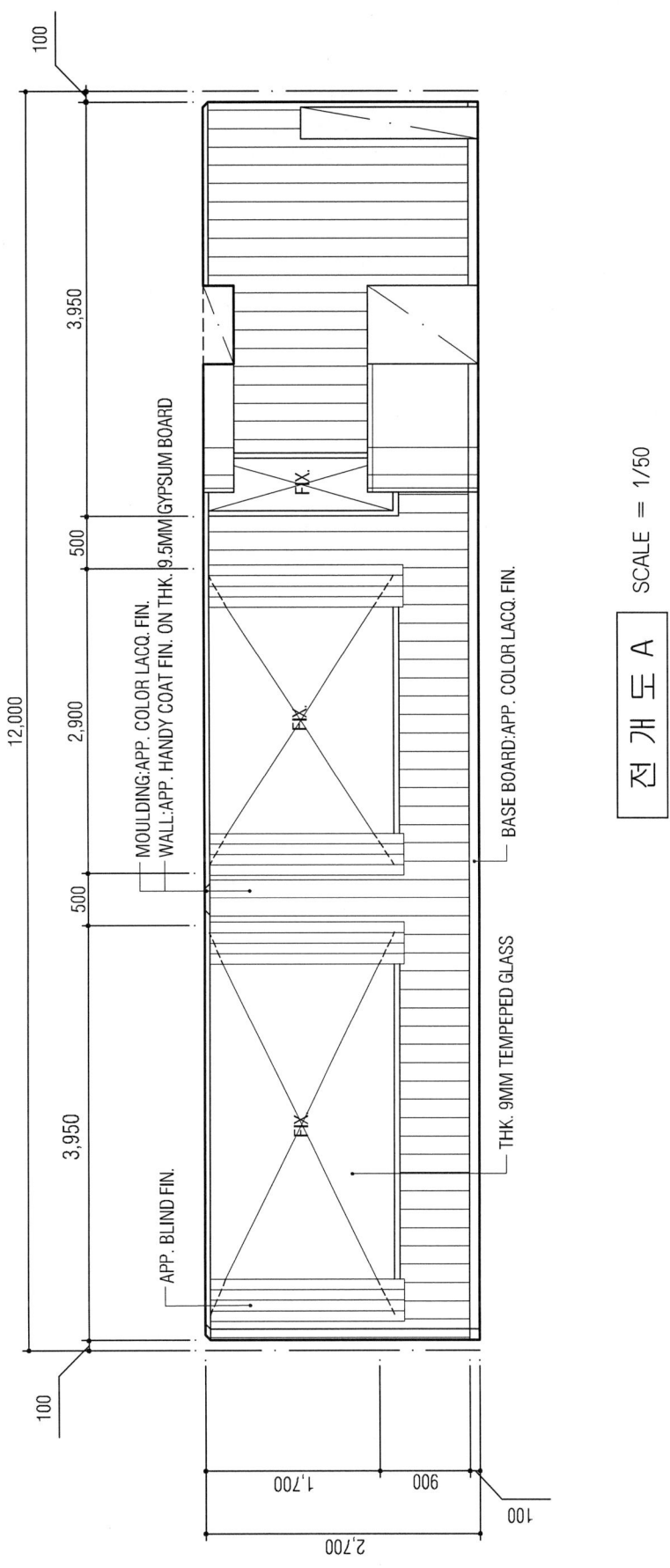

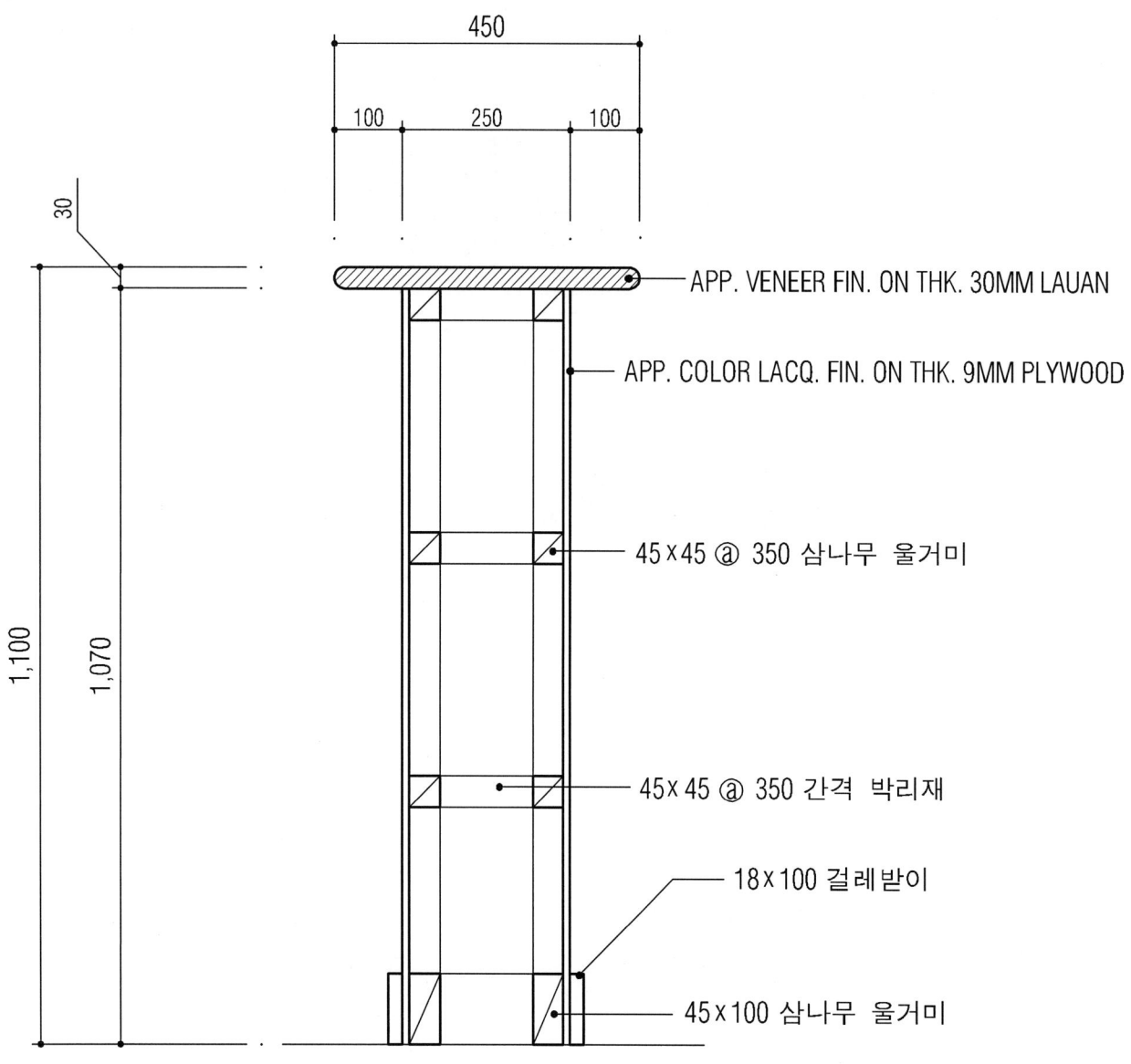

단면도 B-B' SCALE = 1/10

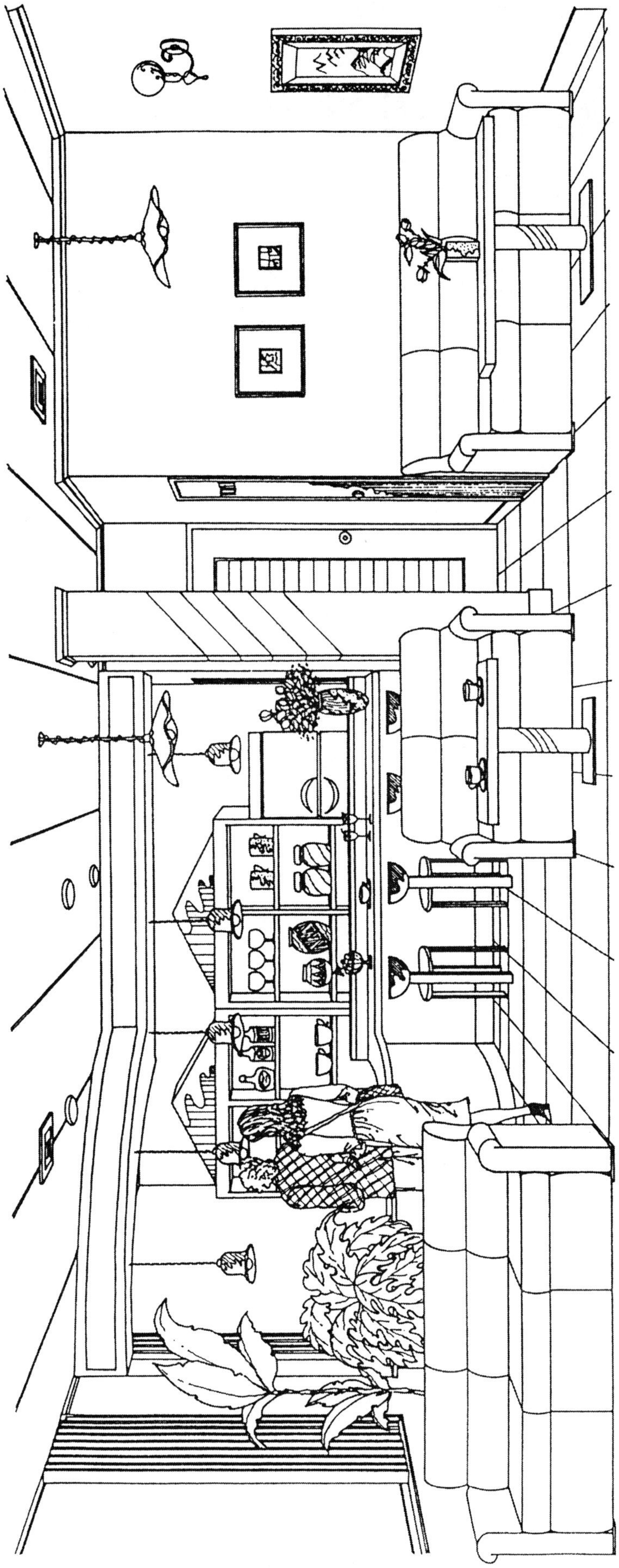

실 내 투 시 도 SCALE = N.S

('94. 7. 17 시행)

제5회 의장기사 1급
시공실무

문제 1) Spray Gun에 대해서 쓰시오. (2점)

【해설】 Spray Gun : 압축공기를 이용한 도장용 분사기로 노즐헤드(1.0~1.5mm)를 조절하여 뿜칠의 확산을 변경할 수 있고, 뿜칠을 위한 압력은 2~4kg/cm²이고, 칠면에서 직각으로 30cm정도 띄워 사용한다.

문제 2) 다음 용어를 설명하시오. (4점)
㉮ 에어도어   ㉯ 멀리온

【해설】 ㉮ 에어도어 : 건물의 출입구에서 상하로 분리시킨 공기층을 이용하여 건물내외의 공기유통을 차단시키는 장치
㉯ 멀리온 : 창문개폐시의 진동으로 유리가 깨지는 것을 방지하기 위한 중간선대

문제 3) 다음 용어를 설명하시오. (4점)
㉮ 내력벽   ㉯ 장막벽

【해설】 ㉮ 내력벽 : 벽체, 바닥, 지붕 등의 하중을 받아 기초에 전달하는 벽
㉯ 장막벽 : 상부하중을 받지 않고, 자체의 하중만 받는 벽

문제 4) 다음에 해당하는 항목을 보기에서 골라 번호를 쓰시오. (4점)
〈보기〉 ① 합판유리   ② 보통판유리
③ 강화유리   ④ 철망입유리
㉮ 양면을 유리칼로 자르고, 필름은 면도칼로 절단한다. (   )
㉯ 유리칼, 포일커터로 절단한다. (   )
㉰ 절단이 불가능한 유리이다. (   )
㉱ 유리는 칼로 자르고, 꺽기를 반복하여 철을 절단한다. (   )

【해설】 ㉮→①, ㉯→②, ㉰→③, ㉱→④

문제 5) 다음 용어를 설명하시오. (6점)
㉮ 이음   ㉯ 맞춤   ㉰ 쪽매

【해설】 ㉮ 이음 : 재의 길이 방향으로 길게 접합하는 것 또는 그 자리
㉯ 맞춤 : 재와 서로 직각으로 접합하는 것 또는 그 자리
㉰ 쪽매 : 널재를 섬유방향과 평행으로 옆대어 붙이는 것

문제 6) 기능상 벽지 선택시 주의사항 3가지를 쓰시오. (3점)

【해설】 ① 장식성   ② 내오성   ③ 내구성

문제 7) 벽타일 붙이기 시공순서를 보기에서 골라 그 번호를 쓰시오. (3점)
〈보기〉 ① 타일 나누기   ② 치장줄눈   ③ 보양   ④ 벽타일 붙이기   ⑤ 바탕처리

【해설】 ⑤ → ① → ④ → ② → ③

문제 8) 목재의 접합시 주의사항 3가지만 쓰시오. (3점)
①
②
③

【해설】 ① 응력이 적은 곳에 목재의 접합을 한다.
② 응력방향에 직각이 되게 한다.
③ 모양에 치중하지 말고, 간단하게 한다.

문제 9) 스티플 코팅(Stipple Coating)에 대해 기술하시오. (2점)

【해설】 도료의 묽기를 이용해 각종 기구를 써서 바름면에 요철무늬(▌▙)를 돋히게해 입체감을 내는 특수 마무리법

문제 10) 다음 데이타를 보고 공정표를 만들고, CP를 표시하시오. (5점)

작업명	A	B	C	D	E	F	G	H	I
선행작업	-	A	A	-	B	B,C,D	D	E,F,G	F,G
작업일수	2	6	5	4	3	7	8	6	8

【해설】 ① 공정표

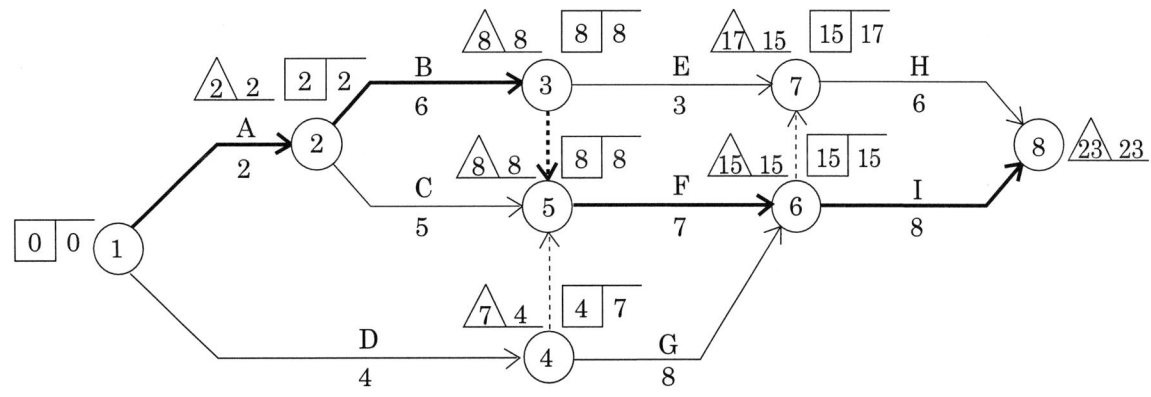

CP〉 Activity : A → B → F → I   Event : ① → ② → ③ → ⑤ → ⑥ → ⑧

문제 11) 다음 그림을 보고 적산량을 산출하시오. (단, 화장실은 제외) (4점)

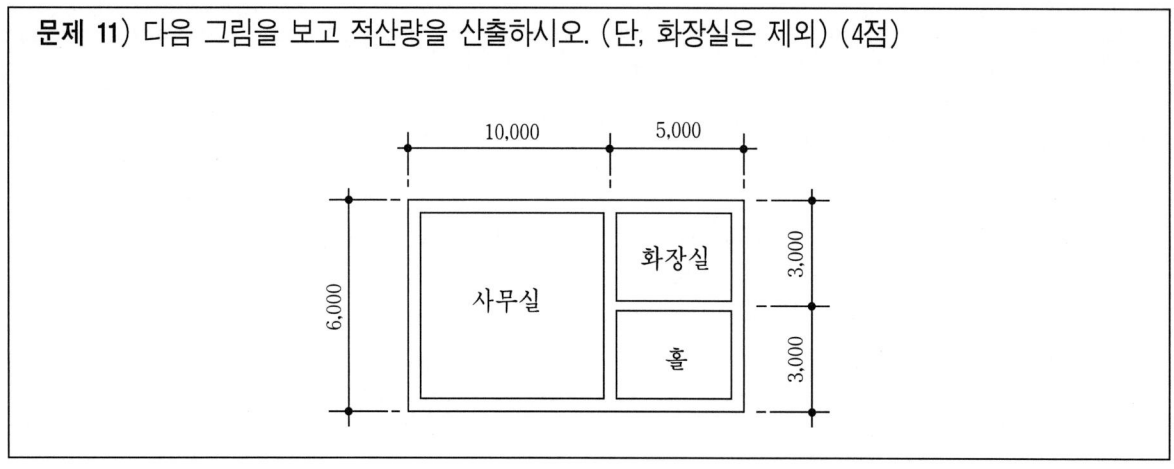

【해설】 ① 바닥면적 = (10×6) + (5×3) = 75㎡
② 인부수 = 75 × 0.09 = 6.75인 (7인)
③ 도장공 = 75 × 0.03 = 2.25 (3인)
④ 접착제 = 75 × 0.4 = 30kg
⑤ 타일량 = 바닥면적 = 75㎡

실내디자인

[제5회 작품명] 락카페

1. 요구사항
   주어진 도면은 상업중심지역에 위치한 락 카페 평면이다.

2. 요구조건
   ① 설계면적 : 19.02m × 12.68m × 2.45m (H)
   ② Stage   ③ Music Box   ④ Counter
   ⑤ TV Monitor Box 7개
   ⑥ Telephone Booth
   ⑦ Bar(주방겸용)
   ⑧ 가구(Tea Table) : 4인조-8조, 6인조-4조, 8인조-2조
   (이상 제시된 가구는 필수적이며 이 외에 필요한 가구가 있다면 보충할 수 있음.)

3. 요구도면
   ① 평면도 SCALE : 1/50
   ② 전개도 2면 SCALE : 1/50
   ③ 천장복도 SCALE : 1/50
   ④ 단면도 C-C´ SCALE : 1/50
   ⑤ 실내투시도(1소점) SCALE : N.S
   (계획의 포인트가 좋은 지점에서 1소점 투시법으로 작성하되 작성과정과 투시보조선을 남길 것)

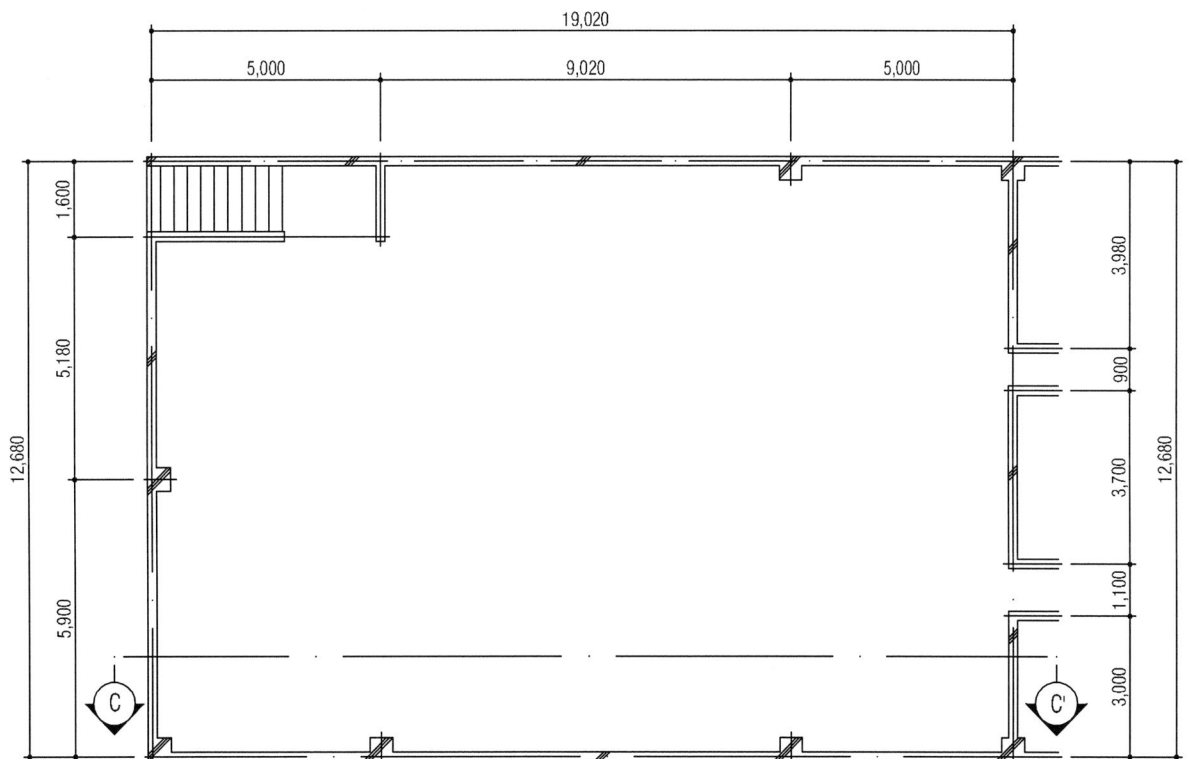

평 면 도

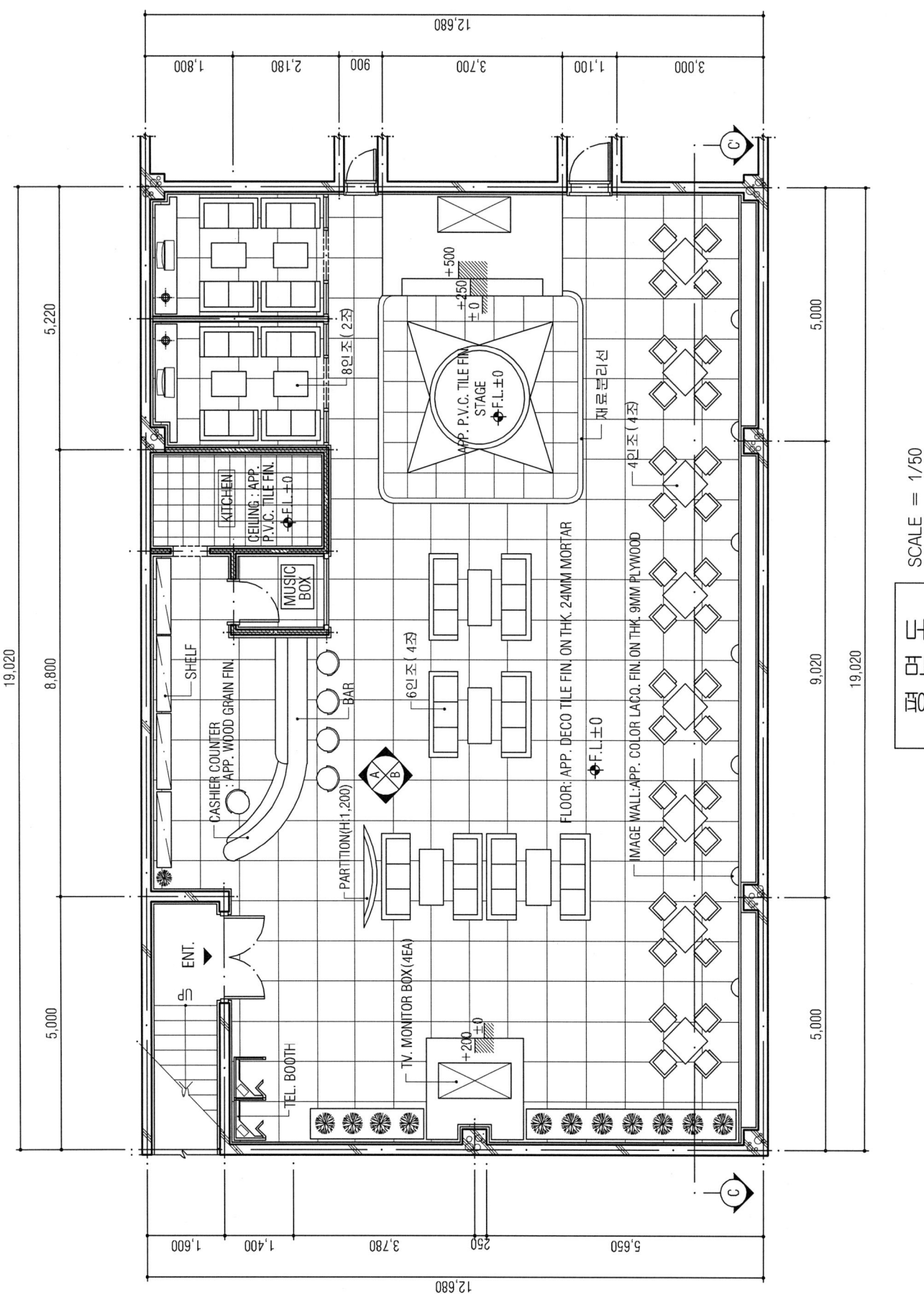

과년도 출제문제 · 187

TYPE	LEGEND	
	NAME	EA
✛	DOWN LIGHT	28
✤	PENDANT	20
⌐	BRACKET	8
✸	CYCLE LIGHT	5
✦	SPOT LIGHT	7
⊠	송기구	4
✕	배기구	9
▭	FL 40W×2EA	5
◉	SPRINKLER	10
○	FIRE SENSOR	10

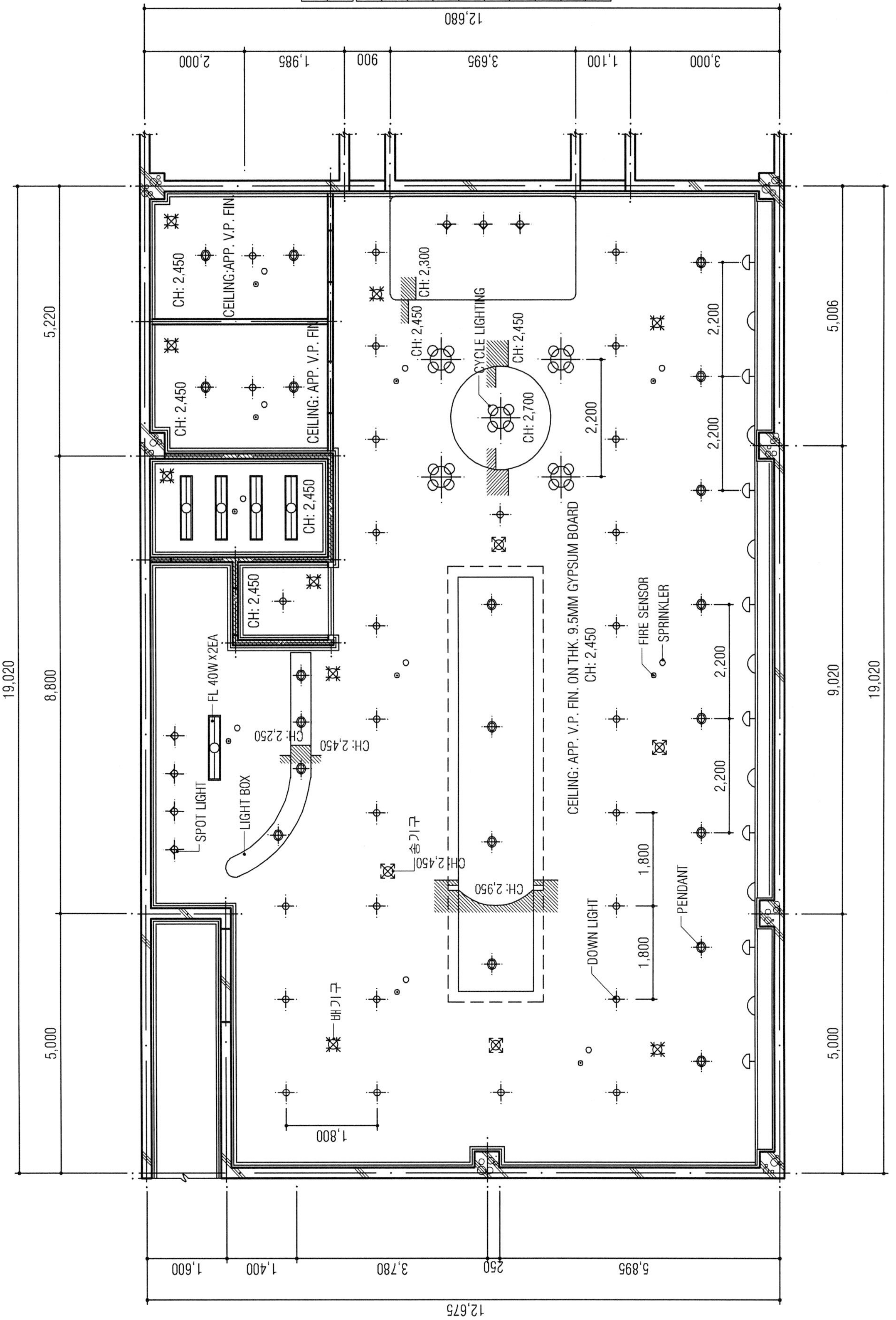

천 정 도   SCALE = 1/50

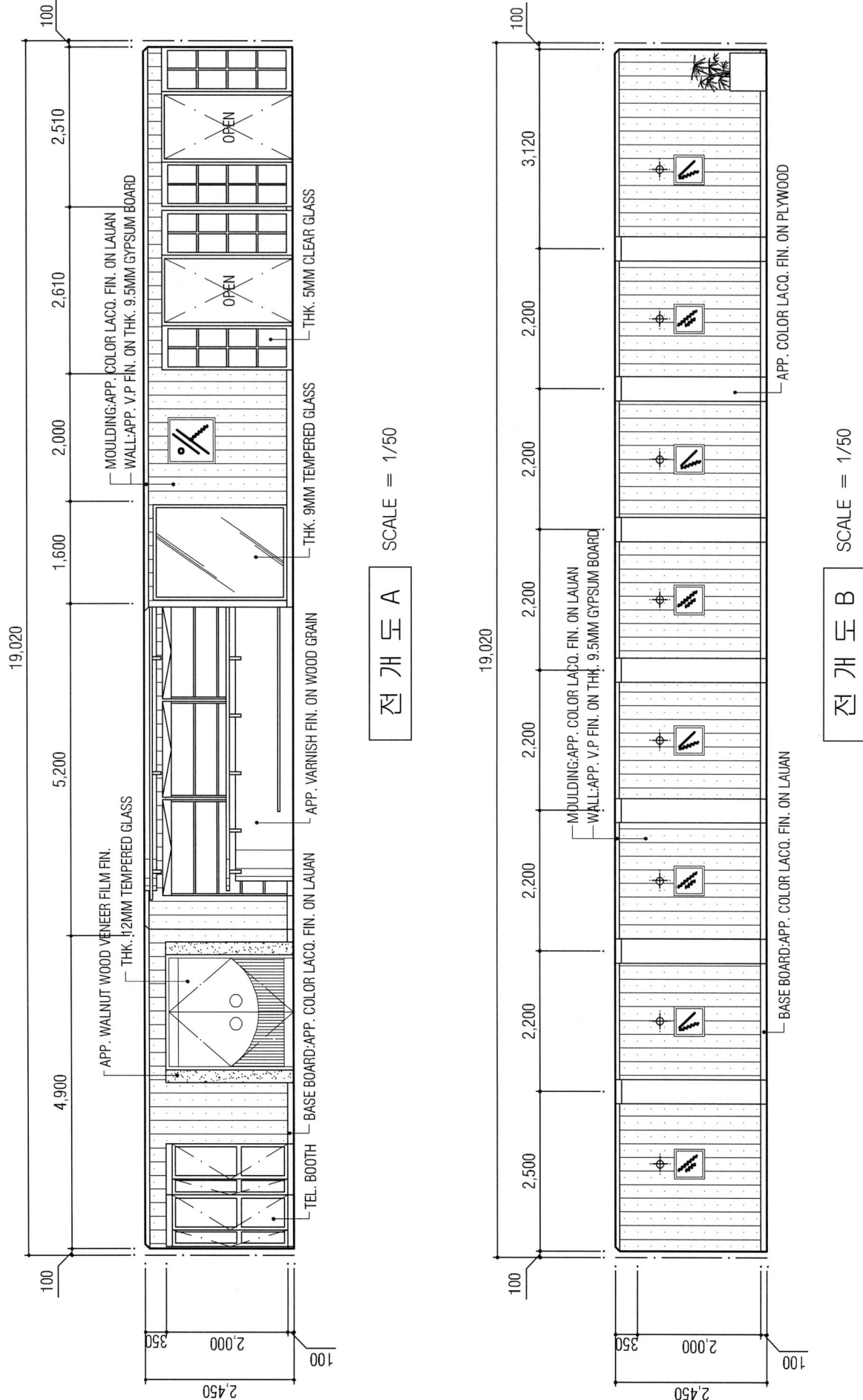

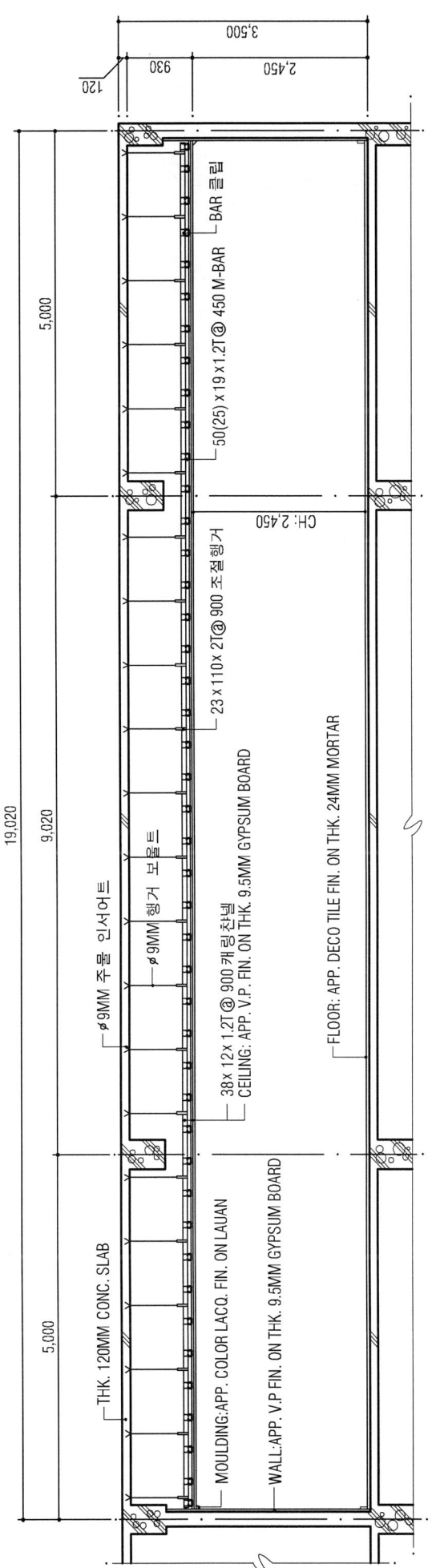

('94. 10. 16 시행)

제6회 의장기사 1급
— 시공실무 —

문제 1) 다음 자료를 이용하여 네트워크(Net Work)공정표를 작성하시오. (단, 주공정선은 굵은 선으로 표시한다.) (4점)

작업명	작업일수	선행작업	비 고
A	1	-	각 작업의 일정계산 방법으로 아래 방법으로 한다.
B	2	-	
C	3	-	
D	6	A, B, C	
E	5	B, C	
F	4	C	

【해설】

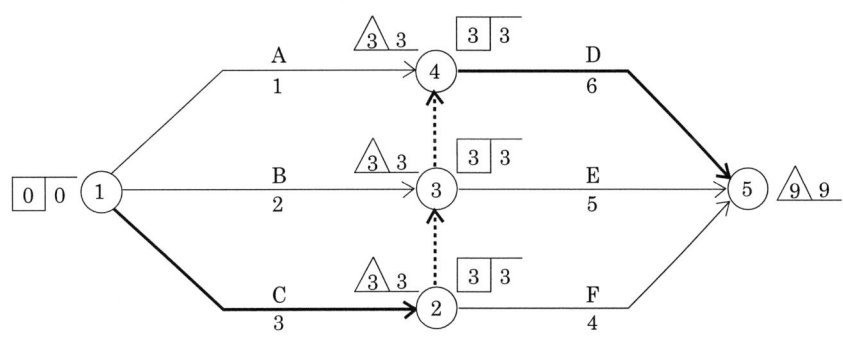

CP〉 Activity : C → D   Event : ① → ② → ③ → ④ → ⑤

문제 2) 다음 (   )안에 규격을 숫자로 쓰시오. (4점)

가설공사의 비계다리는 폭을 (①)이상으로, 하고 참의 높이는(②)이하로 하며, 높이 (③)이상의 손스침을 설치하며, 경사도는 (④)이하로 한다.

【해설】 ① 90cm ② 7m ③ 75cm ④ 30°

문제 3) 목재의 이음 및 맞춤시 시공상의 주의사항을 4가지만 쓰시오. (4점)
 ①   ②   ③   ④

【해설】 ① 큰 인장과 압축을 받는 곳에 이음과 맞춤을 하지말 것.
② 응력방향에 직각으로 이음과 맞춤을 할 것.
③ 모양이나 형태에 치중하지 말고, 간단히 할 것.
④ 치장부위에 먹줄을 남기지 말 것

문제 4) 목재저장시 유의사항 중 아래 사항을 채우시오. (3점)
① 직접 땅에 닿지 않게 저장한다.
② 오염, 손상, 변색, 썩음을 방지할 수 있도록 저장
③ 건조가 잘 되게 저장한다.
④
⑤
⑥

【해설】 ④ 습기가 차지 않도록 저장한다.
⑤ 흙, 먼지, 시멘트 가루가 묻지 않도록 한다.
⑥ 종류, 규격, 용도 또는 사용순서별로 구별하여 저장한다.

문제 5) 표준형 벽돌로 10㎡를 1.5B 보통쌓기 할 때의 벽돌량과 모르타르량을 산출하시오. (4점)
① 벽돌량
② 모르타르량

【해설】 ① 벽돌량 = 10 × 224 = 2,240매
② 몰탈량 = $\frac{2,240}{1,000} \times 0.35 = 0.78㎥$

문제 6) 다음 재료에 해당하는 것을 〈보기〉에서 골라 쓰시오. (4점)
〈보기〉 ① 아마유   ② 리사지(Lithage)   ③ 테레핀유   ④ 아연화
(가)안료-(   ) (나)건조제-(   ) (다)용제-(   ) (라)희석제-(   )

【해설】 (가)-④, (나)-②, (다)-①, (라)-③

문제 7) 네트워크(Network)의 표시원칙을 3가지만 기술하시오. (3점)
①   ②   ③

【해설】 ① 공정의 원칙 ② 단계의 원칙 ③ 활동의 원칙

문제 8) 수성도료 장점 4가지만 기술하시오. (4점)
①   ②   ③   ④

【해설】 ① 물을 용제로 사용하므로 공해가 없다.
② 건조가 빠르다.
③ 가격이 저렴하고 도포방법이 간단하다.
④ 알칼리성에도 도포가 가능하다.

문제 9) 다음 타일 붙이기 공정순서들이다. (   )안에 내용을 쓰시오. (3점)
바탕처리-(①)-(②)-(③)-보양

【해설】 ① 타일 나누기 ② 타일 붙이기 ③ 치장줄눈

문제 10) 다음 용어에 대해 간단히 설명하시오. (3점)

① 징두리 판벽(Wainscoating) :

② 양판(Panel Board) :

③ 코펜하겐 리브(Copenhagen Rib) :

【해설】 ① 징두리 판벽(Wainscoating) : 벽의 하부 1.2m 높이에 징두리에 판자를 붙인 벽

② 양판(Panel Board) : 넓고 길지 아니한 한쪽으로 된 널판. 양판벽에서 걸레받이와 두겁대사이에 틀을 짜대고 그 사이에 끼우는 넓은 널

③ 코펜하겐 리브(Copenhagen Rib) : 두꺼운 판에 표면을 자유곡면을 파내서 수직평행선이 되게 리브(Rib)를 만든 목재 가공품으로 음향 조절효과가 있다.

문제 11) 다음 평면도에서 쌍줄비계를 설치할 때 외부비계 면적을 산출하시오.
(단, H = 25m) (4점)

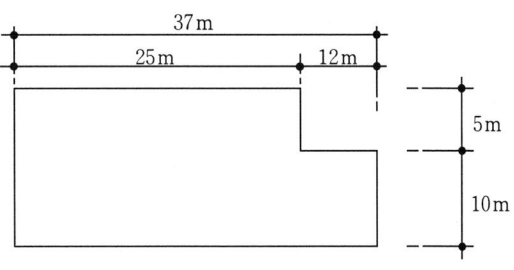

【해설】 A = H{2(a + b) + 0.9 × 8}

A = 25{2(37+15) + 0.9 × 8}

A = 25{(2 × 52) + 7.2}

A = 25 × (104 + 7.2)

A = 25 × 111.2

A = 2,780㎡

실내디자인

[제6회 작품명] 인테리어 사무실

1. 요구사항
   주어진 도면은 인테리어 사무실의 평면도이다. 요구조건에 따라 도면을 설계하시오.

2. 요구조건
   ① 설계면적 : 9.5m×3.5m×2.6m(H)
   ② 디자이너 공간 : 디자이너 1명, 컴퓨터테이블, 제도책상, Movable의자1, 상담의자1, Easy Chair Set
   ③ 비서 1인 공간 : 업무 책상, 컴퓨터 desk, 탕비실, 대기공간
   ④ 수납공간 : 옷장, 화일 Box, 책장

3. 요구도면
   ① 평면도 SCALE : 1/30
   ② 천정도 SCALE : 1/50
   ③ 전개도 2면 SCALE : 1/50
   ④ 단면상세도 C-C' SCALE : 1/50
   ⑤ 투시도 SCALE : N.S
   (계획의 포인트가 좋은 지점에서 1소점 또는 2소점 투시도법으로 작성하되, 작성과정의 투시보조선을 반드시 남길 것)
   ※탕비실을 제외한 면적은 모두 open space로 한다.

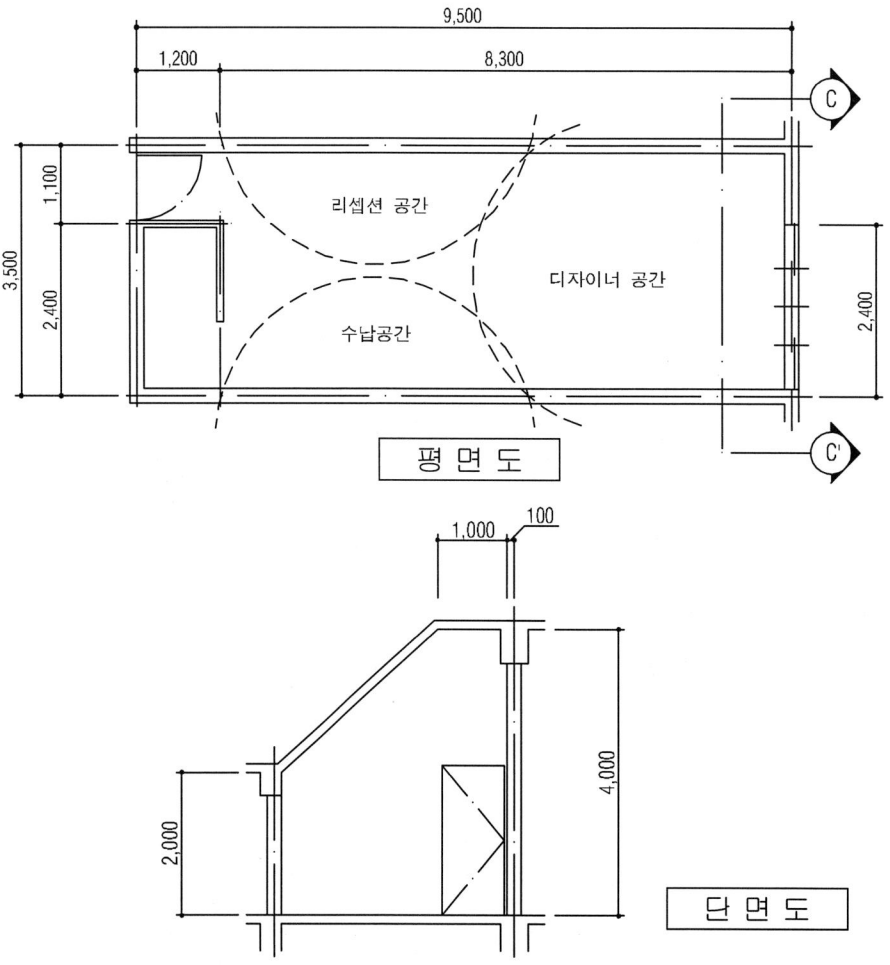

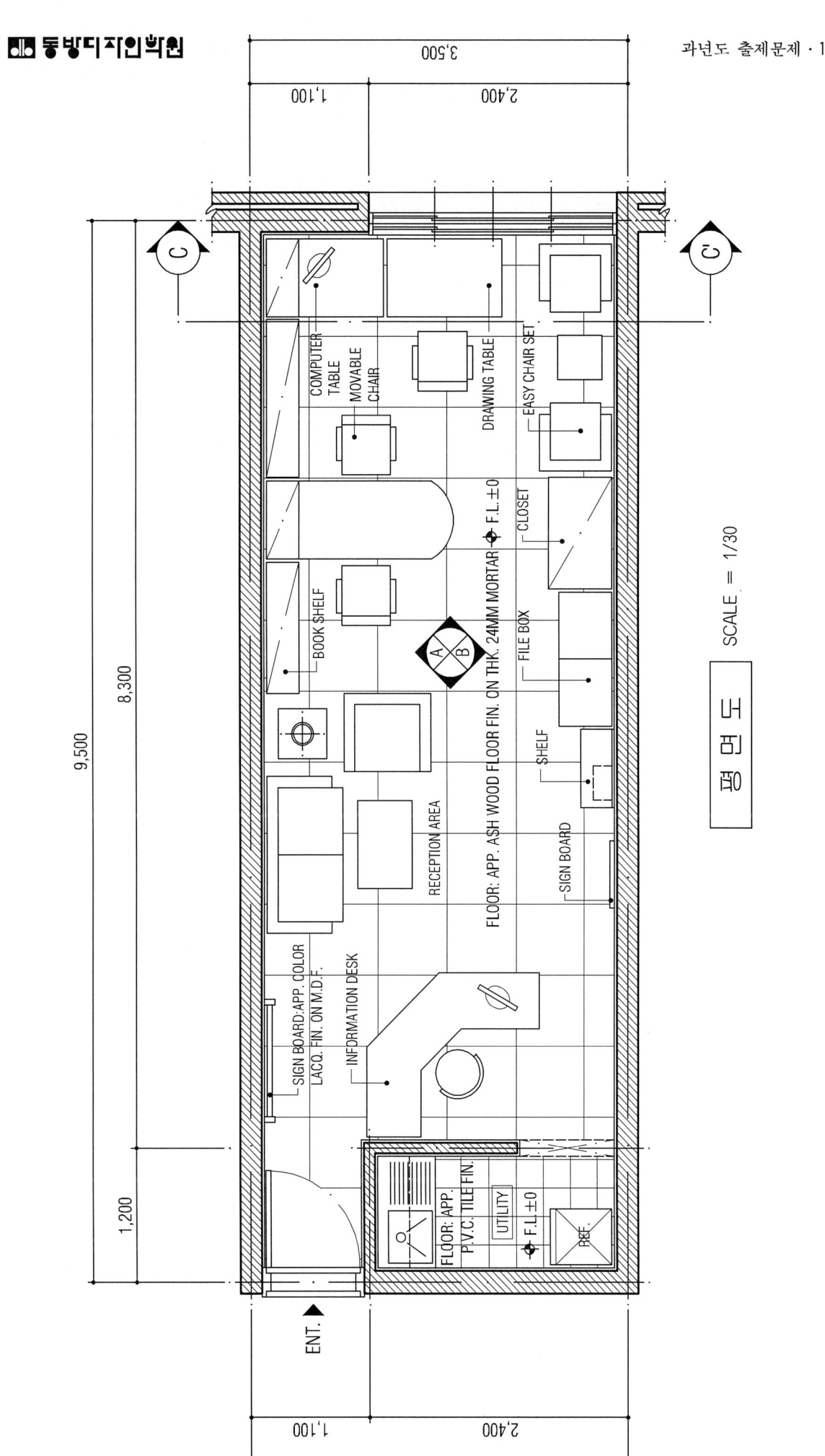

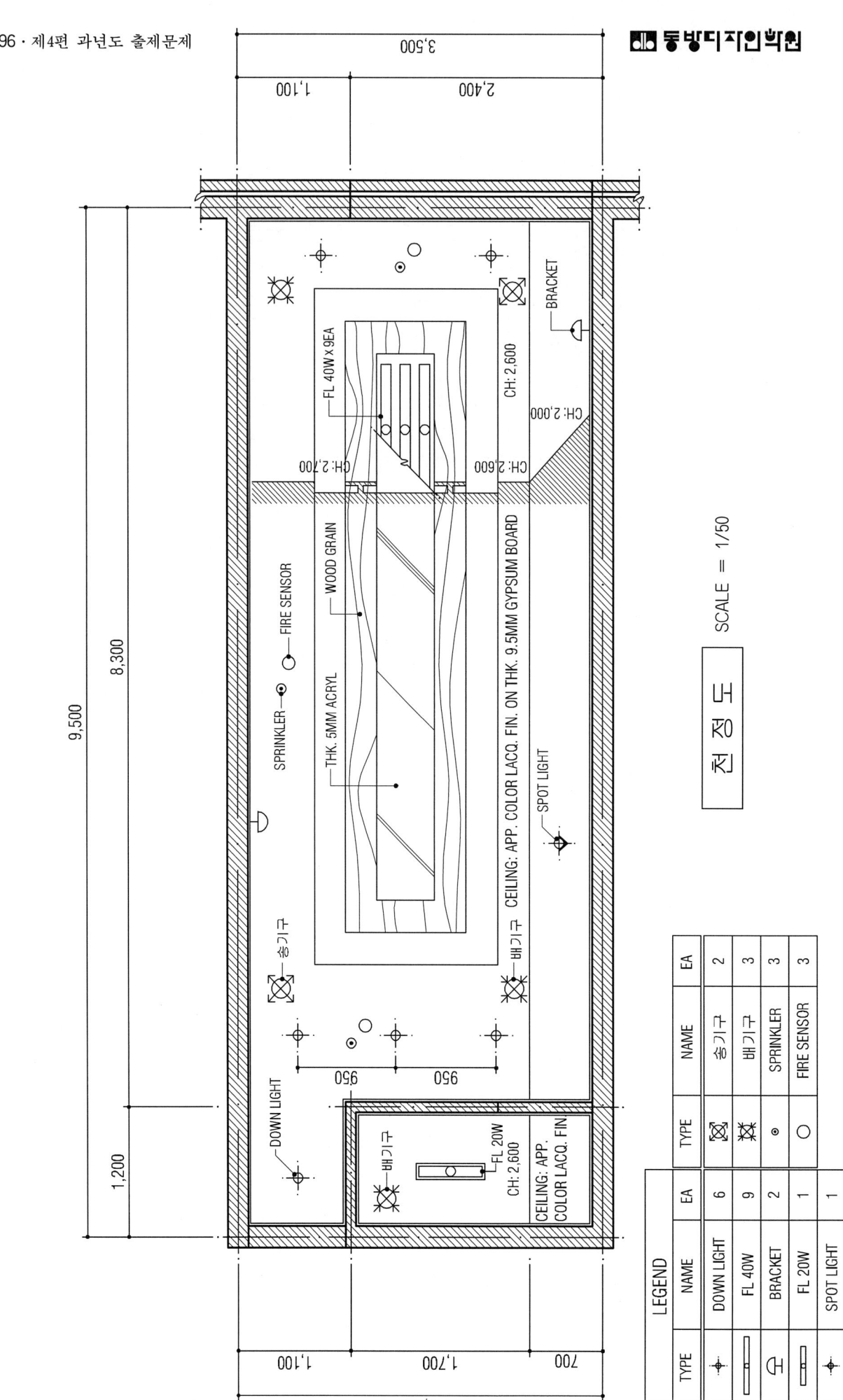

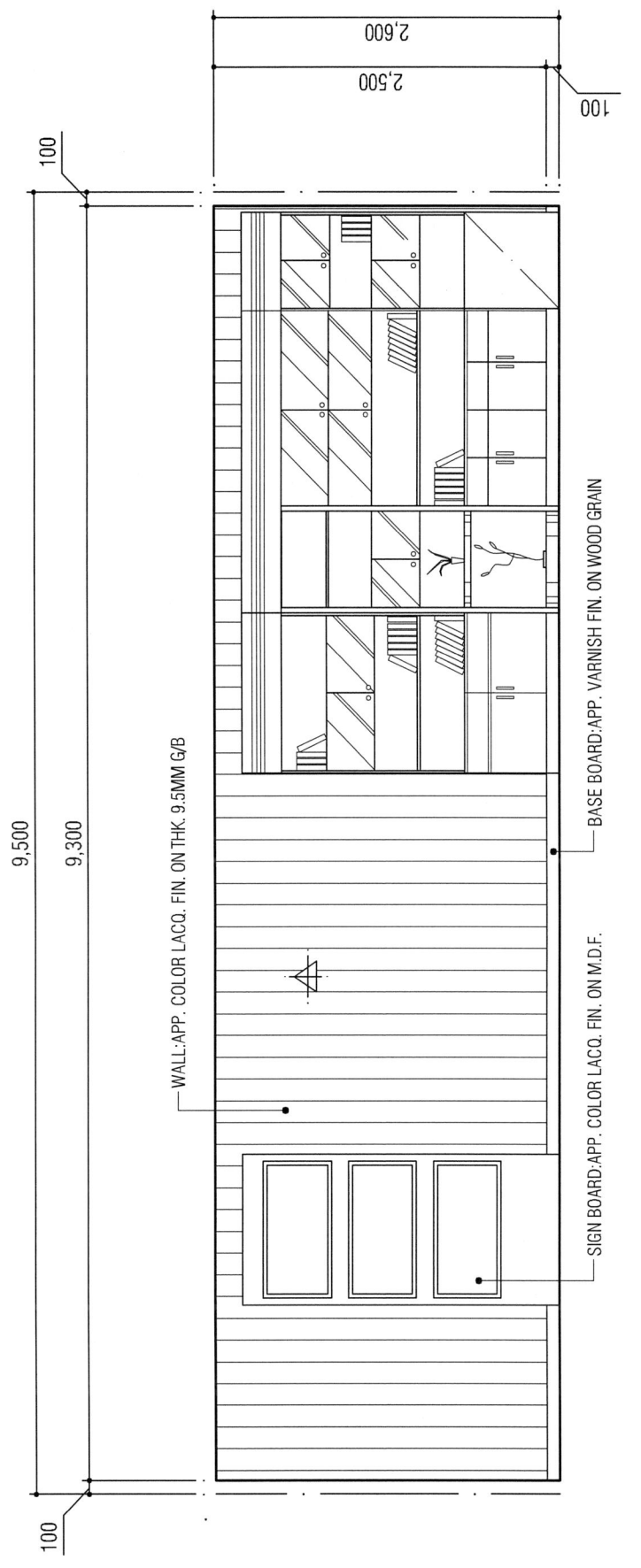

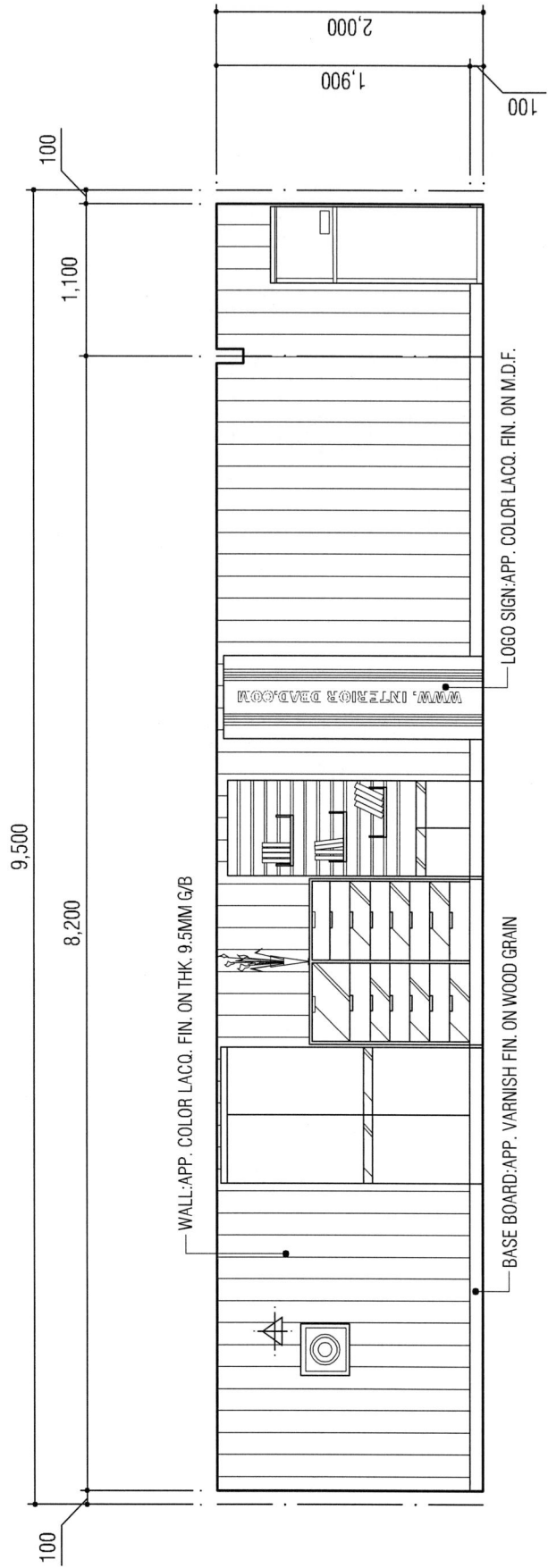

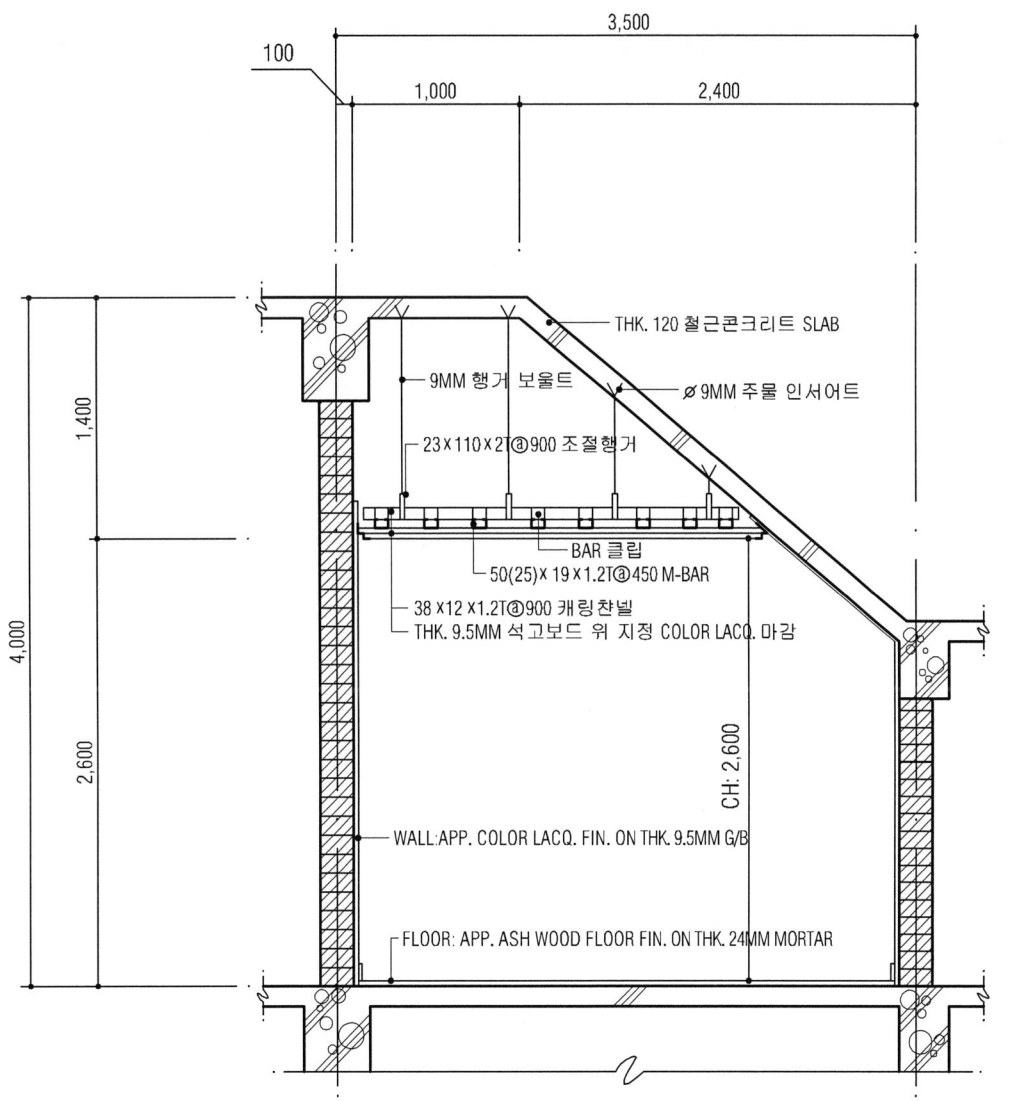

단면도 C-C'   SCALE = 1/50

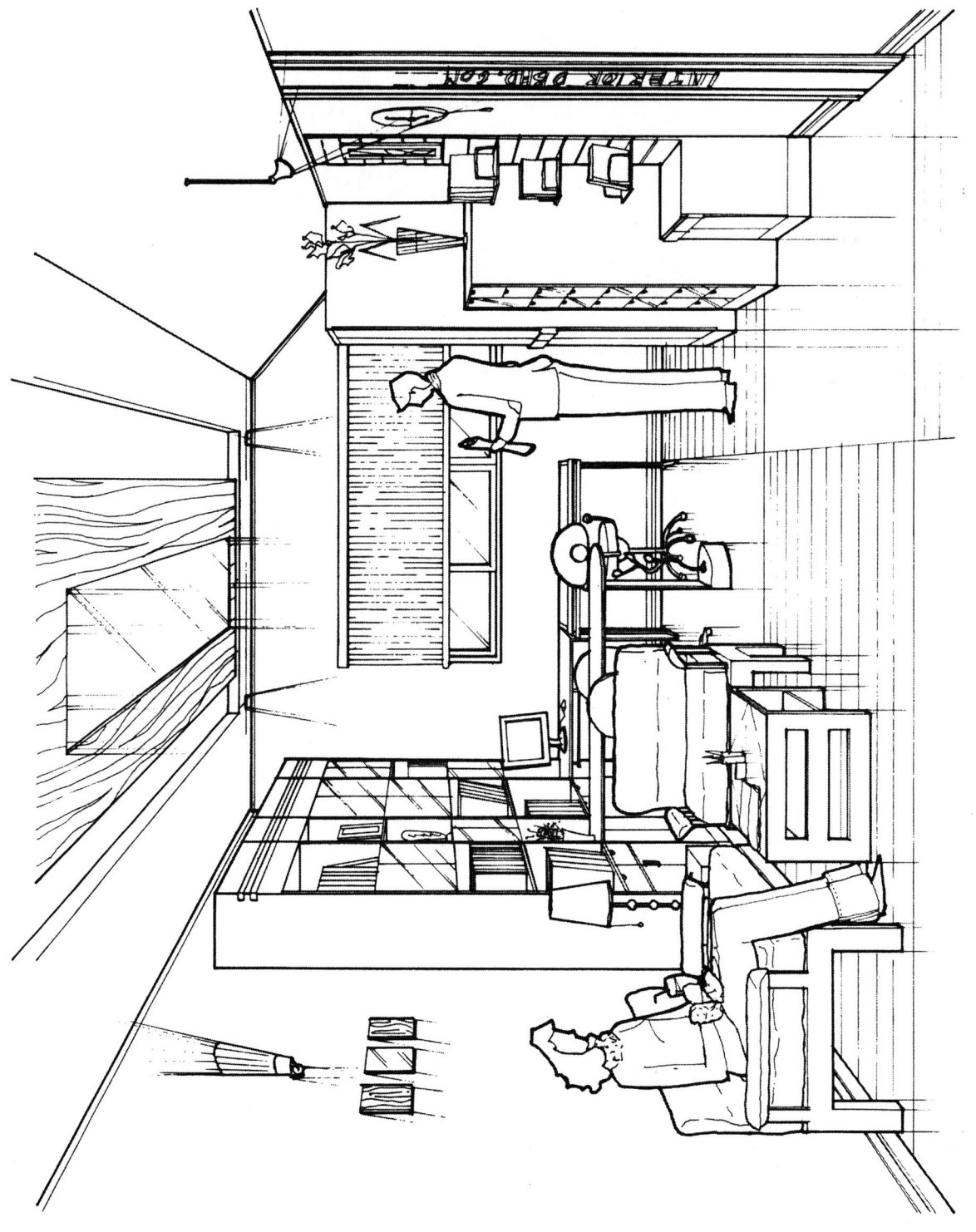

실내투시도 SCALE = N.S

('95. 5. 7 시행)

제7회 의장기사 1급
시공실무

문제 1) 다음 ( )안의 물음에 해당 답을 쓰시오. (6점)
① 가설공사 중에서 강관비계기둥의 간격은 (㉮)이고 간사이 방향으로 (㉯)로 한다.
② 가새의 수평간격은 (㉰)내외로 하고, 각도는 (㉱)로 걸쳐대고 비계기둥에 결속한다.
③ 띠장의 간격은 (㉲)내외로 하고, 지상 제 1띠장은 지상에서 (㉳)이하의 위치에 설치한다.

【해설】 ㉮ 1.5~1.8m ㉯ 0.9~1.5m ㉰ 15m ㉱ 45° ㉲ 1.5m ㉳ 2m

문제 2) 다음 용어를 간단히 쓰시오. (3점)
① 본아치: ② 보마루: ③ 홑마루:

【해설】 ① 공장에서 특별 주문제작한 벽돌로 쌓은 아치
② 보위에 장선을 걸고 마루널을 깐 마루
③ 간막이 도리위에 장선을 걸고 마루널을 깐 마루

문제 3) 벽돌조 건물에서 시공상 결함에 의해 생기는 균열의 원인을 5가지 쓰시오. (5점)
①   ②   ③
④   ⑤

【해설】 ① 벽돌 및 모르타르의 강도 부족
② 온도 및 흡수에 따른 재료의 신축성
③ 이질재와의 접합부의 시공결함
④ 모르타르바름의 신축 및 들뜨임(박리)
⑤ 장막벽 상부의 콘크리트 보 밑 모르타르 다져 넣기의 부족

문제 4) 현장에서 주문 목재 반입검수시 가장 중요한 확인사항을 2가지만 쓰시오. (2점)
①   ②

【해설】 ① 목재의 치수와 길이가 맞는지 알아본다.
② 목재에 옹이, 갈램 등의 흠이 있는지를 알아본다.

문제 5) 미장재료에서 석회질과 석고질의 성질을 각각 2가지씩 쓰시오. (4점)
㉮ 석회질 : ①   ②

㉯ 석고질 : ①   ②

【해설】 ㉮ 석회질
① 기경성이다. ② 수축성이다.
㉯ 석고질
① 수경성이다. ② 팽창성이다.

문제 6) 다음 가구의 목재량을 소수점 이하 끝까지 산출하시오. (단, 판재의 두께는 18㎜이며, 각재의 단면은 30㎜×30㎜이다.) (7점)

① 판재 :   ② 각재 :

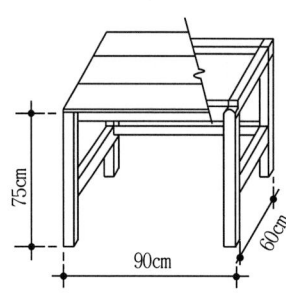

【해설】 ① 판재 = 0.9×0.6×0.018 = 0.00972㎥
② 각재 = (0.03×0.03×0.75×4)+(0.03×0.03×0.9×3)+(0.03×0.03×0.6×4) = 0.0027+0.00243+0.00216 = 0.00729㎥
③ 합계 = 0.00972+0.00729 = 0.01701㎥

문제 7) 다음 주어진 데이타를 보고 Network공정표를 작성하시오. (단, 주공정선은 굵은 선으로 표시하시오.) (6점)

작업명	A	B	C	D	E	F	G	H	I	J
작업일수	4	8	11	2	5	14	7	8	9	6
선행작업	없음	없음	A	C	B,J	A	B,J	C,G	D,E,F,H	A

【해설】

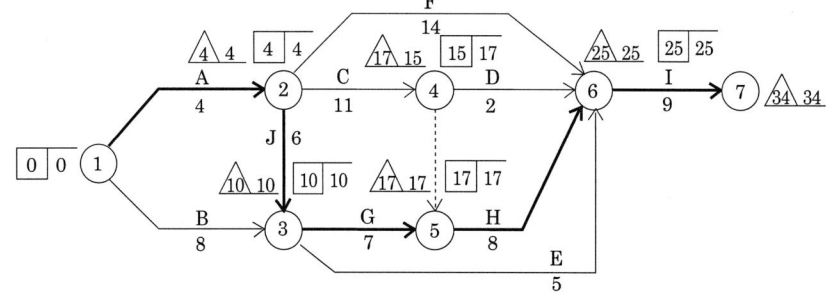

CP〉Activity : A→J→G→H→I   Event : ①→②→③→⑤→⑥→⑦

문제 8) 복층유리의 특징 3가지만 쓰시오. (3점)
①   ②   ③

【해설】 ① 방음의 효과가 뛰어나다.
② 단열효과가 좋다.
③ 결로방지 효과가 있다.

문제 9) 다음 ( )안에 알맞는 말을 쓰시오. (4점)
페인트 공사의 뿜칠에는 도장용 (①)을 사용하며 노즐구경은 (②)가 있으며, 뿜칠의 공기압력은 (③)표준으로 하고 뿜칠거리는 (④)를 표준으로 한다.

【해설】 ① 스프레이건 ② 1.0~1.5mm ③ 2~4kg/cm² ④ 30cm

실내디자인

[제7회 작품명] Fashion shop

1. 요구사항
   주어진 도면의 빌딩 내 한 여성의류매장을 계획하고자 한다.

2. 요구조건
   ① 설계면적 : 8.1m×7.2m×2.7m(H)
   ② 필요공간 및 가구
   Reception Area, Fitting Room, Storage, Hanger, Show Case, Show Stage, Display Shelf, Cashier Counter
   (그 외 설계자 임의로 가구를 더 추가할 수 있다.)

3. 요구도면
   ① 평면도 SCALE : 1/30
   ② 전개도 2면 SCALE : 1/50
   ③ 천정도 SCALE : 1/50
   ④ 주단면도 C-C' SCALE : 1/30
   ⑤ 투시도 SCALE : N.S
   (계획의 포인트가 좋은 지점에서 1소점 또는 2소점 투시도법으로 도면을 작성하되 작성과정의 투시보조선을 남길 것)

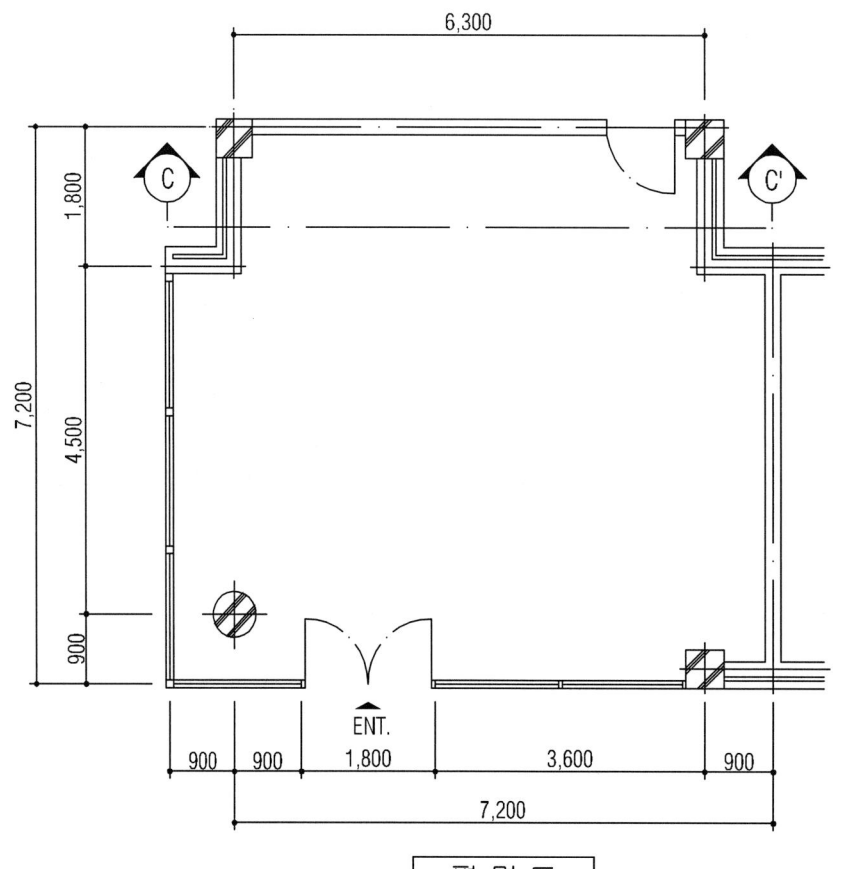

평면도

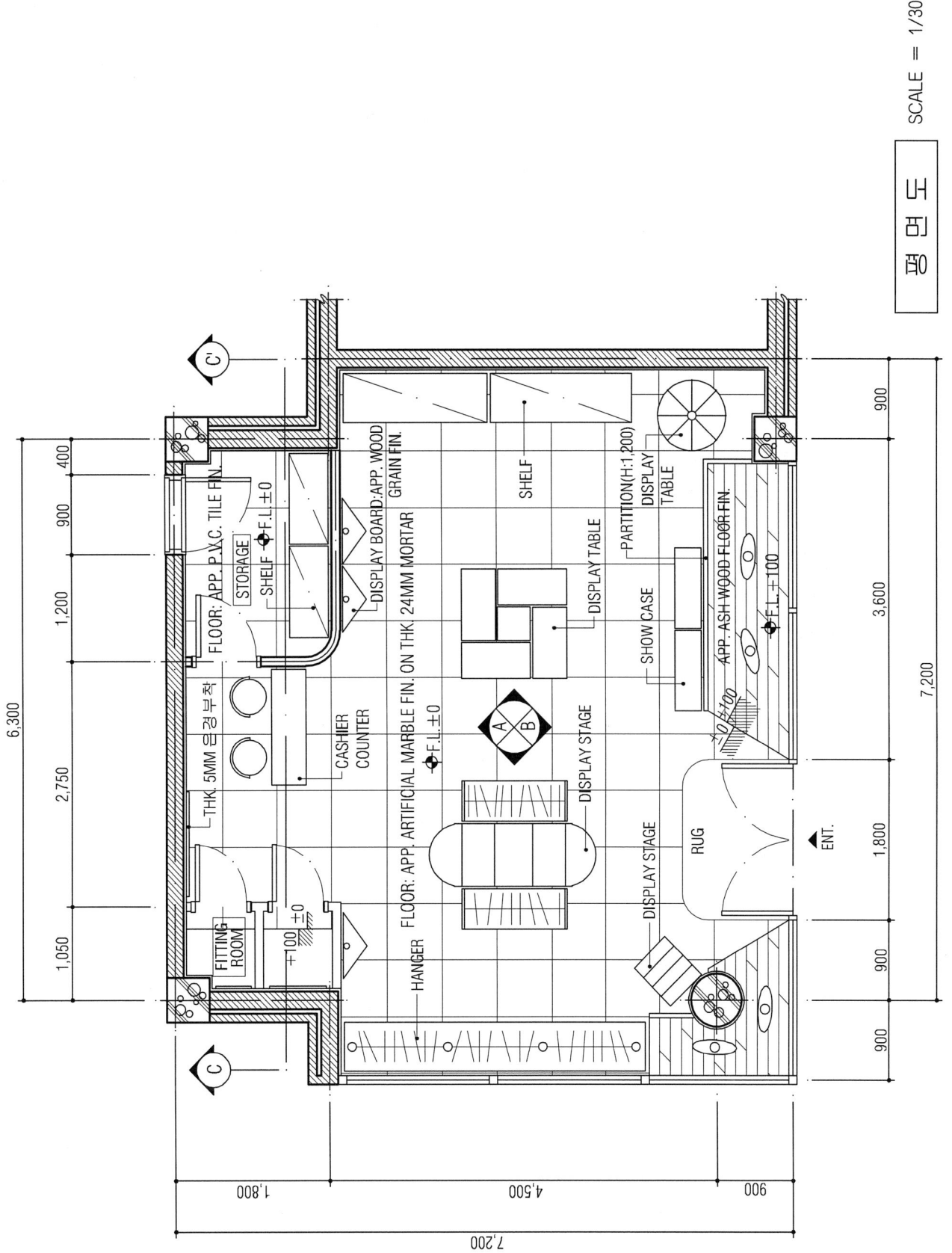

평면도 SCALE = 1/30

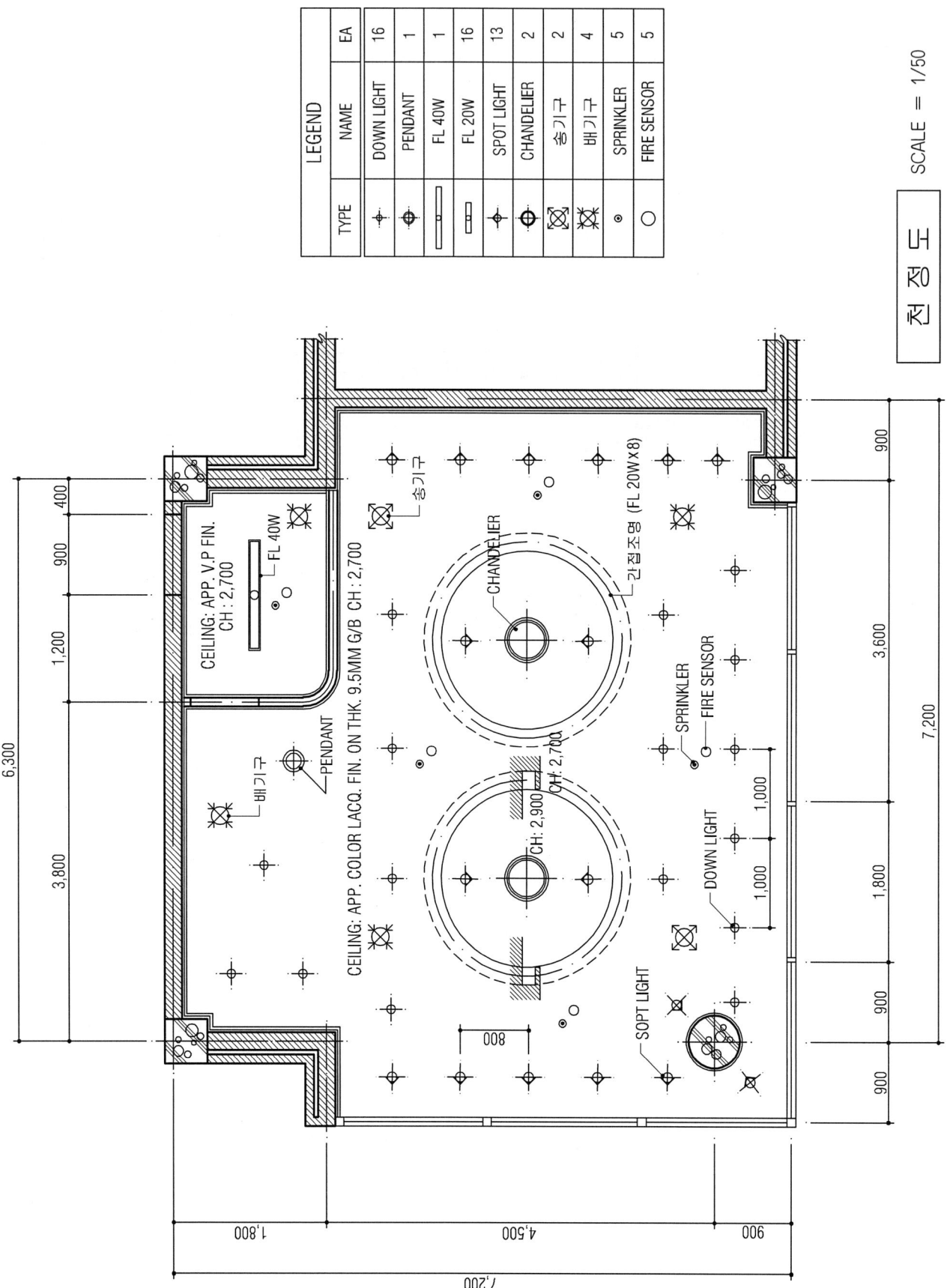

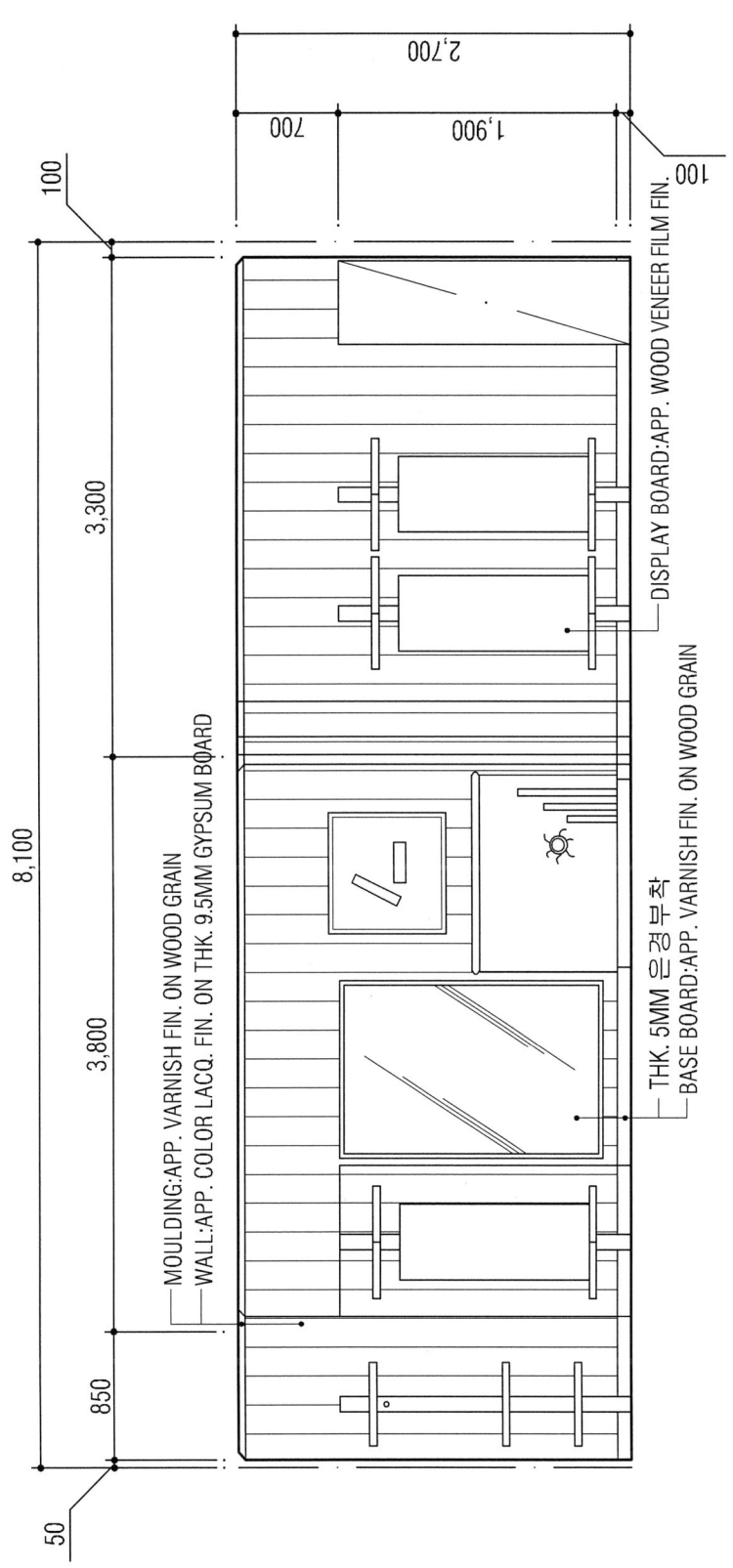

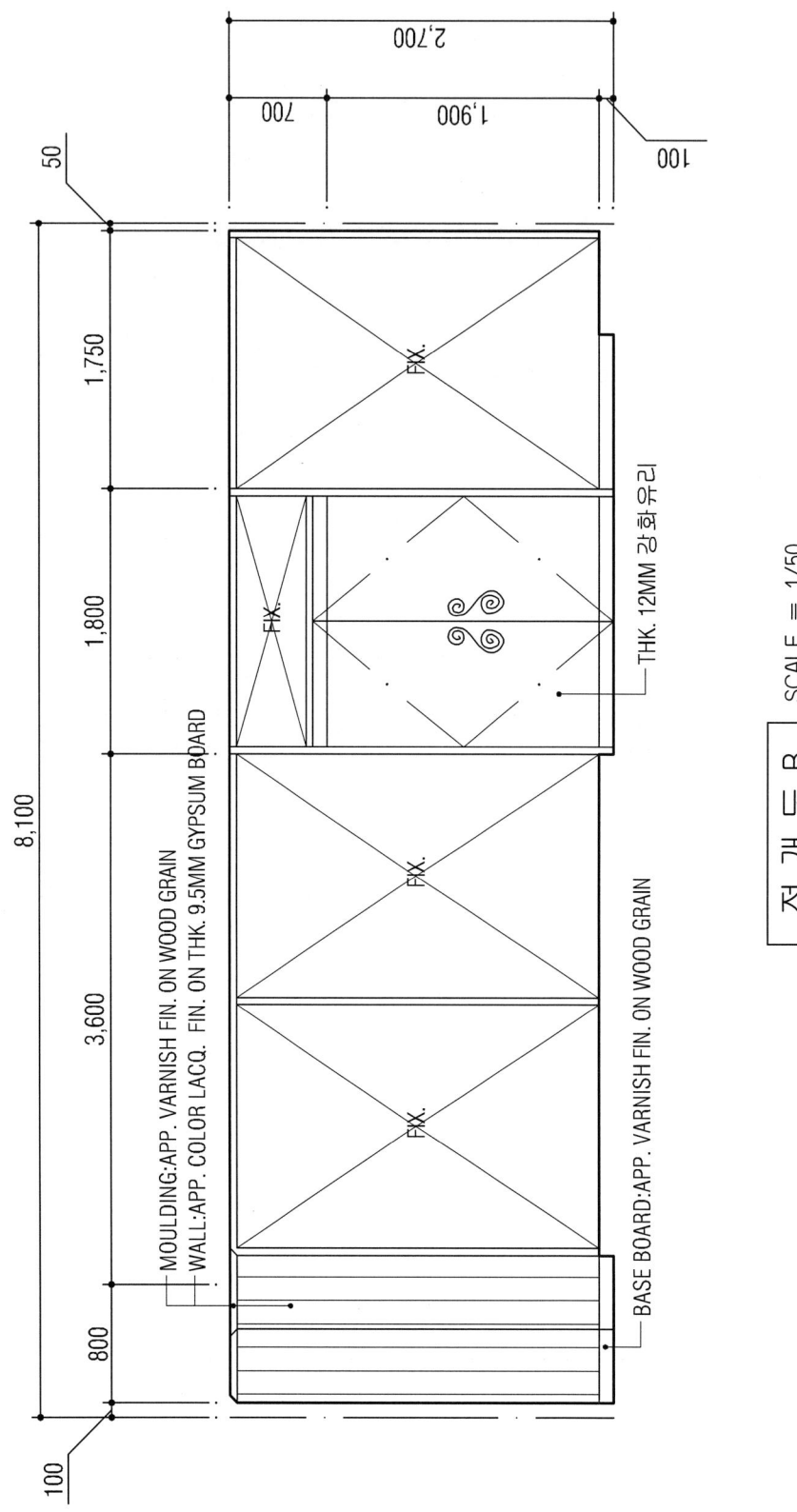

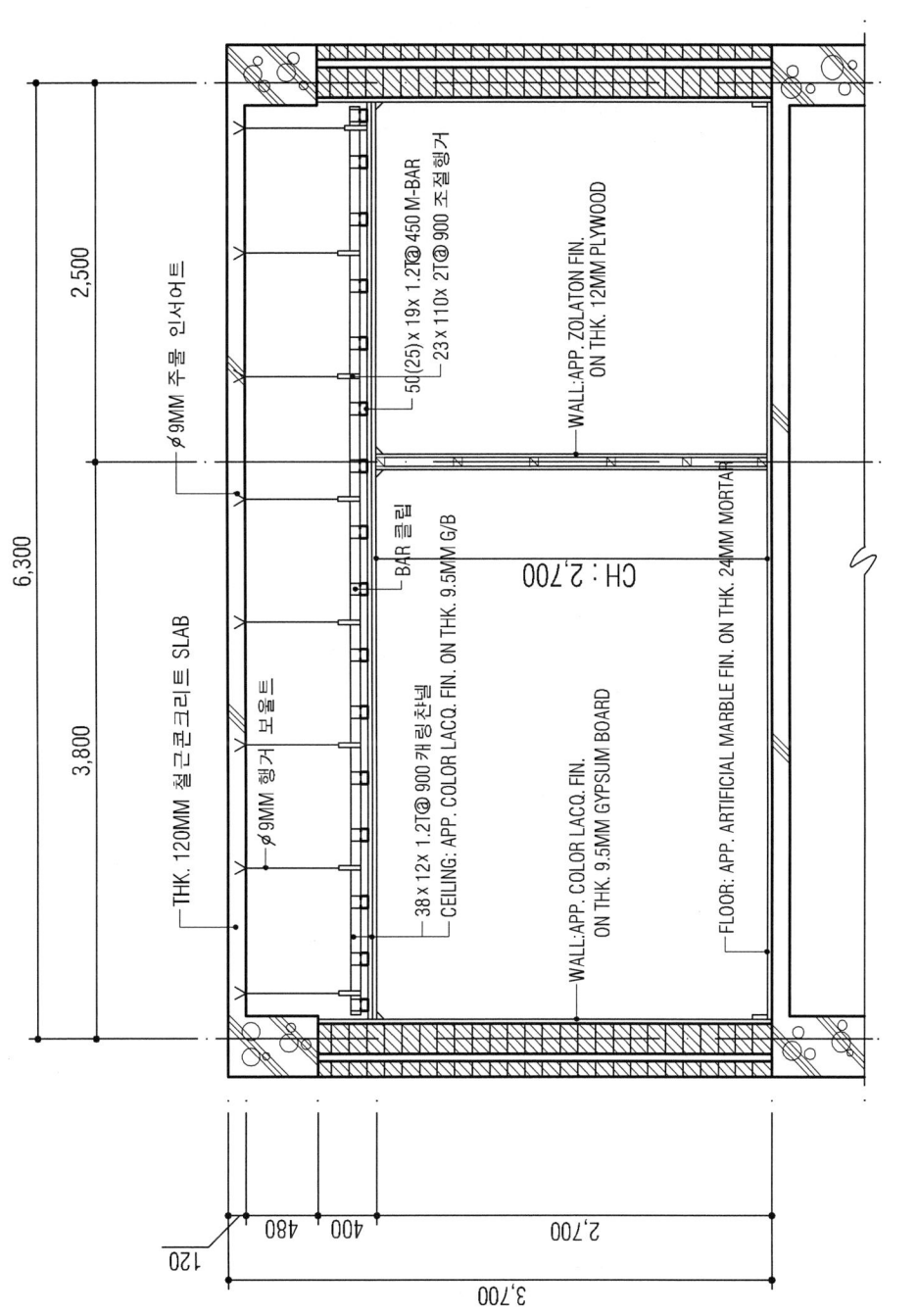

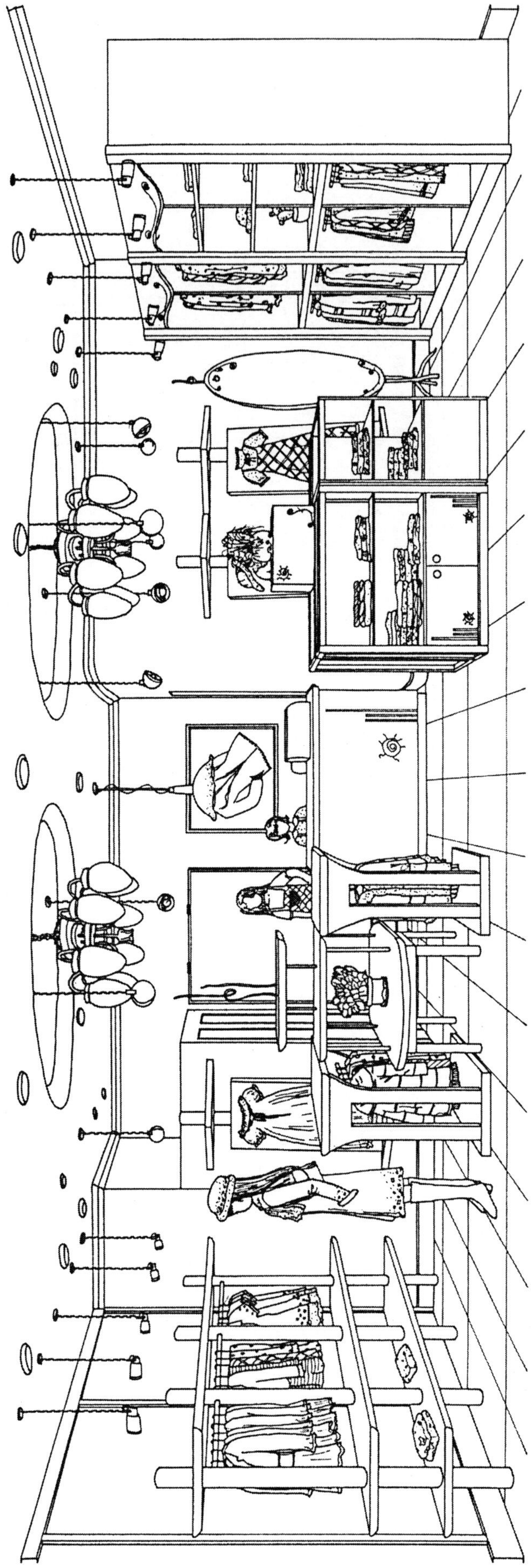

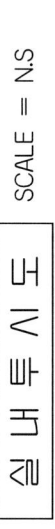

실내투시도 SCALE = N.S

('95. 7. 9 시행)

제8회 의장기사 1급
시공실무

문제 1) 다음 물음에 답을 해당 답란에 답하시오. (4점)

※ 시멘트 모르타르(Mortar)의 바름 두께를 쓰시오.

① 바닥 :   ② 안벽 :   ③ 바깥벽 :   ④ 천장 :

【해설】 ① 24mm ② 18mm ③ 24mm ④ 15mm

문제 2) 목재의 결점 중의 하나인 부식의 원인이 되는 환경조건과 이에 대한 사용상 주의사항에 대해 기술하시오. (4점)

① 온도   ② 습기   ③ 공기   ④ 양분

【해설】
① 온도 : 균은 대개 5~45℃의 범위에서 발육하고 20~30℃가 가장 발육이 왕성하므로 인공건조법을 이용하여 건조시킨다.
② 습기 : 습도가 85%전후로 목재 함수율이 20~50°/wt일 때 균이 발생하므로 충분히 건조된 것을 사용한다.
③ 공기 : 생물인 균도 공기가 필요하므로 이것을 배제하면 부식하지 않는다.
④ 양분 : 일반적으로 목재는 균의 영양이되는 양분이 있는데 특히 목질부와 수피의 접촉부가 가장 풍부하여 이곳이 제일 먼저 썩는다.

문제 3) 각 문제와 관련있는 것을 (보기)에서 골라 쓰시오. (4점)

〈보기〉 ① 안장맞춤   ② 엇빗이음   ③ 걸침턱   ④ 빗이음

㉮ 반자틀, 반자살대 등에 쓰인다. (   )
㉯ 서까래, 지붕널 등에 쓰인다. (   )
㉰ 지붕보와 도리, 층보와 장선 등의 맞춤에 쓰인다. (   )
㉱ 평보와 ㅅ자보에 쓰인다. (   )

【해설】 ㉮-②, ㉯-④, ㉰-③, ㉱-①

문제 4) 다음 (   )안에 알맞는 말을 쓰시오. (3점)

플로어링판을 장선에 직접 붙여 댈 때의 장선 간격은 (①)내외를 표준으로 하고, 두드러짐이나 (②)이 없고 일매진 바탕으로 하고, 2중 바닥깔기의 경우는 (③)바닥깔기에 따른다.

【해설】 ① 450mm ② 벌어짐 ③ 짠마루

문제 5) 벽돌공사시 지면에 접하는 벽에 방습층을 설치하는 목적과 위치, 재료에 대해 간단히 기술하시오. (3점)

① 목적　　　　② 위치　　　　③ 재료

【해설】① 목적 : 지면에 접하는 벽돌벽은 지중 습기가 벽돌벽체로 상승하는 것을 막기위해 방습층을 설치한다.
　　　② 위치 : 대개 지반과 마루 밑 또는 콘크리트 바닥 밑사이에 둔다.
　　　③ 재료 : 방수층은 방수모르타르 또는 아스팔트 모르타르를 1~2cm두께 정도로 바른다.

문제 6) 회반죽 시공시 다음 용어를 간단히 설명하시오. (3점)
① 수염　　　　② 코오너 비드　　　　③ 소석회의 경화

【해설】① 수염 : 목조의 졸대 바탕에 붙여서 회반죽이 떨어지는 것을 방지하기 위하여 대는 섬유질의 일종.
　　　② 코오너 비드 : 벽, 기둥의 모서리를 보호하기 위한 미장바름 보호용 철물.
　　　③ 소석회의 경화 : 기경성이 있어 물로 반죽하여 벽에 바르면 건조하면서 굳어지는데 공기중 CO_2를 흡수하여 석회석의 성분으로 변한다.

문제 7) 다음 도장공사에 관한 내용 중 (　)앞에 알맞는 번호를 고르시오. (4점)
㉮ 철제에 도장할 때에는 바탕에 (　① 광명단,　② 내알칼리 페인트　)을(를) 도포한다.
㉯ 합성수지 에멀죤 페인트는 건조가 (　① 느리다,　② 빠르다　)
㉰ 알루미늄 페인트는 광선 및 열반사력이 (　① 강하다,　② 약하다　)
㉱ 에나멜 페인트는 주로 금속면에 이용되며 광택이 (　① 잘난다,　② 없다　)

【해설】㉮-①, ㉯-②, ㉰-①, ㉱-①

문제 8) 카펫(Carpet)깔기 공법 4가지의 내용을 기술하시오. (4점)
①　　　　②　　　　③　　　　④

【해설】① 그리퍼공법 : 가장 일반적인 공법으로 주변 바닥에 그리퍼를 설치하여 이것에 카펫을 고정
　　　② 못박기공법 : 벽 주변을 따라 3cm정도 꺽어 넣고 롤러로 끌어 당기면서 못을 박아 고정
　　　③ 직접붙임공법 : 바닥(바탕)면에 직접 접착제를 도포하고 그 위에 직접 붙임 고정
　　　④ 필업공법 : 카펫타일 붙임에 주로 쓰이며, 교체가 용이하다.

문제 9) 다음 데이타로 네트워크 공정표를 작성하고 주공정선은 굵은 선으로 표시하시오. (5점)

순위	작업명	선행작업	작업일수
1	A	없음	5
2	B	없음	8
3	C	A	7
4	D	A	8
6	E	B, C	5
7	F	B, C	4
8	G	D, E	11
9	H	F	5

비　고

| EST | LST |　△ LFT　EFT

ⓘ ―작업명／작업일수→ ⓙ 로 표기하시오

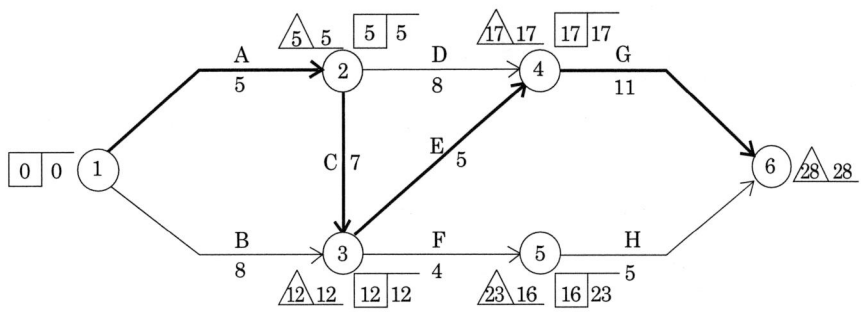

【해설】 CP〉Activity : A→C→E→G   Event : ①→②→③→④→⑥

문제 10) 다음 (   )안에 알맞는 값을 쓰시오. (2점)

비계다리는 나비(①)이상, 경사는 (②)이하를 표준으로 하되 되돌림 또는 참을
(③)이내마다 설치하고 높이 (④)이상의 난간 손스침을 설치한다.

【해설】 ① 90cm ② 30° ③ 7m ④ 75cm

문제11) 다음 비닐계 수지 바닥재의 ㉮~㉱에서 관계가 있는 것을 (보기)에서 골라 쓰시오. (4점)

〈보기〉 ① 비닐타일   ② 시이트   ③ 염색계 쿠마론인덴수지 타일
④ 리노륨

㉮ 유지계 (   )   ㉯ 고무계 (   )   ㉰ 아스팔트계 (   )
㉱ 비닐수지계 (   )

【해설】 ㉮-④, ㉯-②, ㉰-③, ㉱-①

실내디자인

[제8회 작품명] 숙녀복 전문점

1. 요구 사항

   상업 중심지역에 위치한 숙녀복 전문점을 아래 조건에 의해 설계하시오.

2. 요구 조건

   ① 설계 면적 : 6.3m×14.3m×2.7m(H)

   ② 평면 요구 공간 및 가구

   A. 매장 공간

   ㉠ 쇼윈도우-1개

   ㉡ 디스플레이 스테이지 : 대형(1.8m×1.3m)-1개, 소형(0.9m×0.6m)-6개

   ㉢ 스탠드 케이스 : 0.9m×0.9m×0.8m(H)-2개

   ㉣ 진열대 : 1.2m×0.6m-8개   ㉤ FITTING ROOM-1개

   ㉥ 4인조 쇼파, 테이블-각1조   ㉦ 카운터-1개

   B. 사무 공간

   ㉠ 사무용책상, 의자-1조   ㉡ STOCK선반:1.2m×0.6m-4개

   ㉢ 세면, 화장실-1개

   (※이상 제시된 것은 필수적이며 이외에 필요한 것이 있다면 보완할 수 있음)

3. 요구 도면

   ① 평면도(가구 배치 포함) SCALE : 1/30

   ② 전개도 C방향 1면(벽면 재료 표기) SCALE : 1/50

   ③ 천정도(설비 및 조명 기구 배치) SCALE : 1/50

   ④ 단면 상세도(카운터) SCALE : 1/10

   ⑤ 투시도 SCALE : N.S

   (계획의 포인트가 좋은 지점에서 1소점 또는 2소점 투시도법으로 도면을 작성하되 작성과정의 투시보조선을 남길 것)

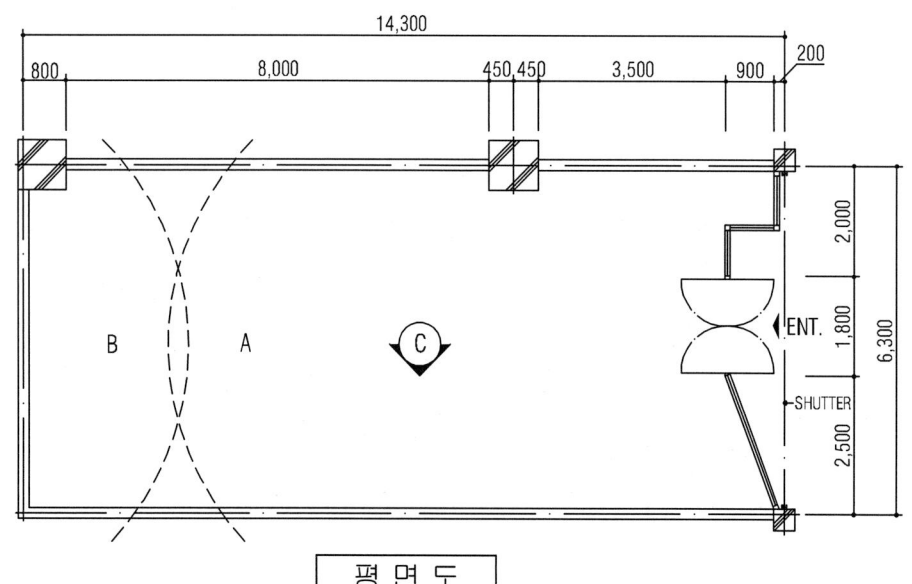

평면도

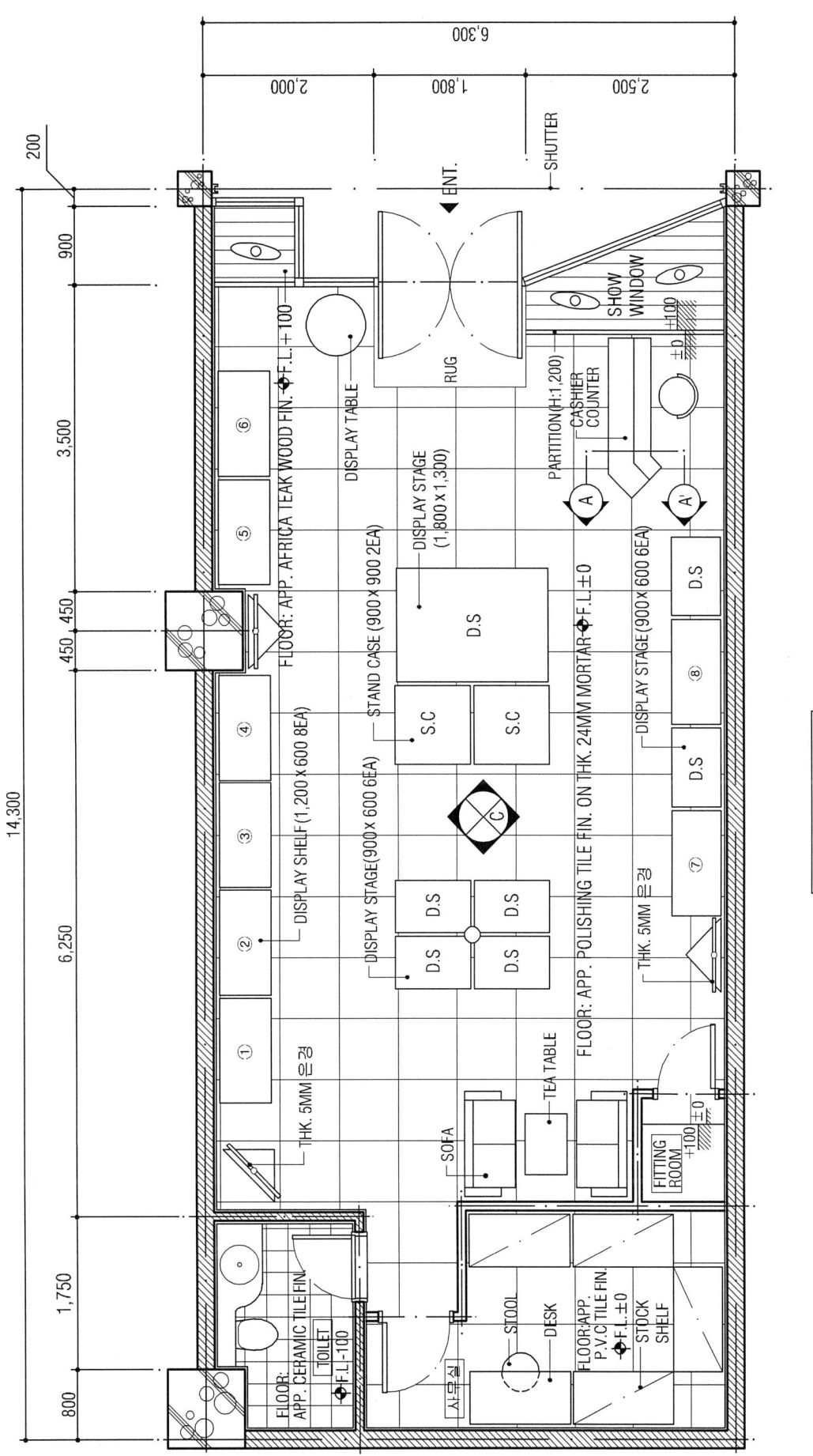

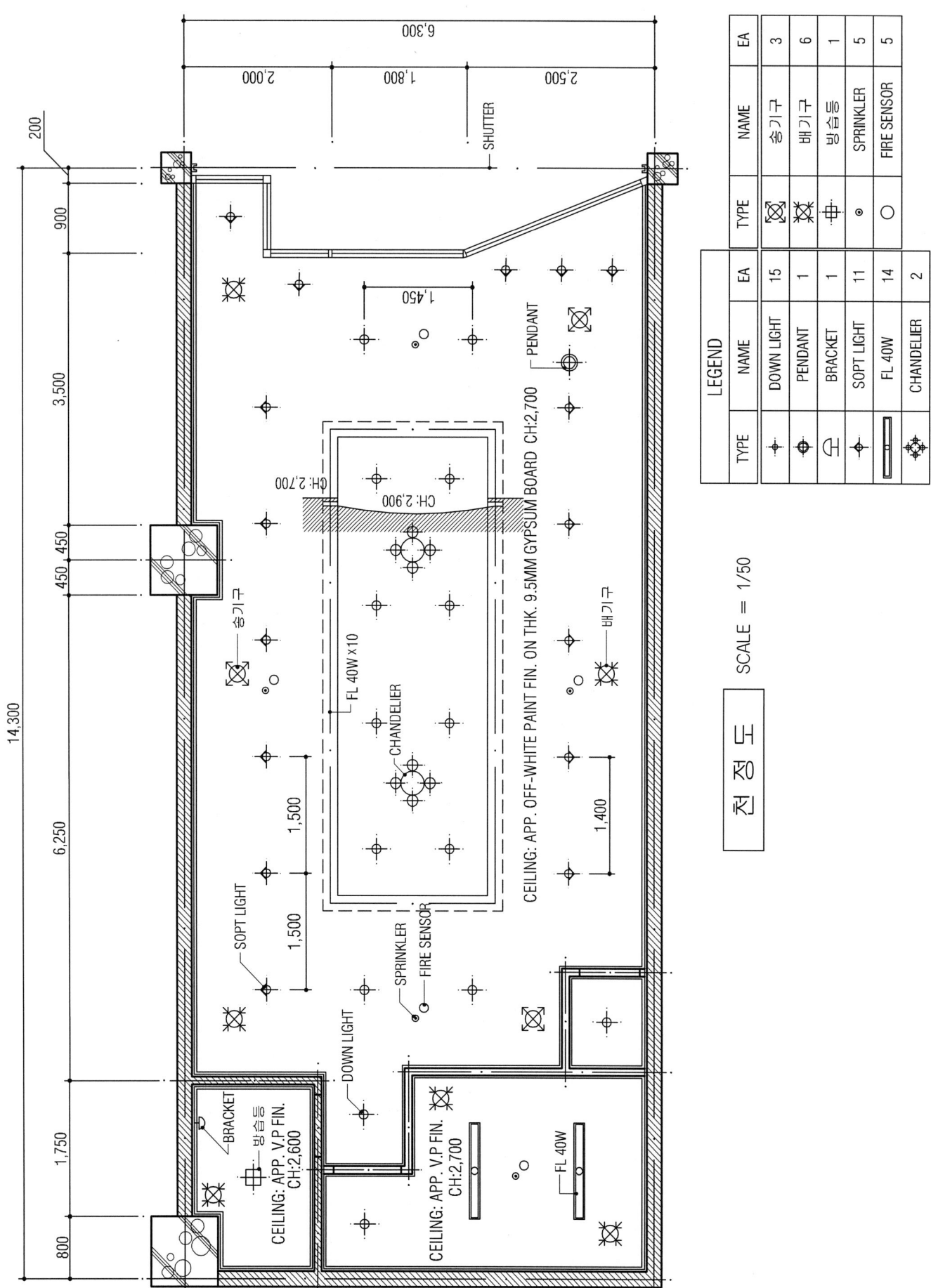

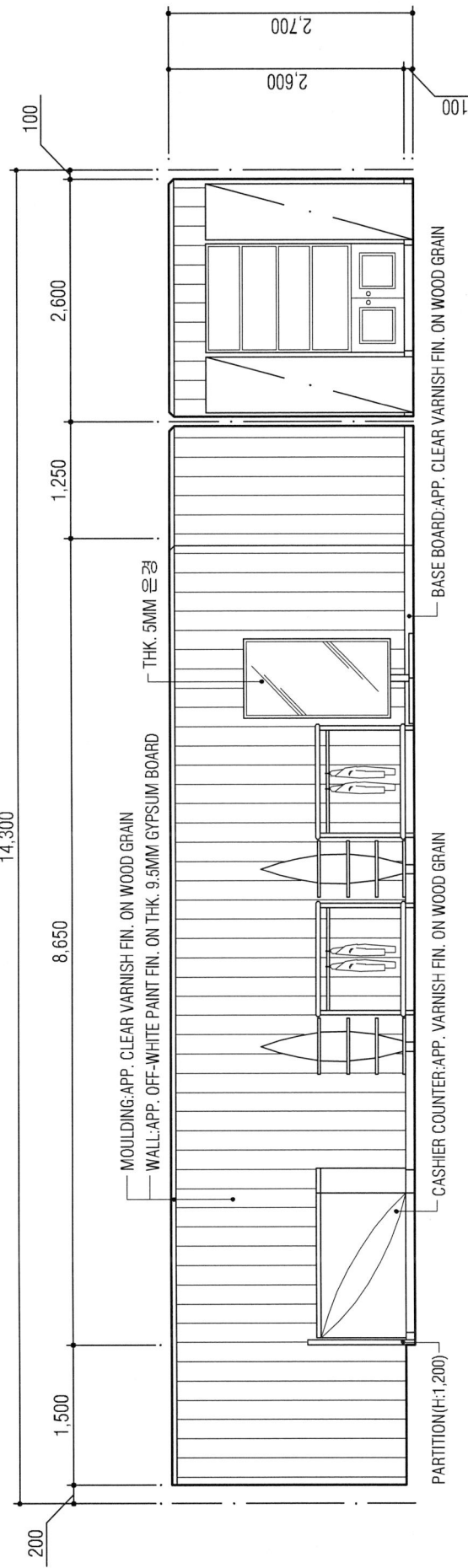

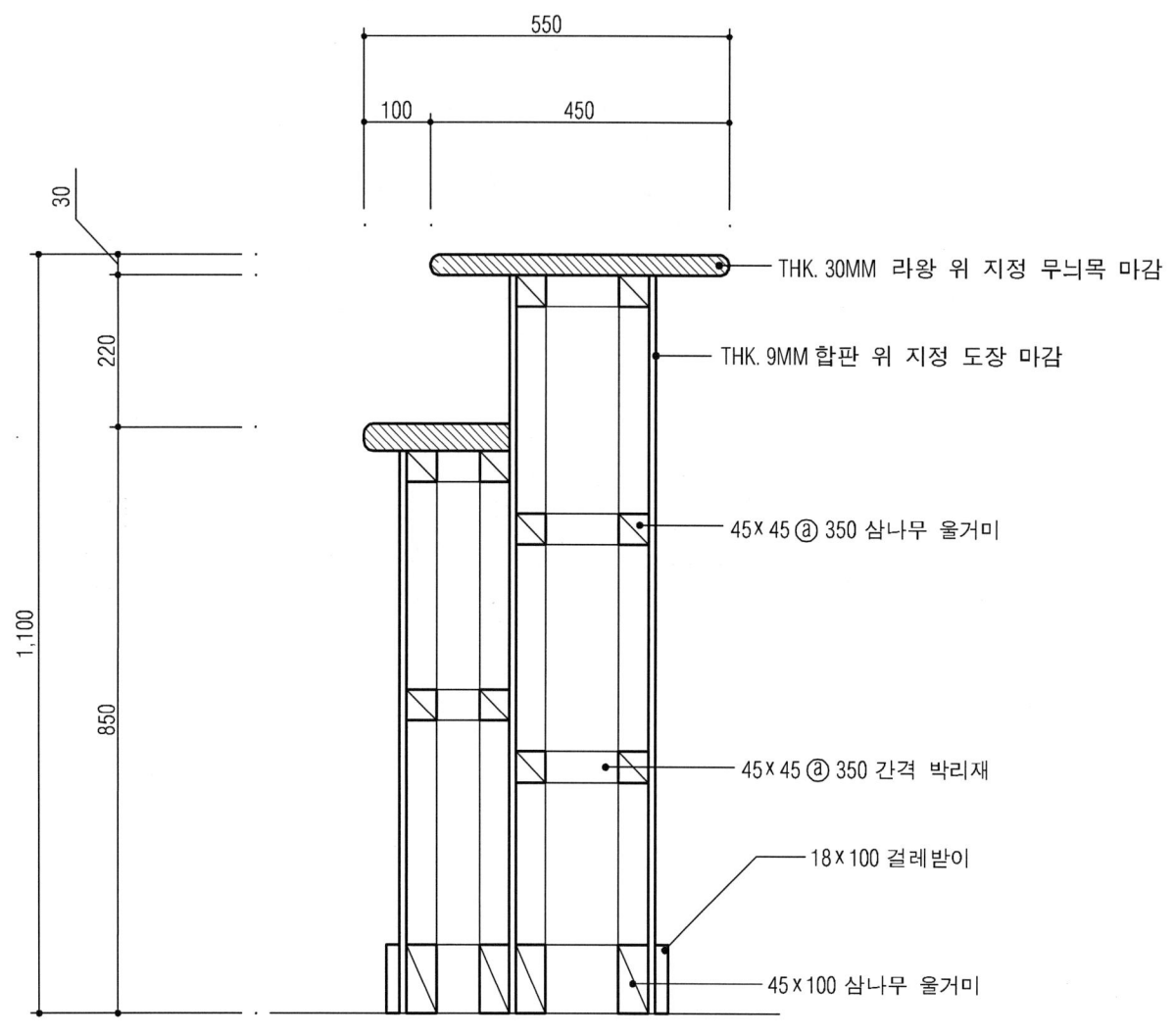

단면도 A-A' SCALE = 1/10

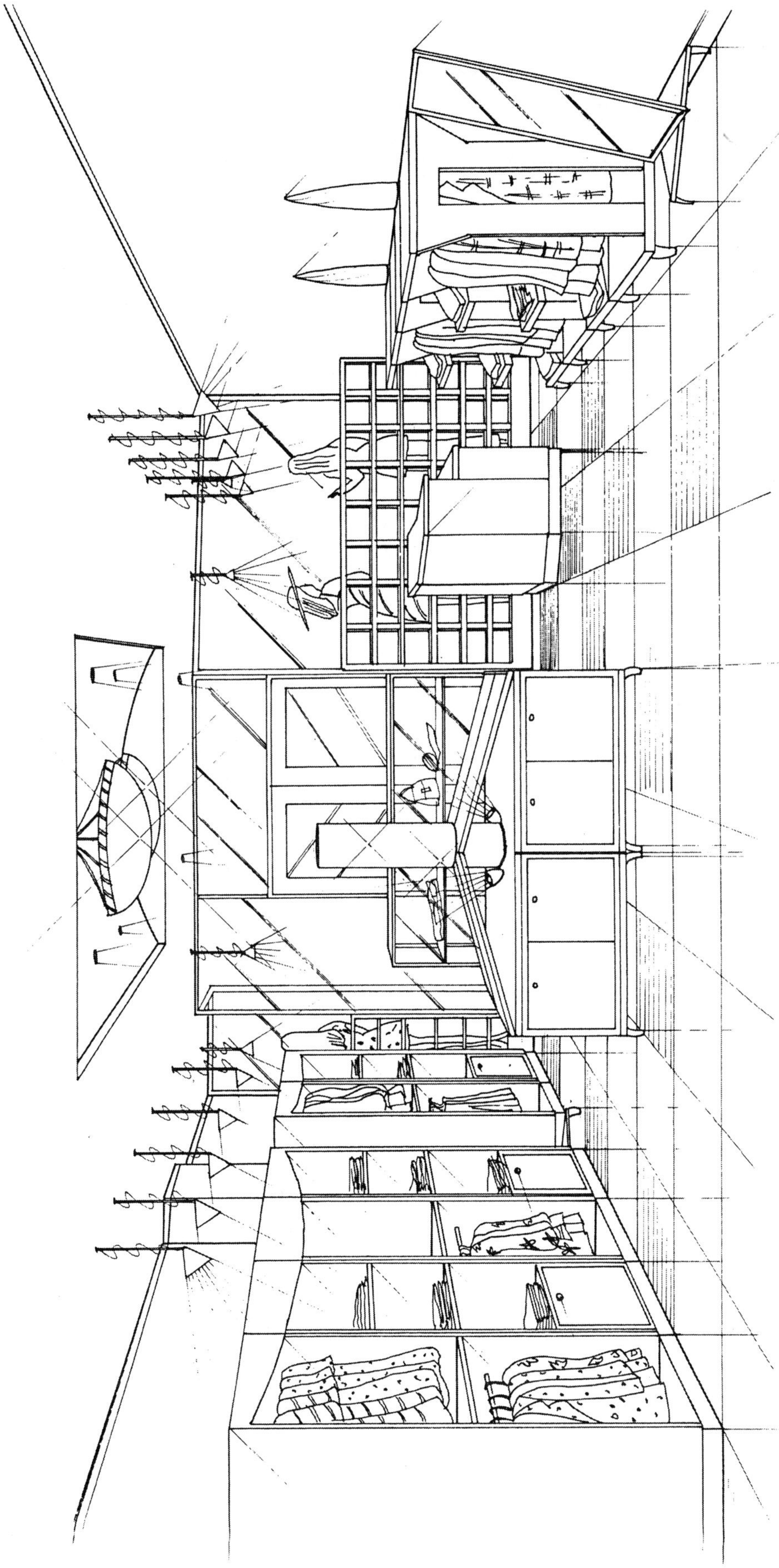

(`95. 10. 15 시행)
제9회 의장기사 1급
시공실무

문제 1) 다음 목재의 이음 및 맞춤시 주의사항 3가지만 기술하시오. (3점)
① ② ③

【해설】 ① 응력이 적은 곳에서 한다.
② 응력방향에 직각이 되게 한다.
③ 모양에 치중하지 말고, 간단하게 한다.

문제 2) 알루미늄 녹막이 초벌 사용 가능한 페인트의 종류를 쓰시오. (3점)

【해설】 징크로메이트 도료

문제 3) 길이 10m, 높이 3m의 건물에 1.5B쌓기시 모르타르량(㎥)과 벽돌사용량은 얼마인가? (표준형 시멘트 벽돌). (4점)

【해설】 ① 벽면적 = 10×3 = 30㎡   ② 벽돌량 = 30×224 = 6,720매
③ 몰탈량 = $\frac{6,720}{1,000}$ ×0.35 = 2.35㎥

문제 4) 다음 중 기경성 재료를 모두 골라 번호를 기입하시오. (4점)
〈보기〉 ① 킨즈 시멘트   ② 아스팔트 모르타르 ③ 마그네샤 시멘트
④ 시멘트 모르타르 ⑤ 진흙질   ⑥ 소석회

【해설】 ②, ③, ⑤, ⑥

문제 5) 파이프 비계에 있어서 ( )안에 알맞는 용어를 써넣으시오. (4점)
파이프 비계에서 그 부속품 중에서 베이스는 (①), (②)이 있고 파이프 비계의 종류에는 (③), (④)가 있다.

【해설】 ① 조절형 ② 고정형 ③ 단관파이프비계 ④ 강관틀파이프비계

문제 6) 시멘트 모르타르 3회 바르기 순서를 바르게 나열하시오. (4점)
〈보기〉 ① 초벌바름 ② 바탕처리 ③ 고름질 ④ 물축이기 ⑤ 재벌 ⑥ 정벌

【해설】 ②-④-①-③-⑤-⑥

문제 7) 다음 용어를 설명하시오. (6점)
① 입주상량   ② 듀벨   ③ 바심질

【해설】 ① 목재의 마름질, 바심질이 끝난 다음 기둥세우기, 보, 도리의 짜맞추기를 하는 일. 목공사의 40%가 완료된 상태이다.
② 목재에서 두재의 접합부에 끼워 보울트와 같이 써서 전단에 견디도록 하는 일종의 산지.
③ 목재, 석재 등을 치수금에 맞추어 깍고 다듬는 일

문제 8) 유성페인트의 종류를 구별하는 내용이다. ( )안에 알맞는 용어를 넣으시오. (3점)
유성페인트는 그 섞는 재료에 따라 (①)페인트, (②)페인트, (③)페인트로 나누어진다.

【해설】 ① 조합 ② 된반죽 ③ 중반죽

문제 9) 다음 용어설명에 맞는 재료를 기입하시오. (3점)
① 3매이상의 단판을 1매마다 섬유방향에 직교하도록 겹쳐 붙인 것.
② 목재의 부스러기를 합성수지와 접착제를 섞어 가열, 압축한 판재
③ 표면은 평평하고 유공질판이어서 단열판, 열절연재로 사용

【해설】 ① 합판 ② 파티클보드 ③ 코르크

문제10) 다음 공정표를 작성하시오. (6점)

작업명	A	B	C	D	E	F
선행작업	None	None	None	None	A, B	B
작업일수	5	4	3	4	2	1

【해설】

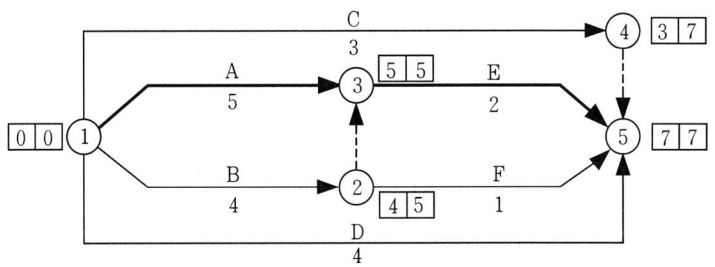

CP〉Activity : A→E   Event : ①→③→⑤

실내디자인

[제9회 작품명] 커피숍

1. 요구사항

    주어진 도면은 상업중심지역에 위치한 커피숍의 평면도이다. 요구조건에 따라 요구도면을 작성하시오.

2. 요구조건

    ① 설계면적 : 7m×12 m× 2.7m(H)

    ② 홀 ③ 주방 ④ 종업원실

    ⑤ 화장실(남, 여 양변기, 소변기, 세면기)

    ⑥ 카운터

    ⑦ 공중전화박스

    ⑧ 가구:4인조-4조, 6인조-4조, 스툴-8개

3. 요구도면

    ① 평면도(가구배치 포함) SCALE : 1/50

    ② 전개도 A방향 1면(벽면재료 표기) SCALE : 1/50

    ③ 천정도(설비 및 조명기구 배치) SCALE : 1/50

    ④ 단면상세도(카운터) SCALE : 1/10

    ⑤ 실내 투시도 SCALE : N.S

    (계획의 포인트가 좋은 지점에서 1소점 투시법으로 작성하되 작성과정과 투시보조선을 남길 것)

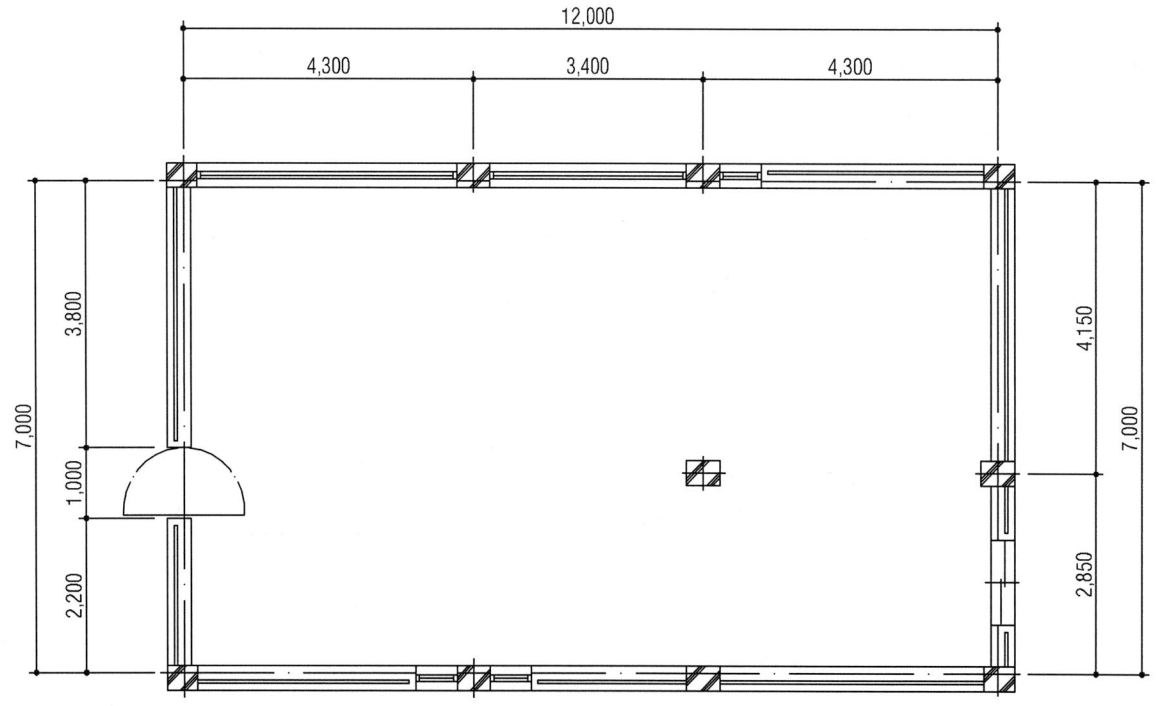

평 면 도

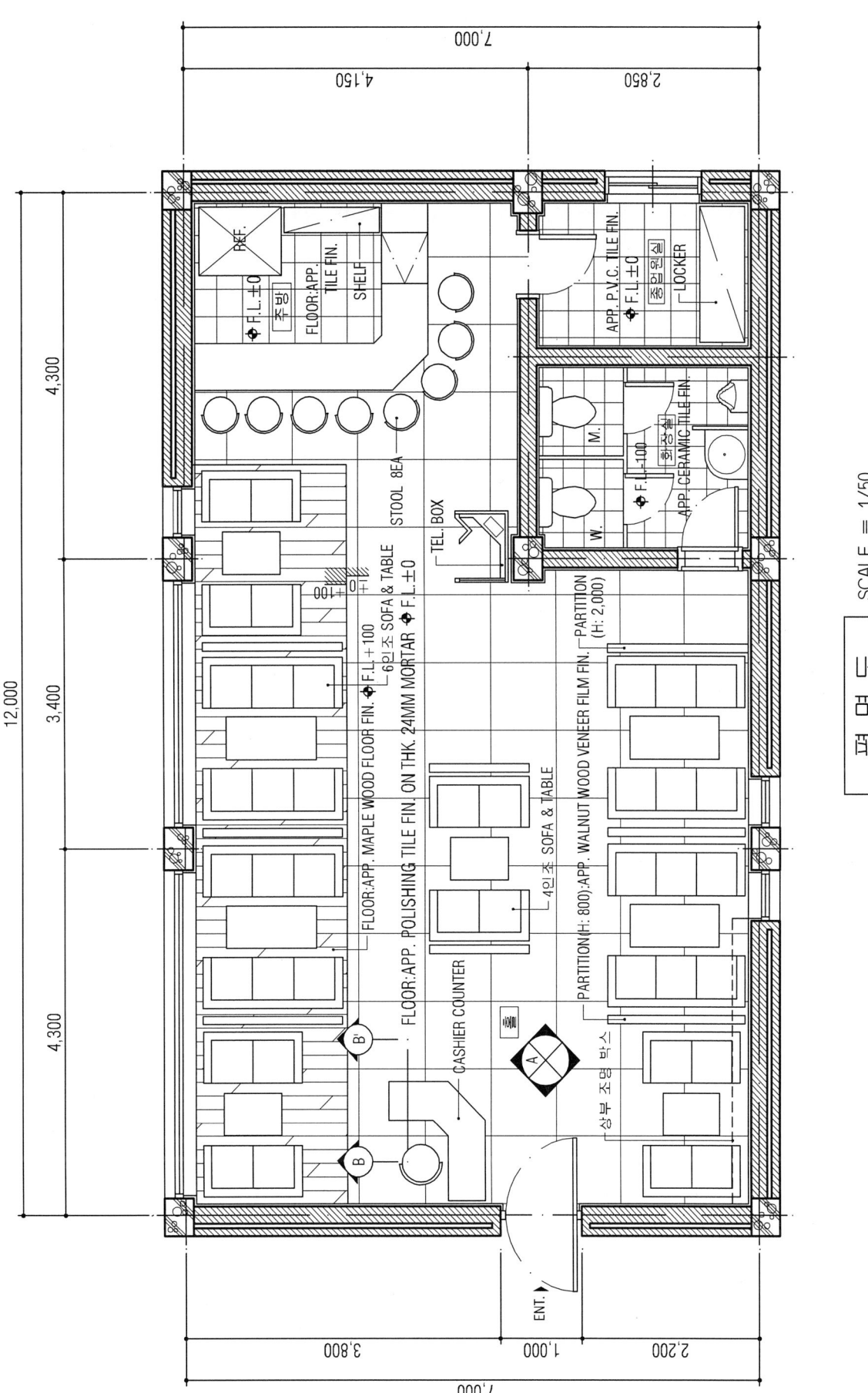

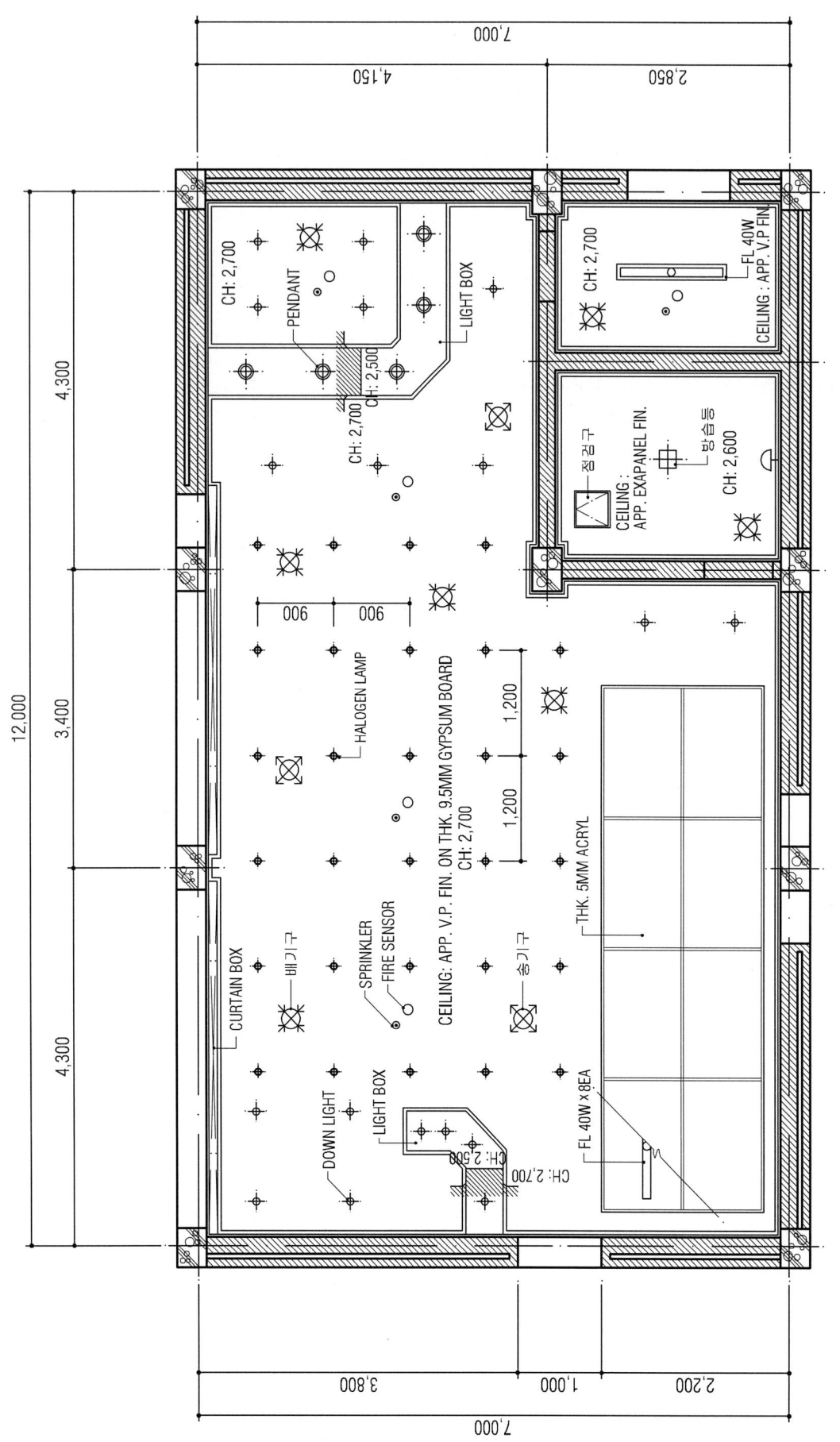

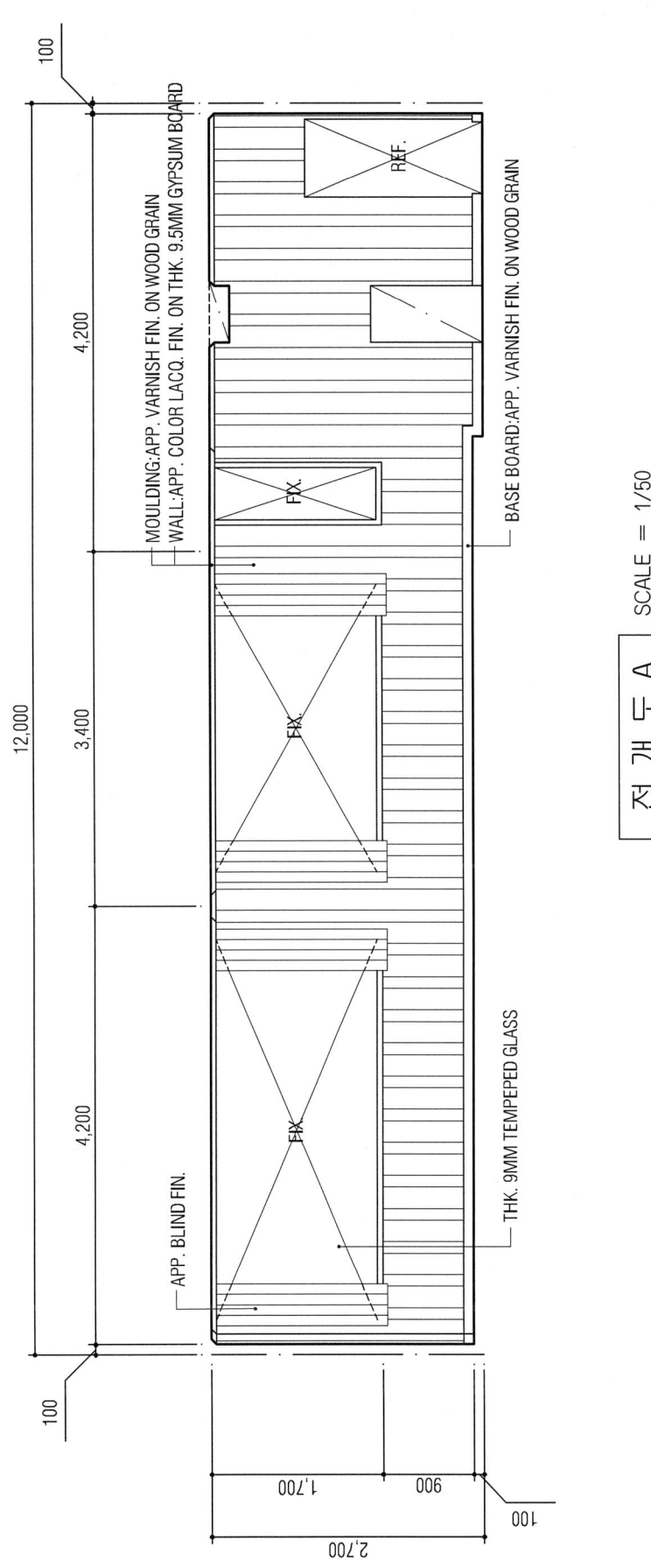

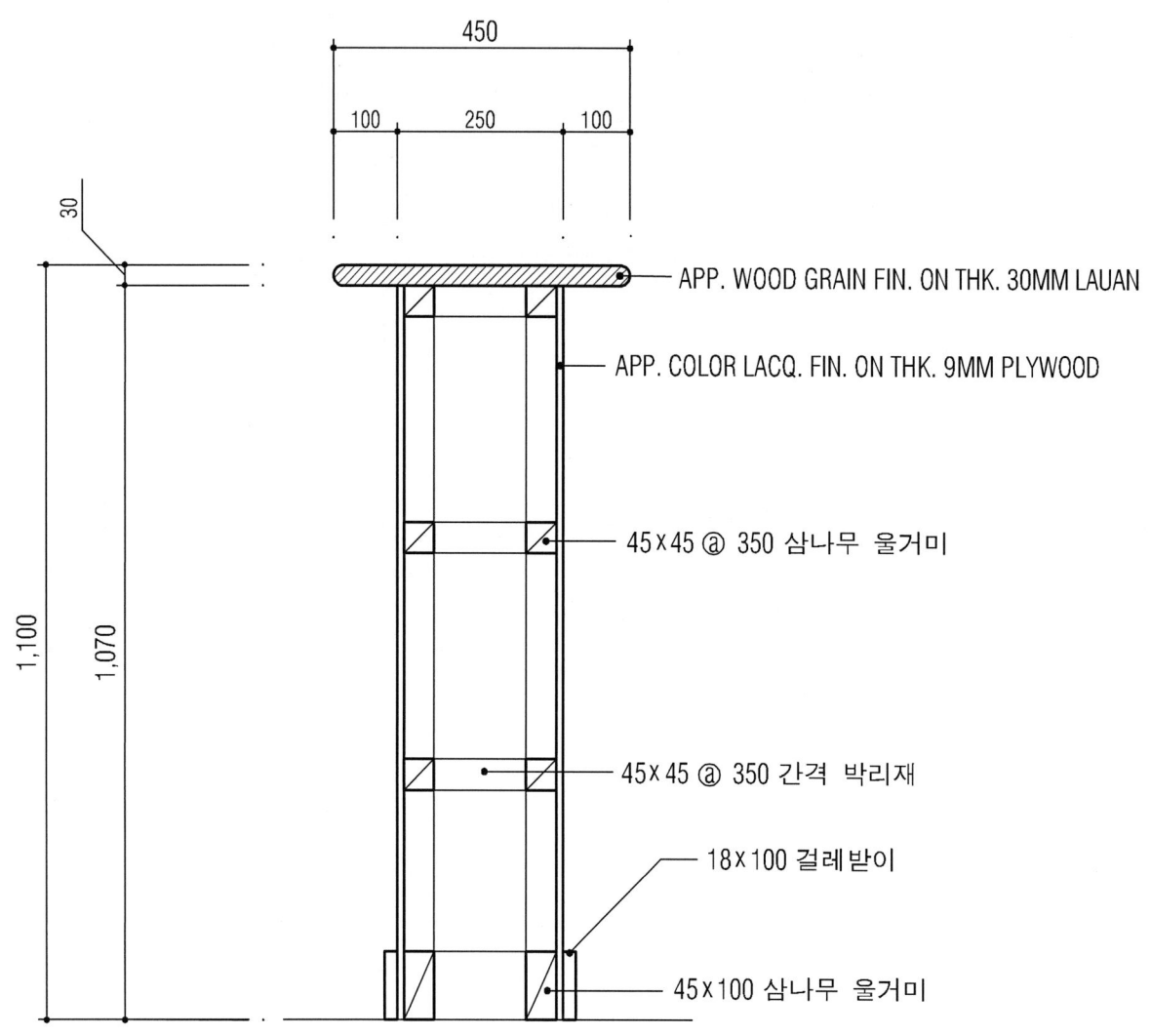

단면도 B-B' SCALE = 1/10

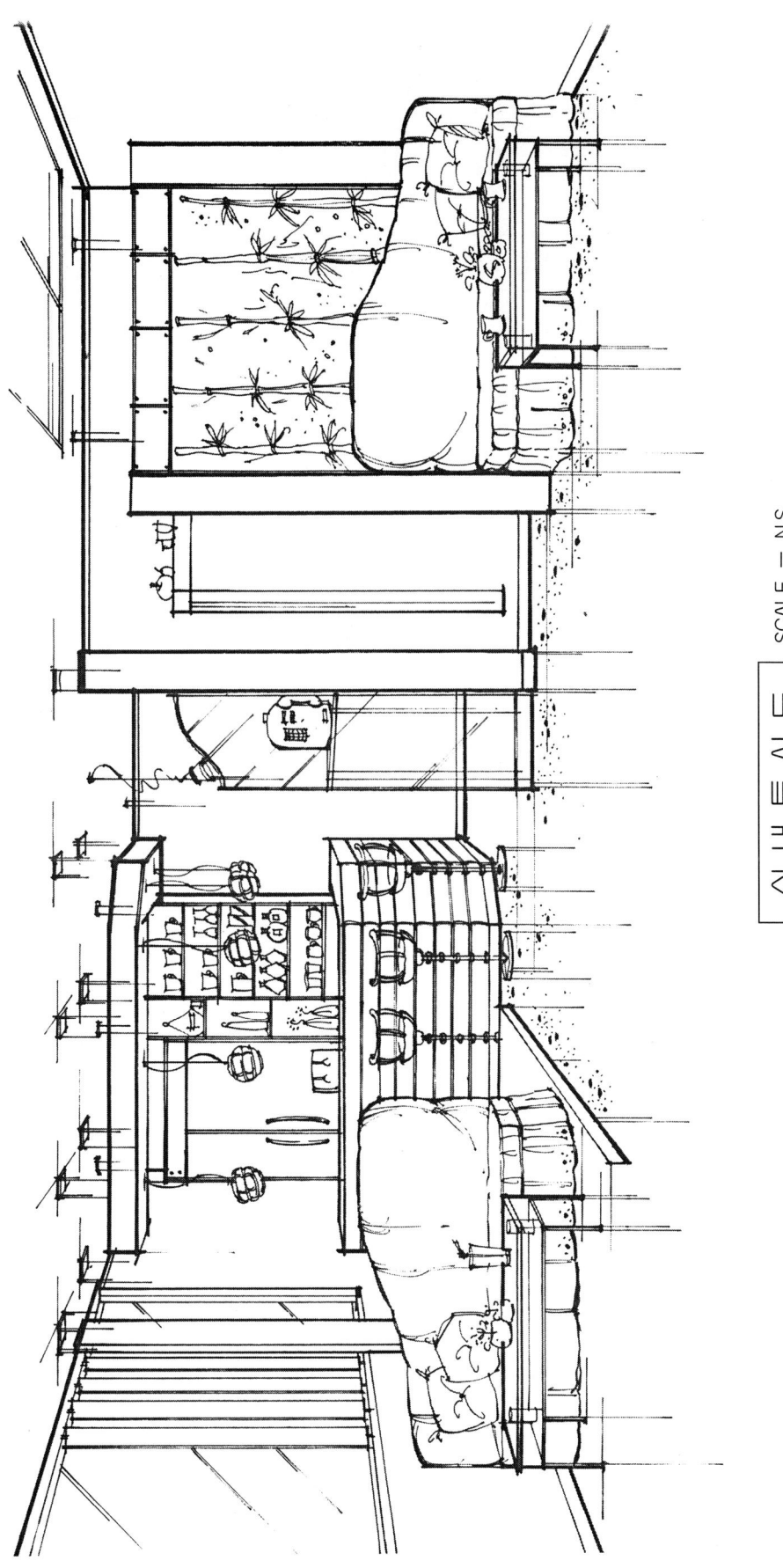

실내투시도 SCALE = N.S

(´96. 5. 12 시행)

제10회 의장기사 1급
시공실무

문제 1) 미서기창에 필요한 철물 3가지를 쓰시오. (3점)

【해설】 ① 호차   ② 레일   ③ 꽂이쇠

문제 2) 회반죽 바름시 혼화제 2가지를 쓰시오. (2점)

【해설】 ① 해초풀   ② 여물

문제 3) 목재 건조법 중 인공건조법 3가지를 쓰시오. (3점)

【해설】 ① 증기법   ② 열기법   ③ 진공법

문제 4) 단관 파이프 비계 설치시 필요한 부속철물의 종류 3가지를 쓰시오. (3점)

【해설】 ① 연결철물   ② 결속철물   ③ 받침철물

문제 5) 방화칠의 종류를 3가지 쓰시오. (3점)

【해설】 ① 규산소다도료   ② 붕산카세인도료   ③ 합성수지도료

문제 6) 수성페인트의 장점을 3가지만 쓰시오. (3점)

【해설】 ① 물을 용제로 사용하므로 공해가 없다.
② 건조가 빠르다.
③ 알카리성에 도포가 가능하다.

문제 7) 다음 용어에 대해 간단히 기술하시오. (3점)
① 징두리판벽(Wainscoating)   ② 양판(Panel Board)   ③ 코펜하겐 리브(Copenhagen Rib)

【해설】 ① 벽 하부에서 1.2m 높이의 징두리에 판자를 붙이는 벽.
② 넓고 길지 아니한 한쪽으로 된 널판, 양판벽에서 걸레받이와 두겁대 사이에 틀을 짜대고, 그사이에 끼우는 넓은널
③ 두꺼운 목재판에 자유곡면을 파내서 수직평행선이 되게 리브(Rib)를 만든 목재 가공품으로 음향조절 효과가 있다.

문제 8) 아치쌓기 모양에 따른 종류를 3가지만 쓰시오. (4점)

【해설】 ① 평아치   ② 반원아치   ③ 말굽아치

문제 9) 다음 그림은 나무 모접기이다. 〈보기〉에서 알맞는 것을 골라 연결하시오. (4점)

〈보기〉 ① 큰모   ② 실모   ③ 쌍사모   ④ 뺨모접기

  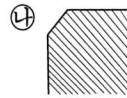 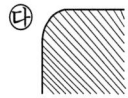
  ㉮   ㉯   ㉰   ㉱

【해설】 ①-㉯   ②-㉰   ③-㉮   ④-㉱

문제 10) 스티플 칠에 대하여 간단히 쓰시오. (2점)

【해설】 도료의 묽기를 이용하여 각종 기구를 써서 바름면에 요철무늬를 돋히게 하여 입체감을 내는 특수 마무리법

문제 11) 다음 도면을 보고 사무실과 홀의 필요한 재료량을 산출하시오. (5점)

종 류	수 량
인부수	0.09인
도장공	0.03인
접착제	0.4kg

(m^2 당)

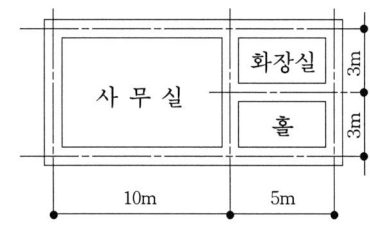

【해설】 ① 바닥면적 = $(10 \times 6) + (5 \times 3) = 75m^2$ ② 인부수 = $75 \times 0.09 = 6.75$인(7인)

③ 도장공 = $75 \times 0.03 = 2.25$인(3인)

④ 접착체 = $75 \times 0.4 = 30kg$

⑤ 타일량 = 바닥면적 = $75m^2$

문제 12) 다음 Data로 네트워크 공정표를 만들고, 주 공정선을 표시하시오. (5점)

작 업	A	B	C	D	E	F	G	H	I
선행작업	None	A	A	None	B	B,C,D	D	E,F,G	F,G
작업일수	2	6	5	4	3	7	8	6	8

【해설】

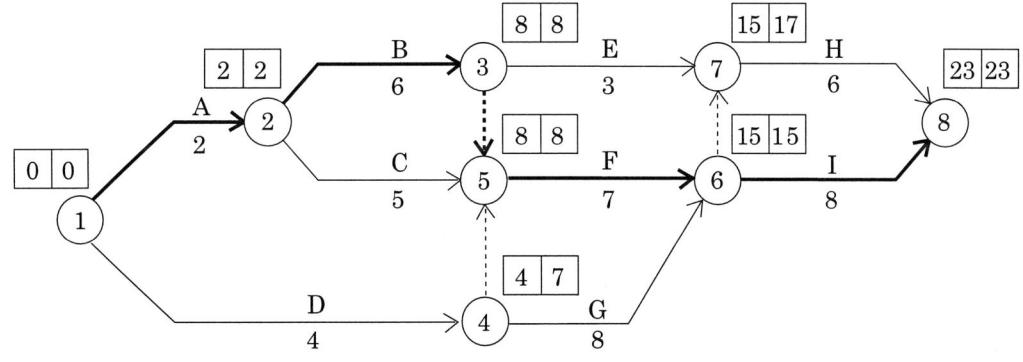

CP〉Activity : A→B→F→I   Event : ①→②→③→⑤→⑥→⑧

실내디자인

[제10회 작품명] 약 국

1. 요구사항
   상업중심지역에 위치한 "약국"을 아래 조건에 의해 설계하시오.

2. 요구조건
   ① 설계면적 : 8.7m × 6.3m × 2.8m(H)
   ② 필요가구 : 어항, 화분, 온장고, 냉장고, 보조사가구, 접대가구, 약사가구, 조제실, 화장실

3. 요구도면
   ① 평면도(가구배치 포함) SCALE : 1/30
   ② 천정도(설비, 조명기구 배치 및 범례표 작성) SCALE : 1/50
   ③ 전개도 1면(벽면재료 표기) SCALE : 1/50
   ④ 주단면도 B-B′ SCALE : 1/50
   ⑤ 실내투시도 SCALE : N.S
   (계획의 포인트가 좋은 지점에서 1소점 또는 2소점 투시도법으로 도면을 작성하되 작성과정의 투시보조선을 남길 것)

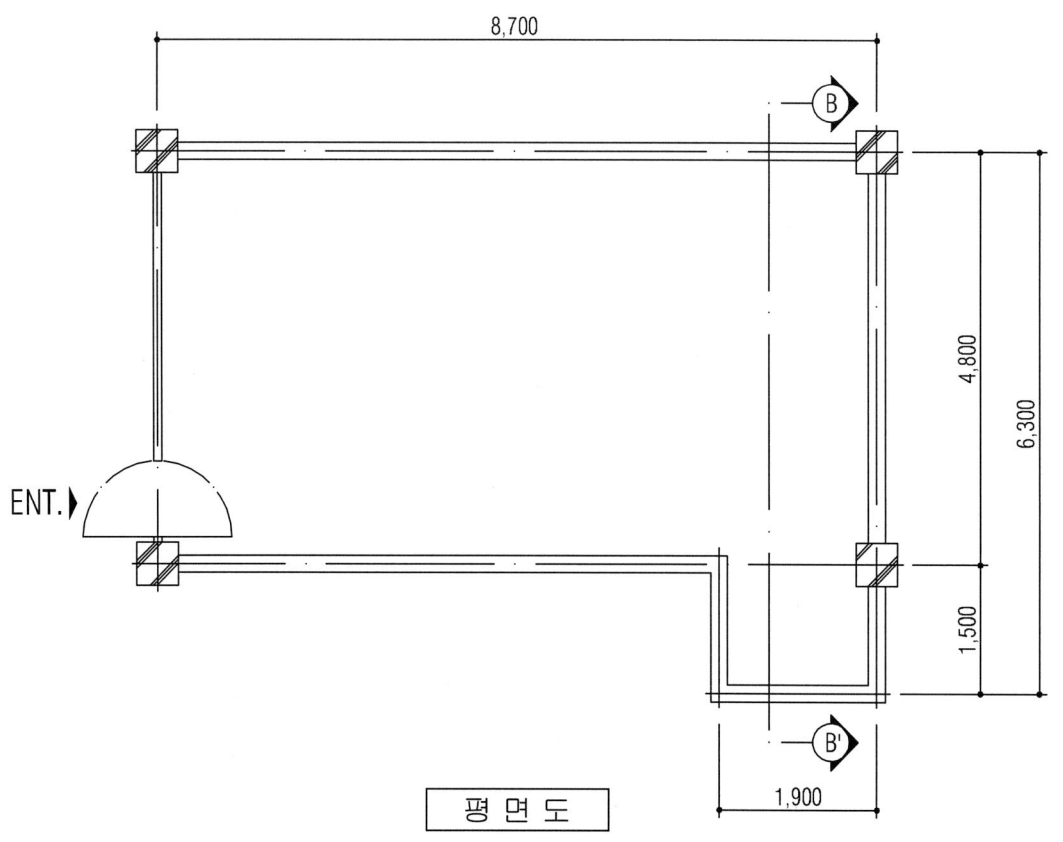

평면도

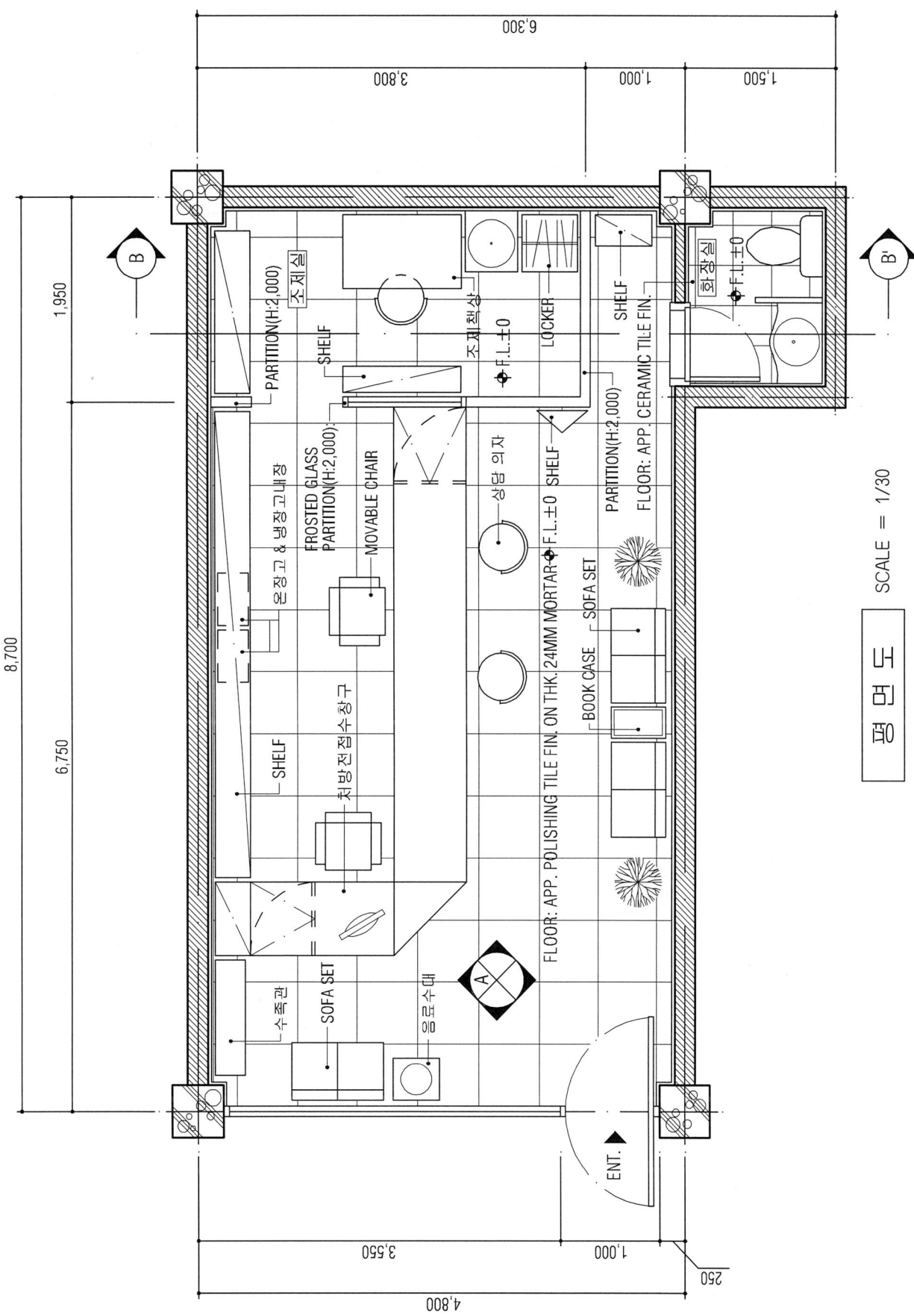

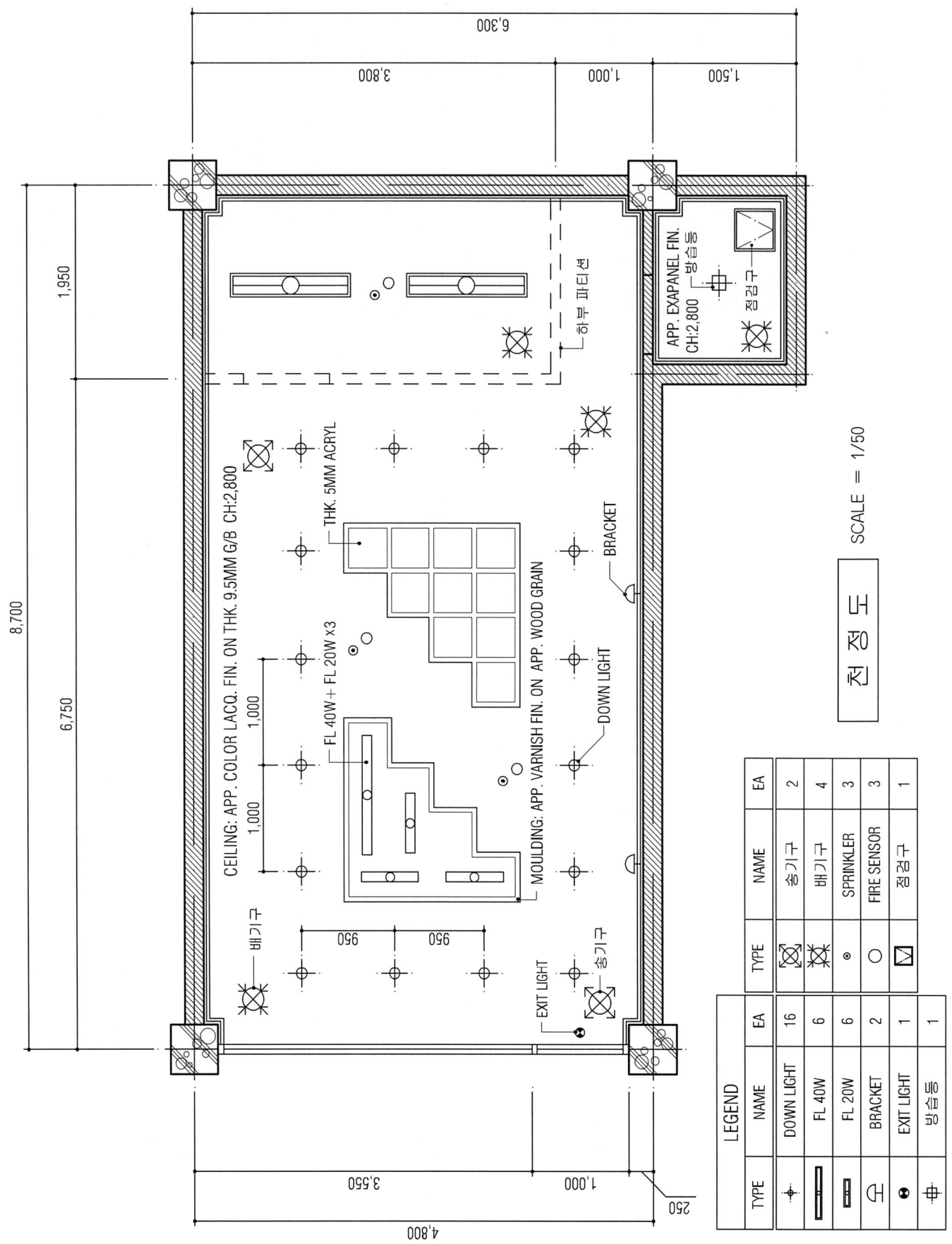

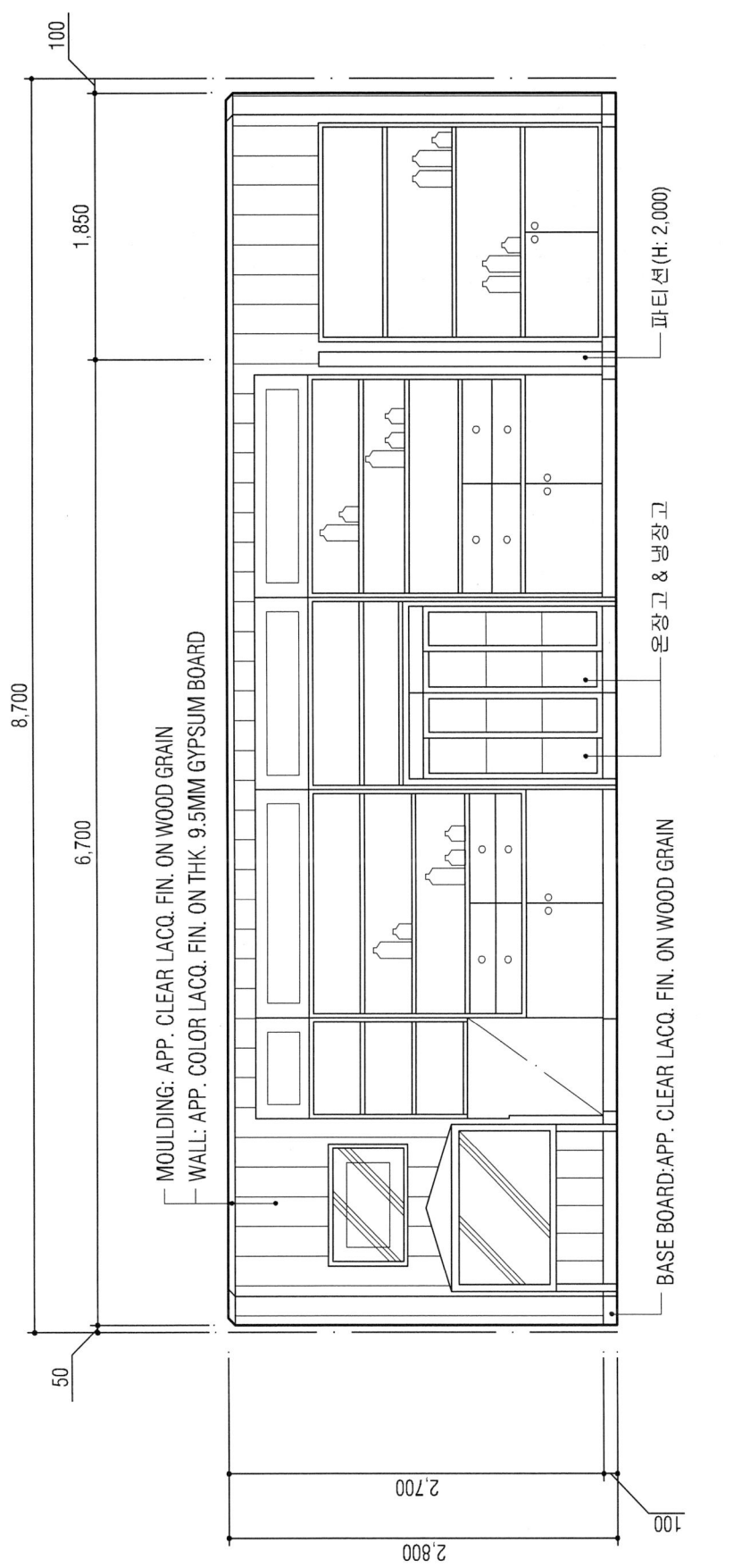

전 개 도 A   SCALE = 1/50

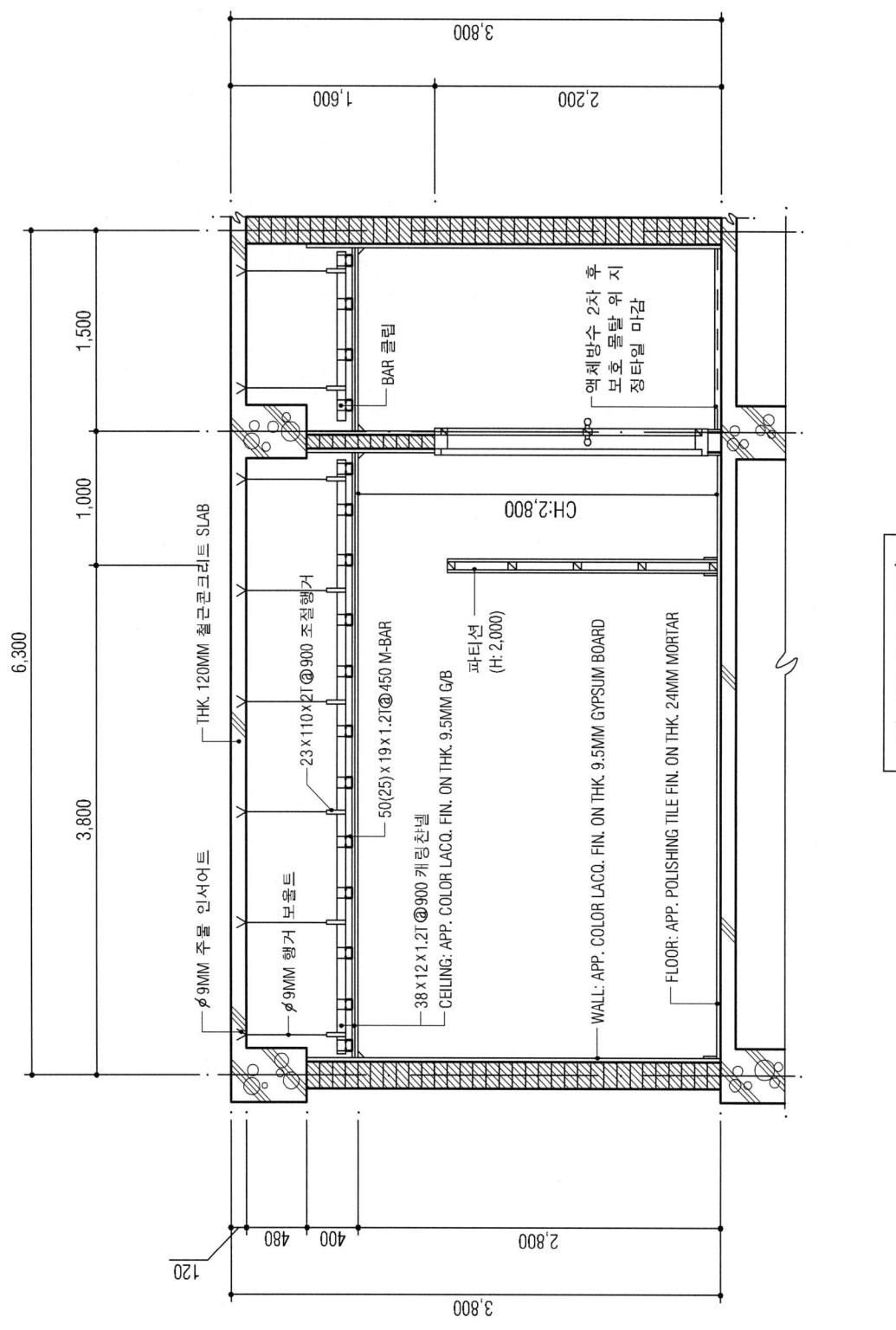

단면도 B-B' SCALE = 1/50

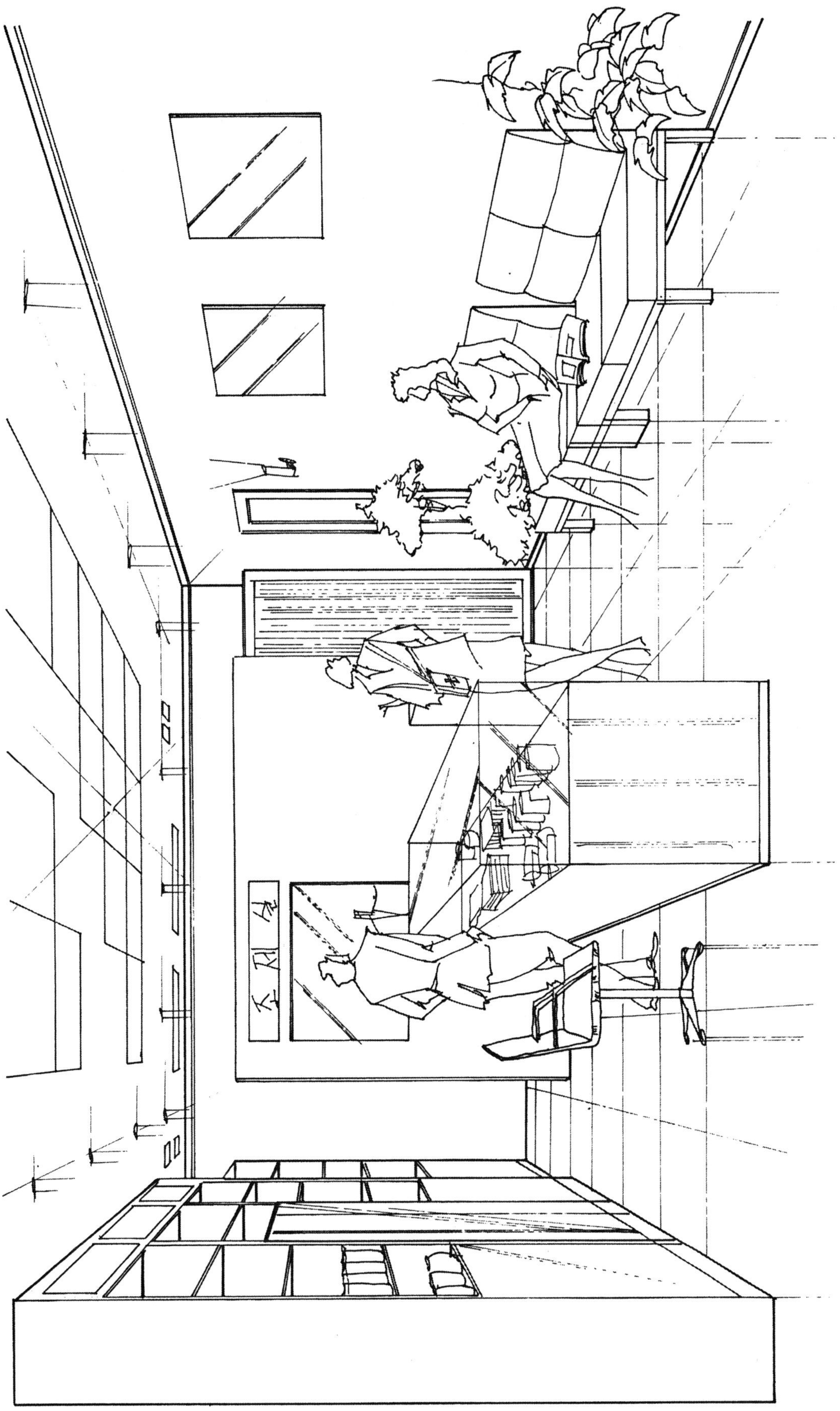

('96. 7. 14 시행)

제11회 의장기사 1급
시공실무

문제 1) 다음 목공사의 용어에 대하여 간단히 설명하시오. (3점)
① 쪽매　　　　　② 맞춤　　　　　③ 이음

【해설】① 쪽매 : 재를 섬유방향과 평행으로 옆대에 붙이는 것.
　　　② 맞춤 : 재와 서로 직각 또는 일정한 각도로 접하는 것.
　　　③ 이음 : 재의 길이 방향으로 두 부재를 접하는 것.

문제 2) 내력벽과 장막벽을 구분하여 기술하시오. (4점)
① 내력벽　　　　　② 장막벽

【해설】① 내력벽 : 벽체, 바닥, 지붕 등의 하중을 받아 기초에 전달하는 벽
　　　② 장막벽 : 상부하중을 받지 않고, 자체의 하중만을 받는 벽

문제 3) 표준형 벽돌로 10m²를 1.5B 보통쌓기 할 때의 벽돌량과 모르타르량을 산출하시오.(단, 할증률은 고려하지 않음) (4점)

【해설】벽돌매수　　　　　　　　　　　　　　　　　　　　　　　　　(m²당)

벽돌형＼쌓기	0.5B	1.0B	1.5B	2.0B	2.5B	3.0B
표　준　형	75	149	224	298	373	447

모르타르량　　　　　　　　　　　　　　　　　　(벽돌 1,000매당 m³)

벽돌형＼쌓기	0.5B	1.0B	1.5B	2.0B	2.5B
표　준　형	0.25	0.33	0.35	0.36	0.37

① 벽돌량 = 10 × 224 = 2,240장
② 몰탈량 = $\frac{2,240}{1,000} \times 0.35 = 0.78 m^3$

문제 4) 테라쪼(Terrazzo) 현장갈기의 시공순서를 〈보기〉에서 골라 기호를 쓰시오. (4점)
〈보기〉① 왁스칠　② 시멘트풀먹임　③ 양생 및 경화　④ 초벌갈기
　　　⑤ 정벌갈기　⑥ 테라쪼 종석바름　⑦ 황동줄눈대 대기

【해설】⑦-⑥-③-④-②-⑤-①

문제 5) 다음 용어를 설명하시오. (4점)
① 인서트(insert)　　　　　② 코너비드(corner bead)

【해설】① 인서트(insert) : 콘크리트조 바닥판 밑에 반자틀 및 기타 구조물을 달아 매고자 할 때 볼트 또는 달대의 걸침이 되는 것.

② 코너비드(corner bead) : 기둥, 벽 등의 모서리를 보호하기 위하여 미장바름질할 때 붙이는 보호용 철물

문제 6) 장판지 붙이기의 시공순서를 〈보기〉에서 골라 순서대로 기호를 쓰시오. (4점)

〈보기〉 ① 재배 ② 걸레받이 ③ 장판지 ④ 마무리칠
　　　　⑤ 초배 ⑥ 바탕처리

【해설】 ⑥-⑤-①-③-②-④

문제 7) 다음 금속공사에 이용되는 철물의 용어에 대하여 간략히 설명하시오. (4점)

① 와이어라스 ② 메탈라스 ③ 와이어 메쉬 ④ 펀칭 메탈

【해설】 ① 와이어라스 : 아연도금한 굵은 철선을 엮어 그물같이 만든 철망을 말하며, 미장바탕용으로 쓰인다.
② 메탈라스 : 얇은 강판에 마름모꼴의 구멍을 연속적으로 뚫어 그물처럼 만든 것으로 천정벽, 처마둘레 등의 미장에 쓰인다.
③ 와이어메쉬 : 연강철선을 전기용접하여 정방형이나 장방형으로 만든것으로 콘크리트 다짐바닥 등에 사용된다.
④ 펀칭메탈 : 얇은 강판에 여러가지 구멍을 뚫어 환기공 또는 방열기 커버 등에 쓰인다.

문제 8) 다음은 화살형 네트워크에 관한 설명이다. 해당되는 용어를 쓰시오. (4점)

① 프로젝트를 구성하는 작업단위
② 화살선으로 표현할 수 없는 작업의 상호관계를 표시하는 화살표
③ 작업의 여유시간
④ 결합점이 가지는 여유시간

【해설】 ① 작업(job) ② 더미(dummy) ③ 플로트(float) ④ 슬랙(slack)

문제 9) 다음 ㉮~㉰에서 관계있는 것을 〈보기〉에서 고르시오. (4점)

〈보기〉 ① 형판유리 ② 합판유리 ③ 철망들입유리 ④ 강화유리
㉮ 두께 2~5mm의 반투명판 유리.
㉯ 2~3장의 유리판을 합성수지로 겹붙여 댄 것.
㉰ 보통 판유리보다 3~5배 강도가 큰 것.
㉱ 유리판 중간에 금속망을 넣은 것.

【해설】 ㉮-①　㉯-②　㉰-④　㉱-③

문제 10) 폭 4.5m, 높이 2.5m의 벽에 1.5×1.2m의 창이 있을 경우 19cm×9cm×5.7cm의 붉은 벽돌을 줄눈나비 10mm로 쌓고자 한다. 이때 붉은 벽돌의 소요량은 얼마인가?(단, 벽돌쌓기는 0.5B이며 할증은 고려치 않는다.) (5점)

【해설】 ① 벽면적 = (4.5×2.5)-(1.5×1.2)
　　　　　　　　 = 11.25-1.8 = 9.45m^2
② 벽돌량 = 9.45×75 = 709장

실내디자인

[제11회 작품명] 재택근무 원룸

1. 요구사항
   주어진 도면은 원룸시스템 오피스텔 평면도 및 단면도이다. 다음의 요구조건에 따라 이곳에 작업 및 주거공간을 겸한 재택근무 공간인 원룸시스템을 설계하시오.

2. 요구조건
   ① 설계면적 : 8.1m×5.4m×2.5m(H)
   ② 필요공간
      ㉠ 작업 및 주거공간(오픈 스페이스로 계획할 것) : 현관, 거실, 주방, 식장, 침실 및 작업공간
      ㉡ 욕실
      ㉢ 다용도실 및 창고
   ③ 필요기구
      ㉠ 작업 및 주거공간
         - 현관-신발장
         - 거실-응접세트(소파 및 탁자), 보조탁자
         - 주방-주방가구 및 냉장고
         - 식당-소형탁자, 의자2개
         - 침실-옷장, 침대, 나이트 테이블
         - 작업공간-책상(작업대), 책장, 보조탁자(컴퓨터용)
      ㉡ 욕실-샤워실, 변기, 세면대
      ㉢ 다용도실 및 창고-세탁기

3. 요구도면
   ① 평면도(가구배치 포함) SCALE : 1/30
   ② 전개도 A방향 1면(벽면재료 표기) SCALE : 1/30
   ③ 단면도(B-B´) SCALE : 1/30
   ④ 천정도(설비, 조명기구 배치 및 범례표 작성) SCALE : 1/30
   ⑤ 실내투시도 SCALE : N.S
      (1소점 또는 2소점 투시도법으로 작성하되, 작성과정의 투시보조선을 남길 것)

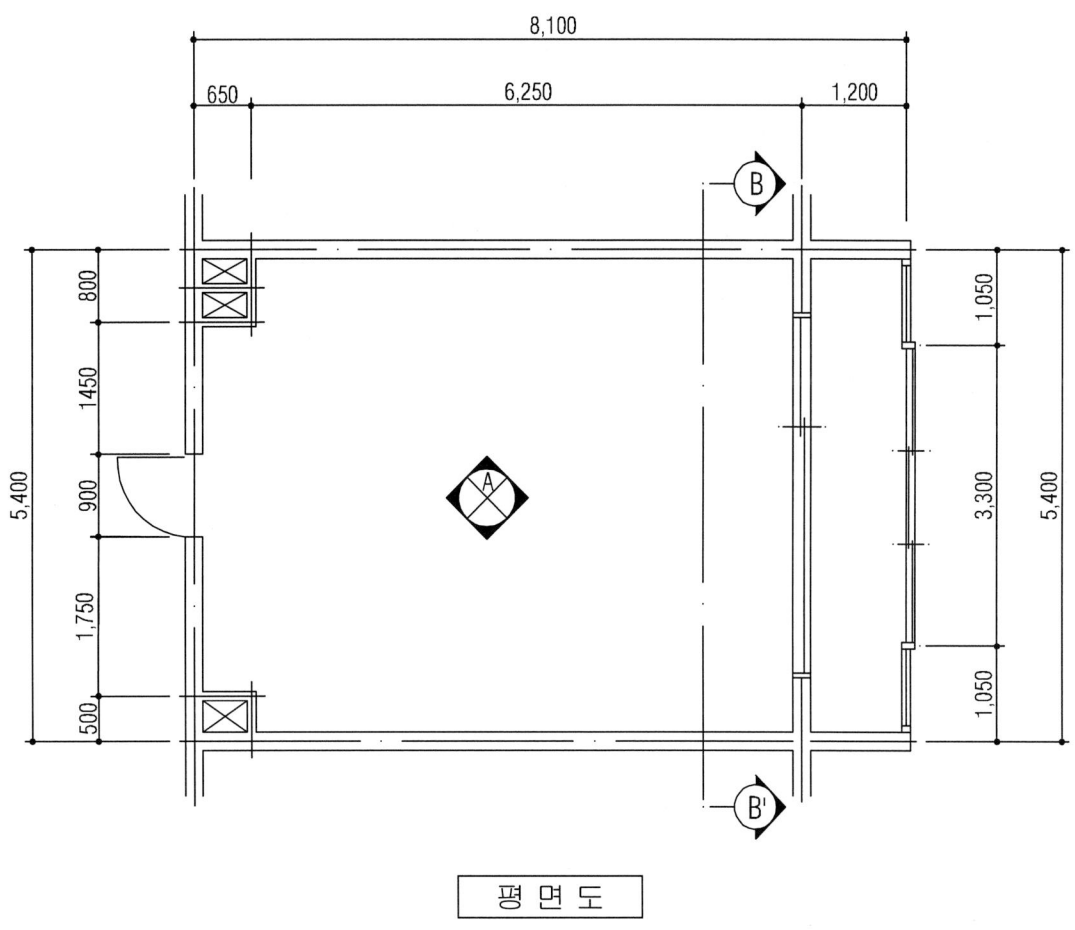

평 면 도

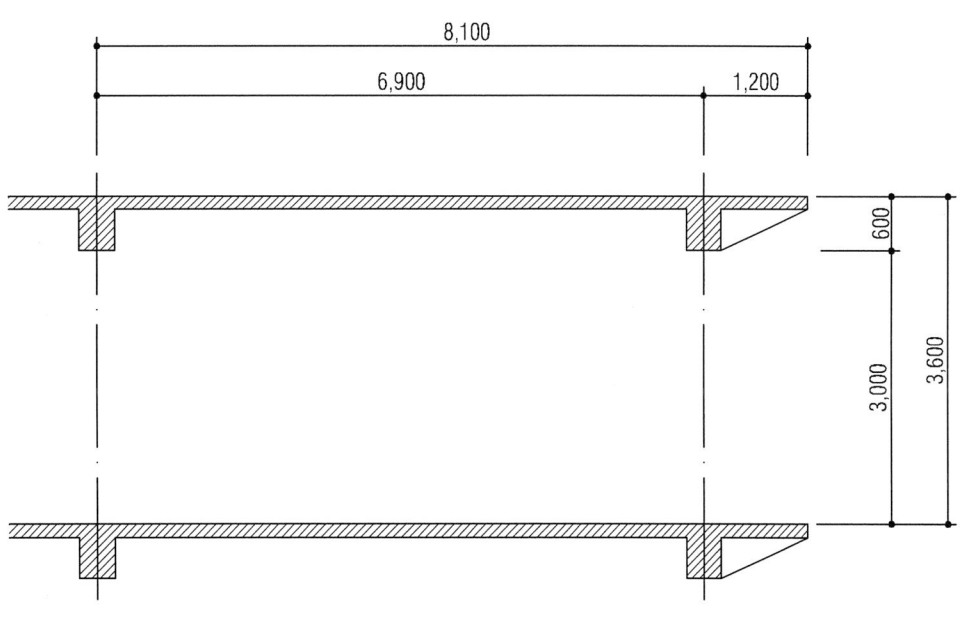

단 면 도

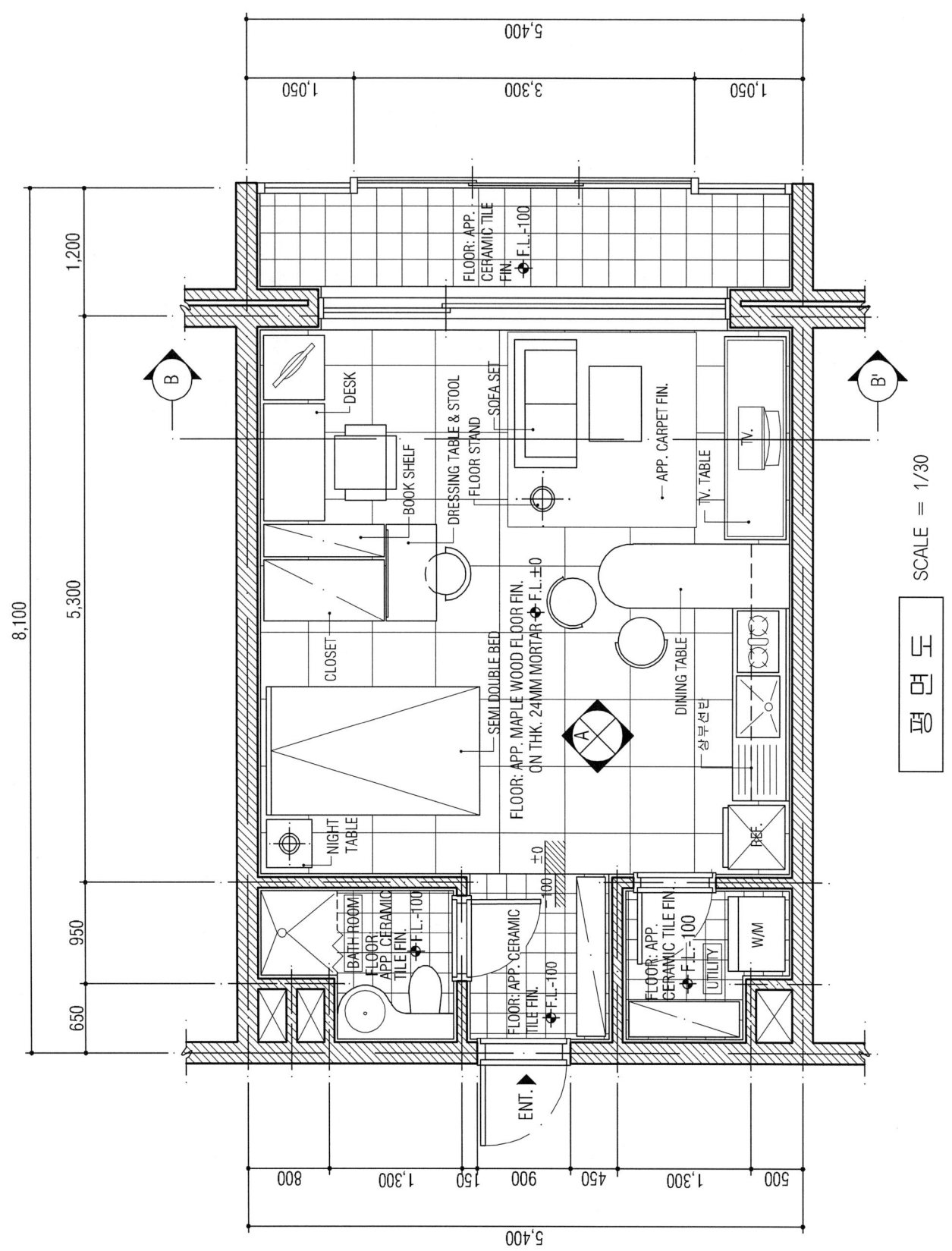

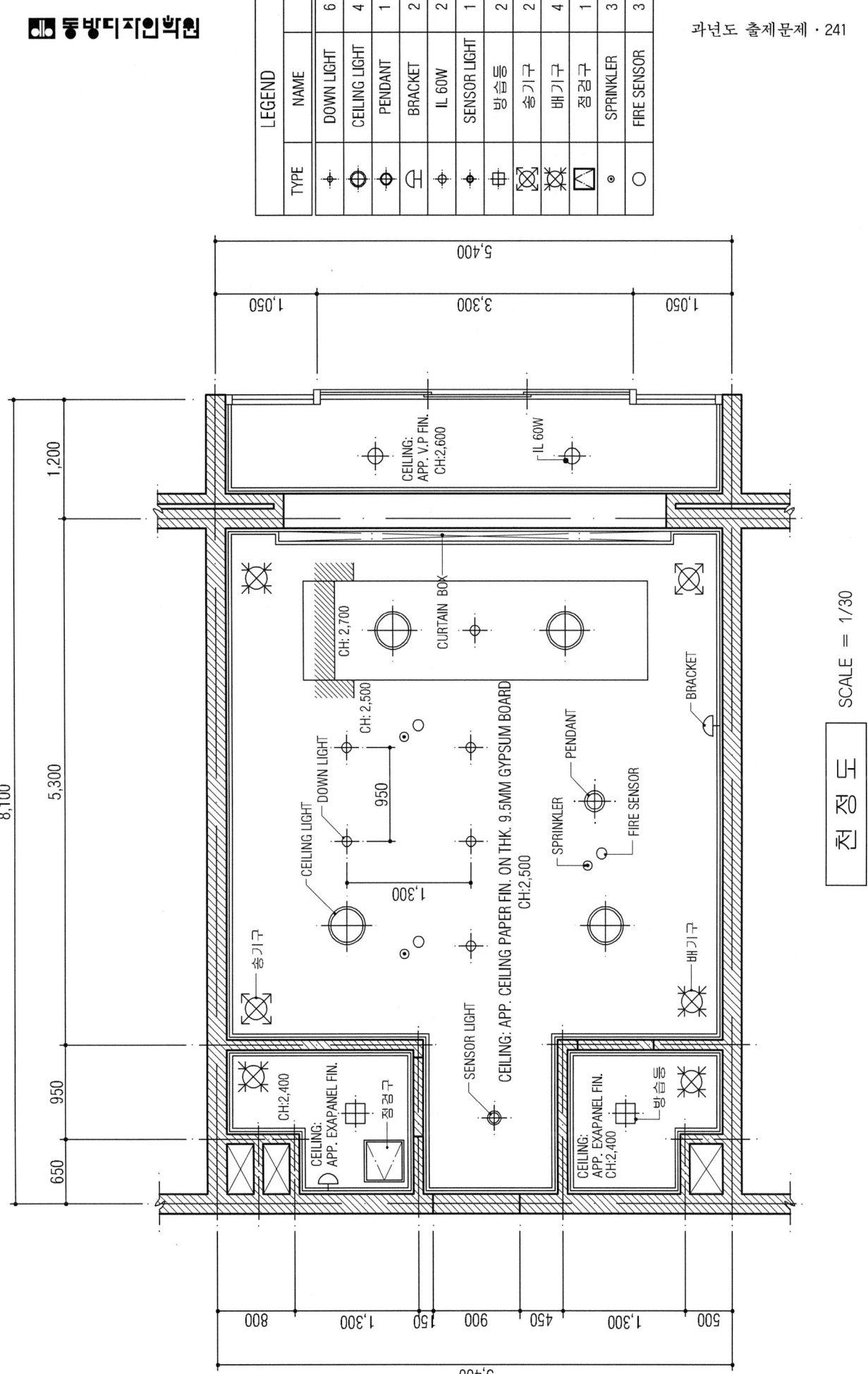

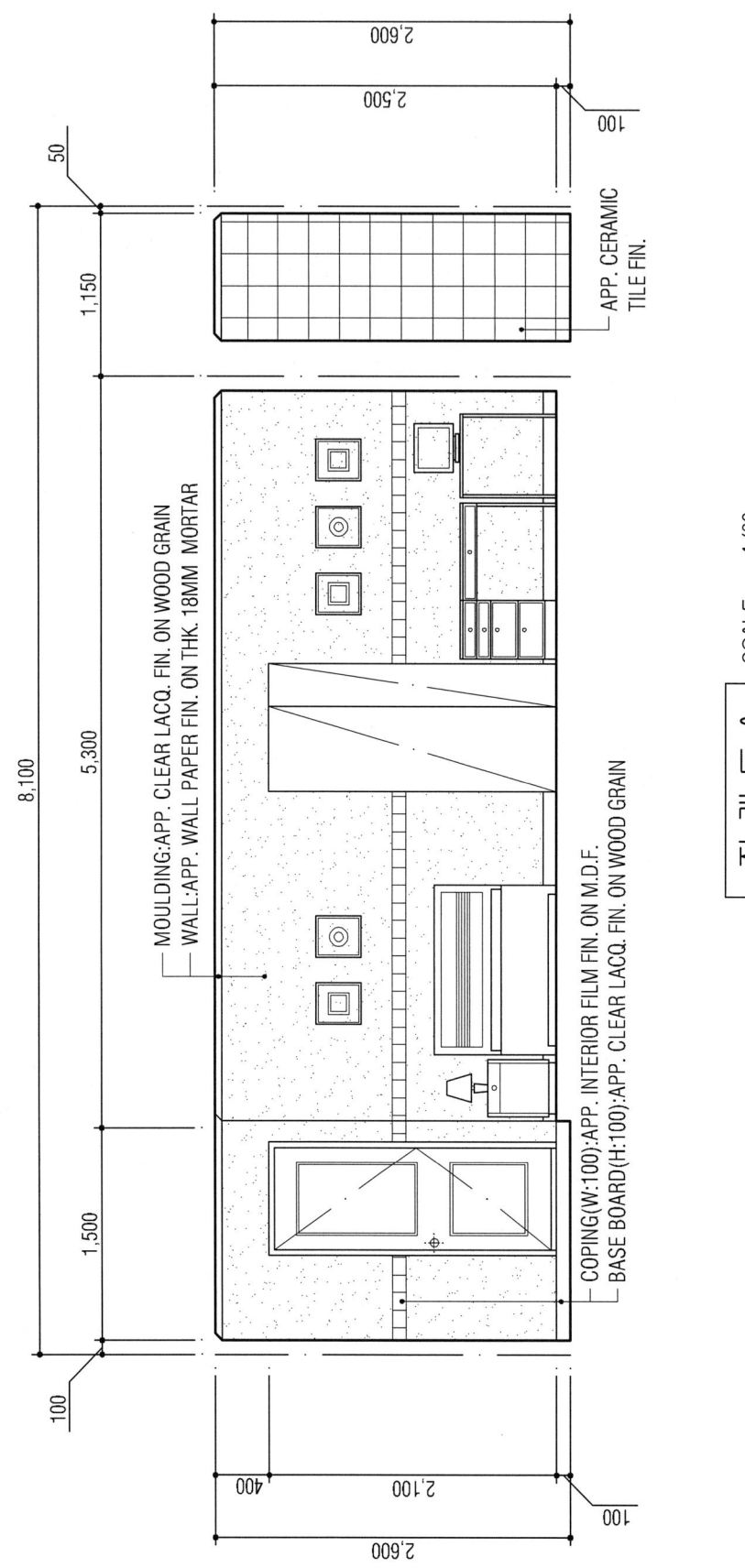

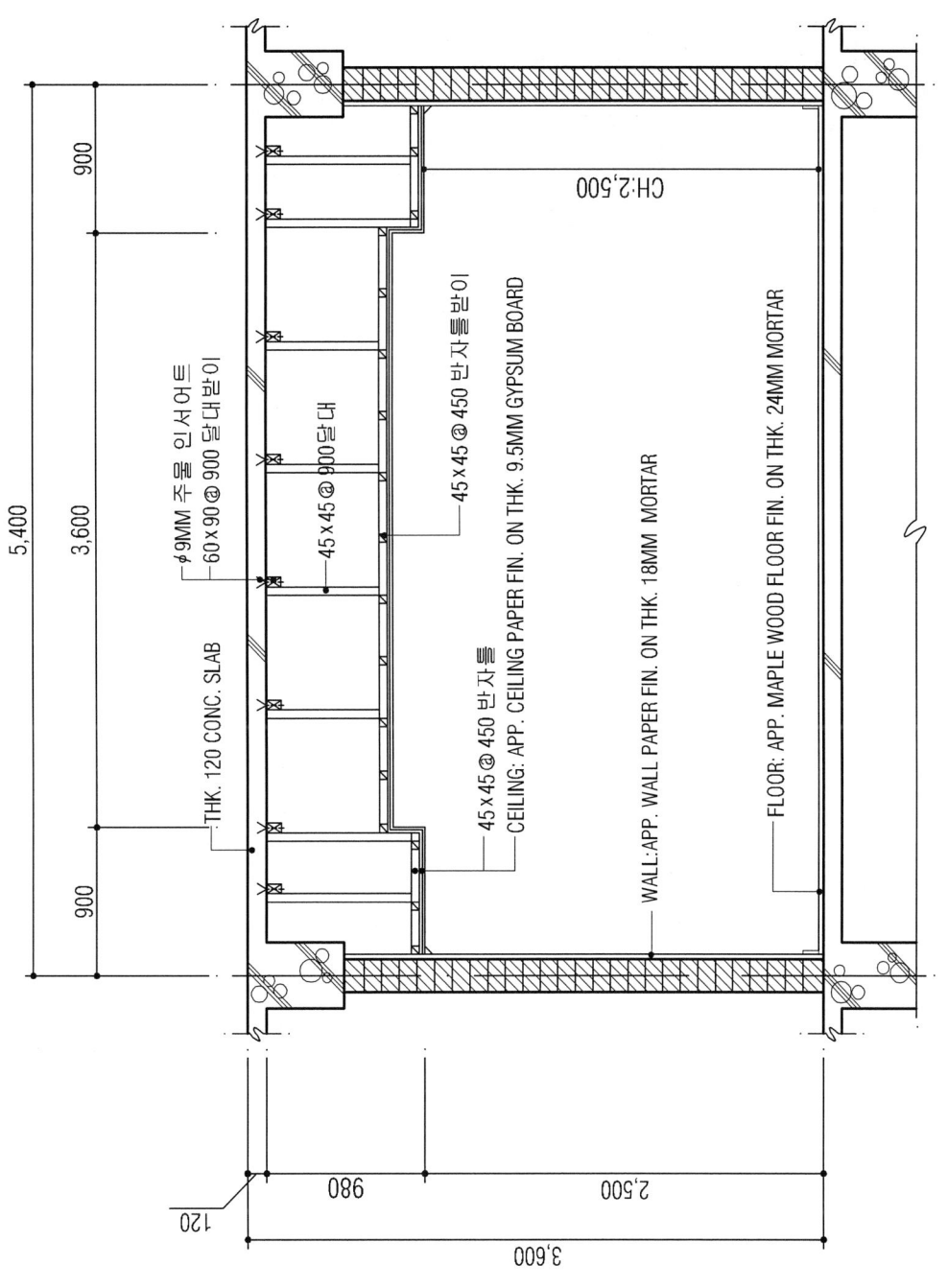

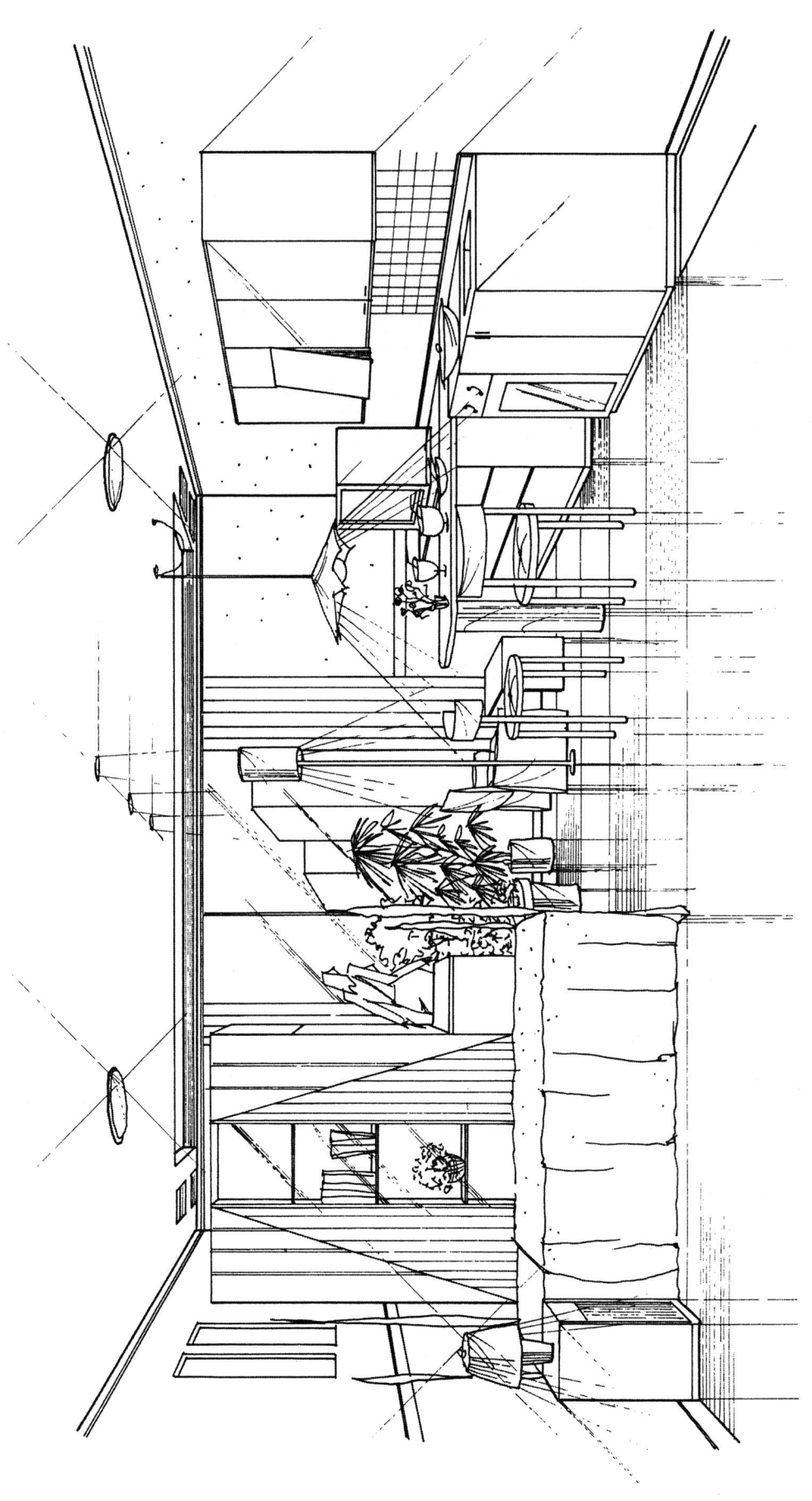

('96. 9. 1 시행)

제12회 의장기사 1급
시공실무

문제 1) 달비계에 대해 간단히 기술하시오. (4점)

【해설】 건물구조체가 완성된 다음에 외부수리, 치장공사, 유리창 청소 등을 하는데 쓰이는 것이다. Wire rope로 작업대를 달아 내린 것으로 손감기나 작은 동력 Winch로 상하조절을 할 수 있도록 한 것이다.

문제 2) 다음 네트워크의 용어를 간단히 설명하시오. (4점)
〈보기〉 ① EST :   ② LT :   ③ FF :   ④ CP :

【해설】 ① EST : 작업을 개시할 수 있는 가장 빠른 시일.
② LT : 임의 결합점에서 완료 결합점에 이르는 경로를 시간적으로 가장 긴 경로를 통하여 프로젝트 완료시일에 맞추는 개시시일.
③ FF : 작업을 가장 빠른 개시일에 시작, 후속하는 작업도 가장 빠른 개시일에 시작하고도 남게 되는 여유시일.
④ CP : 개시결합점에서 완료결합점까지의 가장 긴 패스.

문제 3) 표준형 벽돌 1.0B벽돌쌓기시 벽돌량과 모르타르량을 산출하시오.(단, 벽길이 100m, 벽높이 3m, 개구부 1.8×1.2m 10개, 줄눈두께 10mm, 정미량으로 산출) (6점)

【해설】 ① 벽면적 = (100×3)-(1.8×1.2×10)
= 300-21.6 = 278.4m^2
② 정미량 = 278.4×149 = 41,482매
③ 몰탈량 = $\frac{41,482}{1,000}$ ×0.33 = 13.69m^3

문제 4) 다음 용어를 간단히 설명하시오. (3점)
〈보기〉 ① 내력벽   ② 장막벽   ③ 중공벽

【해설】 ① 내력벽 : 벽체, 바닥, 지붕 등의 하중을 받아 기초에 전달하는 벽
② 장막벽 : 상부의 하중을 받지 않고, 자체의 하중을 받은 벽
③ 중공벽 : 외벽에 방음, 방습, 단열 등의 목적으로 벽체의 중간에 공간을 두어 이중으로 쌓는 벽

문제 5) 타일붙이기 시공순서를 (   )에 쓰시오. (3점)
〈보기〉 바탕처리-(   )-(   )-(   )-마무리 및 보양

【해설】 바탕처리-타일나누기-타일붙이기-치장줄눈-마무리 및 보양

문제 6) 장판깔기 시공순서를 바르게 나열하시오. (5점)
〈보기〉 걸레받이   바탕처리   마무리칠   장판지깔기   초배   재배

【해설】 바탕처리-초배-재배-장판지깔기-걸레받이-마무리칠

문제 7) 휘발성용제의 종류를 3가지 쓰시오. (3점)
① ② ③

【해설】 ① 알콜 ② 테레핀유 ③ 벤졸

문제 8) 퍼티의 종류를 3가지 쓰시오. (3점)

【해설】 ① 유리퍼티 ② 도장퍼티 ③ 붉은퍼티

문제 9) 목재의 바탕만들기 순서를 ( )안에 쓰시오. (4점)
〈보기〉 ( )-( )-( )-( )

【해설】 (오염, 부착물제거)-(송진처리)-(연마지닦기)-(옹이·구멍땜)

문제 10) 철재 녹막이 도료의 종류를 5가지 쓰시오. (5점)
① ② ③ ④ ⑤

【해설】 ① 광명단 ② 산화철녹막이 ③ 알루미늄 도료 ④ 아연 분말도료 ⑤ 징크로메이트

실내디자인

[제12회 작품명] 빌딩내 업무공간 - 사장실

1. 요구사항
   주어진 도면은 빌딩내 업무공간을 위한 평면도이다. 요구조건에 따라 도면을 작성하시오.

2. 요구조건
   ① 설계면적 : 15m×6.9×2.7m(H)
   ② 사장실 : 책상, 손님접대용 가구
   ③ 사장 전용 욕실 : 샤워시설, 세면기, 변기
   ④ 비서공간 : 비서 2인이 근무할 수 있는 공간으로 책상, 의자
   ⑤ 탕비실 : 간이 Sink
   ⑥ 손님대기공간 : Sofa Set

3. 요구도면
   ① 평면도 SCALE : 1/50
   ② 전개도 1면(벽마감재료 포함) SCALE : 1/50
   ③ 천정도(설비 및 조명기구배치) SCALE : 1/50
   ④ 주단면도 B-B' SCALE : 1/50
   ⑤ 실내투시도 SCALE : N.S
      (계획의 포인트가 좋은 지점에서 1소점 투시도법으로 작성하되, 작성과정의 투시보조선을 반드시 남길 것)

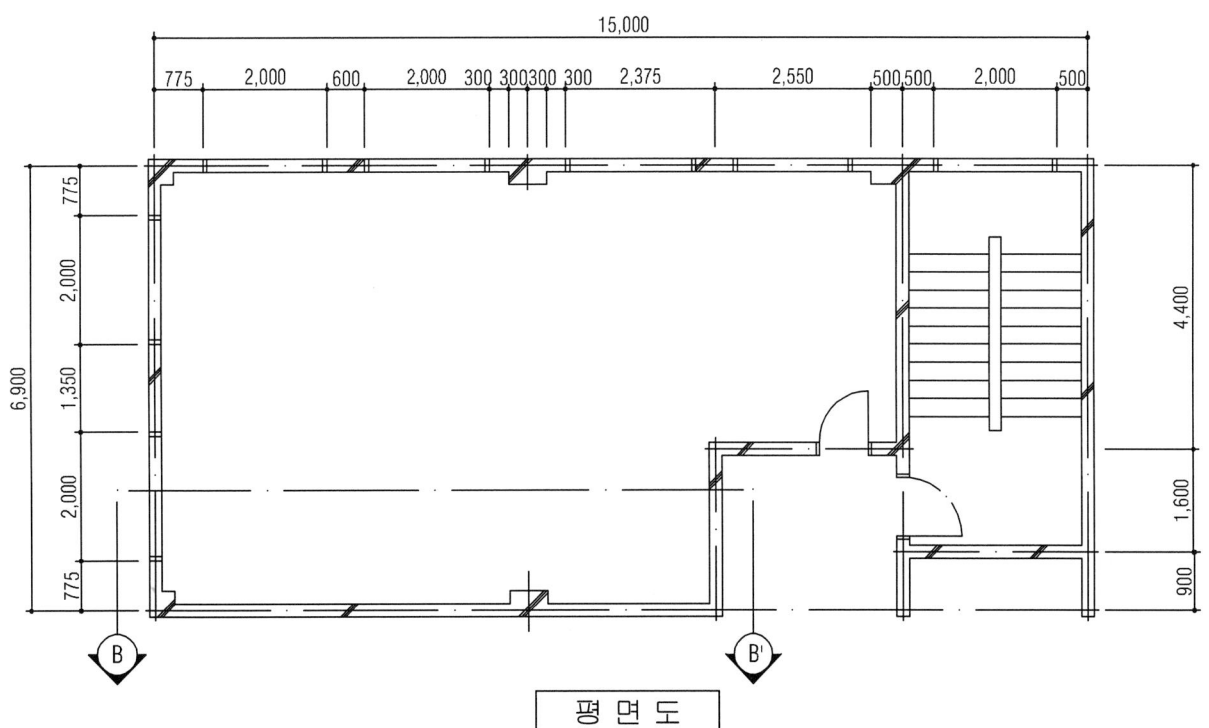

평면도

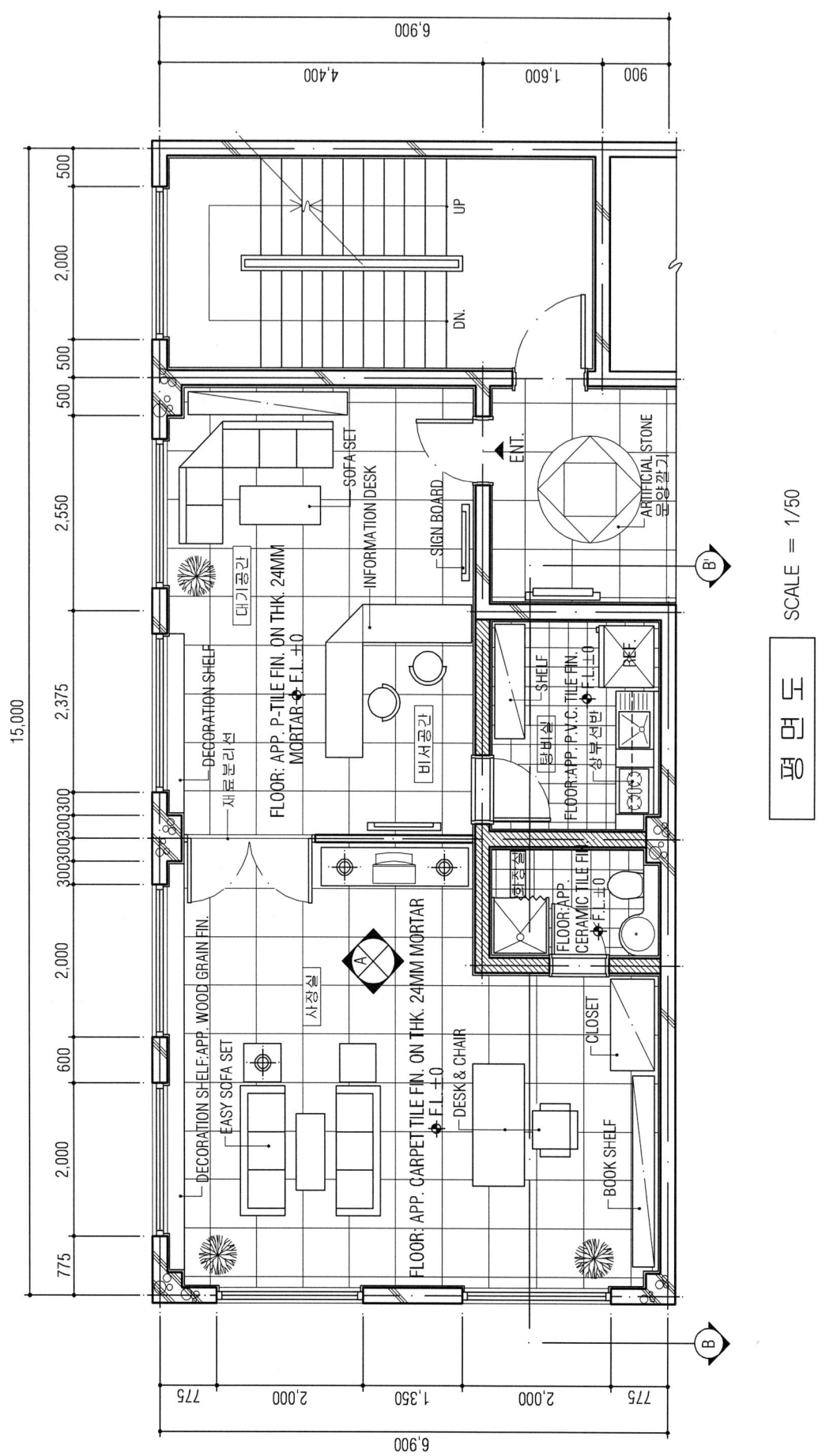

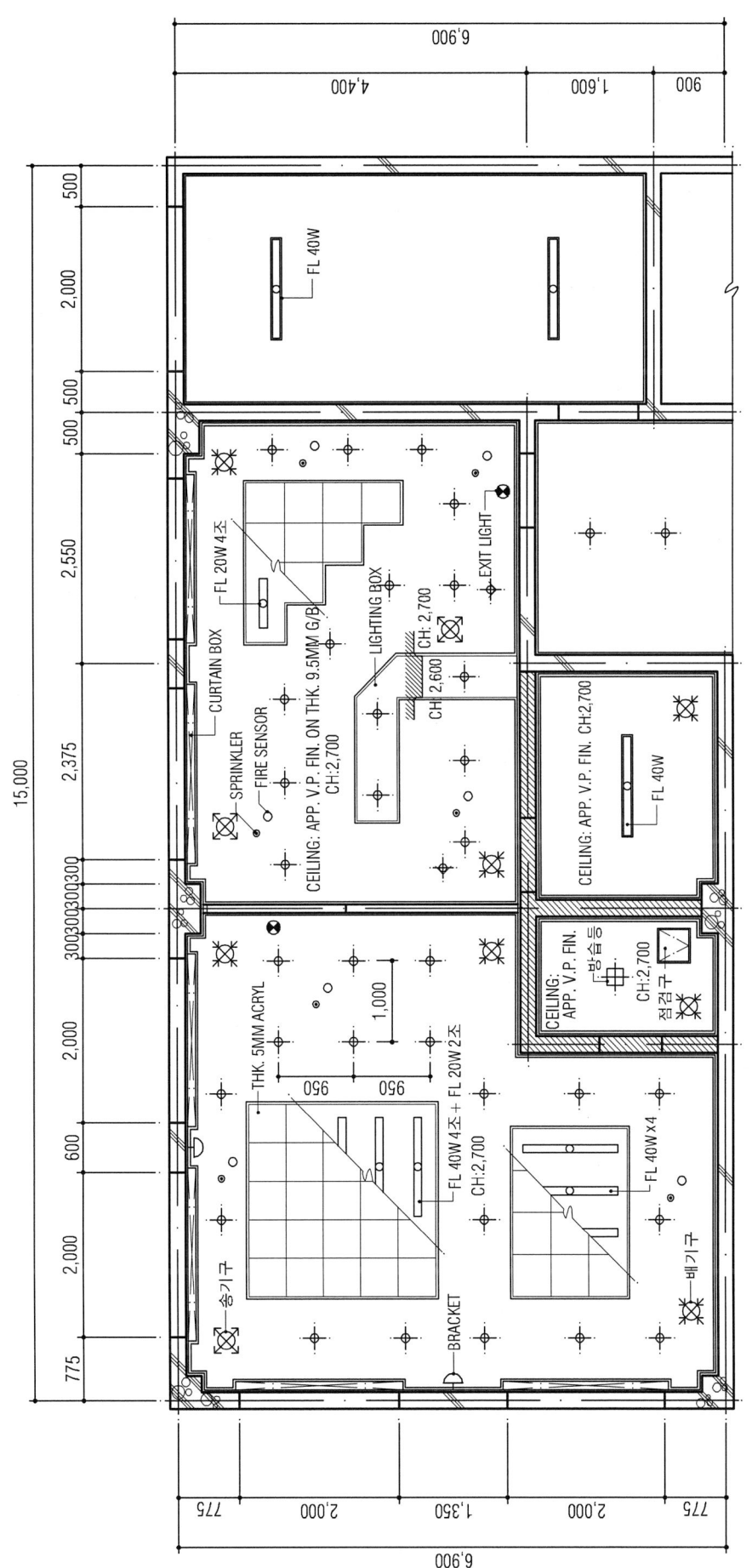

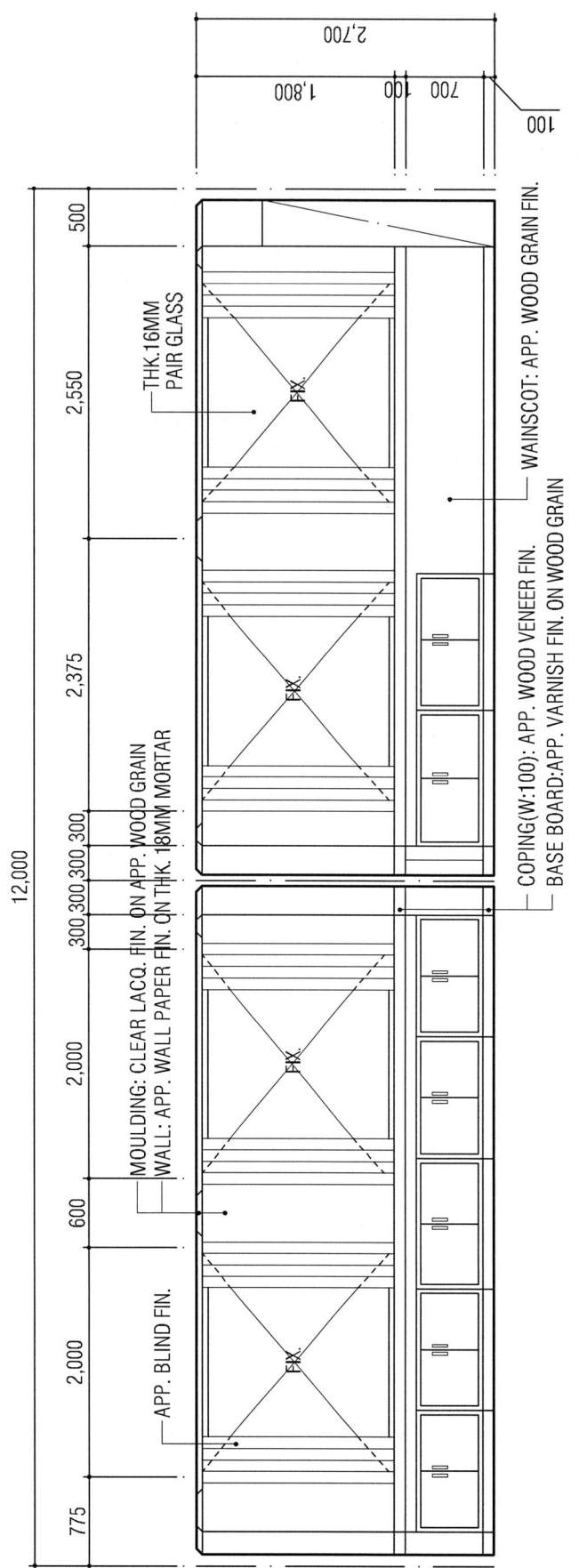

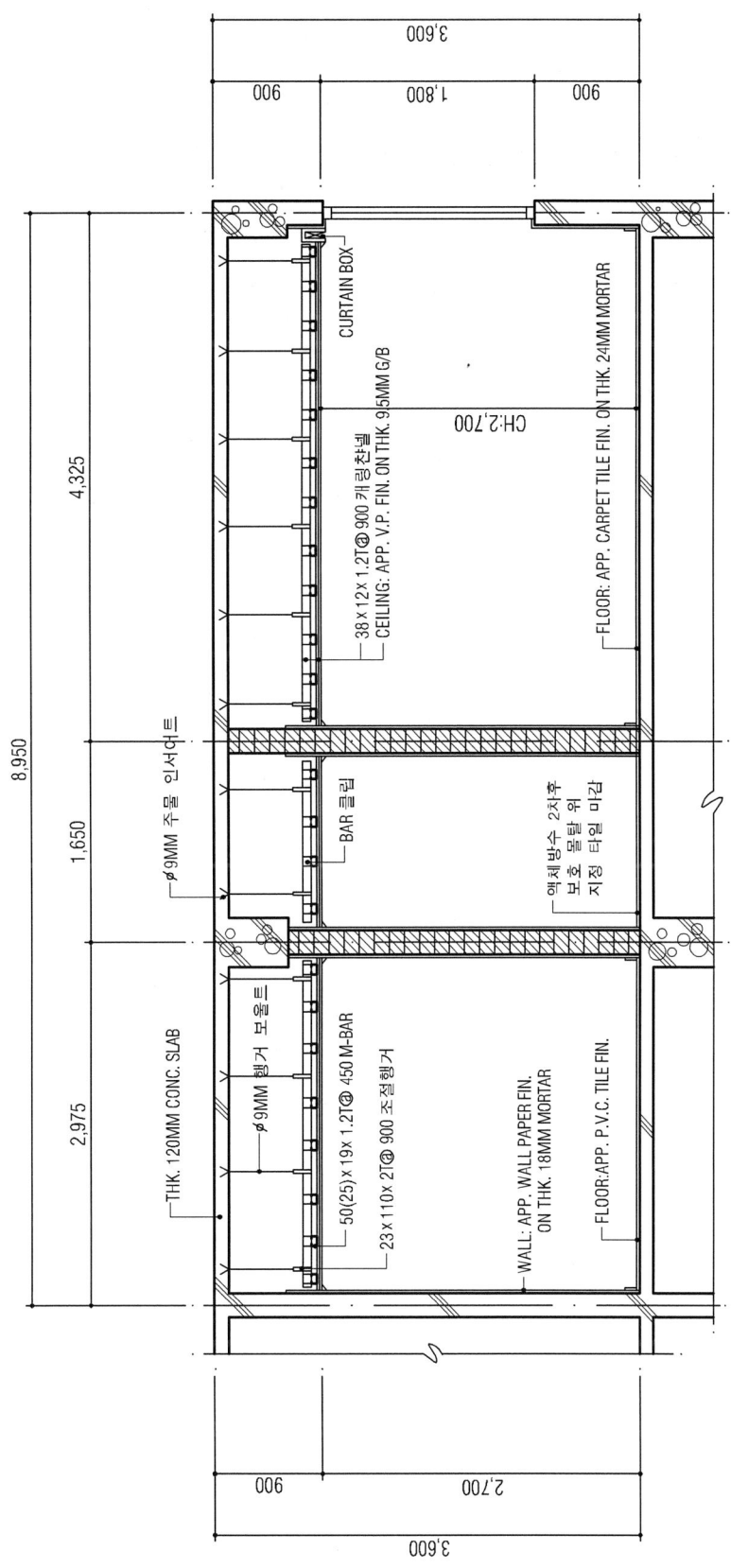

단면도 B-B' SCALE = 1/50

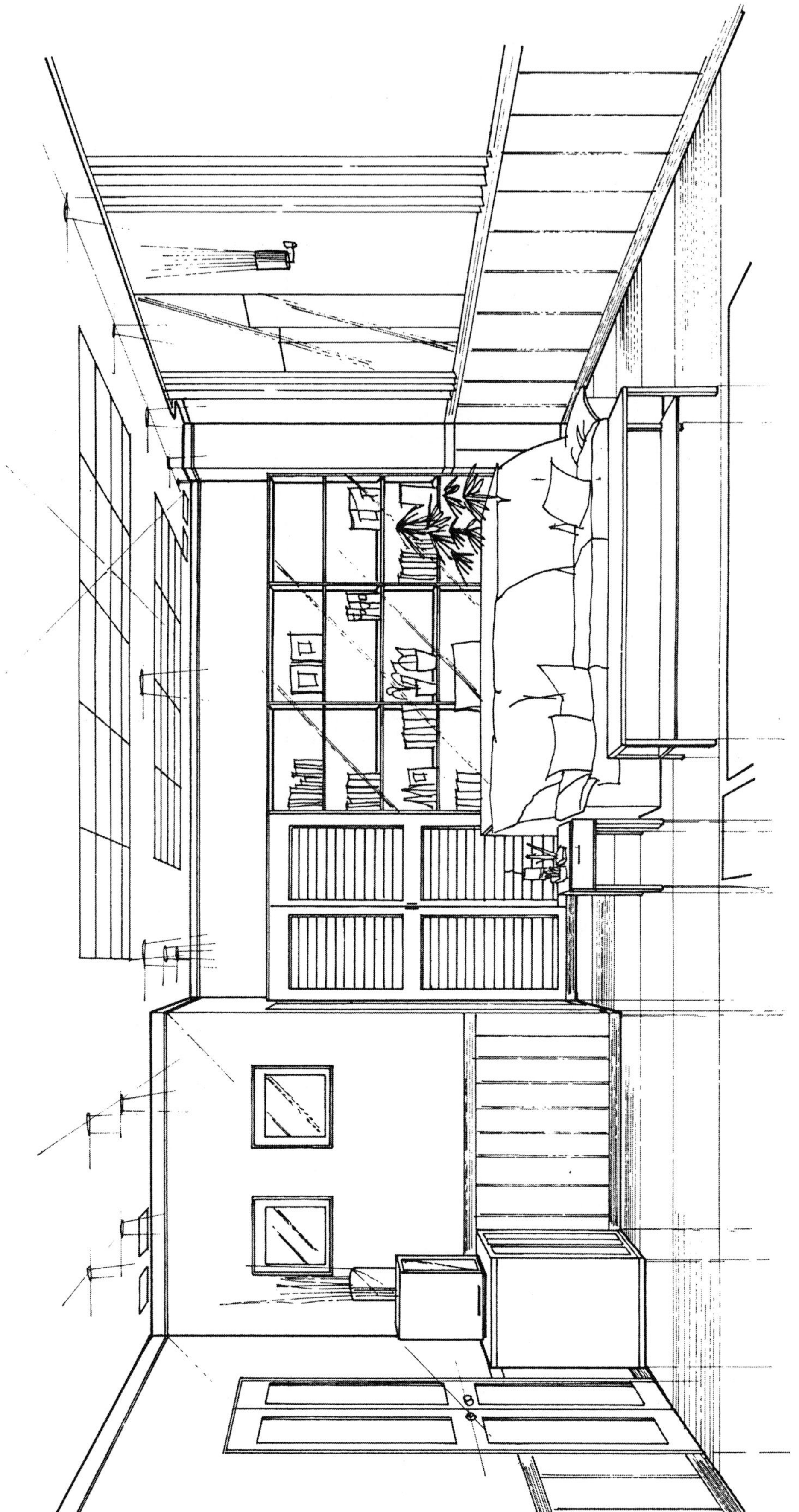

실내투시도 SCALE = N.S

('96. 11. 16 시행)

제13회 의장기사 1급
시공실무

문제 1) 다음의 합성수지 재료를 열가소성과 열경화성으로 구분하시오. (5점)
〈보기〉 ① 멜라민수지 ② 페놀수지 ③ 요소수지 ④ 초산비닐수지 ⑤ 염화비닐수지
⑥ 실리콘수지 ⑦ 스티로폴수지

【해설】 열가소성수지 : ④, ⑤, ⑦ 열경화성수지 : ①, ②, ③, ⑥

문제 2) 비계에 대한 분류이다. 알맞는 용어를 쓰시오. (5점)
〈보기〉 비계를 재료면에서 분류하면 (①), (②)로 나눌 수 있고, 비계를 매는 형식면에서 분류하면 (③), (④), (⑤)로 나눌 수 있다.

【해설】 ① 통나무비계 ② 파이프비계 ③ 지주비계 ④ 달비계 ⑤ 이동비계

문제 3) 블록쌓기에서 1일 쌓기높이는 최대 (①), (②)켜, (③)의 살이 위로 가게 하며, 쌓기용 모르타르 배합비는 (④)이다. (4점)

【해설】 ① 1.5m ② 7켜 ③ 두꺼운 쪽 ④ 1 : 3

문제 4) 1층 납작마루의 시공순서를 쓰시오. (3점)

【해설】 ① 동바리돌 ② 멍에 ③ 장선 ④ 마루널

문제 5) 다음의 미장재료 중 알카리성을 띠는 재료를 모두 골라 번호를 쓰시오. (3점)
〈보기〉 ① 회반죽 ② 돌로마이트 플라스터 ③ 순석고 플라스터
④ 킨즈시멘트(경석고플라스터) ⑤ 시멘트 모르타르 ⑥ 마그네시아 시멘트

【해설】 ①, ②, ⑤

문제 6) 다음의 ( )안에 알맞는 말을 써넣으시오. (4점)
네트워크에서는 공기를 둘로 나누어 생각할 수 있는데, 그 하나는 미리 건축주로부터 결정된 공기로서 이것을 (①)이라 하고, 다른 하나는 일정을 진행방향으로 산출하여 구한 (②)인데, 이러한 두 공기간의 차이를 없애는 작업을 (③)라(이라) 한다.

【해설】 ① 지정공기 ② 계산공기 ③ 공기조정

문제 7) 적산시 할증률을 ( )안에 써넣으시오. (4점)

① 붉은벽돌 ( )%   ② 시멘트 벽돌 ( )%
③ 블록 ( )%   ④ 타일( )%

【해설】 ① - 3   ② - 5   ③ - 4   ④ - 3

문제 8) 다음 창호의 용도로서 가장 상관성이 있는 것을 한가지씩 〈보기〉에서 골라 쓰시오. (4점)

① 방풍용   ② 현관용   ③ 칸막이용   ④ 방도용

〈보기〉 ㉮ 주름문   ㉯ 회전문   ㉰ 아코디언 도어   ㉱ 무테문

【해설】 ① - ㉯   ② - ㉱   ③ - ㉰   ④ - ㉮

문제 9) 다음 그림과 같은 철근콘크리트조 사무소를 신축함에 있어 외부 쌍줄비계를 매는데 총 비계면적을 산출하시오. (4점)

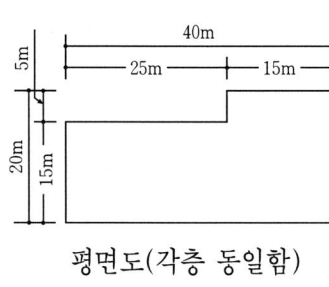
평면도(각층 동일함)

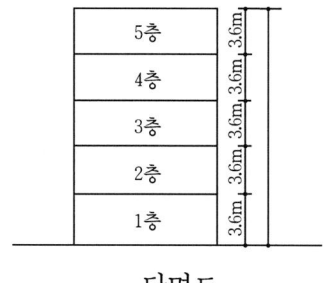
단면도

【해설】 쌍줄비계면적 : $A = H\{2(a+b) + 0.9 \times 8\}$

$A = 18\{2(40+20) + 0.9 \times 8\}$

$A = 18\{(2 \times 60) + 7.2\}$

$A = 18 \times 127.2$

$A = 2,289.6 \text{m}^2$

문제 10) 다음 설명이 의미하는 철물명을 쓰시오. (4점)

① 철선을 꼬아 만든 철망
② 얇은 철판에 각종 모양을 도려낸 것.
③ 얇은 철판에 자름금을 내어 당겨 늘린 것.
④ 연강선을 직교시켜 전기용접한 철선망

【해설】 ① 와이어 라스   ② 펀칭메탈   ③ 메탈 라스   ④ 와이어 메쉬

실내디자인

[제13회 작품명] 락카페

1. 요구사항
   주어진 도면은 상업중심지역에 위치한 락카페 평면이다.

2. 요구조건
   ① 설계면적 : 19.02m×12.68m×2.45m(H)
   ② Stage ③ Music Box ④ Counter
   ⑤ TV Monitor Box 7개
   ⑥ Telephone Booth
   ⑦ Bar(주방겸용)
   ⑧ 가구(Tea Table) : 4인조-8조, 6인조-4조, 8인조-2조
   (이상 제시된 가구는 필수적이며 이 외에 필요한 가구가 있다면 보충할 수 있음.)

3. 요구도면
   ① 평면도 SCALE : 1/50
   ② 전개도 2면 SCALE : 1/50
   ③ 천정도 SCALE : 1/50
   ④ 단면도 C-C´ SCALE : 1/50
   ⑤ 실내투시도(1소점) SCALE : N.S
   (계획의 포인트가 좋은 지점에서 1소점 투시도법으로 작성하되, 작성과정의 투시보조선을 반드시 남길 것)

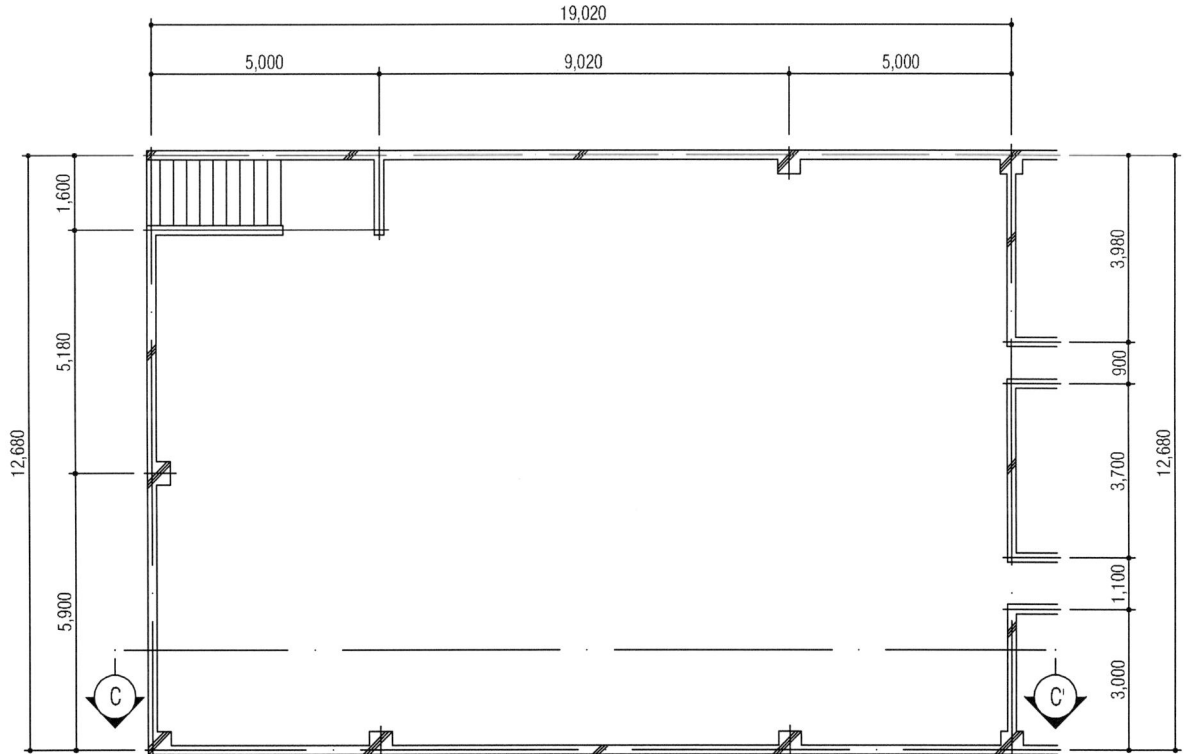

평면도

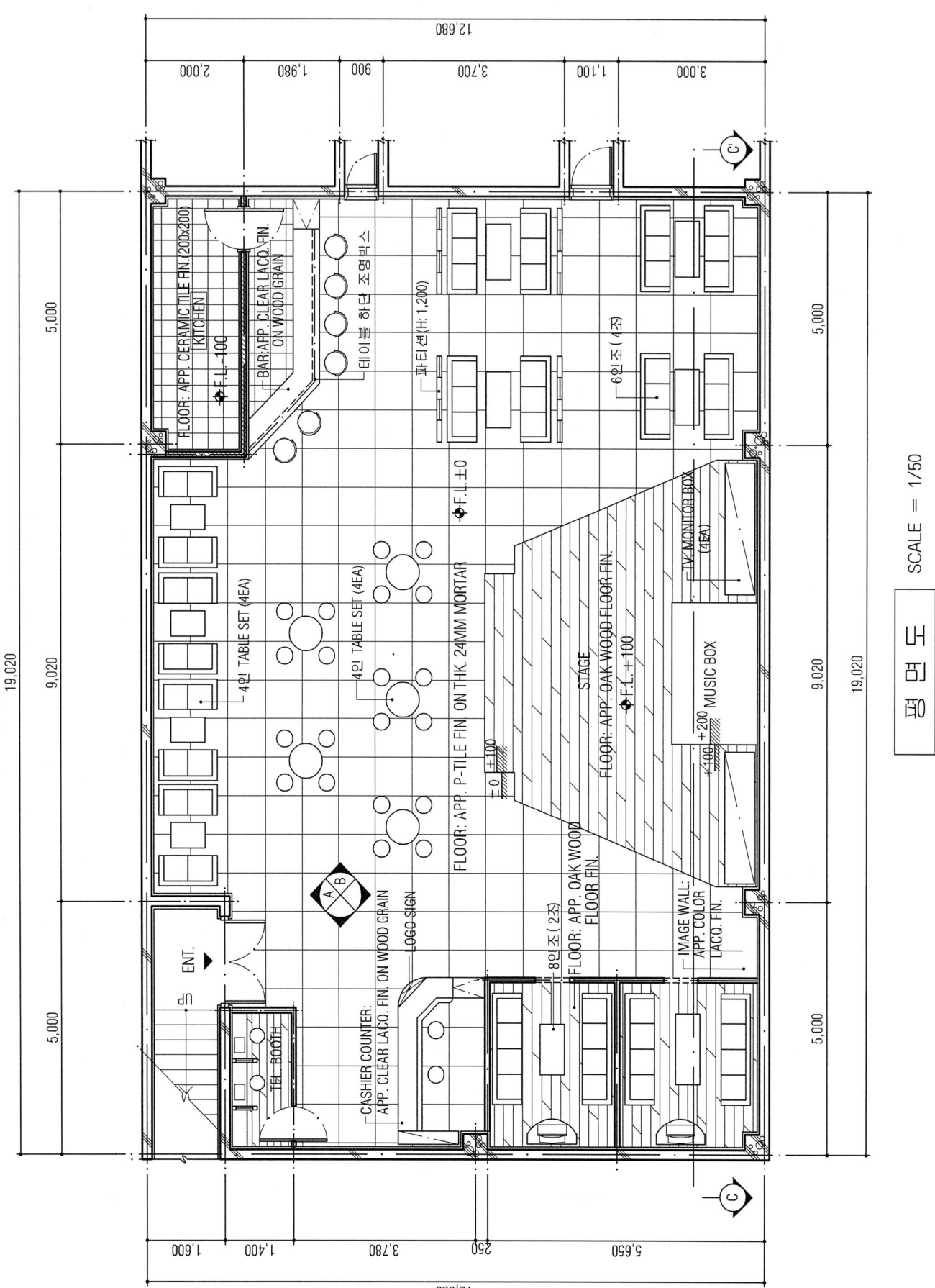

LEGEND		
TYPE	NAME	EA
✚	DOWN LIGHT	22
⊕	PENDANT	20
⊓	BRACKET	4
⊕	EXIT LIGHT	1
✸	CYCLE LIGHT	3
✚	SPOT LIGHT	8
⊠	송기구	7
⊠	배기구	21
▭	FL 40W	12
∘	SPRINKLER	16
○	FIRE SENSOR	16

천 정 도 SCALE = 1/50

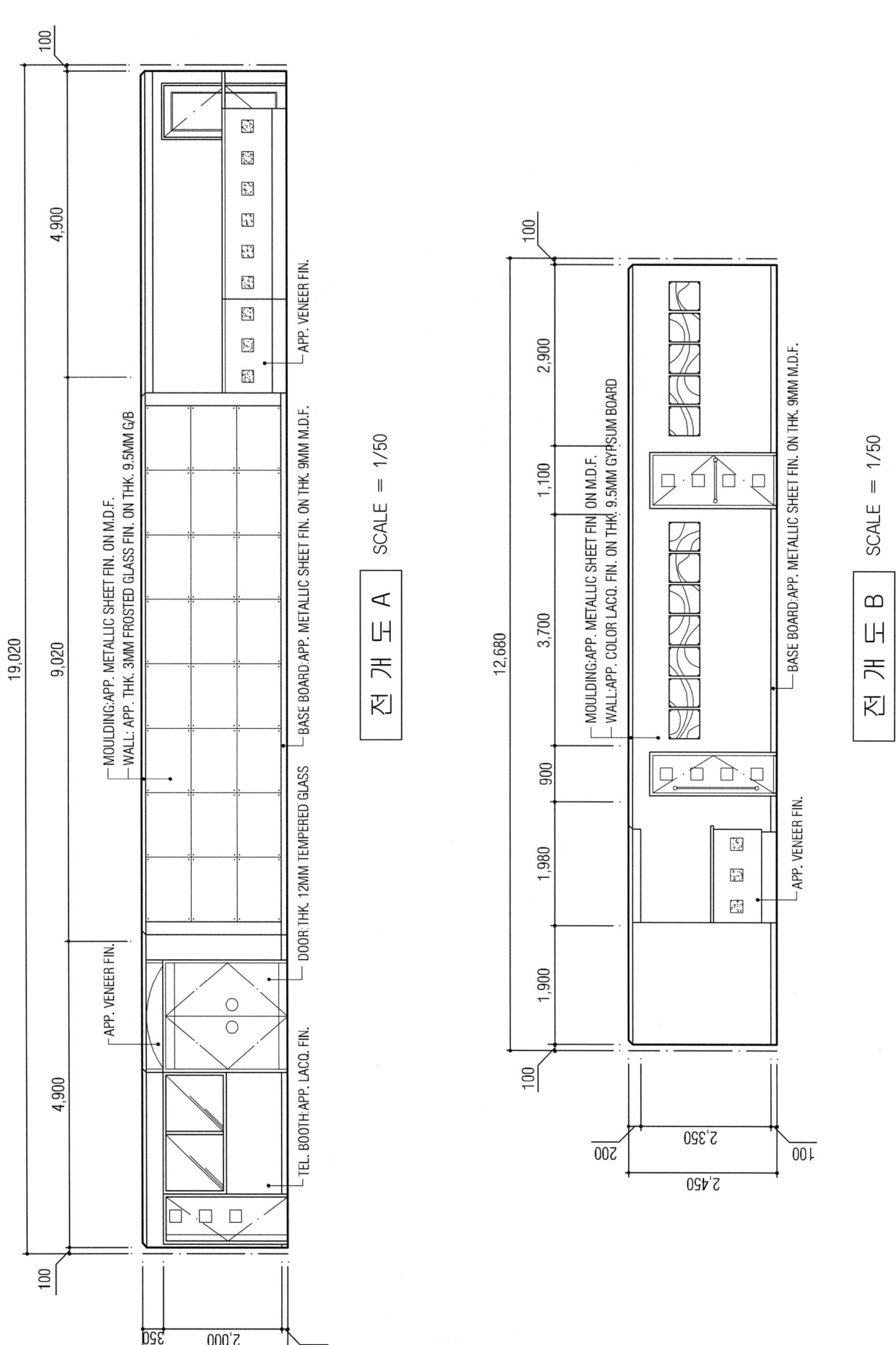

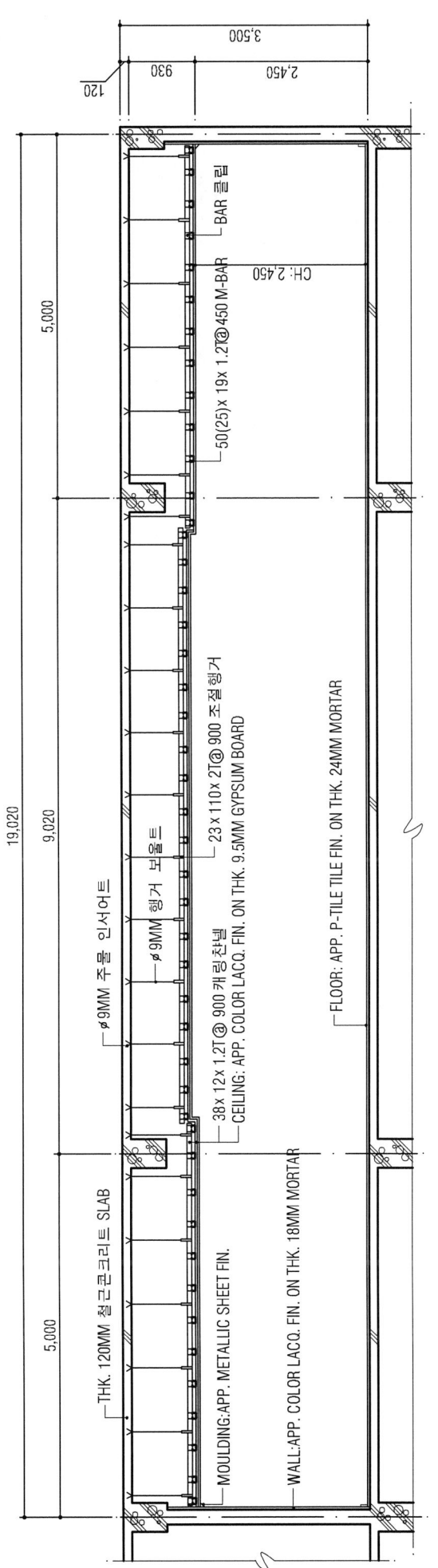

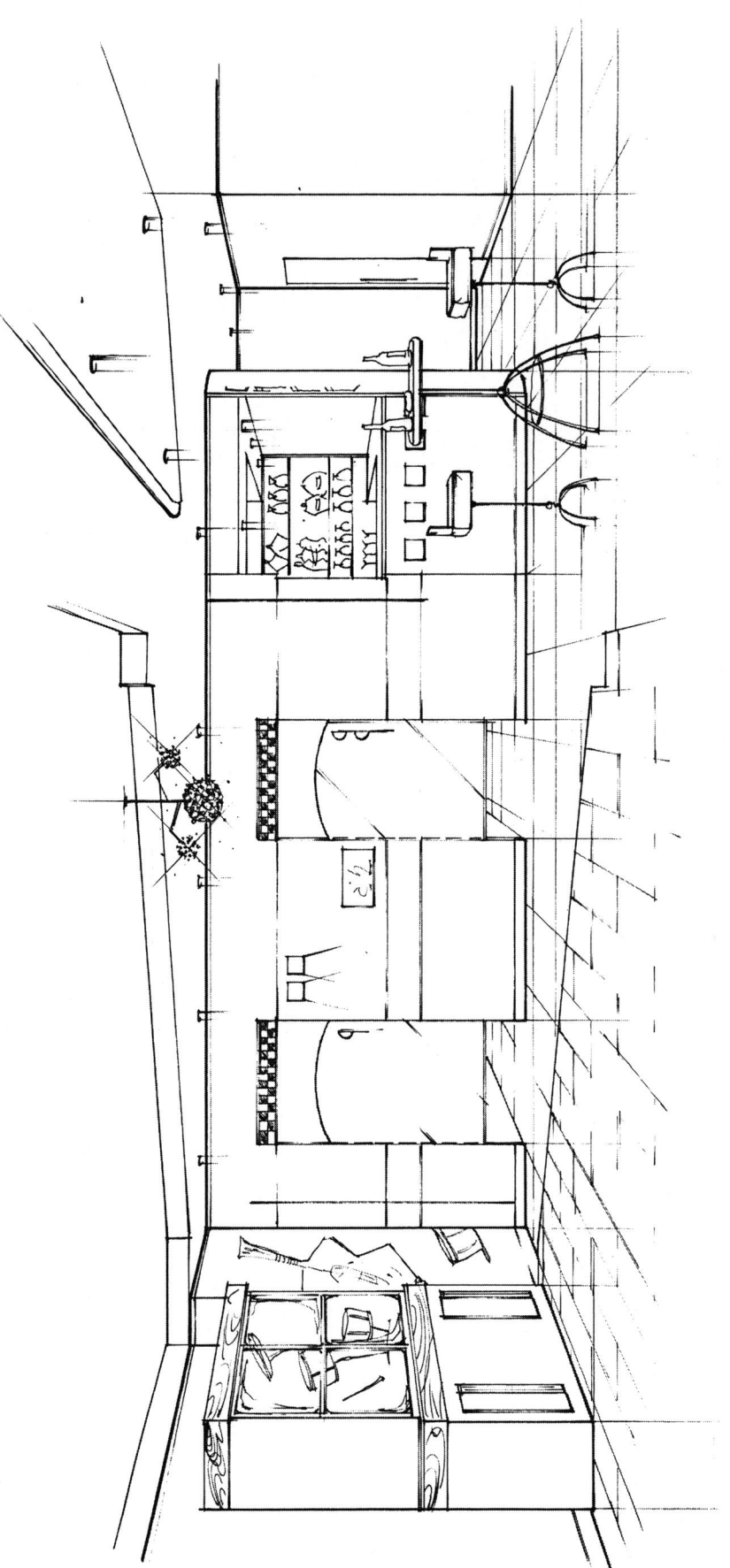

('97. 4. 27 시행)

제14회 의장기사 1급
시공실무

문제 1) 유리 끼우기에 사용되는 퍼티의 종류 3가지만 쓰시오. (3점)
① ② ③

【해설】 ① 반죽퍼티 ② 나무퍼티 ③ 고무퍼티

문제 2) 목재 바니쉬 칠 공정작업 순서를 고르시오. (3점)
〈보기〉 ① 색올림 ② 왁스문지름 ③ 바탕처리 ④ 눈먹임

【해설】 ③→④→①→②

문제 3) 다음 그림은 건물의 평면도이다. 이 건물이 지상 5층일 때 내부 수평비계 매기 면적을 산출하시오. (3점)

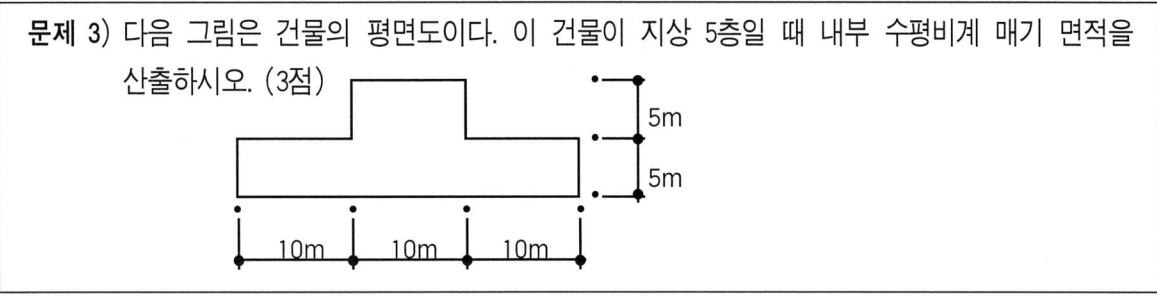

【해설】 내부 비계면적 = 연면적의 90%

∴ $\{(30 \times 5) + (10 \times 5)\} \times 5 \times 0.9 = (150+50) \times 5 \times 0.9 = 900m^2$

문제 4) 다음 비닐계 수지 바닥재의 (가)~(라)에서 관계가 있는 것을 〈보기〉에서 골라 쓰시오. (4점)

〈보기〉 ① 비닐타일 ② 시트 ③ 명색계 쿠마론 인덴수지타일 ④ 리노늄

㉮ 유지계(   ) ㉯ 고무계(   ) ㉰ 아스팔트계(   ) ㉱ 비닐 수지계(   )

【해설】 ㉮-④ ㉯-② ㉰-③ ㉱-①

문제 5) 벽돌공사시 지면에 접하는 벽에 방습층을 설치하는 목적과 위치, 재료에 대해 간단히 기술하시오. (4점)
① 목적 ② 위치 ③ 재료

【해설】 ① 목적 : 지면에 접하는 벽돌벽은 지중습기가 벽돌벽체로 상승하는 것을 막기위해 방습층을 설치한다.
② 위치 : 대개 지반과 마루 밑 또는 콘크리트 바닥 밑 사이에 둔다.
③ 재료 : 방수층은 방수 모르타르 또는 아스팔트 모르타르를 1~2cm 두께로 바른다.

문제 6) 회반죽 바르기 시공순서를 쓰시오. (4점)
(①)-재료반죽-(②)-초벌-고름질 및 덧먹임-(③)-정벌-(④)

【해설】 ① 바탕처리 ② 수염 붙이기 ③ 재벌 ④ 마무리 및 보양

문제 7) 목재의 방부처리 방법을 5가지 쓰시오. (4점)
①   ②   ③   ④   ⑤

【해설】 ① 도포법   ② 표면 탄화법   ③ 가압주입법
        ④ 침지법   ⑤ 상압주입법

문제 8) 목조계단 설치시공 순서를 〈보기〉에서 골라 번호로 쓰시오. (4점)
〈보기〉 ① 난간두겁   ② 계단옆판, 난간어미기둥   ③ 난간동자
        ④ 디딤판, 챌판   ⑤ 1층 멍에, 계단참, 2층받이 보

【해설】 ⑤-②-④-③-①

문제 9) 다음 〈보기〉의 합성수지 재료 중 열경화성 수지를 모두 골라 번호를 쓰시오. (3점)
〈보기〉 ① 아크릴수지   ② 에폭시 수지   ③ 멜라민 수지
        ④ 페놀수지   ⑤ 폴리에틸렌 수지   ⑥ 염화비닐 수지

【해설】 ②, ③, ④

문제 10) 다음 그림을 보고 조적 줄눈의 명칭을 쓰시오. (3점)

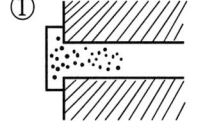 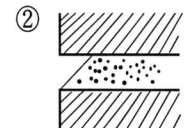 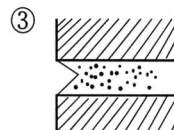

【해설】 ① 내민 줄눈 ② 빗 줄눈 ③ 줄째기 줄눈

문제 11) 다음 작업의 Networrk의 공정표를 작성하고 Critical path를 굵은 선으로 표시하시오. (5점)

작업명	선행작업	기 간
A	없음	8
B	없음	9
C	A	9
D	B, C	6
E	B, C	5
F	D, E	2
G	D	5
H	F	3

【해설】

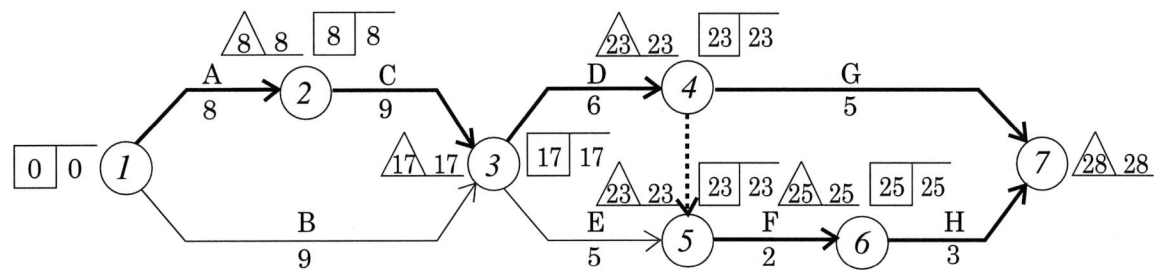

CP〉Activity : A→C→D→G and A→C→D→F→H
　　Event : ①→②→③→④→⑦ and ①→②→③→④→⑤→⑥→⑦

실내디자인

[제14회 작품명] 숙녀복 전문점

1. 요구 사항
   상업 중심지역에 위치한 숙녀복 전문점을 아래 조건에 의해 설계하시오.

2. 요구 조건
   ① 설계 면적 : 6.3m×14.3m×2.7m(H)
   ② 평면 요구 공간 및 가구
      A. 매장 공간
         ㉠ 쇼윈도우-1개
         ㉡ 디스플레이 스테이지 : 대형(1.8m×1.3m)-1개, 소형(0.9m×0.6m)-6개
         ㉢ 스탠드 케이스 : 0.9m×0.9m×0.8m(H)-2개
         ㉣ 진열대 : 1.2m×0.6m-8개   ㉤ FITTING ROOM-1개
         ㉥ 4인조 쇼파, 테이블-각1조   ㉦ 카운터-1개
      B. 사무 공간
         ㉠ 사무용책상, 의자-1조   ㉡ STOCK선반 : 1.2m×0.6m-4개
         ㉢ 세면, 화장실-1개
         (이상 제시된 것은 필수적이며 이외에 필요한 것이 있다면 보완할 수 있음)

3. 요구 도면
   ① 평면도(가구 배치 포함) SCALE : 1/30
   ② 전개도 A방향 1면(벽면 재료 표기) SCALE : 1/50
   ③ 천정도(설비 및 조명 기구 배치) SCALE : 1/50
   ④ 단면 상세도(카운터) SCALE : 1/10
   ⑤ 투시도 SCALE : N.S
   (계획의 포인트가 좋은 지점에서 1소점 또는 2소점 투시도법으로 도면을 작성하되 작성과정의 투시보조선을 남길 것)

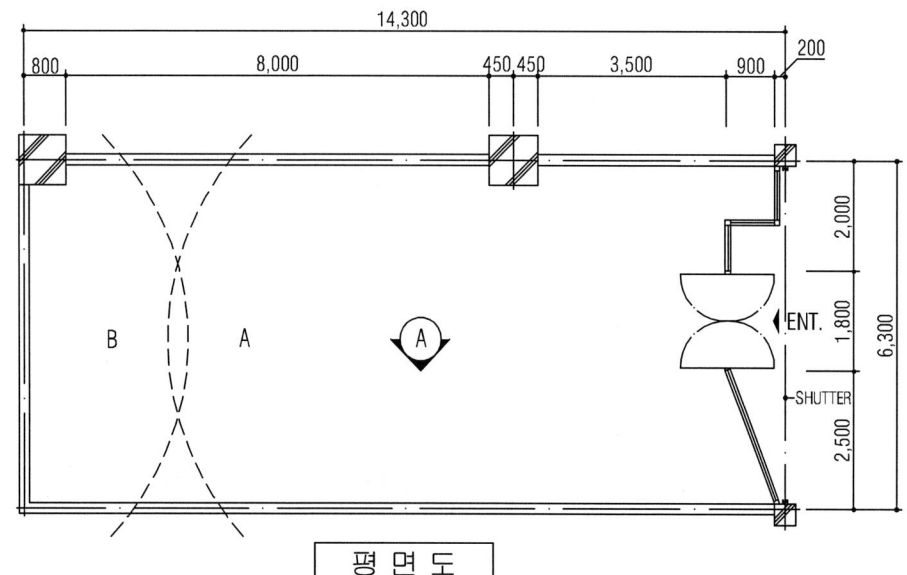

평면도

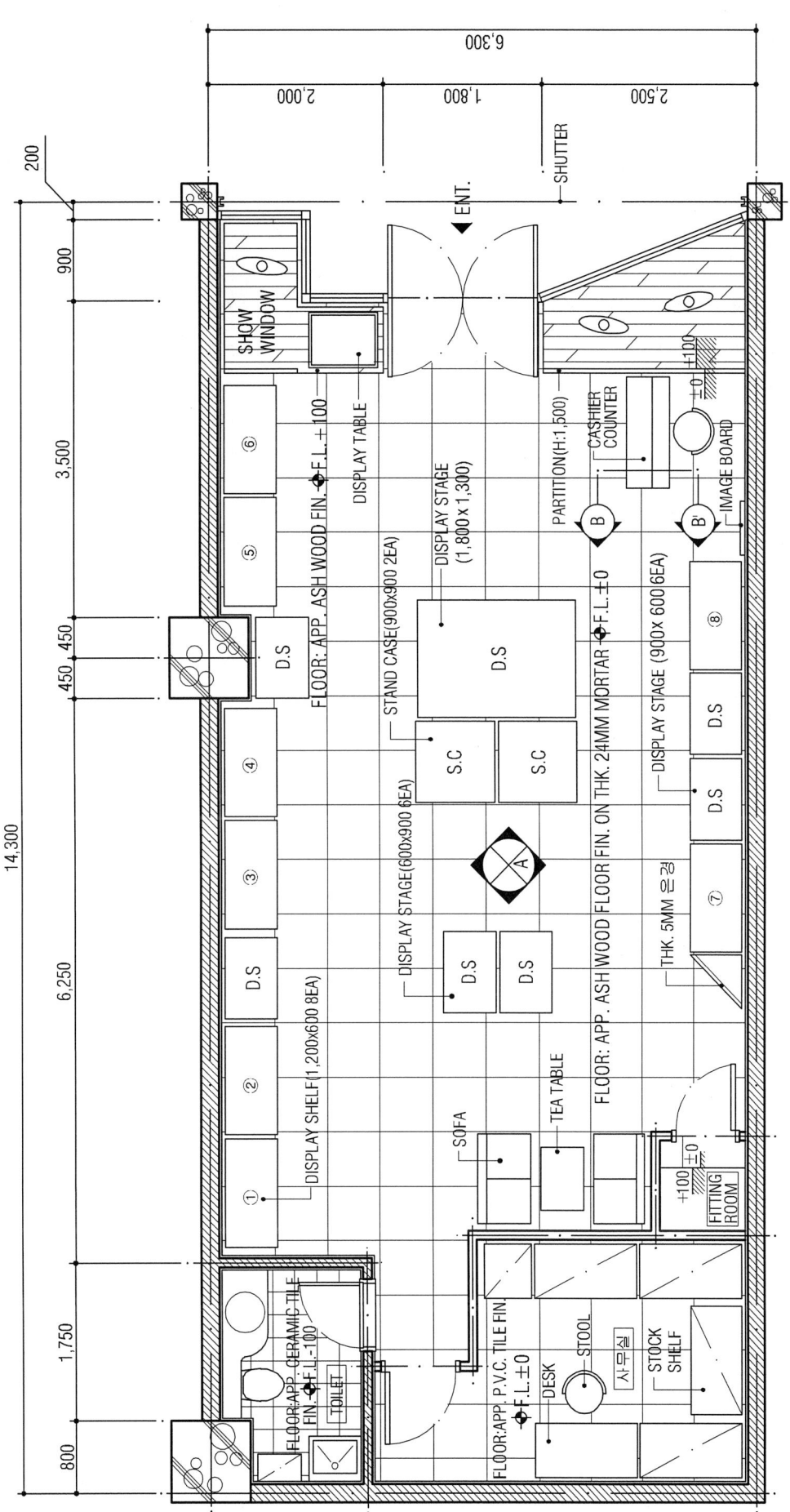

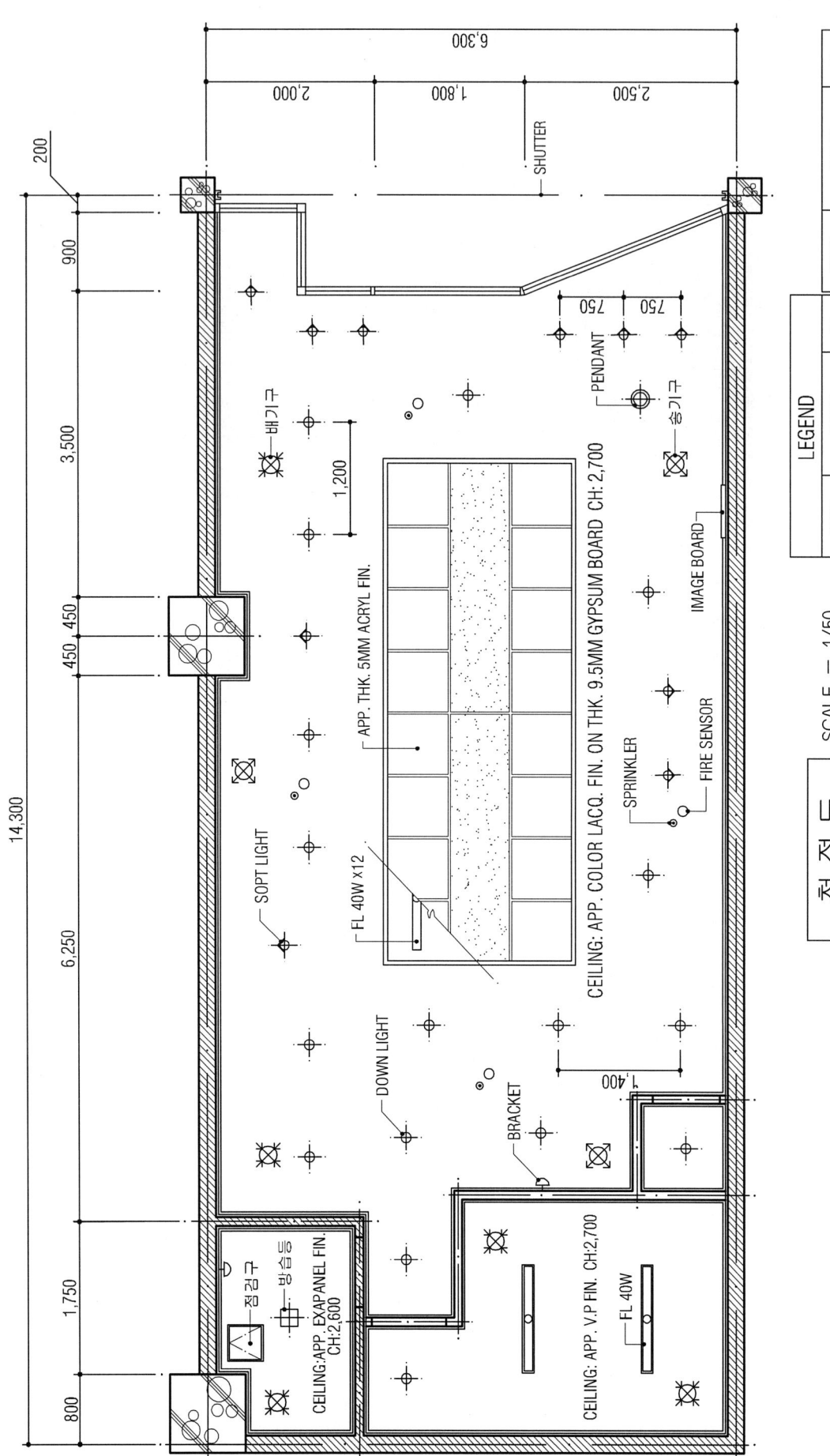

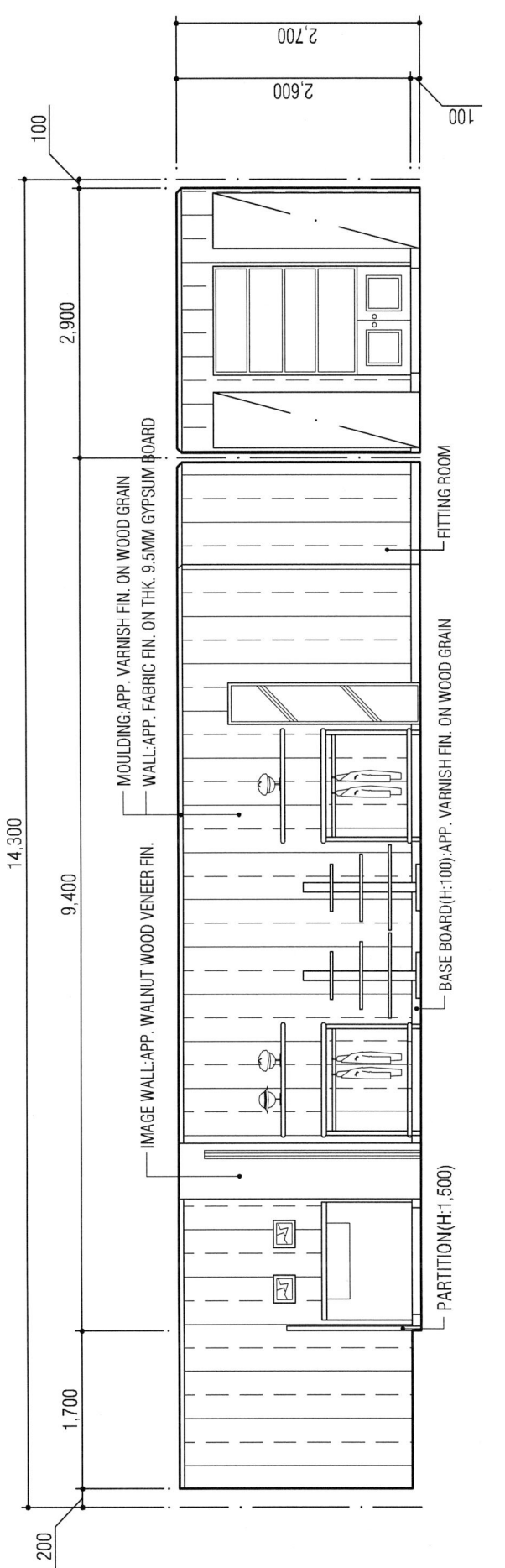

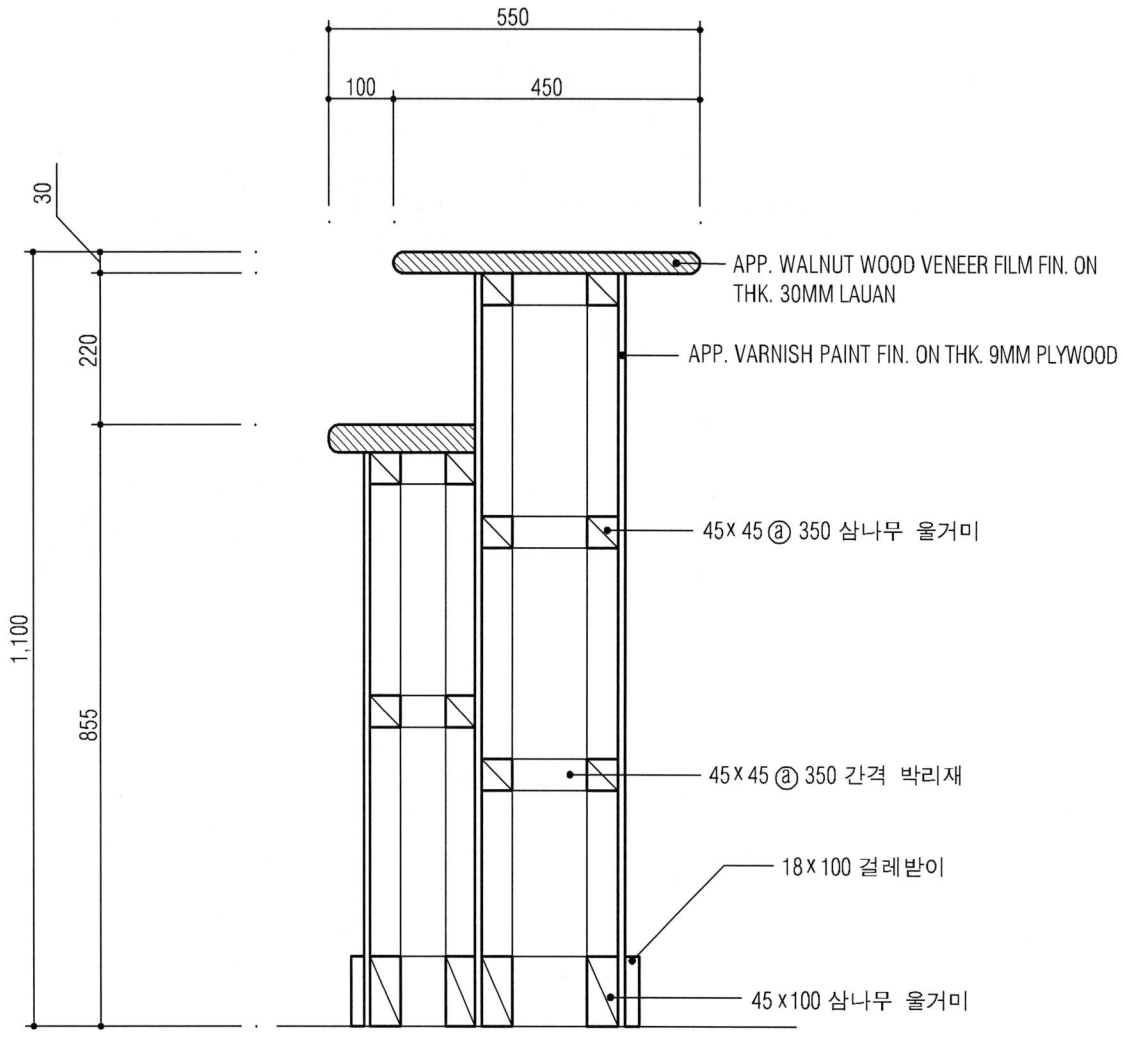

단면도 B-B' SCALE = 1/10

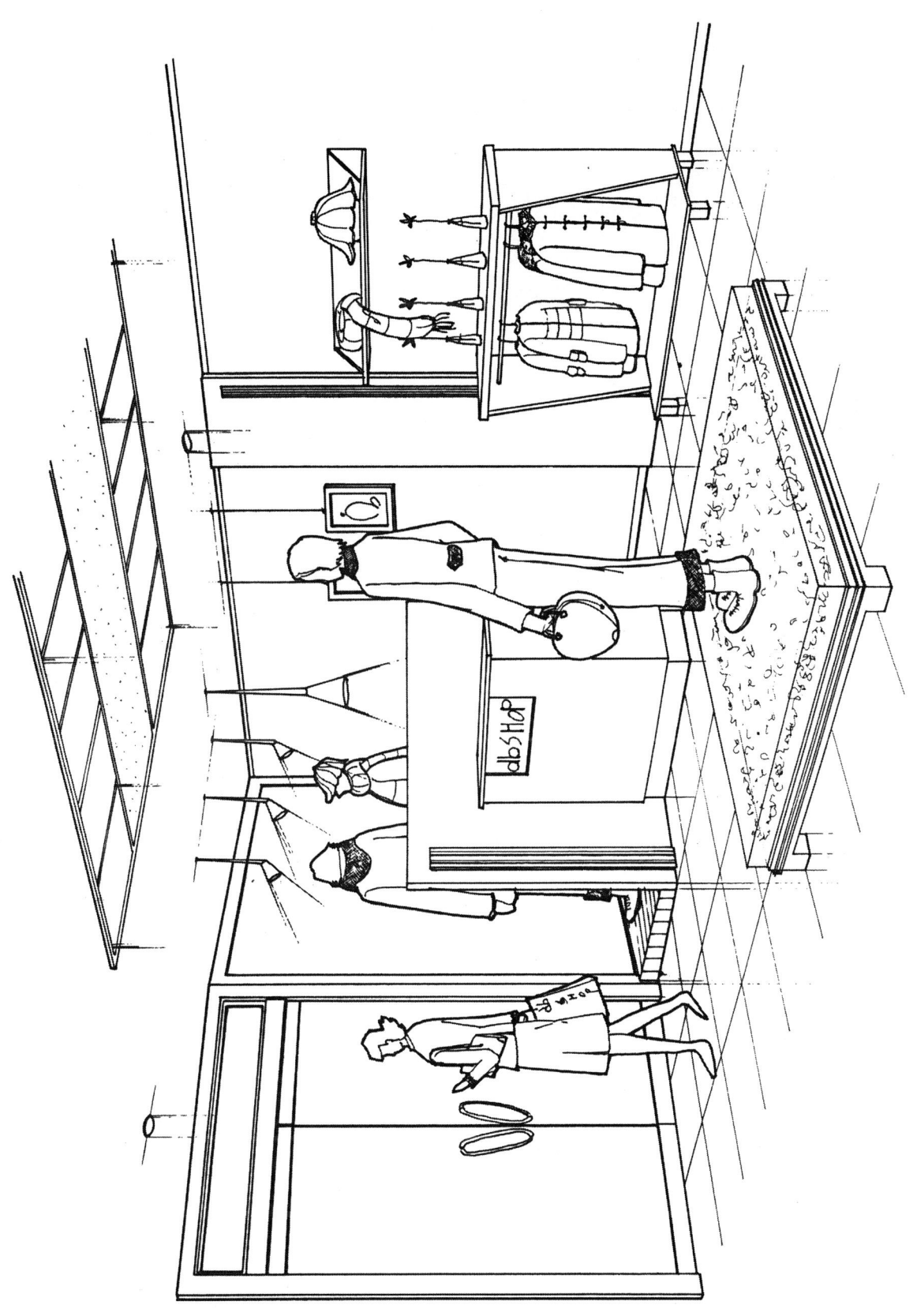

('97. 7. 17 시행)

제15회 의장기사 1급
시공실무

문제 1) 다음은 유리에 대한 설명이다. 설명에 맞는 이름을 써넣으시오. (5점)
① 한면의 톱날에 홈이 있다.(　　　)
② 투명유리로써 열전도가 작고 상자형이다.(　　　)
③ 광택, 빛 흡수, 화학적 저항이 크다.(　　　)
④ 보온, 흡음, 방습의 효과가 크다.(　　　)
⑤ 불투명한 유리로서 장식효과가 있다.(　　　)

【해설】 ① 프리즘유리　② 유리블록　③ 구조유리　④ 유리섬유　⑤ 유리타일

문제 2) 목조계단 설치시 시공순서를 나열하시오. (4점)
〈보기〉 ① 난간두겁　② 계단옆판, 난간어미기둥　③ 난간동자
　　　 ④ 디딤판, 챌판　⑤ 1층멍에, 계단, 2층 받이보

【해설】 ⑤→②→④→③→①

문제 3) 다음 빈칸을 채우시오. (3점)
〈보기〉 타일 붙이기에 적당한 모르타르 배합은 경질타일일 때 (①)이고, 연질타일일 때는 (②), 이며, 흡수성이 큰 타일일 때는 필요시 (③)하여 사용한다.

【해설】 ① 1 : 2　② 1 : 3　③ 가수

문제 4) 다음 설명에 알맞는 용어를 쓰시오. (4점)
① 계단의 한 디딤단의 너비
② 계단의 한 단의 높이
③ 계단을 오르내릴 때 발걸음 쉬움 또는 돌아 올라가는 조금 넓게 된 계단의 한 부분
④ 건물내에서 계단이 점유하는 공간

【해설】 ① 단너비　② 단높이　③ 계단참　④ 계단실

문제 5) 다음 ( )안에 적당한 말을 써넣으시오. (4점)
타일 성형방법에는 건식과 습식의 2가지 방법이 있다. 건식은 원재료를 건조 분말하여 (①) 성형한 것이고, 습식은 원재료를 물반죽하여 형틀에 넣고 (②) 성형한 것이다.

【해설】 ① 압축　② 압출

문제 6) 목조건물의 뼈대 세우기 순서를 쓰시오. (4점)

【해설】 기둥→인방보→층도리→큰보

문제 7) 다음 용어를 간단히 설명하시오. (3점)
① 본아치   ② 막만든 아치   ③ 거친 아치

【해설】 ① 본아치 : 아치 벽돌을 특별히 주문하여 쌓는 아치
② 막만든 아치 : 보통 벽돌을 쐐기 모양으로 다듬어 쌓는 아치
③ 거친아치 : 보통벽돌을 써서 줄눈을 쐐기모양으로 쌓는 아치

문제 8) Float(C.P.M Network 공정표에서 각 작업이 소유할 수 있는 여유)의 종류 3가지를 기술하시오. (3점)
①   ②   ③

【해설】 ① Total Float(총여유)   ② Free Float(자유여유)   ③ Dependent Float(종속여유)

문제 9) 다음 설명에 대한 용어를 쓰시오. (6점)
① 부어넣기 직전의 모르타르 또는 콘크리트에 포함된 시멘트 풀속의 시멘트에 대한 물의 중량 백분율
② 아직 굳지 않은 시멘트 풀, 모르타르 및 콘크리트에 있어서 물이 윗면에 스며 오르는 현상
③ 콘크리트 타설 후 블리딩수 증발에 따라 표면에 나오는 백색의 미세한 물질

【해설】 ① 물시멘트비   ② 블리딩(bleeding)현상   ③ 레이턴스(laitance)

문제 10) 시멘트의 창고 저장시 저장 및 관리방법에 대하여 4가지만 쓰시오. (4점)

【해설】 ① 시멘트 저장시 창고는 방습적이어야 하고 30cm 이상 떨어져 쌓아야 한다.
② 단시일 사용분 이외의 것은 13포대 이상을 쌓아서는 안된다.
③ 먼저 반입된 것을 먼저 사용할 수 있도록 하여야 한다.
④ 시멘트 창고는 통풍이 되지 않아야 하며, 3개월 이상 저장한 시멘트 또는 습기를 받았다고 생각되는 시멘트는 사용전에 재료시험을 하여야 한다.

실내디자인

[제15회 작품명] Fashion shop

1. 요구사항
   주어진 도면의 빌딩 내 여성의류매장을 계획하고자 한다.

2. 요구조건
   ① 설계면적 : 8.1m×7.2m×2.7m(H)
   ① 필요공간 및 가구
   Reception Area, Fitting Room, Storage, Hanger, Show Case, Show Stage, Display Shelf, Cashier Counter
   (그 외 설계자 임의로 가구를 더 추가할 수 있다.)

3. 요구도면
   ① 평면도 SCALE : 1/30
   ② 전개도 2면 SCALE : 1/50
   ③ 천정도 SCALE : 1/50
   ④ 주단면도 C-C' SCALE : 1/30
   ⑤ 투시도 SCALE : N.S
   (계획의 포인트가 좋은 지점에서 1소점 또는 2소점 투시도법으로 도면을 작성하되 작성과정의 투시보조선을 남길 것)

평 면 도

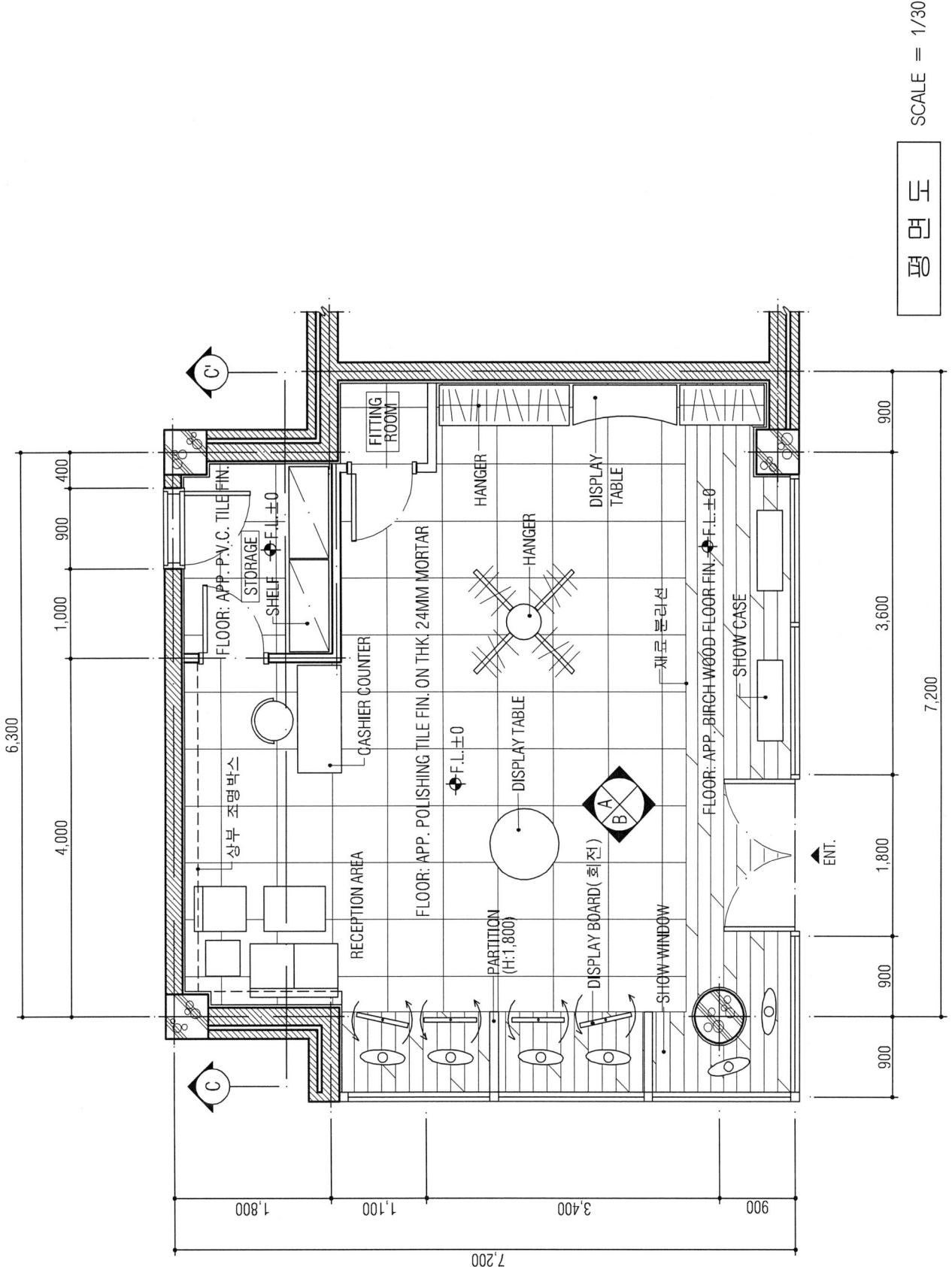

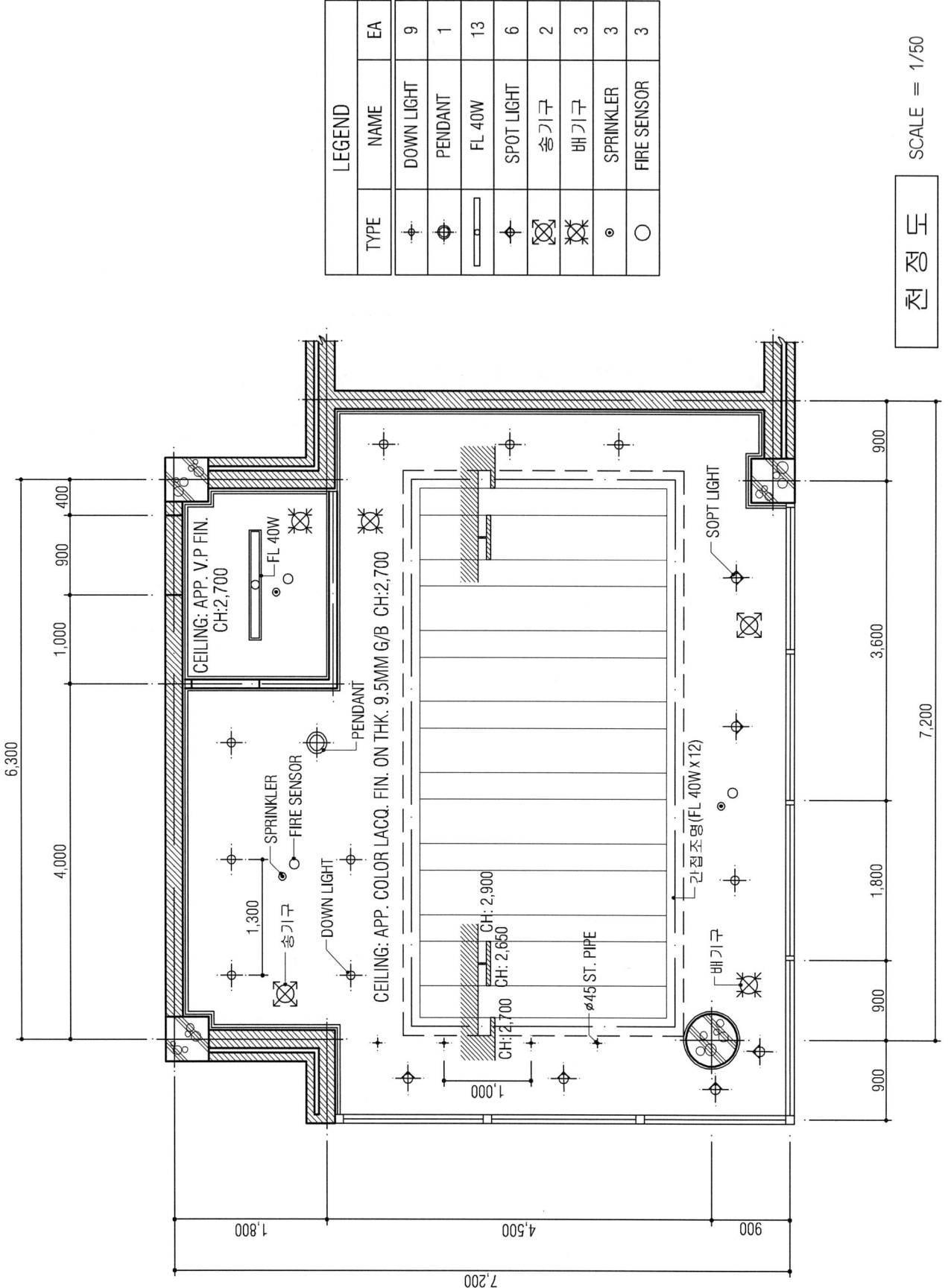

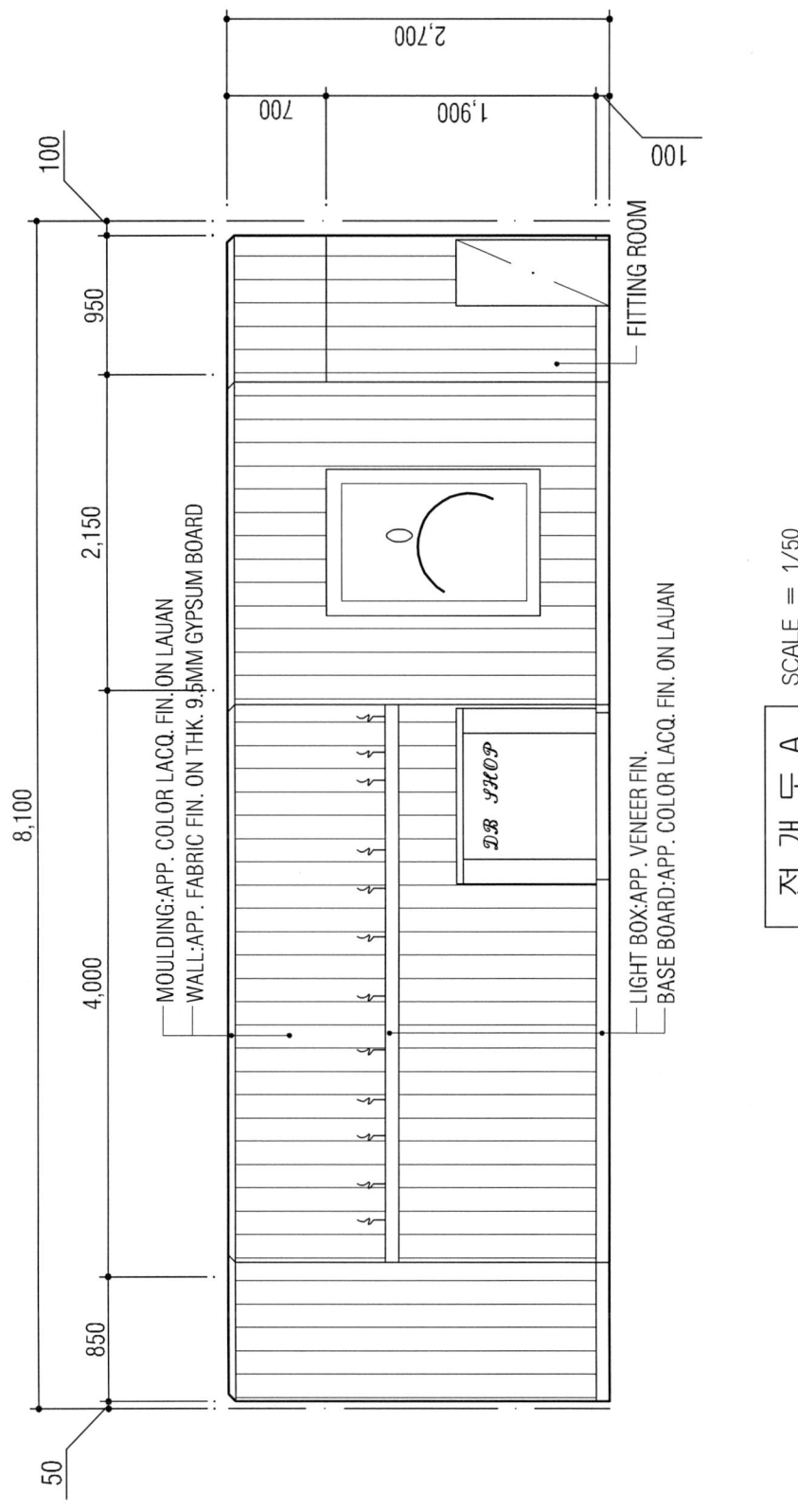

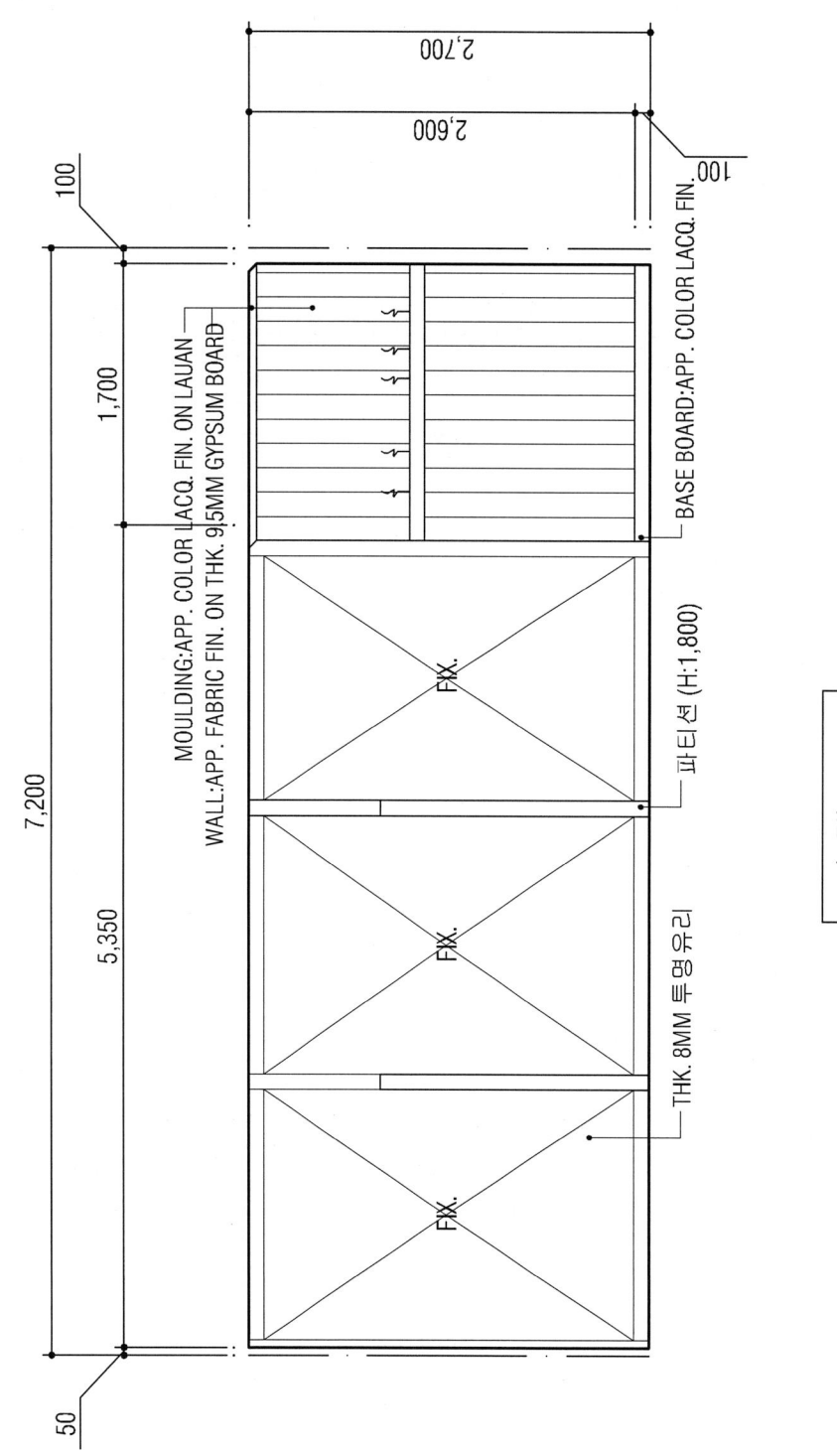

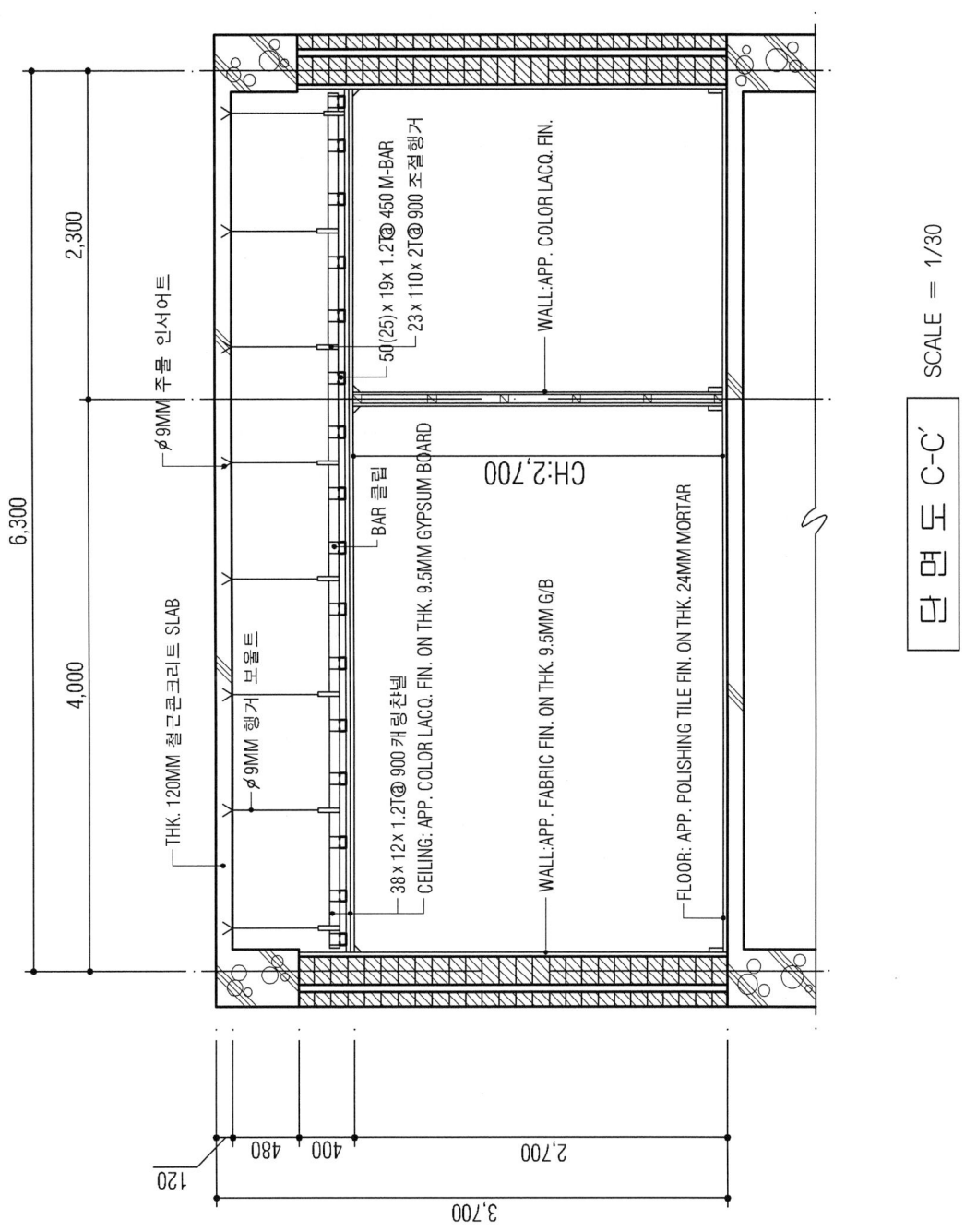

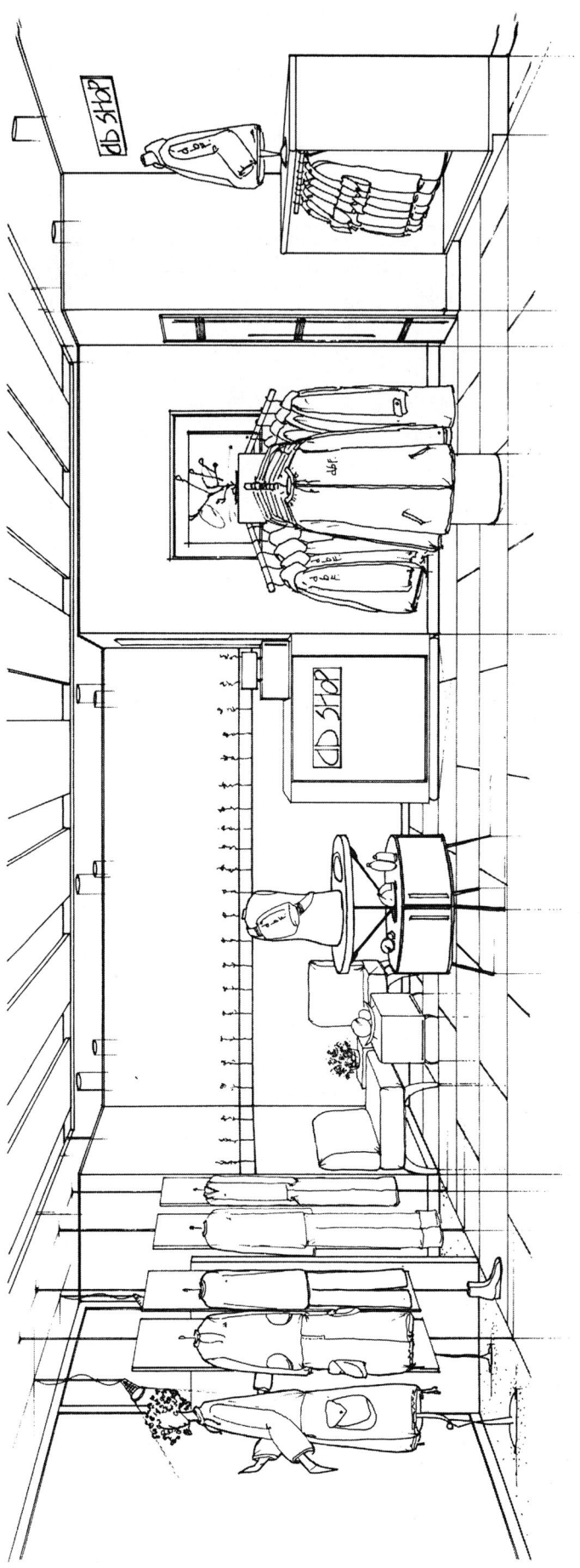

('97. 9. 1 시행)

제16회 의장기사 1급
시공실무

문제 1) 다음 (   )안에 알맞는 말을 쓰시오. (6점)
미장바르기 순서는 (①)에서부터 (②)의 순으로 한다. 즉 실내는 (③), (④),(⑤)의 순으로 하고 외벽은 옥상 난간에서부터 (⑥)의 순으로 한다.

【해설】 ① 위 ② 아래 ③ 천정 ④ 벽 ⑤ 바닥 ⑥ 지층

문제 2) 다음 용어에 알맞는 재료를 기입하시오. (3점)
① 3매 이상의 단판을 1매마다 섬유방향에 직교하도록 겹쳐 붙인 것.
② 목재의 부스러기를 합성수지와 접착제를 섞어 가열, 압축한 판재
③ 표면은 평평하고 유공질판이어서 단열판, 열절연재로 사용

【해설】 ① 합판   ② 파티클보드   ③ 코르크

문제 3) 다음 용어를 간단히 설명하시오. (4점)
① 프리팩트 콘크리트
② 쉬링크 믹스트 콘크리트

【해설】 ① 굵은 골재를 거푸집에 넣고, 그 사이에 특수 모르타르를 적당한 압력으로 주입한 콘크리트
② 고정 믹서로 어느 정도 비빈 것을 운반도중 트럭믹서에서 완전히 혼합하는 레미콘 시공방식의 콘크리트

문제 4) 장판깔기 시공순서를 바르게 나열하시오. (3점)
〈보기〉 걸레받이, 바탕처리, 마무리질, 장판지깔기, 초배, 재배

【해설】 바탕처리→초배→재배→장판지깔기→걸레받이→마무리칠

문제 5) 다음 내용에 맞는 용어를 〈보기〉에서 골라 기입하시오. (4점)
〈보기〉 ① 비중   ② 강도   ③ 허용강도   ④ 파괴강도

㉮ 비강도 =   /   ㉯ 경제강도 =   /

【해설】 ㉮ 비강도 = ②/①   ㉯ 경제강도 = ④/③

문제 6) 바닥의 줄눈을 대는 이유를 2가지 쓰시오. (4점)

【해설】 ① 재료의 수축, 팽창변화에 대처한다.
② 재료의 균열을 막아 주변재료의 연속파손 및 재질변화를 방지한다.

문제 7) 테라쪼(Terazzo) 현장갈기 시공순서를 〈보기〉에서 골라 쓰시오. (3점)

〈보기〉 ① 왁스칠 ② 시멘트풀 먹임 ③ 양생 및 경화 ④ 초벌갈기
⑤ 정벌갈기 ⑥ 테라쪼 종석바름 ⑦ 황동줄눈대기

【해설】 ⑦→⑥→③→④→②→⑤→①

문제 8) 표준형 벽돌 1.0B쌓기, 벽길이 100m, 벽높이 3m, 개구부면적 1.8×1.2m 10개, 줄눈나비 10mm일 때 정미량과 모르타르량을 산출하시오. (4점)

【해설】 ① 벽면적 = (100×3)-(1.8×1.2×10)
= 300-20.6 = 278.4m²
② 정미량 = 278.4 × 149 = 41,482매
③ 몰탈량 = $\frac{41,482}{1,000} \times 0.33$ = 13.69m³

문제 9) 다음 쪽매의 이름을 써넣으시오. (5점)

〈보기〉 ① 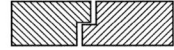 ②  ③  ④  ⑤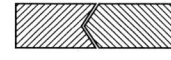

【해설】 ① 반턱쪽매 ② 틈막이대쪽매 ③ 딴혀쪽매 ④ 제혀쪽매 ⑤ 오니쪽매

문제 10) 다음 ( )안에 알맞는 말을 쓰시오. (4점)

페인트 공사의 뿜칠에는 도장용 (①)을 사용하며, 노즐구경은 (②)가 있으며, 뿜칠의 공기압력은 (③)표준으로 하고, 뿜칠거리는 (④)를 표준으로 한다.

【해설】 ① 스프레이건 ② 1.0~1.5mm ③ 2~4kg/cm² ④ 30cm

실내디자인

[제16회 작품명] 재택근무 원룸

1. 요구사항
   주어진 도면은 원룸시스템 오피스텔 평면도 및 단면도이다. 다음의 요구조건에 따라 이곳에 작업 및 주거공간을 겸한 재택근무 공간인 원룸시스템을 설계하시오.

2. 요구조건
   ① 설계면적 : 8.1m×5.4m×2.5m(H)
   ② 필요공간
      ㉠ 작업 및 주거공간(오픈 스페이스로 계획할 것) : 현관, 거실, 주방, 식장, 침실 및 작업공간
      ㉡ 욕실
      ㉢ 다용도실 및 창고
   ③ 필요기구
      ㉠ 작업 및 주거공간
         • 현관-신발장
         • 거실-응접세트(소파 및 탁자), 보조탁자
         • 주방-주방가구 및 냉장고
         • 식당-소형탁자, 의자2개
         • 침실-옷장, 침대, 나이트 테이블
         • 작업공간-책상(작업대), 책장, 보조탁자(컴퓨터용)
      ㉡ 욕실-샤워실, 변기, 세면대
      ㉢ 다용도실 및 창고-세탁기

3. 요구도면
   ① 평면도(가구배치 포함) SCALE : 1/30
   ② 전개도 A방향 1면(벽면재료 표기) SCALE : 1/30
   ③ 단면도(B-B′) SCALE : 1/30
   ④ 천정도(설비, 조명기구 배치 및 범례표 작성) SCALE : 1/30
   ⑤ 실내투시도 SCALE : N.S
      (1소점 또는 2소점 투시도법으로 작성하되, 작성과정의 투시보조선을 남길 것)

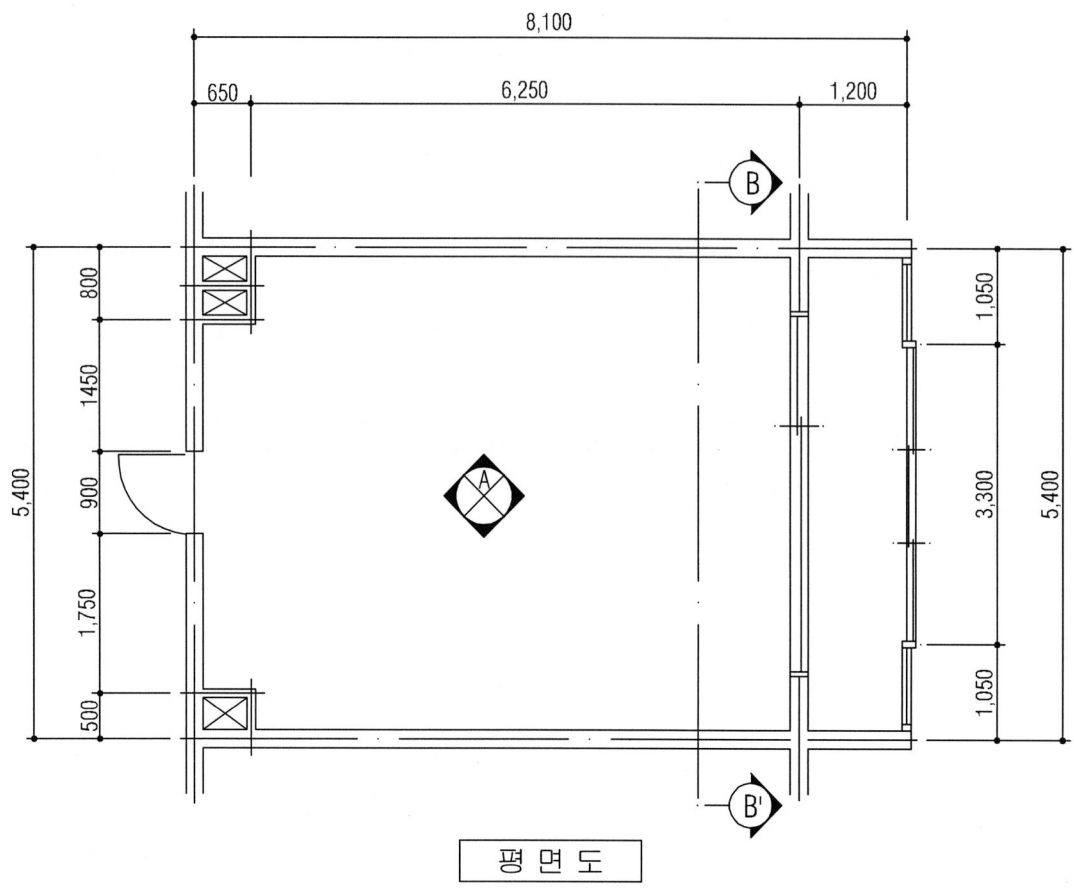

평면도

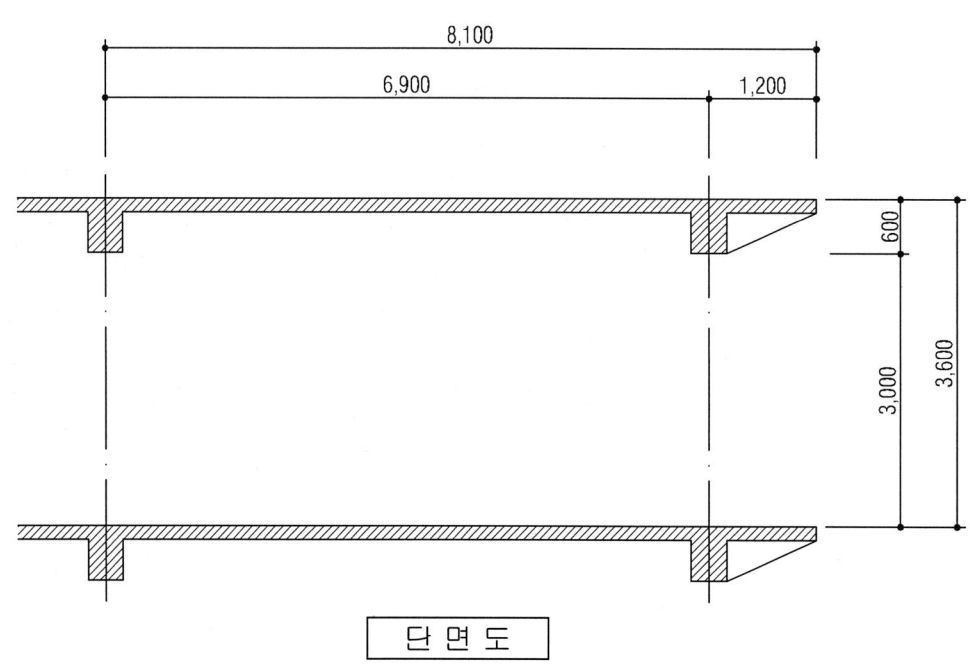

단면도

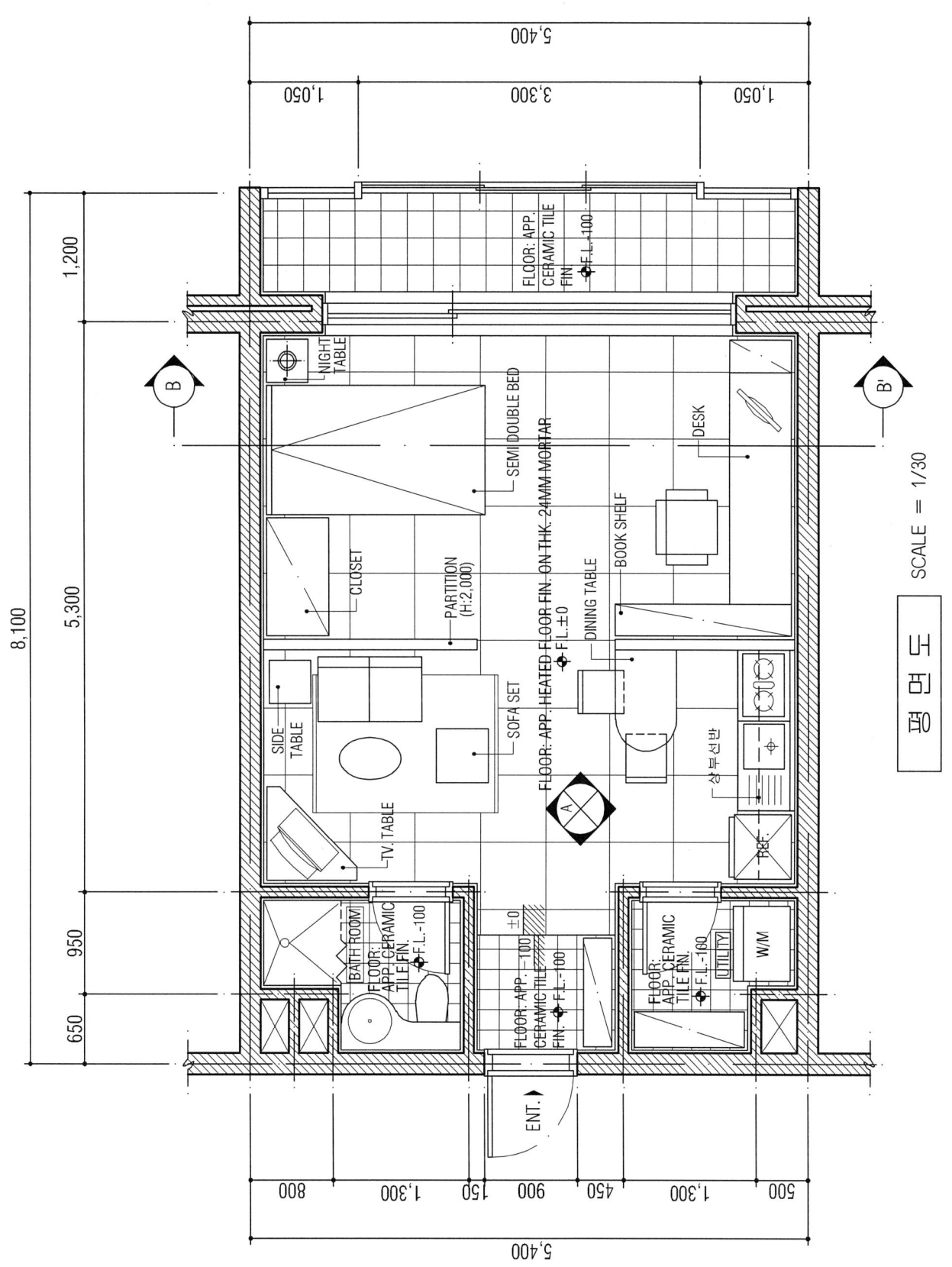

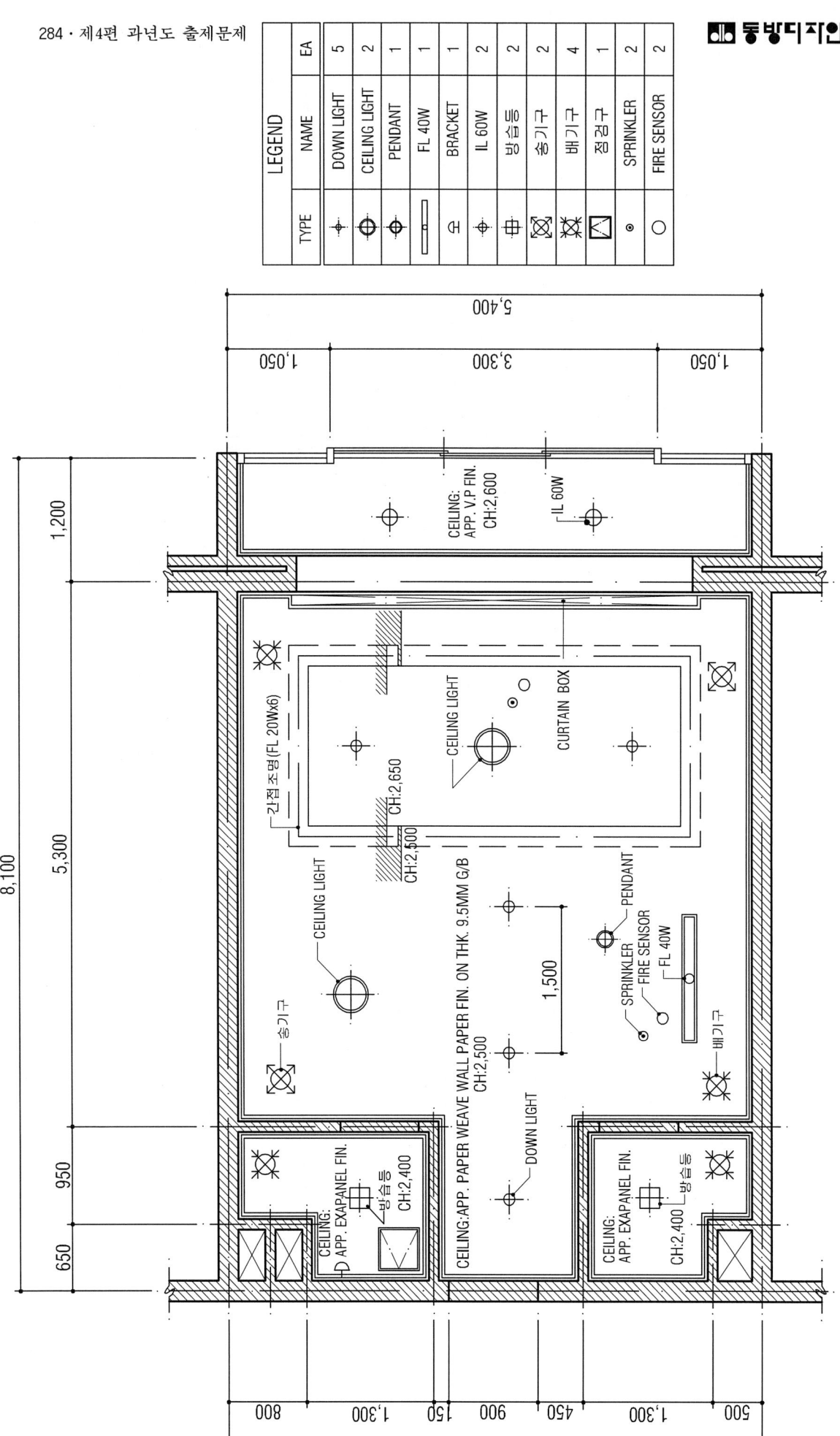

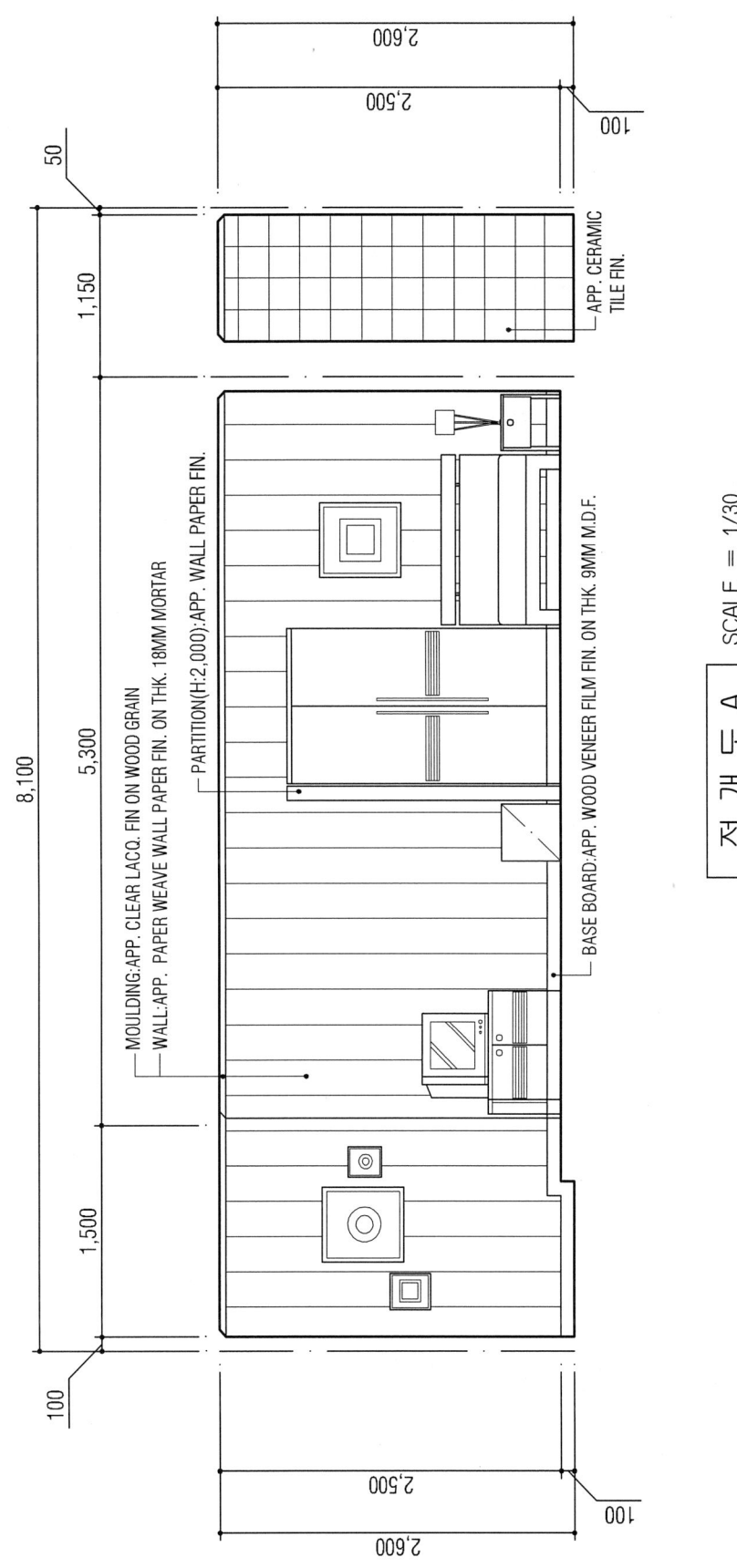

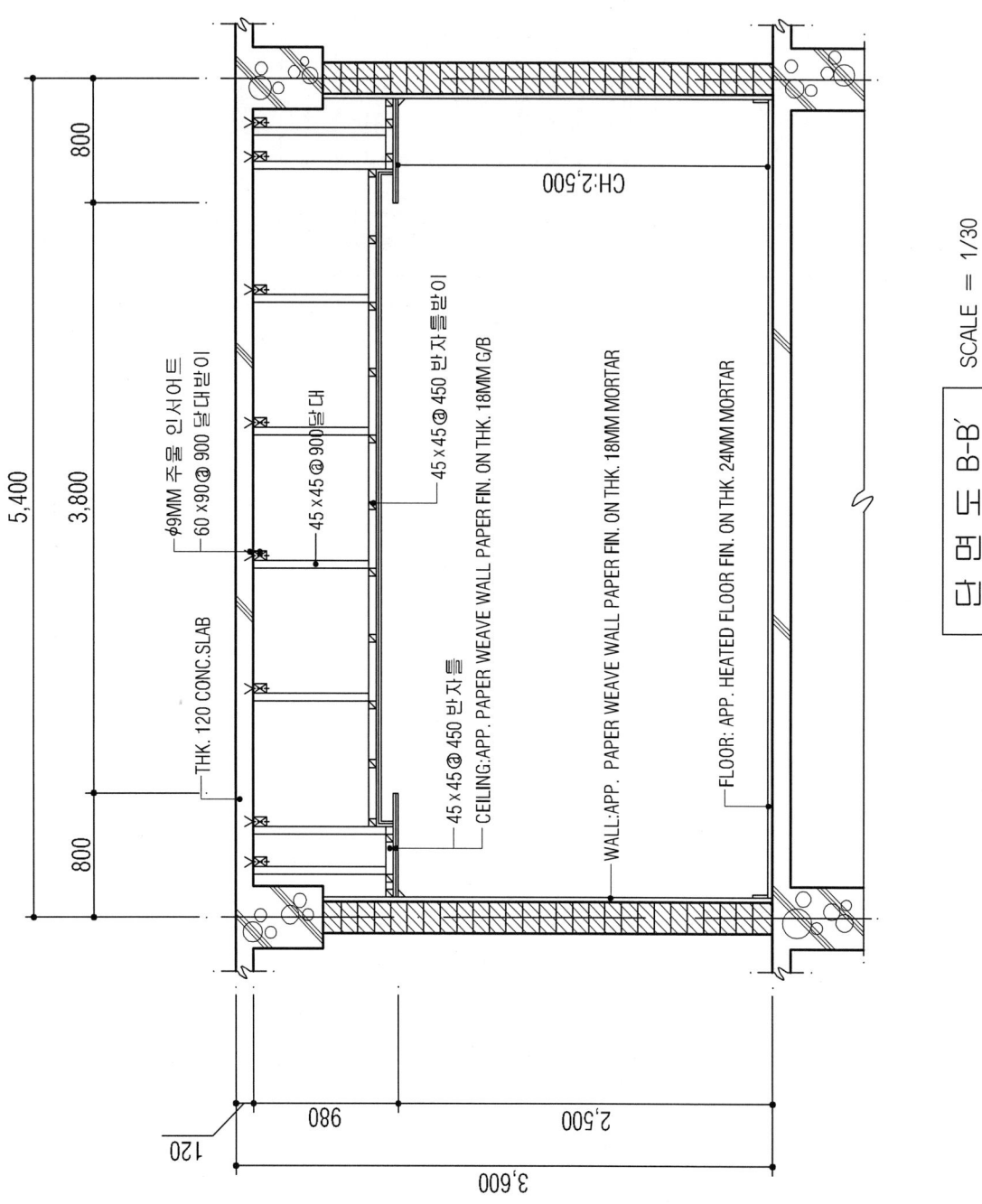

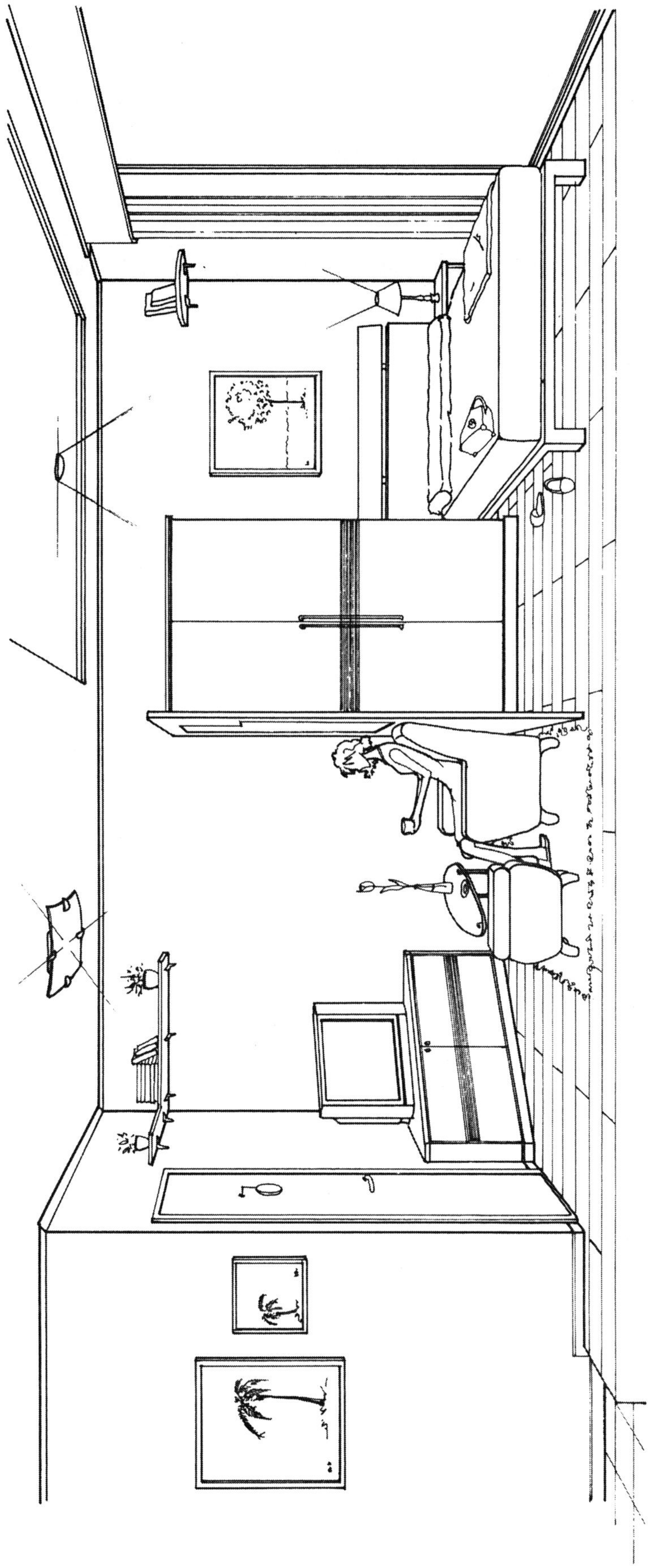

실내투시도 SCALE = N.S

제17회 의장기사 1급
('97. 11. 17 시행)
— 시공실무 —

문제 1) 다음 평면을 보고 필요한 재료량을 산출하시오.(단, 화장실은 제외) (4점)

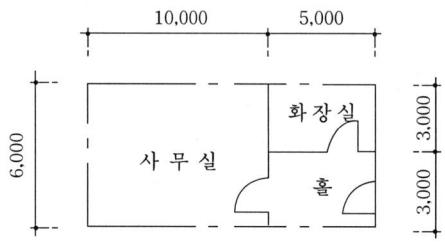

종류	수량 (m²)
인부수	0.09인
도장공	0.03인
접착제	0.4kg

【해설】 ① 바닥면적 = (10×6)+(5×3) = 75m²
② 인부수 = 75×0.09 = 6.75인(7인)
③ 도장공 = 75×0.03 = 2.25인(3인)
④ 접착제 = 75×0.4 = 30kg
⑤ 타일량 = 바닥면적 = 75m²

문제 2) 공기단축시 공사비 비용구배를 산출하시오.(단, 표준공기 12일, 급속공기 10일, 표준비용 1,000원, 급속비용 3,000원이다). (3점)

【해설】 비용구배 = $\dfrac{급속비용 - 표준비용}{표준공기 - 급속공기}$ = $\dfrac{3,000 - 1,000}{12 - 10}$ = $\dfrac{2,000}{2}$ = 1,000원/일

문제 3) 창호철물에 쓰이는 부속품 4가지를 쓰시오. (4점)

【해설】 ① 레일   ② 호차   ③ 꽂이쇠   ④ 크레센트

문제 4) 수성도료의 장점을 4가지 쓰시오. (4점)

【해설】 ① 건조가 빠르다.
② 물을 용제료 사용하므로 공해가 없고, 경제적이다.
③ 알카리성재료에 도포가 가능하다.
④ 도포 방법이 간단하며, 보관의 제약이 간소하다.

문제 5) 다음 실내면의 미장 시공순서를 기입하시오. (3점)
실내 3면의 시공순서는 (①), (②), (③)의 시공순서로 공사한다.

【해설】 ① 천장   ② 벽   ③ 바닥

문제 6) 보기에서 열경화성, 열가소성 수지를 구분해서 쓰시오. (6점)

〈보기〉 염화비닐수지, 멜라민수지, 스티로폴수지, 아크릴수지, 석탄산수지

① 열경화성수지 :

② 열가소성수지 :

【해설】 ① 열경화성수지 : 멜라민수지, 석탄산수지
② 열가소성수지 : 염화비닐수지, 아크릴수지, 스티로폴수지

문제 7) 커텐지를 선택시 주의사항을 4가지 쓰시오. (4점)

【해설】 ① 천의 특성과 시각적 효과를 생각해야 한다.
② 세탁후의 형의 변화나 치수변화가 없어야 한다.
③ 불연재로 선택해야 한다.
④ 탈색이 되지 않는 것으로 선택해야 한다.

문제 8) 도장공사시 사용되는 도구를 4가지 쓰시오. (4점)

【해설】 ① 솔   ② 로울러   ③ 스프레이건   ④ 솜·스폰지·헝겊

문제 9) 설명에 적합한 조적쌓기 종류를 쓰시오. (4점)

① 마구리면이 보이게 쌓는 것.
② 길이면이 보이게 쌓는 것.
③ 마구리를 세워서 쌓는 것.
④ 길이를 세워서 쌓는 것.

【해설】 ① 마구리쌓기   ② 길이쌓기   ③ 마구리 옆세워 쌓기   ④ 길이 옆세워 쌓기

문제 10) 다음 재료에 해당되는 것을 보기에서 골라 번호를 기입하시오. (4점)

〈보기〉 ① 아마인유   ② 리사지(Lithage)   ③ 테레핀유   ④ 아연화

㉮ 안료(   )   ㉯ 건조제 (   )   ㉰ 용제 (   )   ㉱ 신전제(희석제) (   )

【해설】 ㉮ - ④   ㉯ - ②   ㉰ - ①   ㉱ - ③

실내디자인

[제17회 작품명] 빌딩내 업무공간 - 사장실

1. 요구사항
   주어진 도면은 빌딩내 업무공간을 위한 평면도이다. 요구조건에 따라 도면을 작성하시오.

2. 요구조건
   ① 설계면적 : 15.m×6.9m×2.7m(H)
   ② 사장실 : 책상, 손님접대용 가구
   ③ 사장 전용 욕실 : 샤워시설, 세면기, 변기
   ④ 비서공간 : 비서 2인이 근무할 수 있는 공간으로 책상, 의자
   ⑤ 탕비실 : 간이 Sink
   ⑥ 손님대기공간 : Sofa Set

3. 요구도면
   ① 평면도 SCALE : 1/50
   ② 전개도 1면(벽마감재료 포함) SCALE : 1/50
   ③ 천정도(설비 및 조명기구배치) SCALE : 1/50
   ④ 주단면도 B-B' SCALE : 1/50
   ⑤ 실내투시도 SCALE : N.S
      (계획의 포인트가 좋은 지점에서 1소점 투시도법으로 작성하되, 작성과정의 투시보조선을 반드시 남길 것)

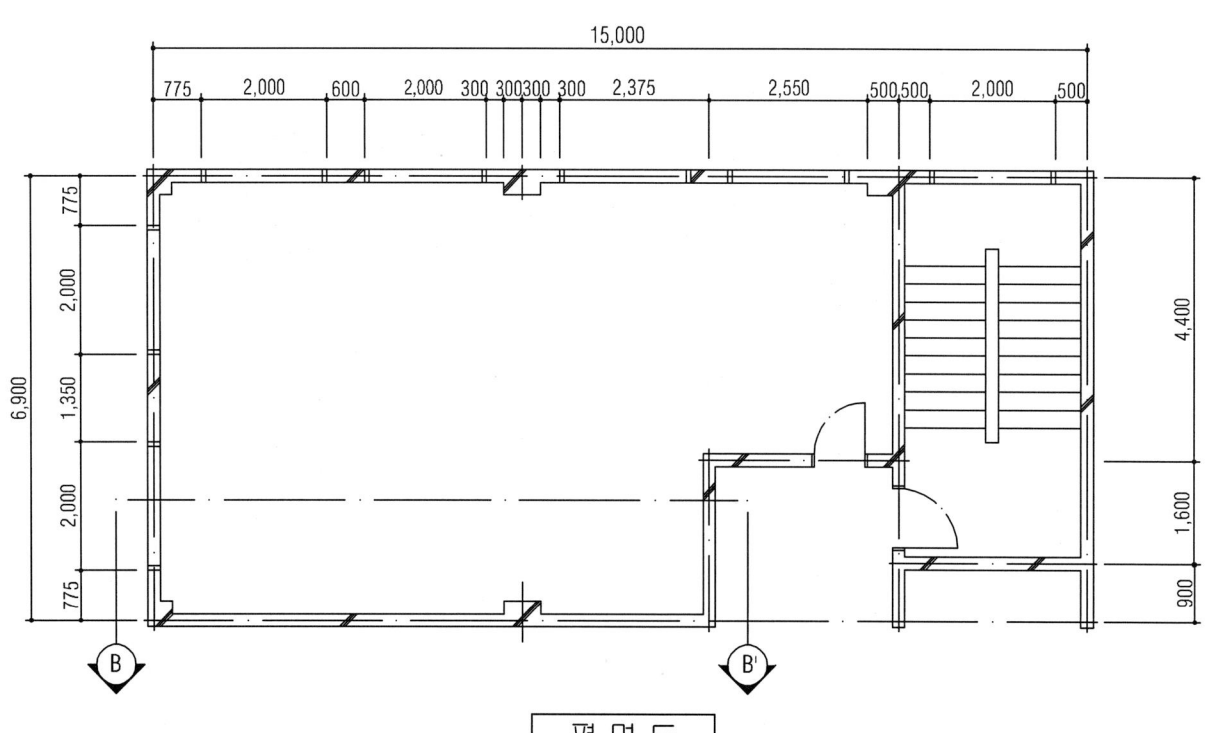

평면도

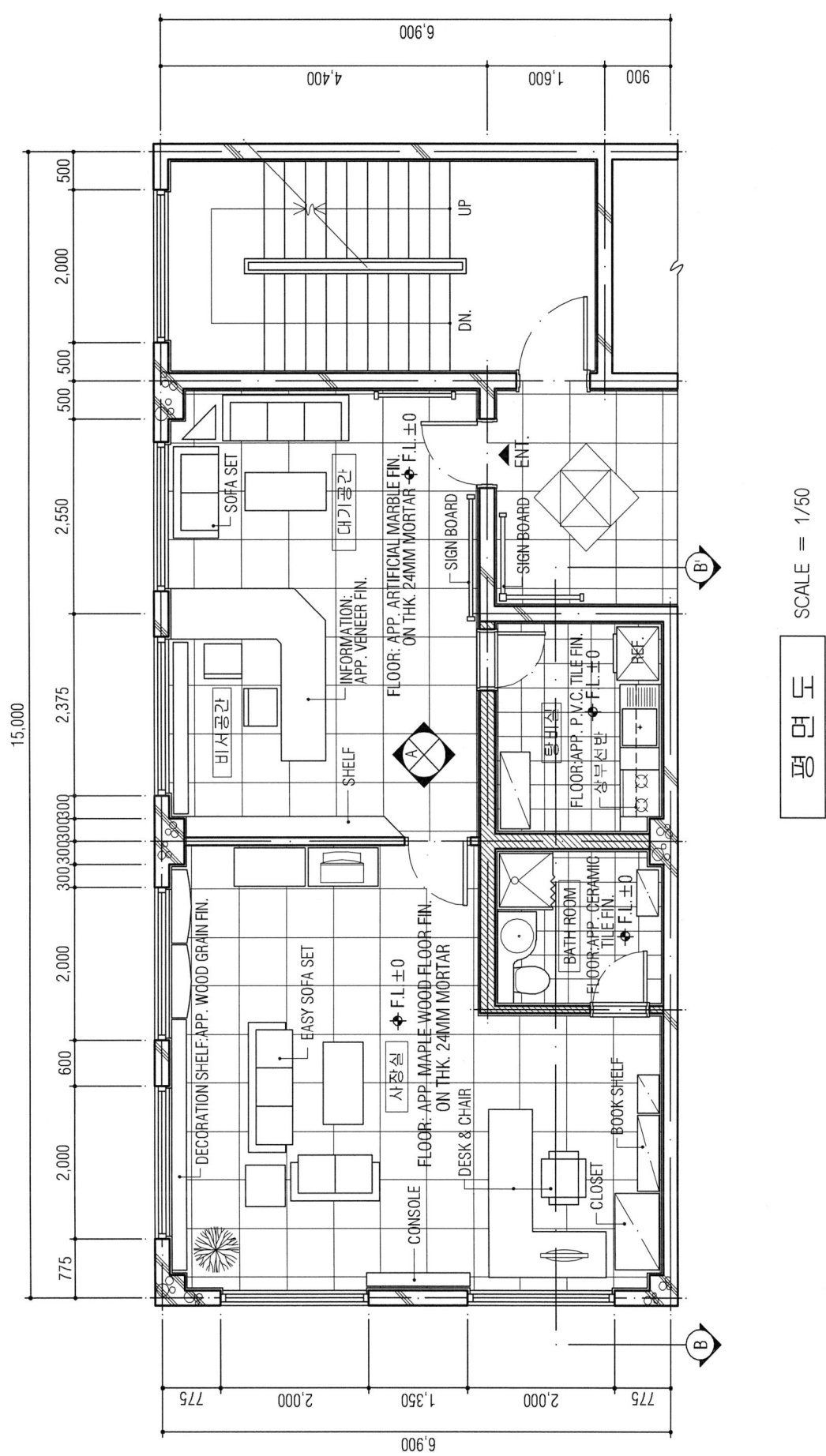

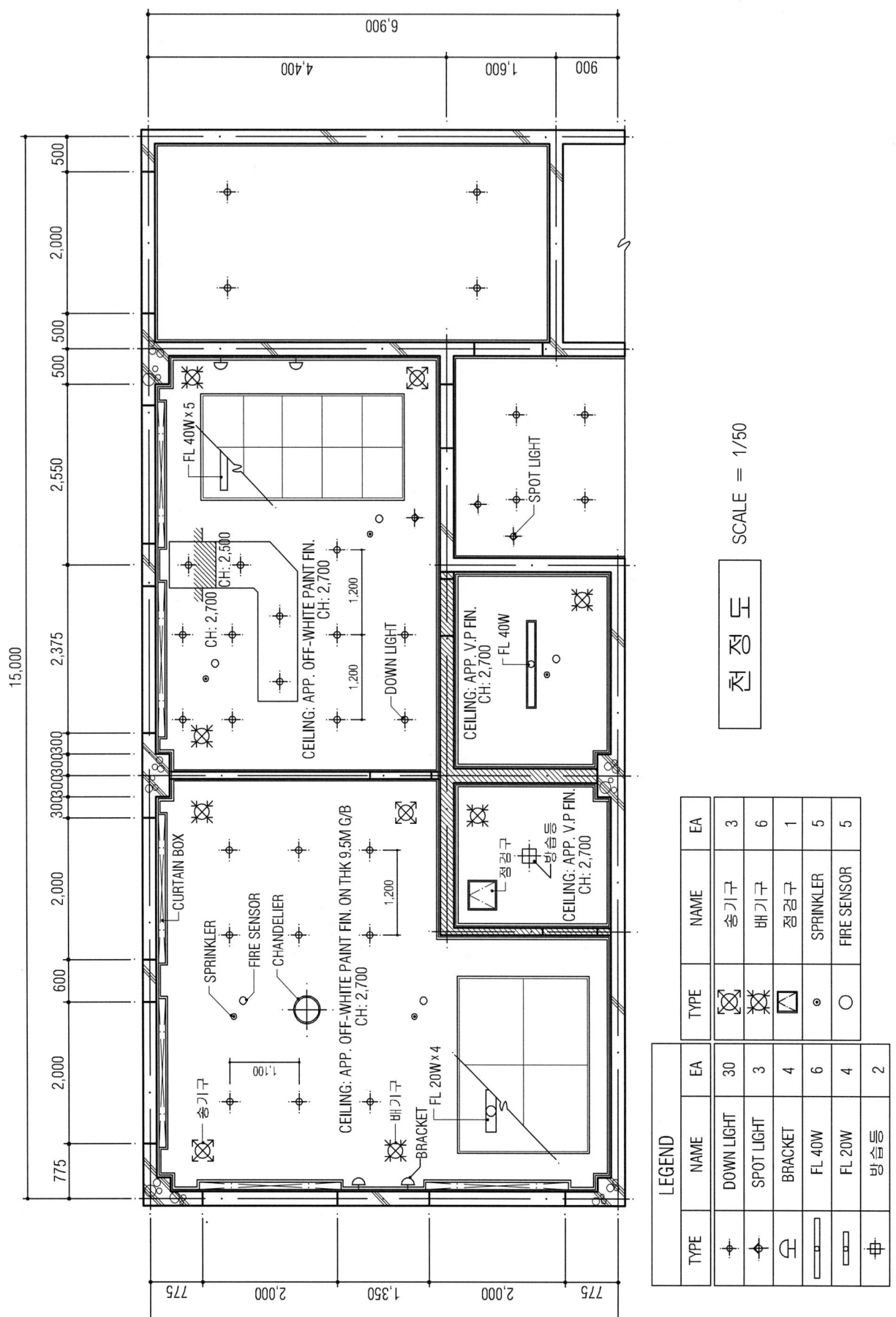

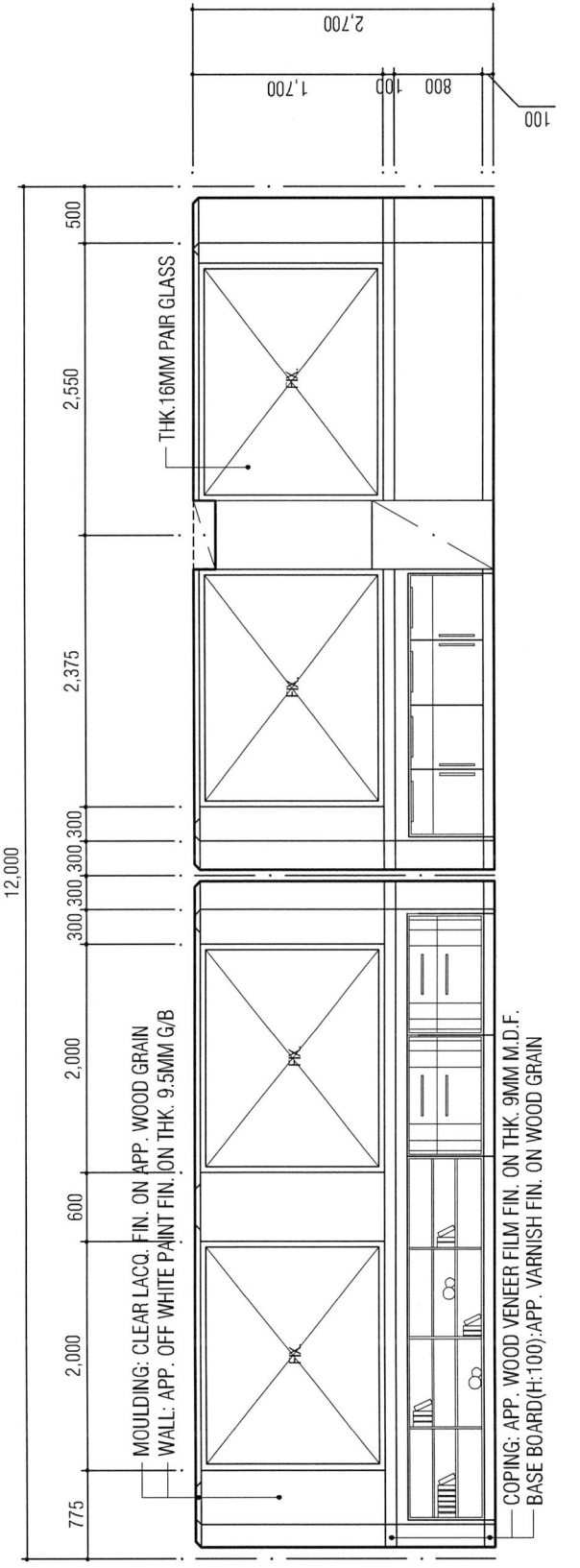

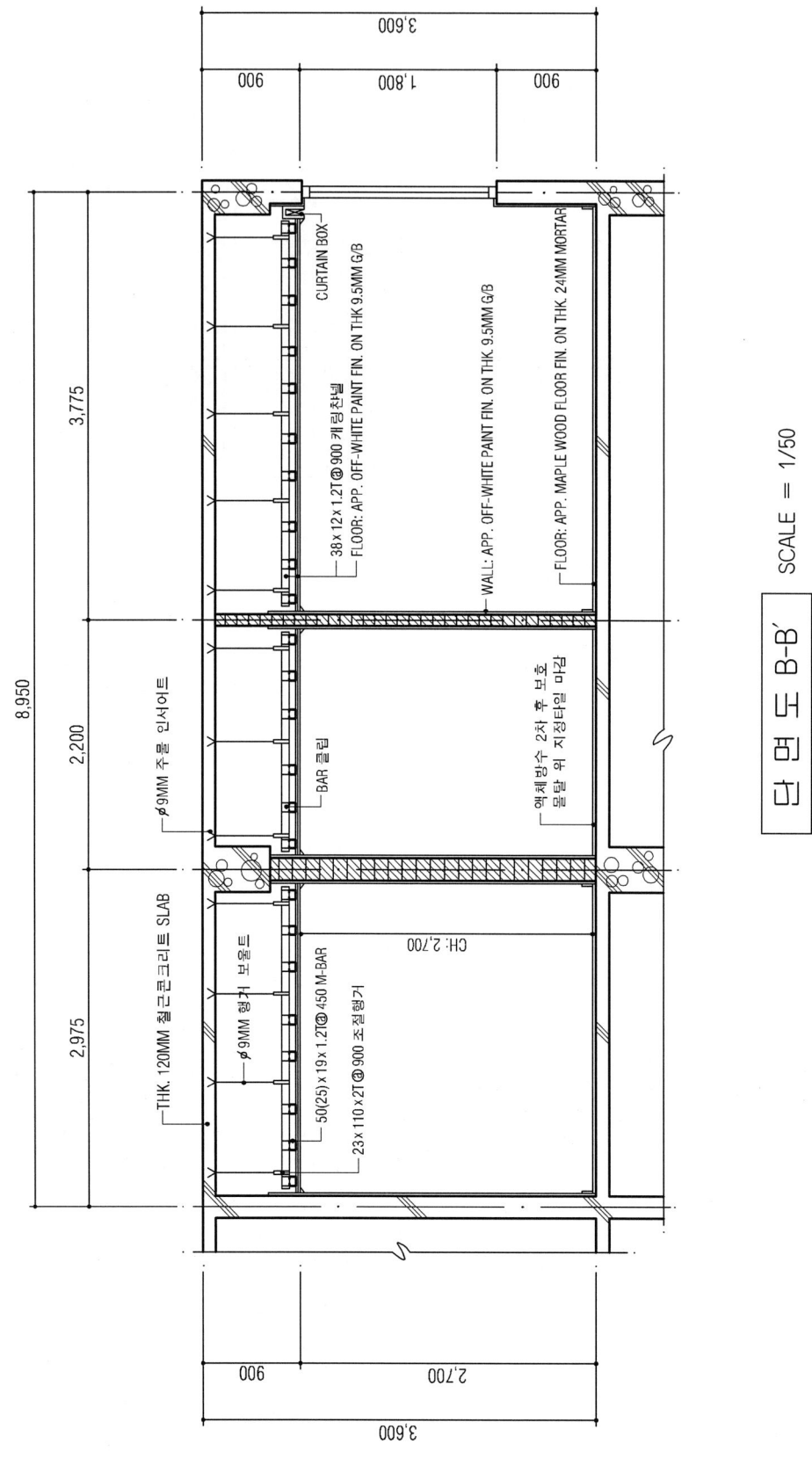

단면도 B-B' SCALE = 1/50

실 내 투 시 도 SCALE = N.S

('98. 5. 10 시행)

제18회 의장기사 1급
시공실무

문제 1) 다음은 목조졸대 바탕 회반죽 바름순서이다. (   )안을 채우시오. (4점)
바탕처리 → (①) → (②) → 초벌바름 → (③) → 정벌바름 → (④)

【해설】 ① 재료반죽   ② 수염붙이기   ③ 재벌   ④ 마무리 및 보양

문제 2) 다음은 수장공사에서 리놀륨 깔기의 시공순서이다. (   )안을 채우시오. (3점)
(①) → 깔기계획 → (②) → 정깔기 → (③)

【해설】 ① 바닥정리   ② 임시깔기   ③ 마무리 및 보양

문제 3) 다음은 도장공사의 칠공법이다. 관계있는 것끼리 서로 연결지으시오. (4점)
㉮ 천정이나 벽면처럼 평활하고 넓은 면을 칠할 때 유리하며, 작업시간이 타 공법에 비해 간소하다.
㉯ 가장 일반적인 공법이며, 건조가 빠른 락카 등에는 부적당하다.
㉰ 면이 고르고 광택을 낼 때 쓰인다.
㉱ 초기 건조가 빠른 락카 등에 유리하며, 기타 여러가지 칠에도 많이 이용된다.

　　① 솔칠   ② 로울러칠   ③ 뿜칠   ④ 문지름칠

【해설】 ㉮ - ②,   ㉯ - ①,   ㉰ - ④,   ㉱ - ③

문제 4) 다음이 설명하는 공정표의 형식은 무엇인가? (2점)
〈보기〉 단순명료하며, 공사의 시작과 완료일의 판단이 용이하고, 각 공정별 공사의 인력투입과 비용 산정에 유리하다.

【해설】 횡선식 공정표

문제 5) 다음은 Network 공정표의 용어해설이다. 알맞은 용어를 채우시오. (3점)
〈보기〉 ① 공사 진행도중 공기단축시 드는 금액을 1일별 분할 계산한 것.
② 임의의 결합점에서 최종 결합점에 이르는 경로 중 시간적으로 가장 긴 경로를 통과하여 종료시각에 될수 있는 개시시각
③ 임의의 두 결합점 간의 경로 중 가장 긴 경로

【해설】 ① 비용구배   ② LT   ③ LP

문제 6) 다음 도면의 창호를 100조를 제작한다. 목재량을 산출하시오. (6점)
(단, 각재는 90×240mm로 한다)

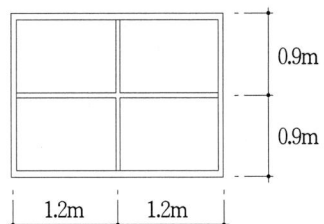

【해설】 ① 수직재 = 0.09×0.24×1.8×3×100 = 11.664m³
② 수평재 = 0.09×0.24×2.4×3×100 = 15.552m³
③ 합계 = ①+② = 11.664+15.552 = 27.216m³

문제 7) 내력벽과 장막벽에 대해서 기술하시오. (4점)

【해설】 ① 내력벽 : 벽체, 바닥, 지붕 등의 수평 및 수직하중을 받아 기초에 전달하는 벽체
② 장막벽 : 벽체 자체 중량 이외의 하중을 부담하지 않는 벽

문제 8) 건축재료 선정상 주조적 성능과 재료선정이 요구되는 제반사항을 기술하시오. (4점)

【해설】 ① 내화·내구·내열 등 각 응력에 잘 적응할 수 있는 구조적 성능을 가져야 하며, 타 부재와의 연결접속이 용이하여야 한다.
② 재료선정시는 사용되는 개소에 그 목적을 잘 고려하여 제반조건에 상응하는 재료를 선택하되 구조적인 측면과 미적인 형태에 대해서도 고려하여야 한다.

문제 9) 플라스틱 재료의 일반적인 특성을 장점과 단점으로 나누어 기술하시오.(2가지씩) (4점)

【해설】 장점 : ① 재료의 절단 및 가공이 용이하여 특수한 형태의 완성이 가능하다.
② 청소가 용이하고, 대기중에 부식되지 않아 장기 보존성이 좋다.
단점 : ① 내열성에 약하므로 굴곡 및 휨정도가 크다.
② 내화성에 약하므로 방염 등 특수한 형태의 공정이 추가되어야 한다.

문제 10) 다음은 논슬립의 사용 및 시공에 관한 설명이다. 괄호안을 채우시오. (3점)
논슬립은 계단의 (   )끝에 대어 (   )의 역할을 하며, 계단폭 끝에서 (   )정도 떼어 시공하기도 한다.

【해설】 디딤판, 미끄럼방지, 5cm

문제 11) 다음은 유리에 관한 설명이다. 괄호안에 알맞은 답을 채우시오. (3점)
3mm 이하의 유리는 (①)이라 하고, 3~5mm 정도를 (②)이라 하며, 5mm 이상의 유리를 (③)라 한다.

【해설】 ① 박판유리   ② 보통유리   ③ 후판유리

실내디자인

[제18회 작품명] 약 국

1. 요구사항
   상업중심지역에 위치한 "약국"을 아래 조건에 의해 설계하시오.

2. 요구조건
   ① 설계면적 : 8.7m×6.3m×2.8m(H)
   ② 필요공간 및 가구
      어항, 화분, 온장고, 냉장고, 보조사가구, 접대가구, 약사가구, 조제실, 화장실

3. 요구도면
   ① 평면도(가구배치 포함) SCALE : 1/30
   ② 천정도(설비, 조명기구 배치 및 범례표 작성) SCALE : 1/50
   ③ 전개도 1면(벽면재료 표기) SCALE : 1/50
   ④ 단면도 B-B´ SCALE : 1/50
   ⑤ 실내투시도 SCALE : N.S
      (계획의 포인트가 좋은 지점에서 1소점 또는 2소점 투시도법으로 작성하되, 작성과정의 투시 보조선을 반드시 남길 것)

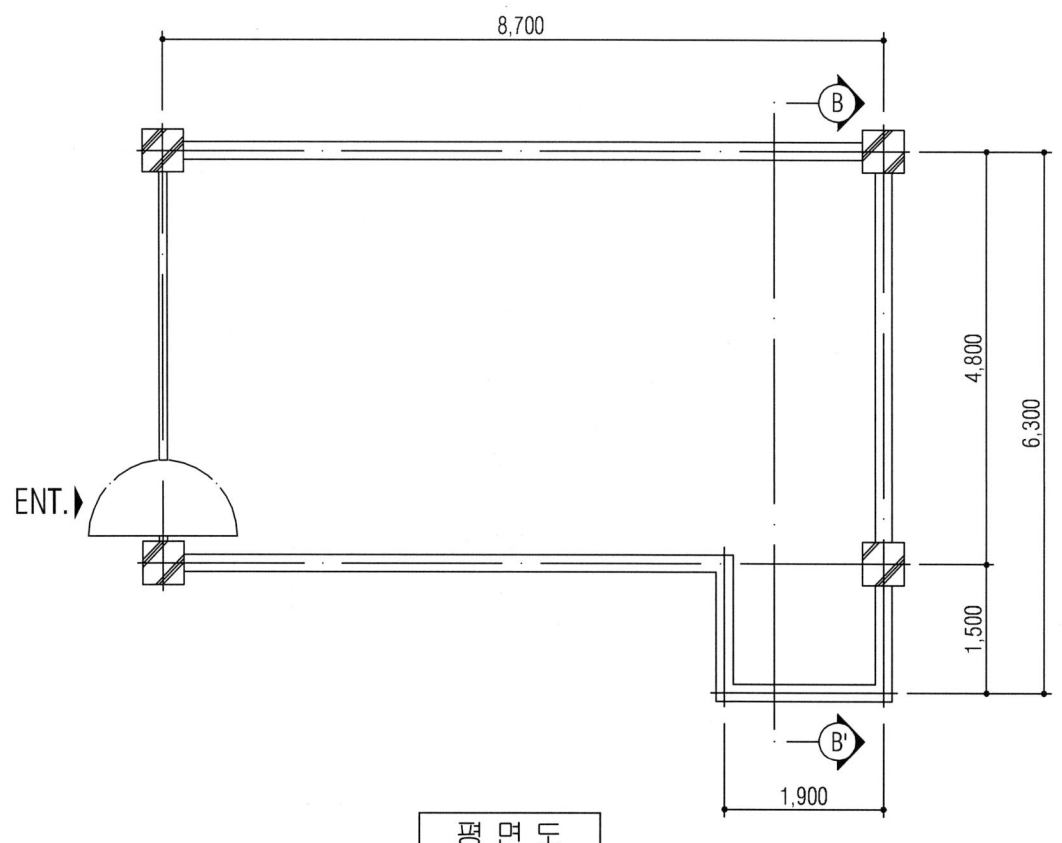

평면도

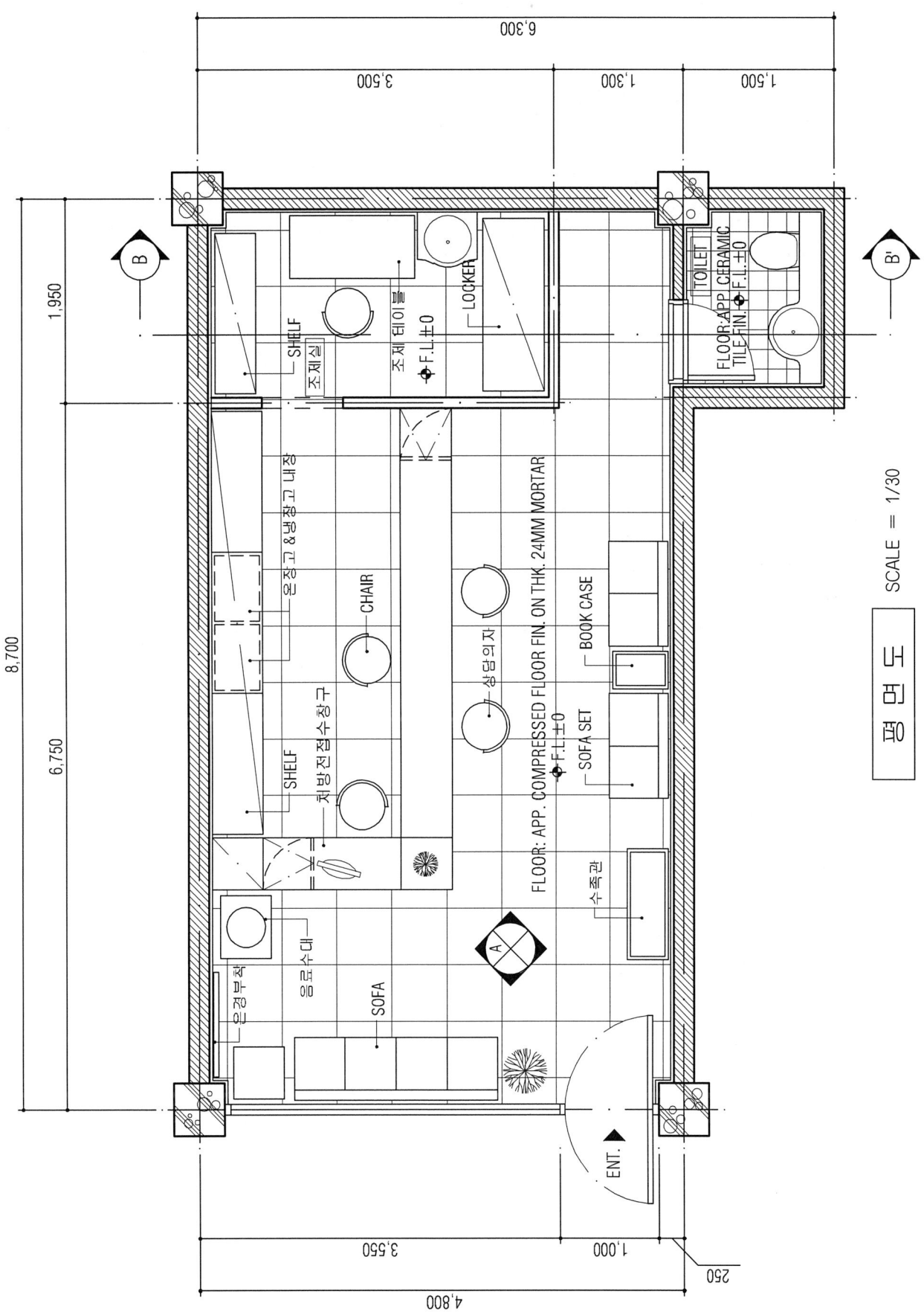

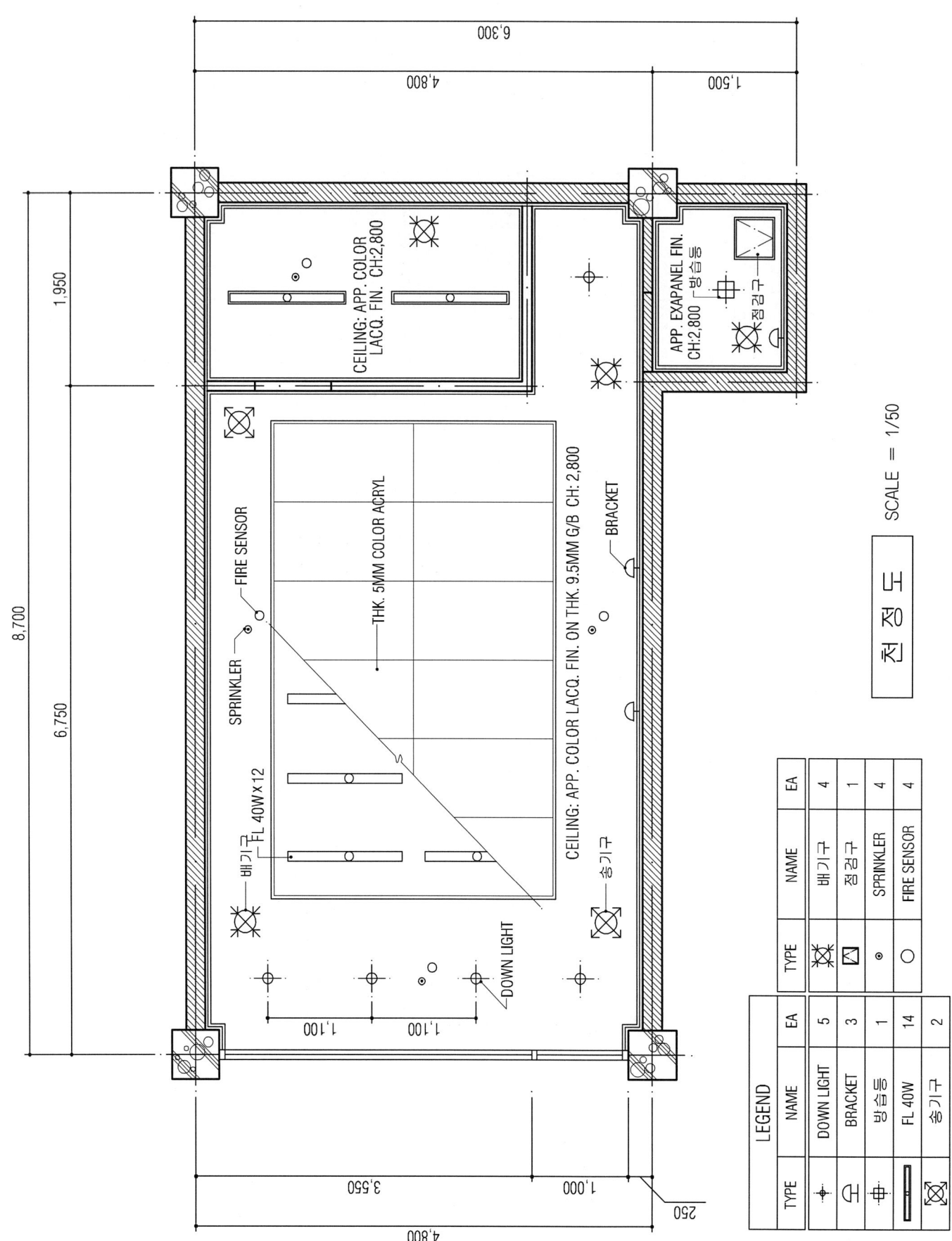

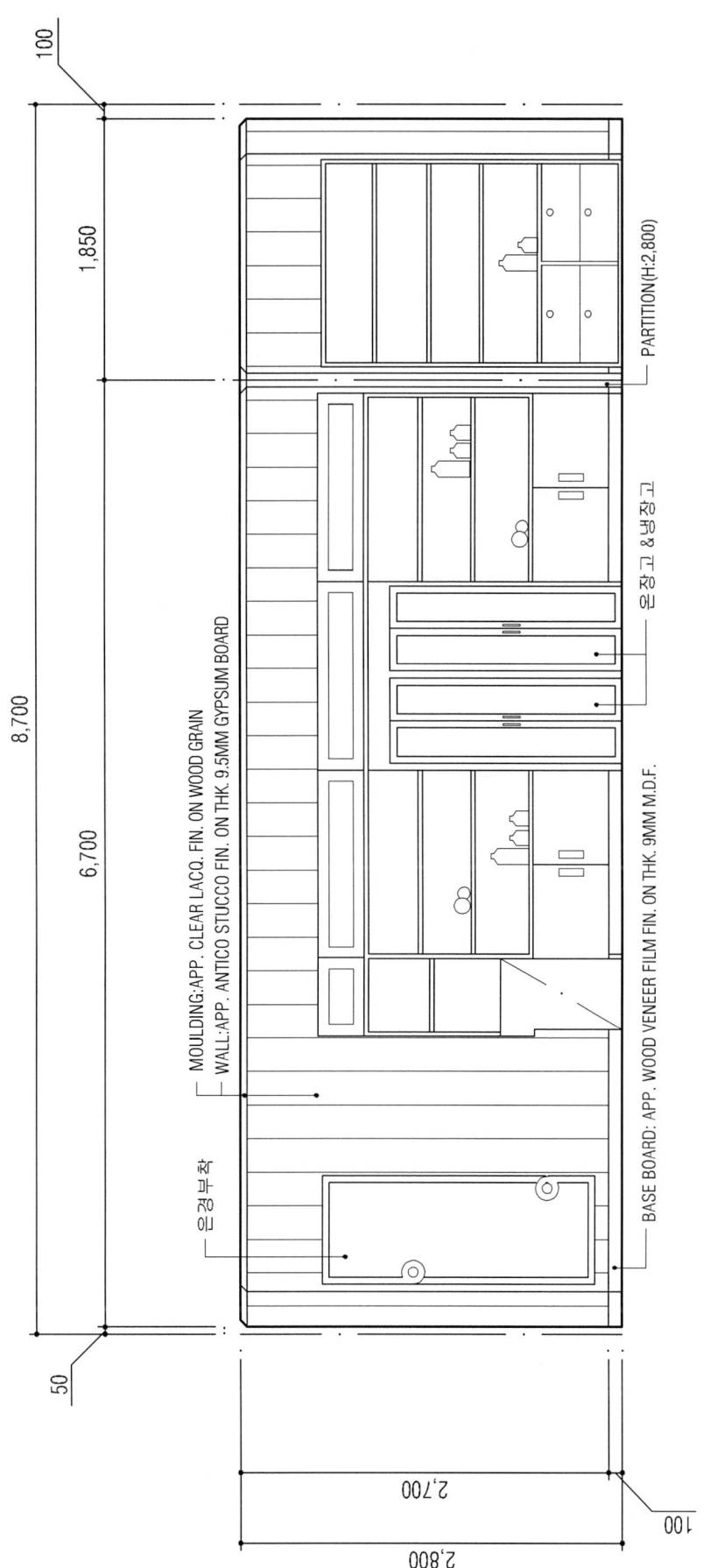

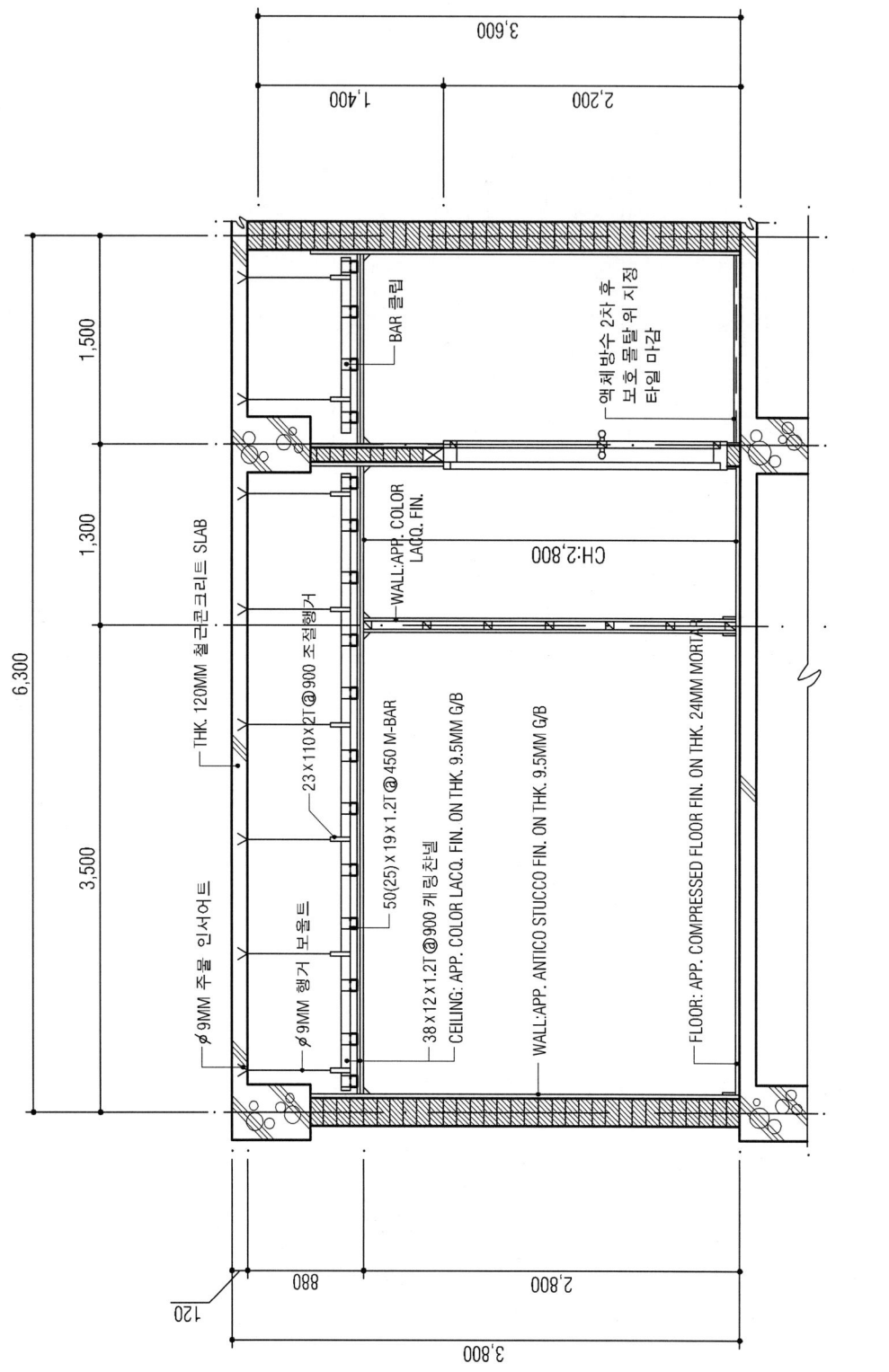

단 면 도 B-B' SCALE = 1/50

('98. 7. 6 시행)

제19회 의장기사 1급
시공실무

문제 1) 실내바닥 마무리 중 바름마무리 외에 (①) 마무리, (②)마무리가 있다. (2점)

【해설】 ① 붙임 ② 깔기

문제 2) 장식용 테라코타의 용도 3가지를 쓰시오. (3점)

【해설】 난간벽, 주두, 돌림띠

문제 3) 벽타일 붙이기 시공순서를 보기에서 골라 그 번호를 쓰시오. (5점)
〈보기〉 ① 타일나누기 ② 치장줄눈 ③ 보양 ④ 벽타일붙이기 ⑤ 바탕처리

【해설】 ⑤→ ①→ ④→ ②→ ③

문제 4) 다음 평면도에서 쌍줄비계를 설치할 때 외부비계 면적을 산출하시오.(단, H=25m) (3점)

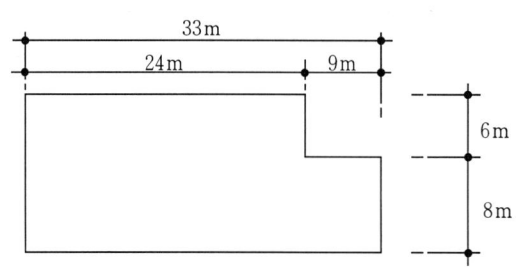

【해설】 A = H{2(a+b)+0.9×8}   A = 25{2(33+14)+0.9×8}   A = 25{(2×47)+7.2}
A = 25(94+7.2)   A = 25×101.2   A = 2,530m²

문제 5) 목재의 결점 4가지를 쓰시오. (4점)

【해설】 ① 옹이 ② 갈라짐 ③ 껍질박이 ④ 송진구멍

문제 6) 목재의 방부법 종류 3가지를 쓰시오. (3점)

【해설】 ① 도포법 ② 침지법 ③ 표면탄화법

문제 7) 다음 보기에서 알맞은 것끼리 ( )안에 알맞는 번호를 기입하시오. (4점)

㉮ 플러쉬문 (   )   ㉯ 무테문(   )   ㉰ 어커디언문(   )   ㉱ 여닫이문(   )
〈보기〉 ① 하니(벌집)체크   ② 레일   ③ 핸들박스   ④ 피봇힌지   ⑤ 풍소란

【해설】 ㉮-① ㉯-④ ㉰-② ㉱-⑤
　　　※ ㉮, ㉯는 문짝구성형태에 의한 분류이고, ㉰, ㉱는 개폐방식에 의한 분류이다.

문제 8) 벽돌 시공시 1일 쌓기량에 대해서 기술하시오. (2점)

【해설】 벽돌의 하루 쌓는 높이는 최대 1.5m(21/22켜), 보통 1.2m(17/18켜) 정도로 한다. 모르타르 배합비는 1 : 3이다.

문제 9) 복층유리의 특징 3가지를 쓰시오. (3점)

【해설】 보온, 방음, 결로방지

문제 10) 바니쉬에 대한 설명이다. 괄호 안을 채우시오. (6점)

바니쉬는 천연수지와 (①)를 섞어 투명한 막으로 되고, 기름이 산화되어 (②)바니쉬, (③) 바니쉬, (④)바니쉬로 나뉜다.

【해설】 ① 휘발성 용제　② 기름　③ 휘발성　④ 래커

문제 11) 다음 Data로 네트워크 공정표를 만들고 주 공정선을 표시하시오. (5점)

작업	A	B	C	D	E	F	G	H	I
선행작업	None	A	A	None	B	B,C,D	D	E,F,G	F,G
작업일수	2	6	5	4	3	7	8	6	8

【해설】

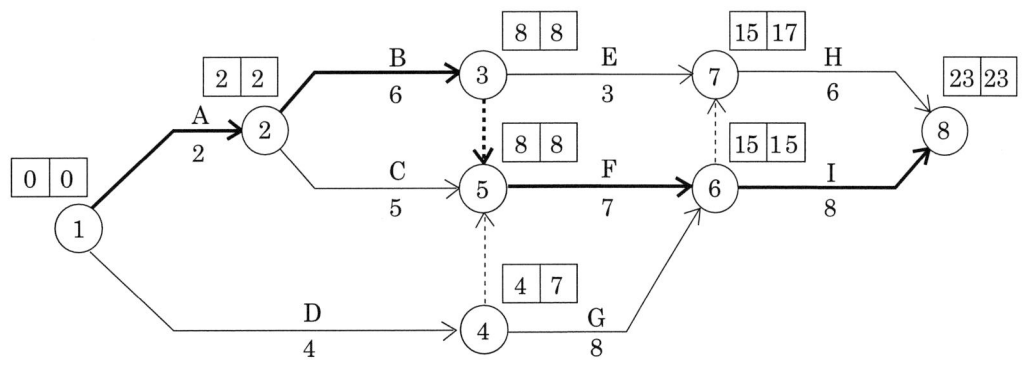

CP〉Activity : A→B→F→I　　　Event : ①→②→③→⑤→⑥→⑧

실내디자인

[제19회 작품명] Fashion shop

1. 요구사항
   주어진 도면의 빌딩 내 여성의류매장을 계획하고자 한다.

2. 요구조건
   ① 설계면적 : 8.1m×7.2m×2.7m(H)
   ② 필요공간 및 가구
   Reception Area, Fitting Room, Storage, Hanger, Show Case, Show Stage, Display Shelf, Cashier Counter
   (그 외 설계자 임의로 가구를 더 추가할 수 있다.)

3. 요구도면
   ① 평면도 SCALE : 1/30
   ② 전개도 2면 SCALE : 1/50
   ③ 천정도 SCALE : 1/50
   ④ 주단면도 C-C′ SCALE : 1/30
   ⑤ 투시도 SCALE : N.S
   (계획의 포인트가 좋은 지점에서 1소점 또는 2소점 투시도법으로 작성하되, 작성과정의 투시 보조선을 반드시 남길 것)

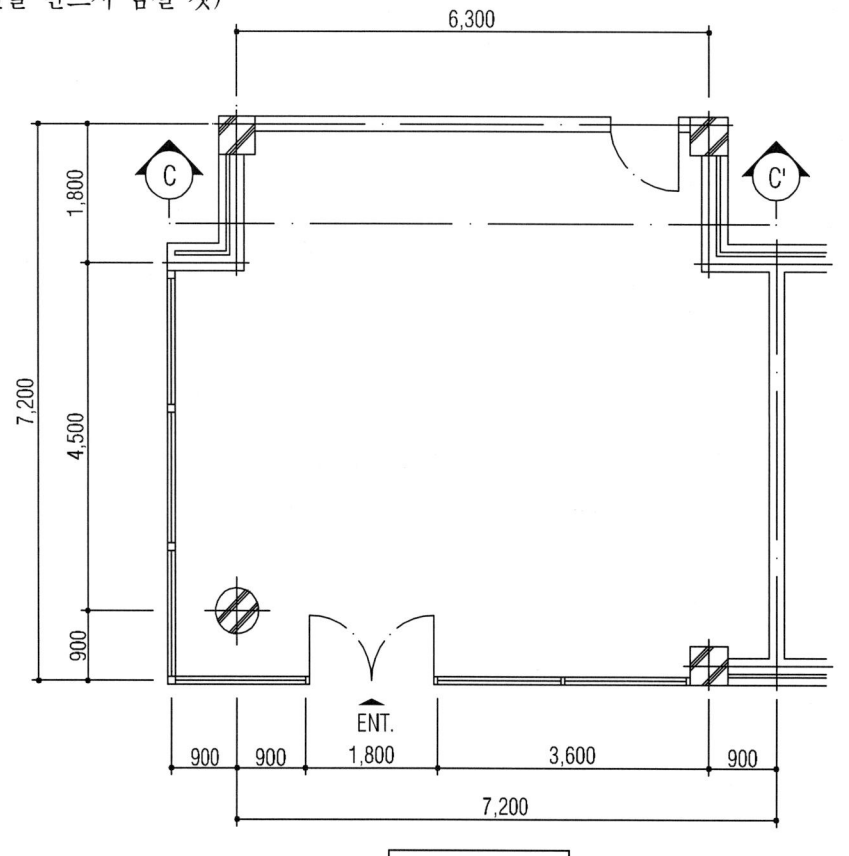

평 면 도

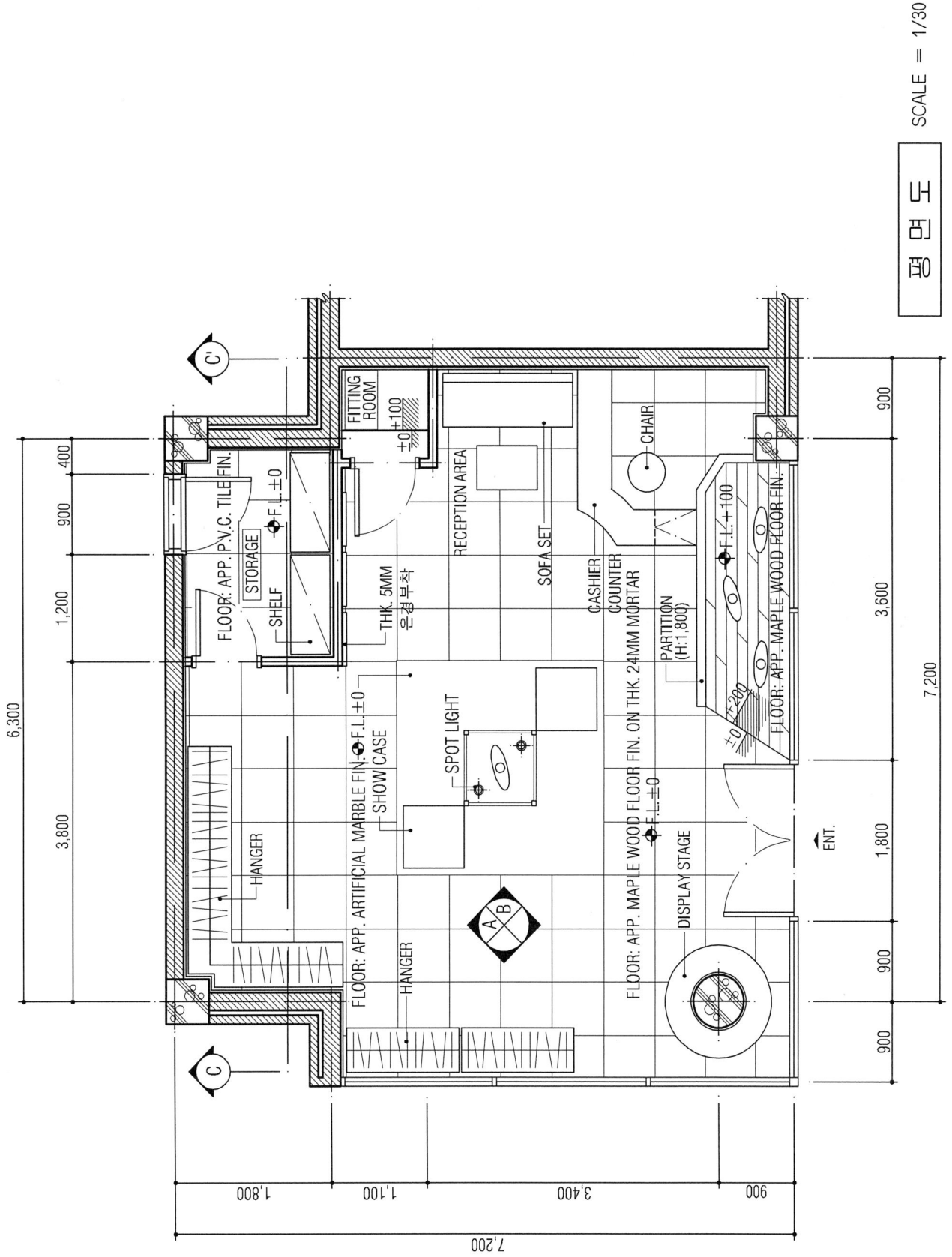

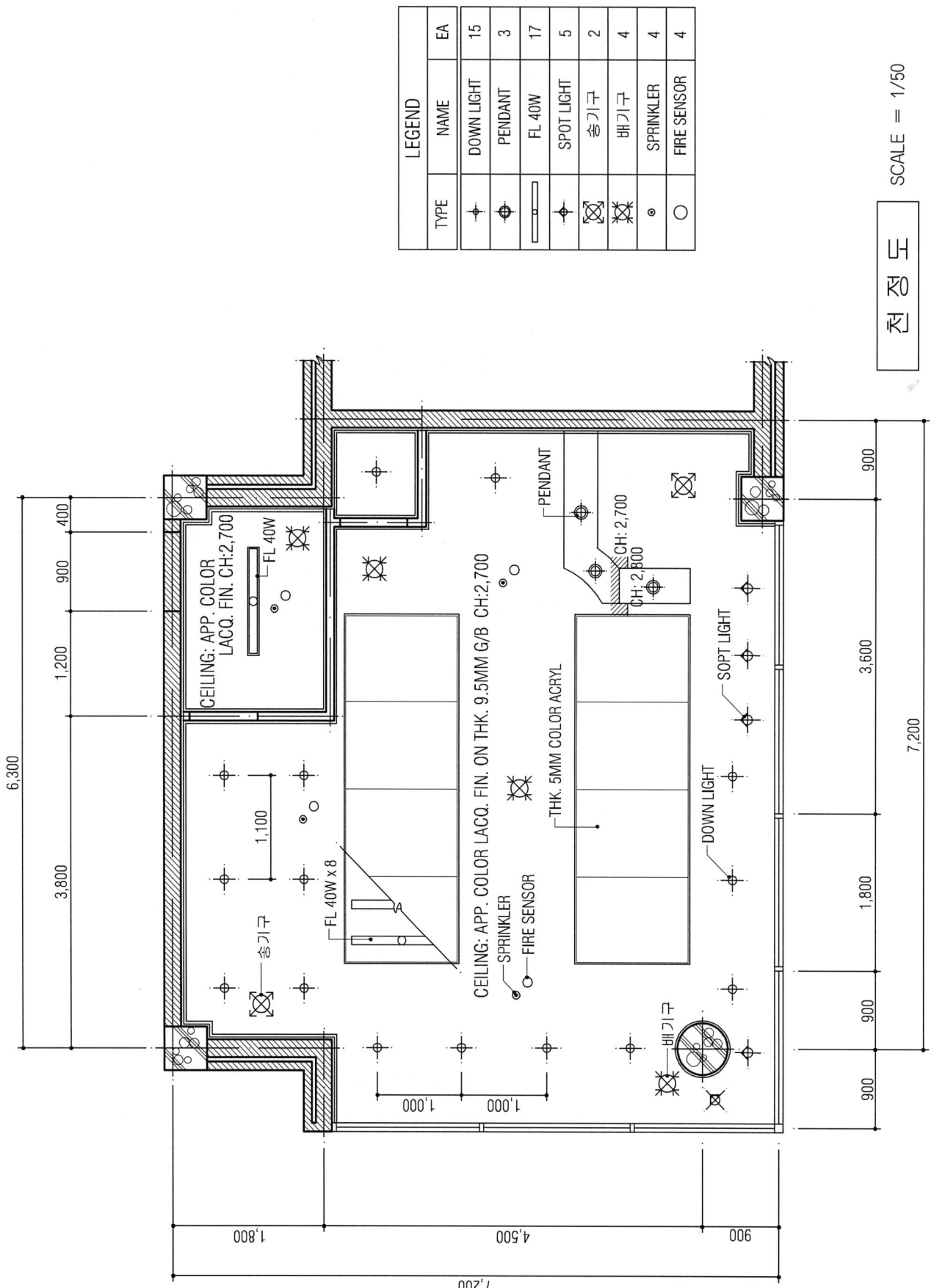

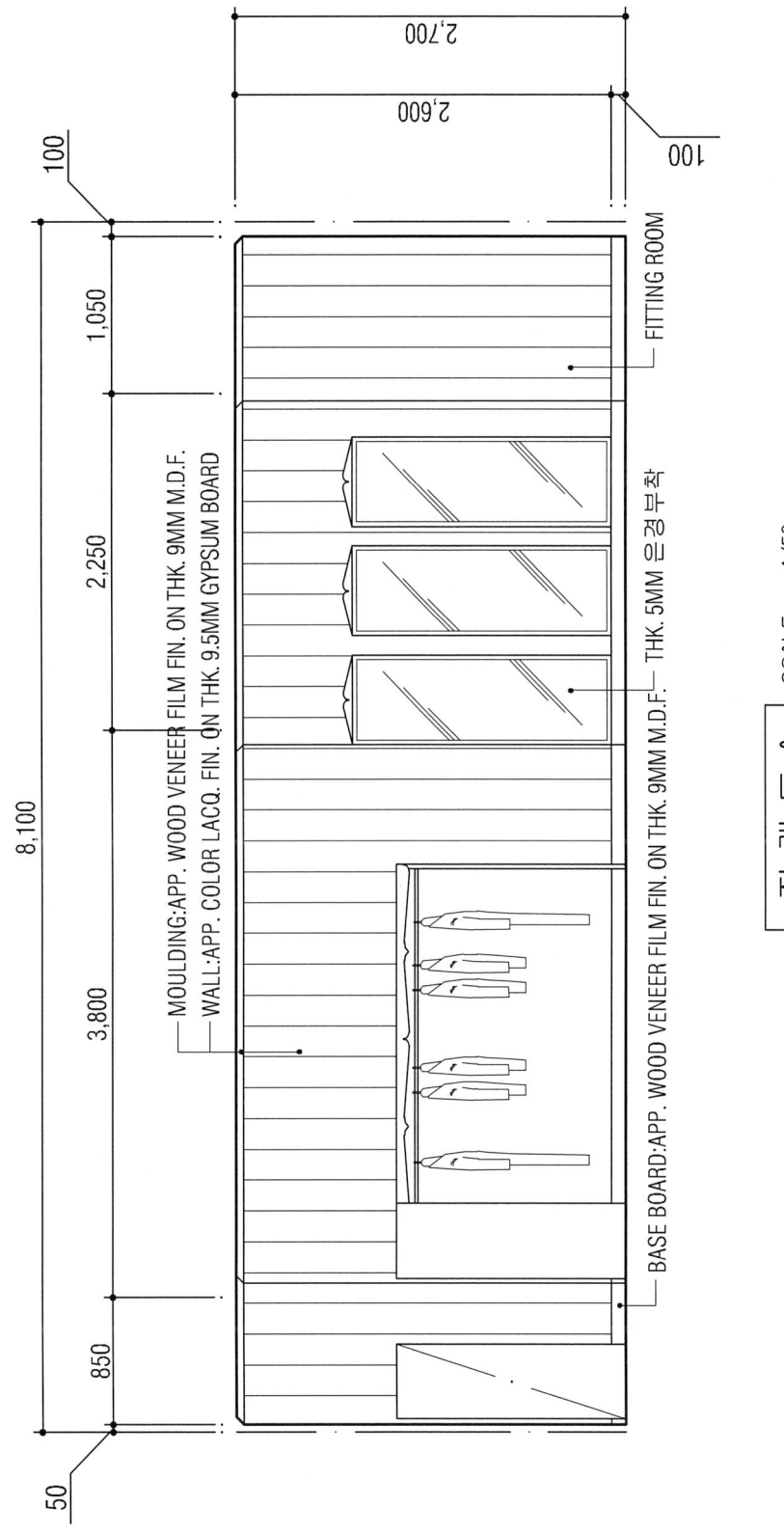

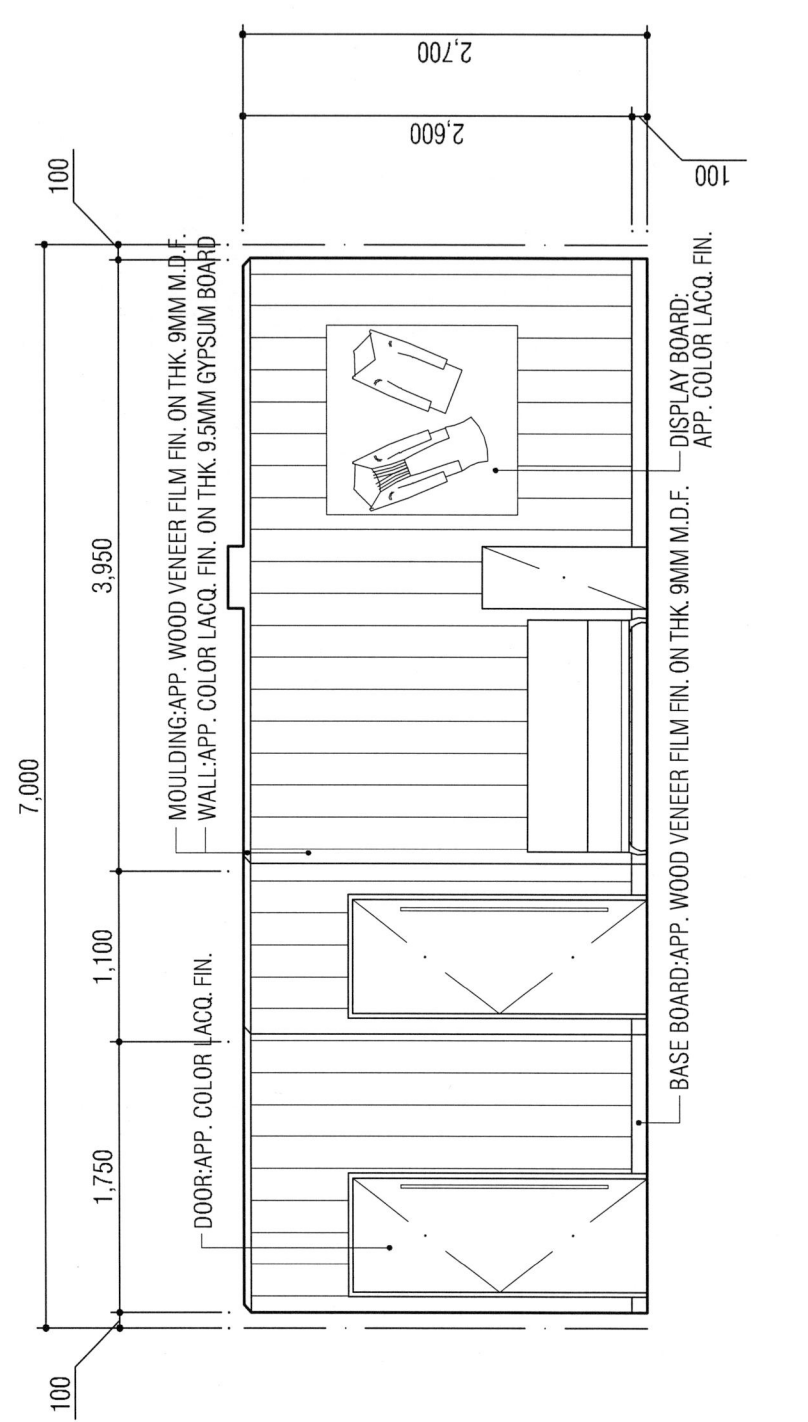

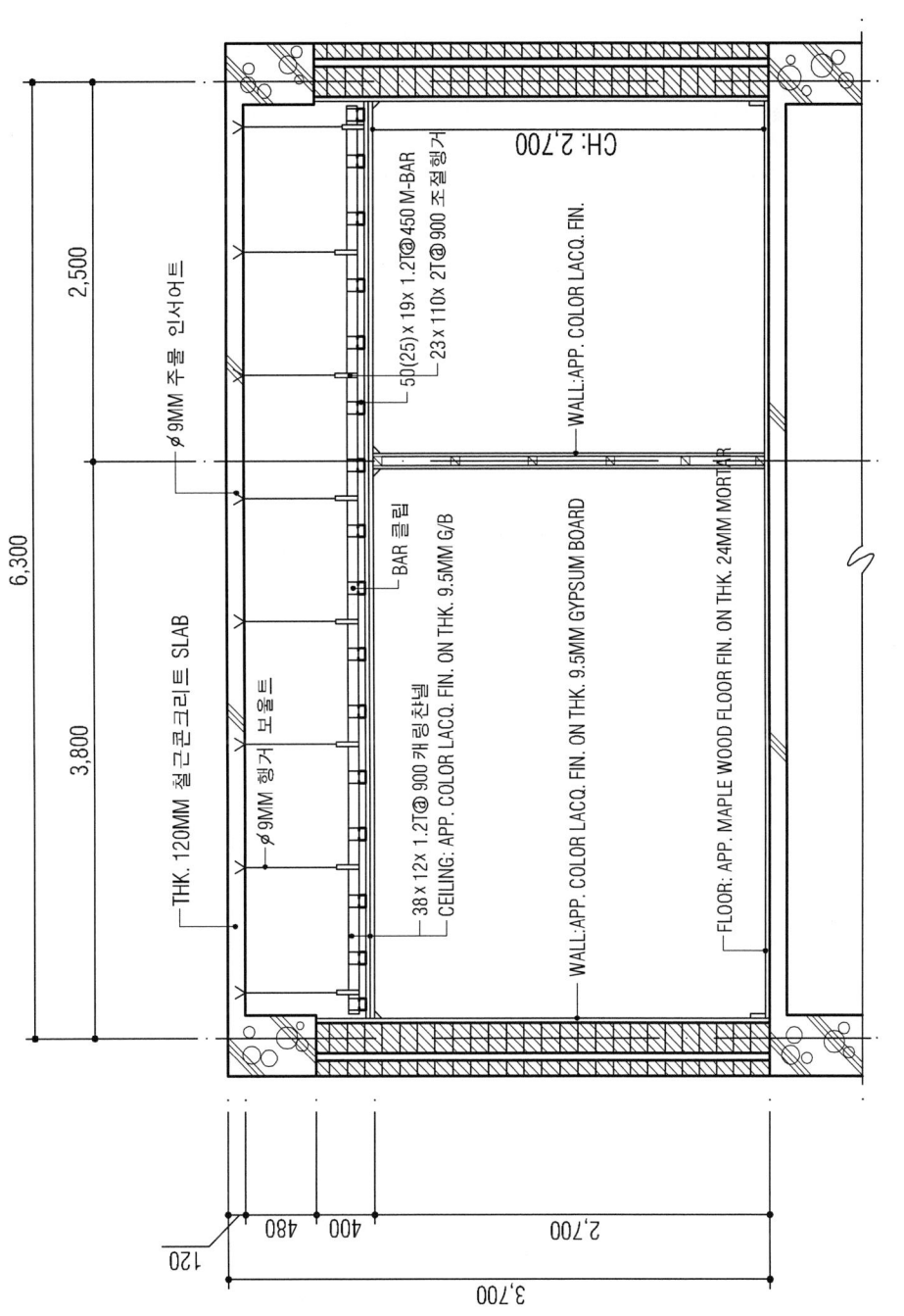

단 면 도 C-C' SCALE = 1/30

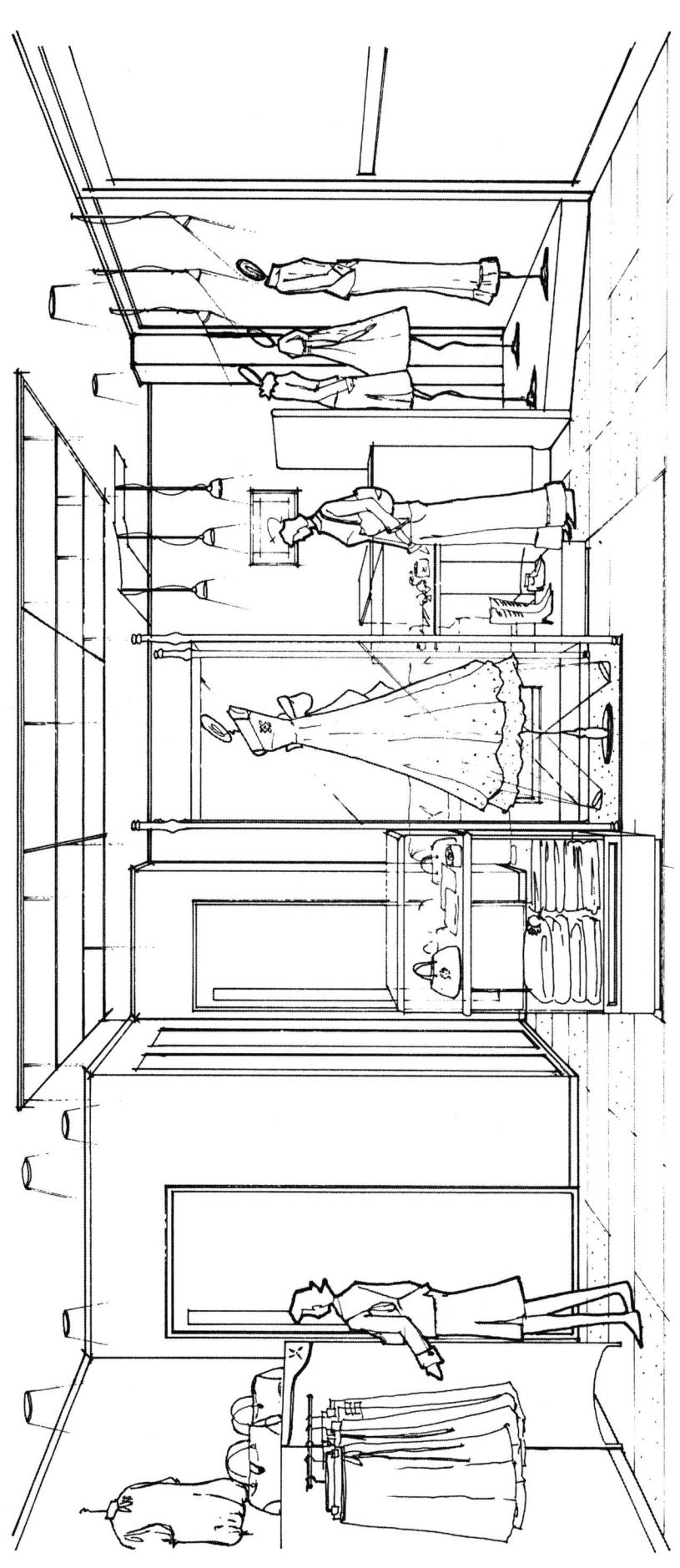

('98. 10. 18 시행)

제20회 의장기사 1급
시공실무

문제 1) 회반죽 재료 4가지를 쓰시오. (4점)

【해설】 ① 소석회 ② 여물 ③ 해초풀 ④ 모래

문제 2) 다음은 금속공사에 사용되는 철물의 용어이다. 간략히 설명하시오. (4점)
① 와이어 메쉬 ② 펀칭메탈 ③ 메탈라스 ④ 와이어라스

【해설】 ① 와이어 메쉬 : 연강철선을 전기용접하여 정방형이나 장방형으로 만든 것으로 콘크리트 다짐바닥 등에 사용된다.
② 펀칭메탈 : 얇은 강판에 여러개의 구멍을 뚫어 환기공 또는 방열기 커버 등에 쓰인다.
③ 메탈라스 : 얇은 강판에 마름모꼴의 구멍을 연속적으로 뚫어 그물처럼 만든 것으로 천정벽, 처마둘레 등의 미장에 쓰인다.
④ 와이어라스 : 아연도금한 굵은 철선을 엮어 그물같이 만든 철망을 말하며, 미장바탕용으로 쓰인다.

문제 3) 다음 용어들에 대해서 간단히 쓰시오. (4점)
① 짠마루 ② 홑마루 ③ 본아치 ④ 보마루

【해설】 ① 짠마루 : 간사이가 클 경우에 사용되며, 큰 보 위에 작은 보, 그 위에 장선을 걸고 마루널을 깐 마루.
② 홑마루 : 간막이 도리위에 장선을 걸고 마루널을 깐 마루.
③ 본아치 : 공장에서 주문제작한 벽돌로 쌓은 아치.
④ 보마루 : 보위에 장선을 걸고 마루널을 깐 마루.

문제 4) 다음 평면도에서 쌍줄비계를 설치할 때 외부 비계면적을 산출하시오.(단 H=18m) (4점)

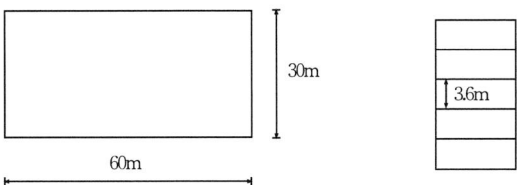

【해설】 A = H{2(a+b)+0.9×8}   A = 18{2(60+30)+0.9×8}
A = 18{(2×90)+7.2}   A = 18(180+7.2)
A = 18×187.2   A = 3,369.6m²

문제 5) 미서기 창에 필요한 철물 4가지를 쓰시오. (3점)

【해설】 ① 호차 ② 레일 ③ 꽂이쇠 ④ 크레센트

문제 6) 공정계획의 요소를 4가지 쓰시오. (4점)

【해설】 ① 공사의 시기 ② 공사의 내용 ③ 공사의 수량 ④ 노무의 수배

문제 7) 다음 공정표를 작성하시오. (4점)

작업명	A	B	C	D	E	F
선행작업	None	None	None	None	A, B	B
작업일수	5	4	3	4	2	1

【해설】
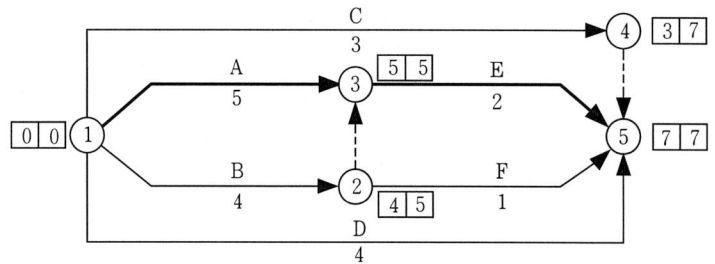

　　CP〉Activity : A→E　　Event : ①→③→⑤

문제 8) 스프레이건(Spray Gun)에 대해서 기술하시오. (2점)

【해설】 압축공기를 이용한 도장용 분사기로 노즐헤드(1.0~1.5mm)를 조절하여 뿜칠의 확산을 변경할 수 있고, 뿜칠을 위한 압력은 2~4kg/㎠이고, 칠면에서 직각으로 30cm정도 띄워 사용한다.

문제 9) 유리공사에 쓰이는 용어이다. 간단히 쓰시오. (2점)
　① 트리플랙스(Tri Plex)　　② 컷 글라스(Cut glass)

【해설】 ① 트리플랙스(Tri plex) : 세겹 합한 유리의 일종으로 두겹 유리사이에 투명 플라스틱을 끼운다.
　　　　② 컷 글라스(Cut glass) : 표면에 광택이 있는 홈 줄을 새겨 모양을 돋힌 것이다.

문제 10) 다음 보기에서 품질관리에 의한 검사순서를 나열하시오. (4점)
　① 계획　　② 검토　　③ 실시　　④ 시정

【해설】 ①-③-②-④
　　　　품질관리 4단계 - ⓟ-plan : 규격, 규준, 생산계획, ⓓ-Do : 작업실시
　　　　　　　　　　　　ⓒ-Check : 제품의 검토/검사 ⓐ-Action : 결과에 따른 시정

문제 11) 다음은 미장공사시 사용되는 모르타르의 종류이다. 각각의 특성을 골라 연결하시오. (5점)
　〈보기〉① 백시멘트 모르타르　　② 바라이트 모르타르　　③ 석면 모르타르
　　　　④ 방수 모르타르　　⑤ 합성수지계 모르타르　　⑥ 아스팔트 모르타르

　　　　㉮ 광택　㉯ 방사선 차단　㉰ 착색　㉱ 내산성　㉲ 단열　㉳ 방수

【해설】 ①-㉰　②-㉯　③-㉲　④-㉳　⑤-㉮　⑥-㉱

실내디자인

[제20회 작품명] 숙녀복 전문점

1. 요구 사항

   상업 중심지역에 위치한 숙녀복 전문점을 아래 조건에 의해 설계하시오.

2. 요구 조건

   ① 설계 면적 : 6.3m × 14.3m × 2.7m(H)

   ② 평면 요구 공간 및 가구

   A. 매장 공간

   ㉠ 쇼윈도우-1개

   ㉡ 디스플레이 스테이지 : 대형(1.8m × 1.3m)-1개, 소형(0.9m × 0.6m)-6개

   ㉢ 스탠드 케이스 : 0.9m × 0.9m × 0.8m(H)-2개

   ㉣ 진열대 : 1.2m × 0.6m-8개   ㉤ FITTING ROOM-1개

   ㉥ 4인조 쇼파, 테이블-각1조   ㉦ 카운터-1개

   B. 사무 공간

   ㉠ 사무용책상, 의자-1조   ㉡ STOCK선반 : 1.2m × 0.6m-4개

   ㉢ 세면, 화장실-1개

   (이상 제시된 것은 필수적이며 이외에 필요한 것이 있다면 보완할 수 있음)

3. 요구 도면

   ① 평면도(가구 배치 포함) SCALE : 1/30

   ② 전개도 A방향 1면(벽면 재료 표기) SCALE : 1/50

   ③ 천정도(설비 및 조명 기구 배치) SCALE : 1/50

   ④ 단면 상세도(카운터) SCALE : 1/10

   ⑤ 투시도 SCALE : N.S

   (계획의 포인트가 좋은 지점에서 1소점 또는 2소점 투시도법으로 도면을 작성하되 작성과정의 투시보조선을 남길 것)

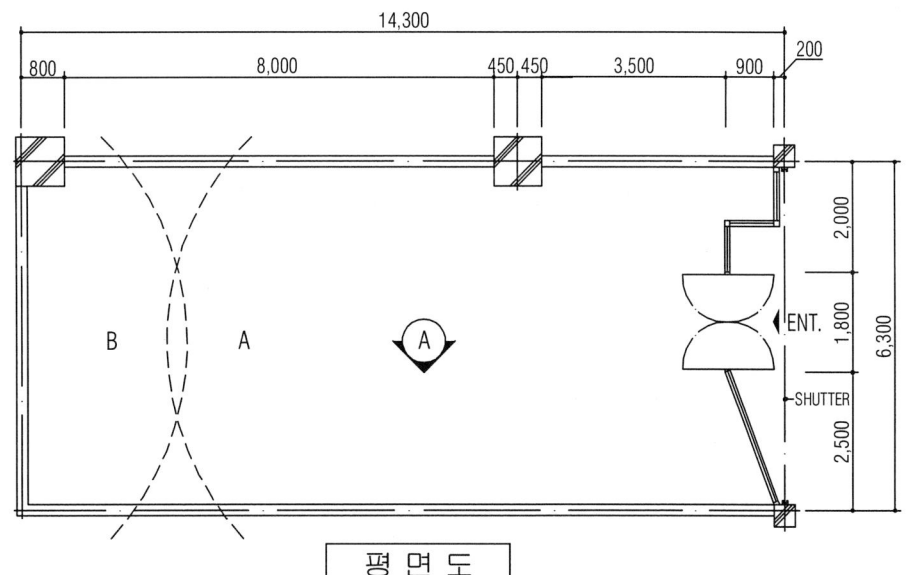

평면도

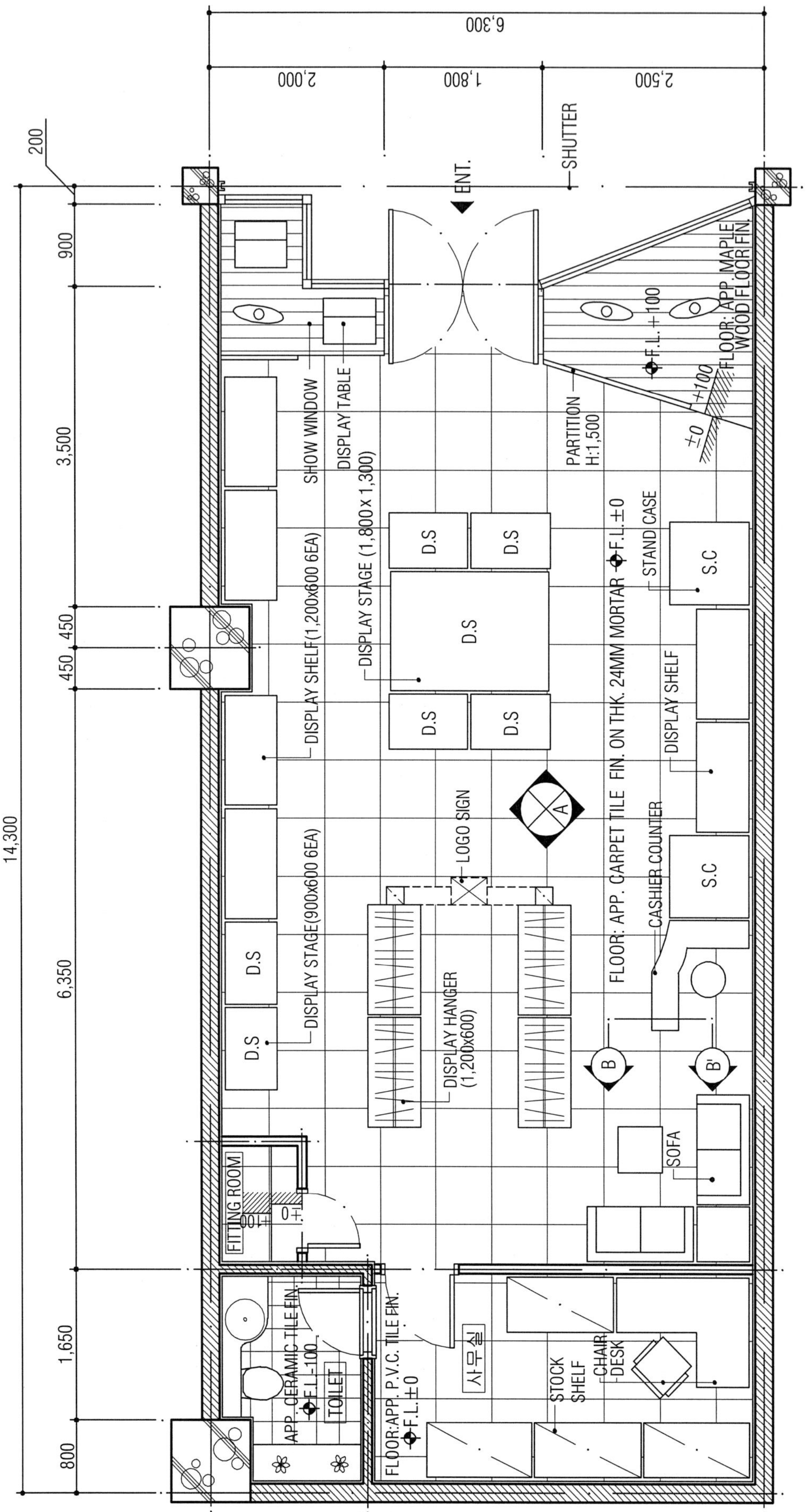

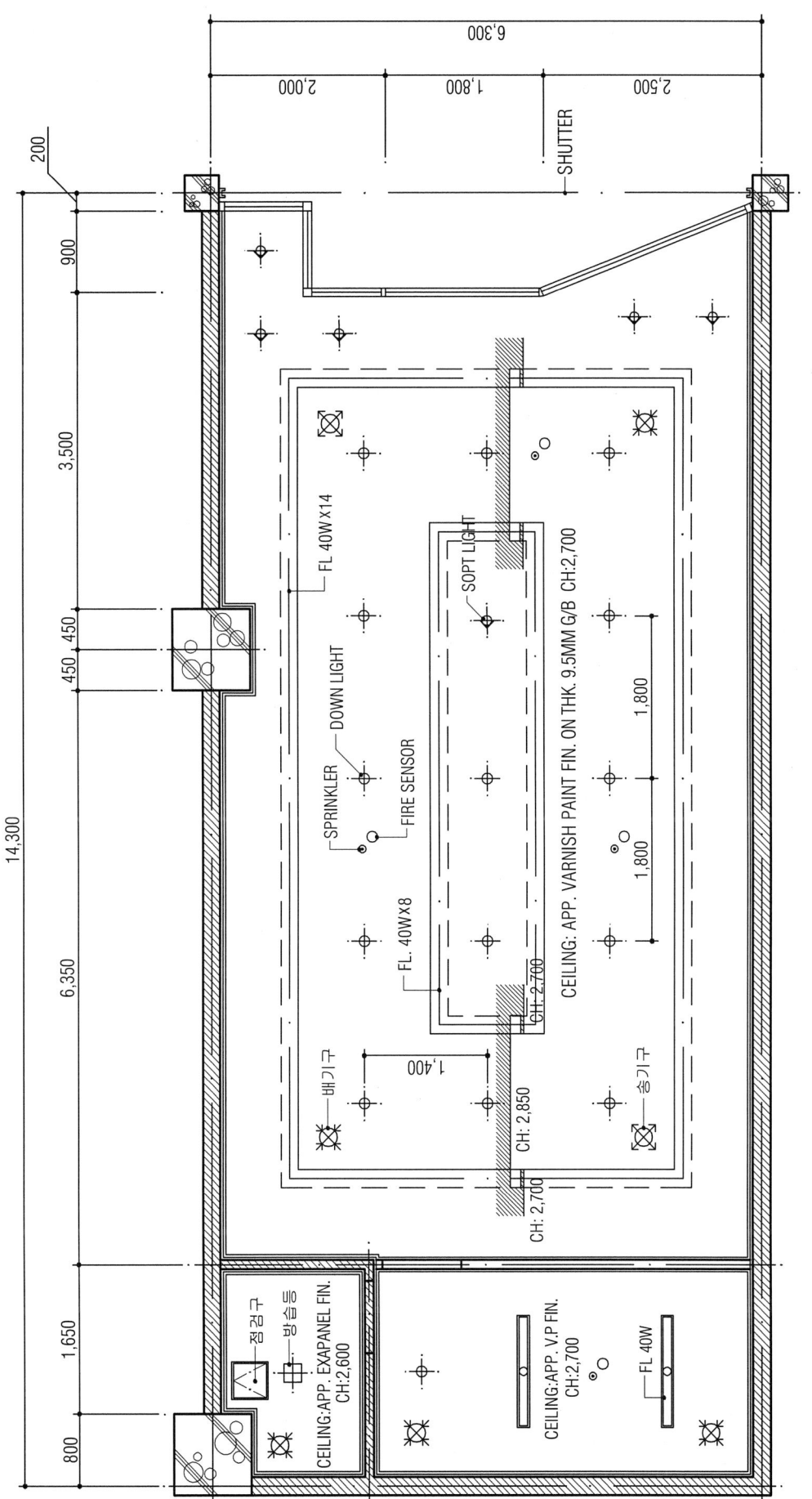

천 정 도   SCALE = 1/50

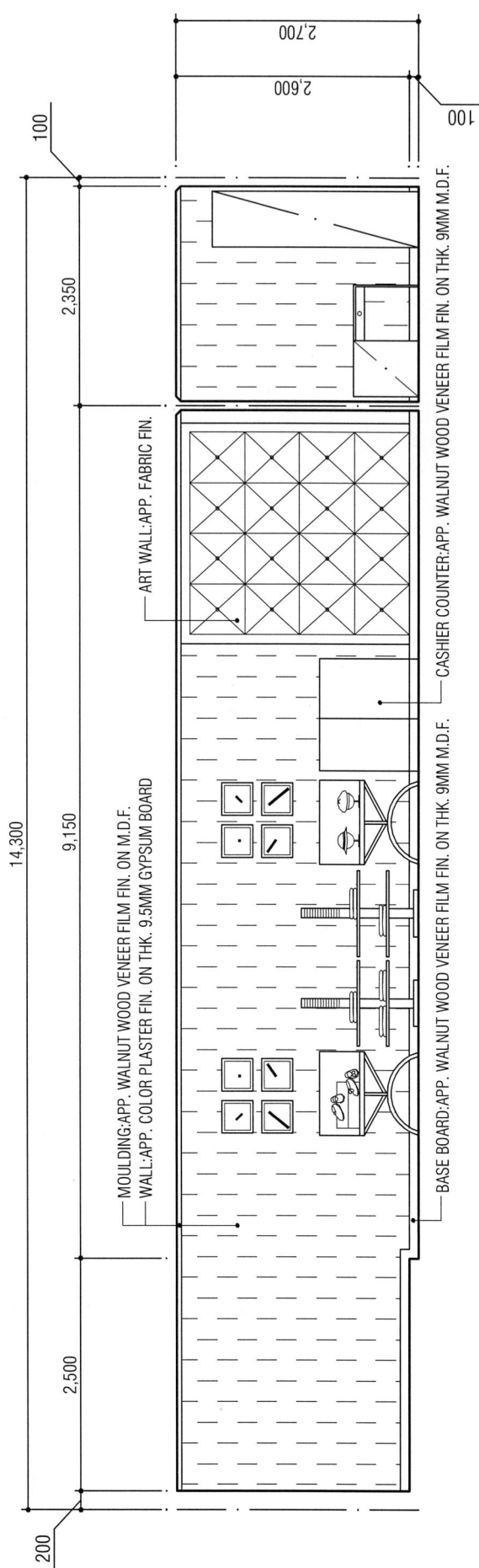

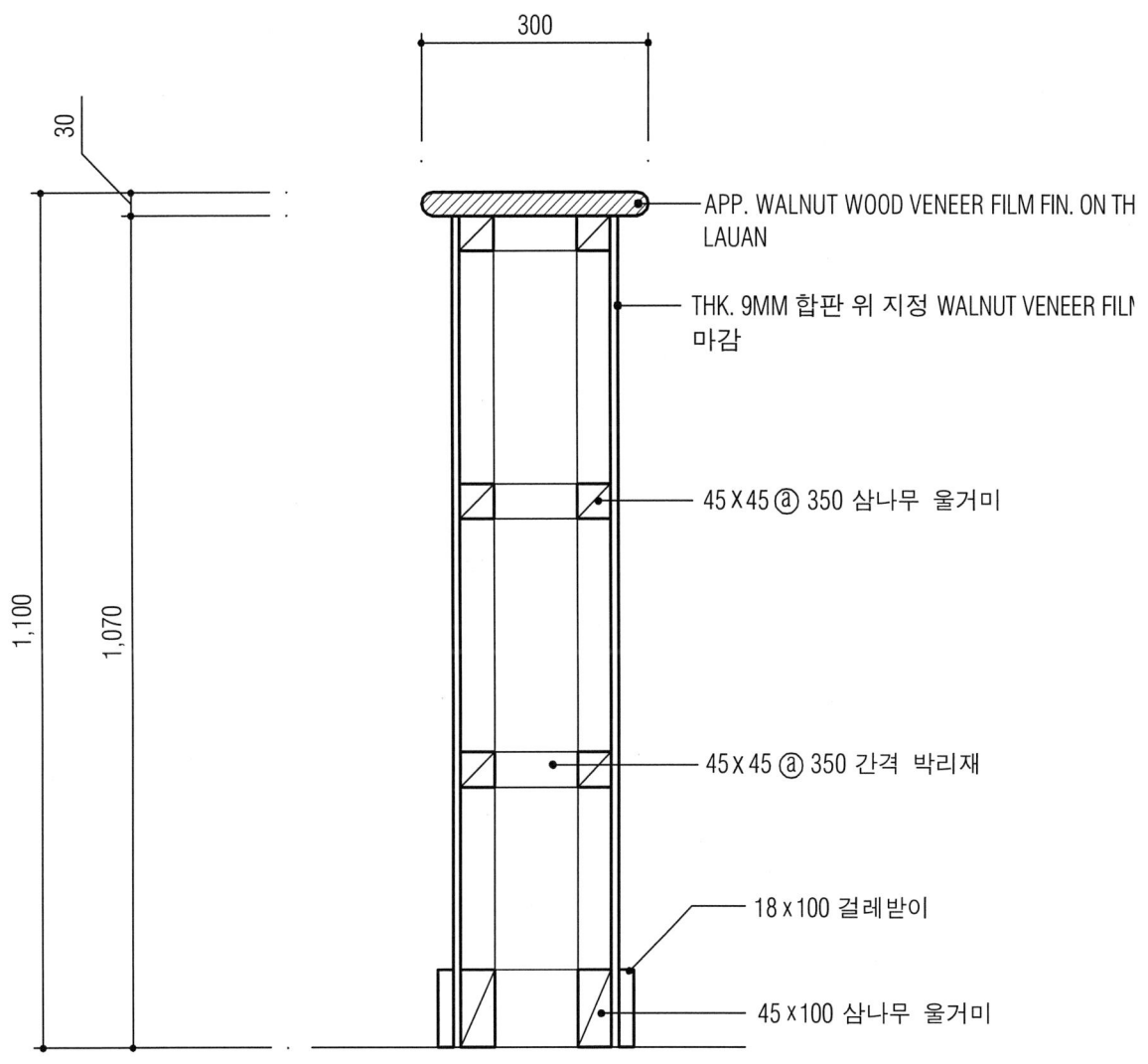

단면도 B-B' SCALE = 1/10

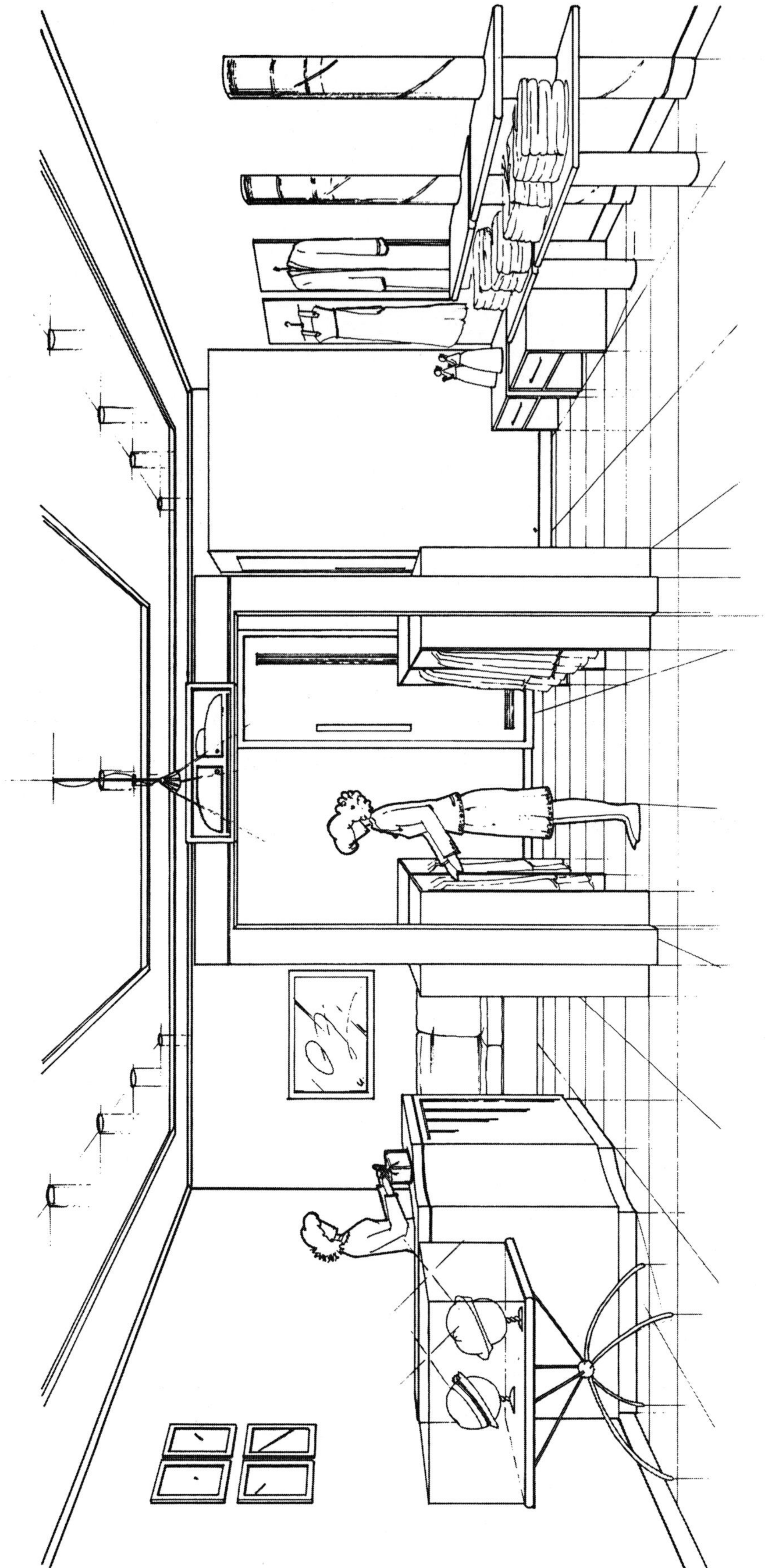

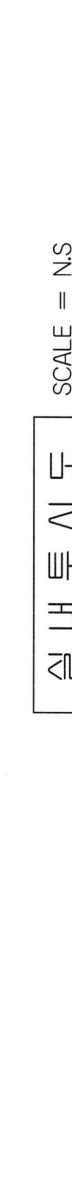

('99. 3. 8 시행)
제21회 의장기사 1급
시공실무

문제 1) 다음 보기의 재료를 수경성과 기경성으로 구분하여 쓰시오. (3점)
〈보기〉 ㉮ 회반죽　㉯ 진흙질　㉰ 순석고 플라스터　㉱ 돌로마이트 플라스터
　　　 ㉲ 시멘트 모르타르　㉳ 아스팔트 모르타르　㉴ 소석회

【해설】① 기경성 : ㉮, ㉯, ㉱, ㉳, ㉴　　② 수경성 : ㉰, ㉲

문제 2) 다음 용어에 대하여 간략히 설명하시오. (4점)
① 징두리판벽　　② 양판　　③ 코펜하겐 리브

【해설】① 벽 하부에서 1.2m 높이의 징두리에 판자를 붙이는 벽.
② 넓고 길지 아니한 한쪽으로 된 널판, 양판벽에서 걸레받이와 두겁대 사이에 틀을 짜대고, 그사이에 끼우는 넓은 널
③ 두꺼운 목재판에 자유곡면을 파내서 수직평행선이 되게 리브(Rib)를 만든 목재 가공품으로 음향조절 효과가 있다.

문제 3) 테라쪼(Terazzo) 현장갈기 시공순서를 〈보기〉에서 골라 쓰시오. (3점)
〈보기〉 ① 왁스칠　② 시멘트풀 먹임　③ 양생 및 경화　④ 초벌갈기
　　　 ⑤ 정벌갈기　⑥ 테라쪼 종석바름　⑦ 황동줄눈대기

【해설】⑦→⑥→③→④→②→⑤→①

문제 4) 공정계획의 요소를 4가지 쓰시오. (3점)

【해설】① 공사의 시기　② 공사의 내용　③ 공사의 수량　④ 노무의 수배

문제 5) 벽돌쌓기에 대하여 간단히 서술하시오. (4점)
〈보기〉 ① 영식쌓기　② 불식쌓기　③ 화란식쌓기　④ 미식쌓기

【해설】① 영식쌓기 : 한켜는 마구리쌓기, 다음켜는 길이쌓기, 마구리쌓기의 층의 모서리에 이오토막을 사용하는 쌓기법
② 불식쌓기 : 매켜에 길이쌓기와 마구리쌓기가 번갈아 나오게 쌓는 방식
③ 화란식쌓기 : 영식쌓기와 같으나, 길이층 모서리에 칠오토막을 사용하는 쌓기법
④ 미식쌓기 : 5켜 정도는 길이쌓기, 다음 1켜는 마구리쌓기로 번갈아 쌓는 방식

문제 6) 목재의 이음 및 맞춤시 시공상의 주의사항을 4가지만 쓰시오. (4점)
①　　②　　③　　④

【해설】① 큰 인장과 압축을 받는 곳에 이음과 맞춤을 하지말 것.
② 응력방향에 직각으로 이음과 맞춤을 할 것.

③ 모양이나 형태에 치중하지 말고 간단히 할 것.
④ 치장부위에 먹줄을 남기지 말 것.

문제 7) 다음 ( )안에 알맞은 말을 〈보기〉중에서 골라 써넣으시오. (4점)

〈보기〉 ㉮ 본아치   ㉯ 층두리아치   ㉰ 막만든아치   ㉱ 거친아치

벽돌을 주문하여 제작한 것을 사용해서 쌓은 아치를 (①), 보통벽돌을 쐐기모양으로 다듬어 쓰는 것을 (②), 현장에서 보통 벽돌을 써서 줄눈을 쐐기 모양으로 한 (③), 아치나비가 넓을 때에는 반장별로 층을 지어 겹쳐 쌓는 (④)가 있다.

【해설】 ①-㉮, ②-㉰, ③-㉱, ④-㉯

문제 8) 합성수지계 접착제중 접착성이 약한 것에서 강한 것으로 순서를 다음 〈보기〉에서 골라 번호를 쓰시오. (3점)

〈보기〉 ① 초산비닐수지   ② 멜라민 수지   ③ 요소수지   ④ 에스테르수지

【해설】 ①→④→②→③

문제 9) 아래 창호의 목재량(㎥)을 구하시오. (3점)

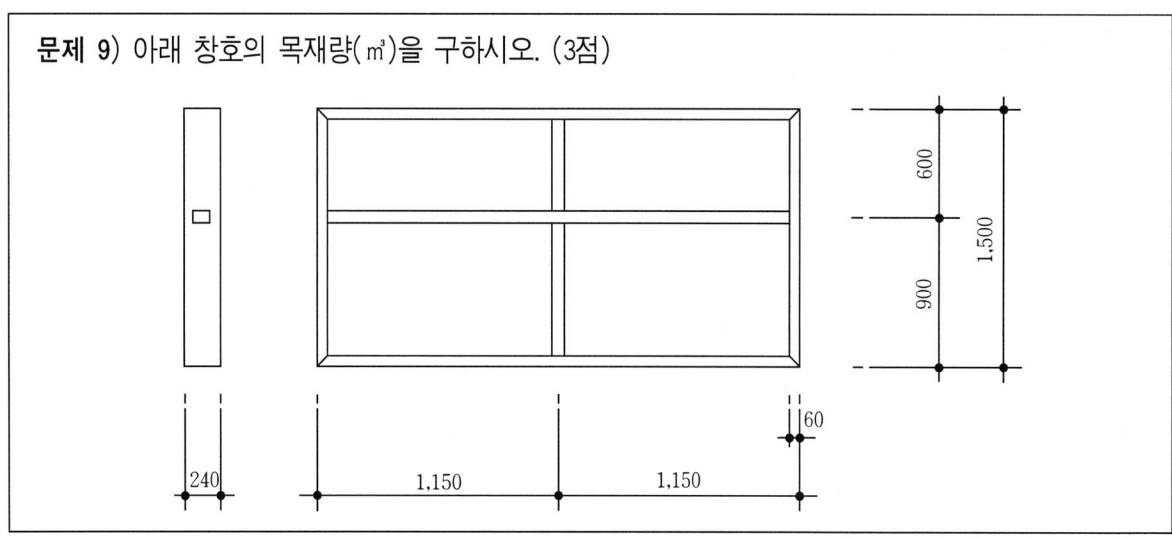

【해설】 ① 수직재 = 0.24×0.06×1.5×3 = 0.0648㎥   ② 수평재 = 0.24×0.06×2.3×3 = 0.09936㎥
③ 합 계 = ①+② = 0.0648+0.09936 = 0.16416㎥

문제 10) 다음 보기 중 적합한 유리재를 괄호 안에 넣으시오. (4점)

〈보기〉 ㉮ 유리블럭   ㉯ 프리즘   ㉰ 복층유리   ㉱ 자외선 투과유리

① 방음·단열·결로방지(　　)
② 병원·온실(　　)
③ 지하실 채광(　　)
④ 거실·계단실 채광(　　)

【해설】 ①-㉰, ②-㉱, ③-㉯, ④-㉮

문제 11) 주어진 내용으로 네트워크 공정표를 작성하시오. (5점)

〈조건〉

㉮ A·B·C는 동시에 시작

㉯ A가 끝나면 D·E·H시작, C가 끝나면 G·F시작

㉰ B·F가 끝나면 H시작

㉱ E가 끝나면 J, G가 끝나면 I 시작

㉲ K의 선행 작업은 I·J·H

㉳ 최종 완료작업은 D·K로 끝

【해설】

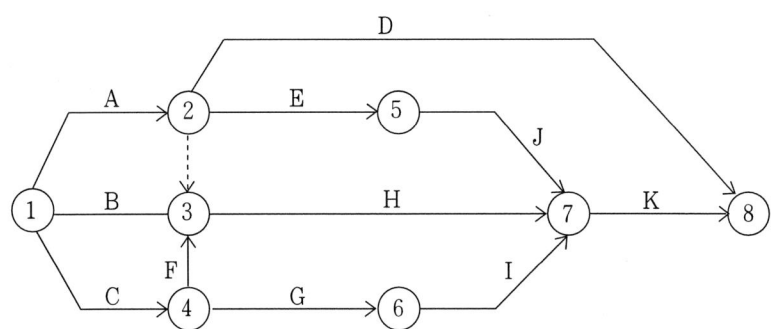

실내디자인

[제21회 작품명] 락카페

1. 요구사항
   주어진 도면은 상업중심지역에 위치한 락카페 평면이다.

2. 요구조건
   ① 설계면적 : 19.02m×12.6m×2.45m(H)
   ② Stage ③ Music Box ④ Counter
   ⑤ TV Monitor Box 7개
   ⑥ Telephone Booth
   ⑦ Bar(주방겸용)
   ⑧ 가구(Tea Table) : 4인조-8조, 6인조-4조, 8인조-2조
      (이상 제시된 가구는 필수적이며 이 외에 필요한 가구가 있다면 보충할 수 있음.)

3. 요구도면
   ① 평면도 SCALE : 1/50
   ② 전개도 2면 SCALE : 1/50
   ③ 천정도 SCALE : 1/50
   ④ 단면도 C-C´ SCALE : 1/50
   ⑤ 실내투시도(1소점) SCALE : N.S
      (계획의 포인트가 좋은 지점에서 1소점 또는 2소점 투시도법으로 작성하되, 작성과정의 투시 보조선을 반드시 남길 것)

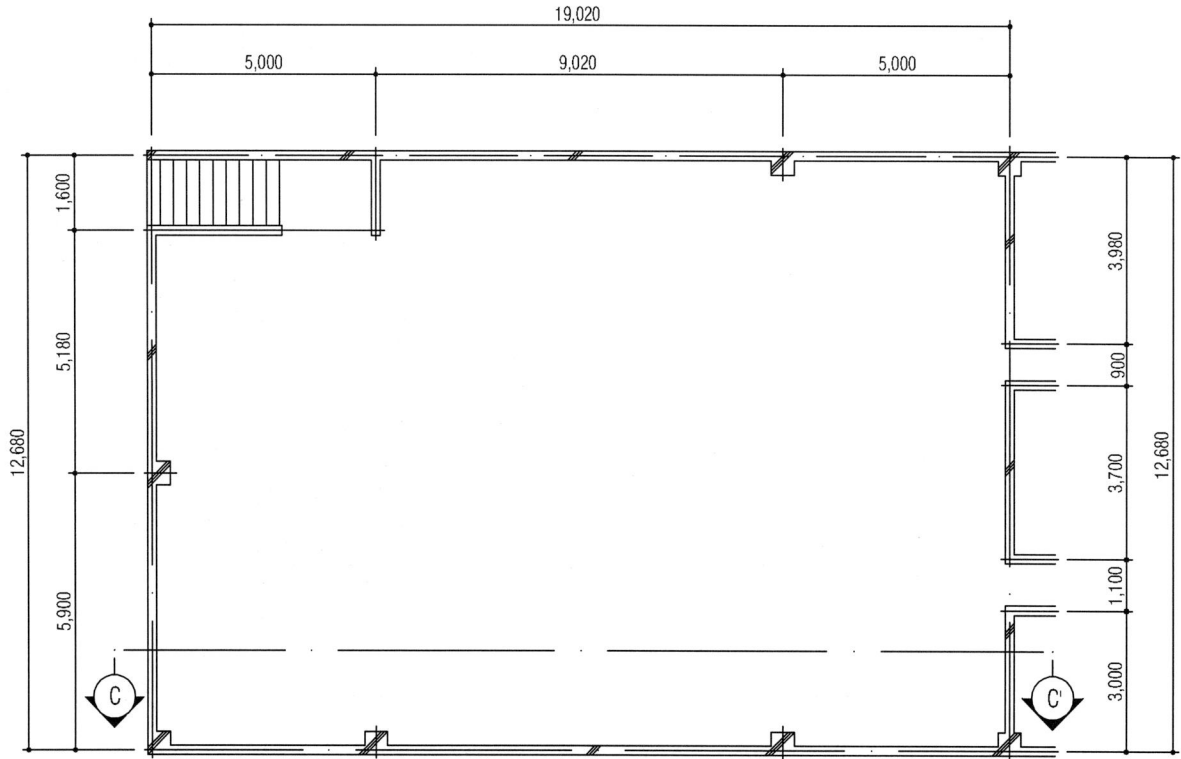

평 면 도

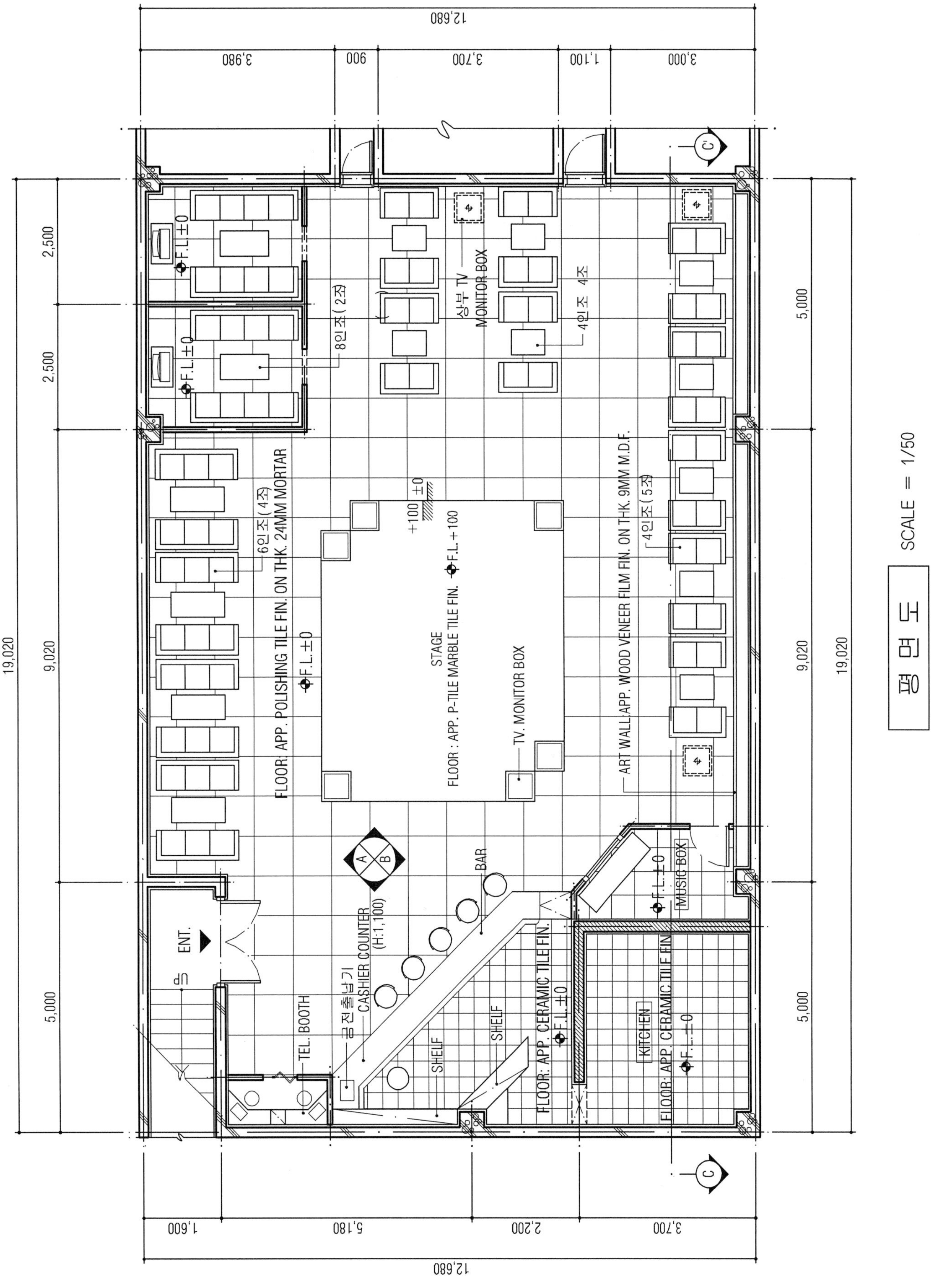
12,680
3,980
900
3,700
1,100
3,000
2,500
2,500
9,020
5,000
19,020
F.L.±0
8인조(2조)
상부 TV MONITOR BOX
4인조 4조
6인조(4조)
FLOOR: APP. POLISHING TILE FIN. ON THK. 24MM MORTAR
+100
±0
F.L.+100
STAGE
FLOOR : APP. P-TILE MARBLE TILE FIN.
TV. MONITOR BOX
ART WALL:APP. WOOD VENEER FILM FIN. ON THK. 9MM M.D.F.
4인조(5조)
MUSIC BOX
BAR
CASHIER COUNTER (H:1,100)
금전출납기
TEL. BOOTH
ENT.
UP
SHELF
SHELF
FLOOR: APP. CERAMIC TILE FIN.
KITCHEN
FLOOR: APP. CERAMIC TILE FIN.
F.L.±0
1,600
5,180
2,200
3,700
C
C'
A
B
평면도
SCALE = 1/50

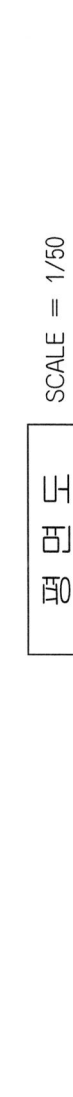

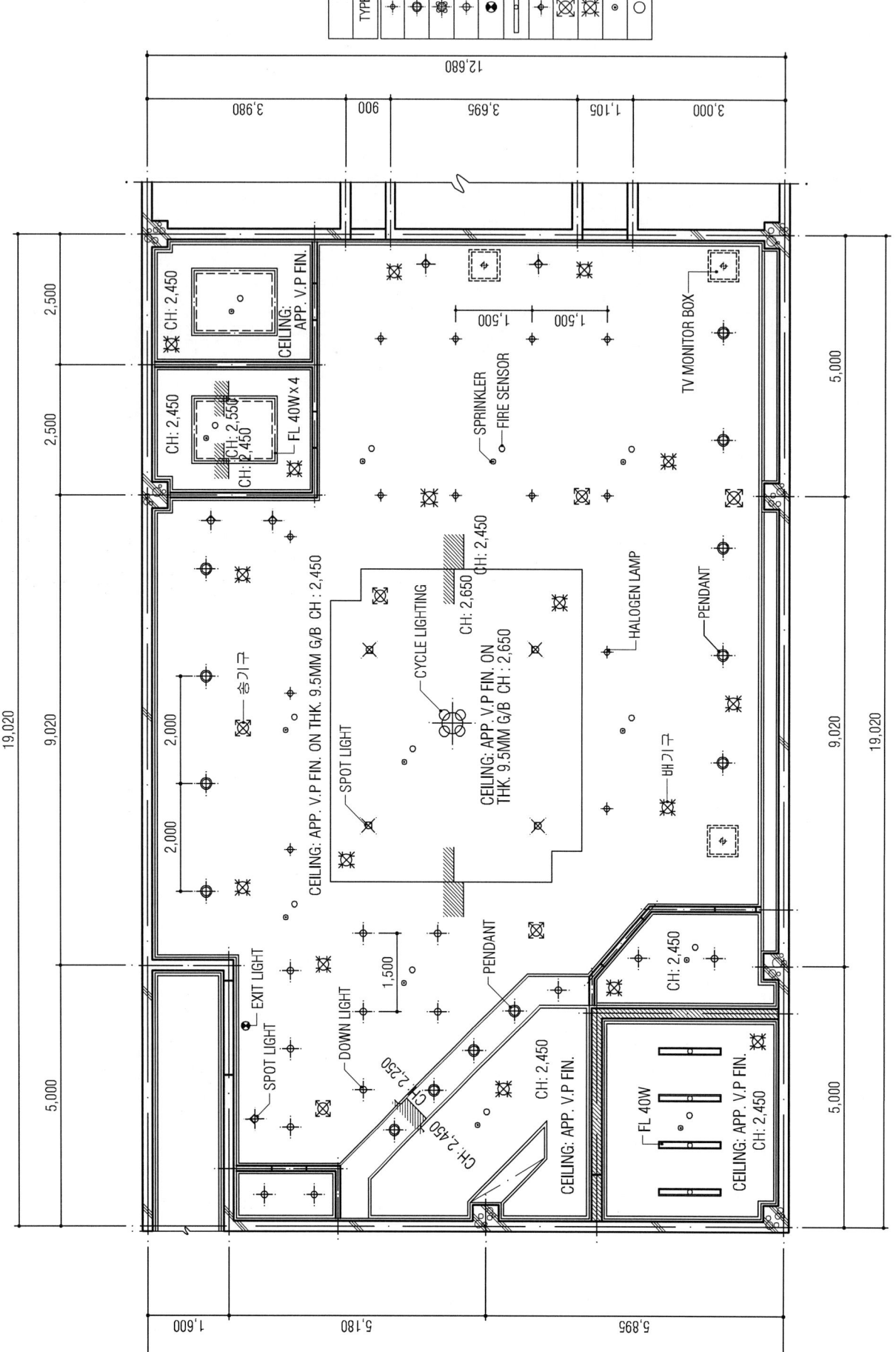

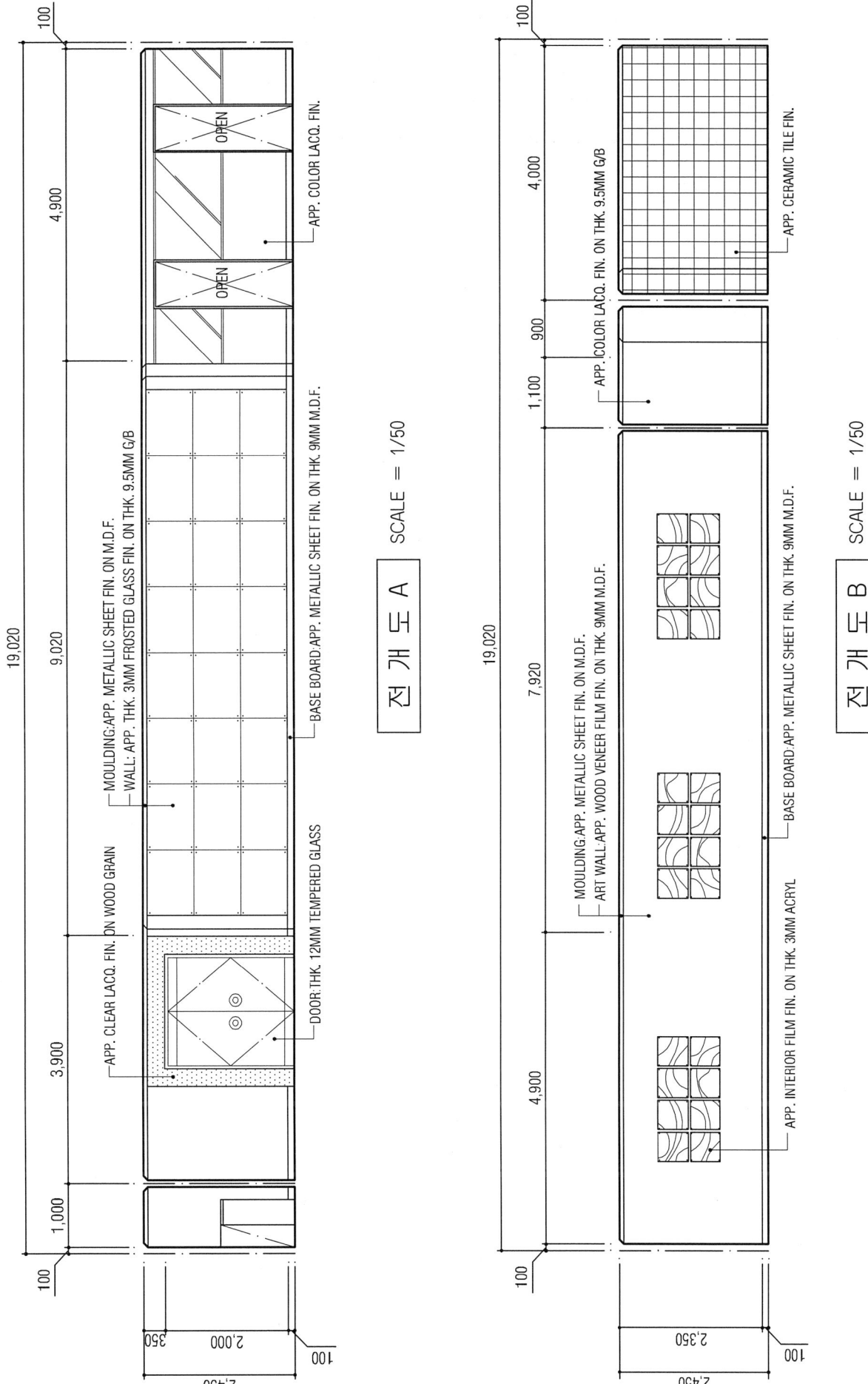

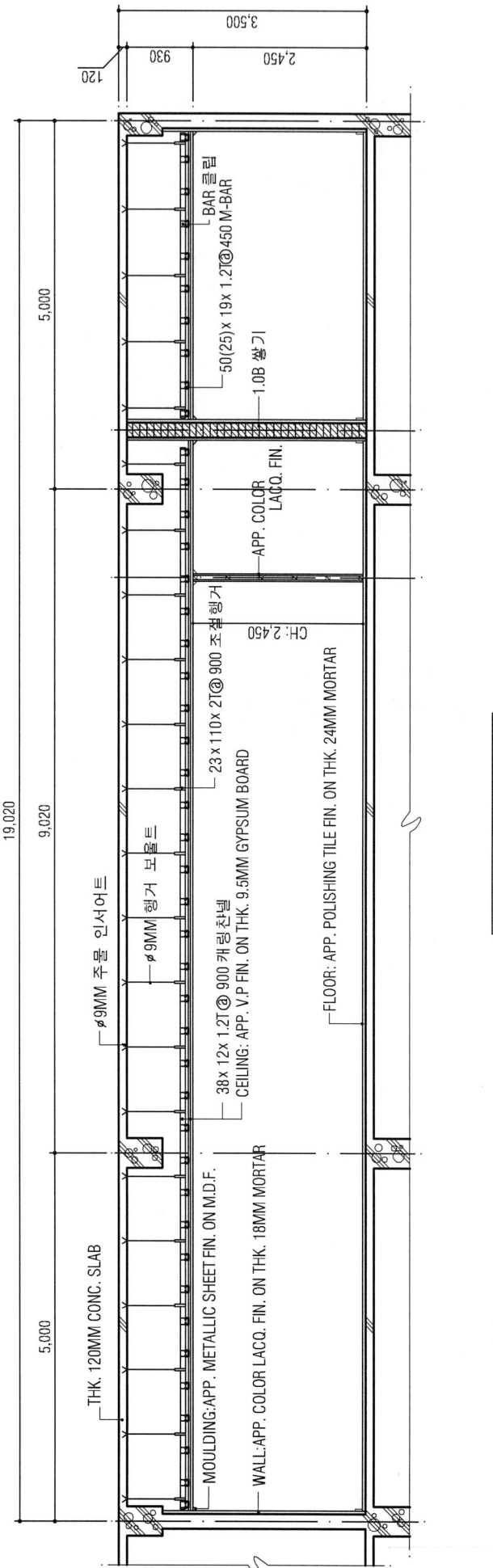

단 면 도 C-C' SCALE = 1/50

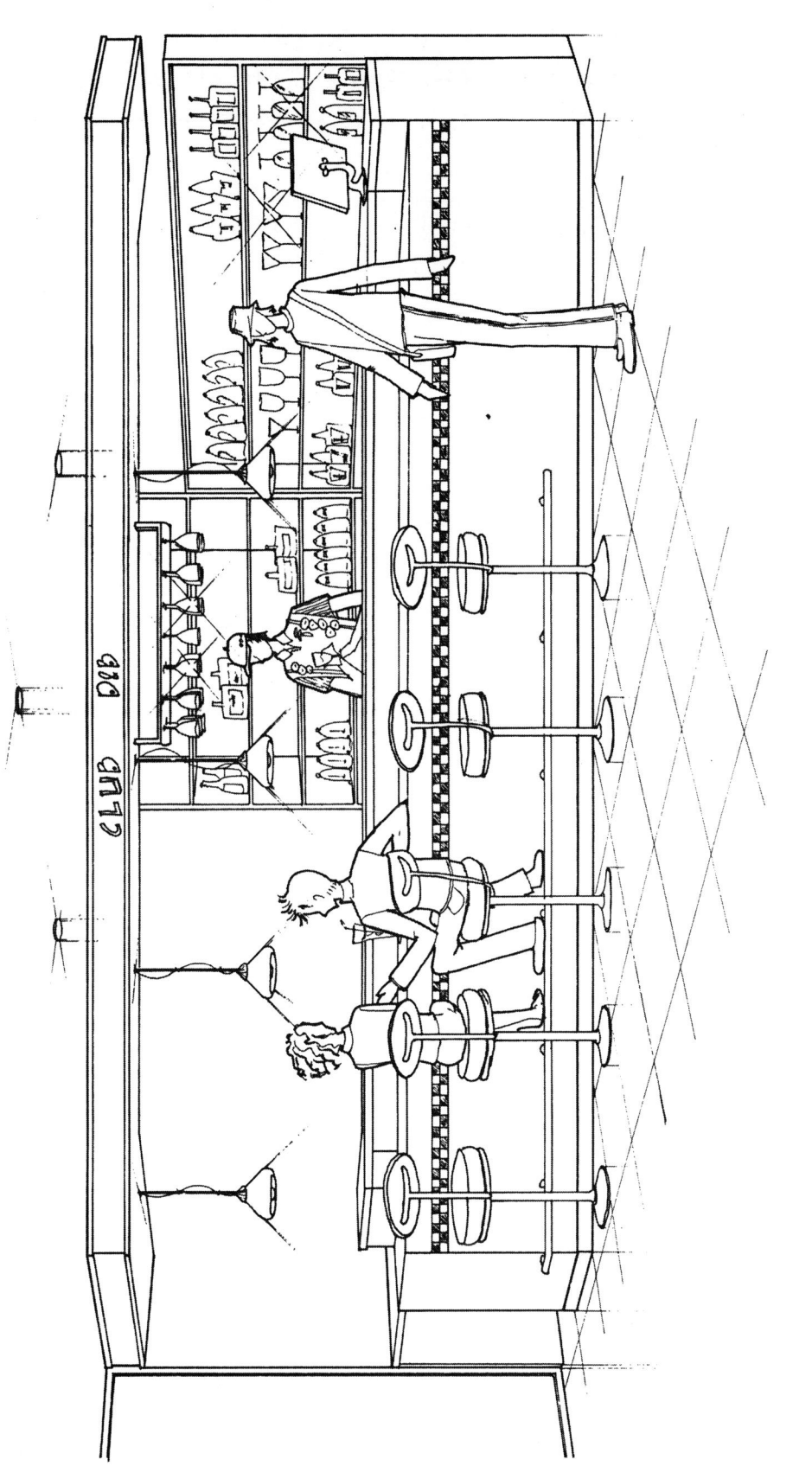

('99. 5. 30 시행)

제22회 실내건축기사
시공실무

문제 1) 수장공사에서 리놀륨 깔기의 시공순서이다. ( ) 안을 채우시오. (3점)
바탕처리 → (①) → (②) → 정깔기 → (③)

【해설】① 깔기계획 ② 임시깔기 ③ 마무리 및 보양

문제 2) 품질관리에 쓰이는 Q.C수법의 4가지 단계를 쓰시오. (4점)
①   ②   ③   ④

【해설】① P(Plan) : 규격, 규준, 생산계획
② D(Do) : 작업실시
③ C(Check) : 제품의 검토/검사
④ A(Action) : 결과에 따른 시정

문제 3) 네트워크 공정표에서 공기조절을 위한 검토순서를 나열하시오. (6점)

【해설】① 소요공기 재검토   ② 주공정(C.P)상의 작업병행 가능성 검토
③ 계획 공정논리(Logic)의 변경검토   ④ 최소 비용구배 검토   ⑤ 품질 및 안정성 검토
⑥ 다른 작업의 영향 검토   ⑦ 자원증가 한도 검토

문제 4) 금속공사에서 논슬립깔기시 고정법 3가지를 쓰시오. (3점)
①   ②   ③

【해설】① 고정매입법 ② 접착법 ③ 나중매입법

문제 5) 외부 바니쉬칠의 공정순서를 나열하였다. 빈칸에 들어갈 공정을 쓰시오. (4점)
바탕손질 → (①) → 초벌착색 → (②) → (③) → (④)

【해설】① 눈먹임 ② 연마지닦기 ③ 정벌착색 ④ 왁스칠

문제 6) 점토 벽돌의 품질에 따른 종류 3가지를 쓰시오. (4점)

【해설】① 치장벽돌 ② 내화벽돌 ③ 포도벽돌

문제 7) 회반죽에서 해초풀의 역할과 기능에 대하여 기술하시오. (4점)

【해설】해초풀을 물과 끓인 것을 회반죽에 넣으면 점도가 증대되고, 강도와 부착력이 증대되어 균열을 방지할 수 있다.

문제 8) 조적조 벽돌벽의 균열 원인을 설계계획적 측면에서의 문제점을 5가지 기술하시오. (4점)

【해설】① 기초의 부동침하 ② 건물의 평면, 입면의 불균형 및 벽의 불합리 배치 ③ 불균형 하중
④ 벽돌벽의 길이, 높이, 두께에 대한 벽체의 강도 부족 ⑤ 불합리한 개구부의 크기 및 배치의 불균형

문제 9) 다음 ( )안에 알맞는 용어를 써넣으시오. (3점)
재의 길이 방향으로 두재를 길게 접합하는 것 또는 그 자리를 (㉮)(이)라 하고, 재와 서로 직각으로 접합하는 것 또는 그 자리를 (㉯)(이)라 한다. 또 재를 섬유방향과 평행으로 옆대어 넓게 붙이는 것을 (㉰)(이)라 한다.

【해설】㉮ 이음 ㉯ 맞춤 ㉰ 쪽매

문제 10) 다음과 같은 조건에서 벽돌 쌓기량(표준형·정미량)을 구하시오. (5점)
〈조건〉 벽두께 : 0.5B   벽길이 : 10m   벽높이 : 3m   개구부크기 : 1.8×1.2m

【해설】① 벽면적 = $(10 \times 3) - (1.8 \times 1.2) = 30 - 2.16 = 27.84 m^2$
② 정미량 = $27.84 \times 75 = 2,088$매

건축실내의 설계

[제22회 작품명] 호텔 객실

1. 요구사항

   주어진 도면은 해변에 위치한 리조트 호텔의 객실 평면도이다. 이곳을 호텔의 객실 종류중 특실인 슈트룸(suite room)으로 계획하고자 한다. 다음의 요구조건에 맞추어 설계하시오.

2. 요구조건

   ① 설계면적 : 7.7m×7.6m×2.5m(H)

   ② 필요공간 : 거실, 침실, 욕실(거실과 침실은 오픈시킬 것)

   ③ 필요가구

   ㉮ 거실 및 침실 : 3인용 소파, 1인용 소파, 티 테이블 및 사이드 테이블, 책상 및 의자, 킹베드(2m×2m), 나이트 테이블, 옷장, 서랍장, 플로어 램프 및 테이블 램프, 냉장고, TV

   ㉯ 욕실 : 욕조, 변기, 세면대(세면기 2개용), 화장대

   (이상 제시된 가구는 필수적이며 이외에 필요한 가구가 있다면 보충할 수 있음)

   ㉰ 출입문의 위치는 변경할 수 있음.(단, 현재 출입문이 위치해 있는 벽내에서만 가능)

3. 요구도면

   ① 평면도(가구배치 포함) SCALE : 1/30

   ② 전개도 2면(벽면재료 표기) SCALE : 1/50

   ③ 천정도(설비 및 조명기구 배치) SCALE : 1/50

   ④ 단면도 C-C' SCALE : 1/30

   ⑤ 실내투시도 SCALE : N.S

   (계획의 포인트가 좋은 지점에서 1소점 투시법으로 작성하되, 작성과정의 투시보조선을 남길 것)

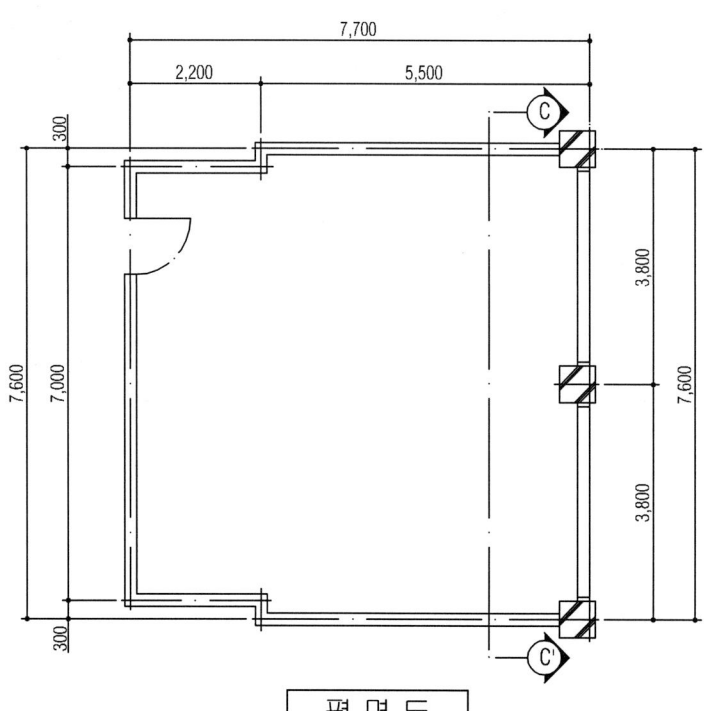

평 면 도

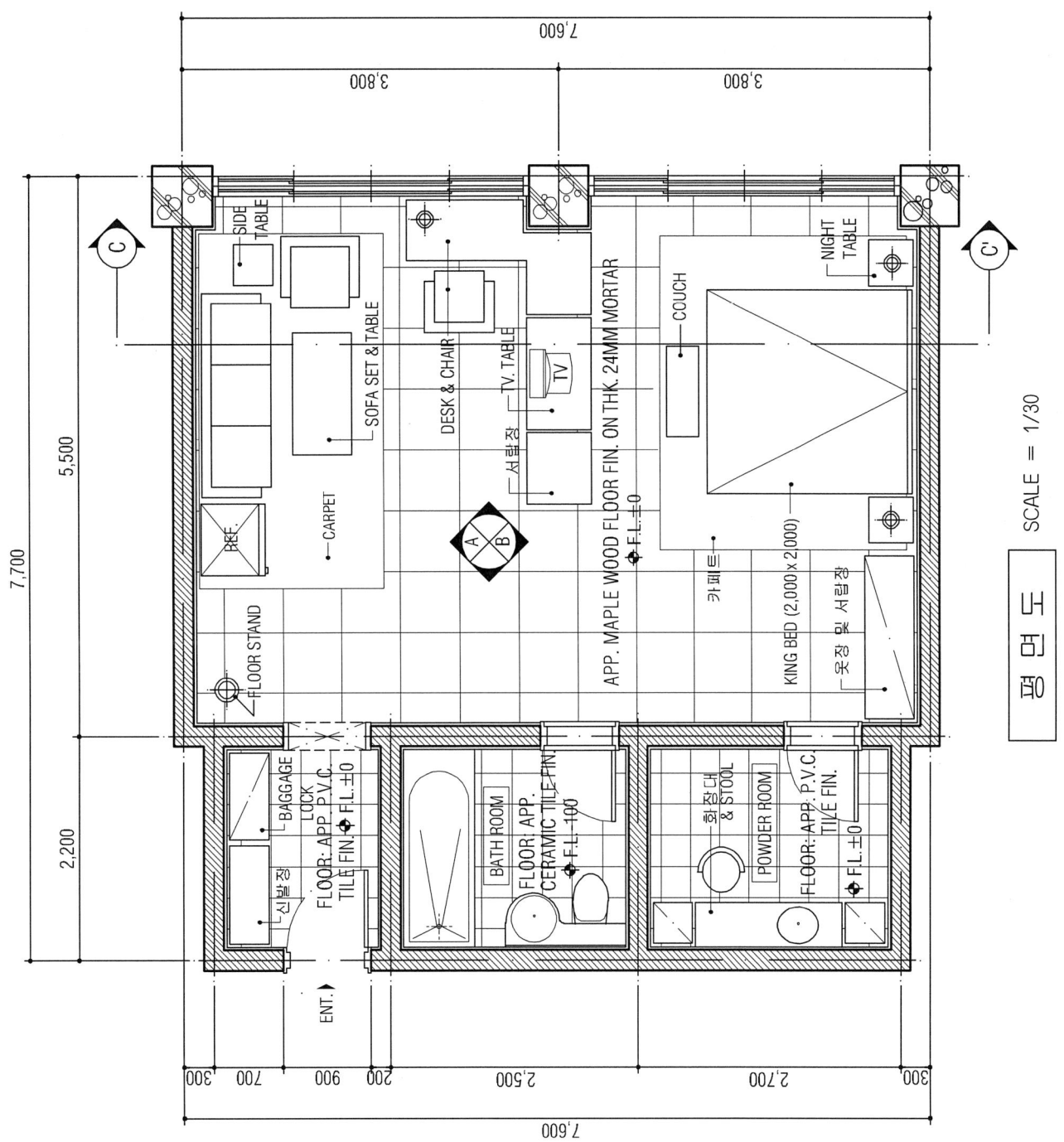

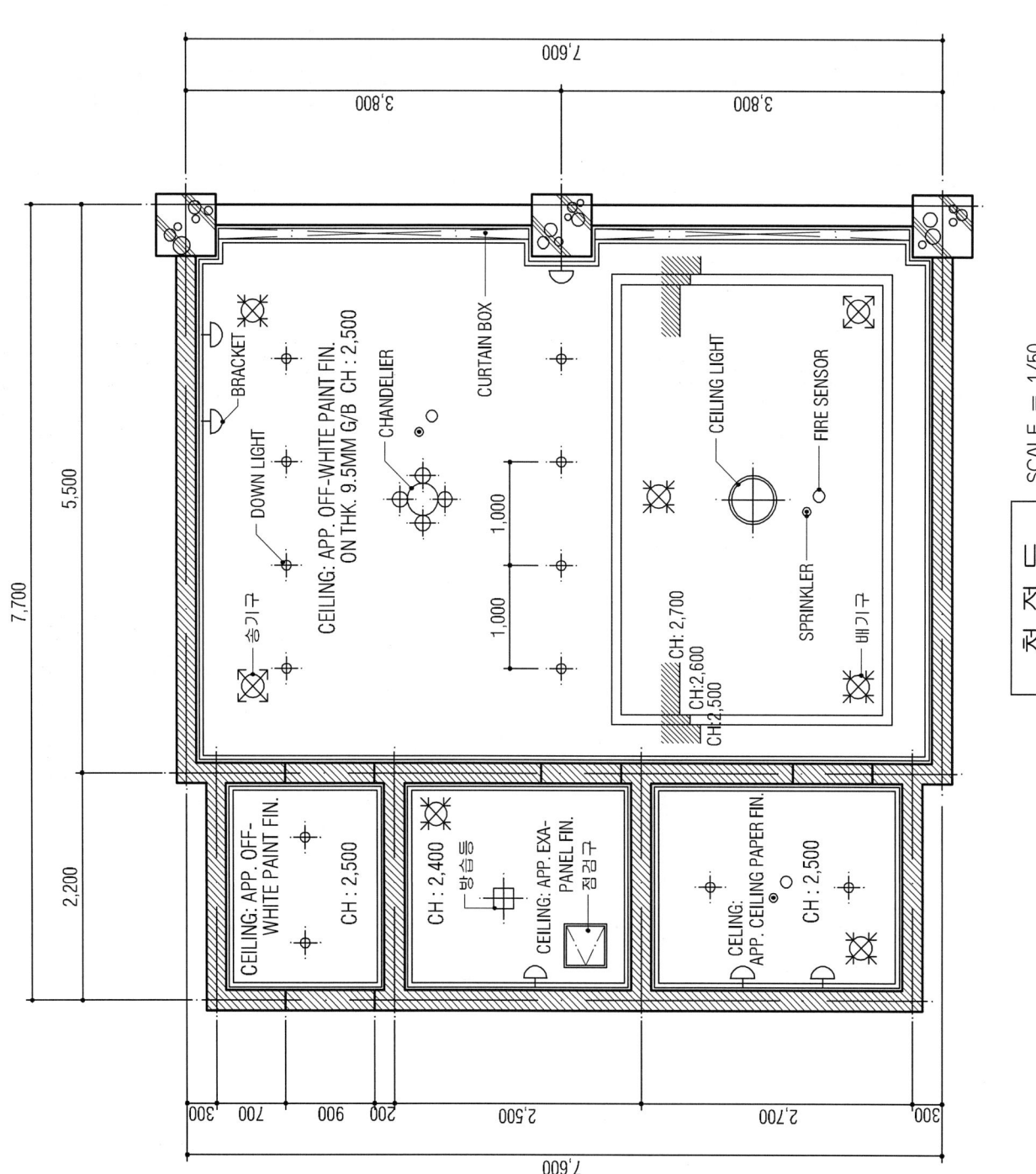

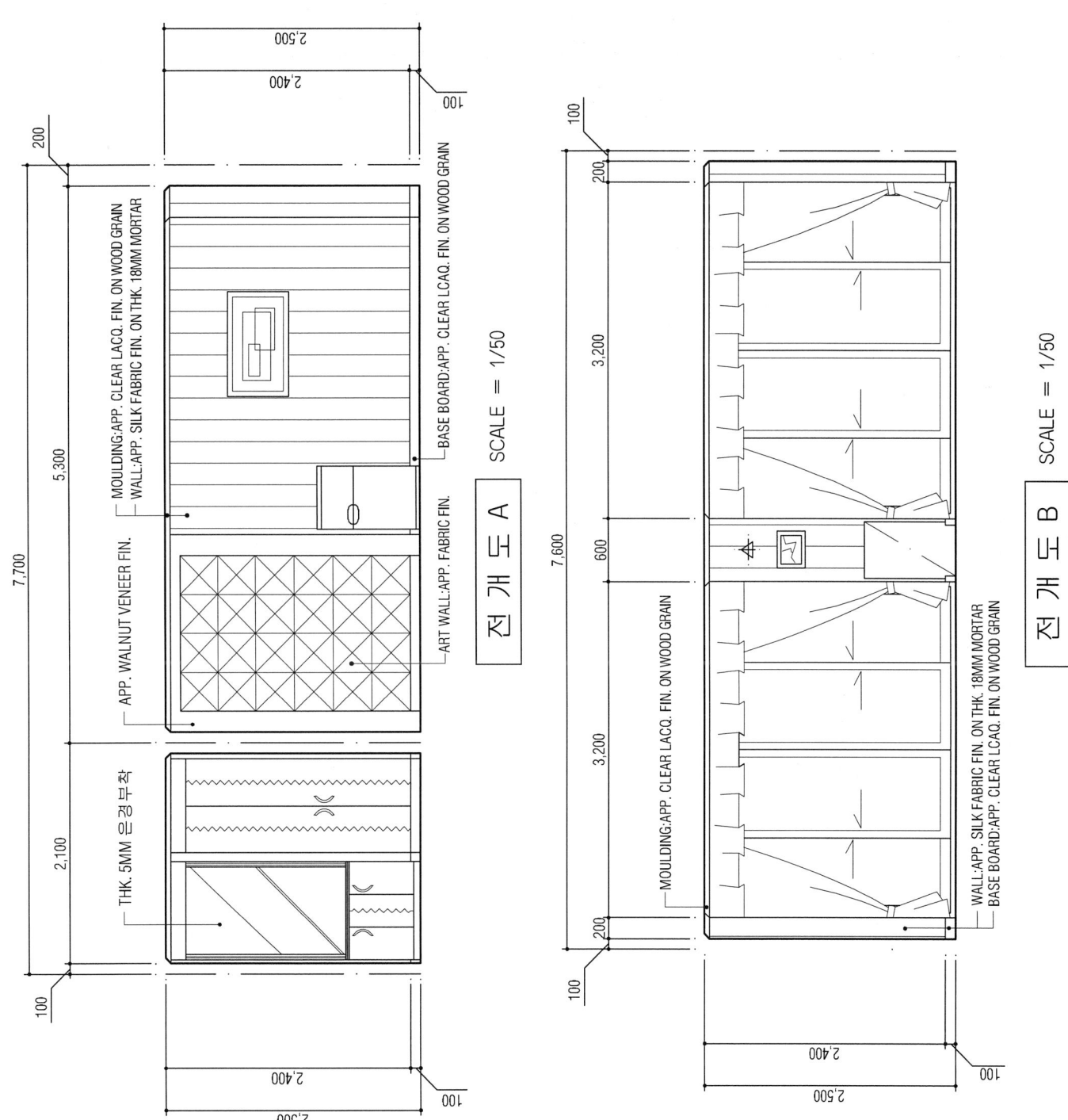

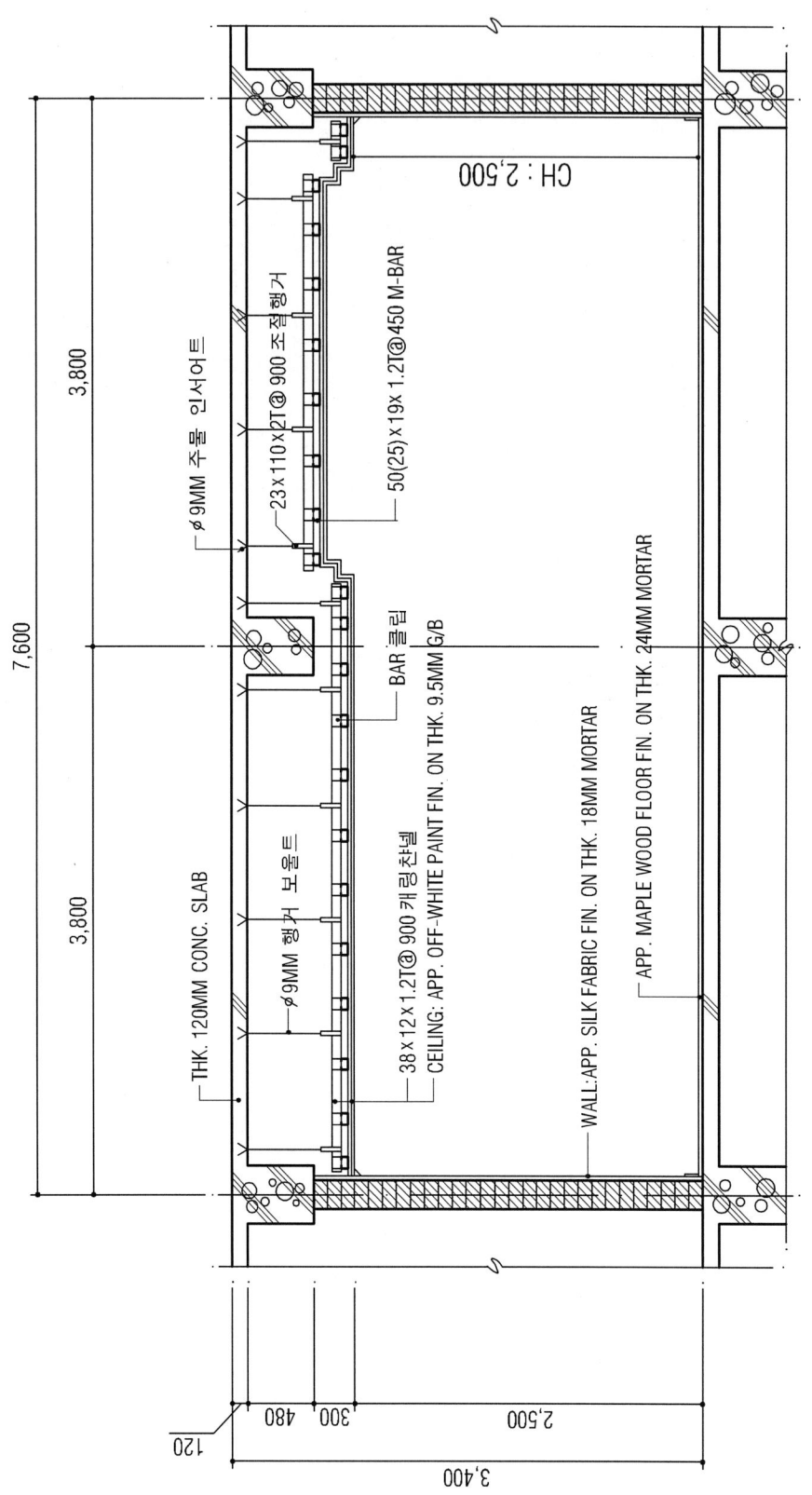

단 면 도 C-C' SCALE = 1/30

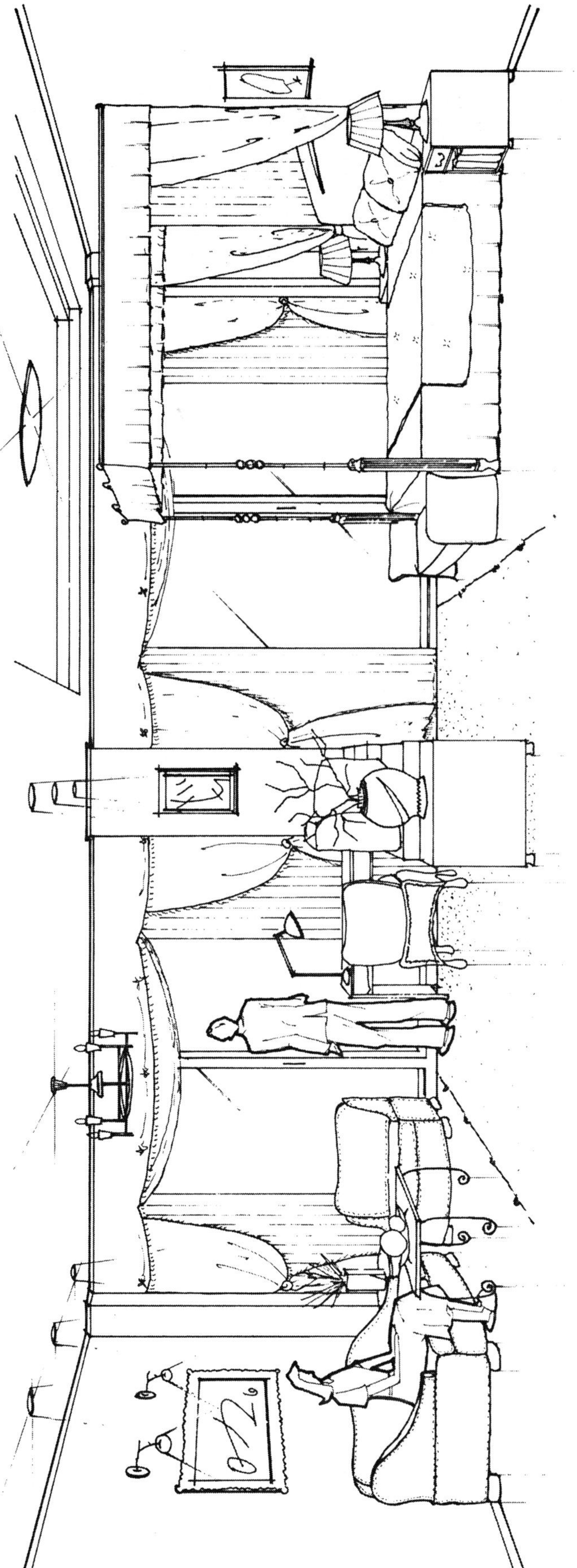

('99. 7. 26 시행)

제23회 실내건축기사
시공실무

문제 1) 합판유리의 특성 4가지를 기술하시오. (4점)

【해설】 ① 2~3장 또는 2장 이상의 유리판을 합성수지로 겹붙여 댄 것으로 강도가 크다.
② 파손시 산란이 거의 없다.
③ 방탄의 효과가 우수하다.
④ 여러겹이라 다소 하중이 크지만 견고하다.

문제 2) 재료에 대한 비계의 종류 3가지를 나열하시오. (3점)

【해설】 ① 통나무비계   ② 강관틀비계   ③ 달비계(줄비계)

문제 3) 목재를 길이에 따라 분류하고, 그 용어를 설명하시오. (5점)

【해설】 ① 정척물 - 길이가 6자(1.8m), 9자(2.7m), 12자(3.6m)인 것.
② 난척물 - 길이가 정척물이 아닌 것. 7자, 8자, 10자, 11자 등
③ 단척물 - 길이가 6자(1.8m) 미만인 것.

문제 4) 다음 용어를 간략히 설명하시오. (4점)
① 논슬립(Non Slip)   ② 코너비드(Corner Bead)

【해설】 ① 논슬립(Non Slip) : 계단의 디딤판 모서리 끝 부분에 대어 오르내릴 때 미끄럼을 방지하고, 시각적으로 계단의 디딤위치를 유도해 준다.
② 코너비드(Corner Bead) : 기둥, 벽 등의 모서리를 보호하기 위하여 미장바름질 할 때 붙이는 보호용 철물.

문제 5) 다음 중 〈보기〉에서 그 설명이 합당한 것을 선택하여 괄호안을 채우시오. (4점)

벽돌을 주문하여 제작한 것을 사용해서 쌓은 아치를 (①), 보통벽돌을 쐐기모양으로 다듬어 쓴 것을 (②), 현장에서 보통 벽돌을 써서 줄눈을 쐐기모양으로 한 (③), 아치나비가 넓을 때에는 반장별로 층을 지어 겹쳐 쌓는(④)가 있다.

〈보기〉 ㉮ 거친아치   ㉯ 막만든아치   ㉰ 층두리아치   ㉱ 본아치

【해설】 ①-㉱, ②-㉯, ③-㉮, ④-㉰

문제 6) 합성수지 도료가 유성페인트에 비해 장점인 것을 보기에서 4개를 고르시오. (4점)
〈보기〉 ① 도막이 단단하다. ② 방화성 도료이다. ③ 형광도료의 일종이다.
④ 건조가 빠르다. ⑤ 내마모성이 있다. ⑥ 내산·내알칼리성이 있다.

【해설】 ①, ②, ④, ⑥

문제 7) 다음은 목조 졸대 바탕 회반죽 바름순서이다. ( )안을 채우시오. (3점)
(①) → 재료비빔 → (②) → 초벌바름 → (③) → 정벌바름 → (④)

【해설】 ① 바탕처리 ② 수염붙이기 ③ 재벌 ④ 마무리 및 보양

문제 8) 다음은 도장공사의 칠공법이다. 관계있는 것끼리 서로 연결지으시오. (4점)
㉮ 천정이나 벽면처럼 평활하고 넓은 면을 칠할 때 유리하며, 작업시간이 타 공법에 비해 간소하다.
㉯ 가장 일반적인 공법이며, 건조가 빠른 락카 등에는 부적당하다.
㉰ 면이 고르고 광택을 낼 때 쓰인다.
㉱ 초기 건조가 빠른 락카 등에 유리하며, 기타 여러가지 칠에도 많이 이용된다.
① 솔칠 ② 로울러칠 ③ 뿜칠 ④ 문지름칠

【해설】 ㉮ - ②, ㉯ - ①, ㉰ - ④, ㉱ - ③

문제 9) 다음 평면도에서 쌍줄비계를 설치할 때 외부 비계면적을 산출하시오. (단, H=27m) (4점)

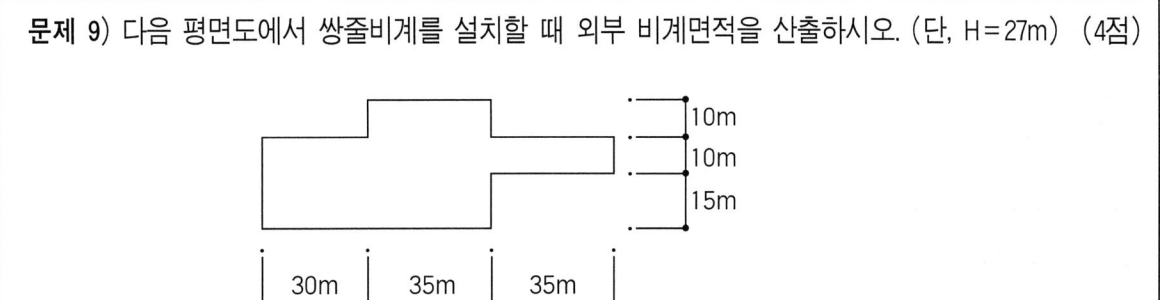

【해설】 A = H{2(a+b)+0.9×8}
A = 27{2(100+35)+0.9×8}
A = 27{(2×135)+7.2}
A = 27×(270+7.2)
A = 27×277.2
A = 7,484.4m²

문제 10) 다음 데이타로 네트워크 공정표를 작성하고 주공정선은 굵은 선으로 표시하시오. (5점)

순위	작업명	선행작업	작업일수	비 고
1	A	없음	5	
2	B	없음	8	
3	C	A	7	
4	D	A	8	
6	E	B, C	5	
7	F	B, C	4	
8	G	D, E	11	
9	H	F	5	

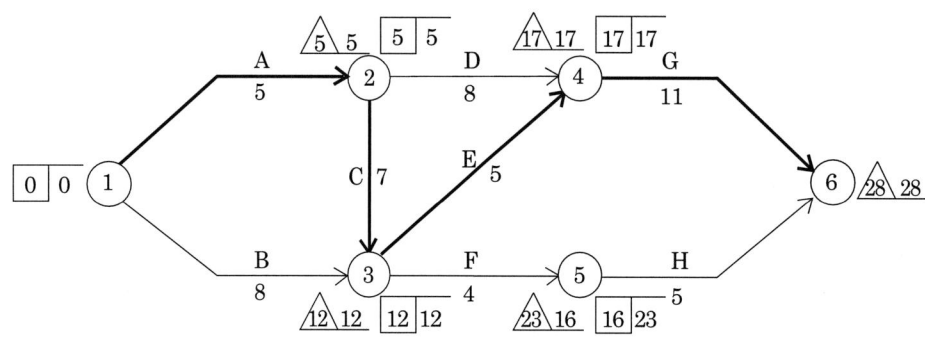

【해설】 CP〉Activity : A→C→E→G   Event : ①→②→③→④→⑥

건축실내의 설계

[제23회 작품명] 재택근무 원룸

1. 요구사항

   주어진 도면은 원룸시스템 오피스텔 평면도 및 단면도이다. 다음의 요구조건에 따라 이곳에 작업 및 주거공간을 겸한 재택근무 공간인 원룸시스템을 설계하시오.

2. 요구조건

   ① 설계면적 : 8.1m×5.4m×2.5m(H)

   ② 필요공간

   ㉠ 작업 및 주거공간(오픈 스페이스로 계획할 것) : 현관, 거실, 주방, 식장, 침실 및 작업공간

   ㉡ 욕실

   ㉢ 다용도실 및 창고

   ③ 필요기구

   ㉠ 작업 및 주거공간
   - 현관-신발장
   - 거실-응접세트(소파 및 탁자), 보조탁자
   - 주방-주방가구 및 냉장고
   - 식당-소형탁자, 의자2개
   - 침실-옷장, 침대, 나이트 테이블
   - 작업공간-책상(작업대), 책장, 보조탁자(컴퓨터용)

   ㉡ 욕실-샤워실, 변기, 세면대

   ㉢ 다용도실 및 창고-세탁기

3. 요구도면

   ① 평면도(가구배치 포함) SCALE : 1/30

   ② 전개도 A방향 1면(벽면재료 표기) SCALE : 1/30

   ③ 단면도(B-B′) SCALE : 1/30

   ④ 천정도(설비, 조명기구 배치 및 범례표 작성) SCALE : 1/30

   ⑤ 실내투시도 SCALE : N.S

   (1소점 또는 2소점 투시도법으로 작성하되, 작성과정의 투시보조선을 남길 것)

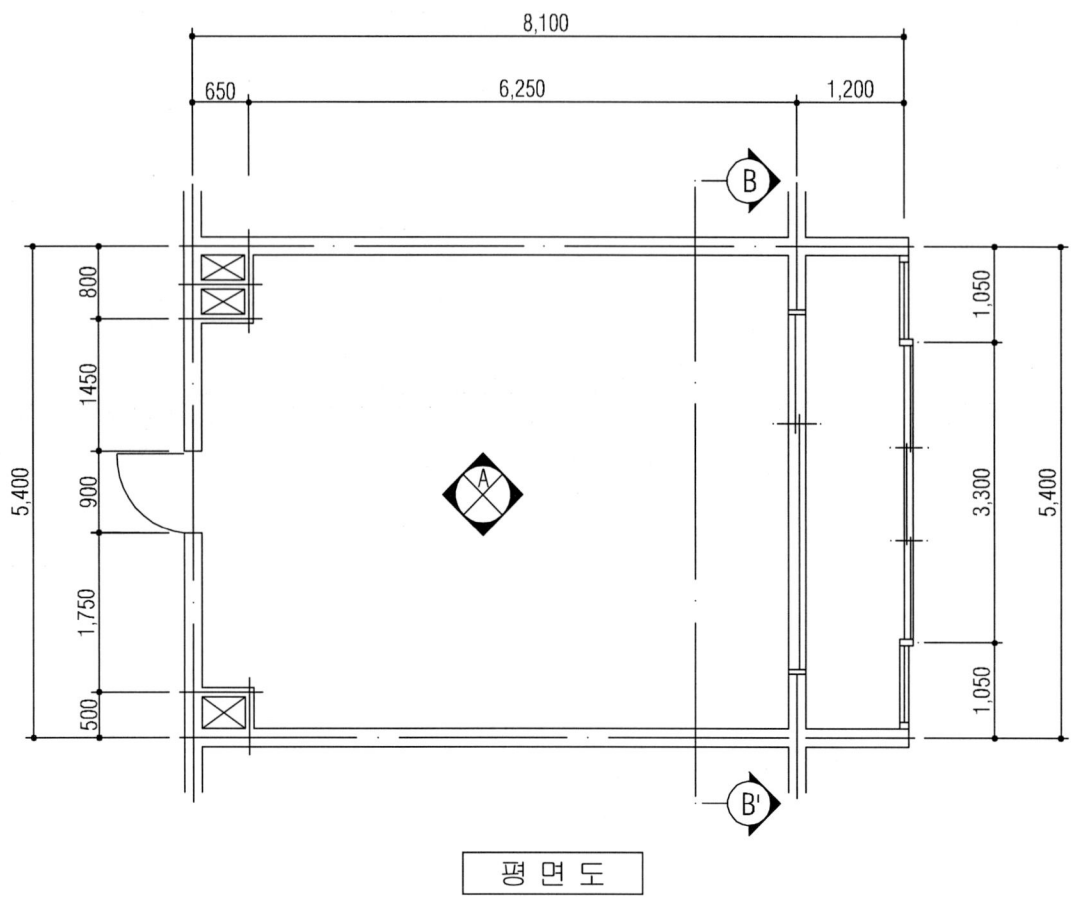

평면도

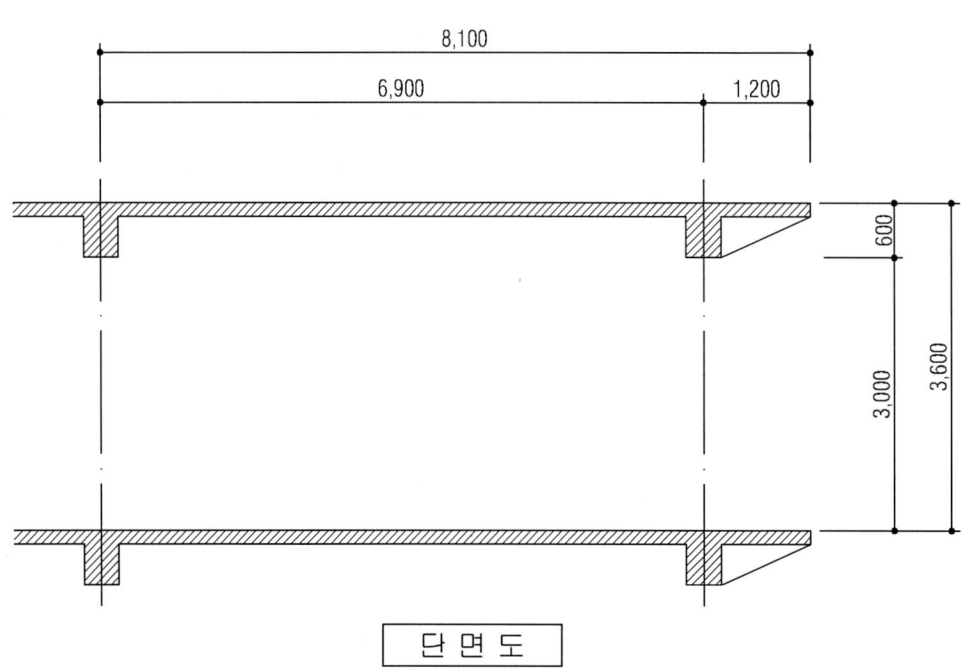

단면도

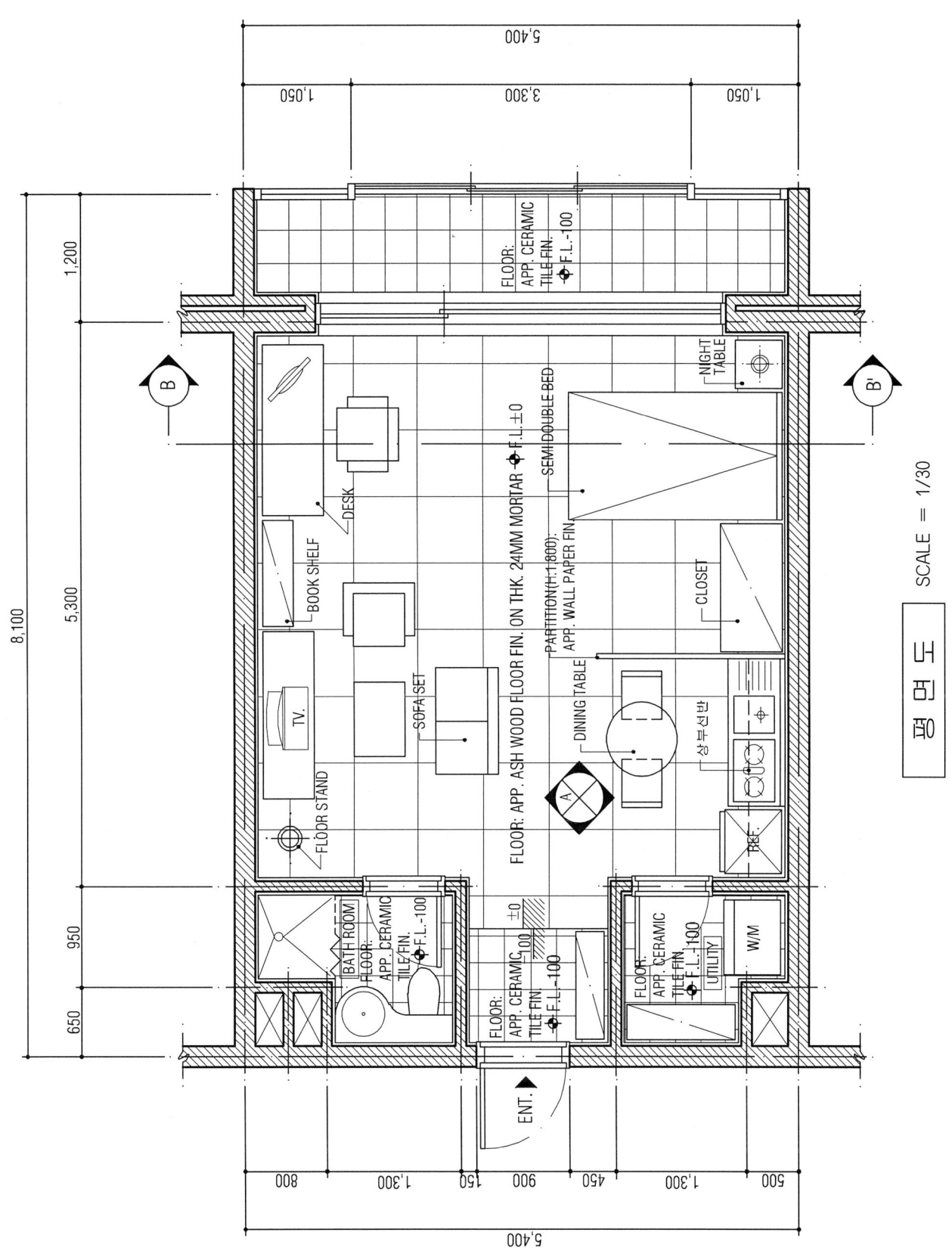

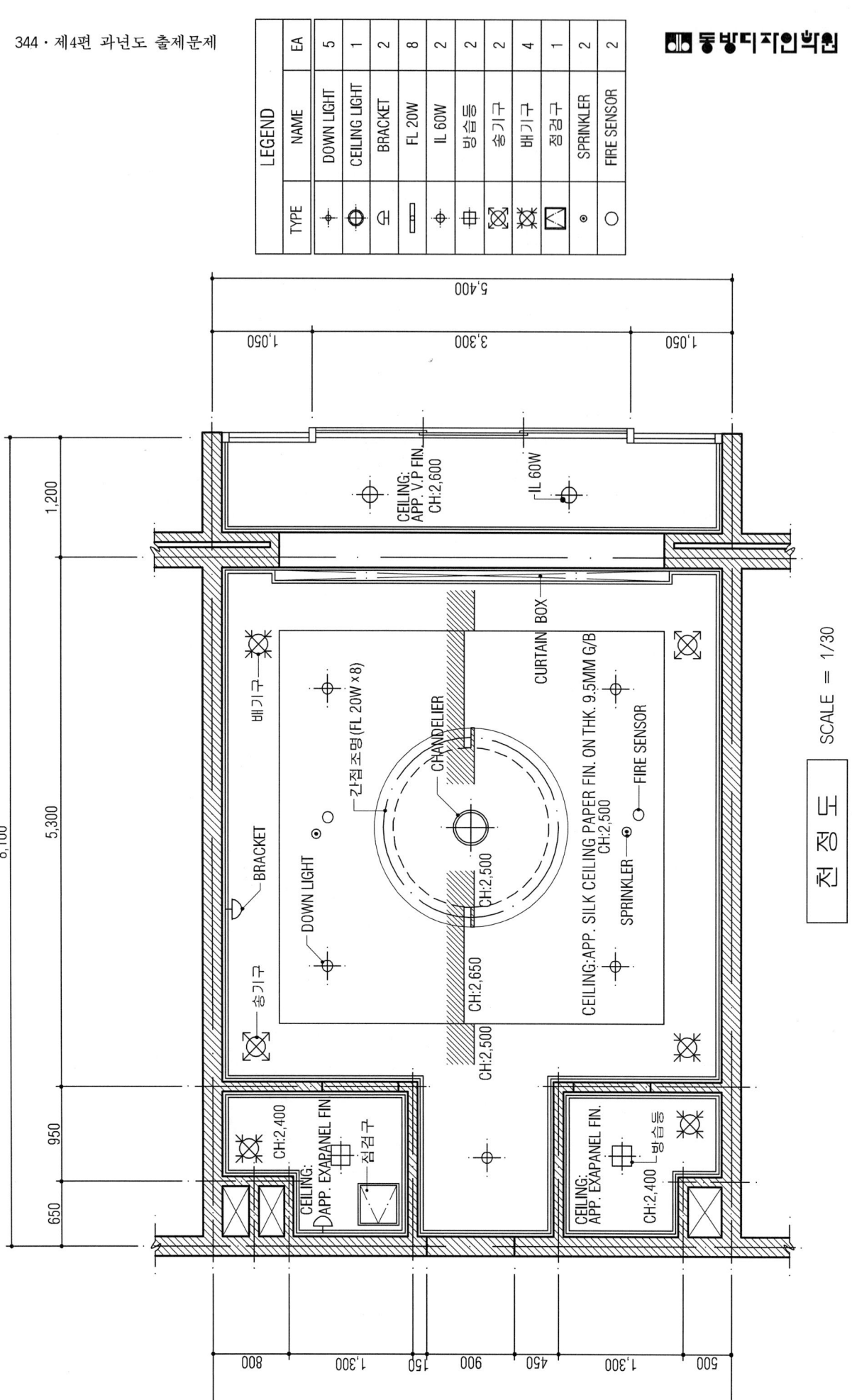

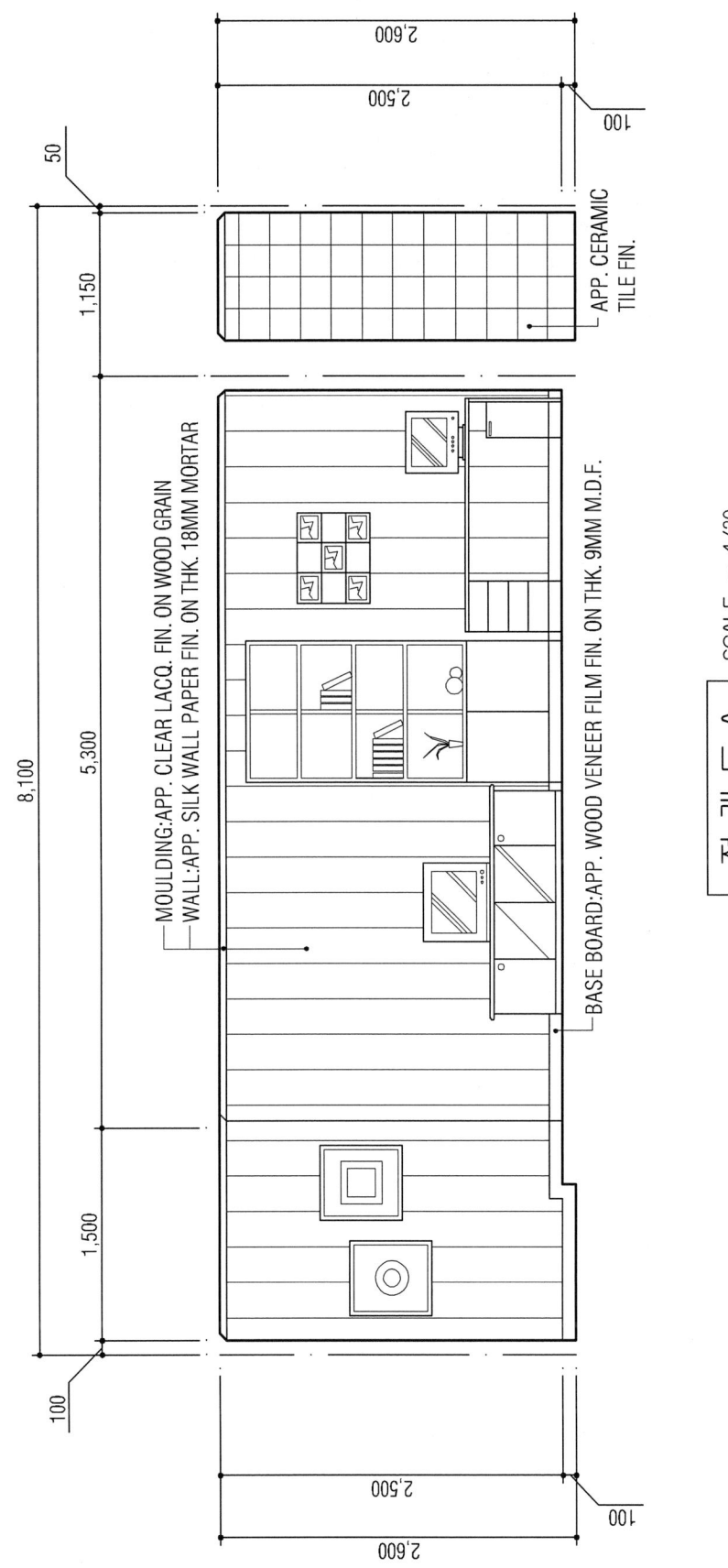

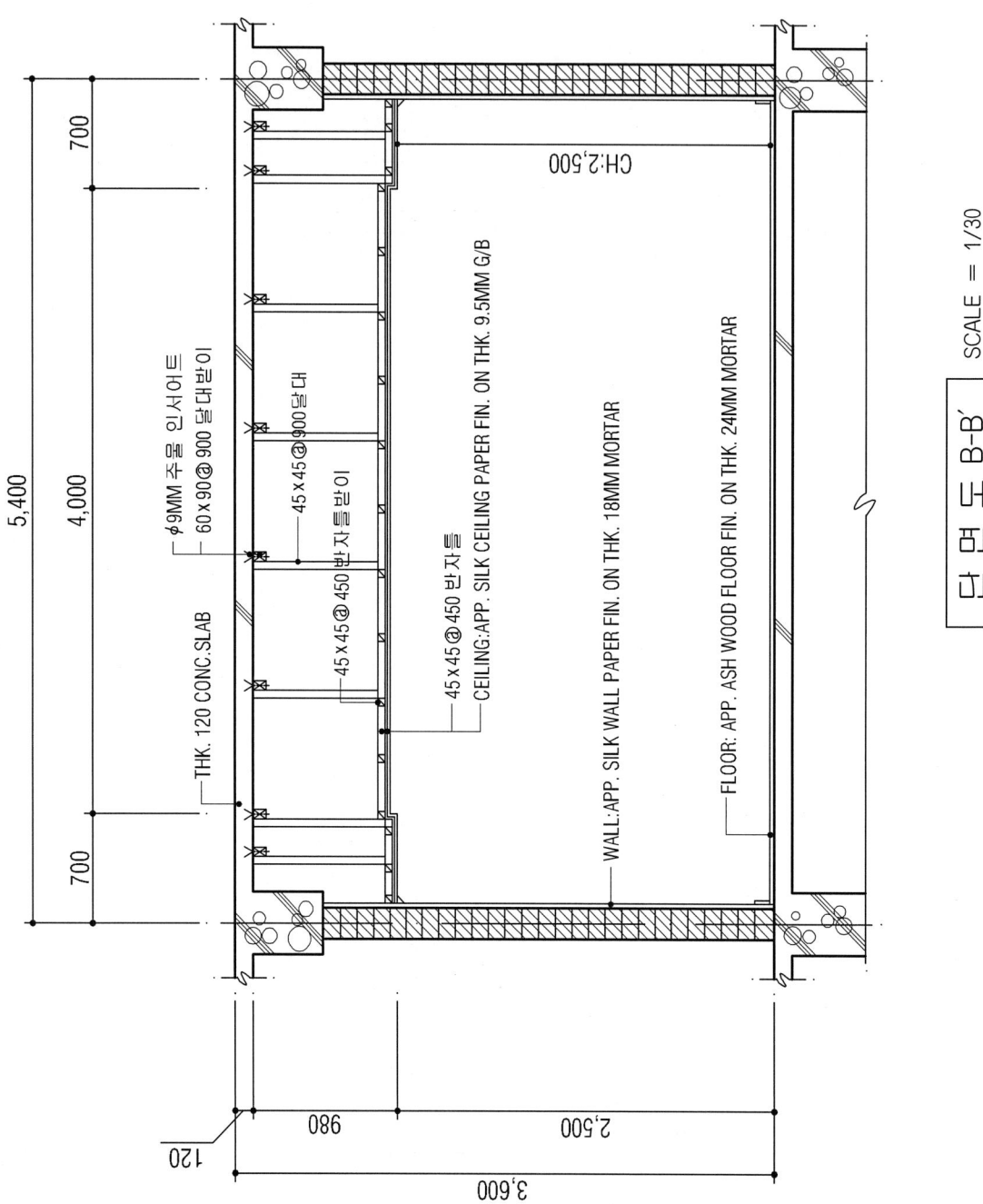

실내투시도 SCALE = N.S

('99. 9. 19 시행)
제24회 실내건축기사
― 시공실무 ―

문제 1) 다음 주어진 데이타를 보고 Network공정표를 작성하시오. (단, 주공정선은 굵은 선으로 표시하시오.) (6점)

작업명	A	B	C	D	E	F	G	H	I	J
작업일수	4	8	11	2	5	14	7	8	9	6
선행작업	없음	없음	A	C	B, J	A	B, J	C, G	D,E,F,H	A

【해설】

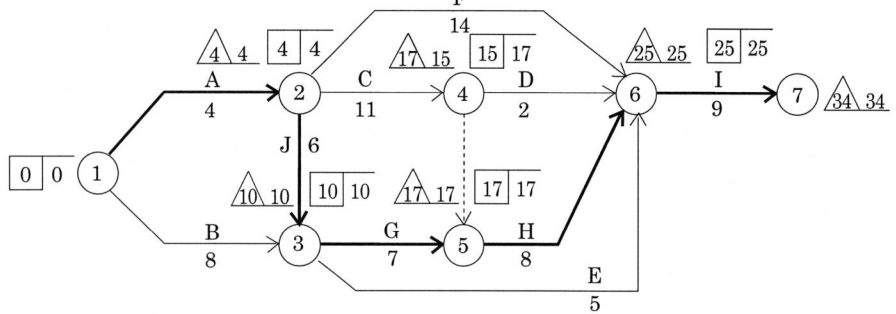

CP〉Activity : A→J→G→H→I   Event : ①→②→③→⑤→⑥→⑦

문제 2) 다음 물음에 답을 해당 답란에 답하시오. (4점)
※시멘트 모르타르(Mortar)의 바름 두께를 쓰시오.
① 바닥: ② 안벽: ③ 바깥벽: ④ 천장:

【해설】 ① 24mm ② 18mm ③ 24mm ④ 15mm

문제 3) 건축공사용 비계의 종류를 4가지 쓰시오. (4점)

【해설】 ① 외줄비계 ② 쌍줄비계 ③ 겹비계 ④ 달비계

문제 4) 다음은 수장공사에서 리놀륨 깔기의 시공순서이다. ( )안을 채우시오. (3점)
(①) → 깔기계획 → (②) → 정깔기 → (③)

【해설】 ① 바탕정리 ② 임시깔기 ③ 마무리 및 보양

문제 5) 장판지 붙이기의 시공순서를 〈보기〉에서 골라 순서대로 기호를 쓰시오. (4점)
〈보기〉 ① 재배   ② 걸레받이   ③ 장판지   ④ 마무리칠
         ⑤ 초배   ⑥ 바탕처리

【해설】 ⑥-⑤-①-③-②-④

문제 6) 표준형 벽돌로 10㎡를 1.5B 보통쌓기 할 때의 벽돌량과 모르타르량을 산출하시오. (4점)
① 벽돌량
② 모르타르량

【해설】 ① 벽돌량 = $10 \times 224 = 2,240$매
② 몰탈량 = $\dfrac{2,240}{1,000} \times 0.35 = 0.78$㎥

문제 7) 벽돌조 건물에서 시공상 결함에 의해 생기는 균열의 원인을 5가지 쓰시오. (5점)
①   ②   ③   ④   ⑤

【해설】 ① 벽돌 및 모르타르의 강도 부족
② 온도 및 흡수에 따른 재료의 신축성
③ 이질재와의 접합부의 시공결함
④ 모르타르 바름의 신축 및 들뜨임
⑤ 장막벽 상부의 콘크리트 보 밑 모르타르 다져 넣기의 부족

문제 8) 다음 도장공사에 관한 내용 중 (　　)앞에 알맞는 번호를 고르시오. (4점)
㉮ 철재에 도장할 때에는 바탕에 (① 광명단, ② 내알칼리 페인트)을(를) 도포한다.
㉯ 합성수지 에멀죤 페인트는 건조가 (① 느리다, ② 빠르다)
㉰ 알루미늄 페인트는 광선 및 열반사력이 (① 강하다, ② 약하다)
㉱ 에나멜 페인트는 주로 금속면에 이용되며, 광택이 (① 잘난다, ② 없다)

【해설】 ㉮-①, ㉯-②, ㉰-①, ㉱-①

문제 9) 다음은 타일붙이기에 대한 설명이다. 괄호안을 채우시오. (3점)
타일 붙이기에 적당한 모르타르 배합은 경질타일 일때 (①)이고, 연질타일 일때는 (②)이며, 흡수성이 큰 타일일 때는 필요시 (③)하여 사용한다.

【해설】 ① 1 : 2   ② 1 : 3   ③ 가수

문제 10) 석재의 표면 형상에 모치기의 종류를 쓰시오. (3점)

【해설】　① 혹두기　　② 빗모치기　　③ 두모치기

건축실내의 설계

[제24회 작품명] 빌딩내 업무공간 - 사장실

1. 요구사항
    주어진 도면은 빌딩내 업무공간을 위한 평면도이다. 요구조건에 따라 도면을 작성하시오.

2. 요구조건
    ① 설계면적 : 15m × 6.9m × 2.7m(H)
    ② 사장실 : 책상, 손님접대용 가구
    ③ 사장 전용 욕실 : 샤워시설, 세면기, 변기
    ④ 비서공간 : 비서 2인이 근무할 수 있는 공간으로 책상, 의자
    ⑤ 탕비실 : 간이 Sink
    ⑥ 손님대기공간 : Sofa Set

3. 요구도면
    ① 평면도 SCALE : 1/50
    ② 전개도 1면(벽마감재료 포함) SCALE : 1/50
    ③ 천정도(설비 및 조명기구배치) SCALE : 1/50
    ④ 주단면도 B-B´ SCALE : 1/50
    ⑤ 실내투시도 SCALE : N.S
    (계획의 포인트가 좋은 지점에서 1소점 투시도법으로 작성하되, 작성과정의 투시보조선을 반드시 남길 것)

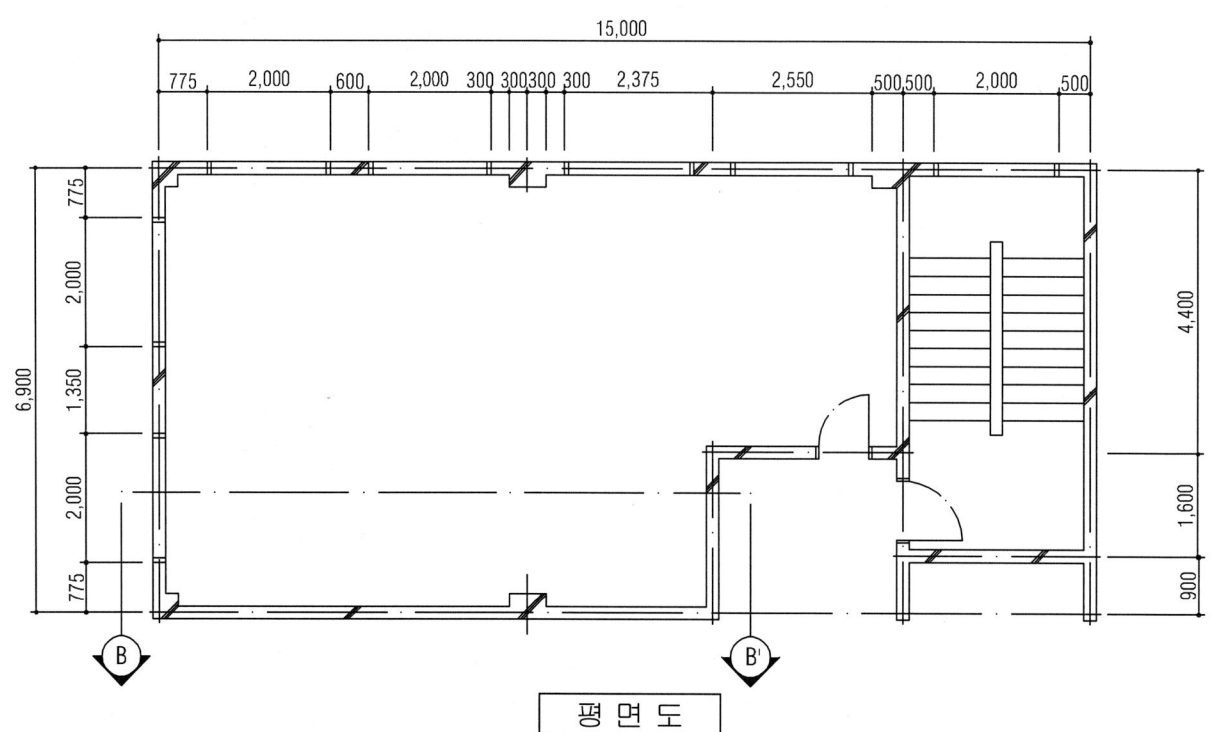

평면도

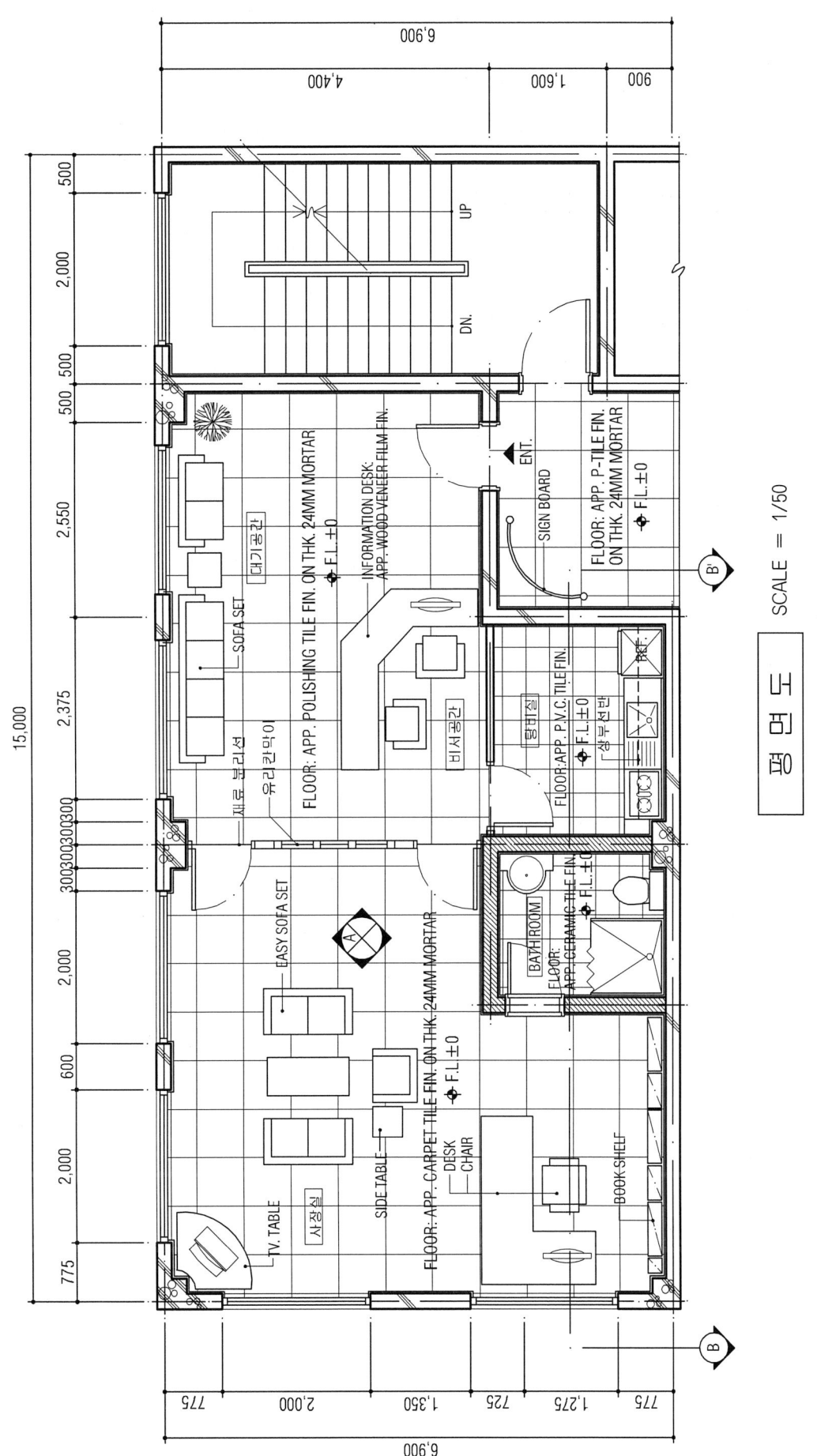

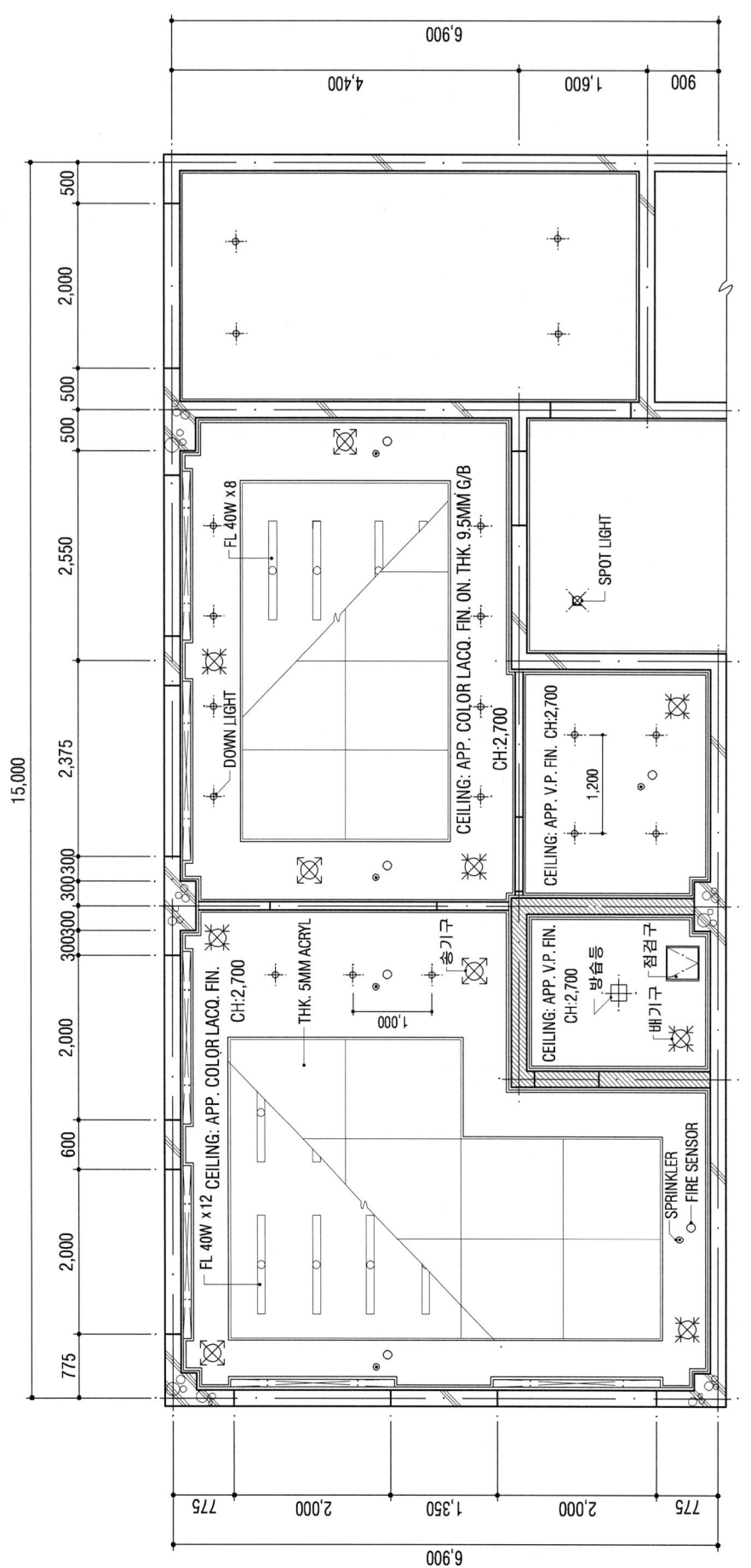

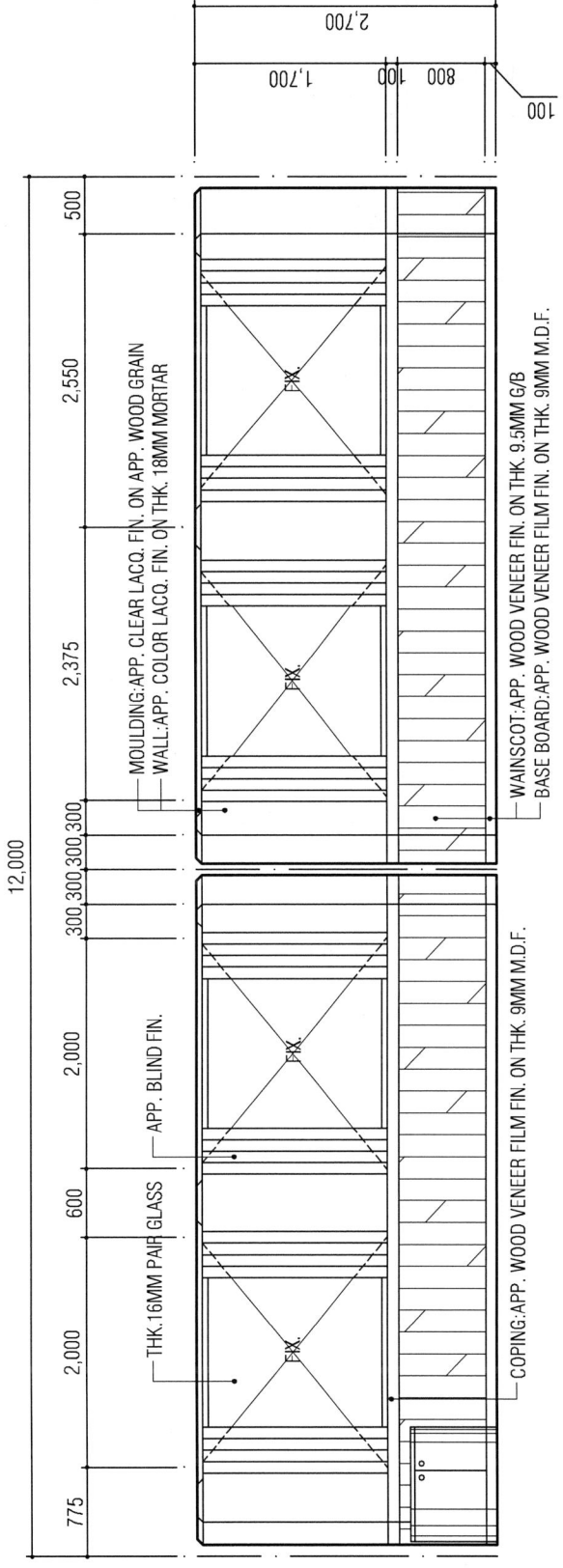

전개도 A SCALE = 1/50

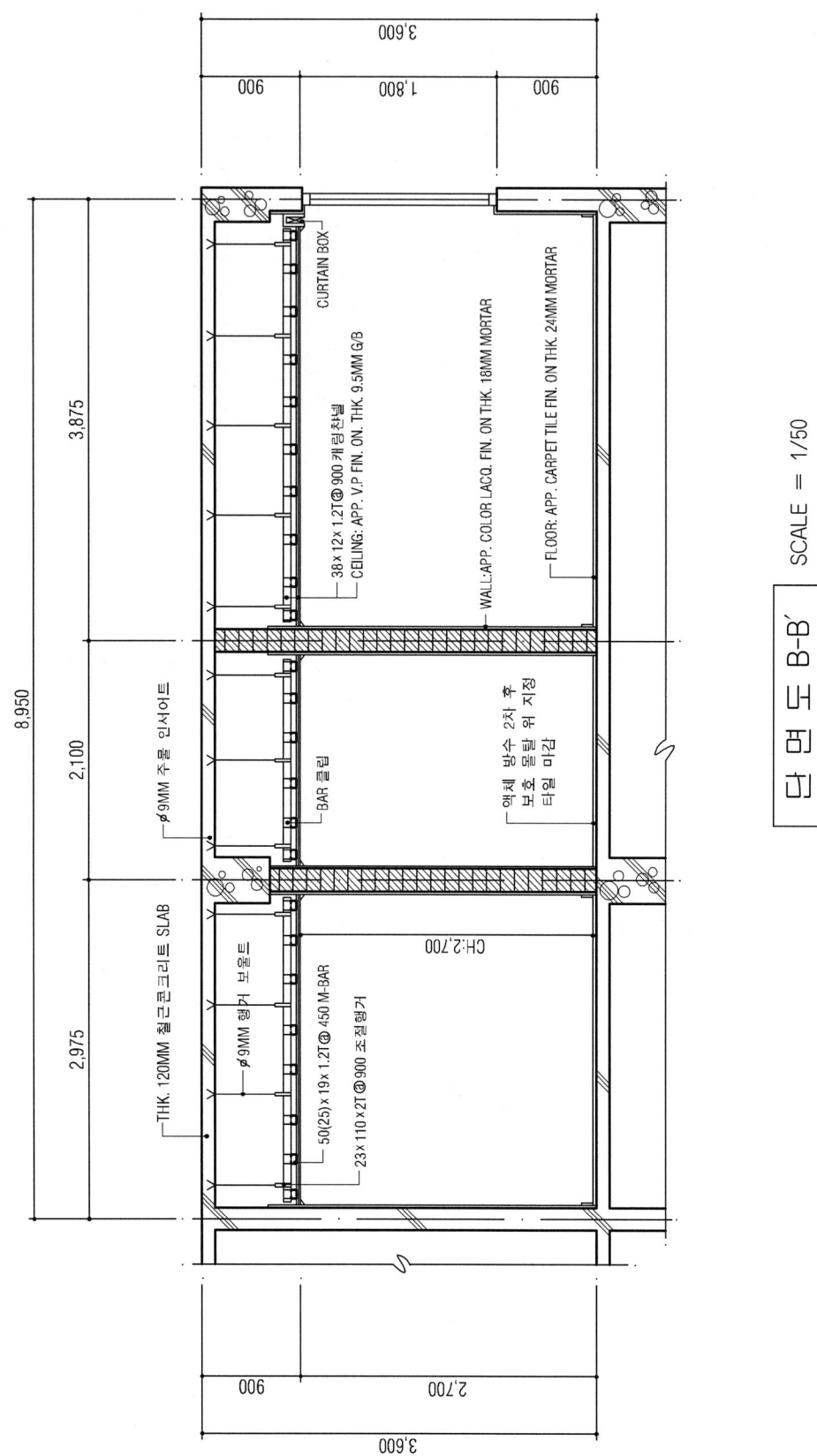

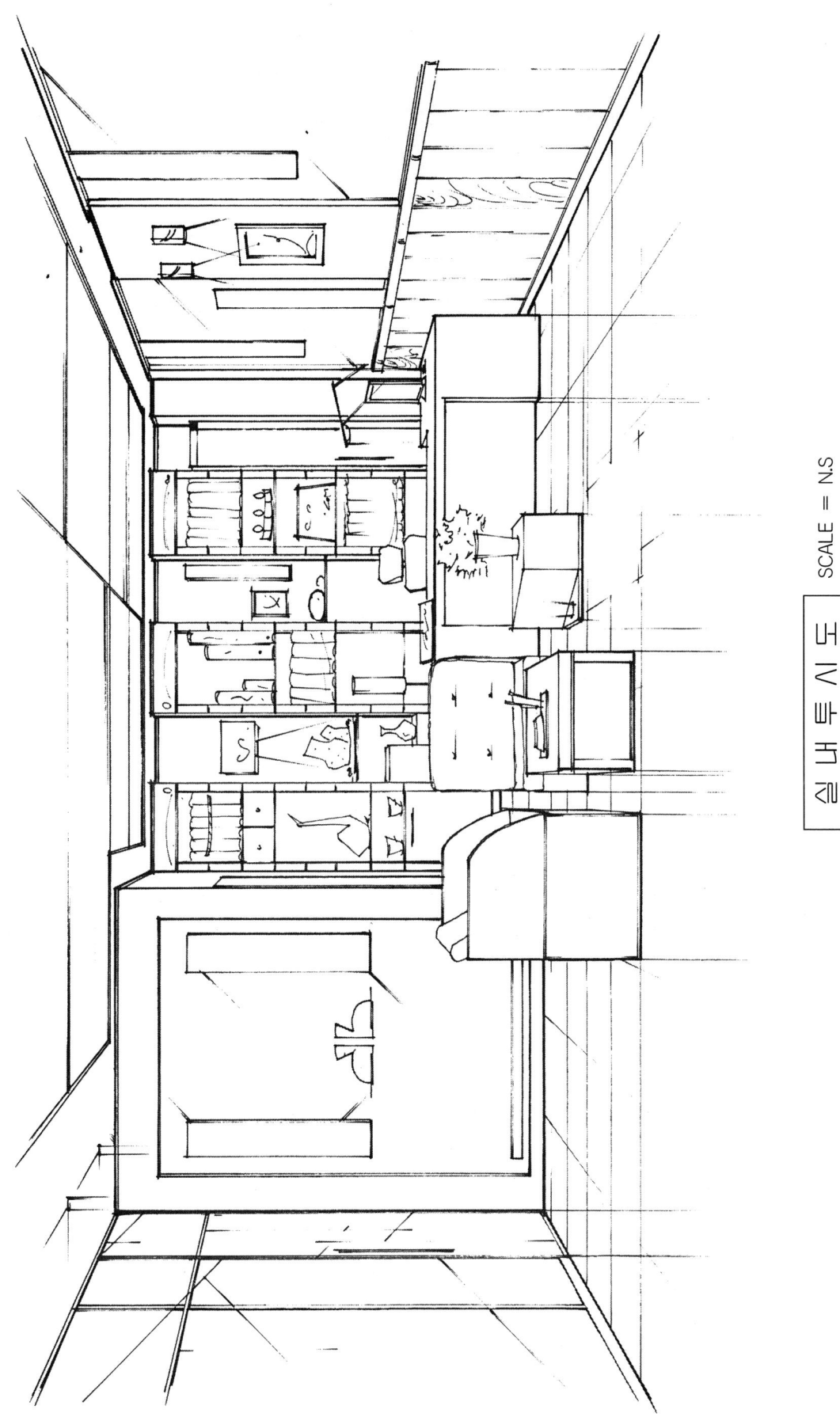

실내투시도 SCALE = N.S

('99. 11. 21 시행)

제25회 실내건축기사
시공실무

문제 1) 복층유리의 특징 3가지를 쓰시오. (3점)

【해설】 ① 보온   ② 방음   ③ 결로방지

문제 2) 다음 평면도에서 쌍줄비계를 설치할 때 외부 비계면적을 산출하시오(단 H=18m) (4점)

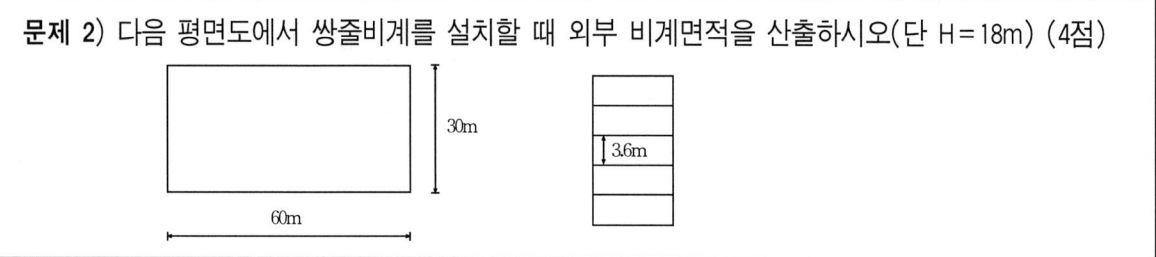

【해설】 A = H{2(a+b)+0.9×8}   A = 18{2(60+30)0.9×8}
A = 18{(2×90)+7.2}   A = 18(180+7.2)
A = 18×187.2   A = 3,369.6m²

문제 3) 다음은 금속공사에 사용되는 철물의 용어이다. 간략히 설명하시오. (4점)
① 와이어 메쉬   ② 펀칭메탈   ③ 메탈라스   ④ 와이어라스

【해설】 ① 와이어 메쉬 : 연강철선을 전기용접하여 정방형이나 장방형으로 만든 것으로 콘크리트 다짐바닥 등에 사용된다.
② 펀칭메탈 : 얇은 강판에 여러개의 구멍을 뚫어 환기공 또는 방열기 커버등에 쓰인다.
③ 메탈라스 : 얇은 강판에 마름모꼴의 구멍을 연속적으로 뚫어 그물처럼 만든 것으로 천정벽, 처마둘레 등의 미장에 쓰인다.
④ 와이어라스 : 아연도금한 굵은 철선을 엮어 그물같이 만든 철망을 말하며, 미장바탕용으로 쓰인다.

문제 4) 플라스틱 재료의 일반적인 특성을 장점과 단점으로 나누어 2가지씩 기술하시오. (4점)

【해설】 장점 : ① 재료의 절단 및 가공이 용이하여 특수한 형태의 완성이 가능하다.
② 청소가 용이하고, 대기중에 부식되지 않아 장기 보존성이 좋다.
단점 : ① 내열성에 약하므로 굴곡 및 휨정도가 크다.
② 내화성에 약하므로 방염 등 특수한 형태의 공정이 추가되어야 한다.

문제 5) 사선식 공정표의 특성을 기술하시오. (3점)

【해설】 작업의 관련성을 나타낼 수는 없으나 공사의 기성고를 표시하는 데는 편리하고, 공사지연에 대하여 조속한 대처를 할 수 있는 장점이 있다.

문제 6) 바니쉬 칠의 종류 3가지를 쓰시오. (3점)

【해설】 ① 휘발성 바니쉬 ② 기름바니쉬 ③ 래커

문제 7) 다음 보기에서 알맞은 것끼리 (   )안에 알맞는 번호를 기입하시오. (4점)

㉮ 플러쉬문 (   )   ㉯ 무테문 (   )   ㉰ 어커디언문 (   )   ㉱ 여닫이문 (   )

〈보기〉 ① 하니(벌집)체크   ② 레일   ③ 핸들박스   ④ 피봇힌지   ⑤ 풍소란

【해설】 ㉮-①   ㉯-④   ㉰-②   ㉱-⑤

※ ㉮, ㉯는 문짝구성형태에 의한 분류이고, ㉰, ㉱는 개폐방식에 의한 분류이다.

문제 8) 미장바르는 순서는 (①)에서 (②)로, 벽타일의 줄눈파기는 (③)후에 (④)를 작업한다. (4점)

〈보기〉 ㉮ 밑   ㉯ 위   ㉰ 가로   ㉱ 세로

【해설】 ① - ㉯   ② - ㉮   ③ - ㉱   ④ - ㉰

문제 9) 다음 용어를 설명하시오. (2점)

㉮ 에어도어   ㉯ 멀리온

【해설】 ㉮ 에어도어 : 건물의 출입구에서 상하로 분리시킨 공기층을 이용하여 건물내외의 공기유통을 차단시키는 장치
㉯ 멀리온 : 창문개폐시의 진동으로 유리가 깨지는 것을 방지하기 위한 중간선대

문제 10) 다음 공정표를 작성하시오. (5점)

작업명	A	B	C	D	E	F
선행작업	-	-	-	-	A,B	A
작업일수	5	4	6	8	2	3

【해설】

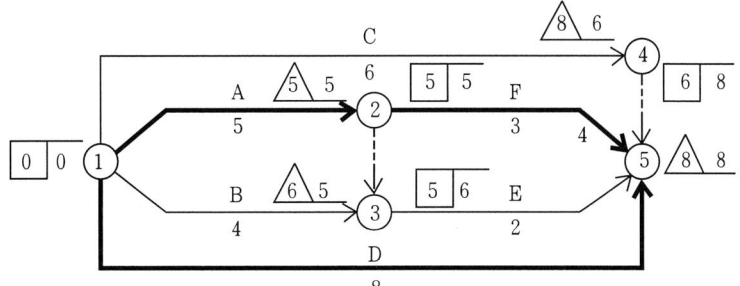

CP〉Activity : A→F and D   Event : ①→②→⑤ and ①→⑤

문제 11) 합성수지 도료가 유성페인트에 비해 장점인 것을 보기에서 4개를 열거하면? (4점)

〈보기〉 ① 도막이 단단하다.   ② 방화성 도료이다.   ③ 형광도료의 일종이다.
④ 건조가 빠르다.   ⑤ 내마모성이 있다.   ⑥ 내산·내알칼리성이 있다.

【해설】 ①, ②, ④, ⑥

건축실내의 설계

[제25회 작품명] 약 국

1. 요구사항
   상업중심지역에 위치한 약국을 아래 조건에 의해 설계하시오.

2. 요구조건
   ① 설계면적 : 8.7m×6.3m×2.8m(H)
   ② 필요공간 및 가구
      어항, 화분, 온장고, 냉장고, 보조사가구, 접대가구, 약사가구, 조제실, 화장실

3. 요구도면
   ① 평면도(가구배치 포함) SCALE : 1/30
   ② 천정도(설비, 조명기구 배치 및 범례표 작성) SCALE : 1/50
   ③ 전개도 1면(벽면재료 표기) SCALE : 1/50
   ④ 단면도 B-B´ SCALE : 1/50
   ⑤ 실내투시도 SCALE : N.S
      (계획의 포인트가 좋은 지점에서 1소점 또는 2소점 투시도법으로 작성하되, 작성과정의 투시 보조선을 반드시 남길 것)

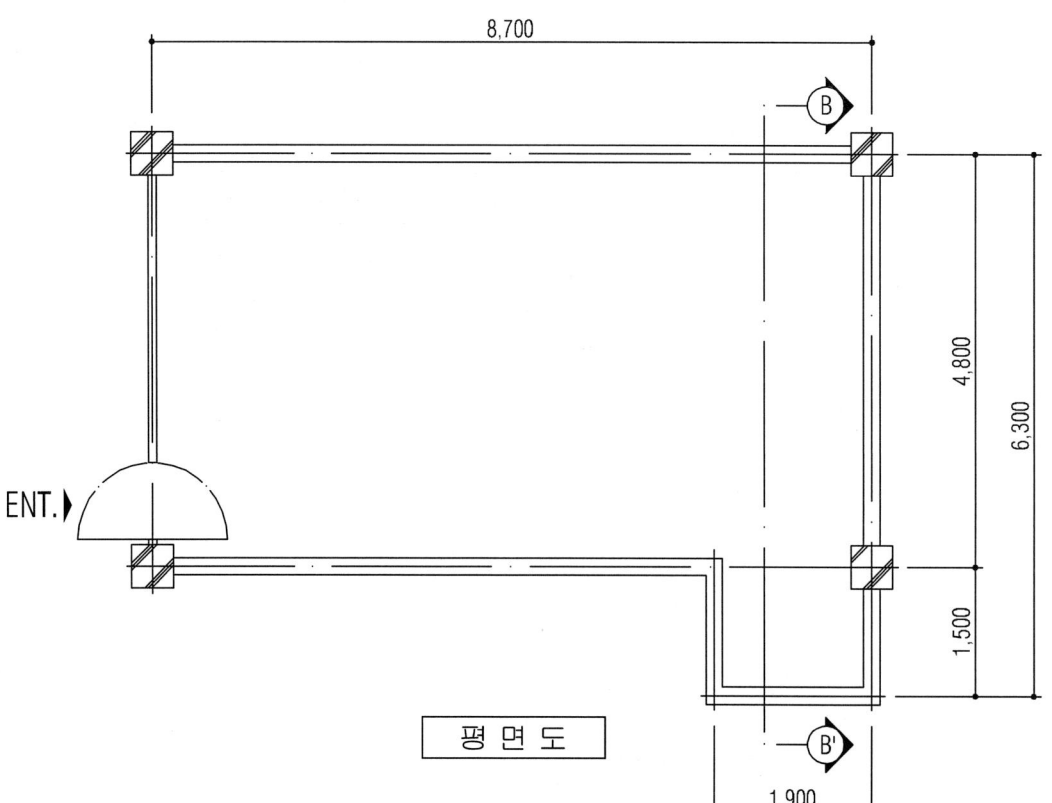

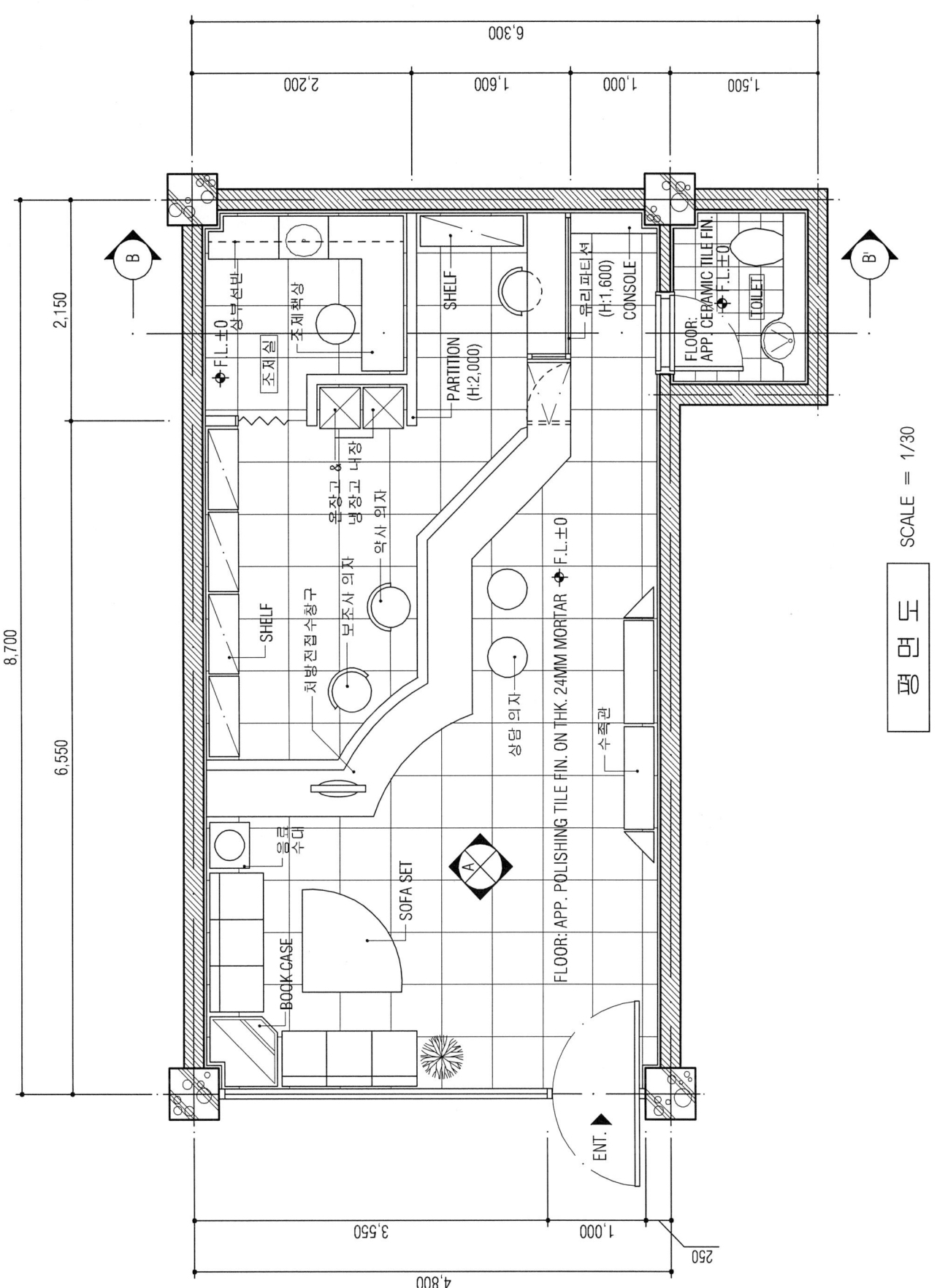

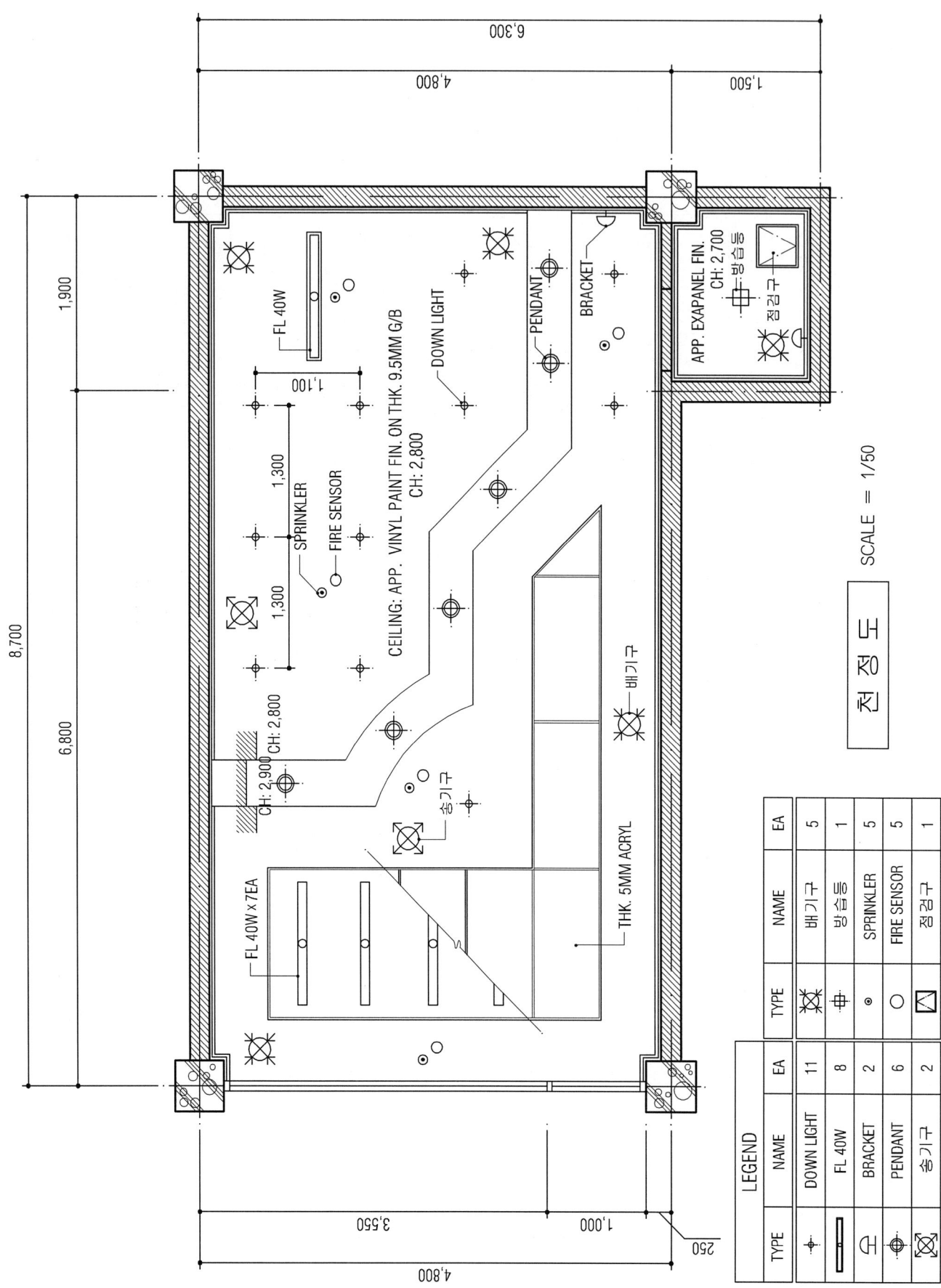

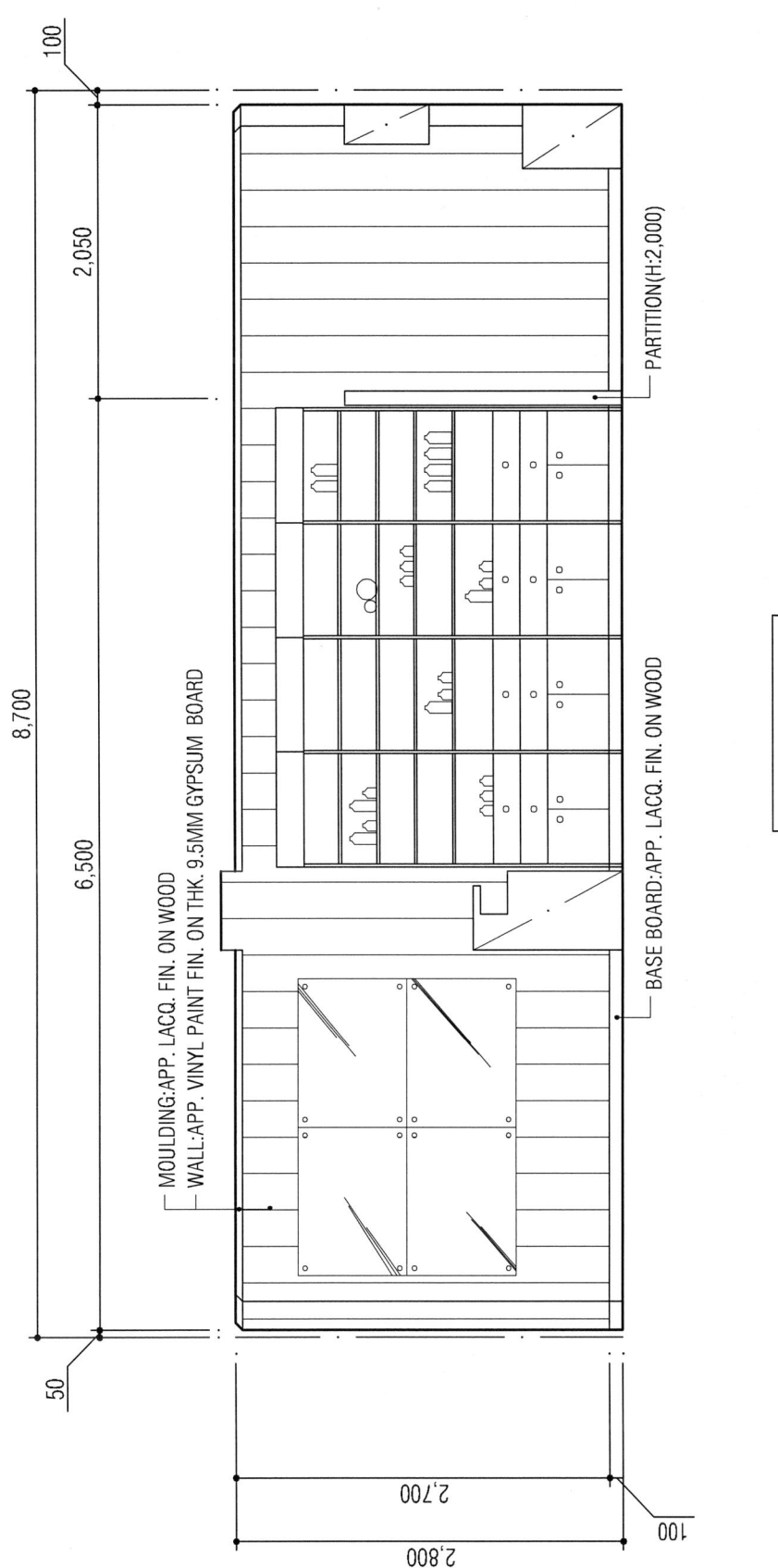

전개도 A SCALE = 1/50

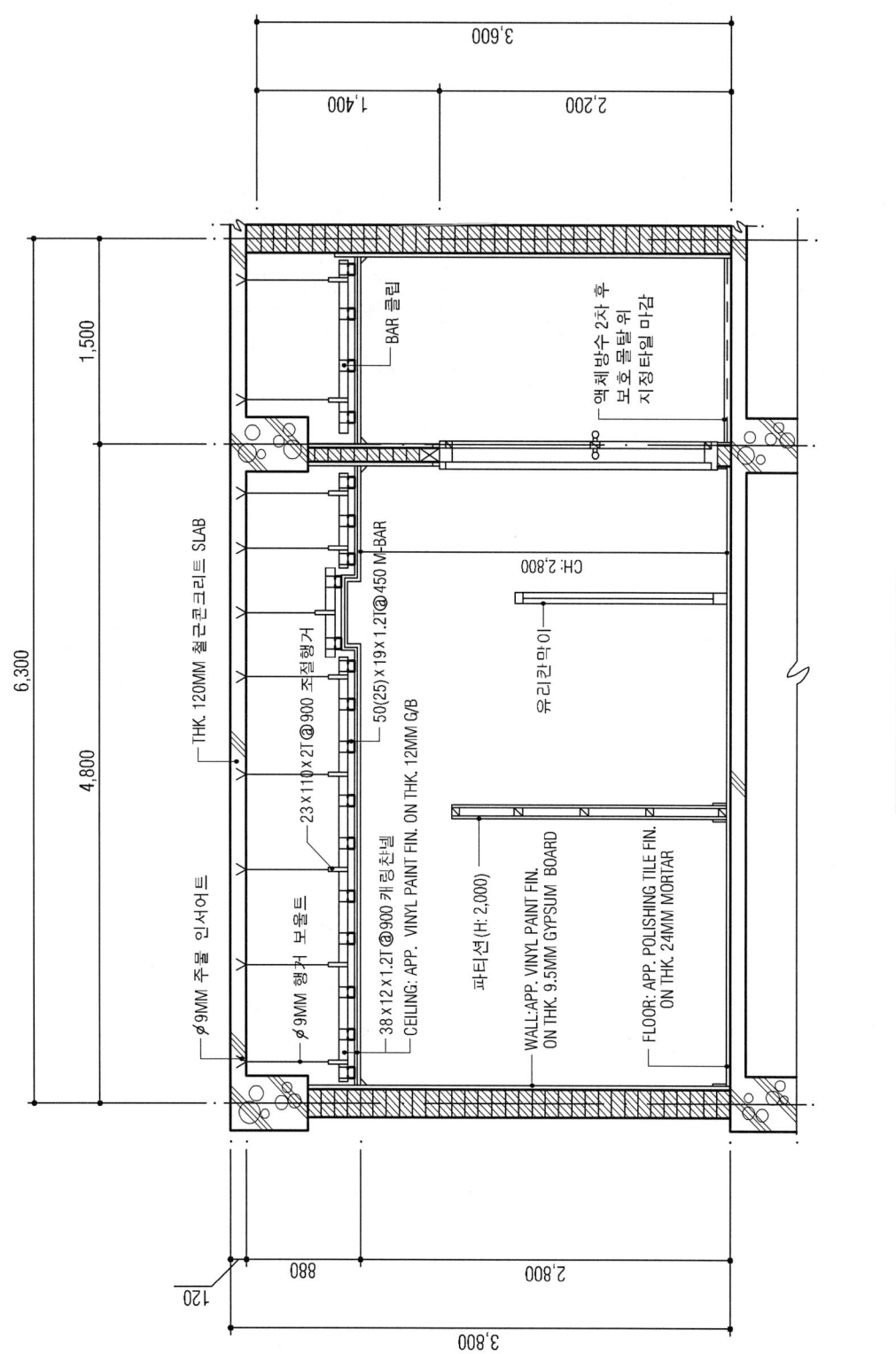

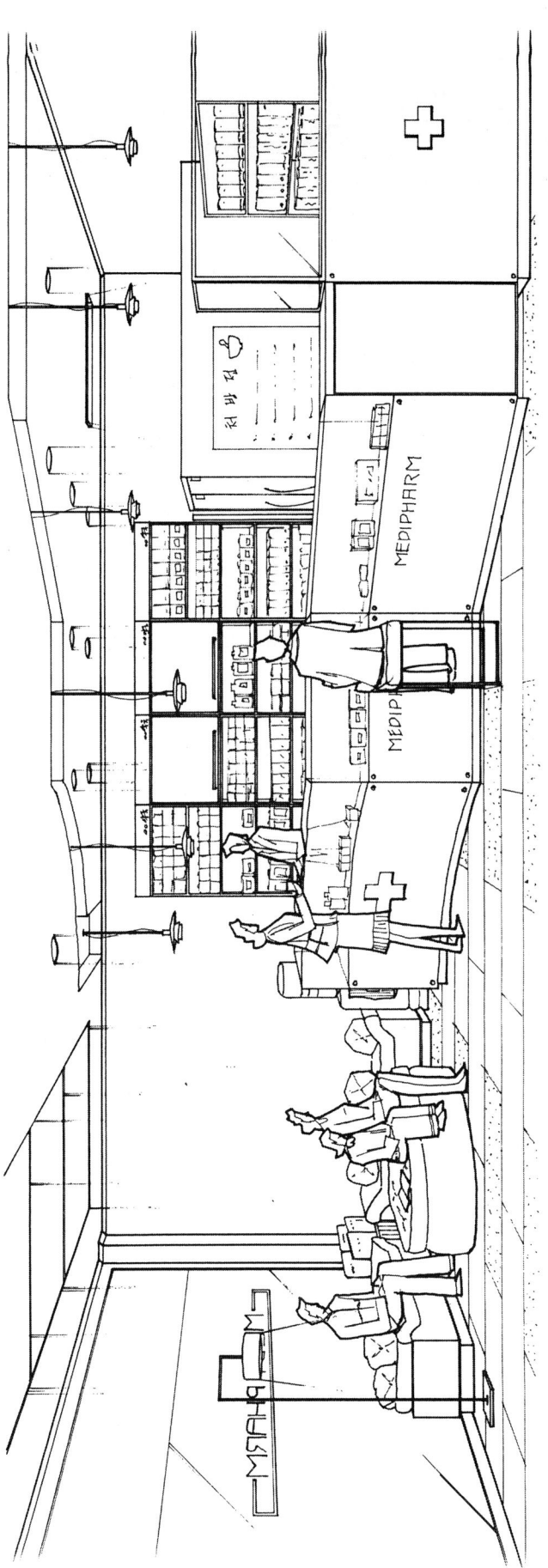

실내투시도 SCALE = N.S

(2000. 2. 20 시행)

제26회 실내건축기사
시공실무

문제 1) 유리공사에 쓰이는 용어이다. 간단히 쓰시오. (4점)
① 트리플랙스(Tri Plex)   ② 컷 글라스(Cut glass)

【해설】 ① 트리플랙스(Tri plex) : 세겹 합한 유리의 일종으로 두겹 유리사이에 투명 플라스틱을 끼운다.
② 컷 글라스(Cut glass) : 표면에 광택이 있는 홈 줄을 새겨 모양을 돋힌 것이다.

문제 2) 적산요령 4가지를 쓰시오. (4점)
①   ②   ③   ④

【해설】 ① 수평에서 수직으로 계산 ② 시공순서대로 계산 ③ 내부에서 외부로 계산 ④ 큰곳에서 작은곳으로 계산
〈참고〉 적산을 보다 효율적으로 계산하기 위한 순서에 대한 요령이다.

문제 3) 다음 〈보기〉는 아치 쌓기 종류이다. 보기의 용어들을 간단히 설명하시오. (4점)
〈보기〉 ① 본아치   ② 막만든아치   ③ 거친아치   ④ 층두리아치

【해설】 ① 본아치 : 공장에서 특별 주문 제작한 벽돌로 쌓은 아치
② 막만든아치 : 보통 벽돌을 쐐기 모양으로 다듬어 쌓은 아치
③ 거친아치 : 현장에서 보통 벽돌을 써서 줄눈을 쐐기 모양으로 쌓은 아치
④ 층두리아치 : 아치나비가 넓을 때에는 반장별로 층을 지어 겹쳐 쌓는 아치

문제 4) 원구지름 10cm, 말구지름 9cm, 길이 5.4cm인 통나무의 재(m^3) 수를 구하시오. (4점)

【해설】 통나무 체적을 구하는 공식 중 길이 6m 미만인 공식 적용.

$$V = D^2 \times L \times \frac{1}{10,000}$$

$$V = 9^2 \times 5.4 \times \frac{1}{10,000}$$

$$V = 9^2 \times 5.4 \times \frac{1}{10,000}$$

$$V = 0.04374 m^3$$

문제 5) 목조계단 설치시공 순서를 〈보기〉에서 골라 번호로 쓰시오. (3점)
〈보기〉 ① 난간두겁   ② 계단옆판, 난간어미기둥   ③ 난간동자
④ 디딤판, 챌판   ⑤ 1층 멍에, 계단참, 2층받이 보

【해설】 ⑤→②→④→③→①

문제 6) 다음 쪽매의 이름을 써넣으시오. (5점)

〈보기〉 ① ② ③ ④ ⑤ ⑥

【해설】 ① 반턱쪽매 ② 틈막이대쪽매 ③ 딴혀쪽매 ④ 제혀쪽매 ⑤ 오늬쪽매 ⑥ 빗쪽매

문제 7) 다음 주어진 데이터를 보고 Network공정표를 작성하시오. (단, 주공정선은 굵은 선으로 표시하시오.) (5점)

작업명	A	B	C	D	E	F	G	H	I	J
작업일수	4	8	11	2	5	14	7	8	9	6
선행작업	없음	없음	A	C	B, J	A	B, J	C, G	D,E,F,H	A

【해설】

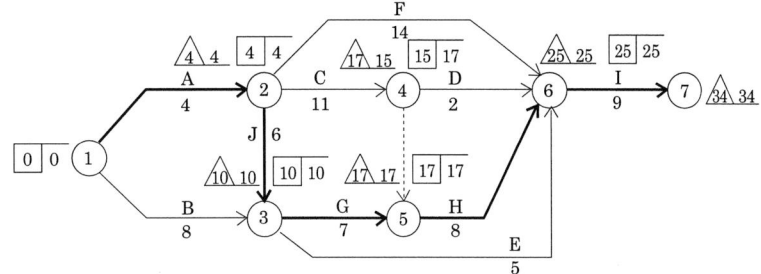

CP〉Activity : A→J→G→H→I   Event : ①→②→③→⑤→⑥→⑦

문제 8) 다음은 도장공사의 칠공법이다. 관계있는 것끼리 서로 연결지으시오. (4점)

㉮ 천정이나 벽면처럼 평활하고 넓은 면을 칠할 때 유리하며, 작업시간이 타 공법에 비해 간소하다.
㉯ 가장 일반적인 공법이며, 건조가 빠른 락카 등에는 부적당하다.
㉰ 면이 고르고 광택을 낼 때 쓰인다.
㉱ 초기 건조가 빠른 락카 등에 유리하며, 기타 여러가지 칠에도 많이 이용된다.

① 솔칠   ② 로울러칠   ③ 뿜칠   ④ 문지름칠

【해설】 ㉮ - ②, ㉯ - ①, ㉰ - ④, ㉱ - ③

문제 9) 시멘트 모르타르(Mortar)의 바름 두께를 쓰시오. (4점)
① 바닥: ② 안벽: ③ 바깥벽: ④ 천장:

【해설】 ① 24mm ② 18mm ③ 24mm ④ 15mm

문제 10) 다음 용어설명에 맞는 재료를 기입하시오. (3점)
① 3매이상의 단판을 1매마다 섬유방향에 직교하도록 겹쳐 붙인 것.
② 목재의 부스러기를 합성수지와 접착제를 섞어 가열, 압축한 판재
③ 표면은 평평하고 유공질판이어서 단열판, 열절연재로 사용

【해설】 ① 합판 ② 파티클보드 ③ 코르크판

건축실내의 설계

[제26회 작품명] 숙녀복 전문점

1. 요구 사항
   상업 중심지역에 위치한 숙녀복 전문점을 아래 조건에 의해 설계하시오.

2. 요구 조건
   ① 설계 면적 : 6.3m×14.3m×2.7m(H)
   ② 평면 요구 공간 및 가구
      A. 매장 공간
         ㉠ 쇼윈도우-1개
         ㉡ 디스플레이 스테이지 : 대형(1.8m×1.3m)-1개, 소형(0.9m×0.6m)-6개
         ㉢ 스탠드 케이스 : 0.9m×0.9m×0.8m(H)-2개
         ㉣ 진열대 : 1.2m×0.6m-8개   ㉤ FITTING ROOM-1개
         ㉥ 4인조 쇼파, 테이블-각1조   ㉦ 카운터-1개
      B. 사무 공간
         ㉠ 사무용책상, 의자-1조   ㉡ STOCK선반:1.2m×0.6m-4개
         ㉢ 세면, 화장실-1개
         (이상 제시된 것은 필수적이며 이외에 필요한 것이 있다면 보완할 수 있음)

3. 요구 도면
   ① 평면도(가구 배치 포함) SCALE : 1/30
   ② 전개도 A방향 1면(벽면 재료 표기) SCALE : 1/50
   ③ 천정도(설비 및 조명 기구 배치) SCALE : 1/50
   ④ 단면 상세도(카운터) SCALE : 1/10
   ⑤ 투시도 SCALE : N.S
   (계획의 포인트가 좋은 지점에서 1소점 또는 2소점 투시도법으로 도면을 작성하되 작성과정의 투시보조선을 남길 것)

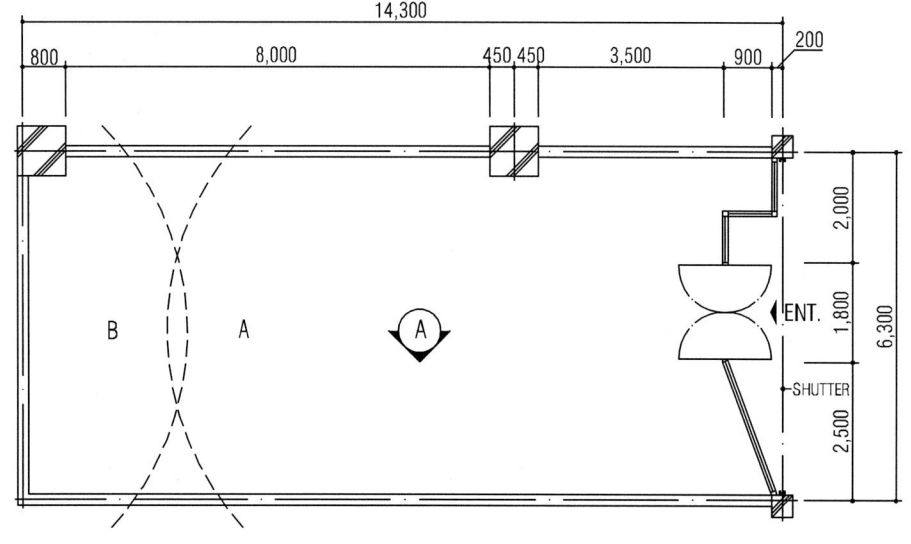

평 면 도

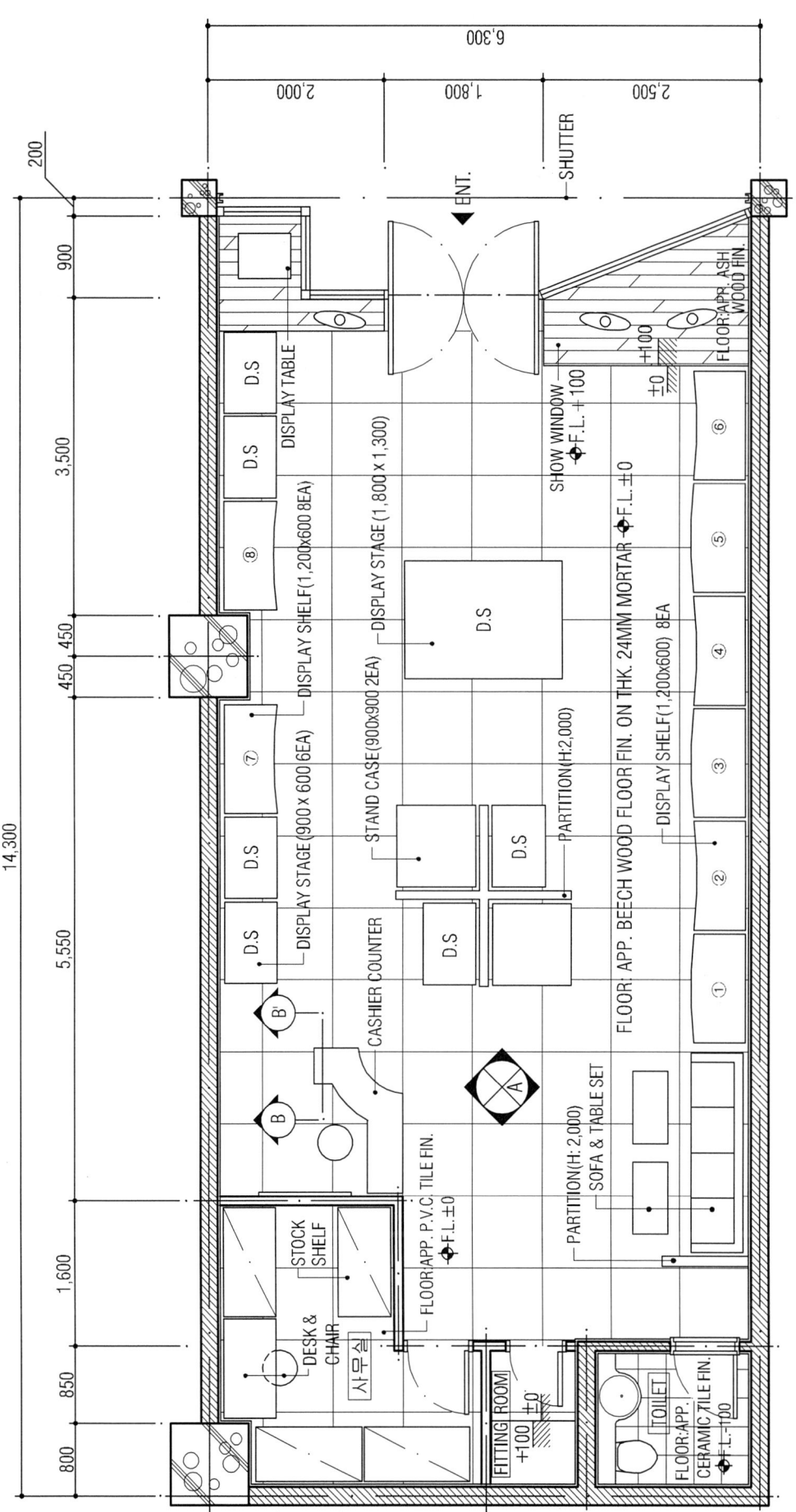

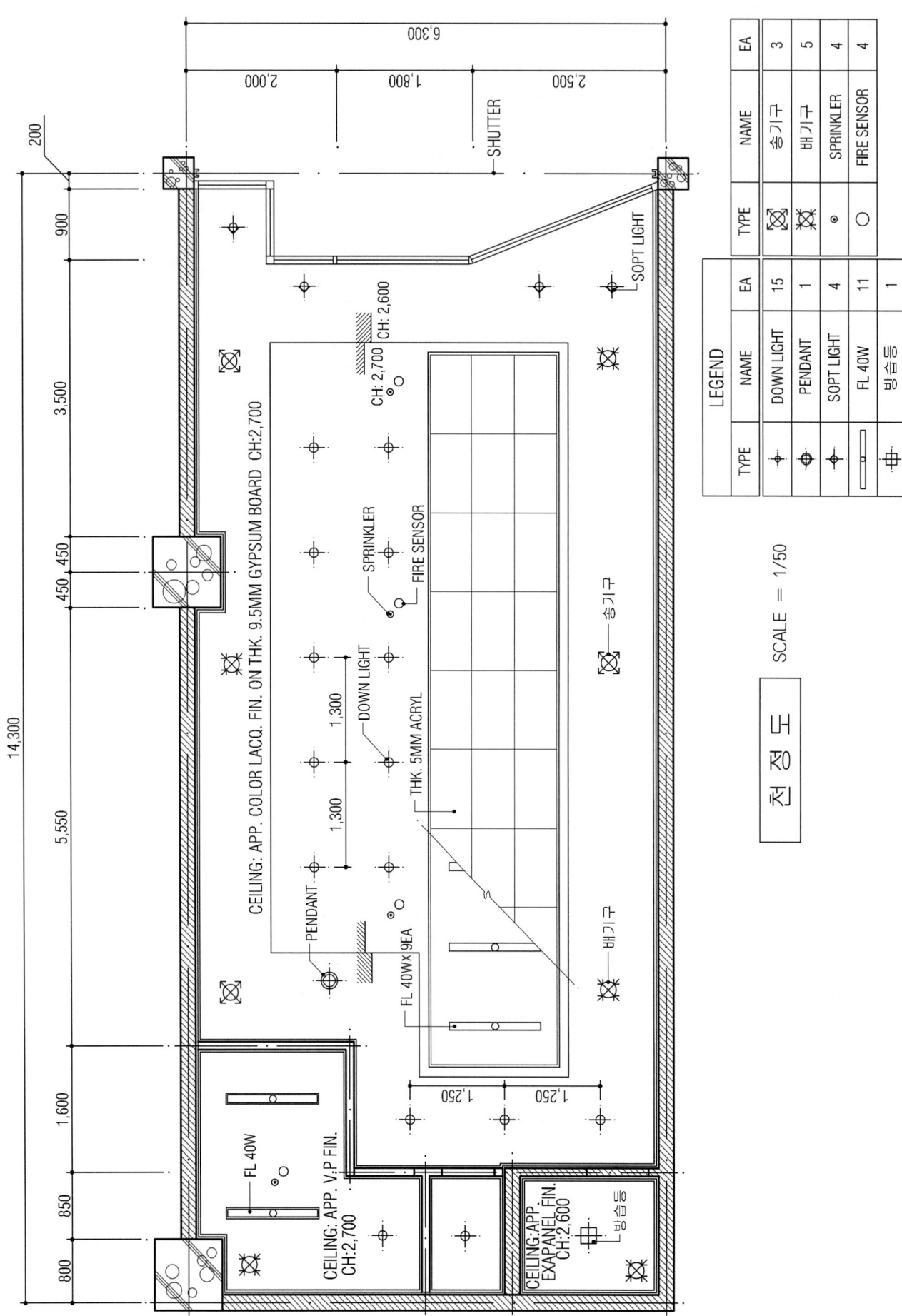

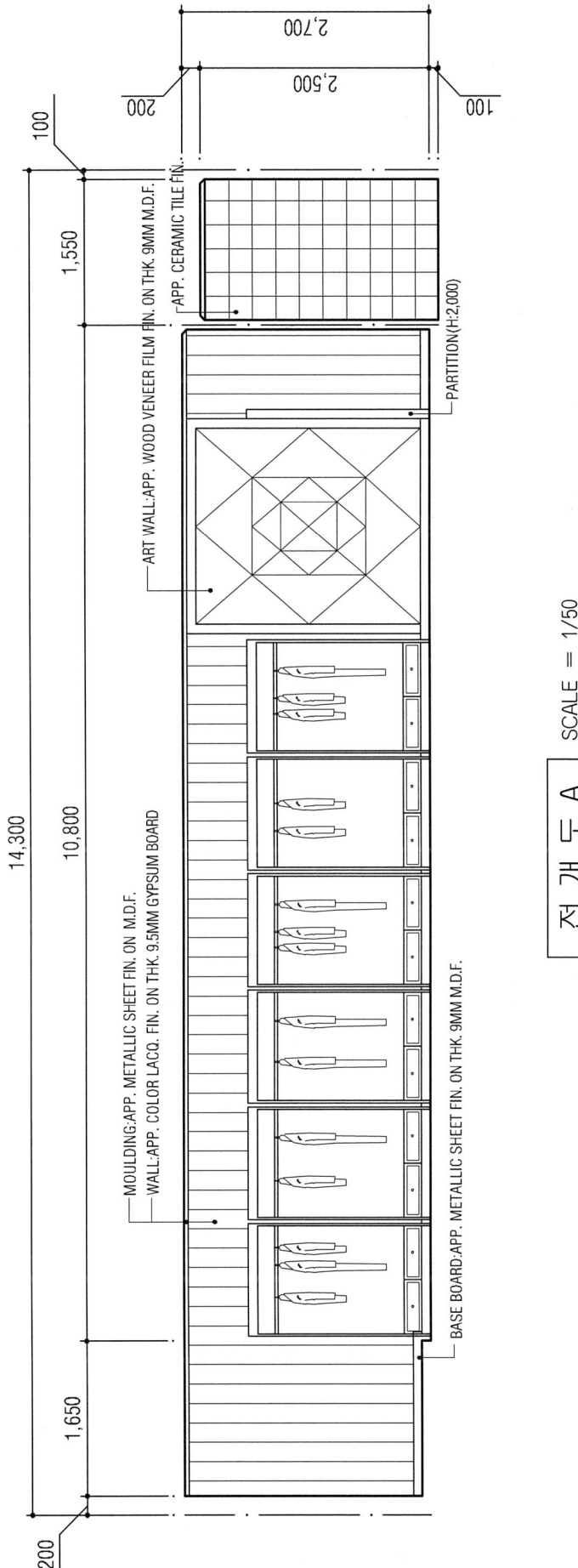

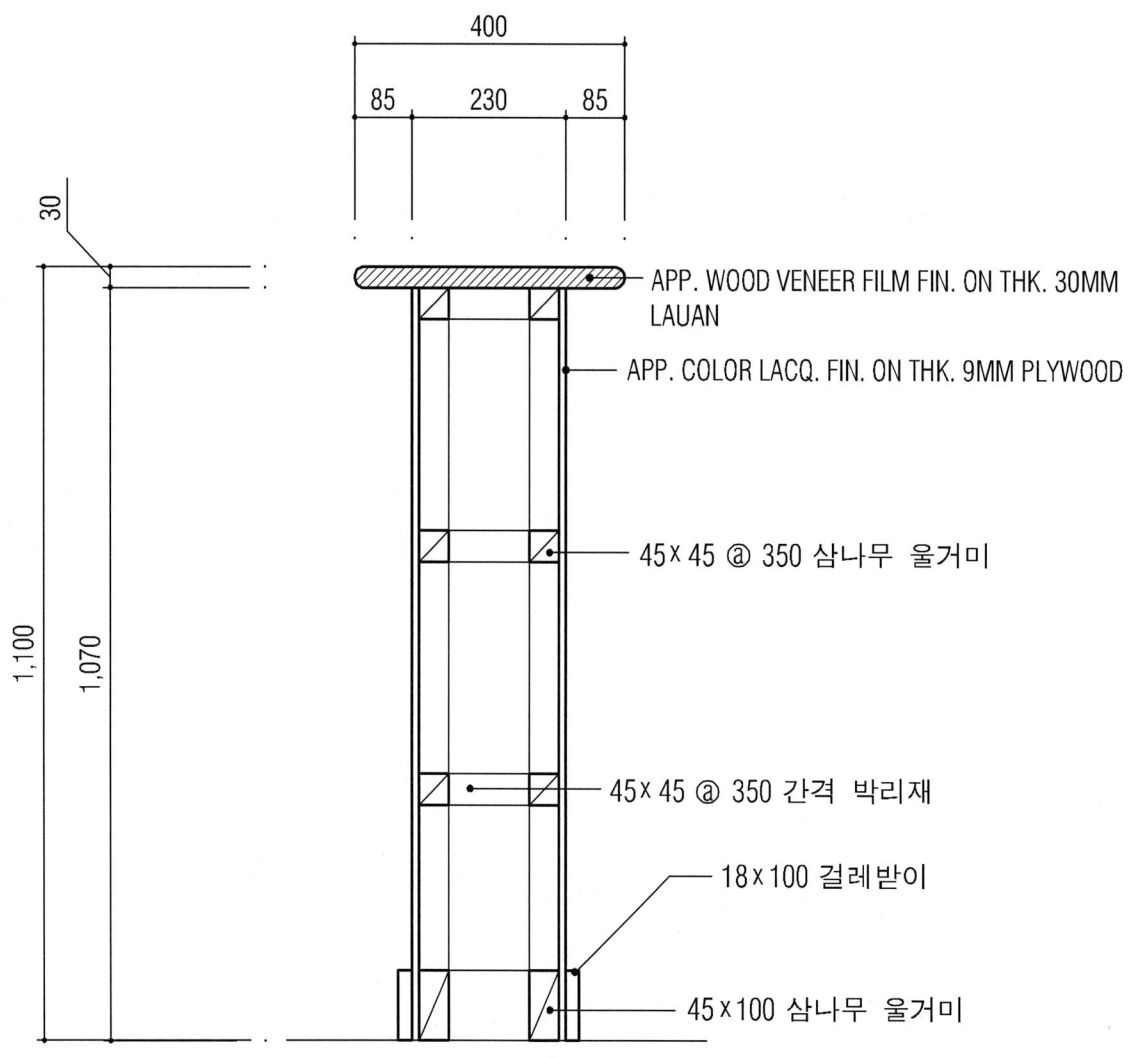

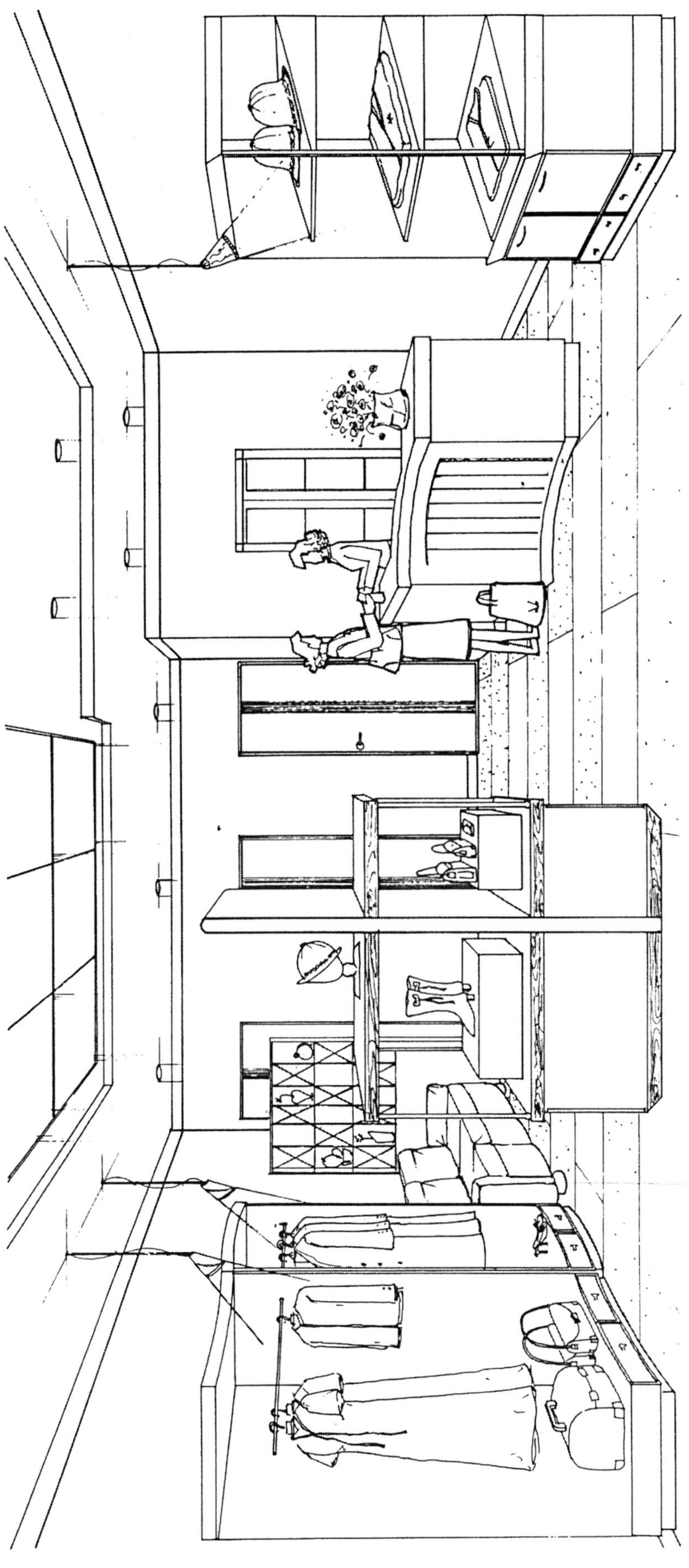

(2000. 4. 23 시행)

제27회 실내건축기사
시공실무

문제 1) 다음은 네트워크(Net work)공정표 작성이다. EST, EFT, LST, LFT를 구하시오. (5점)

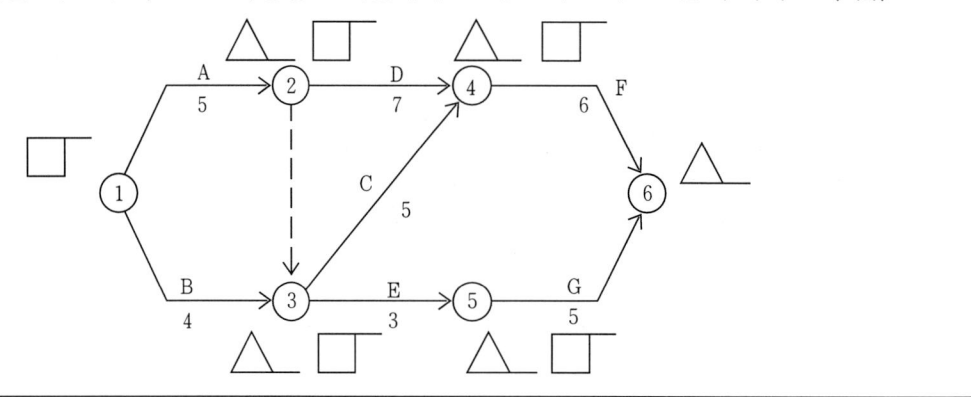

【해설】

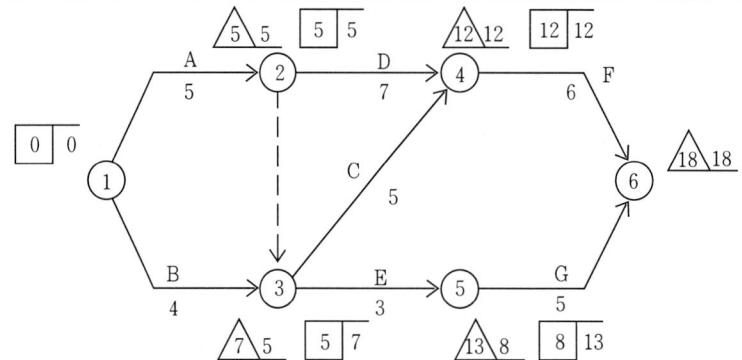

문제 2) 타일 붙이기 공사에서 '바탕처리' 공정시 주의사항을 기술하시오. (3점)

【해설】 타일 부착이 잘 되도록 표면은 약간 거칠게 하며, 바탕처리 후 1주일 이상 경과된 다음 타일붙임이 원칙이다.

문제 3) 목재의 방염제 4가지를 쓰시오. (4점)

【해설】 ① 규산나트륨   ② 황산암모늄   ③ 탄산나트륨   ④ 붕산
※ 그외 인산암모늄, 탄산칼륨

문제 4) 치장줄눈의 종류 5가지를 쓰시오. (5점)

【해설】 ① 평줄눈   ② 볼록줄눈   ③ 빗줄눈   ④ 내민줄눈   ⑤ 민줄눈

문제 5) 다음 유리공사에 대한 용어이다. 용어를 간단히 설명하시오. (4점)
〈보기〉 ① 샌드 블라스트(sand blast)   ② 세팅블럭(setting block)

【해설】 ① 샌드 블라스터 : 유리면에 오려낸 모양판을 붙이고, 모래를 고압증기로 뿜어 마모시키는 것.
② 세팅 블럭 : 금속재 창호에 유리를 끼울 때 틀 내부에 밑대는 재료로 유리와 금속창호 틀 사이의 완충작용 및 고정을 목적으로 한다.

문제 6) 다음은 목공사에 관한 설명이다. 맞는 용어를 쓰시오. (3점)
〈보기〉 ① 구멍뚫기, 홈파기, 면접기 및 대패질 등으로 목재를 다듬는 일
② 목재를 크기에 따라 각 부재의 소요길이로 잘라 내는 일
③ 울거미 재나 판재를 틀짜기나 상자짜기를 할 때 끝부분을 각 45°로 깎고 이것을 맞대어 접합하는 것.

【해설】 ① 바심질　② 마름질　③ 연귀맞춤

문제 7) 테라쪼(terazzo) 현장갈기 시공순서를 〈보기〉에서 골라 쓰시오. (3점)
〈보기〉 ① 왁스칠　② 시멘트 풀먹임　③ 양생 및 경화　④ 갈기
⑤ 종석바름　⑥ 황동줄눈대기

【해설】 ⑥ → ⑤ → ③ → ④ → ② → ④ → ①

문제 8) 표준형 벽돌 1.5B로 쌓을 경우, 1,000장을 쌓을 때의 벽면적은 얼마인가? (4점)

【해설】 $\frac{1,000}{224} = 4.46 m^2$

벽돌매수

벽돌형 \ 쌓기	0.5B	1.0B	1.5B	2.0B	2.5B	3.0B
표 준 형	75	149	224	298	373	447

문제 9) 다음 미장재료 중 알카리성을 띠는 재료를 모두 골라 번호를 쓰시오. (3점)
〈보기〉 ① 킨즈시멘트　② 순석고 플라스터　③ 마그네시아 시멘트
④ 회반죽　⑤ 시멘트 모르타르　⑥ 돌로마이트 플라스터

【해설】 ④, ⑤, ⑥

문제 10) 다음은 도배공사에 있어서 온도 유지에 관한 내용이다. 알맞는 수치를 넣으시오. (4점)
〈보기〉 도배지의 보관장소의 온도는 항상 (①)℃ 이상으로 유지되도록 하여야 하고, 시공전 (②)시간전부터 시공 후 (③)시간이 경과할때 까지는 설치장소의 온도가 (④)℃ 이상으로 유지되어야 한다.

【해설】 ① 4　② 72　③ 48　④ 16

문제 11) 다음 ( )안에 알맞은 값을 쓰시오. (2점)
비계다리는 나비 (①) 이상, 경사는 (②) 이하를 표준으로 하되 되돌림 또는 참을 (③) 이내마다 설치하고, (④) 이상의 난간 손스침을 설치한다.

【해설】 ① 90cm　② 30°　③ 7m　④ 75cm

건축실내의 설계

[제27회 작품명] 전시장내 컴퓨터 홍보용 부스

1. 요구사항

   주어진 도면은 전시장내 컴퓨터 제품을 홍보하고 전시하는 공간의 평면이다.
   다음의 요구조건에 따라 도면을 설계하시오.

2. 요구조건

   ① 설계면적 : 12m×6m

   ② 컴퓨터 Set 8대, 출력기 2대, 45인치 모니터 1대, 20인치 Multi vision 3×3 1Set, Info Desk, Conference Table 배치, 그 외 가구는 작도자가 임의로 추가하여 배치할 수 있다.

3. 요구도면

   ① 평면도 SCALE : 1/50

   (가구배치 포함/평면계획의 Design 의도·방향 등을 180자 내외로 쓰시오.)

   ② 천정도(설비, 조명기구 배치 및 범례표 작성) SCALE : 1/50

   ③ 전개도 2면(벽면재료 표기) SCALE : 1/50

   ④ 단면도(A-A′) SCALE : 1/30

   ⑤ 실내투시도 SCALE : N.S

   (계획의 포인트가 좋은 지점에서 1소점 또는 2소점 투시도법으로 작성하되, 작성과정의 투시 보조선을 반드시 남길 것)

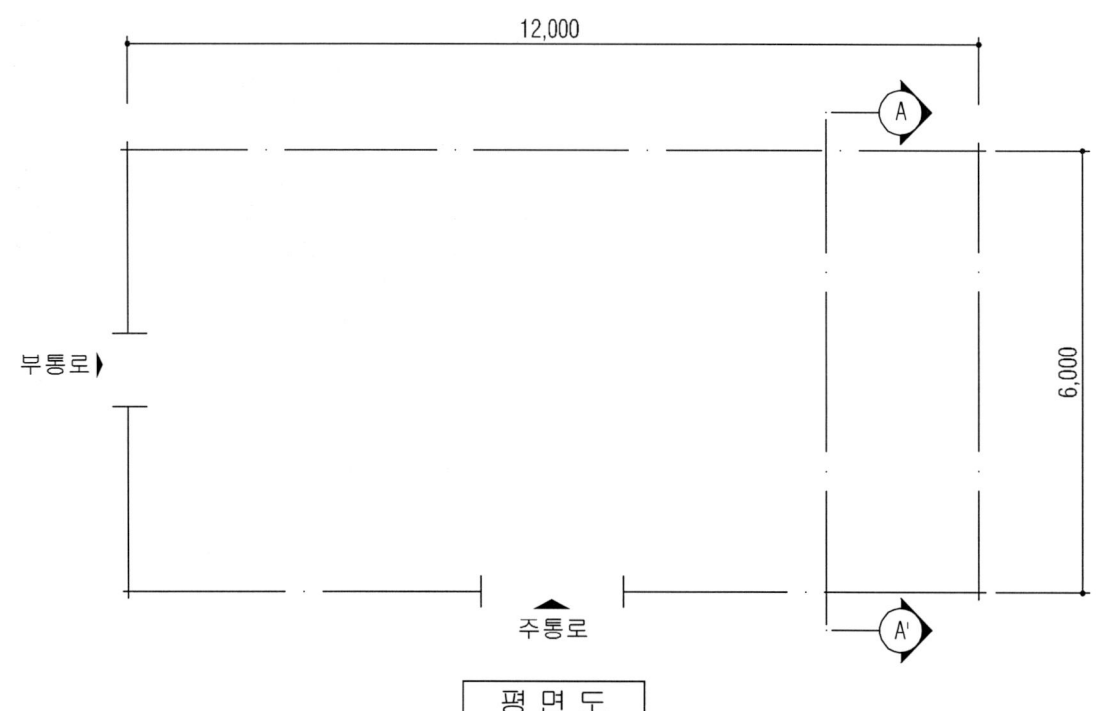

평면도

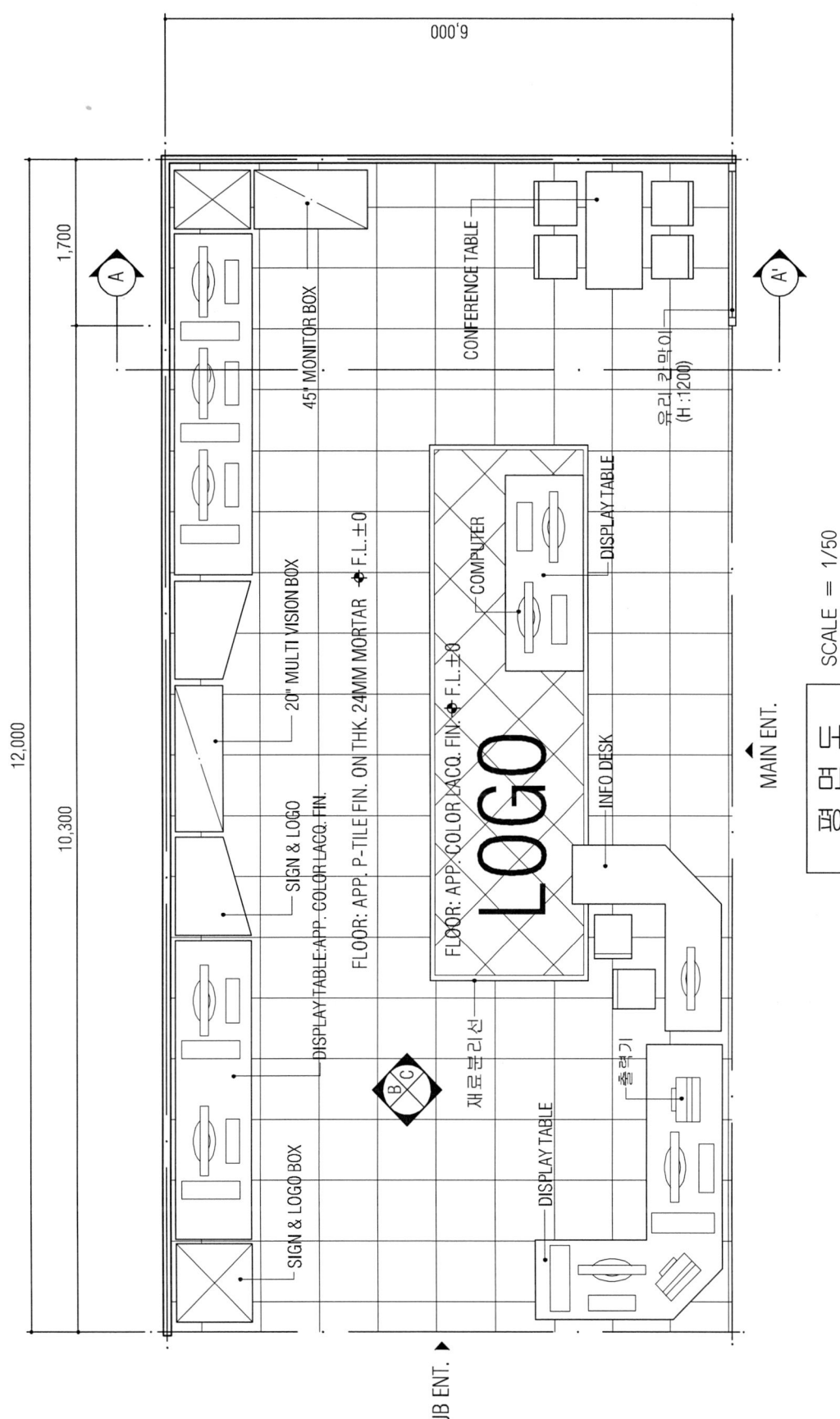

CONCEPT

종합전시장내에 컴퓨터를 홍보하는 부스이다. 주 관람로를 기준으로 안내 카운터와 상담코너를 구분하여 관람객 동선의 유입을 유도하였으며, 제품을 시연할 수 있는 공간을 제일 안쪽에 배치하여 정지된 성격의 유동적 공간과 유동적 성격의 정지된 공간을 구분하여 동선의 혼잡함을 피했다. 회사의 메인 이미지를 소개하는 멀티비젼을 장 중앙에 두고 내부, 외부 모두 효과적으로 볼 수 있도록 높이를 조정하였고, 부스 중앙부에는 주력상품을 전시하여 제품의 다양화를 표현하고자 하였다.

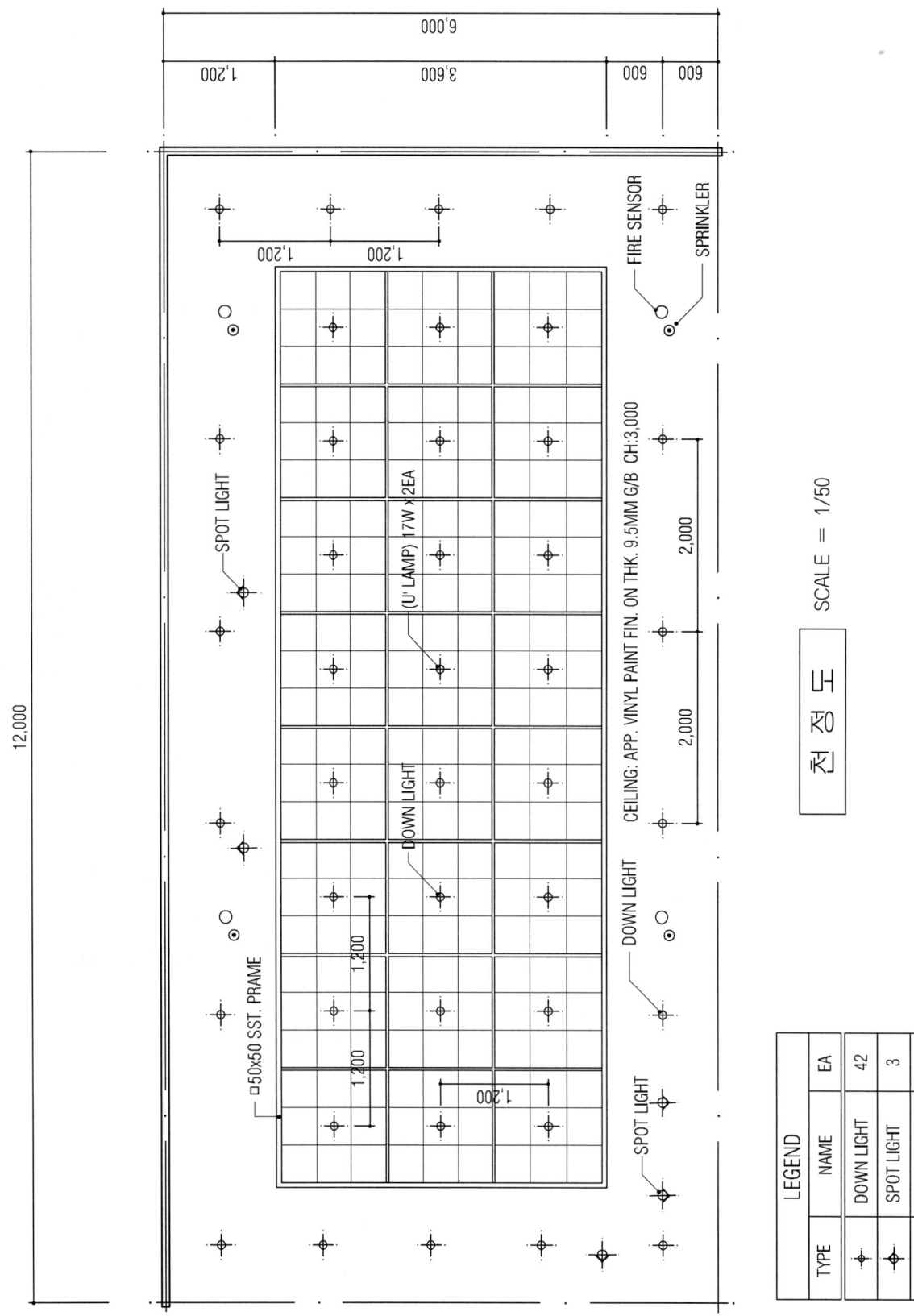

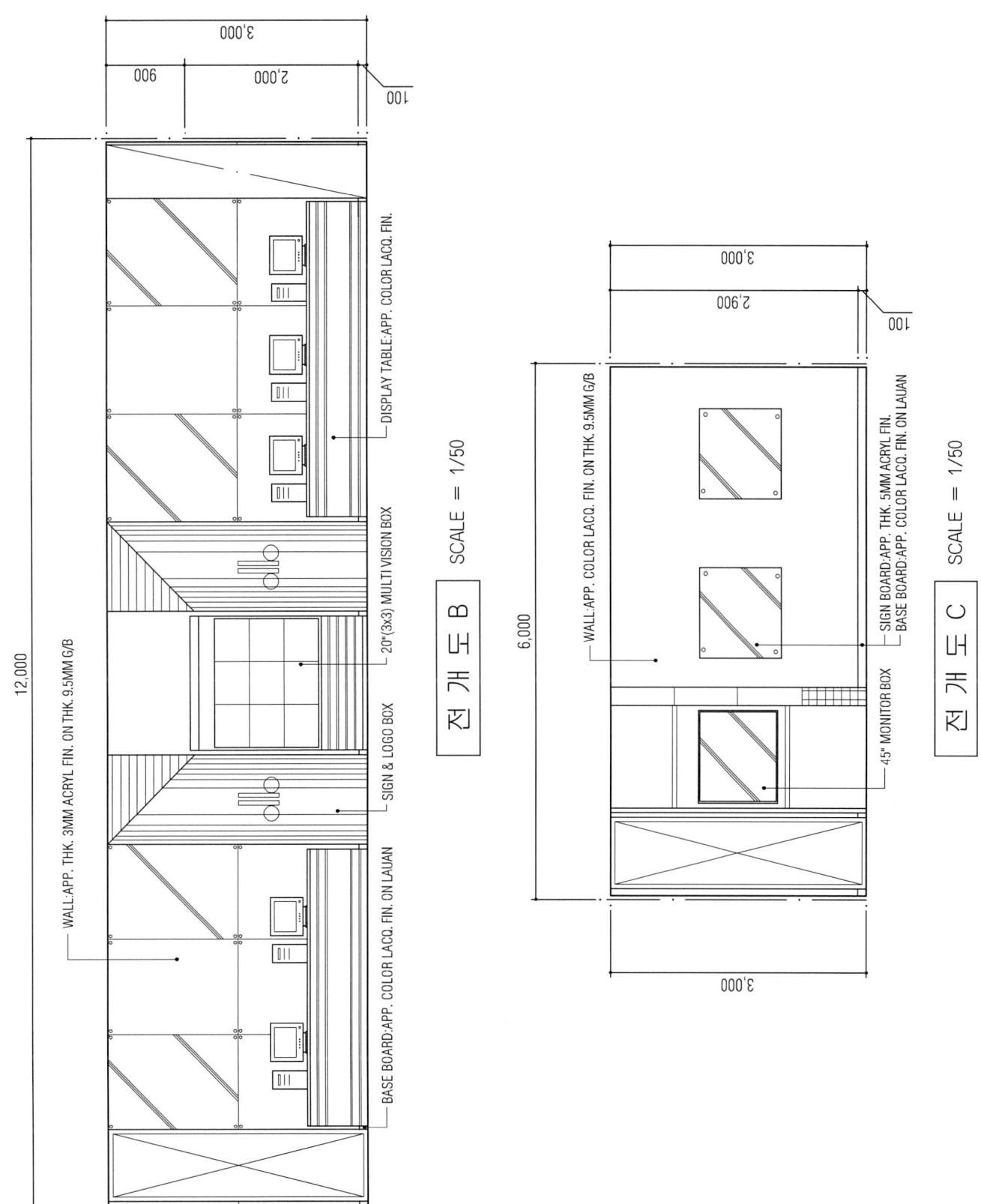

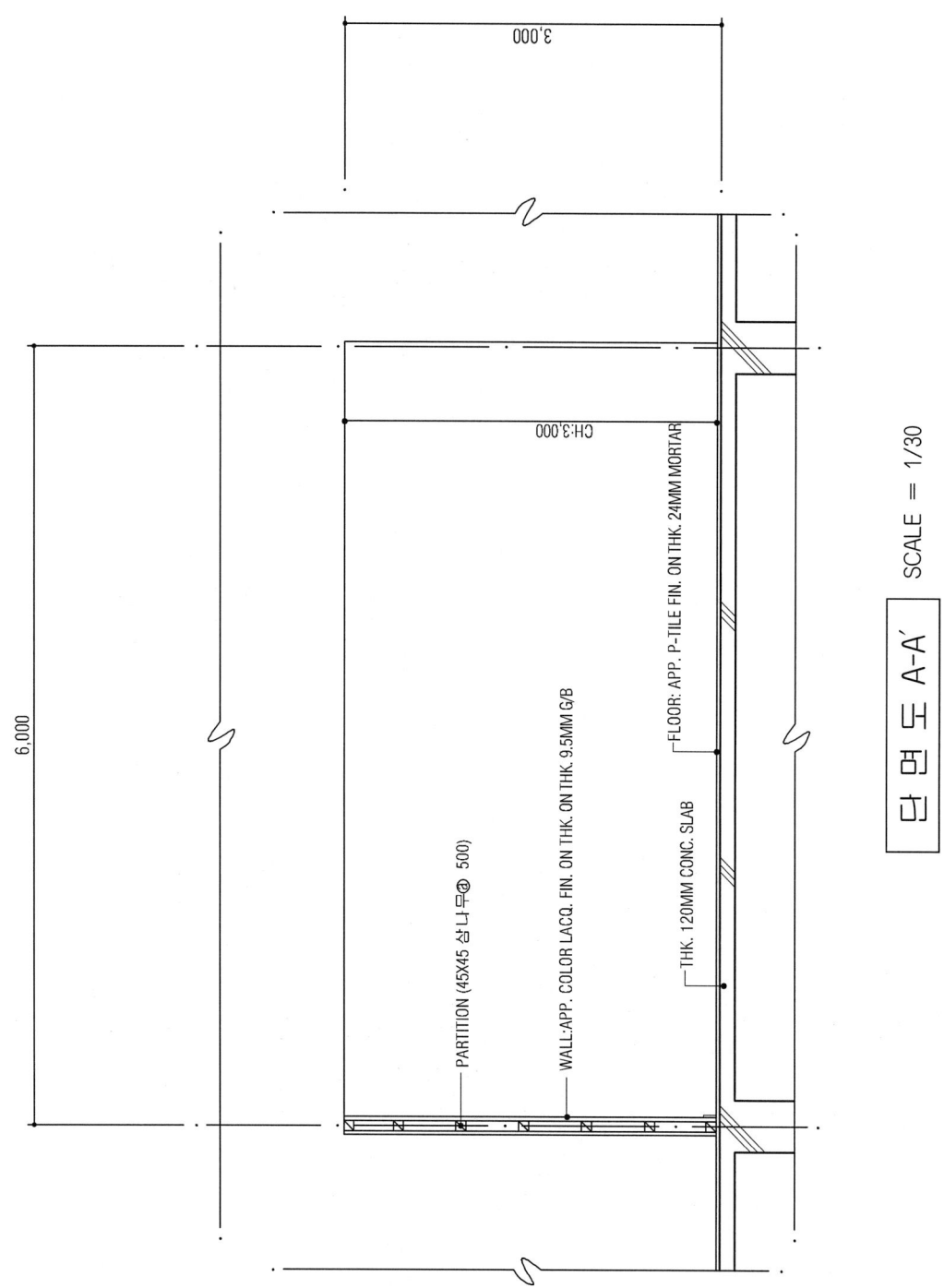

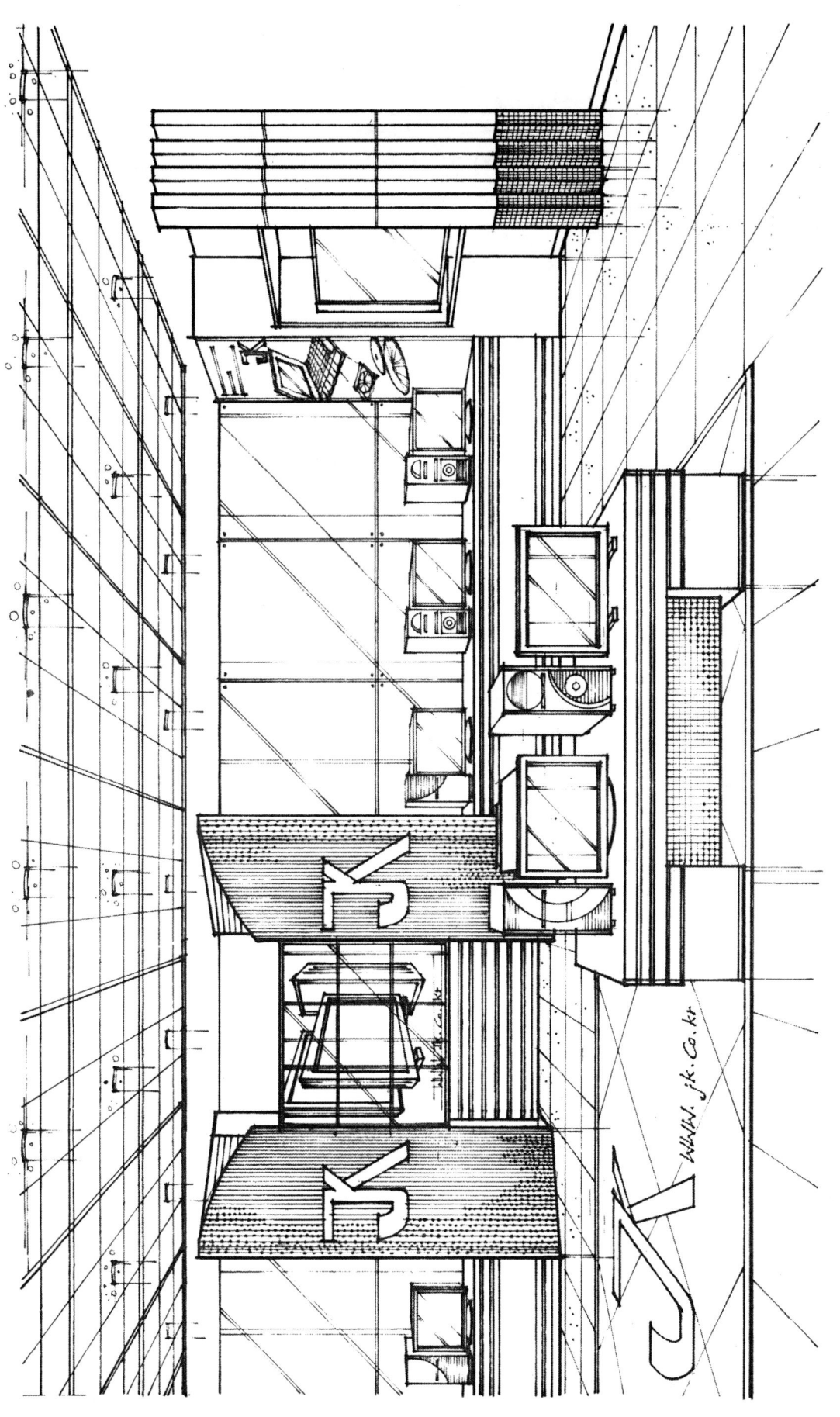

(2000. 6. 25 시행)

제28회 실내건축기사
시공실무

문제 1) 다음 평면을 보고 필요한 재료량을 산출하시오. (5점)

종류	수량 (m²)
인부수	0.09
도장공	0.03
접착제	0.4kg

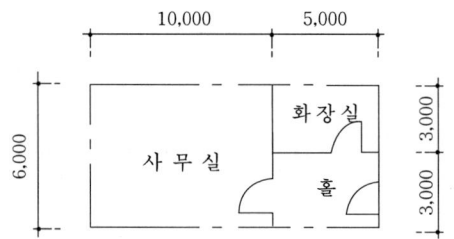

【해설】 ① 바닥면적 = 15×6 = 90m²
② 인부수 = 90×0.09 = 8.1인(9인)
③ 도장공 = 90×0.03 = 2.7인(3인)
④ 접착제 = 90×0.4 = 36kg
⑤ 타일량 = 바닥면적 = 90m²

문제 2) 어느 건설공사의 한 작업이 정상적으로 시공할 때 공사기일은 10일, 공사비는 600,000원이고 특급으로 시공할 때 공사기일은 6일, 공사비는 800,000원이라 할 때 이 공사의 공기단축시 필요한 비용구배(cost slope)를 구하시오. (4점)

【해설】 비용구배 = $\dfrac{800,000-600,000}{10-6} = \dfrac{200,000}{4} = 50,000$원/일

문제 3) 다음은 목조 졸대 바탕 회반죽 시공순서이다. ( )안을 채우시오. (4점)

바탕처리 → 재료의 조정 및 반죽 → (①) → (②) → 고름질·덧먹임 → (③) → (④) → 마무리 및 보양

【해설】 ① 수염붙이기 ② 초벌바름 ③ 재벌바름 ④ 정벌바름

문제 4) 다음 합성수지 재료중 열가소성수지를 쓰시오. (3점)

〈보기〉 ① 염화비닐수지 ② 멜라민수지 ③ 스티로폴수지 ④ 아크릴 ⑤ 석탄산수지

【해설】 ①, ③, ④

문제 5) 현장에서 주문 목재 반입검수시 가장 중요한 확인사항을 2가지만 쓰시오. (2점)

①   ②

【해설】 ① 목재의 치수와 길이가 맞는지 알아본다.
② 목재에 옹이, 갈램 등의 흠이 있는지를 알아본다.

문제 6) 페인트공사의 뿜칠에는 도장용 (①)을 사용하며, 노즐구경은 (②)mm 이다. 뿜칠의 공기압력은 (③)kg/cm² 표준으로 하고, 뿜칠거리는 (④)cm를 표준으로 한다. (4점)

【해설】 ① Spray Gun ② 1.0~1.5 ③ 2~4 ④ 30

문제 7) 다음 비닐계 수지 바닥재의 ㉮~㉣에서 관계가 있는 것을 〈보기〉에서 골라 쓰시오. (4점)
〈보기〉 ① 비닐타일 ② 시이트 ③ 명색계 쿠마론인덴수지 타일
④ 리노륨

㉮ 유지계 (   )   ㉯ 고무계 (   )   ㉰ 아스팔트계 (   )
㉱ 비닐수지계 (   )

【해설】 ㉮-④, ㉯-②, ㉰-③, ㉱-①

문제 8) 다음은 유리공사에 대한 설명이다. 이에 알맞은 용어를 골라 번호를 쓰시오. (3점)
〈보기〉 ① 복층유리 ② 강화유리 ③ 망입유리 ④ 프리즘유리 ⑤ 접합유리
가. 한면이 톱날모양, 광선조절확산, 실내를 밝게하는 유리
나. 보온, 흡음, 방습의 효과가 크다.
다. 유리중간에 철선을 넣은 것.

【해설】 가-④   나-①   다-③

문제 9) 공정표의 종류 4가지를 쓰시오. (4점)

【해설】 ① 횡선공정표 ② 사선공정표 ③ 열기식공정표 ④ 네트워크공정표

문제 10) 커텐선택시 주의사항을 3가지 쓰시오. (3점)

【해설】 ① 천의 특성과 시각적 효과를 생각해야 한다.
② 세탁후의 형의 변화나 치수변화가 없어야 하며, 탈색이 되지 않는 것으로 선택해야 한다.
③ 불연재로 선택해야 한다.

문제 11) 다음은 단열재에 대한 설명이다. 보기에서 설명하는 단열재를 쓰시오. (4점)
〈보기〉 ① 사문석과 각섬석을 이용하여 만들고, 실끈, 지포 등으로 제작하여 시멘트와 혼합한 후 판재 또는 관재를 만든다.
② 현무암과 안산암 등을 이용하여 만들고, 접착제를 혼합, 성형하여 판 또는 원통으로 만들어 표면에 아스팔트 펠트 등을 붙여 사용한다.

【해설】 ① 석면   ② 암면

건축실내의 설계

[제28회 작품명] PC방

1. 요구사항
   주어진 도면은 PC방의 기본평면도이다. 다음의 요구조건에 따라 도면을 설계하시오.

2. 요구조건
   ① 설계면적 : 9m×15m×2.6m(H)
   ② 카운터 종업원 2인
   ③ 휴식공간(부엌겸용 간단한 식음료 가능)
   ④ 컴퓨터 Set 20대(최소이용가능자가 20명)
   ⑤ Tea Table 4조, 자판기 2대, 냉난방기
      그 외 가구는 작도자가 임의로 추가하여 배치할 수 있다.

3. 요구도면
   ① 평면도 SCALE : 1/50
      - 평면도 주변의 여유공간에 설계개요(DESIGN CONCEPT)를 180자 내외로 쓰시오.
   ② 천정도(설비, 조명기구 배치 및 범례표 작성) SCALE : 1/50
   ③ 전개도 2면(벽면재료 표기) SCALE : 1/50
   ④ 단면도(A-A′) SCALE : 1/50
   ⑤ 실내투시도 SCALE : N.S
      (계획의 포인트가 좋은 지점에서 1소점 또는 2소점 투시도법으로 작성하되, 작성과정의 투시 보조선을 반드시 남길 것)

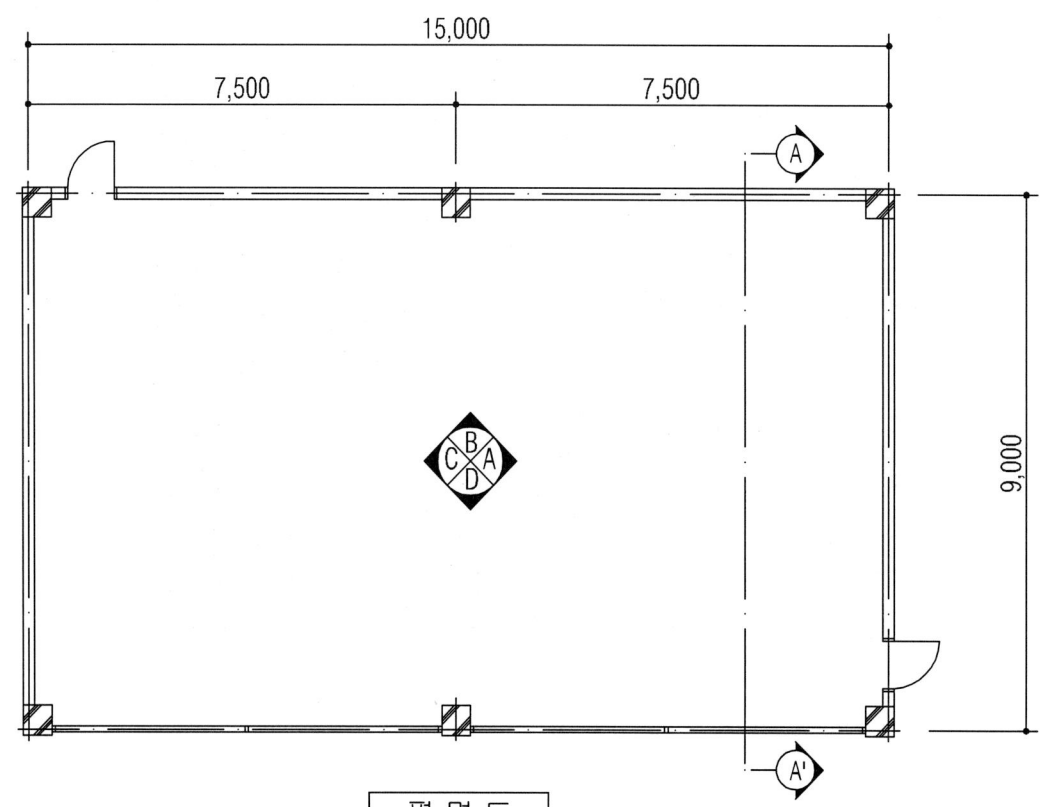

평면도

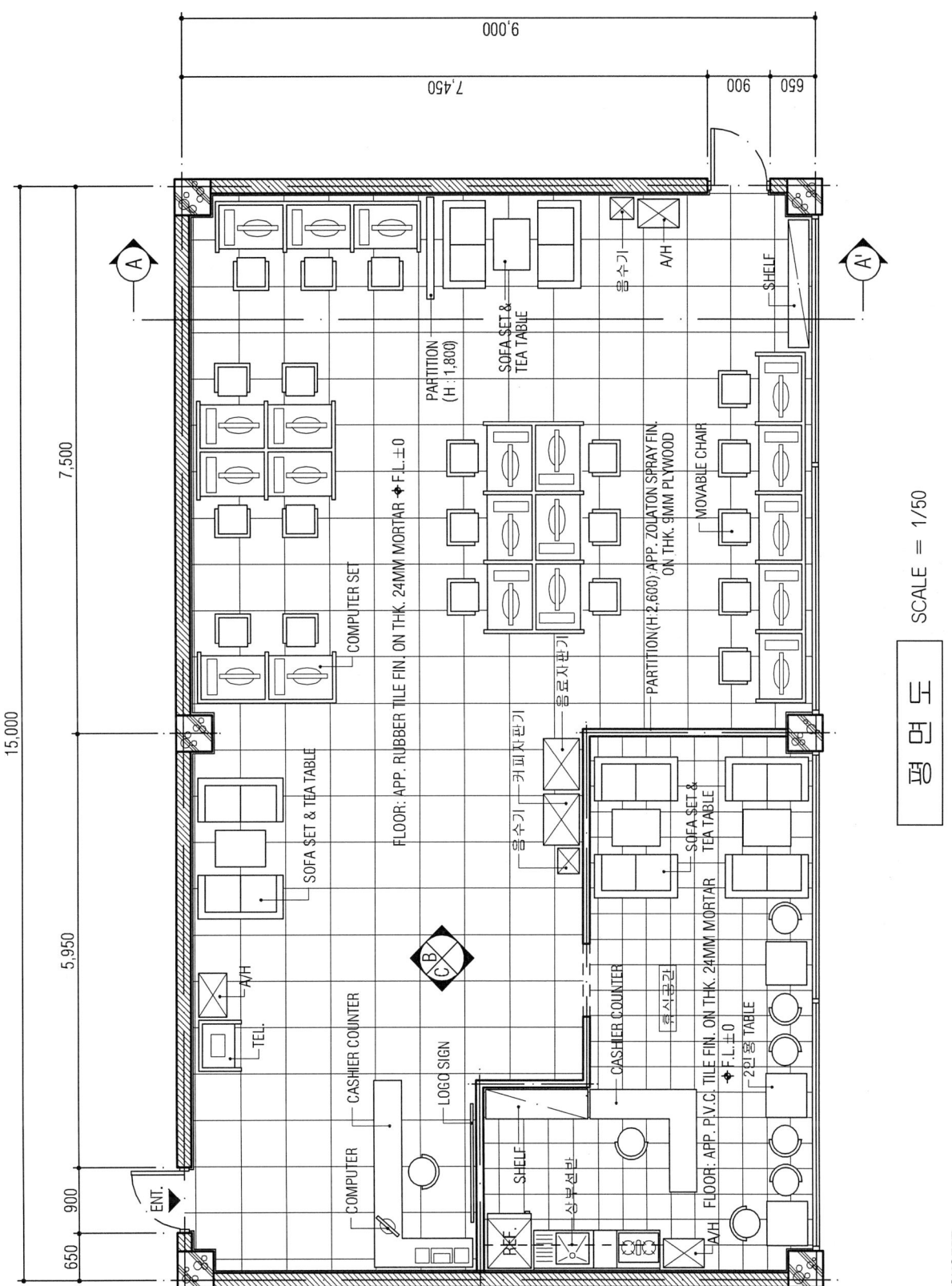

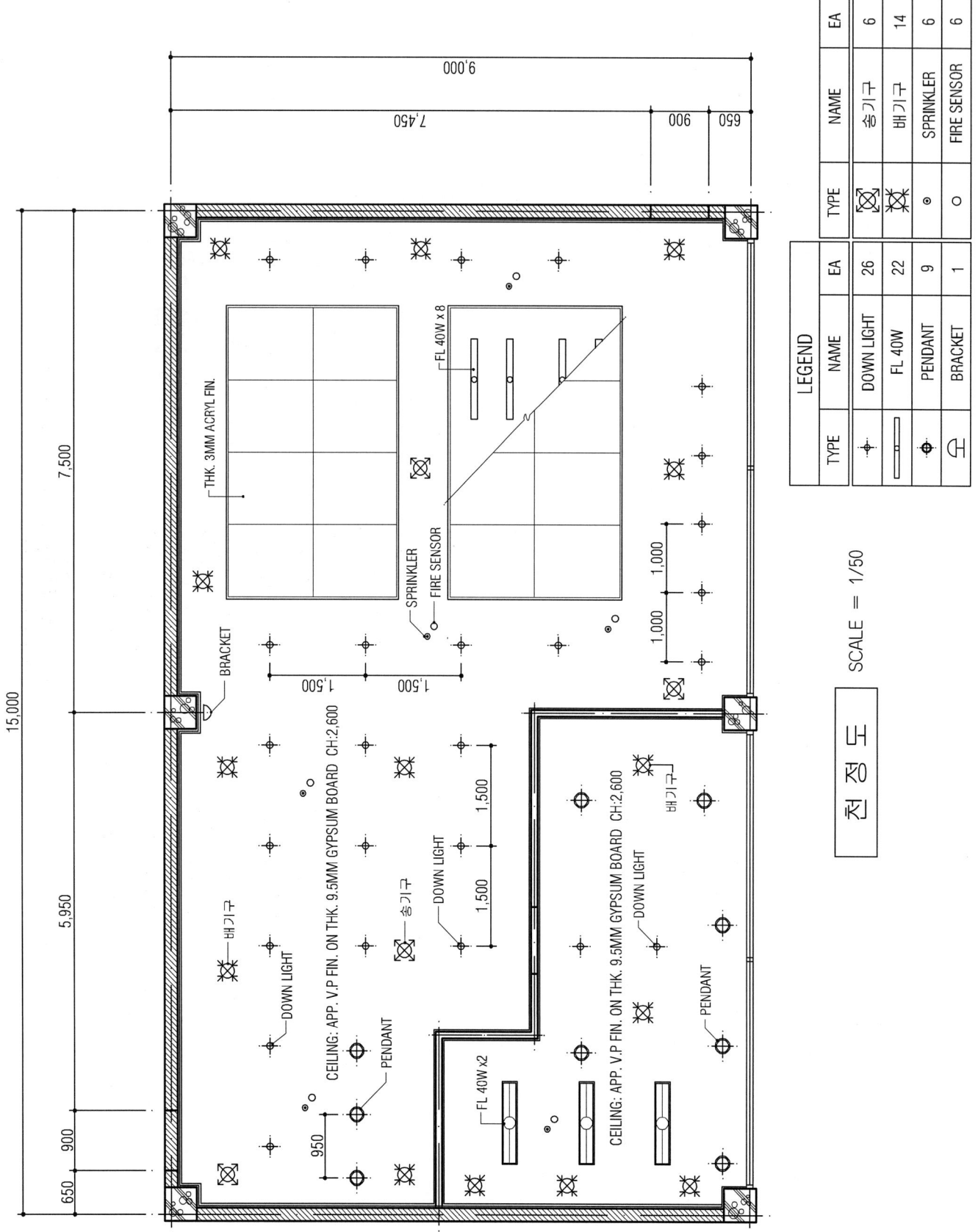

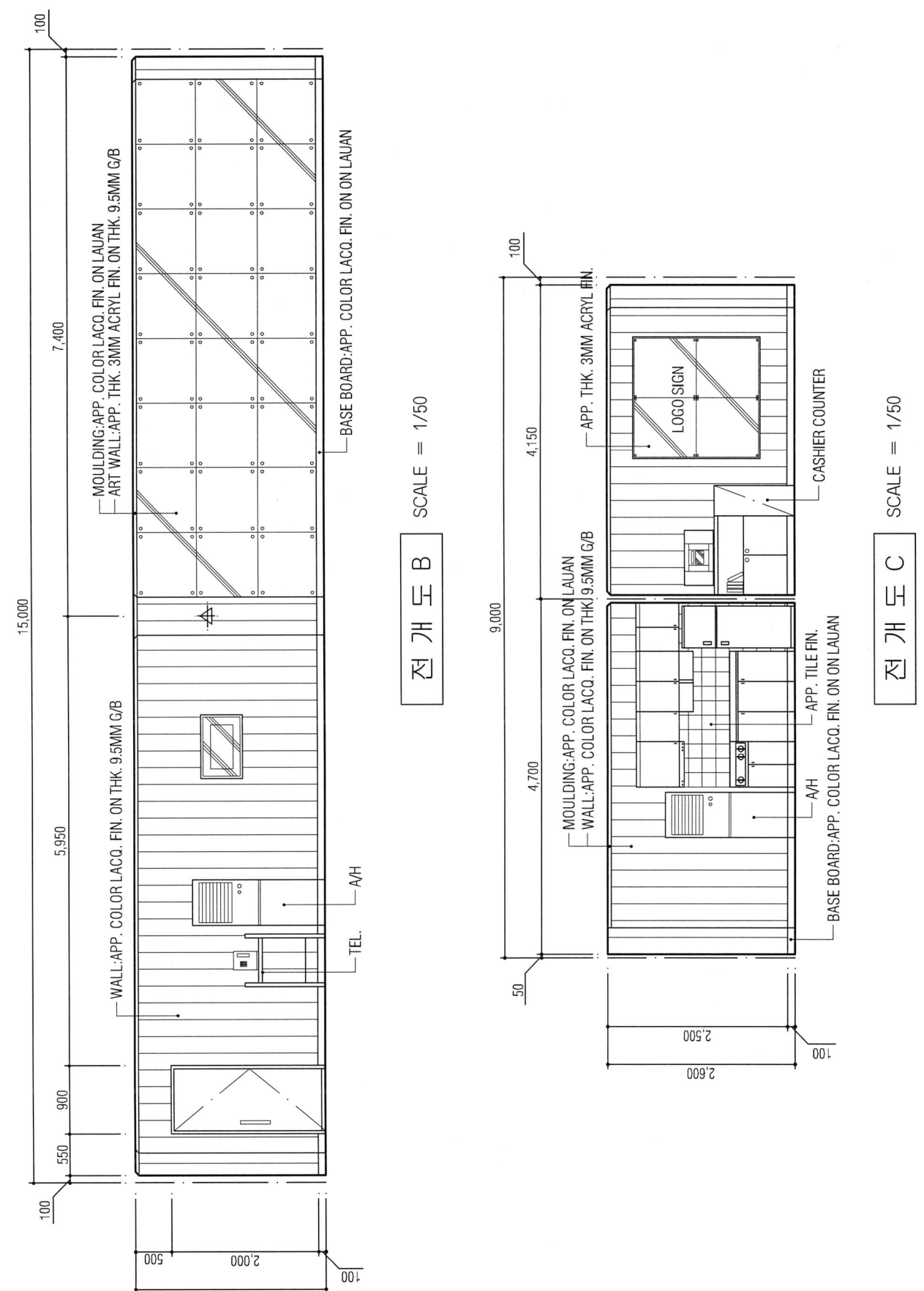

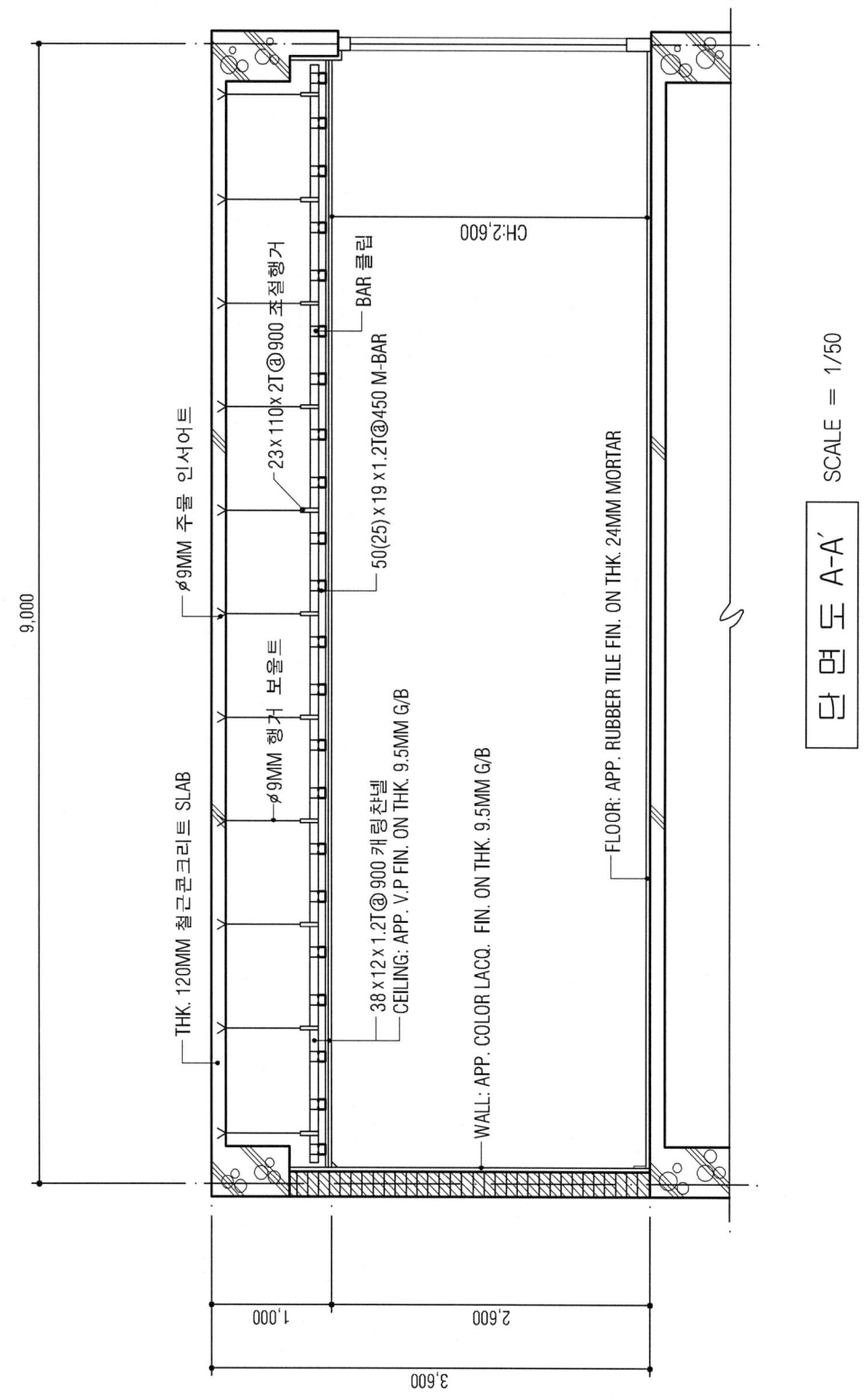

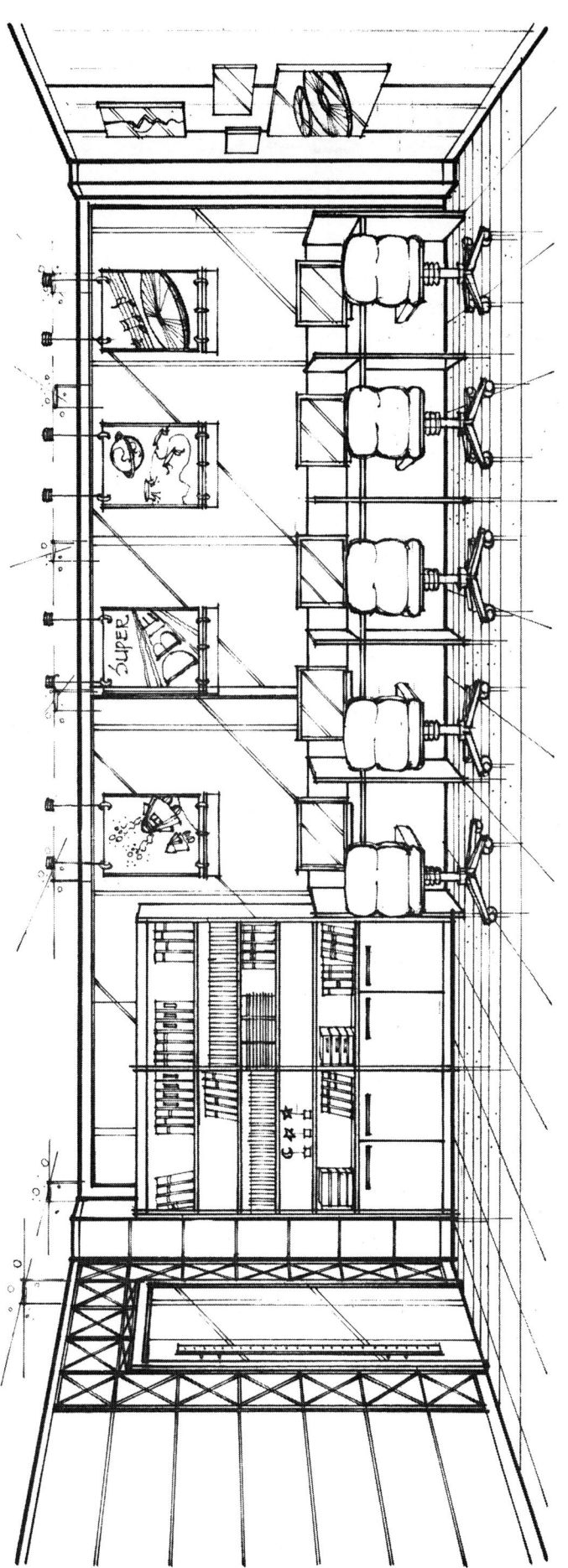

실내투시도 SCALE = N.S

(2000. 9. 3 시행)

제29회 실내건축기사
시공실무

문제 1) 다음 Data로 네트워크 공정표를 만들고 주 공정선을 표시하시오. (5점)

작 업	A	B	C	D	E	F	G	H	I
선행작업	None	A	A	None	B	B,C,D	D	E,F,G	F,G
작업일수	2	6	5	4	3	7	8	6	8

【해설】

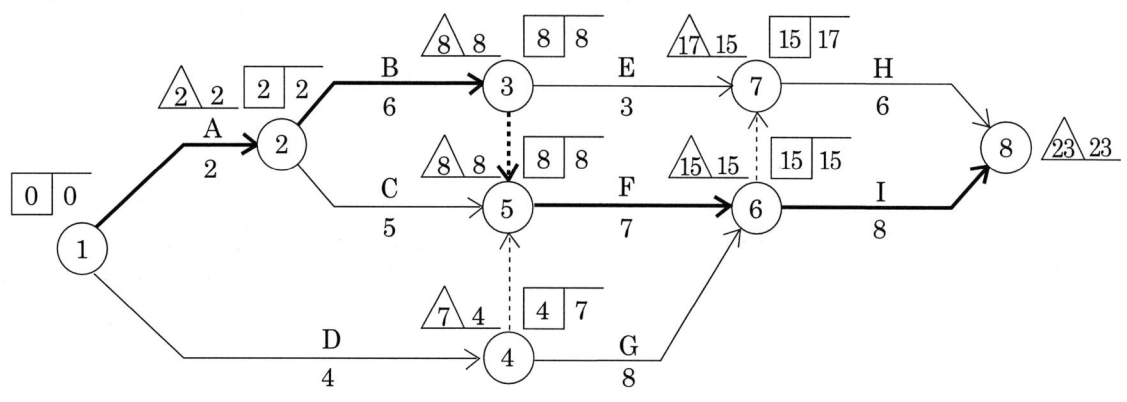

CP〉 Activity : A → B → F → I   Event : ① → ② → ③ → ⑤ → ⑥ → ⑧

문제 2) 방화칠 종류 3가지를 쓰시오. (3점)

【해설】 ① 규산소다도료   ② 붕산카세인도료   ③ 합성수지도료

문제 3) 연귀맞춤의 종류 4가지를 쓰시오. (4점)

【해설】 ① 연귀   ② 반연귀   ③ 안촉연귀   ④ 밖촉연귀

문제 4) 다음 그림은 건물의 평면도이다. 이 건물이 지상 5층일 때 내부 수평비계 매기 면적을 산출하시오. (4점)

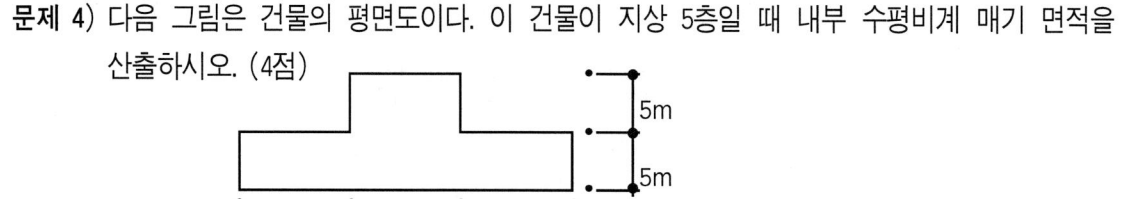

【해설】 내부 비계면적 = 연면적의 90%

$A = \{(30 \times 5)+(10 \times 5)\} \times 5 \times 0.9 = (150+50) \times 5 \times 0.9 = 900 \text{m}^2$

문제 5) 장판지 붙이기의 시공순서를 〈보기〉에서 골라 순서대로 나열하시오. (4점)
〈보기〉 ① 초배   ② 장판지   ③ 재배   ④ 바탕처리   ⑤ 걸레받이   ⑥ 마무리칠

【해설】 ④→①→③→②→⑤→⑥

문제 6) 다음 보기는 줄눈의 형태이다. 이름을 쓰시오. (4점)
〈보기〉 ①   ②   ③   ④

【해설】 ① 내민줄눈   ② 빗줄눈   ③ 둥근내민줄눈   ④ 평줄눈

문제 7) 다음 유리재를 서로 관계있는 것끼리 연결하시오. (5점)
〈보기〉 ① 이중유리   ② 강화유리   ③ 접합유리   ④ 망입유리   ⑤ 유리블록
㉮ 고층건물   ㉯ 채광, 의장   ㉰ 유류창고   ㉱ 자동차   ㉲ 단열, 방음, 결로방지

【해설】 ① - ㉲,   ② - ㉮,   ③ - ㉱,   ④ - ㉰,   ⑤ - ㉯

문제 8) 석재 가공시 다듬는 특수공구 3가지를 쓰고 각각에 대해 설명을 쓰시오. (3점)

【해설】 ① 쇠메 : 마름돌의 거친면을 제일 처음 정돈할 때 쓰는 공구로 기본적인 가공면의 모양을 형성한다.
② 도드락 망치 : 한면에 5~10개 정도의 돌기가 있고, 가공면을 평평하게 만든다.
③ 날망치 : 일정한 방향으로 곱게 쪼아 가공표면을 균일하게 한다.

문제 9) 건축재료에 있어서 석고보드의 장·단점과 시공시 주의사항을 쓰시오. (4점)

【해설】 소석고를 물로 이겨 두꺼운 종이를 밀착하여 판상으로 성형한 것으로 차단성이 뛰어나 단열보조재, 불연재, 차음재로 주로 사용된다. 기능성은 좋으나 재료의 강도가 약해 파손의 우려가 있으며 습윤에 약하다.

문제 10) 목부 바탕만들기 공정순서이다. 순서대로 나열하시오. (4점)
〈보기〉 ① 송진의 처리   ② 옹이땜   ③ 오염, 부착물의 제거   ④ 연마지 닦기   ⑤ 구멍땜

【해설】 ③→①→④→②→⑤

건축실내의 설계

[제29회 작품명] 빌딩내 업무공간 - 사장실

1. 요구사항
   주어진 도면은 빌딩내 업무공간을 위한 평면도이다. 요구조건에 따라 도면을 작성하시오.

2. 요구조건
   ① 설계면적 : 15m×6.9m×2.7m(H)
   ② 사장실 : 책상, 손님접대용 가구
   ③ 사장 전용 욕실 : 샤워시설, 세면기, 변기
   ④ 비서공간 : 비서 2인이 근무할 수 있는 공간으로 책상, 의자
   ⑤ 탕비실 : 간이 Sink
   ⑥ 손님대기공간 : Sofa Set

3. 요구도면
   ① 평면도 SCALE : 1/50
      (가구배치를 포함한 평면계획의 design 의도·방향 등을 180자 내외로 쓰시오.)
   ② 전개도 1면(벽마감재료 포함) SCALE : 1/50
   ③ 천정도(설비 및 조명기구배치) SCALE : 1/50
   ④ 주단면도 B-B´ SCALE : 1/50
   ⑤ 실내투시도 SCALE : N.S
      (계획의 포인트가 좋은 지점에서 1소점 투시도법으로 작성하되, 작성과정의 투시보조선을 반드시 남길 것)

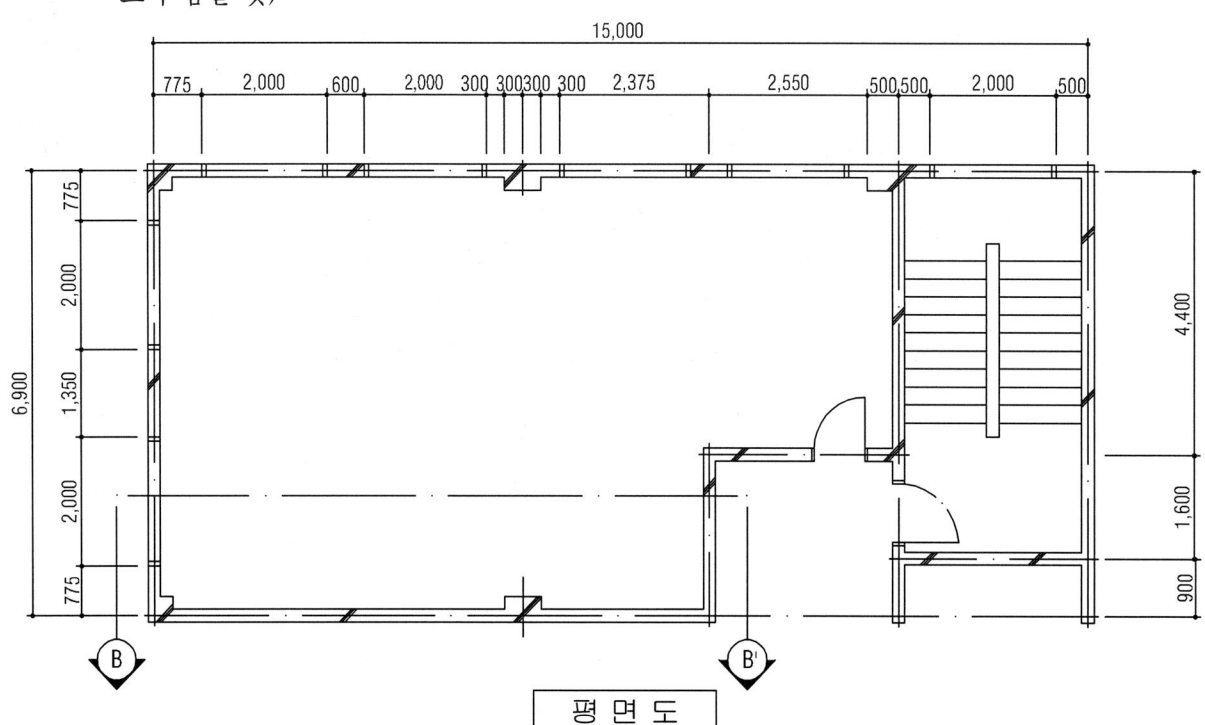

평면도

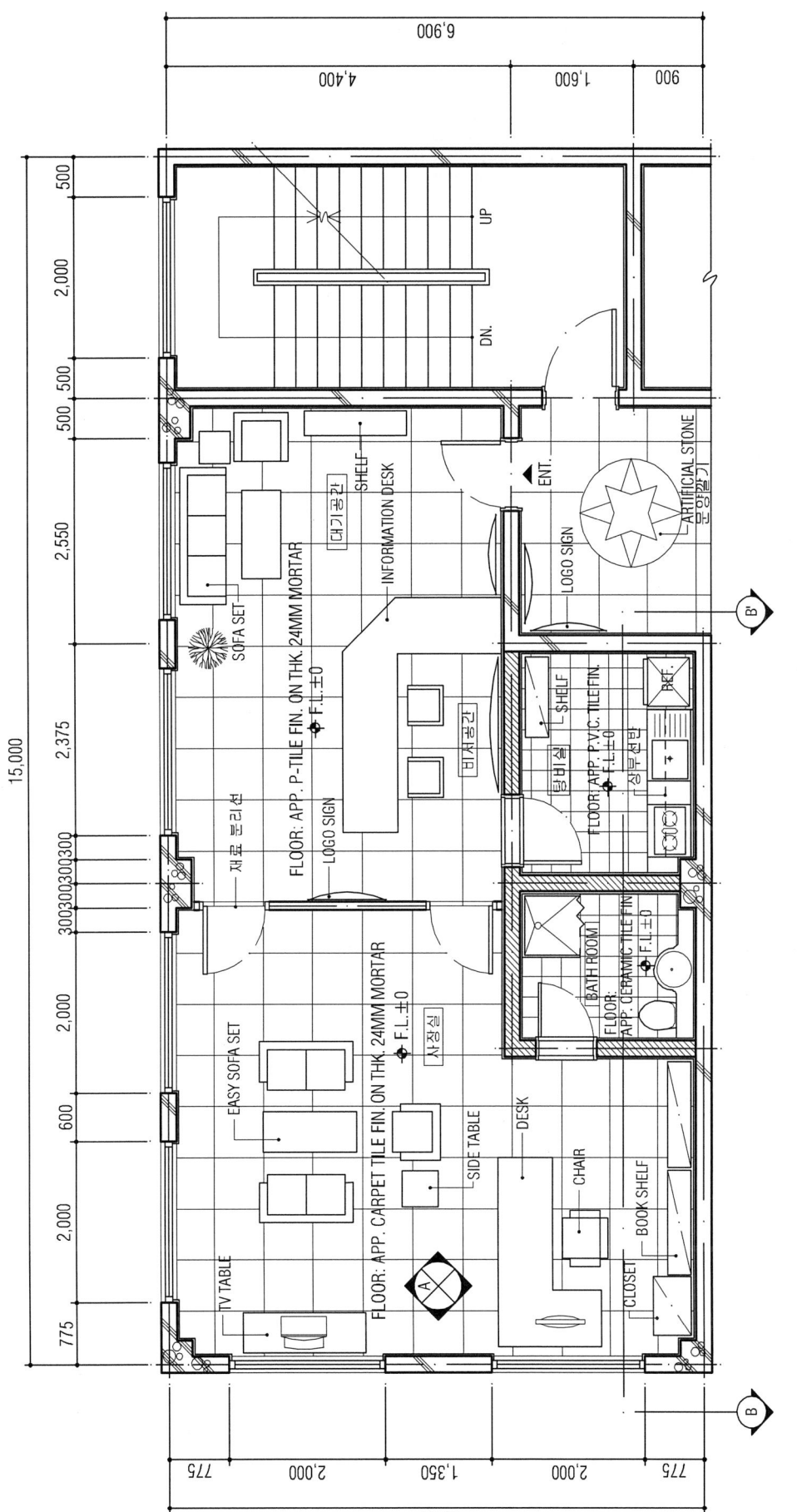

평 면 도 SCALE = 1/50

CONCEPT

출입구 가까운 곳에 대기석과 비서공간을 두고 별도로 구획한 간막이벽 한 쪽에 사장실을 계획하여 각 공간별 역할수행이 독립될 수 있도록 하였다. 비서공간과 대기공간은 서로의 시선이 마주치지 않는 범위내에 인접시키고, 비서공간의 탕비실과 사장실의 화장실을 근접시킴으로써 설비의 공간적 효율성을 높였다. 비공간은 2인의 비서가 근무하는 공간이므로 방문자와 관련된 업무와, 사장과 관련된 업무를 구분하여 근무공간을 구성하여 업무효율을 극대화 하였다. 사장실은 창을 바라보는 쪽으로 근무공간을 구성하여 업무효율을 극대화 시키고자 하였다.

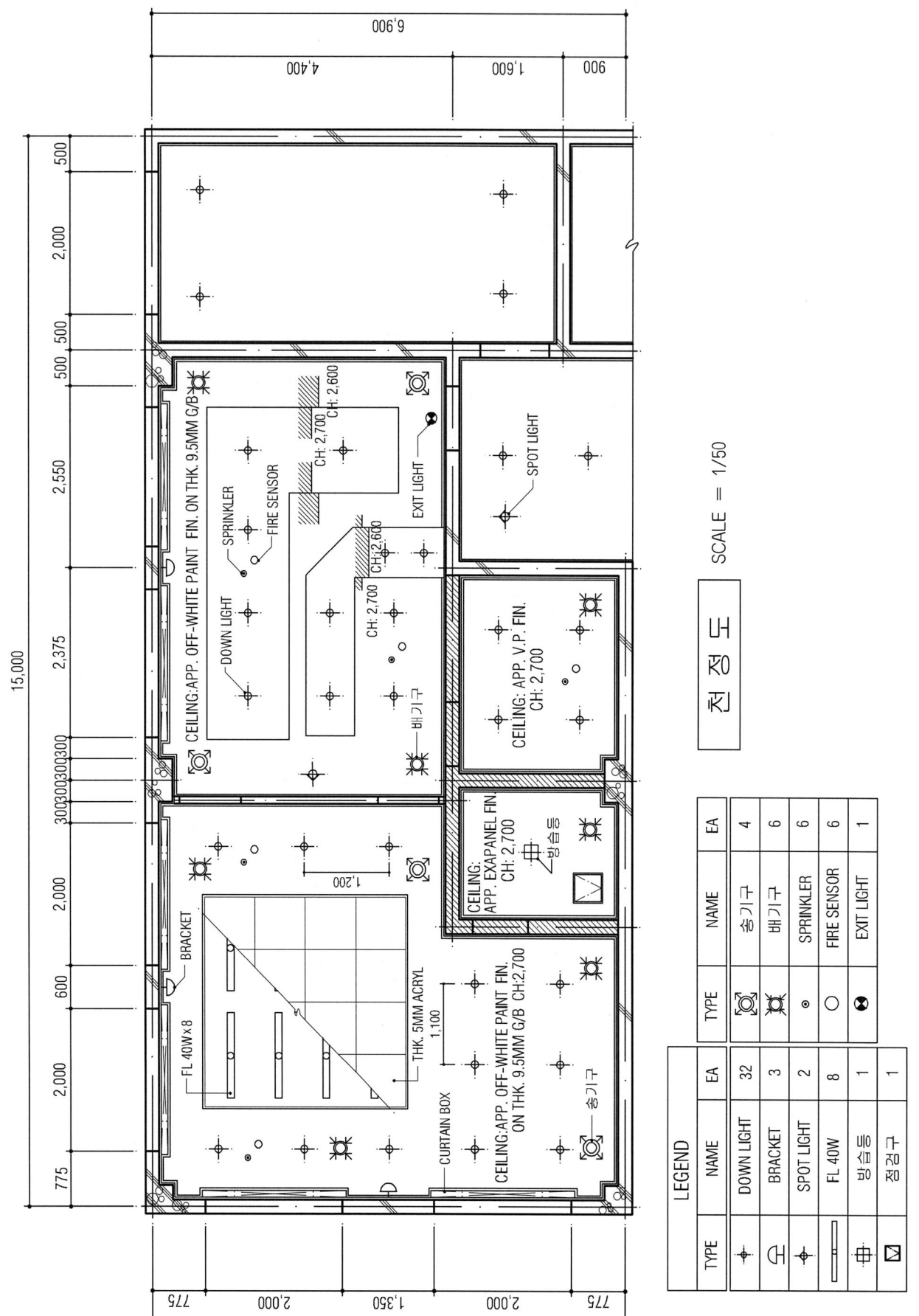

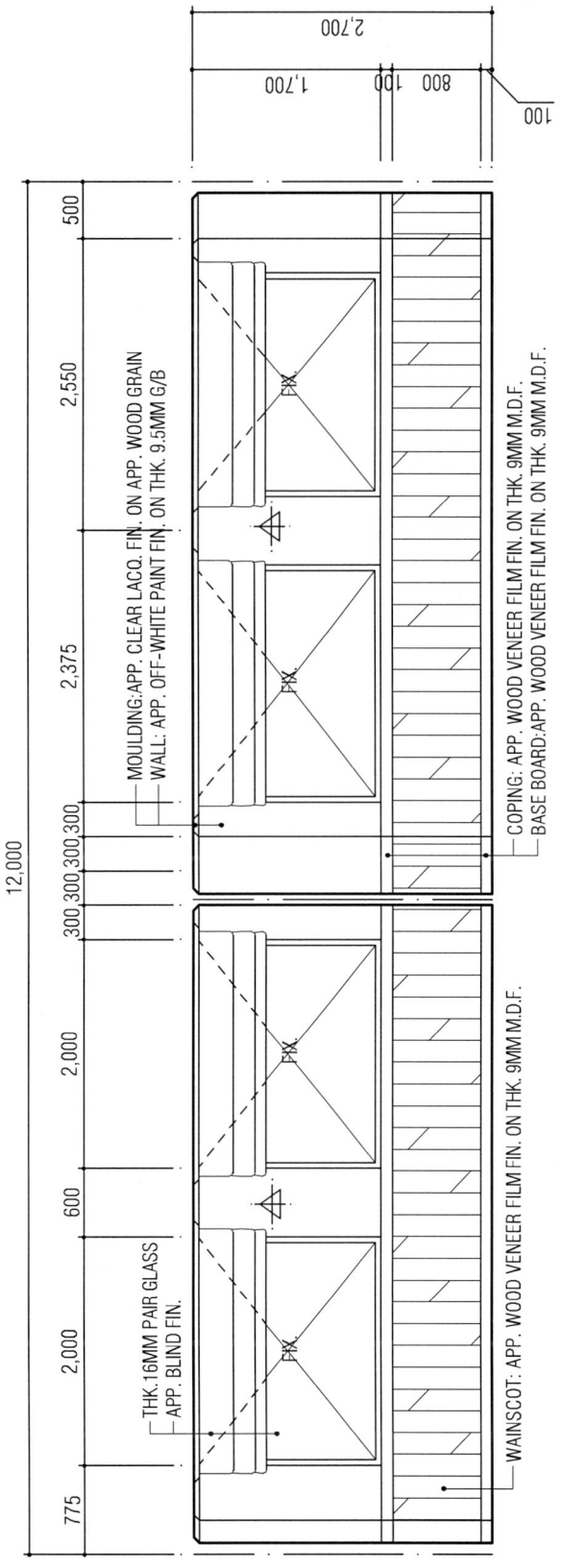

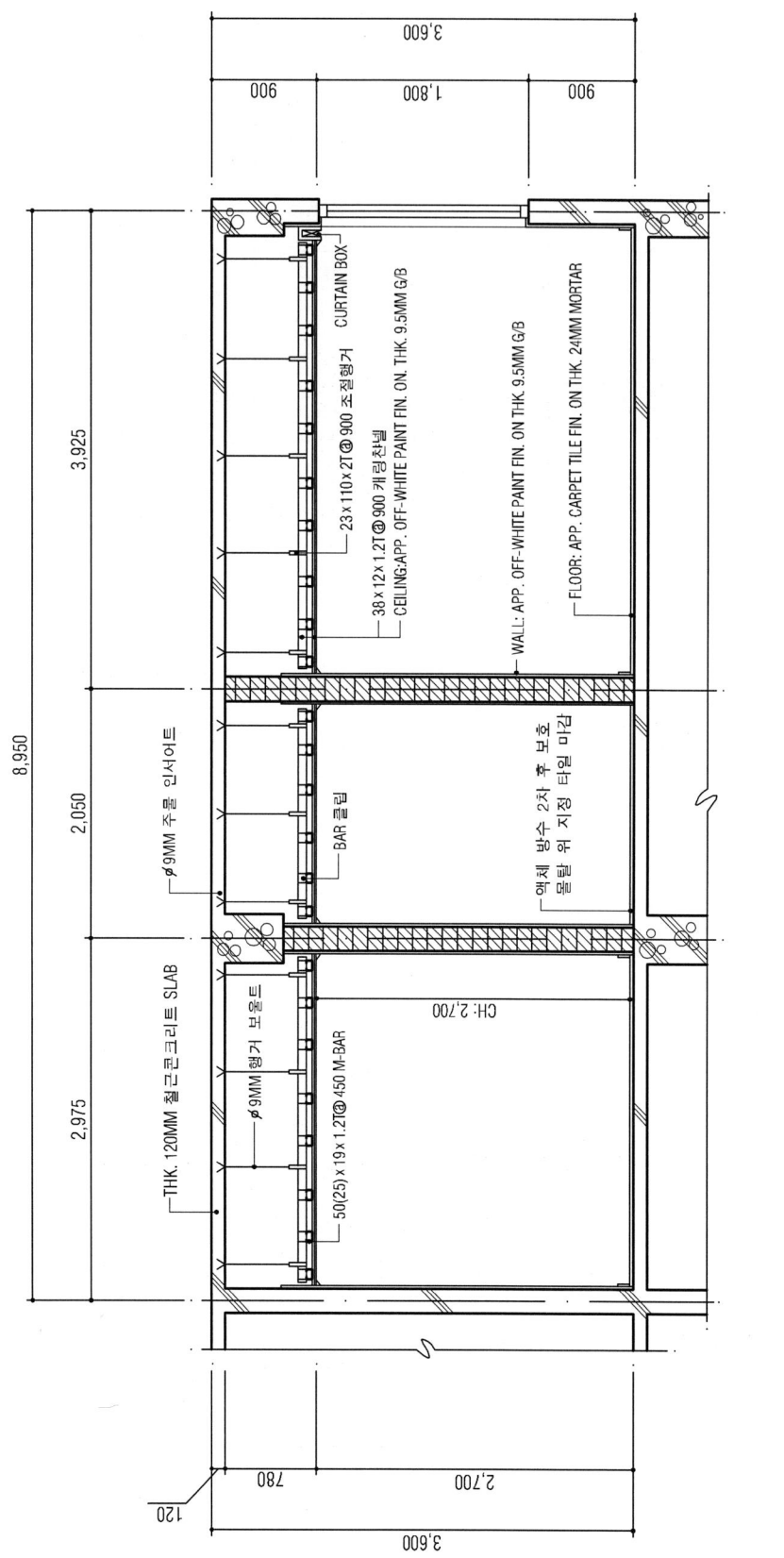

단면도 B-B' SCALE = 1/50

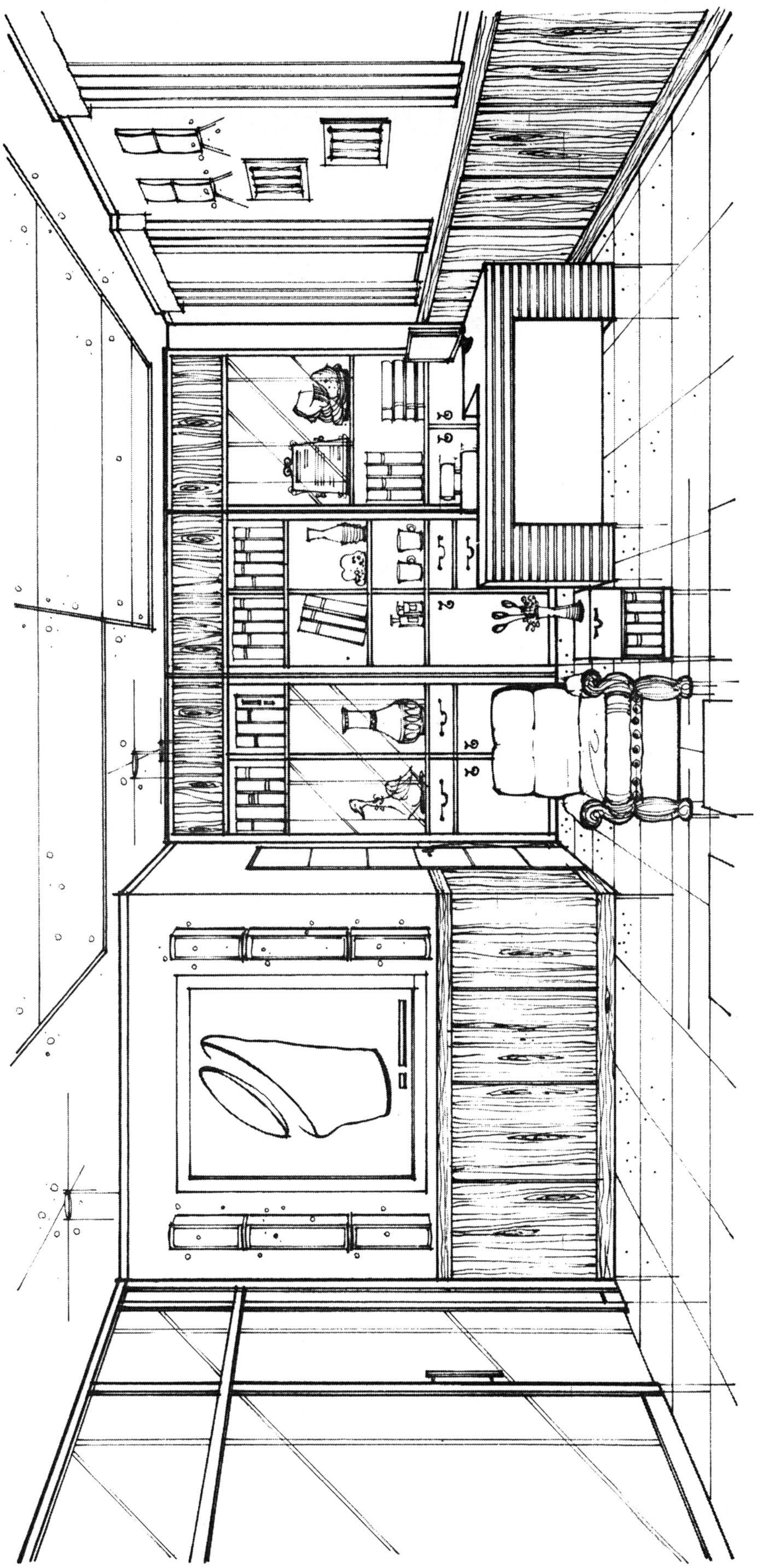

실내투시도 SCALE = N.S

(2000. 11. 12 시행)

제30회 실내건축기사
시공실무

문제 1) 다음은 타일붙이기 순서이다. 시공순서를 쓰시오. (4점)
〈보기〉 ① 타일나누기 ② 보양 ③ 타일붙이기 ④ 바탕처리 ⑤ 치장줄눈

【해설】 ④→①→③→⑤→②

문제 2) 다음 용어를 간략히 설명하시오. (4점)
① 코너비드(Corner Bead) ② 조이너(Joiner)

【해설】 코너비드 : 기둥, 벽 등의 모서리에 대어 미장바름을 보호하기 위한 철물
조이너 : 천정, 벽 등에 보오드, 합판 등을 붙이고, 그 이음새를 감추어 누르는데 쓰이는 철물

문제 3) 다음 설명이 뜻하는 용어를 쓰시오. (4점)
① 가장 빠른 개시시각에 시작하여 가장 늦은 종료 시각으로 완료할 때 생기는 여유시간
② 네트워크 공정표에서 개시결합점에서 종료결합점에 이르는 가장 긴 패스
③ 공정에서 가장 빠른 개시시각에 작업을 시작하여 후속작업도 가장 빠른 개시시각에 시작해도 존재하는 여유시간
④ 네트워크 공정표에서 작업의 상호관계를 연결시키는데 사용되는 점선화살표

【해설】 ① TF ② CP ③ FF ④ dummy

문제 4) 미장재료인 석회질과 석고질에 대해 간략히 설명하시오. (3점)

【해설】 석회질은 기경성이며 수축성이고, 석고질은 수경성이며 팽창성이다.

문제 5) 다음 가구의 목재량을 소수점 이하 끝까지 산출하시오. (단, 판재의 두께는 18mm이며, 각 재의 단면은 30mm×30mm이다) (4점)
① 판재 :   ② 각재 :

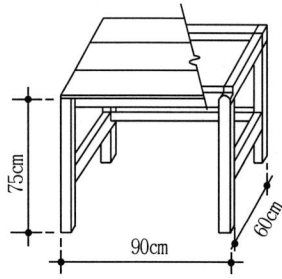

【해설】 ① 판재 = 0.9×0.6×0.018 = 0.00972㎥
② 각재 = (0.03×0.03×0.75×4)+(0.03×0.03×0.9×3)+(0.03×0.03×0.6×4) = 0.0027+0.00243+0.00216 = 0.00729㎥
③ 합계 = 0.00972+0.00729 = 0.01701㎥

문제 6) 유성페인트 도장시 수분이 완전히 증발된 후 칠하는 이유를 간략히 설명하시오. (3점)

【해설】 표면의 습윤상태에 따라 부풀임, 터짐, 벗겨짐의 원인이 되므로 완전히 건조된 상태에서 칠을 한다.

문제 7) 다음 (   )안에 알맞는 값을 쓰시오. (4점)
〈보기〉 ① 비계 다리는 나비 (①) 이상, 경사는 (②) 이하를 표준으로 하되 되돌림 또는 참을 (③) 이내마다 설치하고, 높이 (④) 이상의 난간 손스침을 설치한다.

【해설】 ① 90cm   ② 30°   ③ 7m   ④ 75cm

문제 8) 외부 바니쉬칠의 공정순서이다. 괄호안의 공정을 쓰시오. (3점)
바탕손질→(①)→ 초벌착색→(②)→(③)→왁스칠

【해설】 ① 눈먹임   ② 연마지 닦기   ③ 정벌착색

문제 9) 다음 보기에서 품질관리(Q.C)에 의한 검사순서를 나열하시오. (3점)
① 검토(Check)   ② 실시(Do)   ③ 시정(Action)   ④ 계획(Plan)

【해설】 ④→②→①→③

문제 10) 다음 유리에 관한 내용을 서로 관계있는 것끼리 연결하시오. (5점)
〈보기〉 ① 구조유리   ② 프리즘유리   ③ 유리섬유   ④ 유리블록   ⑤ 유리타일

㉮ 한면의 톱날에 홈이 있다.
㉯ 보온·흡음 및 차단의 효과가 크다.
㉰ 광택, 빛 흡수, 화학적 저항이 크다.
㉱ 투명유리로서 열전도가 적고 상자형이다.
㉲ 불투명한 유리로서 장식효과가 크다.

【해설】 ①-㉰   ②-㉮   ③-㉯   ④-㉱   ⑤-㉲

문제 11) 다음이 설명하는 내용은 무엇인가? (3점)
〈보기〉 공사 진행도중 공기단축시 드는 금액을 1일별로 분할 계산한 것으로 표준공기와 급속공기의 차감액을 기준으로 계산한다.

【해설】 비용구배

건축실내의 설계

[제30회 작품명] CD · 비디오 숍

1. 요구사항
   복합상업시설내에 있는 CD · 비디오숍의 평면도이다. 요구조건에 따라 요구도면을 작성하시오.

2. 요구조건
   ① 설계면적 : 8.4m×11.7m×2.7m(H)
   ② 카운터   ③ 휴게실   ④ 오디오   ⑤ CD선반
   ⑥ 비디오 선반   ⑦ 매장관리용 컴퓨터 1대
   (이상 제시된 가구는 필수적이며 이외에 필요한 것이 있다면 보완할 수 있음)

3. 요구도면
   ① 평면도(가구배치 포함) SCALE : 1/50
      - 평면도 주변의 여유공간에 설계개요(DESIGN CONCEPT)를 180자 내외로 쓰시오.
   ② 천정도(설비, 조명기구 배치 및 범례표 작성) SCALE : 1/50
   ③ 전개도(벽면재료 표기) SCALE : 1/30
   ④ 단면상세도(A-A′) SCALE : 1/30
   ⑤ 실내투시도 SCALE : N.S
      (계획의 포인트가 좋은 지점에서 1소점 또는 2소점 투시도법으로 도면을 작성한다.)

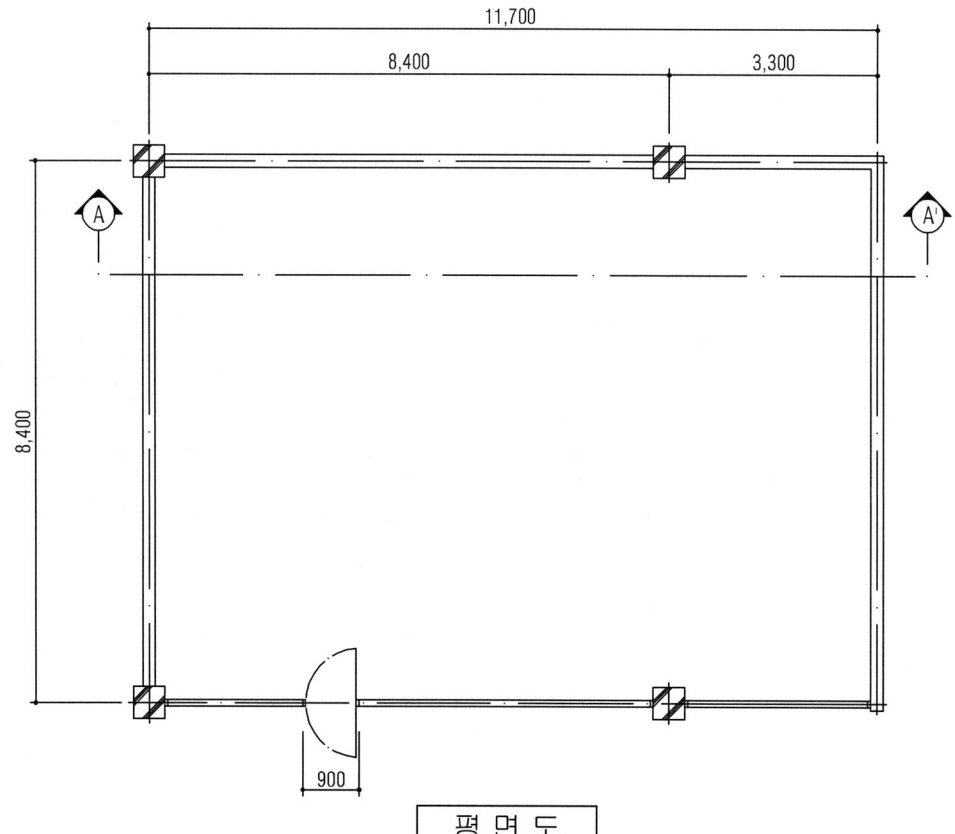

평 면 도

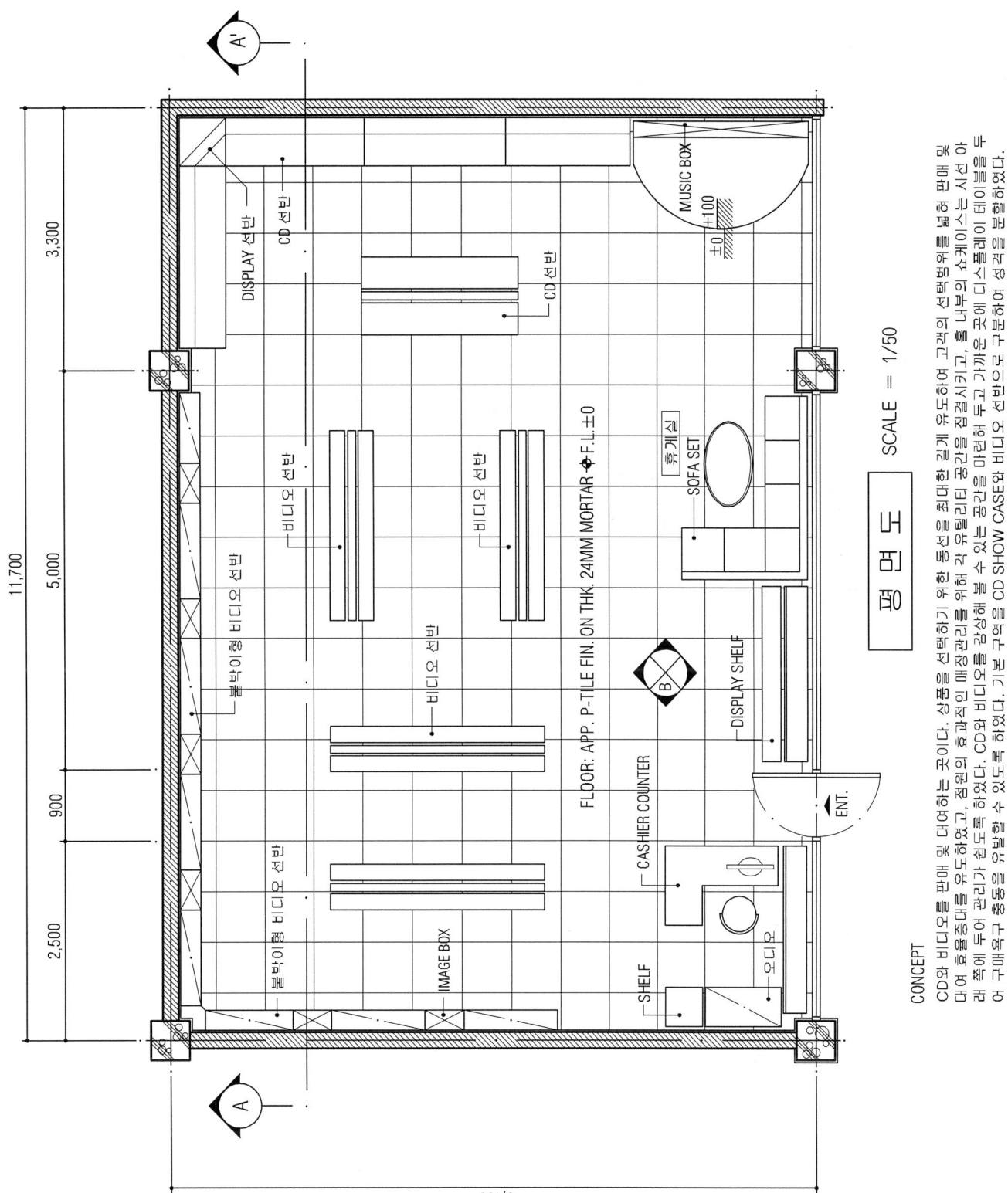

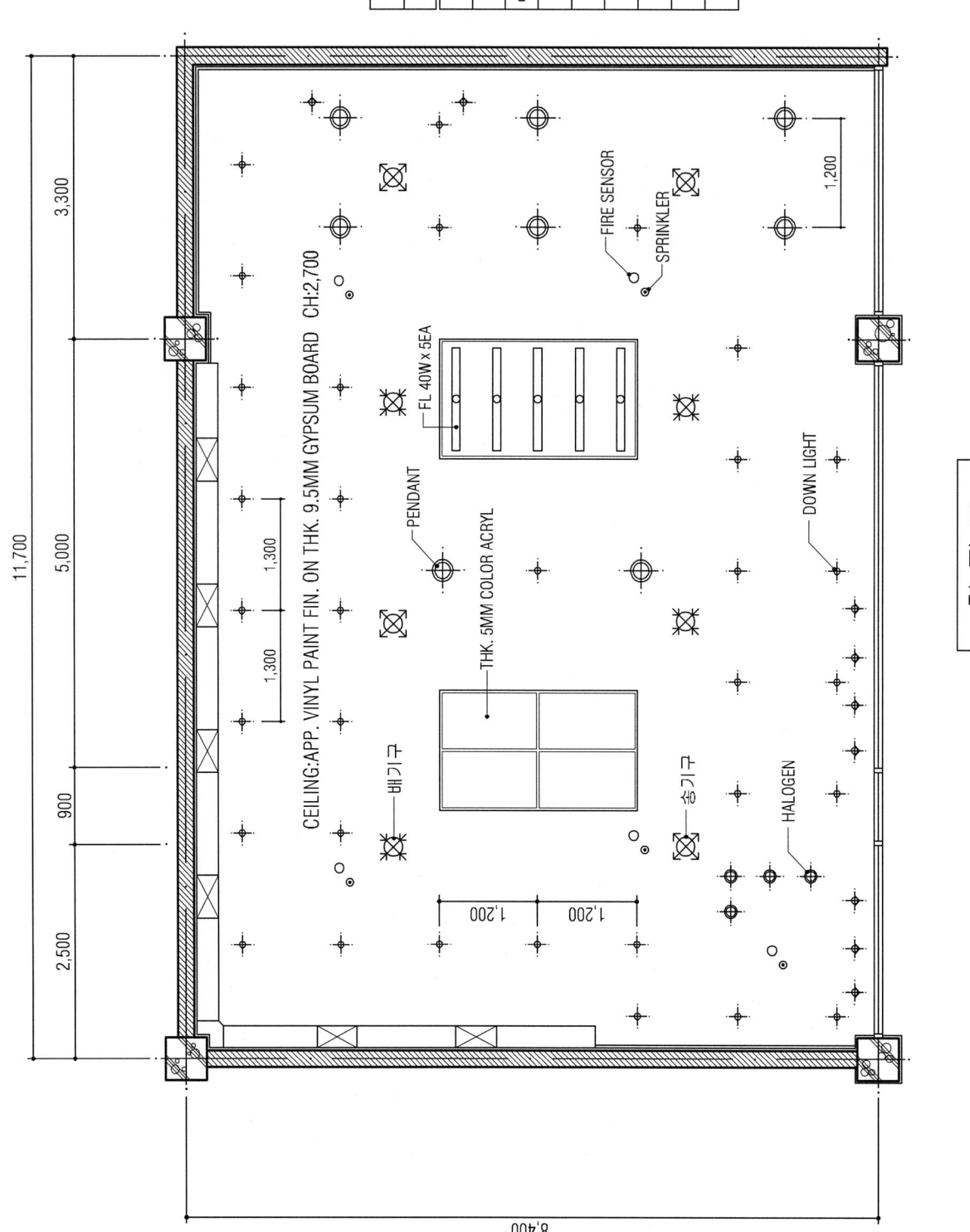

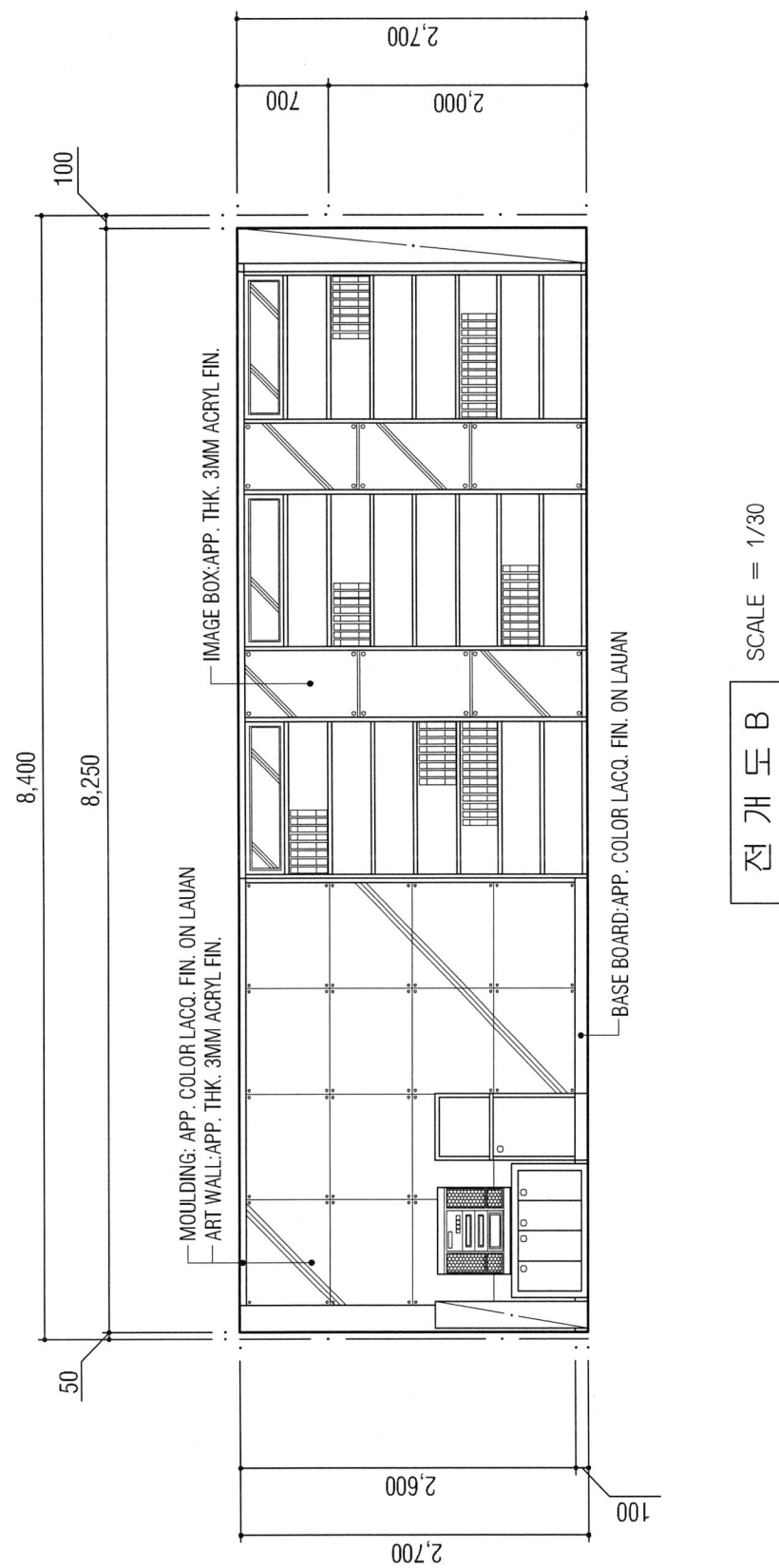

전개도 B SCALE = 1/30

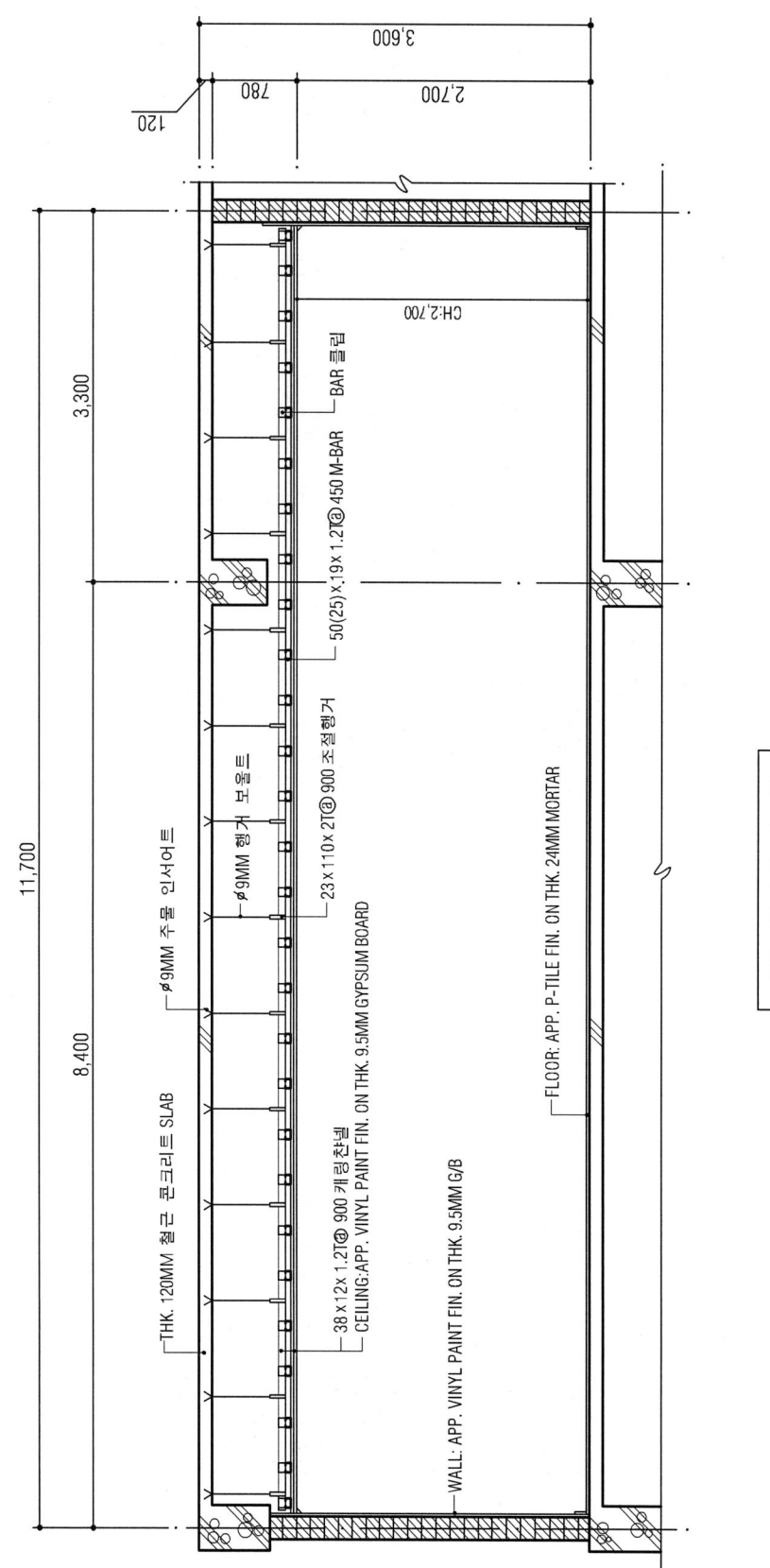

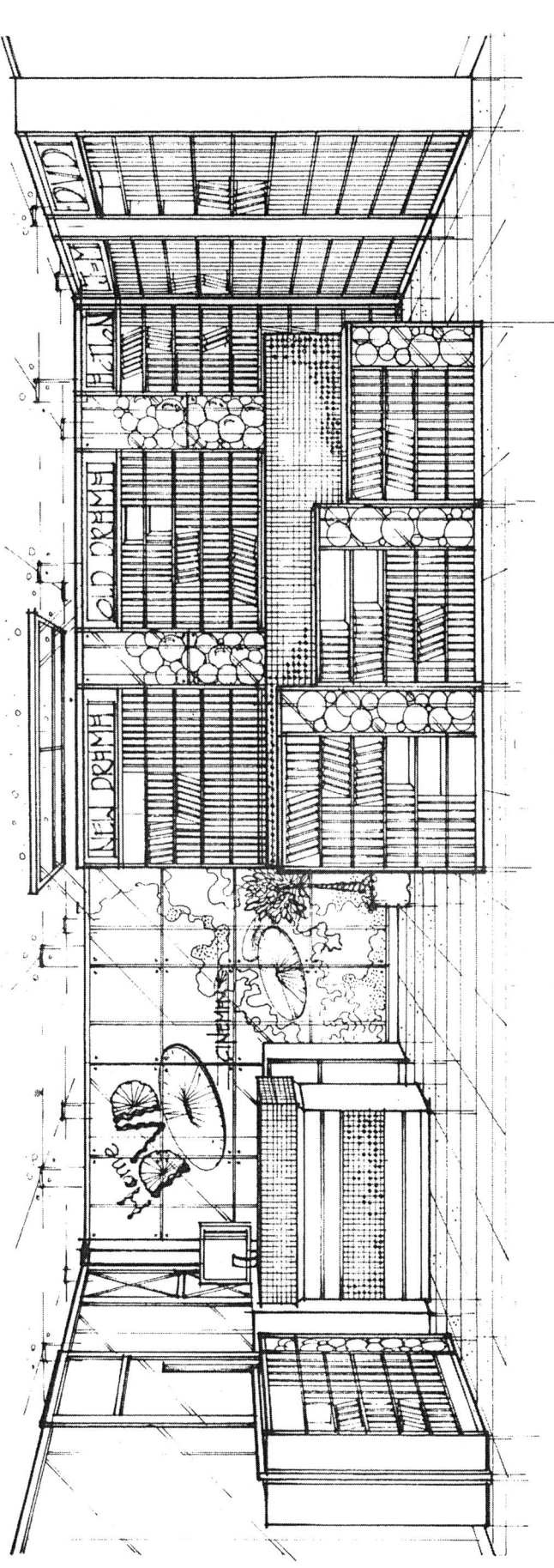

(2001. 4. 22 시행)
제31회 실내건축기사
시공실무

문제 1) 길이 90m, 높이 2.7m의 건물에 외벽을 1.0B 적벽돌과 내벽을 0.5B 시멘트 벽돌 사용하여 벽을 쌓을 때 벽돌량과 모르타르량을 산출하시오. (5점)
(단, 벽돌의 규격은 표준형이며, 정미량으로 산출한다)

【해설】 (1) 1.0B 적벽돌
① 벽돌량 = 90 × 2.7 × 149 = 36,207매
② 몰탈량 = $\frac{36,207}{1,000} \times 0.33 = 11.95 m^3$

(2) 0.5B 시멘트벽돌
① 벽돌량 = 90 × 2.7 × 75 = 18,225매
② 몰탈량 = $\frac{18,225}{1,000} \times 0.25 = 4.56 m^3$

문제 2) 다음 보기의 나무를 침엽수와 활엽수로 구분하시오. (5점)
〈보기〉 ① 노송나무 ② 떡갈나무 ③ 낙엽송 ④ 측백나무 ⑤ 오동나무 ⑥ 느티나무

【해설】 침엽수 : ①, ③, ④
활엽수 : ②, ⑤, ⑥

문제 3) 목공사에서 구조용으로 사용되는 목재의 조건을 3가지 기술하시오. (3점)

【해설】 ① 강도가 크고, 곧고 긴 부재
② 수축과 팽창의 변형이 적은 부재
③ 충해에 대한 저항성이 큰 부재

문제 4) 목재의 반자틀 짜는 순서를 나열하시오. (4점)
〈보기〉 ① 달대 ② 반자틀설치 ③ 달대받이 설치
④ 반자틀받이 설치 ⑤ 인서트

【해설】 ⑤ → ③ → ④ → ② → ①

문제 5) 도장공사시 스테인 칠의 장점을 3가지 기술하시오. (3점)

【해설】 ① 작업이 용이하며, 색을 자유로이 할 수 있다.
② 표면을 보호하여 내구성을 증대시킨다.
③ 색올림이 표면으로부터 블리드되지 않게 한다.
착색제(Stain)는 바탕을 그대로 드러내되, 색상만 바꾸는 것으로 주로 목재의 자연스런 결과 무늬를 그대로 표현하는데 주로 사용된다.

문제 6) 다음 그림은 나무 모접기이다. 그림에 맞는 나무모접기명을 보기에서 골라 쓰시오. (5점)

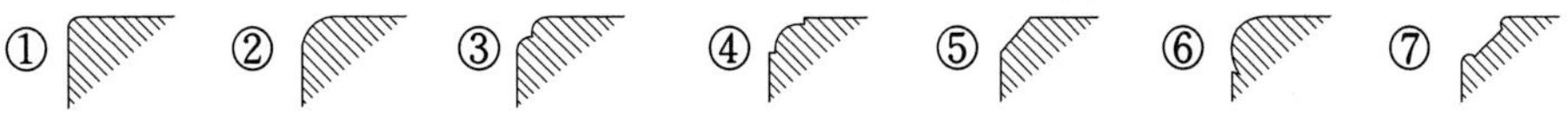

① ② ③ ④ ⑤ ⑥ ⑦

〈보기〉 ㉮ 실모 ㉯ 둥근모 ㉰ 쌍사모 ㉱ 게눈모 ㉲ 큰모 ㉳ 평골모 ㉴ 실오리모 ㉵ 쇠시리

【해설】 ① - ㉮, ② - ㉯, ③ - ㉰, ④ - ㉱, ⑤ - ㉲, ⑥ - ㉴, ⑦ - ㉳

※ 기타 모접기 종류

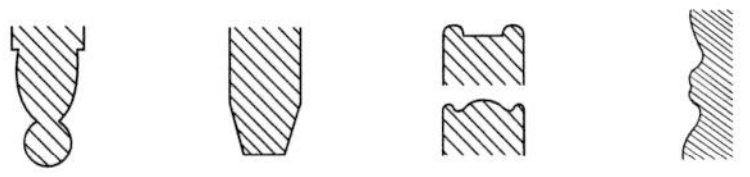

티미리 뺨접기 등미리 쌍사

문제 7) 네트워크 공정표의 장점 4가지를 기술하시오. (4점)

【해설】 ① 공사계획의 전모와 공사 전체의 파악이 용이하다.
② 작업의 상호관계가 명확하게 표시된다.
③ 계획단계에서 공정상의 문제점이 명확히 검토되고, 작업전에 수정이 가능하다.
④ 주공정에 대한 정보제공으로 시간여유 있는 작업과 여유없는 작업을 구분할 수 있으므로 중점적인 일정관리가 가능하다.

문제 8) 각 보기와 관련있는 것을 〈보기〉에서 골라 쓰시오. (4점)

〈보기〉 ① 주먹장부맞춤 ② 안장맞춤 ③ 걸침턱맞춤 ④ 턱장부맞춤

㉮ 평보와 ㅅ자보에 쓰인다.
㉯ 지붕보와 도리, 층보와 장선 등의 맞춤에 쓰인다.
㉰ 토대나 창호 등의 모서리 맞춤에 쓰인다.
㉱ 토대의 T형 부분이나 토대와 멍에의 맞춤, 달대공의 맞춤에 쓰인다.

【해설】 ① - ㉱, ② - ㉮, ③ - ㉯, ④ - ㉰

문제 9) 품질관리에 쓰이는 Q.C수법의 4가지 단계를 쓰시오. (4점)

【해설】 ① P(Plan) : 규격, 규준, 생산계획
② D(Do) : 작업실시
③ C(Check) : 제품의 검토/검사
④ A(Action) : 결과에 따른 시정

문제 10) 카펫타일 시공법 중 접합공법시 유의사항 3가지를 쓰시오. (3점)

【해설】 ① 방의 네 귀퉁이나 출입구 부분에 너무 작은 타일카펫이 들어가지 않도록 배려하여 분할한다.
② 카펫타일의 가장 큰 장점인 교체의 용이성을 살리기 위해 접착제는 필엄형 접착제를 이용하며, 일반적으로 보통접착제의 1/5~1/3 정도 소량을 사용해 접착제가 반투명이 된 다음에 붙인다.
③ 타일을 붙일 때는 분할선을 따라 중앙부에서부터 붙이기 시작하며, 카펫을 자를 때는 뒷면에서부터 자르는 것이 쉽고 깨끗하게 마감된다.
카펫타일은 타일을 500×500mm의 정방향으로 정밀재단하여 타일형태로 만든 시스템카펫을 말한다.

건축실내의 설계

[제31회 작품명] 커피숍(B)

1. 요구사항
   주어진 도면은 상업중심지역에 위치한 커피숍의 평면도이다.
   다음의 요구조건에 따라 요구도면을 설계하시오.

2. 요구조건
   ① 설계면적 : 9m×7.5m×2.7m(H)
   ② 필요공간 및 가구
     • COUNTER, 주방, 냉난방 시설, 전화Box, 화장실(남여 변기 구분 세면기 공용)
     • 4인조 Table Set 4조, 2인조 Table Set 2조, 6인조 Table Set 1조

3. 요구도면
   ① 평면도 SCALE : 1/30
     (가구배치 포함/평면계획의 Design 의도·방향 등을 200자 내외로 쓰시오.)
   ② 천정도(설비, 조명기구 배치 및 범례표 작성) SCALE : 1/30
   ③ 전개도 1면(벽면재료 표기) SCALE : 1/50
   ④ 주단면도(C-C′) SCALE : 1/50
   ⑤ 실내투시도 SCALE : N.S
     (계획의 포인트가 좋은 지점에서 1소점 또는 2소점 투시도법으로 작성하되, 작성과정의 투시보조선을 반드시 남길 것)

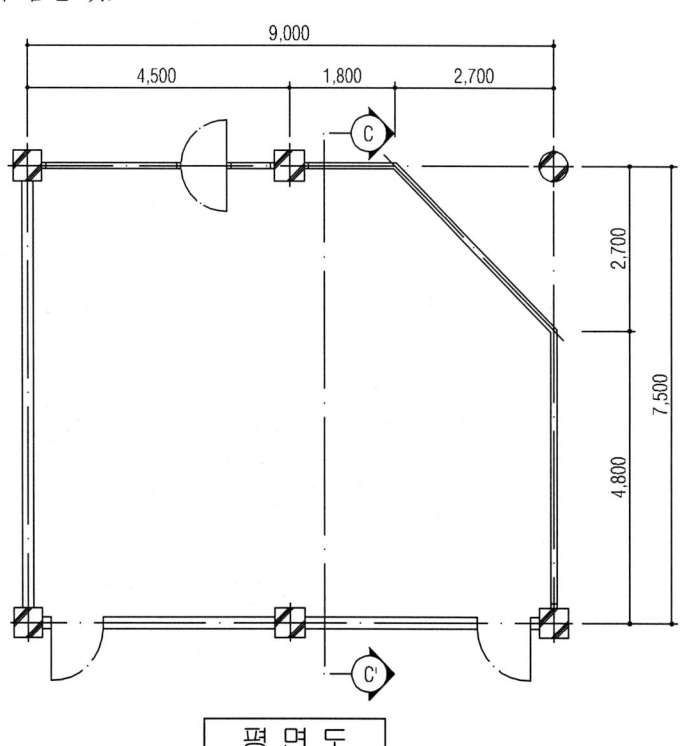

평면도

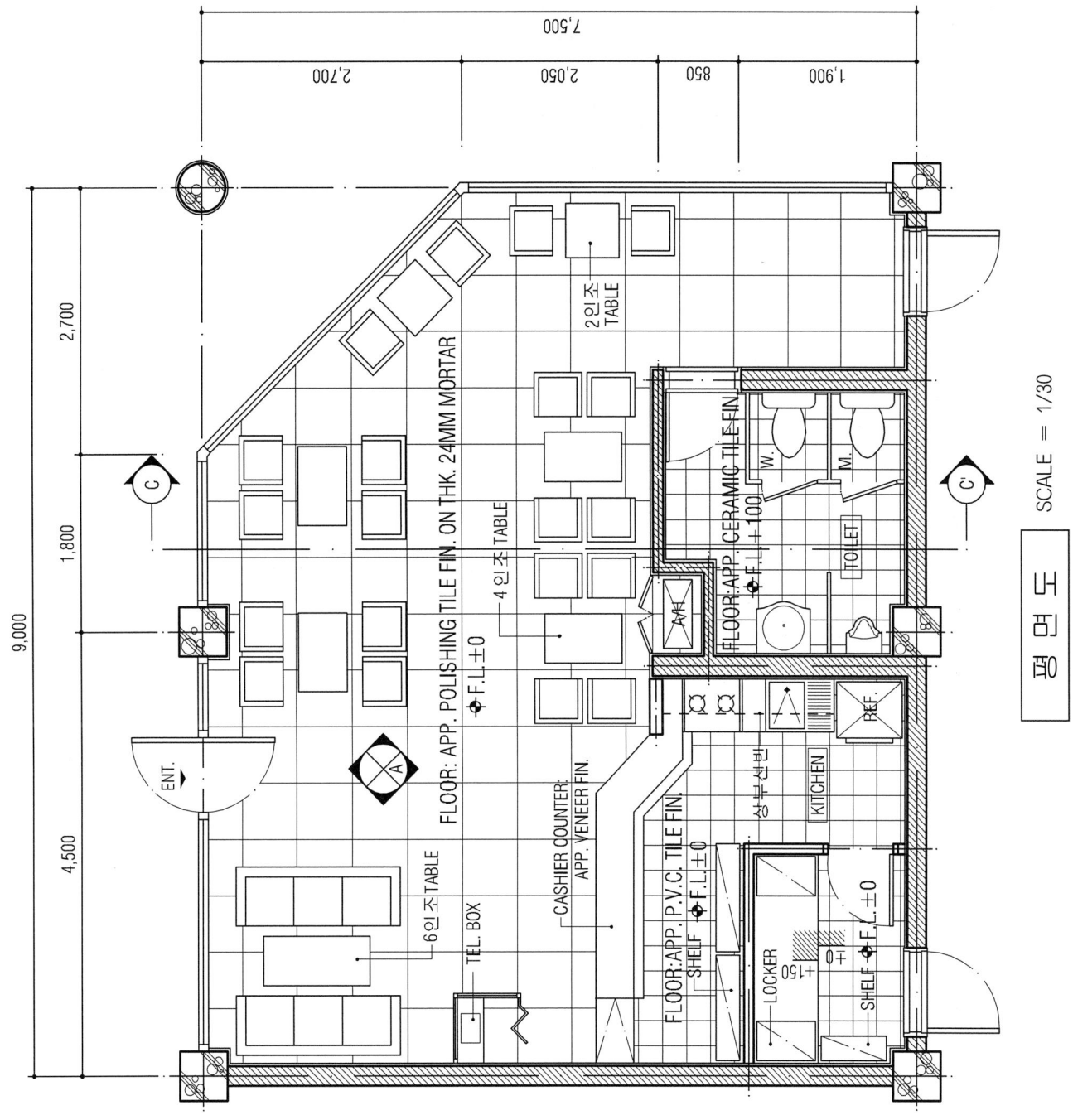

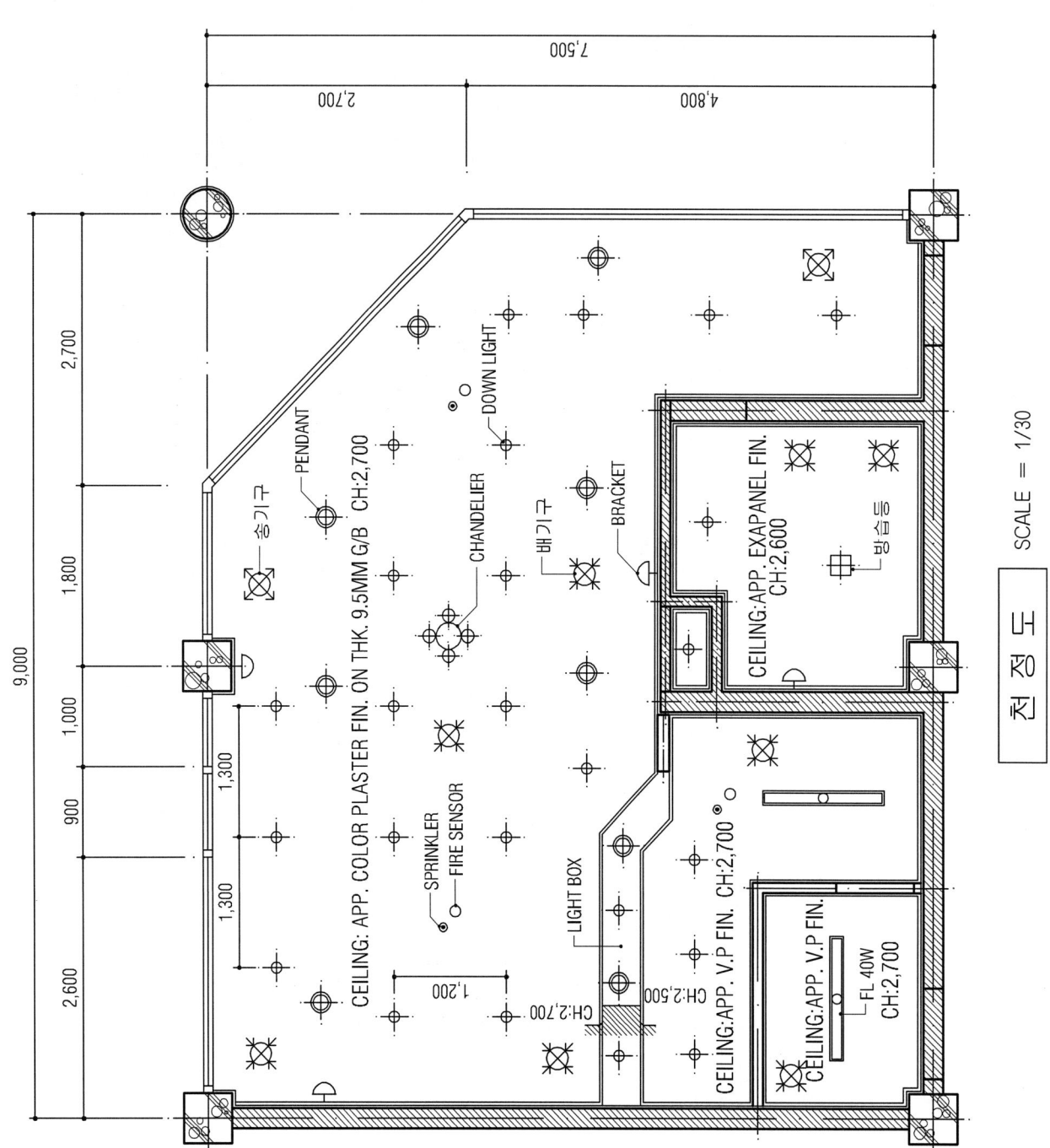

천정도 SCALE = 1/30

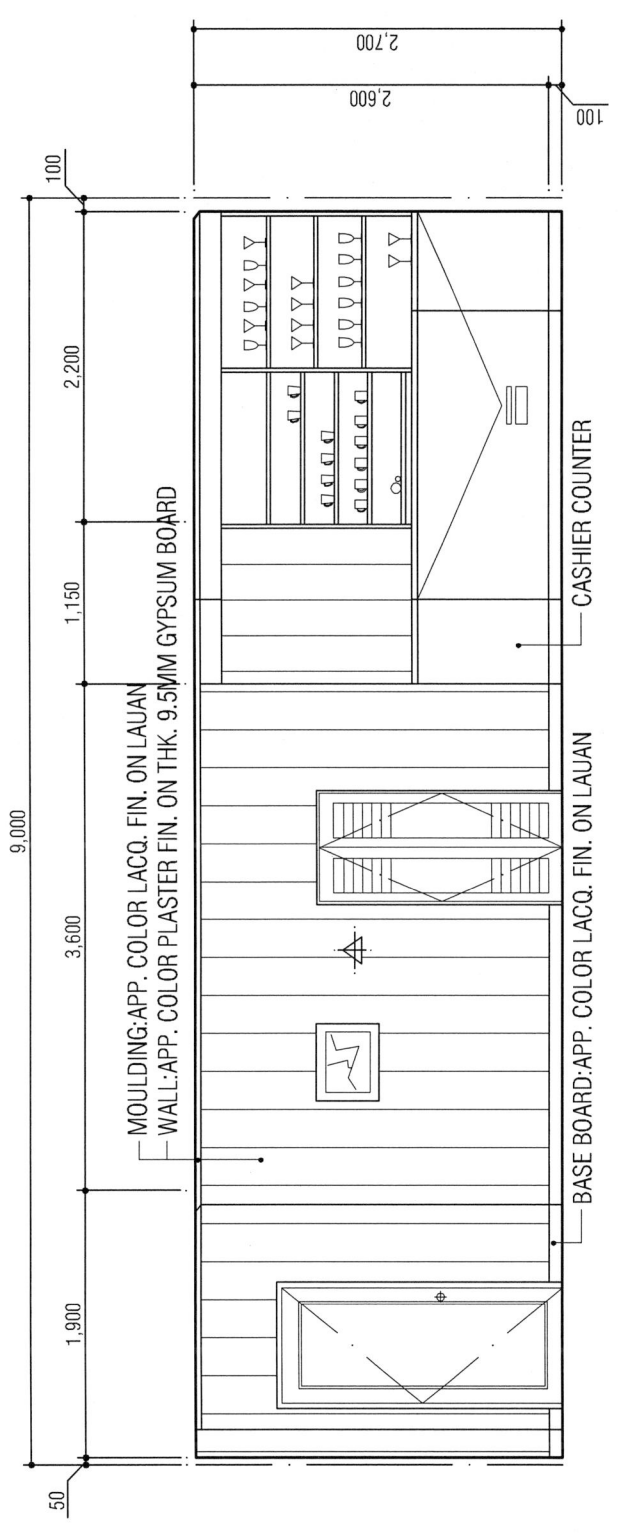

전개도 A SCALE = 1/50

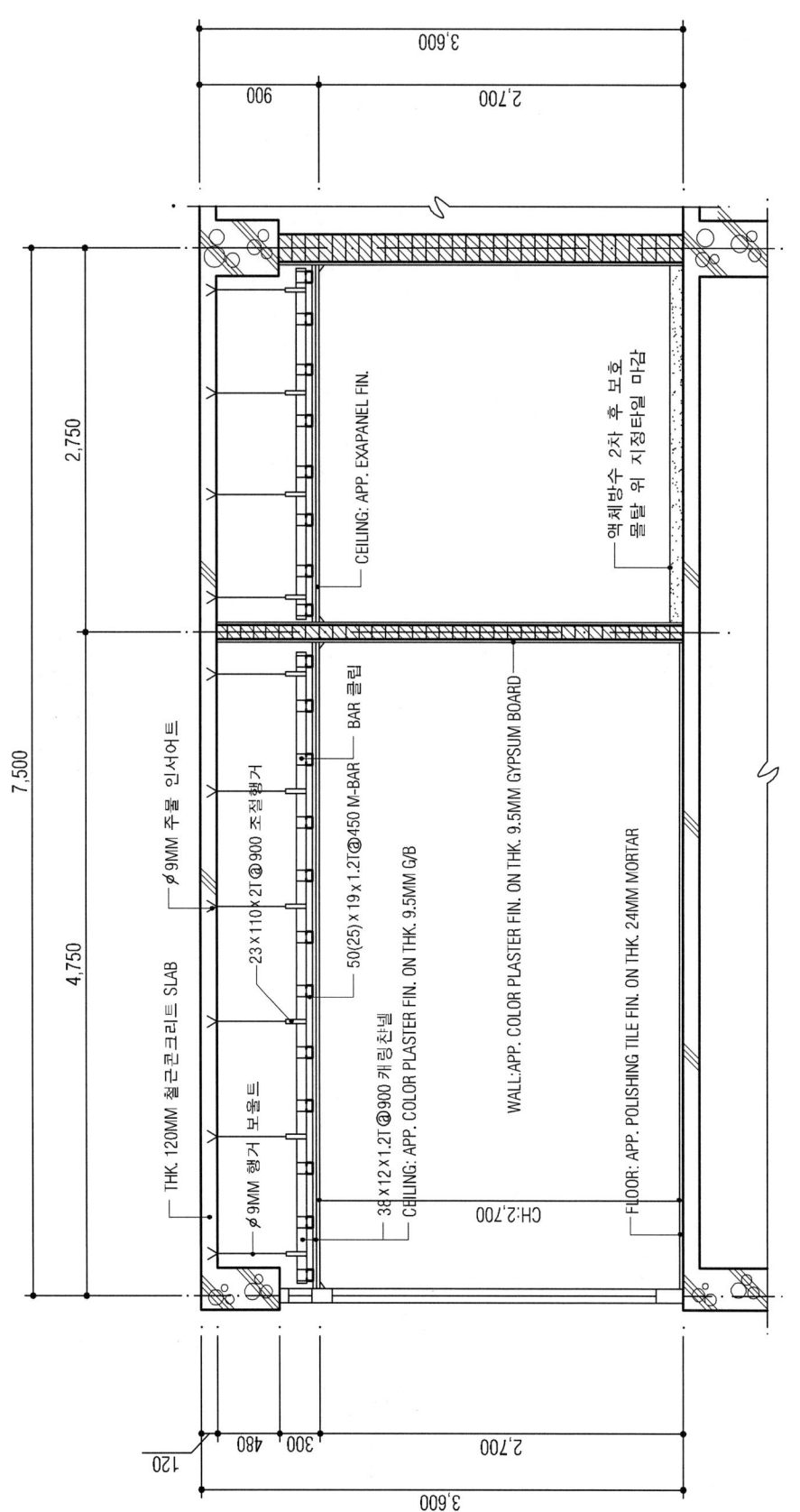

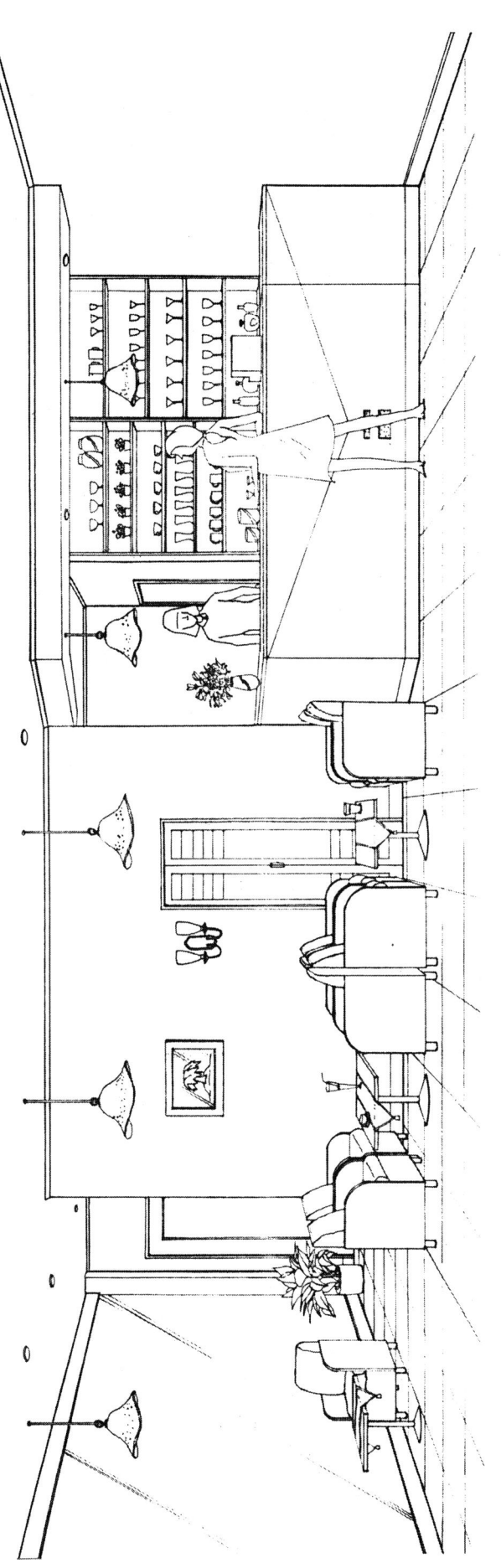

실내투시도 SCALE = N.S

(2001. 7. 15 시행)

제32회 실내건축기사
시공실무

문제 1) 타일공법 중 압착공법의 장점에 대해 기술하시오. (3점)

【해설】 ① 타일 이면에 공극이 적기 때문에 백화현상이 적다.
② 직접 붙임공법에 비해 고기능의 숙련기술을 요하지 않는다.
③ 시공속도가 빠르며, 능률이 높고, 동해의 발생이 적다.
※ 압착공법 : 바탕면을 미리 미장바름하여 평활하게 유지하고, 그 위에 접착 모르타르를 얇게 바른 후 타일을 한 장 씩 눌러 붙이는 공법이다.

문제 2) 드라이비트(Dryvit)의 장점에 대해 쓰시오. (3점)

【해설】 가공이 용이해 조형성이 뛰어나고, 다양한 색상 및 질감으로 뛰어난 외관구성이 가능하며, 단열성능이 우수하고, 경제적이다.
※ 드라이비트(Dryvit) : 기존 구조체 위에 E.P.S 단열판이나 불연성 암면을 대고 유리섬유인 메쉬(Mesh)를 붙인 후 외부 마감재로 처리하는 외단열공법. 드라이비트 주요 구성요소에는 단열재, 메쉬, 접착몰탈, 마감재 등이 있다.
※ 드라이비트(Drivit) : 소량의 화약의 힘을 빌어 외력을 가하는 기계공구로 형태는 총포와 같이 생겼고, 총은 드라이브 핀의 크기에 따라 여러 종이 쓰인다. 드라이브 핀에는 콘크리트용과 철재용이 있으며, 머리가 달린 것을 H형, 나사로 된 것을 T형이라 한다.

문제 3) 다음 데이타로 네트워크 공정표를 작성하고 주공정선은 굵은 선으로 표시하시오. (5점)

순위	작업명	선행작업	작업일수	비 고
1	A	없음	5	
2	B	없음	8	
3	C	A	7	
4	D	A	8	EST|LST LFT|EFT
6	E	B, C	5	ⓘ ─작업명/작업일수→ ⓙ 로 표기하시오
7	F	B, C	4	
8	G	D, E	11	
9	H	F	5	

【해설】 CP〉 Activity : A → C → E → G   Event : ① → ② → ③ → ④ → ⑥

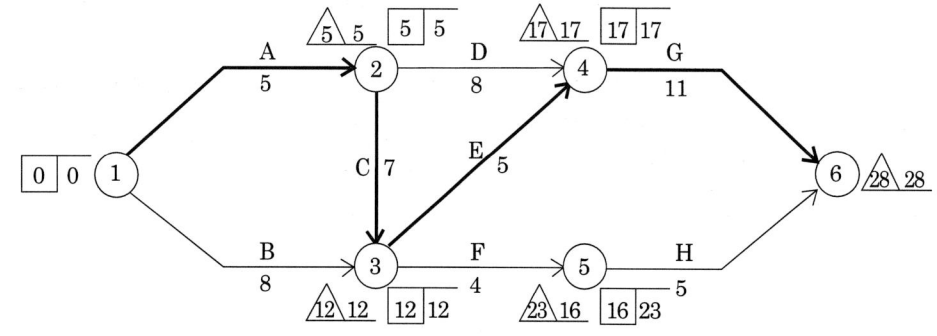

문제 4) 아래 창호의 목재량(㎥)을 구하시오. (3점)

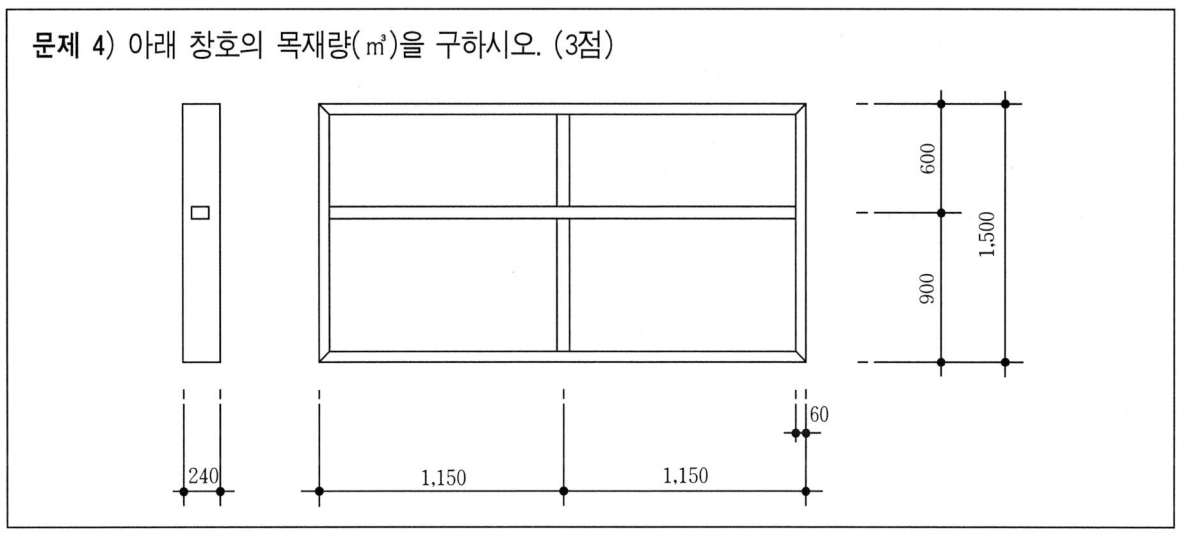

【해설】 ① 수평부재 = 0.24(m) × 0.06(m) × 2.3(m) × 3(개) = 0.09936㎥

② 수직부재 = 0.24(m) × 0.06(m) × 1.5(m) × 3(개) = 0.0648㎥

③ 부재합계 = 0.09936 + 0.0648 = 0.16416㎥

문제 5) 다음 보기의 재료를 수경성과 기경성으로 구분하여 쓰시오. (3점)

〈보기〉 ㉮ 회반죽　　㉯ 진흙질　　㉰ 순석고 플라스터　　㉱ 돌로마이트 플라스터

　　㉲ 시멘트 모르타르　　㉳ 아스팔트 모르타르　　㉴ 소석회

【해설】 ① 기경성 : ㉮, ㉯, ㉱, ㉳, ㉴　　② 수경성 : ㉰, ㉲

※ 미장재료의 구분

기경성 : 소석회, 진흙질, 회반죽, 돌로마이트 플라스터, 아스팔트 모르타르

수경성 : 순석고플라스터, 혼합석고, 경석고, 시멘트 모르타르

문제 6) 플라스틱 재료의 일반적인 특성중 장점과 단점을 2가지씩 기술하시오. (4점)

【해설】 장점 : ① 재료의 절단 및 가공이 용이하여 특수한 형태의 성형이 쉽다.

　　　　② 내식, 내수성이 강하여 보존성이 좋다.

단점 : ① 내마모성과 표면강도가 약하다.

　　　② 열에 의한 팽창과 수축이 크다.

※ 그외 플라스틱 재료의 장·단점

장점 : 경량이며, 재료표면의 착색이 용이하고, 접착성이 강하며, 전기적 절연성이 강하다.

단점 : 내열성이 약해 굴곡 및 휨 정도가 크며, 압축강도가 약해 파손의 우려가 있다.

문제 7) 다음 (　)안에 알맞은 말을 〈보기〉중에서 골라 써 넣으시오. (4점)

〈보기〉 ㉮ 본아치　　㉯ 층두리아치　　㉰ 막만든아치　　㉱ 거친아치

벽돌을 주문하여 제작한 것을 사용해서 쌓은 아치를 (①), 보통벽돌을 쐐기모양으로 다듬어 쓰는 것을 (②), 현장에서 보통 벽돌을 써서 줄눈을 쐐기 모양으로 한 (③), 아치나비가 넓을 때에는 반장별로 층을 지어 겹쳐 쌓는 (④)가 있다.

【해설】 ①-㈎, ②-㈑, ③-㈒, ④-㈏
※ 위 문제는 아치의 시공방법에 따른 분류이다. 아치를 형태적으로 분류하면 평아치, 반원아치, 결원아치, 드롭아치, 랜셋아치, 말굽아치, 상심아치 등이 있다.

문제 8) 목재의 이음 및 맞춤시 시공상의 주의사항을 4가지만 쓰시오. (4점)

【해설】 ① 큰 인장과 압축을 받는 곳에 이음과 맞춤을 하지말 것.
② 응력방향에 직각으로 이음과 맞춤을 할 것.
③ 모양이나 형태에 치중하지 말고 간단히 할 것.
④ 치장부위에 먹줄을 남기지 말 것.
※ 그 외 목재의 이음 및 맞춤시 주의사항
목재를 적게 깎아서 약해지지 않도록 할 것, 단순한 모양으로 완전히 밀착시킬 것, 큰 응력부나 약한부분은 보강철물을 사용할 것, 트러스의 평보는 왕대공 가까운 곳에 이음 할 것.

문제 9) 블라인드의 종류 3가지를 쓰시오. (3점)

【해설】 ① 수직블라인드   ② 수평블라인드   ③ 롤블라인드
※ 블라인드(Blind) : 유리창 등에 직사광선과 시선을 차단하기 위하여 설치하는 커텐 대용의 수장재이다.

문제 10) 도장공사에 쓰이는 스프레이건 사용시 주의사항에 대하여 쓰시오. (4점)

【해설】 압축공기를 이용한 도장용 분사기로 노즐헤드(1.0~1.5mm)를 조절하여 뿜칠의 확산을 변경할 수 있고, 뿜칠을 위한 압력은 2~4kg/cm²이고, 칠면에서 직각으로 30cm정도 띄워 사용한다.
※ 스프레이건(Spray Gun) : 압축공기를 이용한 도장용 분사기로 노즐헤드(nozzle head)를 조절하여 뿜칠의 확산을 변경할 수 있고, 보통 노즐의 구경은 1.5mm가 쓰이지만, 칠감입자의 대소에 따라 노즐의 구경을 변경한다. 뿜칠을 위한 압력은 보통 2~4kg/cm²이고, 칠면에 직각으로 일정거리(보통 30cm 정도)를 띄워 사용한다.

문제 11) 다음 유리의 특성을 쓰시오. (4점)
① 반사유리   ② 합유리   ③ 강화유리   ④ 망입유리

【해설】 ① 반사유리 : 열반사유리라고도 하며, 표면에 반사막을 입혀 단열효과를 증대시킨다.
② 합유리 : 접합안전유리라고도 하며, 2장 이상의 판유리사이에 폴리비닐을 넣어 고열(150℃)로 접착한 유리이다.
③ 강화유리 : 성형 판유리를 500~600℃ 가열하여 급랭시켜 강도를 높인 유리이다.
④ 망입유리 : 유리 내부에 금속망을 삽입하여 도난방지 및 방화문에 사용한다.
※ 그 외 안전 및 특수유리
방탄유리 : 후판유리나 강화판유리를 여러 장 겹쳐 만든 고강도 유리이다.
복층유리 : 2장의 판유리 중간에 건조공기를 삽입하여 봉입한 유리로 단열, 방음, 결로방지에 우수하다.
차단유리 : 열선흡수유리, 적외선 차단유리. 철, 니켈, 크롬, 셀레늄 등을 가하여 실내의 냉방효과를 증대시킨다.
자외선투과유리 : 자외선을 50~90% 이상 투과하여 온실 및 병원 등에 사용된다.
자외선흡수유리 : 세륨, 티타늄, 바나듐을 함유시킨 담청색의 유리로 의류진열장, 약품창고에 사용한다.
X선 차단유리 : 산화연을 함유하여 의료용 방사선실, 원자력관련 작업실 등에 쓰인다.

건축실내의 설계

[제32회 작품명] 전시장내 컴퓨터 홍보용 부스

1. 요구사항
   주어진 도면은 전시장내 컴퓨터 제품을 홍보하고 전시하는 공간의 평면이다.
   다음의 요구조건에 따라 도면을 설계하시오.

2. 요구조건
   ① 설계면적 : 12m×6m×2.7m(H)
   ② 컴퓨터 Set 8대, 출력기 2대, 45인치 모니터 1대, 20인치 Multi vision 3×3 1Set, Storage, 냉·온수기, Pipe chair(간이의자), Info Desk, Conference Table 배치.
      그 외 가구는 작도자가 임의로 추가하여 배치할 수 있다.

3. 요구도면
   ① 평면도 SCALE : 1/30
      (가구배치 포함/평면계획의 Design 의도·방향등을 180자 내외로 쓰시오.)
   ② 천정도(설비, 조명기구 배치 및 범례표 작성) SCALE : 1/50
   ③ 전개도(벽면재료 표기) SCALE : 1/50
   ④ 단면도(A-A´) SCALE : 1/30
   ⑤ 실내투시도 SCALE : N.S
      (계획의 포인트가 좋은 지점에서 1소점 또는 2소점 투시도법으로 작성하되, 작성과정의 투시보조선을 반드시 남길 것)

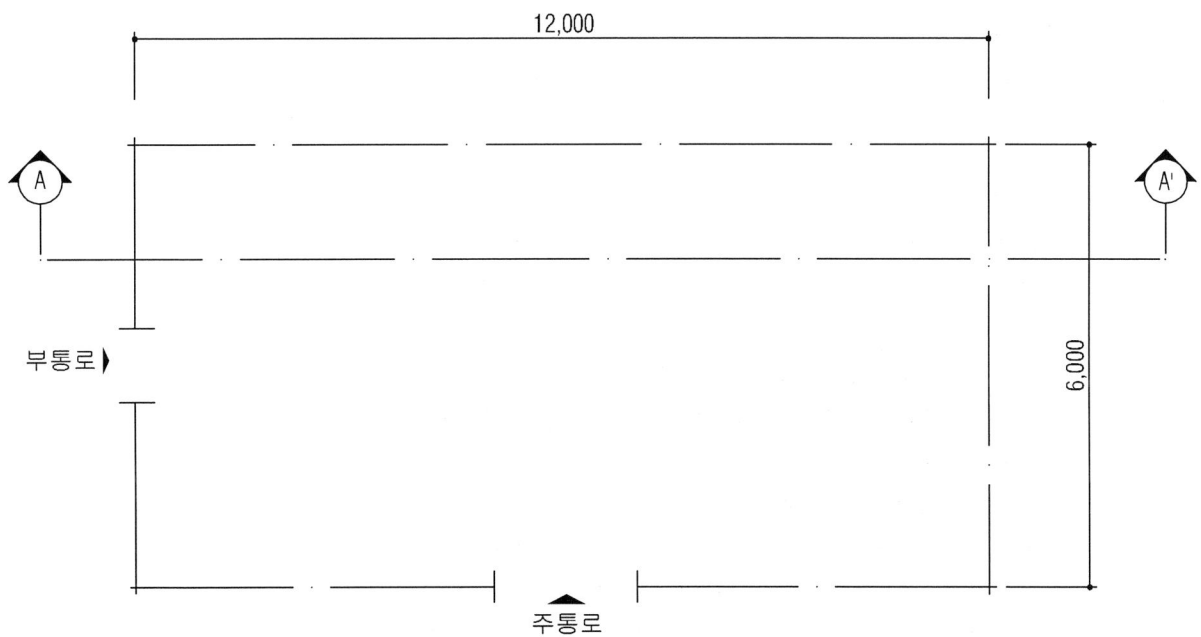

평 면 도

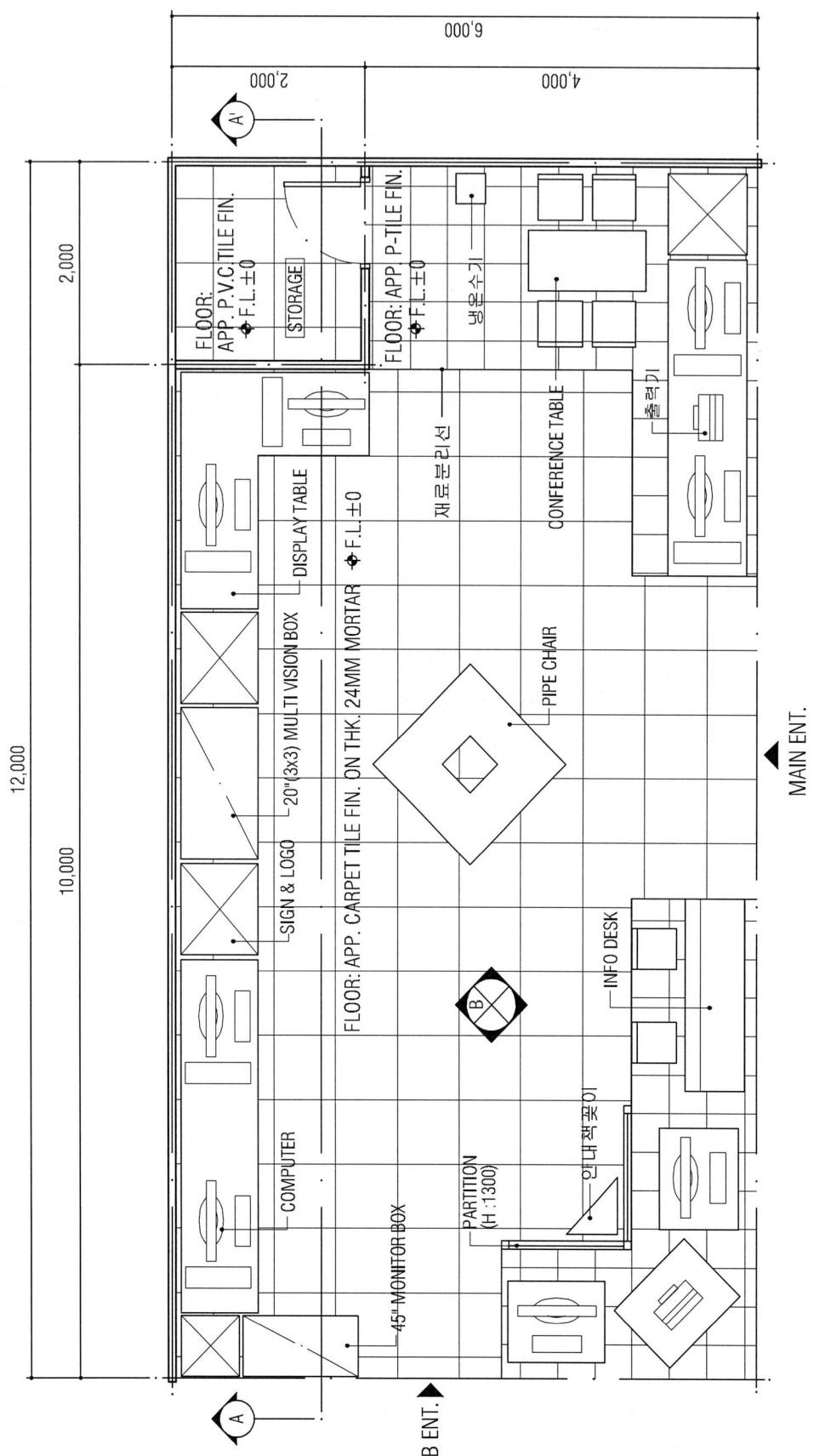

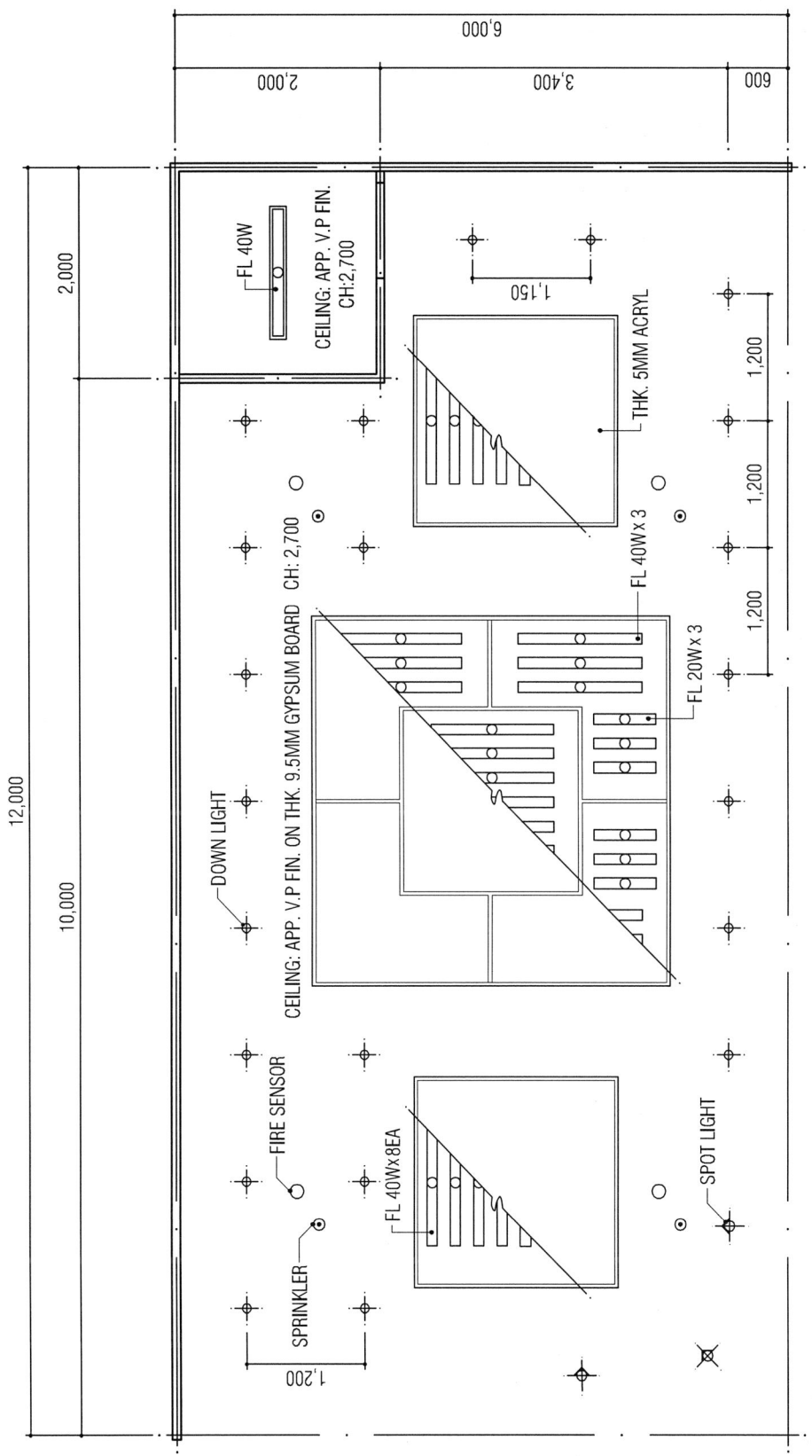

천 정 도   SCALE = 1/50

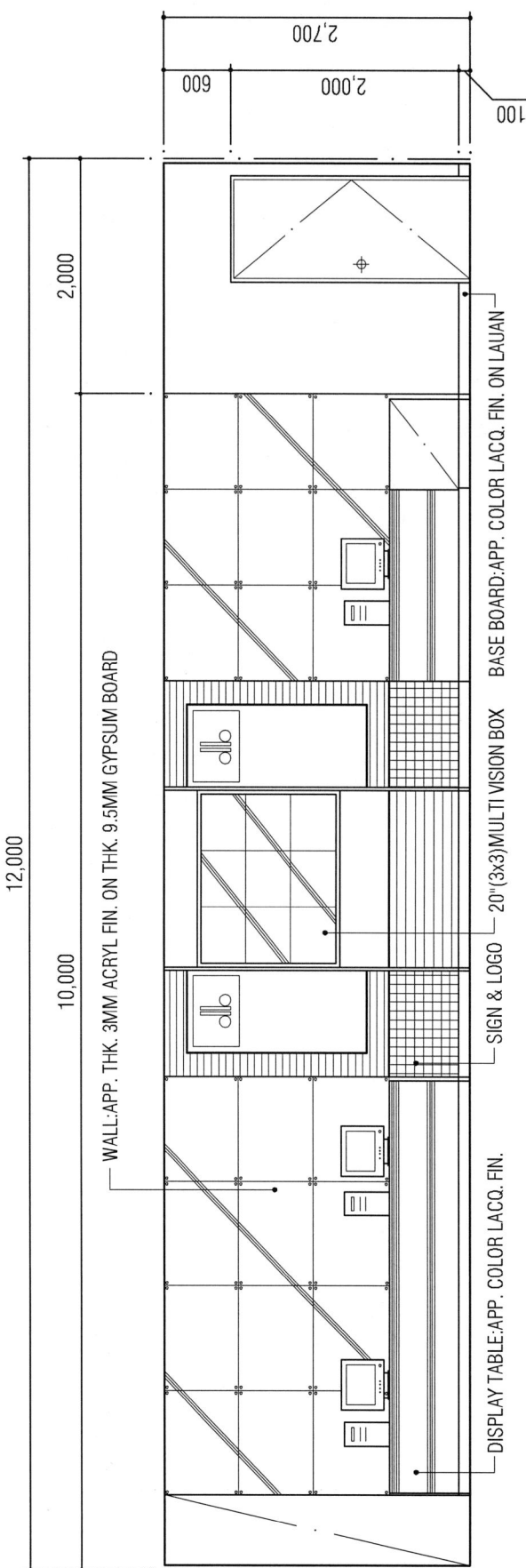

전개도 B SCALE = 1/50

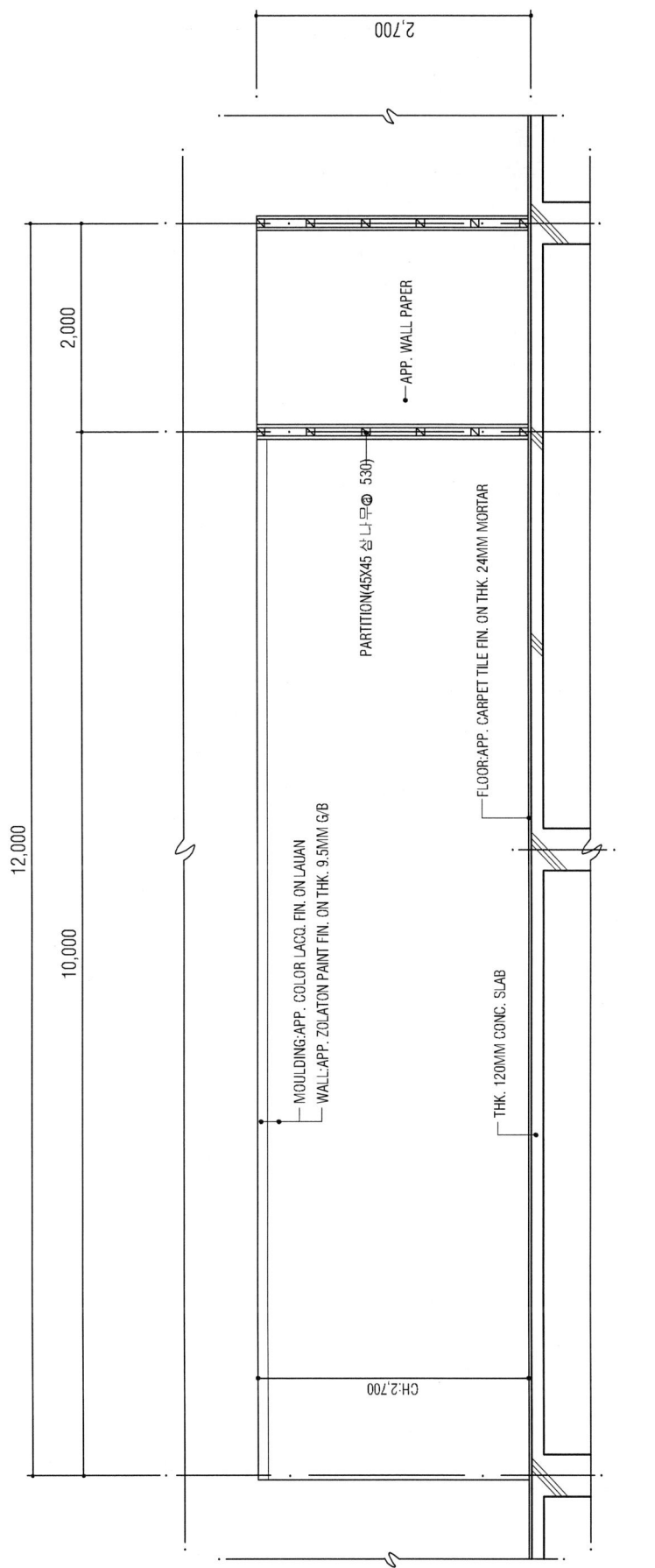

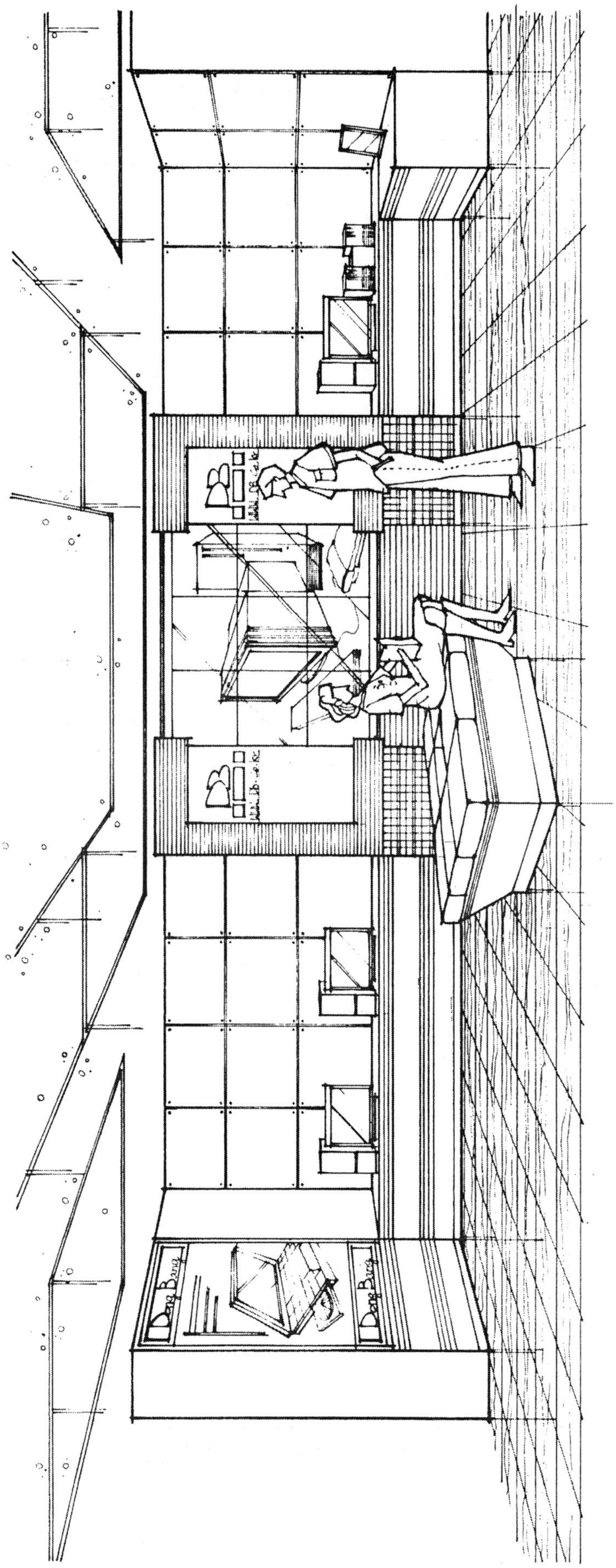

(2001. 11. 4 시행)

제33회 실내건축기사
시공실무

문제 1) 합판유리의 특성 4가지를 기술하시오. (4점)

【해설】 ① 2~3장 또는 2장 이상의 유리단을 합성수지로 겹 붙여 댄 것으로 강도가 크다.
② 파손시 산란이 거의 없다.
③ 방탄의 효과가 우수하다.
④ 여러 겹이라 다소 하중이 크지만 견고하다.

문제 2) 다음 평면도에서 쌍줄비계를 설치할 때 외부 비계면적을 산출하시오. (단, H=27m) (4점)

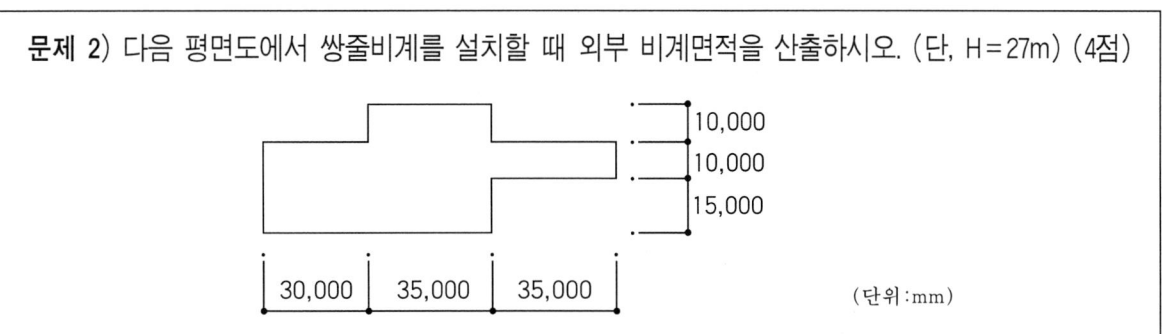

【해설】 A = H{2(a+b)+0.9×8} = 27{2(100+35)+0.9×8} = 27{(2×135)+7.2} = 27(270+7.2)
= 27×277.2 = 7,484.4m²

문제 3) 다음 그림은 조적공사의 줄눈형태이다. 그 명칭을 쓰시오. (3점)

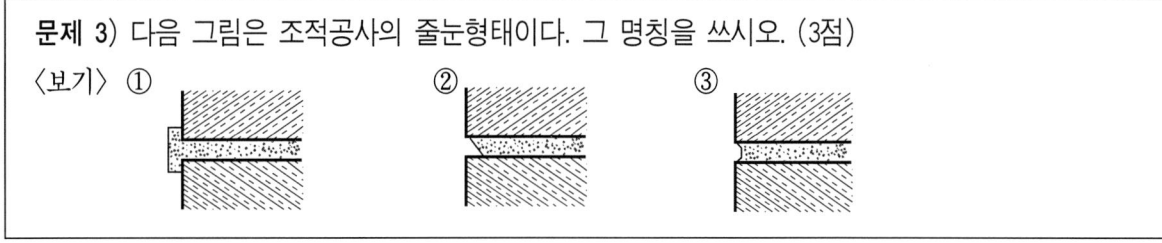

【해설】 ① 내민줄눈 ② 엇빗줄눈 ③ 평줄눈

문제 4) 회반죽에서 해초풀의 역할과 기능에 대하여 4가지를 기술하시오. (4점)

【해설】 ① 해초풀을 물과 끓인 것을 회반죽에 넣으면 점도가 증대된다.
② 강도가 증대된다.
③ 부착력이 증대된다.
④ 점도가 높아지기 때문에 균열을 방지할 수 있다.

문제 5) 다음 보기에서 관련된 것끼리 (   )안에 알맞은 번호를 기입하시오. (4점)
〈보기〉 ㉮ 플러쉬문(   )   ㉯ 무테문(   )   ㉰ 어커디언문(   )   ㉱ 여닫이문(   )
① 하니(벌집)체크   ② 레일   ③ 핸들박스   ④ 피봇힌지   ⑤ 풍소란

【해설】 ㉮→①, ㉯→④, ㉰→②, ㉱→⑤

문제 6) 다음 자료를 이용하여 네트워크(Network) 공정표를 작성하시오. (5점)
(단, 주공정선은 굵은 선으로 표시한다.)

작 업 명	작업일수	선행작업	비 고
A	1	-	각 작업의 일정계산 표시방법은 아래 방법으로 한다.
B	2	-	
C	3	-	
D	6	A, B, C	
E	5	B, C	
F	4	C	

【해설】

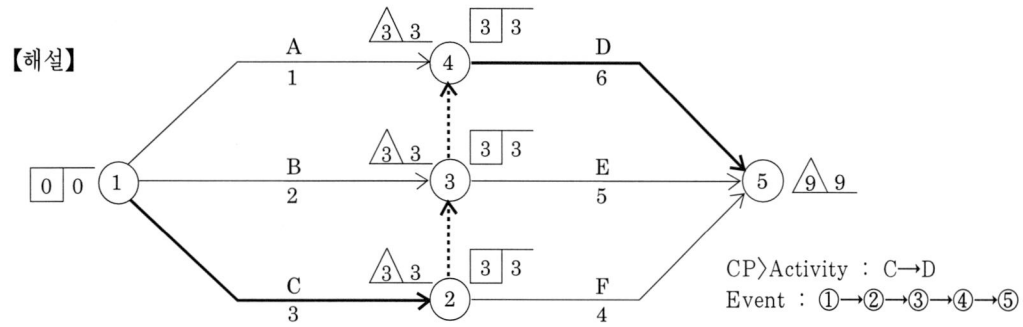

CP〉Activity : C→D
Event : ①→②→③→④→⑤

문제 7) 다음은 석고보드의 이음새 시공순서를 〈보기〉에서 골라 쓰시오. (5점)
〈보기〉 ① 조이너 ② 샌딩 ③ 상도 ④ 중도 ⑤ 하도

【해설】 ①→⑤→④→③→②

문제 8) 다음 〈보기〉의 합성수지 재료 중 열경화성 수지를 모두 골라 번호를 쓰시오. (3점)
〈보기〉 ① 아크릴 수지   ② 에폭시 수지   ③ 멜라민 수지
④ 페놀 수지   ⑤ 폴리에틸렌 수지   ⑥ 염화비닐 수지

【해설】 ②, ③, ④

문제 9) 장판지 깔기의 시공순서를 〈보기〉에서 골라 순서대로 열거하시오. (4점)
〈보기〉 ① 마무리칠 ② 바탕처리 ③ 걸레받이 ④ 장판지 ⑤ 재배 ⑥ 초배

【해설】 ②→⑥→⑤→④→③→①

문제 10) 다음 도장공사에 관한 내용 중 (   )앞에 알맞은 번호를 고르시오. (4점)
㉮ 철재에 도장할 때에는 바탕에 (① 광명단, ② 내알칼리 페인트)을(를) 도포한다.
㉯ 합성수지 에멀존 페인트는 건조가 (① 느리다, ② 빠르다.)
㉰ 알루미늄 페인트는 광선 및 열반사력이 (① 강하다, ② 약하다.)
㉱ 에나멜 페인트는 주로 금속면에 이용되며, 광택이 (① 잘난다, ② 없다.)

【해설】 ㉮→①, ㉯→②, ㉰→①, ㉱→①

건축실내의 설계

[제33회 작품명] 치과의원

1. 요구사항
   주어진 도면은 상업중심지역에 위치한 빌딩내 치과의원의 평면도이다.
   요구조건에 따라 도면을 작성하시오.

2. 요구조건
   ① 설계면적 : 9.6m × 10.4m × 2.7m
   ② 필요공간 및 가구
   - 간호사 2인, 조무사 1인 근무
   - 원장실 : 컴퓨터 및 책장
   - 조제실 및 주사실 / 카운터
   - 치료공간 : 치료대 4개
   - 대기공간 : TV, A/H, 소파 등 진료(치료) 대기실의 역할로 구성
   - 화장실 : 남여 변기 각 1개, 세면대(공용)

3. 요구도면
   ① 평면도(가구배치 포함/Design Concept 200자 내외) SCALE : 1/50
   ② 천정도(설비, 조명기구 배치 및 범례표 작성) SCALE : 1/50
   ③ 전개도 B방향 1면 (벽면재료 표기) SCALE : 1/50
   ④ 주단면도(A-A´) SCALE : 1/30
   ⑤ 실내투시도 SCALE : N.S
   (계획의 포인트가 좋은 지점에서 1소점 또는 2소점 투시법으로 작성하되, 작성과정의 투시보조선을 남길 것)

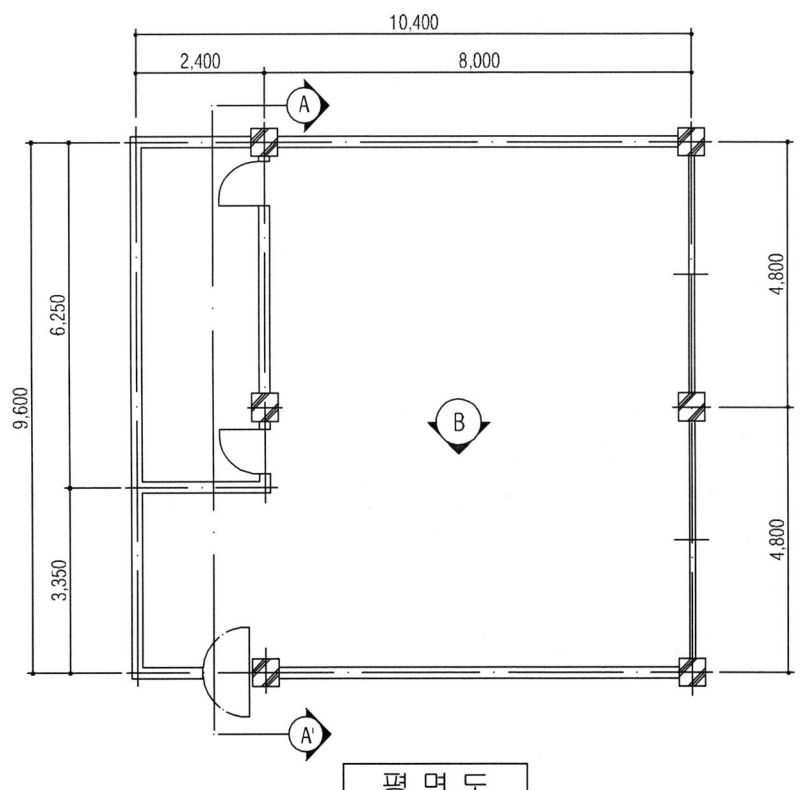

평면도

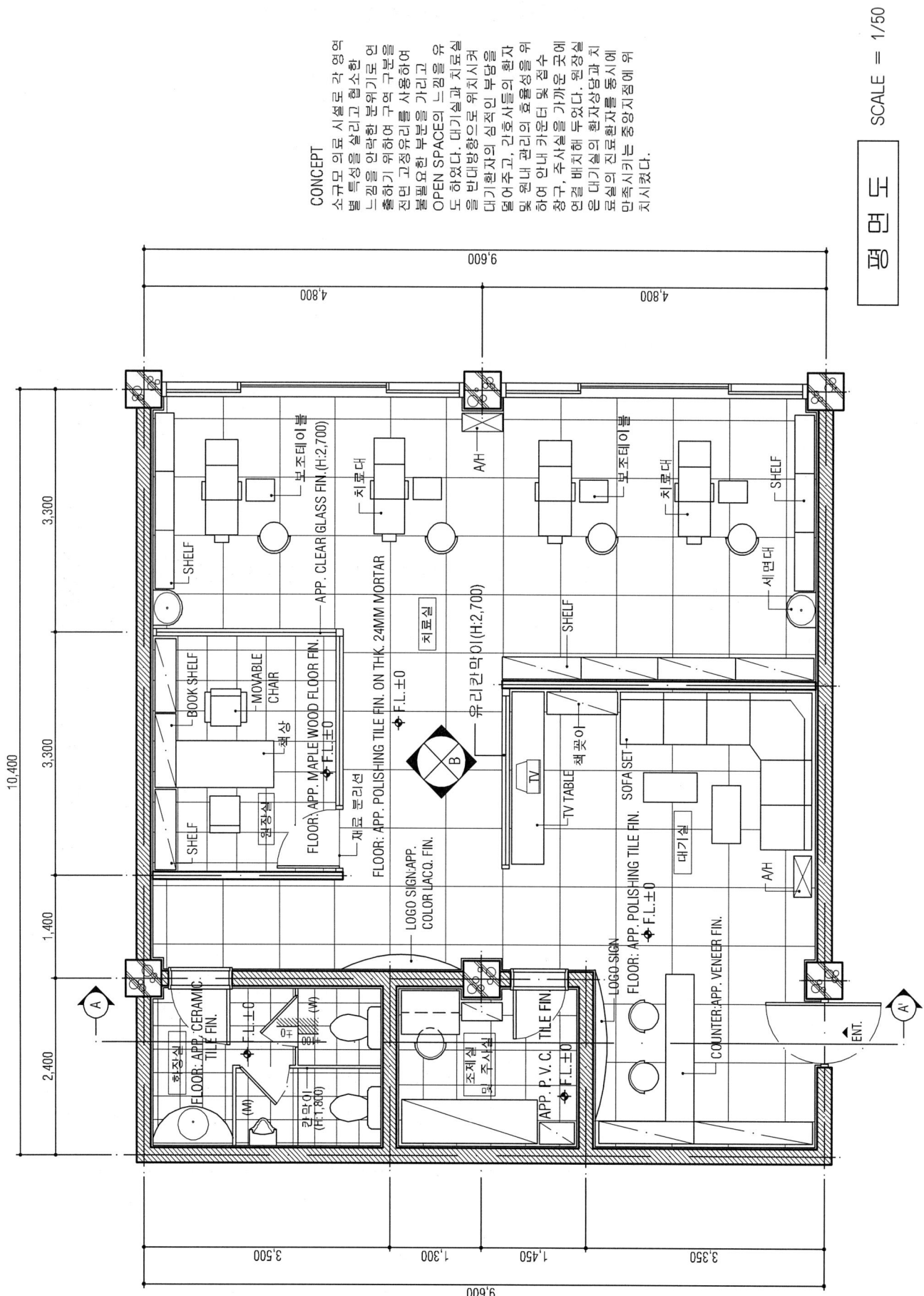

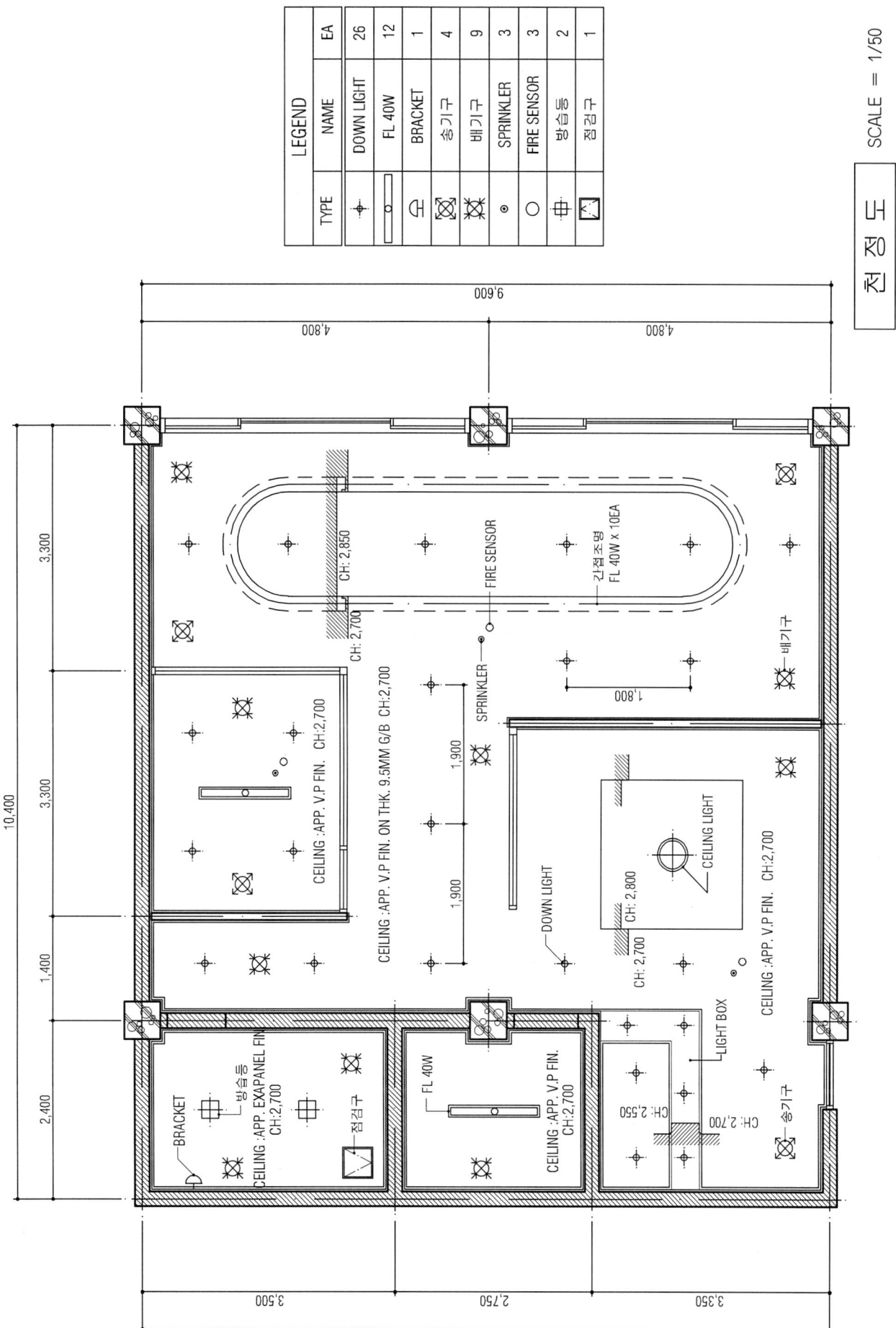

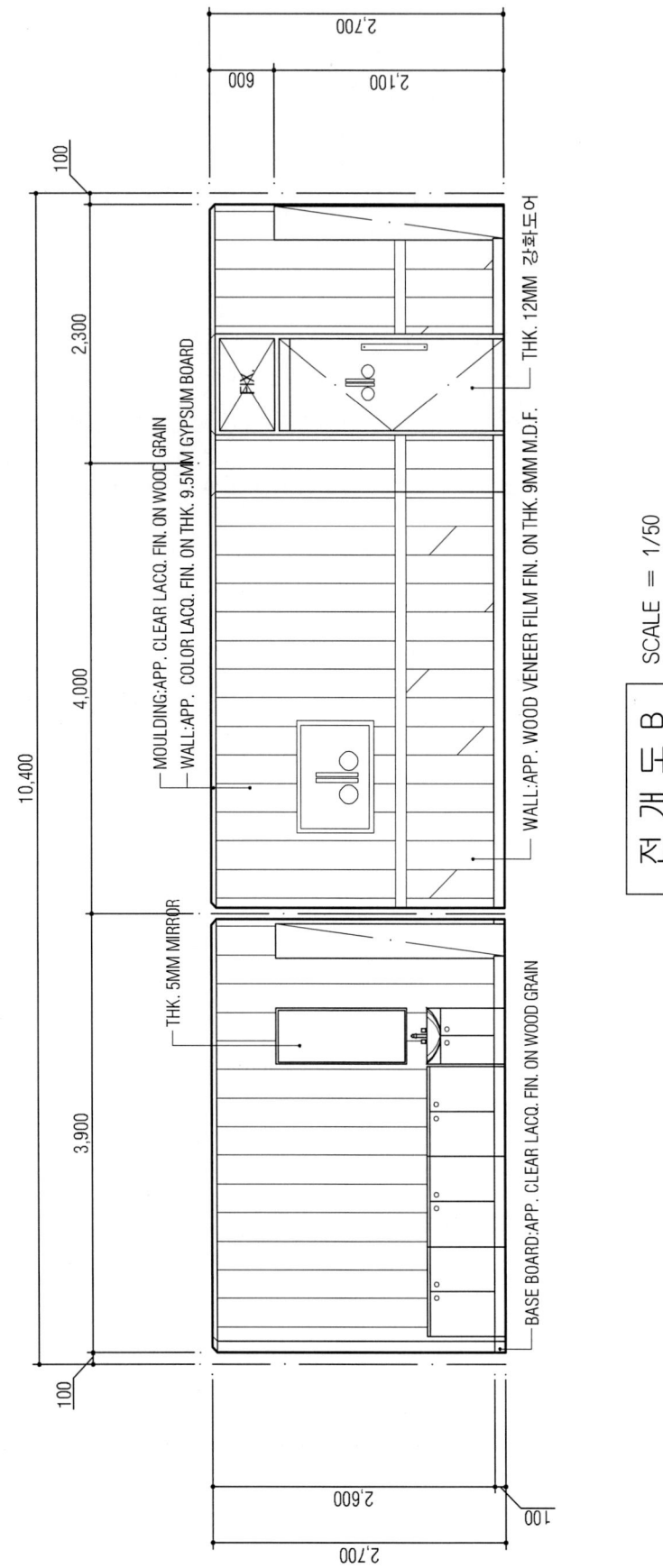

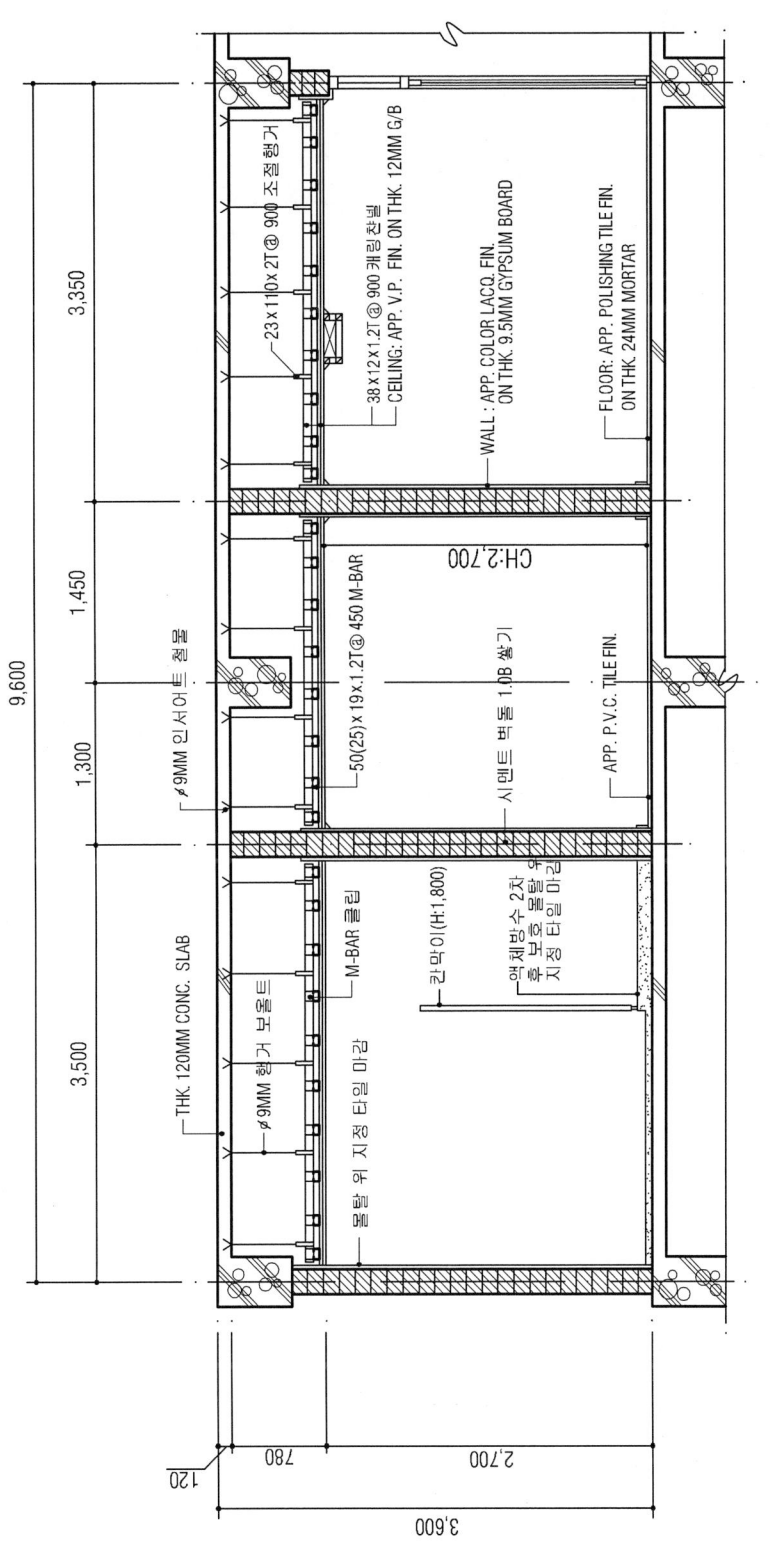

428 · 제4편 과년도 출제문제

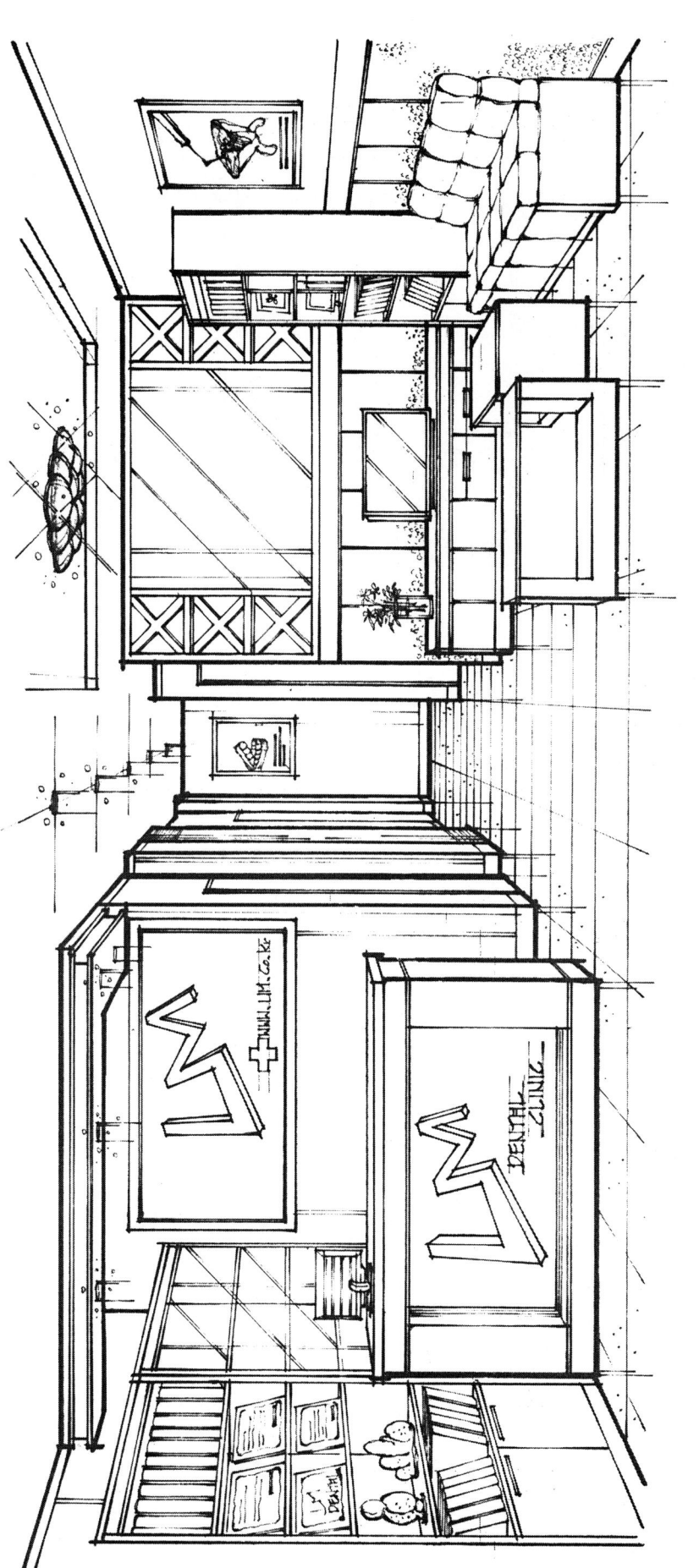

실내투시도 SCALE = N.S

(2002. 4. 21시행)

제34회 실내건축기사
시공실무

문제 1) 다음 내용이 설명하는 답을 쓰시오. (4점)
① 짚 밑자리 위에 돗자리를 씌우고 옆을 헝겊으로 선을 둘러댄 것 - (   )
② 갈대를 쪼개펴서 무늬를 넣어 짠 것 - (   )
③ 목재를 얇은 오리로 만들어 액진을 제거하고, 시멘트 교착으로 가압성형한 판 - (   )
④ 가구나 반침을 고정식, 가구적으로 만든 것 - (   )

【해설】 ① 다다미 ② 삿자리 ③ 목모 시멘트판 ④ 붙박이 가구

문제 2) 다음 공정표를 완성하시오. (4점)
〈조건〉㉮ ABC 작업이 최초작업이다.
㉯ A 작업을 한 후 HE작업을, C작업을 한 후 DG 작업을 한다.
㉰ ABC 작업을 하고 F 작업을 하며, EFG 작업후 I작업을 한다.
㉱ HDI작업을 하면 작업이 종료된다.

【해설】

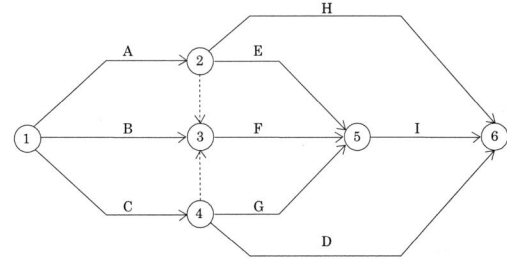

문제 3) 다음 골재의 흡수율에 관한 사항을 찾아 쓰시오. (4점)

절건상태   기건상태   표면건조   습윤상태

㉮ 흡수량   ㉯ 표면수량   ㉰ 함수량   ㉱ 유효흡수량

【해설】 ㉮ - 유효흡수량 ㉯ - 흡수량 ㉰ - 표면수량 ㉱ - 함수량

문제 4) 다음 ( )안에 알맞은 말을 써넣으시오. (4점)
적산은 건물의 공사재료 및 수량 즉, (①)을 산출한 것이고, 견적은 그 (②)에 (③)을(를) 곱하여 (④)을(를) 산출한 것을 말한다.

【해설】 ① 공사량   ② 공사량   ③ 단가   ④ 공사비

문제 5) 다음 ( )안에 알맞은 말을 써넣으시오. (4점)
파이프 비계 부속 철물 중 이음철물의 종류는 (①), (②)이 있으며, 베이스의 종류는 (③), (④)이 있다.

【해설】 ① 마찰형   ② 전단형   ③ 고정형   ④ 조절형

문제 6) 기경성 미장재료를 보기에서 고르시오. (3점)
〈보기〉 ① 시멘트 모르타르   ② 아스팔트 모르타르   ③ 킨즈시멘트   ④ 돌로마이트 플라스터
     ⑤ 회반죽   ⑥ 순석고 플라스터   ⑦ 마그네샤 시멘트

【해설】 ②, ④, ⑤

문제 7) 목구조에서 횡력 저항 보강재를 3가지 쓰시오. (3점)

【해설】 ① 가새   ② 버팀대   ③ 귀잡이보

문제 8) 할증률이 큰것부터 나열하시오. (4점)
① 시멘트 벽돌   ② 블럭   ③ 유리   ④ 타일

【해설】 ① → ② → ④ → ③

문제 9) 타일붙이기 시공순서이다. 시공순서를 쓰시오. (3점)
① 바탕처리   ② (   )   ③ (   )   ④ (   )   ⑤ 보양

【해설】 ② 타일나누기   ③ 벽타일붙이기   ④ 치장줄눈

문제 10) 석재 다듬기 공법중 특수공법의 종류 3가지와 각 방법의 특징에 관해 쓰시오. (3점)

【해설】 ① 화염분사법(Burner Finish Method) : 프로판가스나 버너 등으로 석면을 달군 다음 찬물을 뿌려 급랭시키면 표면에 박리층이 형성되어 부스러지는 현상을 이용하는 방법으로 비교적 민듯한 거친 면으로 마무리하는 것.
② 분사법(Sand Blasting Method) : 석재면에 고압공기압력으로 모래를 분출시켜서 면을 곱게 하거나 때를 벗겨내는 데 사용하는 방법.
③ 물갈기(Grinding Finish, Rubbing Finish) : 화강암, 대리석 등의 최종 마감에 물을 뿌리고, 연마기로 갈고 광택을 낼 때에는 산화석을 펠트에 발라 연마하는 방법.

문제 11) 다음 ( )안에 알맞은 말을 써넣으시오. (4점)
유성페인트에서 반죽정도에 따라 (   )페인트, (   )페인트, (   )페인트로 구분할 수 있다.

【해설】 된반죽, 중반죽, 조합

건축실내의 설계

[제34회 작품명] PC방

1. 요구사항
   주어진 도면은 PC방의 기본평면도이다. 다음의 요구조건에 따라 도면을 설계하시오.

2. 요구조건
   ① 설계면적 : 9m×15m×2.7m(H)
   ② 카운터 종업원 2인
   ③ 휴식공간(부엌겸용 간단한 식음료 가능)
   ④ 컴퓨터 Set 20대(최소이용가능자가 20명)
   ⑤ Tea Table 4조, 자판기 2대, 냉난방기
       그 외 가구는 작도자가 임의로 추가하여 배치할 수 있다.

3. 요구도면
   ① 평면도 SCALE : 1/50
      - 평면도 주변의 여유공간에 설계개요(DESIGN CONCEPT)를 180자 내외로 쓰시오.
   ② 천정도(설비, 조명기구 배치 및 범례표 작성) SCALE : 1/50
   ③ 전개도 B, D면(벽면재료 표기) SCALE : 1/50
   ④ 단면도(A-A´) SCALE : 1/50
   ⑤ 실내투시도 SCALE : N.S
      (계획의 포인트가 좋은 지점에서 1소점 또는 2소점 투시도법으로 작성하되, 작성과정의 투시 보조선을 반드시 남길 것)

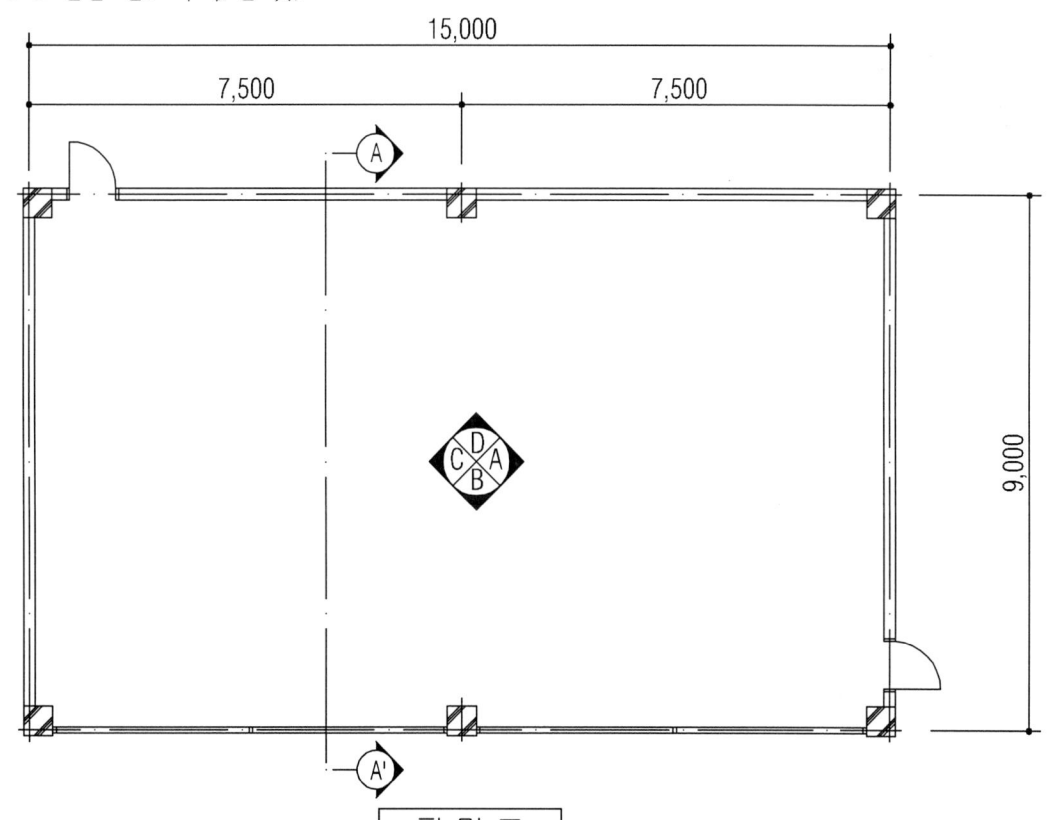

평면도

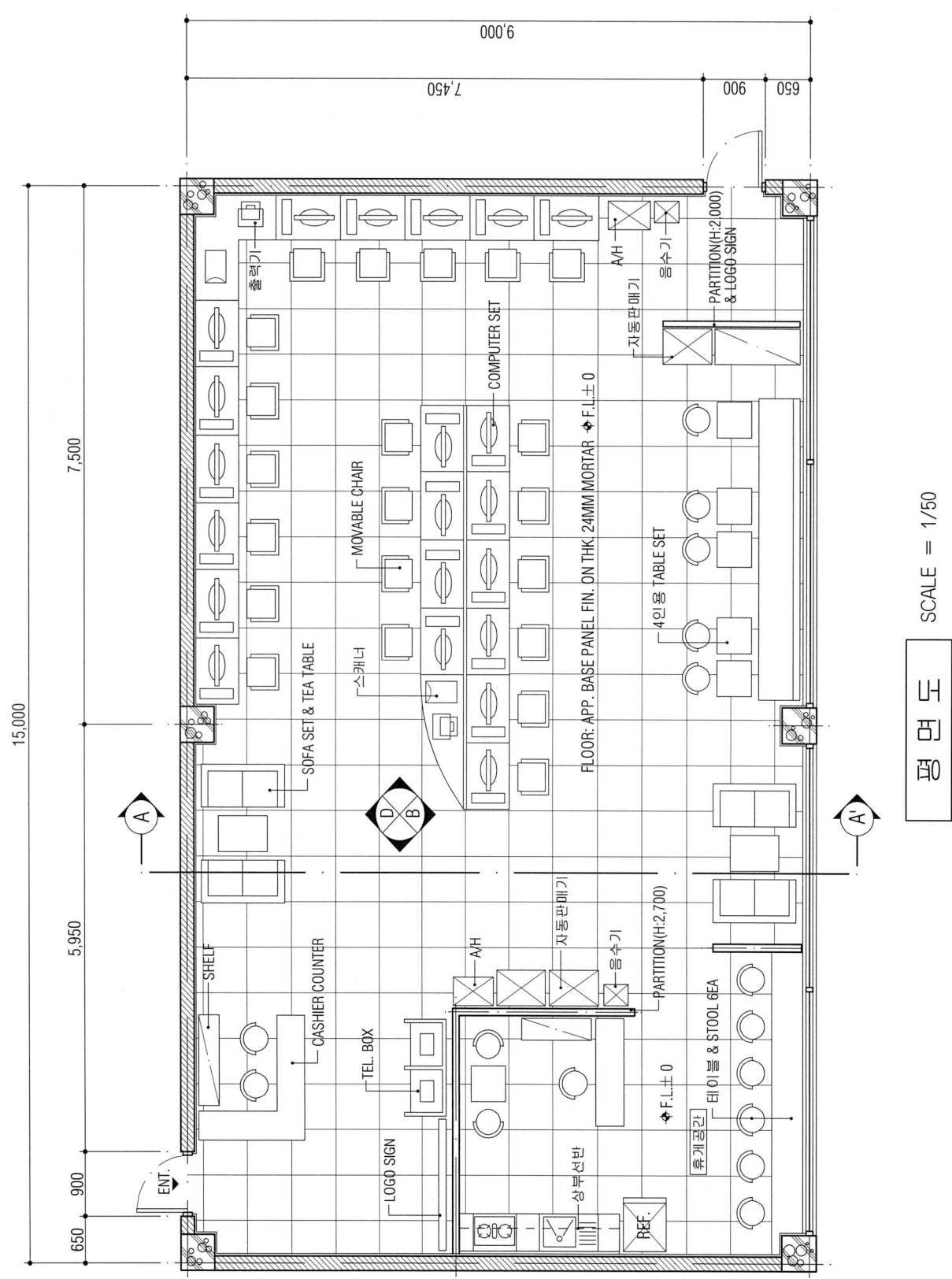

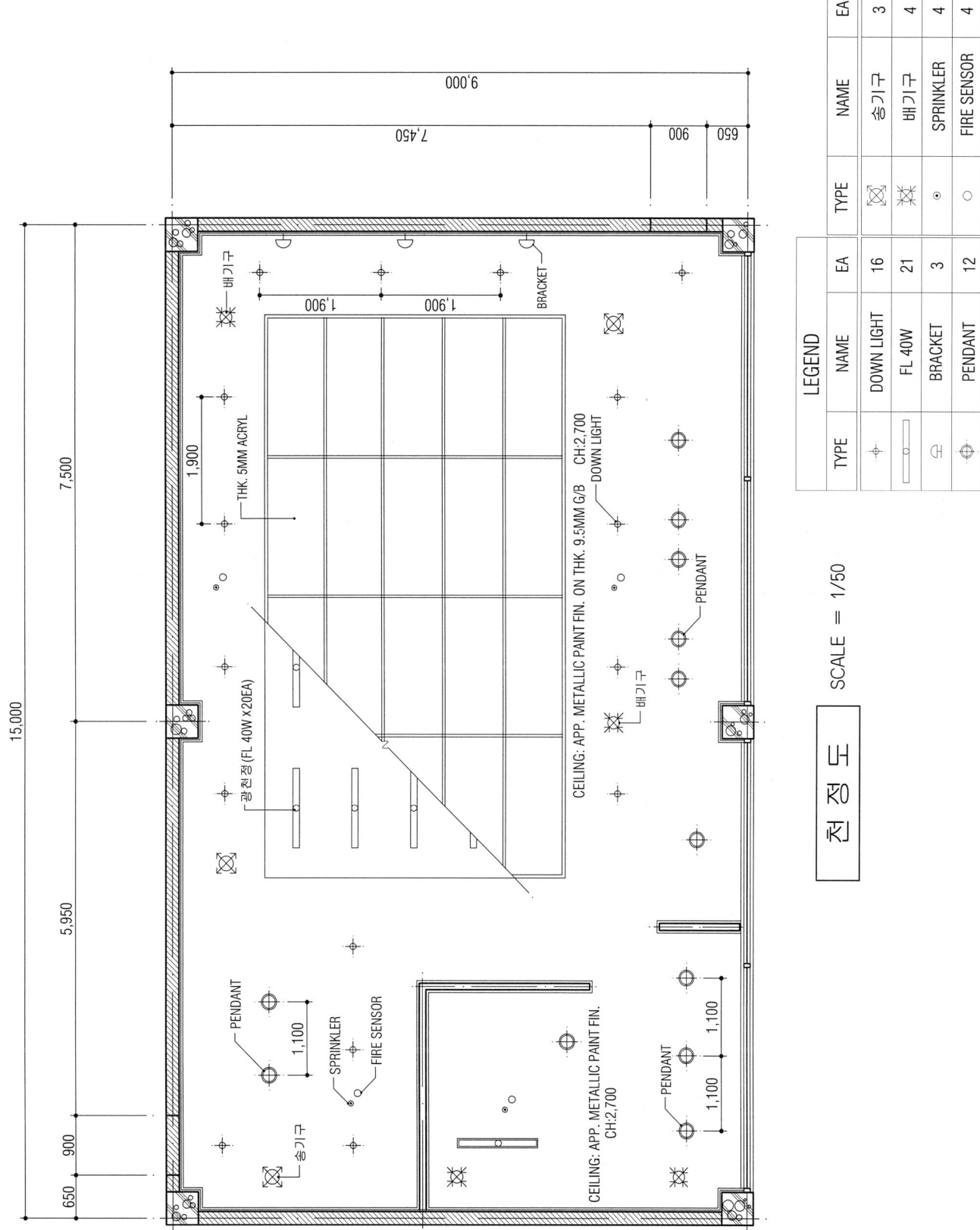

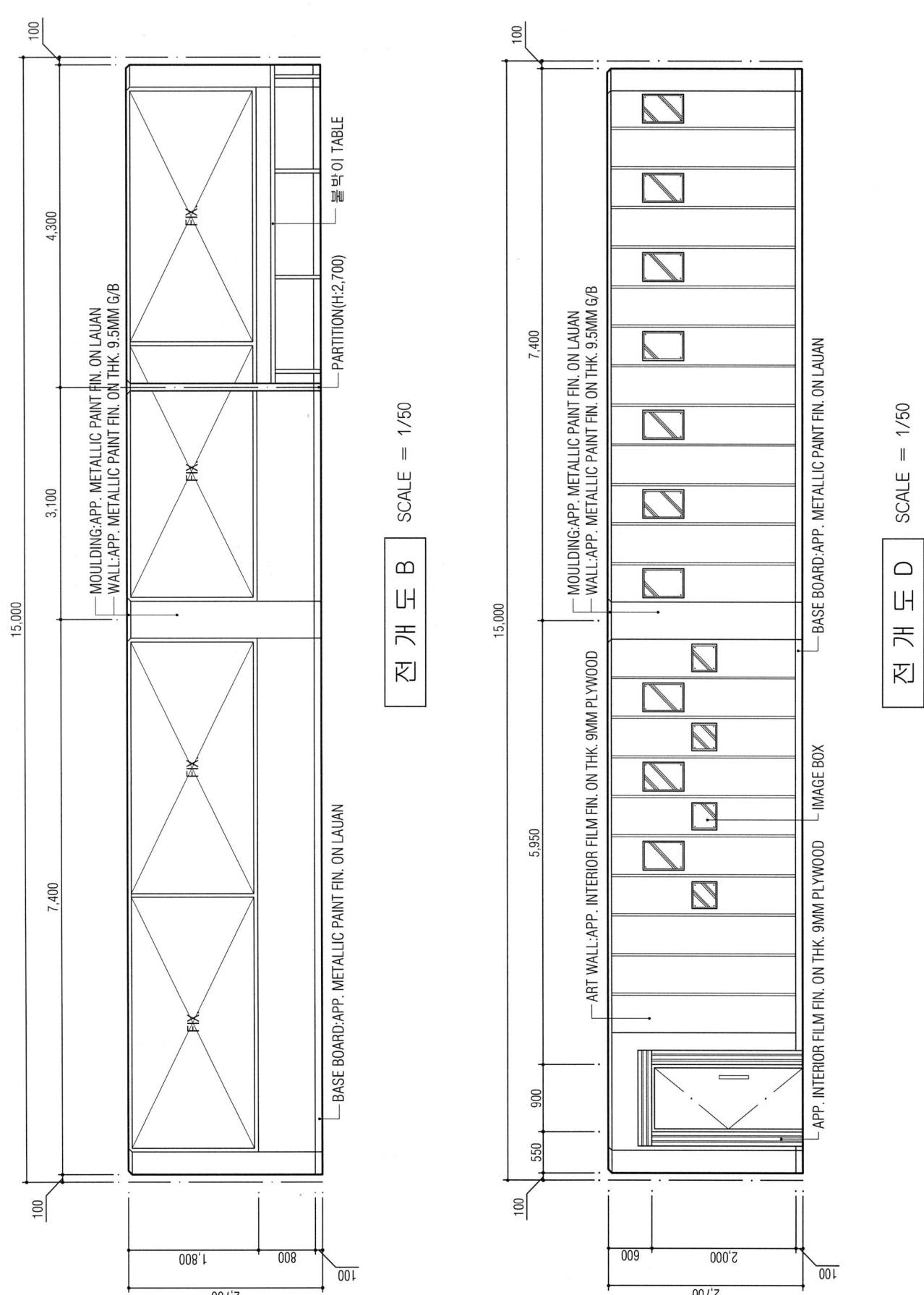

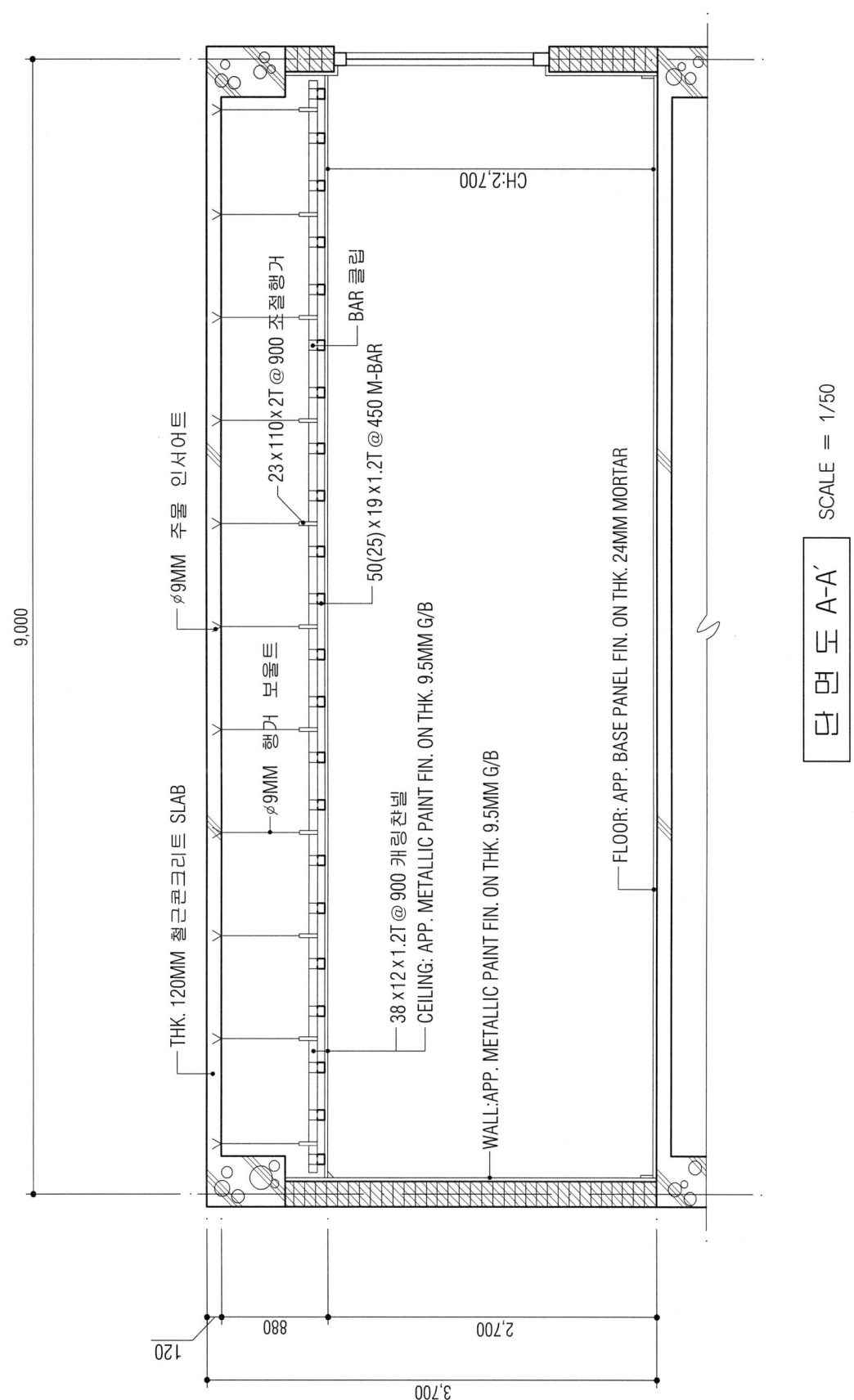

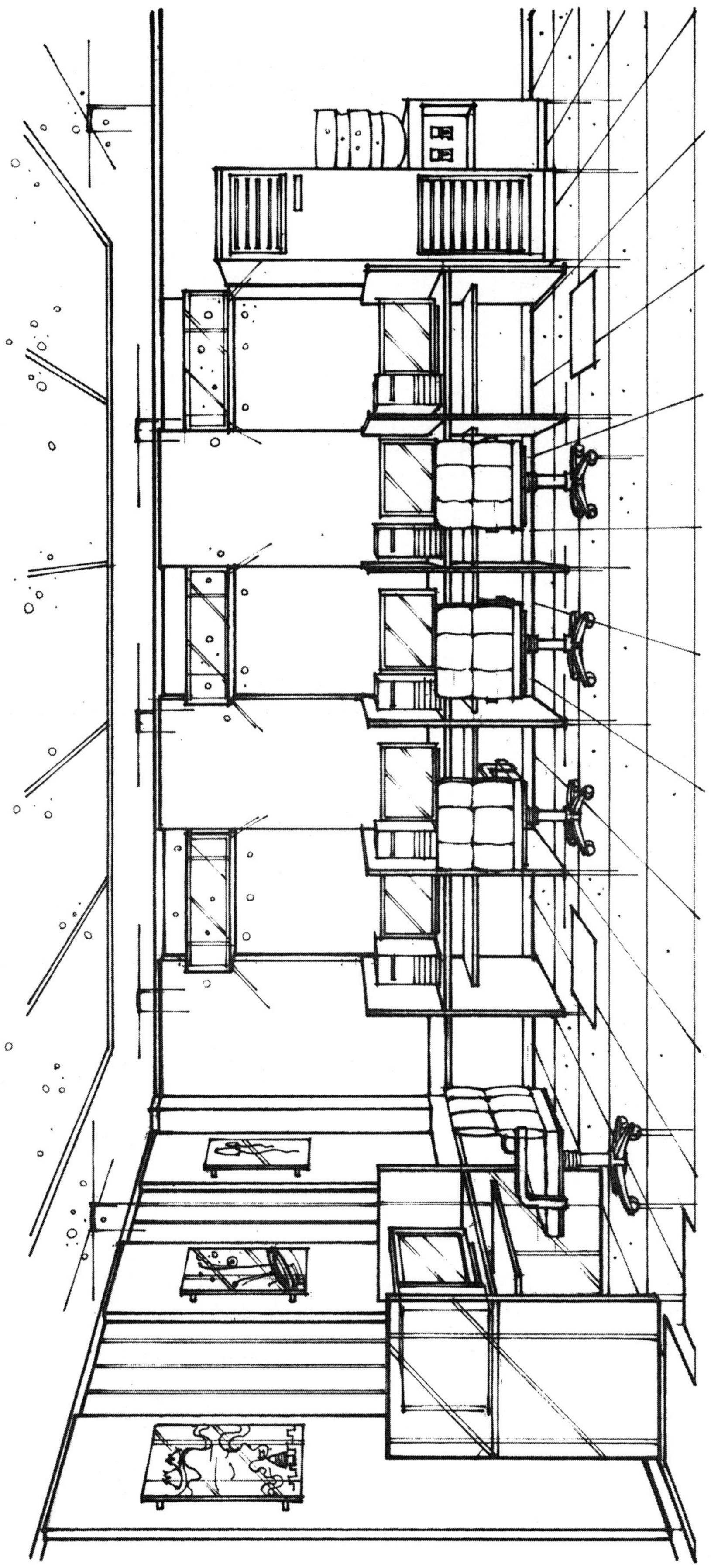

(2002. 7. 7시행)
제35회 실내건축기사
시공실무

문제 1) 미장공사에서 바름바탕의 종류 3가지를 쓰시오. (3점)

【해설】 ① 콘크리트바탕 ② 조적바탕 ③ 라스바탕

문제 2) 블록쌓기 공사에서 시공도에 기입사항을 5가지 쓰시오. (5점)

【해설】 ① 블록의 평면, 입면 나누기 및 블록의 종류
② 벽 중심간의 치수 및 창문틀 기타 개구부의 안목치수
③ 보강철근의 이음 위치와 정착방법, 크기, 지름 및 갯수
④ 나무벽돌, 앵커볼트, 급배수관 등 매설물의 위치와 BOX 크기
⑤ 쌓기 단수와 줄눈 표시

문제 3) 타일의 동해방지를 위하여 취하여야 할 조치를 4가지 쓰시오. (4점)

【해설】 ① 타일은 소성온도가 높은 것을 사용한다.
② 붙임용 모르타르의 배합비를 좋게 한다.
③ 줄눈누름을 충분히 하여 빗물의 침투를 방지하고, 타일바름 밑바탕 시공을 잘한다.
④ 흡수성이 낮은 자기질 타일을 사용하는 것이 좋다.

문제 4) 건축물의 아아치 쌓기의 모양에 따라 아아치의 종류를 4가지 쓰시오. (4점)

【해설】 ① 평아치 ② 반원아치 ③ 결원아치 ④ 말굽아치

문제 5) 유리의 단점인 취성을 보강할 목적으로 안전유리가 생산되고 있다. 안전유리로 분류할 수 있는 유리의 종류 3가지를 쓰시오. (3점)

【해설】 ① 강화유리 ② 망압유리 ③ 접합유리

문제 6) 다음 그림과 같은 철근콘크리트조 사무소 건축을 신축함에 있어 외부쌍줄비계를 매는데 총 비계면적을 산출하시오. (4점)

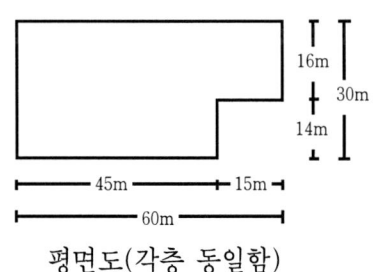
평면도(각층 동일함)

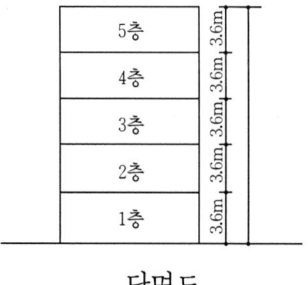
단면도

【해설】 쌍줄비계면적 : A = H{2(a+b)+0.9×8} = 18{2(60+30)+0.9×8} = 18{2×90)+7.2} = 18×(180+7.2)
= 18×187.2 = 3,369.6m²

문제 7) 조적구조에서 내력벽과 장막벽을 구분하여 기술하시오. (4점)

【해설】 ① 내력벽 : 벽체, 바닥, 지붕 등의 하중을 받아 기초에 전달하는 벽
② 장막벽 : 상부의 하중을 받지않고, 자체의 하중을 받는 벽

문제 8) 수성도료의 장점을 4가지 기술하시오. (4점)

【해설】 ① 물을 용제로 사용하므로 공해가 없고, 경제적이다. 건조가 빠르다.
② 건조가 빠르다.
③ 도포방법이 간단하며, 보관의 제약이 간소하다.
④ 알카리성 재료에 도포가 가능하다.

문제 9) 비닐수지계 바닥재 중 유지계에 속하는 종류를 모두 골라 번호로 쓰시오. (3점)
〈보기〉① 고무타일 ② 시트 ③ 암색계 아스팔트 타일
④ 명색계 쿠마론 인덴수지타일 ⑤ 리놀륨 ⑥ 비닐타일 ⑦ 리노타일

【해설】 ⑤, ⑦

문제 10) 다음 주어진 데이터를 보고 NET WORK 공정표를 작성하시오. (4점)

작업명	A	B	C	D	E	F	G	H	I	J
작업일수	4	8	11	2	5	14	7	8	9	6
선행작업	없음	없음	A	C	B, J	A	B, J	C, G	D,E,F,H	A

【해설】

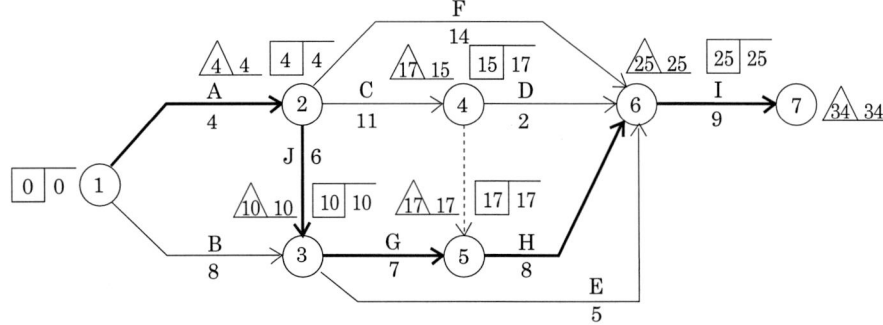

CP〉Activity : A→J→G→H→I   Event : ①→②→③→⑤→⑥→⑦

문제 11) 미장공사에 회반죽 바름으로 마감할 경우 주의사항을 2가지 쓰시오. (2점)

【해설】 ① 작업중 통풍을 피하는 것이 좋으나, 초벌고름질 특히 정벌바름 후에는 서서히 적당한 통풍이 되게 한다.
② 한냉기에 2℃ 이하가 되면, 공사를 중지하거나 5℃ 이상으로 유지시켜 준다.

건축실내의 설계

[제35회 작품명] CD · 비디오 숍

1. 요구사항
   복합상업시설내에 있는 CD · 비디오숍의 평면도이다. 요구조건에 따라 요구도면을 작성하시오.

2. 요구조건
   ① 설계면적 : 8.4m×11.7m×2.9m(H)
   ② 카운터 ③ 휴게실 ④ 오디오 ⑤ 비디오 ⑥ CD · 비디오 선반
   (이상 제시된 가구는 필수적이며 이외에 필요한 것이 있다면 보완할 수 있음)

3. 요구도면
   ① 평면도(가구배치 포함) SCALE : 1/50
      - 평면도 주변의 여유공간에 설계개요(DESIGN CONCEPT)를 200자 내외로 쓰시오.
   ② 천정도(설비, 조명기구 배치 및 범례표 작성) SCALE : 1/50
   ③ 전개도 B, C방향 2면 (벽면재료 표기) SCALE : 1/30
   ④ 단면상세도(A-A′) SCALE : 1/30
   ⑤ 실내투시도 SCALE : N.S
      (계획의 포인트가 좋은 지점에서 1소점 또는 2소점 투시도법으로 도면을 작성한다.)

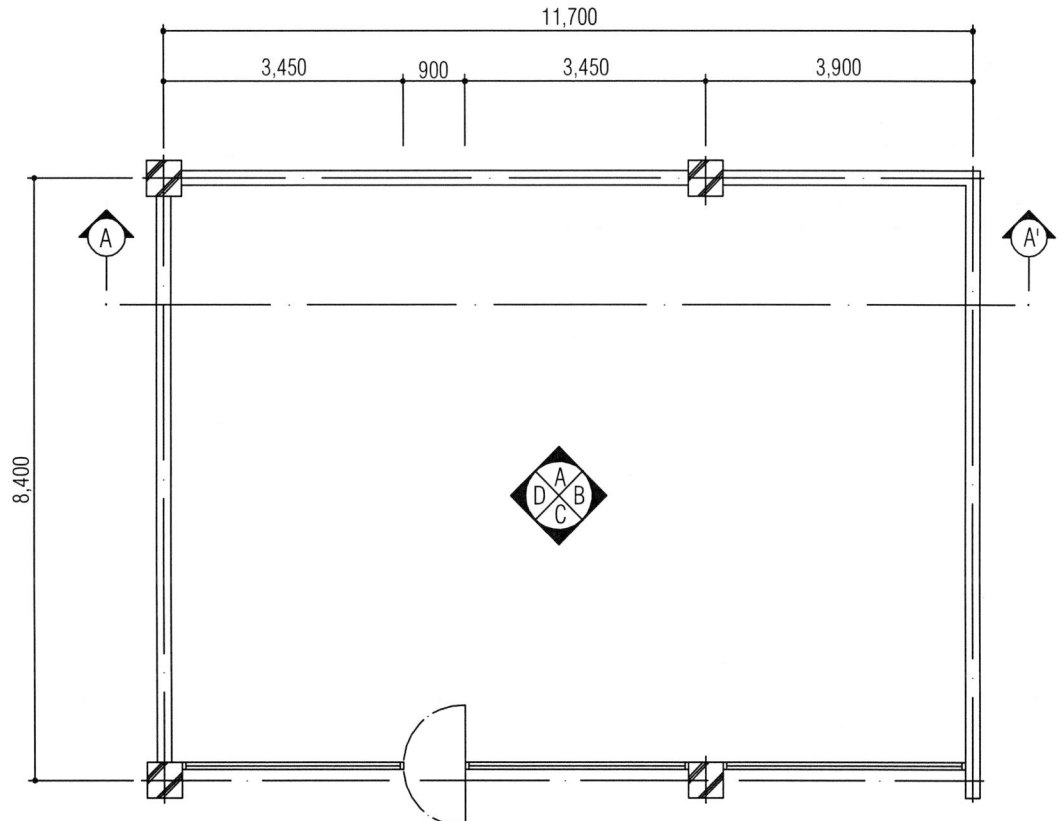

평 면 도

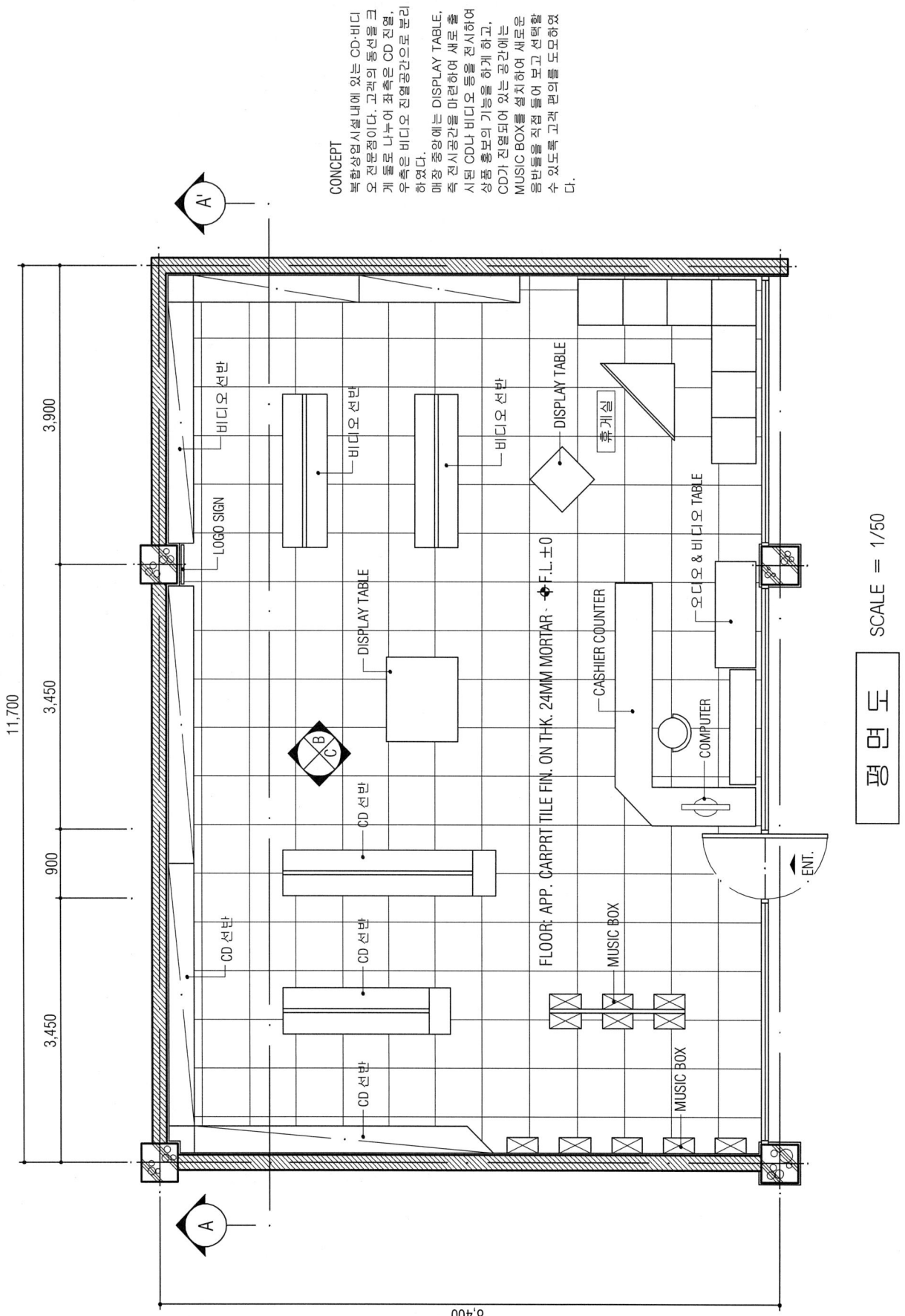

과년도 출제문제 · 441

LEGEND			
TYPE	NAME		EA
✥	DOWN LIGHT		34
▭	FL 40W		24
✥	SPOT LIGHT		1
⊠	송기구		2
⊠	배기구		4
⊙	SPRINKLER		4
○	FIRE SENSOR		4

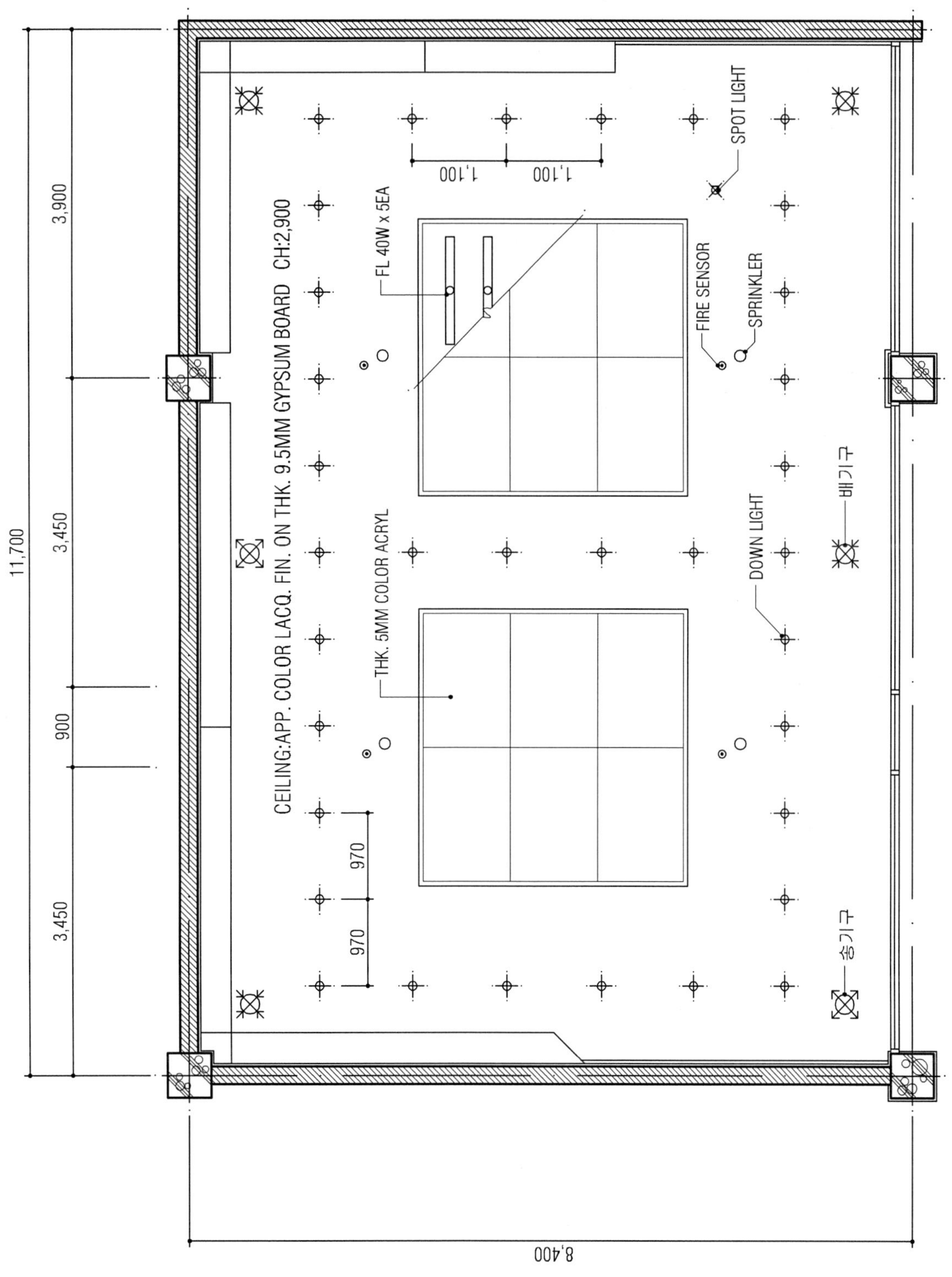

CEILING: APP. COLOR LACQ. FIN. ON THK. 9.5MM GYPSUM BOARD   CH:2,900

THK. 5MM COLOR ACRYL

FL 40W × 5EA

SPOT LIGHT

FIRE SENSOR
SPRINKLER

DOWN LIGHT
배기구

송기구

천 정 도   SCALE = 1/50

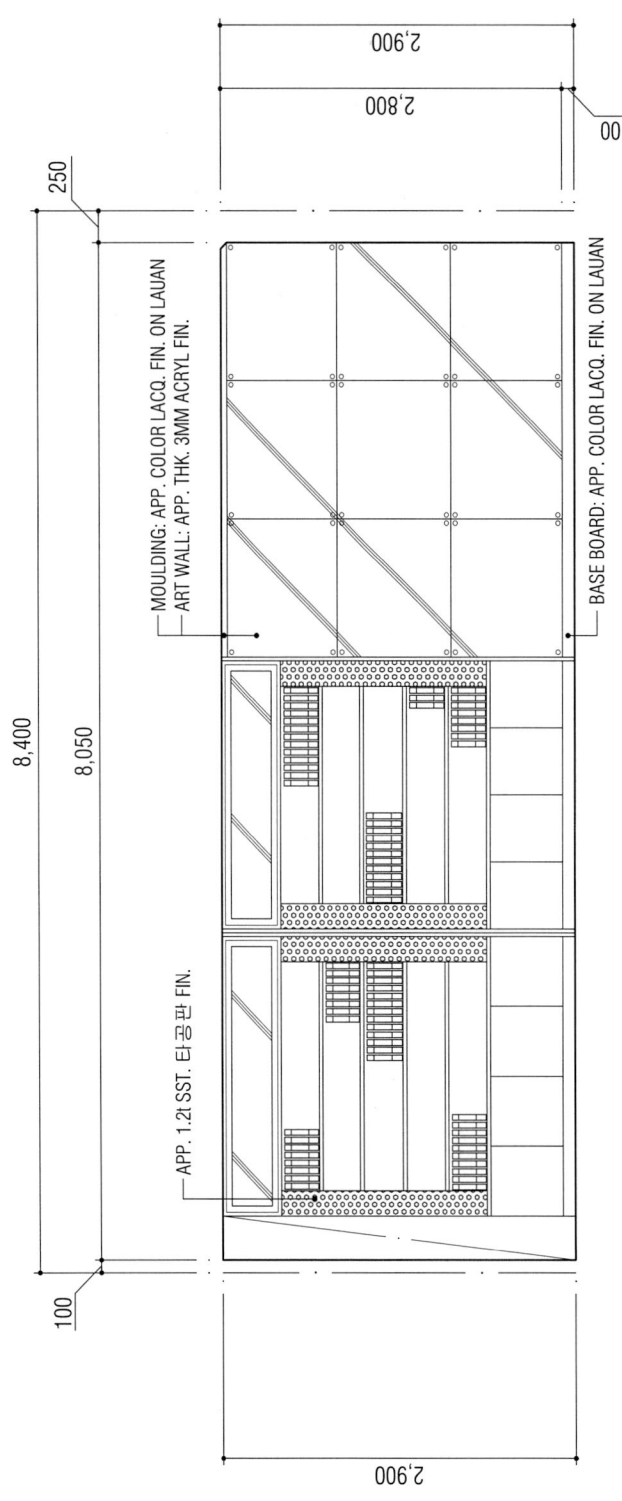

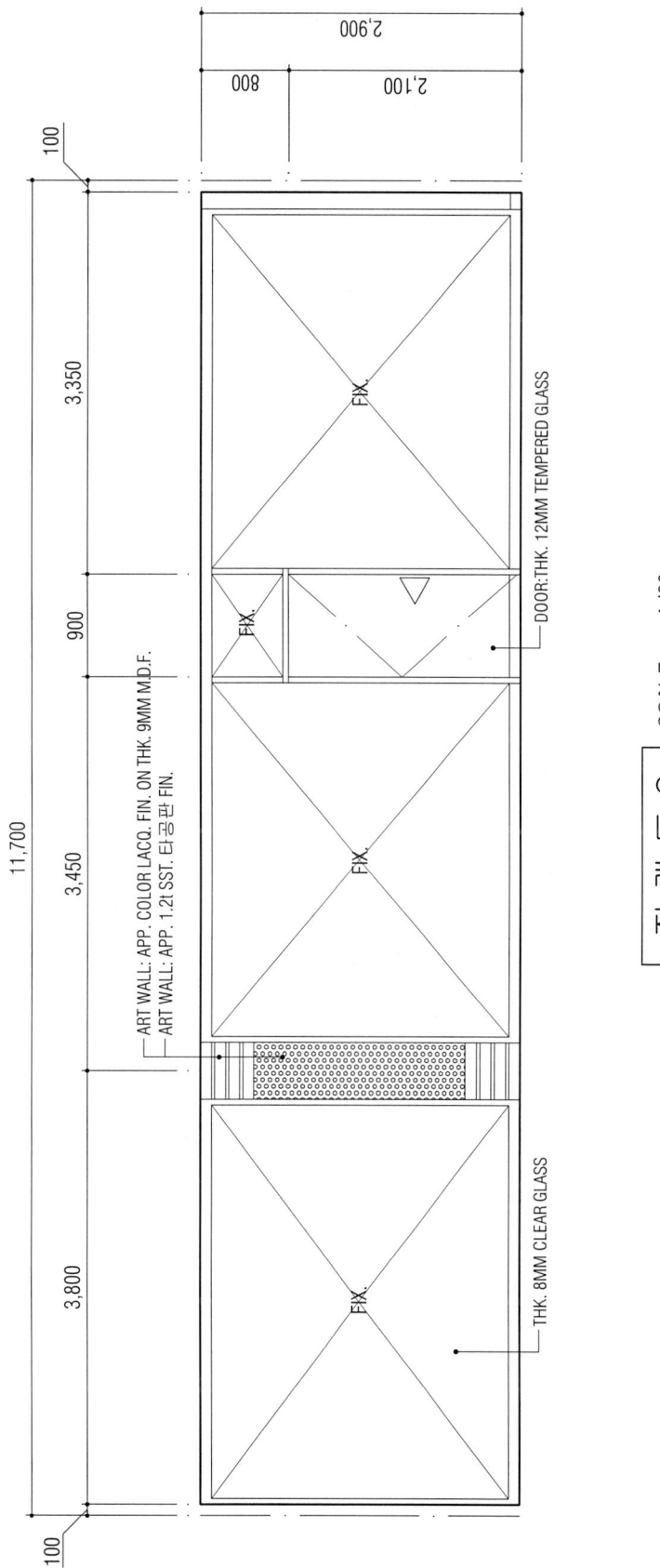

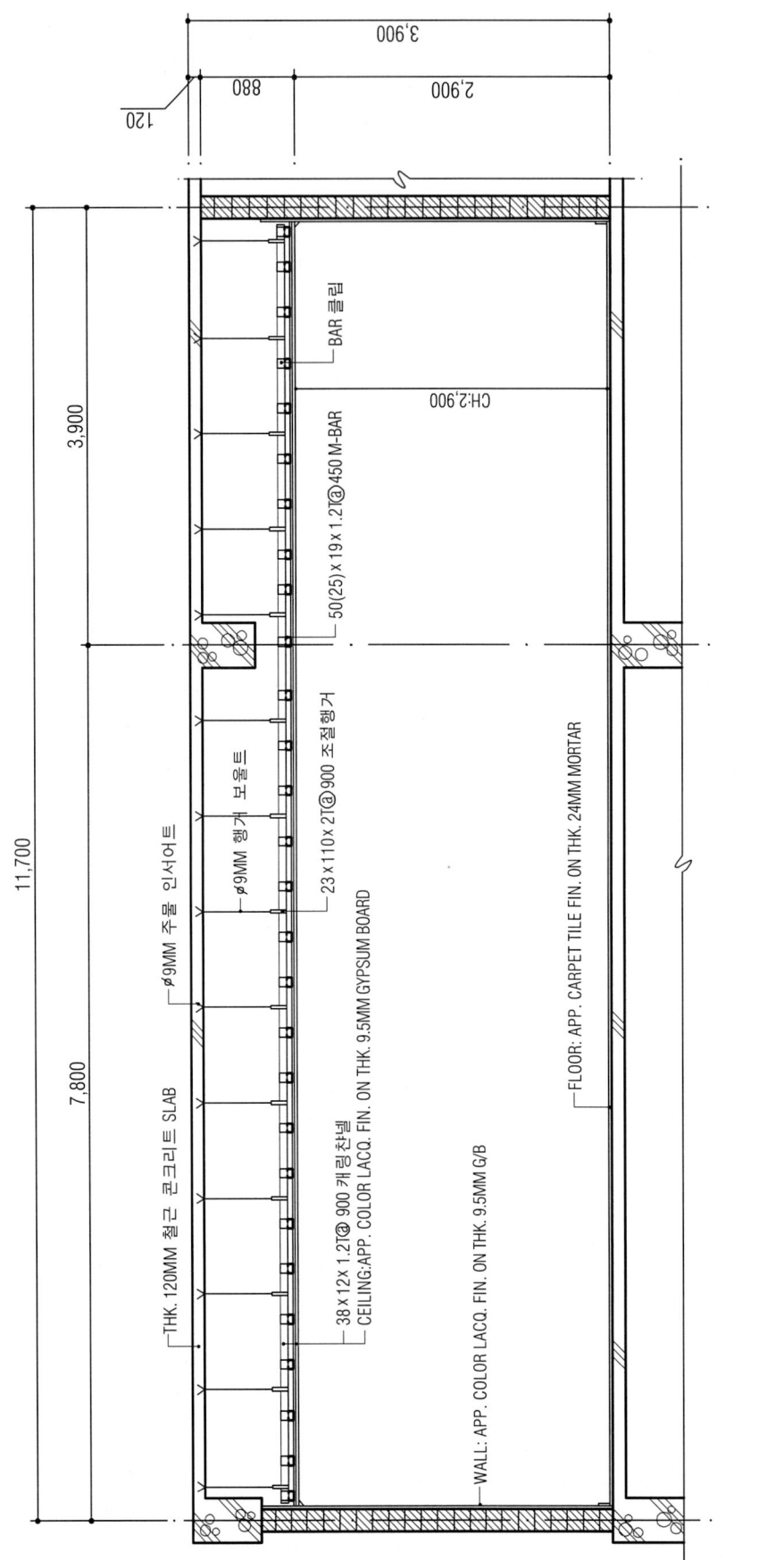

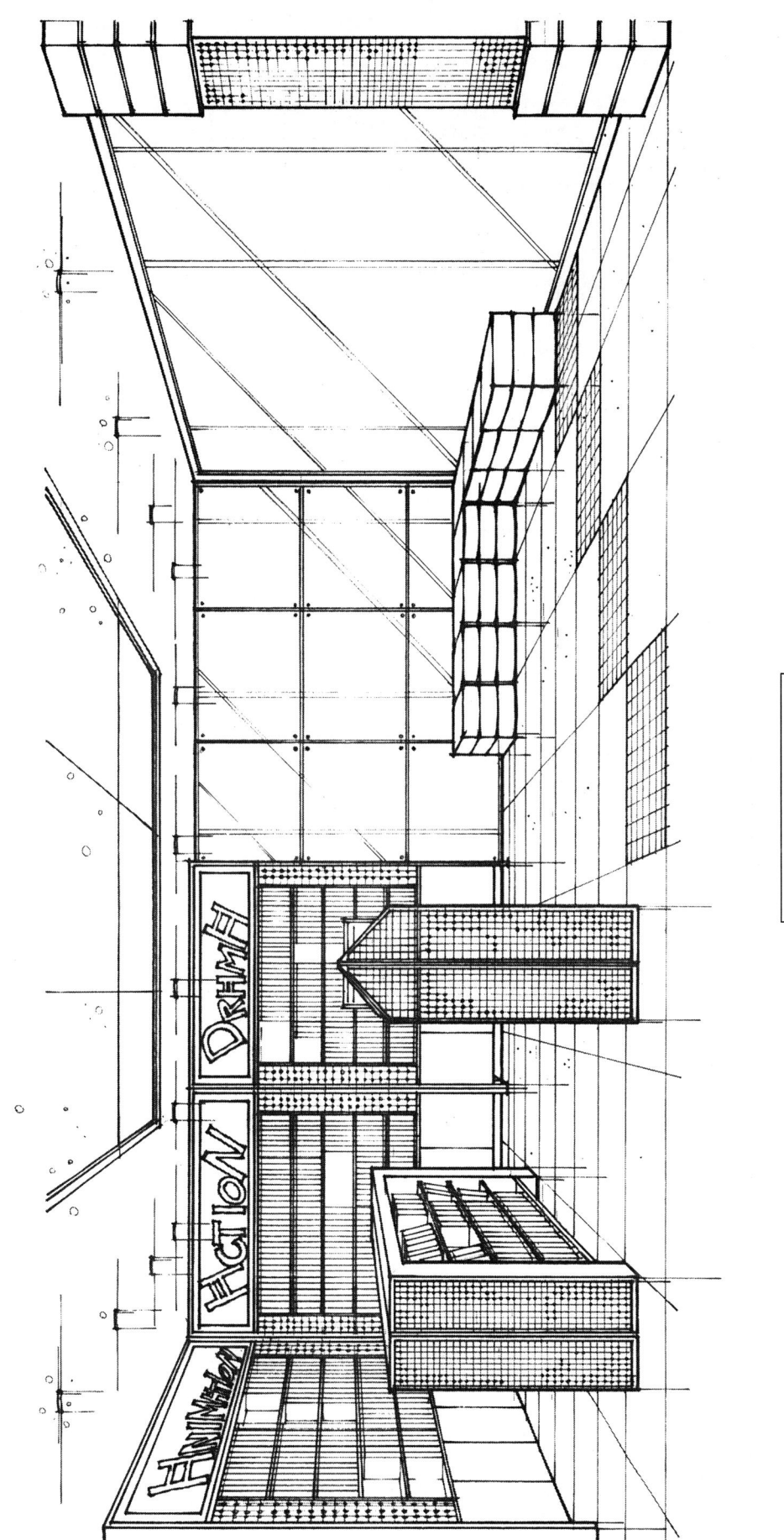

(2002. 9. 29시행)
제36회 실내건축기사
시공실무

문제 1) 다음 보기의 합성수지를 열가소성수지와 열경화성수지로 구분하여 번호를 기입하시오. (4점)

〈보기〉 ① 알키드 ② 실리콘 ③ 아크릴수지 ④ 셀룰로이드 ⑤ 프란수지
       ⑥ 폴리에틸렌수지 ⑦ 염화비닐수지 ⑧ 페놀수지

【해설】 열가소성수지 - ③, ④, ⑥, ⑦
       열경화성수지 - ①, ②, ⑤, ⑧

문제 2) 다음은 조적공사에 관한 사항이다. (   )안에 알맞은 말을 써넣으시오. (4점)
① 한켜는 마구리쌓기, 다음켜는 길이쌓기를 하고, 모서리에 이오토막을 사용하는 것을 (   )라 한다.
② 1.0B의 표준형 벽돌을 (   )매/m² 이다.
③ 벽돌의 하루 최대 쌓는 높이는 (   )단 이하이다.
④ 벽돌 벽면에서 내쌓기할 때는 두켜씩 (   ) 내쌓고, 한켜씩 (   ) 내쌓기로 한다.

【해설】 ① 영국식쌓기   ② 149   ③ 22   ④ 1/4B, 1/8B
       ※ 벽돌의 하루 최대쌓기는 기존형 21매, 표준시방서에 의한 표준형은 22매이다. ②번에서 표준형 벽돌에 대한 문제제시로 ③번 정답도 표준형 쌓기로 봄

문제 3) 다음 용어설명에 맞는 재료를 보기에서 골라 쓰시오. (4점)

〈보기〉 ① 합판   ② 화이어보드   ③ 코르크판   ④ 목모시멘트판

㉮ 3매 이상의 단판을 1매마다 섬유방향에 직교하도록 겹쳐 붙인 것.
㉯ 표면은 평평하고 유공질판이어서 단열판, 열 전연재로 사용
㉰ 목재를 얇은 오리로 만들어 액진을 제거하고, 시멘트로 교착하여 가압성형한 것.
㉱ 식물 섬유질을 주원료로 하여 이를 섬유화, 펄프화하여 접착제를 섞어 판으로 만든 것.

【해설】 ㉮ - ①, ㉯ - ③, ㉰ - ④, ㉱ - ②

문제 4) 시멘트 모르타르 3회 바르기의 순서를 나열하시오. (3점)
〈보기〉 ① 바탕처리 ② 초벌바름 ③ 물축이기 ④ 재벌 ⑤ 고름질 ⑥ 정벌

【해설】 ①→③→②→⑤→④→⑥

문제 5) 다음 보기중 적합한 유리재를 괄호안에 넣으시오. (4점)

〈보기〉 ① 유리블록 ② 자외선 투과유리 ③ 복층유리 ④ 포도유리

㉮ 방음, 단열, 결로방지(   )

㉯ 병원, 온실(   )

㉰ 의장성, 계단실 채광(   )

㉱ 지하실 채광(   )

【해설】 ㉮ - ③, ㉯ - ②, ㉰ - ①, ㉱ - ④

문제 6) 다음은 네트워크 공정표에 관련된 용어의 설명이다. 해당되는 용어를 쓰시오. (4점)

〈보기〉 ① 작업을 개시할 수 있는 가장 빠른 시일
② 작업의 여유시간
③ 화살선으로 표현할 수 없는 작업의 상호관계를 표시하는 화살표
④ 어떤 작업의 개시점과 동시에 완료점의 의미

【해설】 ① EST   ② F(여유시간)   ③ Dummy(더미)   ④ Event(결합점)

문제 7) 다음 열가소성수지를 분류하시오. (3점)

〈보기〉 ① 염화비닐수지   ② 멜라민수지   ③ 아크릴수지   ④ 스티롤수지   ⑤ 석탄산수지

【해설】 ①, ③, ④

문제 8) 인조석 표면 마감방법 3가지를 설명하시오. (3점)

【해설】 ① 인조석 씻어내기 - 인조석 바름이 굳어버리기 전에 솔 또는 분무기로 표면의 시멘트풀(cement paste)를 씻어내어 표면에 종석만 나타나게 하는 것.

② 인조석 갈기 - 인조석의 정벌바름 후에 숫돌이나 그라인더로 연마해서 매끈하게 마감하는 것.

③ 잔다듬 - 인조석 바름이 굳은 후에 적당한 석공용 다듬망치로 마감하는 것. 일반적으로 현장바름 인조석은 보통 잔다듬으로 한다.

문제 9) 다음 도면의 창호 100조를 제작하려 한다. 목재량을 산출하시오. (3점)

(단, 각재는 45mm × 210mm)

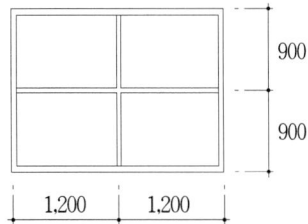

【해설】 ① 수평재 = 0.045m × 0.21m × 2.4m × 3개 × 100조 = 6.804㎥

② 수직재 = 0.045m × 0.21m × 1.8m × 3개 × 100조 = 5.103㎥

③ 합계 = ① + ② = 6.804 + 5.103 = 11.907㎥

문제 10) 기능상 벽지 선택시 유의사항 3가지를 쓰시오. (3점)

【해설】 ① 장식성 ② 내오성 ③ 내구성

※ 벽지를 선택할 때에는 용도에 따라 재료의 특성, 가격 등을 고려하여야 하지만 일반적으로 장식효과와 더불어 방로효과, 탄력성, 내오성, 내광성, 내구성, 내수성, 통기성, 보온성, 흡음성, 시공성, 난연성 등을 가진 벽지를 선택하는 것이 바람직하다.

문제 11) 다음은 합성수지에 관한 내용이다. 괄호안을 채우시오. (5점)

합성수지의 비중은 (①)이고, 인장강도는 (②), 압축강도는 (③), 가시광선 투과율에 대하여 아크릴수지는 (④)%이고, 비닐수지는 (⑤)%이다.

【해설】 ① 0.9~1.5 ② 300~900kg/cm^2 ② 700~2,400kg/cm^2 ④ 91~92 ⑤ 89

건축실내의 설계

[제36회 작품명] 커피숍(B)

1. 요구사항
   주어진 도면은 상업중심지역에 위치한 커피숍의 평면도이다.
   다음의 요구조건에 따라 요구도면을 설계하시오.

2. 요구조건
   ① 설계면적 : 9m×7.5m×2.7m(H)
   ② 필요공간 및 가구
   • COUNTER, 주방, 냉난방 시설, 전화Box, 화장실(남여 변기 구분, 세면기 공용)
   • 4인조 Table Set 4조, 2인조 Table Set 2조, 6인조 Table Set 1조

3. 요구도면
   ① 평면도 SCALE : 1/30
      (가구배치 포함/평면계획의 Design 의도·방향 등을 200자 내외로 쓰시오.)
   ② 천정도(설비, 조명기구 배치 및 범례표 작성) SCALE : 1/30
   ③ 전개도 C면(벽면재료 표기) SCALE : 1/30
   ④ 주단면도(A-A') SCALE : 1/50
   ⑤ 실내투시도 SCALE : N.S
      (계획의 포인트가 좋은 지점에서 1소점 또는 2소점 투시도법으로 작성하되, 작성과정의 투시보조선을 반드시 남길 것)

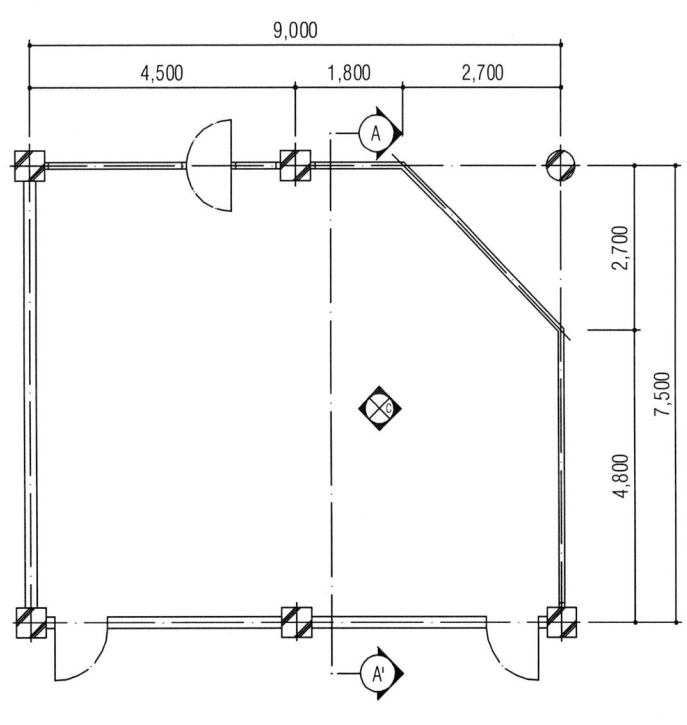

평면도

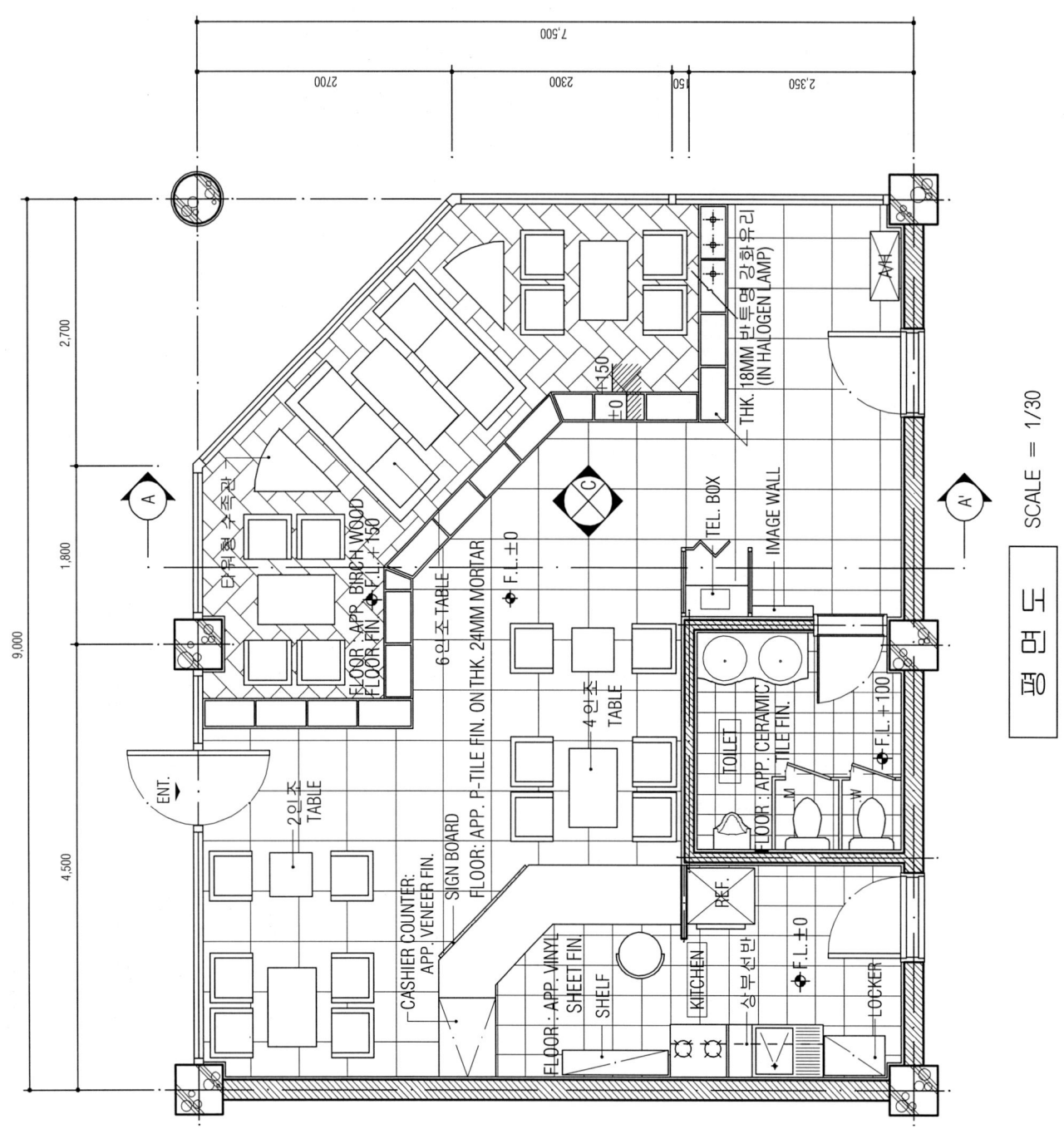

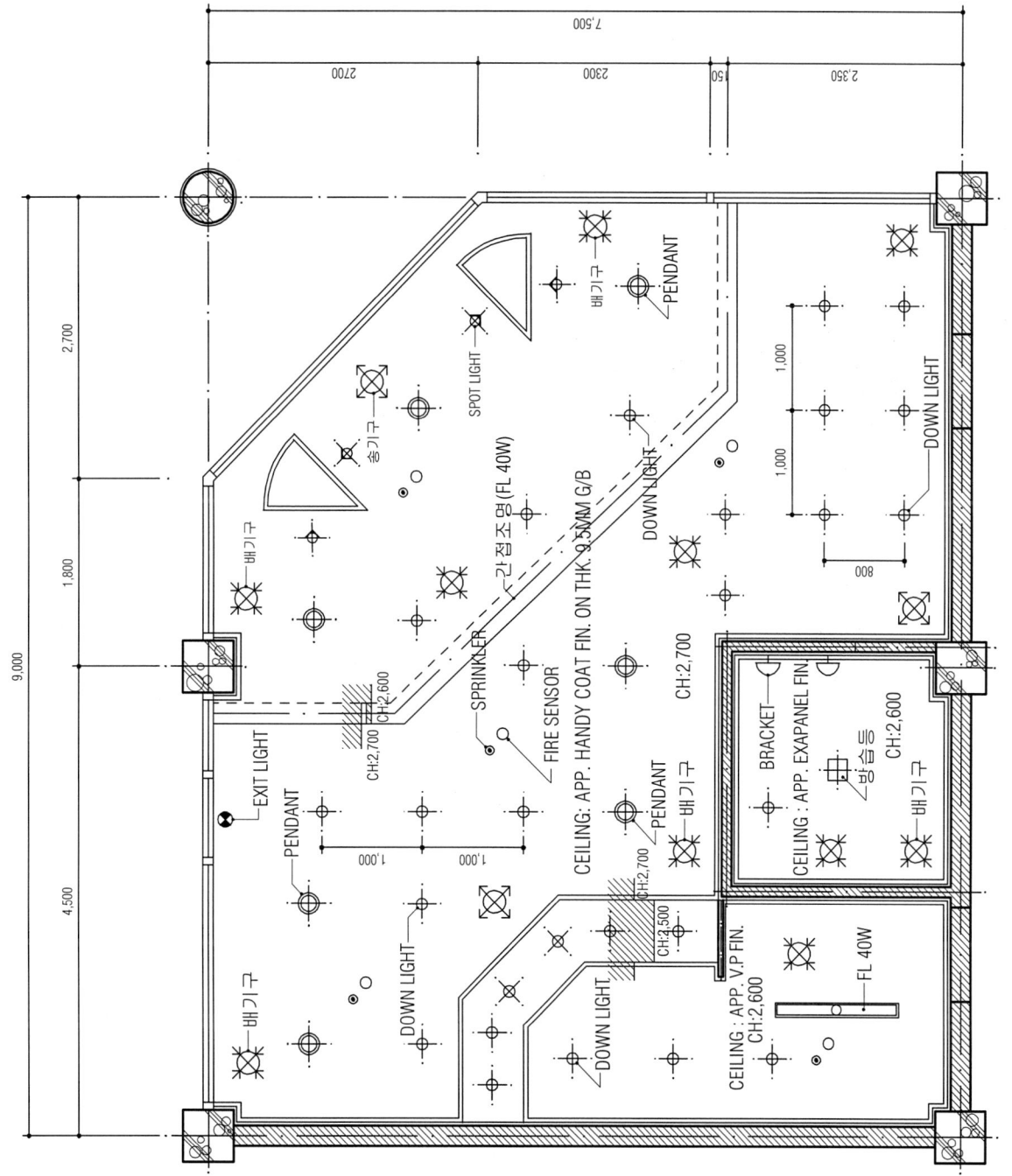

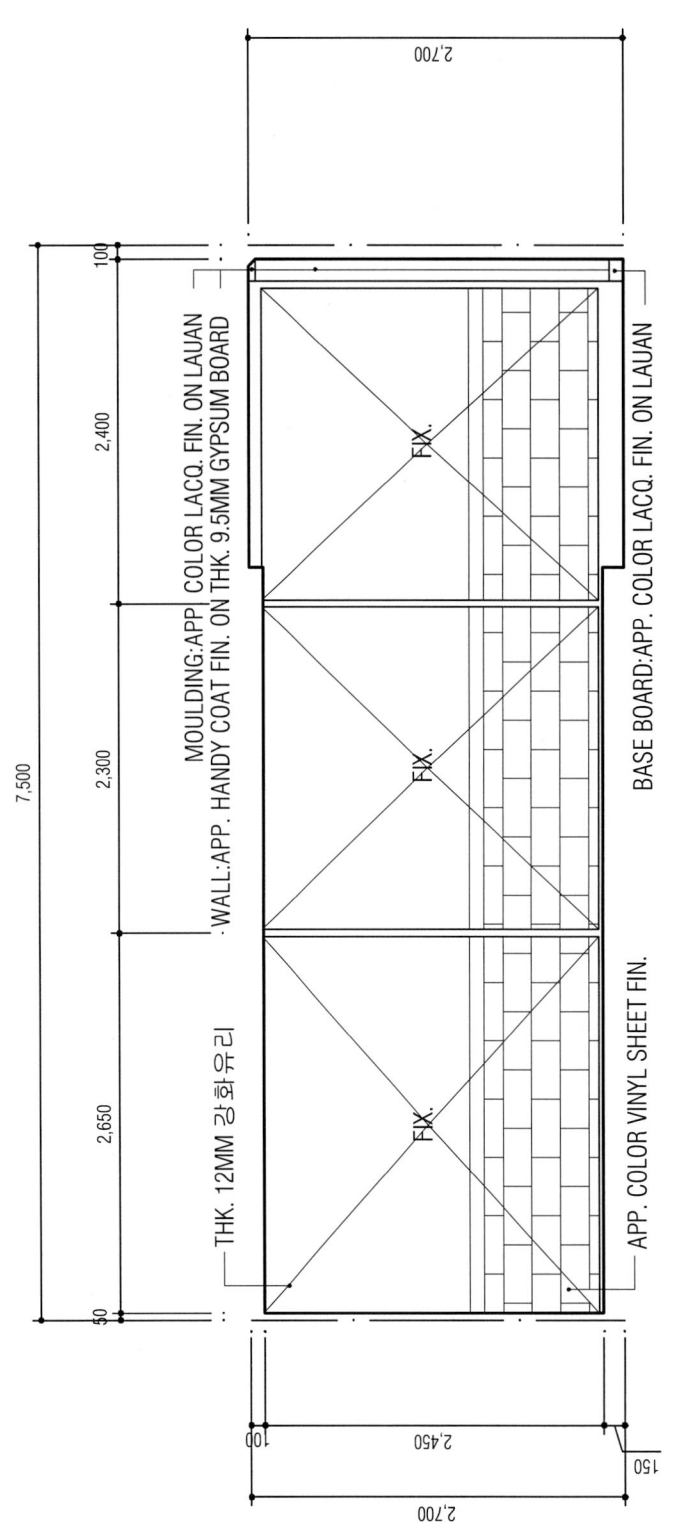

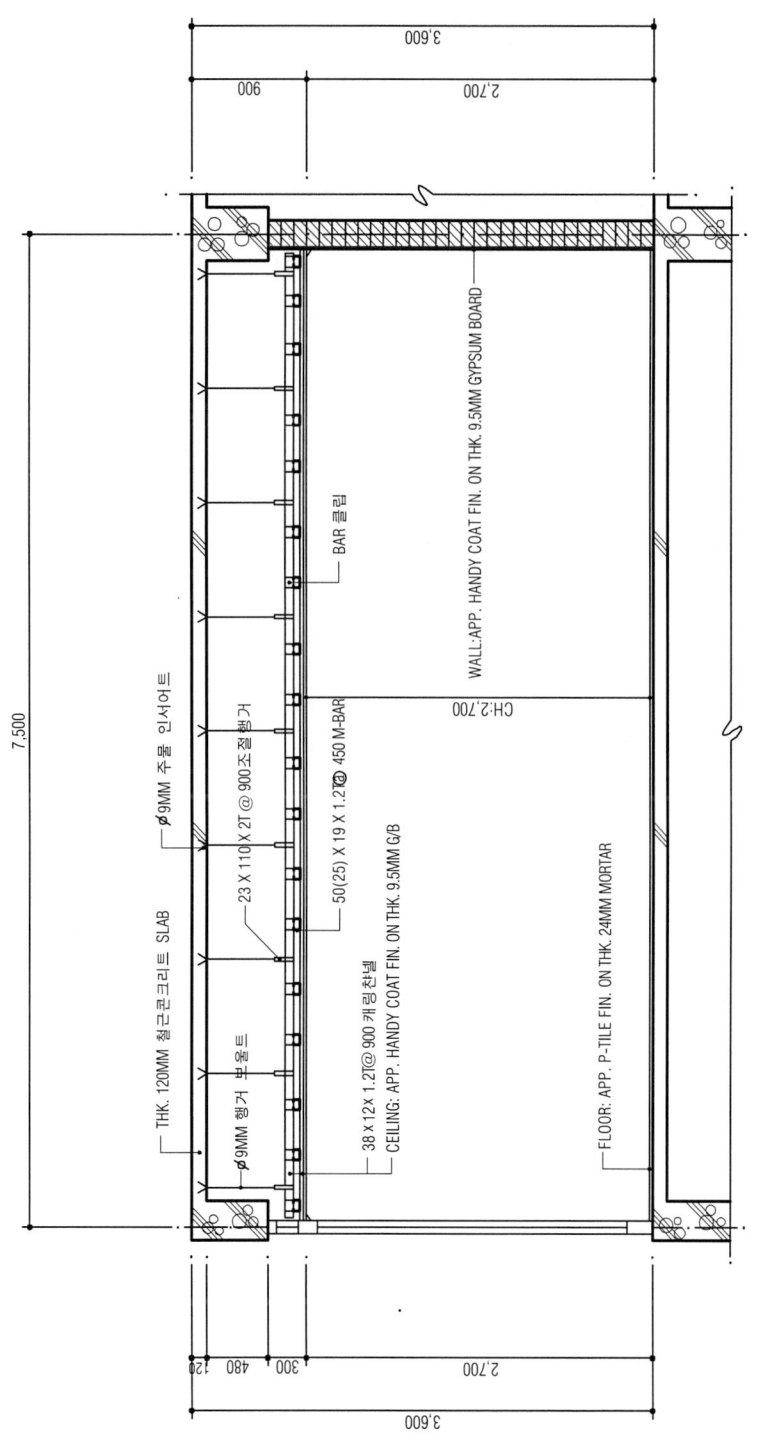

제37회 실내건축기사

(2003. 4. 27시행)

― 시공실무 ―

문제 1) 다음 〈보기〉의 그림에 맞는 쪽매 명칭을 쓰시오. (4점)

〈보기〉 ① 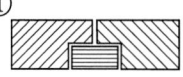   ② 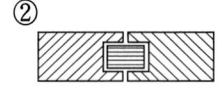   ③ 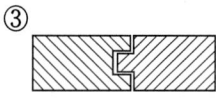   ④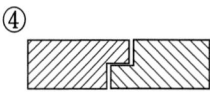

【해설】 ① 틈막이대쪽매   ② 딴혀쪽매   ③ 제혀쪽매   ④ 반턱쪽매

문제 2) 미장공사 중 셀프 레벨링(self leveling) 재에 대해 설명하시오. (3점)

【해설】 자체 유동성을 갖고 있는 특수 모르타르로 시공면 수평에 맞게 부으면 스스로 일매지는 성능을 가진 특수 미장재이다. 시공 후 통풍에 의해 물결무늬가 생기지 않도록 개구부를 밀폐하여 기류를 차단하고, 시공 전, 중, 후 기온이 5℃ 이하가 되지 않도록 한다.

문제 3) 다음 용어를 설명하시오. (4점)

〈보기〉 ① 훈연법   ② 스티플칠

【해설】 ① 훈연법 : 목재의 수액제거 및 건조를 위한 방법으로 연소가마를 건조한 실내에 장치하고, 나무 부스러기, 톱밥 등을 태워 그 연기와 열을 이용하는 방법.

② 스티플칠 : 도료의 묽기를 이용하여 각종 기구를 써서 바름면에 요철무늬를 돋히게 하여 입체감을 내는 특수 도장 마무리법.

문제 4) 다음 타일붙임 공사에서 바탕처리시 주의사항 4가지를 쓰시오. (4점)

【해설】 ① 바탕고르기 모르타르는 1회 10mm이하로 2회 나누어 한다.
② 들뜸, 균열 등을 보수한다.
③ 불순물을 제거하고, 거친면으로 만든다.
④ 바탕바름 후 1주일 이상 경과한 후 타일붙임을 한다.

문제 5) 횡선식공정표와 사선식공정표의 장점을 다음 〈보기〉에서 고르시오. (4점)

〈보기〉 ㉮ 공사의 기성고를 표시하는데 편리하다.
㉯ 각 공정별 전체의 공정시기가 일목요연하다.
㉰ 각 공정별 착수 및 종료일이 명시되어 판단이 용이하다.
㉱ 전체공사의 진척정도를 표시하는데 유리하다.

【해설】 ① 횡선식 공정표 : ㉯, ㉰
② 사선식 공정표 : ㉮, ㉱

문제 6) 길이 10m, 높이 2.5m, 1.5B 벽돌벽의 정미량과 모르타르량을 구하시오. (4점)
(단, 표준형 시멘트벽돌임)

【해설】 ① 벽면적 = 10m × 2.5m = 25m²
② 정미량 = 25m² × 224매 = 5,600매
③ 몰탈량 = $\frac{5,600}{1,000} \times 0.35 = 1.96m^3$

문제 7) 플라스틱재 시공시 일반적인 주의사항 3가지를 설명하시오. (3점)

【해설】 ① 열팽창에 의한 신축을 고려한다.
② 마감에 사용하는 표면은 흠, 얼룩, 변형이 생기지 않게 종이, 천 등을 보양하여 둔다.
③ 시공시 방화구획을 두고, 연소방지책도 강구한다.

문제 8) 미장공사의 회반죽바름에서 해초풀의 사용효과 4가지를 쓰시오. (4점)

【해설】 ① 점도증가   ② 강도증가   ③ 부착력증대   ④ 균열방지

문제 9) 다음 벽돌쌓기 형식을 설명하시오. (4점)
① 영식쌓기   ② 불식쌓기   ③ 화란식쌓기   ④ 미식쌓기

【해설】 ① 영식쌓기 : 한 켜는 마구리쌓기, 다음 켜는 길이쌓기, 마구리쌓기 층의 모서리에 이오토막을 사용하는 쌓기법
② 불식쌓기 : 매 켜에 길이쌓기와 마구리쌓기가 번갈아 나오게 쌓는 방식
③ 화란식쌓기 : 영식쌓기와 같으나, 길이층 모서리에 칠오토막을 사용하는 쌓기법
④ 미식쌓기 : 5켜는 길이쌓기, 1켜는 마구리쌓기로 번갈아 쌓는 방식

문제 10) 석재 가공시 모접기의 종류 3가지를 쓰시오. (3점)

【해설】 ① 혹두기   ② 빗모치기   ③ 두모치기

문제 11) 타일붙이기 시공순서를 보기에서 골라 기호를 쓰시오. (3점)
〈보기〉 ① 타일나누기   ② 치장줄눈   ③ 마무리 및 보양   ④ 벽타일 붙이기   ⑤ 바탕처리

【해설】 ⑤ → ① → ④ → ② → ③

건축실내의 설계

[제37회 작품명] 치과의원

1. 요구사항
   주어진 도면은 상업중심지역에 위치한 빌딩내 치과의원의 평면도이다.
   요구조건에 따라 도면을 작성하시오.

2. 요구조건
   ① 설계면적 : 9.6m × 10.4m × 2.7m
   ② 필요공간 및 가구
      - 간호조무사 3인 근무
      - 원장실 : 컴퓨터 및 책장
      - 조제실 및 주사실 / 카운터
      - 치료공간 : 치료대 4개
      - 대기공간 : TV, 냉온풍기, 의자 등 진료(치료) 대기실의 역할로 구성
      - 카운터 및 서비스테이블
      - 화장실 : 남여 변기 각 1개, 세면대(공용)

3. 요구도면
   ① 평면도(가구배치 포함/Design Concept 200자 내외) SCALE : 1/50
   ② 천정도(설비, 조명기구 배치 및 범례표 작성) SCALE : 1/50
   ③ 전개도 C방향 1면 (벽면재료 표기) SCALE : 1/50
   ④ 주단면도(A-A´) SCALE : 1/30
   ⑤ 실내투시도 SCALE : N.S
   (계획의 포인트가 좋은 지점에서 1소점 또는 2소점 투시법으로 작성하되, 작성과정의 투시보조선을 남길 것)

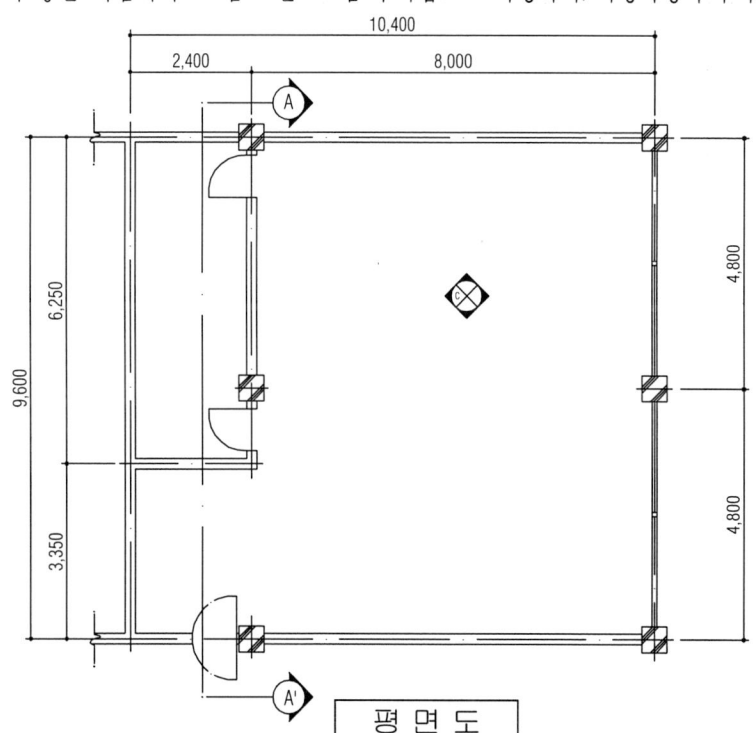

평면도

CONCEPT

의료 시설로 진료 및 치료와 환자대기 공간의 각 영역별 특성을 살리고, 쾌적소한 느낌을 안락한 분위기로 연출하기 위하여 구역 구분을 전면 고정하지 말고 사용하여 물릴요한 부분을 가리고 OPEN SPACE의 느낌을 주도 하였다. 대기실과 치료실을 반대방향으로 위치 시켜 명확한 성격구분과 함께 대기실 환자의 심적인 부담을 덜어주고, 간호사들의 효율성을 위하여 원내 카운터 및 접수 창구, 주사실을 가까운 곳에 집중시켰다. 원장실은 대기실의 진료환자들 단과 치료실의 진료환자들 동시에 만족시키는 연결지점에 위치시켰다.

평면도   SCALE = 1/50

LEGEND

TYPE	NAME	EA
✛	DOWN LIGHT	43
⊕	PENDANT	1
▭	FL 40W	2
⊕	CEILING LIGHT	1
⊏	BRACKET	3
✦	SPOT LIGHT	2
⊙	방슴등	2
○	SPRINKLER	5
⊠	FIRE SENSOR	5
※	송기구	4
※	배기구	8
◱	점검구	1

천정도 SCALE = 1/50

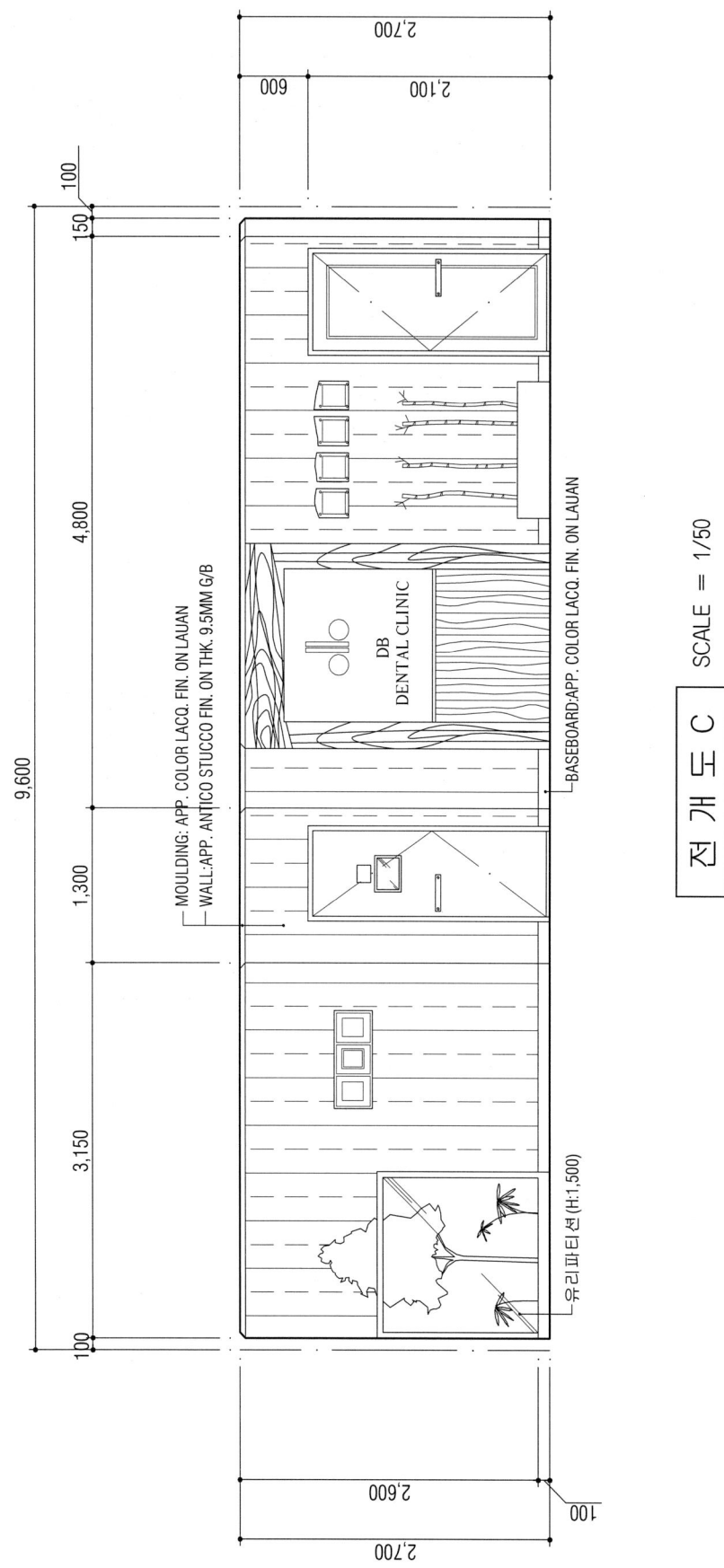

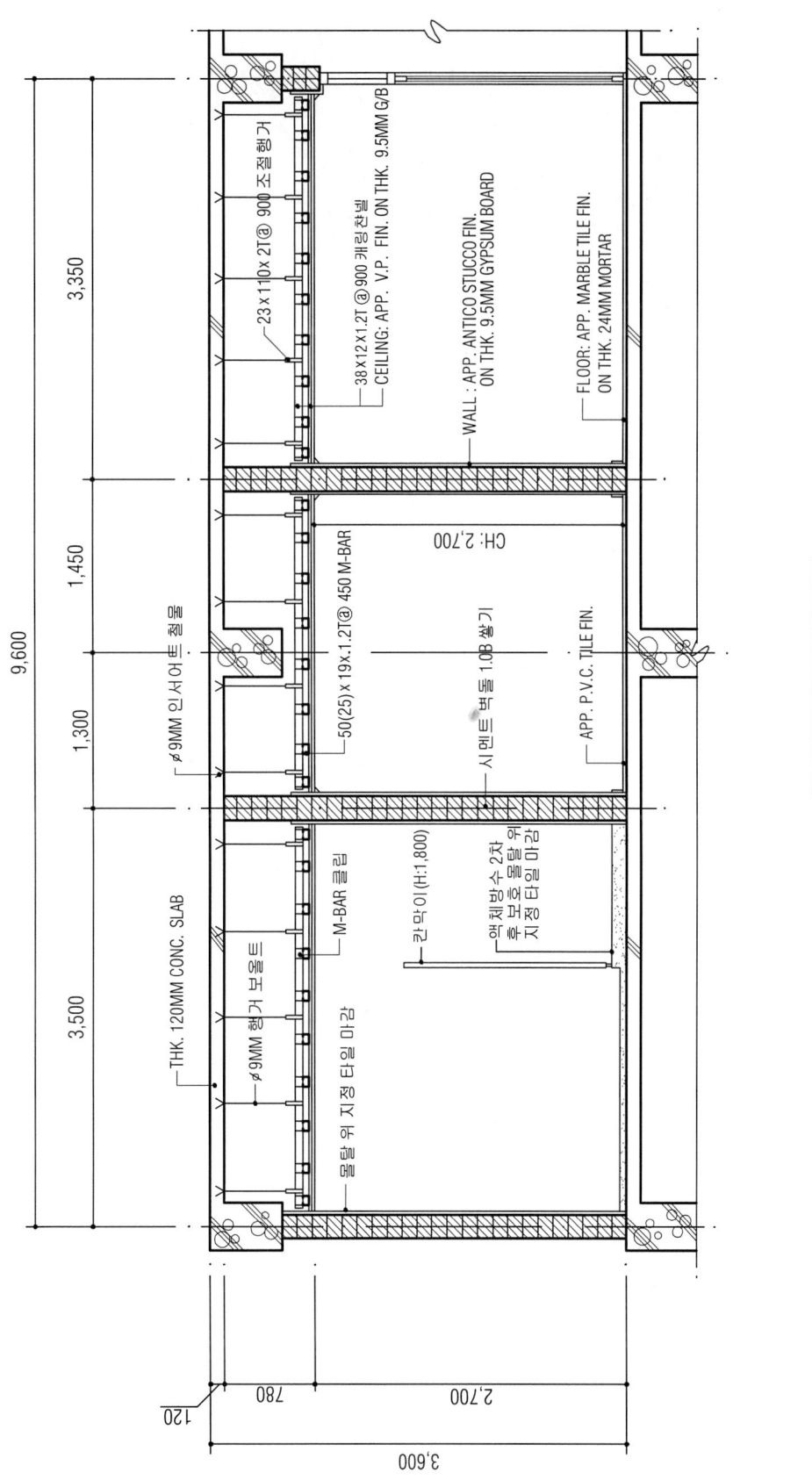

(2003. 7. 13 시행)

제38회 실내건축기사
시공실무

문제 1) 다음 내장재료를 서로 맞는 것끼리 연결하시오. (4점)

〈보기〉 ① 나무를 둥글게 또는 평으로 켜서 직교하여 교착시킨 것.
② 참나무 껍질을 부순 잔 알들을 압축 성형하여 고온에서 탄화시킨 것.
③ 소석고에 톱밥 등을 가하여 물반죽한 후 질긴 종이 사이에 끼어 성형 건조시킨 것.
④ 식물섬유, 종이, 펄프 등에 접착제를 가하여 압축한 섬유판.

㉮ 목모시멘트판 ㉯ 석고판 ㉰ 합판 ㉱ 텍스 ㉲ 탄화코르크

【해설】 ① - ㉰, ② - ㉲, ③ - ㉯, ④ - ㉱

문제 2) 다음 각 재료의 할증률을 써넣으시오. (4점)

〈보기〉 ① 목재(판재)   ② 석고보드   ③ 유리   ④ 크링커타일

【해설】 ① 10%   ② 5%   ③ 1%   ④ 3%

문제 3) 목공사에서 위치별 이음의 종류를 3가지 쓰시오. (3점)

【해설】 ① 심이음   ② 내이음   ③ 베게이음

문제 4) 조적공사시 테두리보를 설치하는 이유 3가지를 쓰시오. (3점)

【해설】 ① 수직하중을 균등하게 분포시킨다.
② 수직균열을 방지한다.
③ 집중하중 부분을 보강한다.

문제 5) 단열재의 재료별 종류 4가지를 쓰시오. (4점)

【해설】 ① 무기질 단열재   ② 유기질 단열재   ③ 복합질 단열재   ④ 화학합성질 단열재

문제 6) 테라쪼 종석바름의 시공순서를 보기에서 골라 쓰시오. (5점)

〈보기〉 ① 시멘트풀 바르기   ② 설치몰탈 바르기   ③ 줄눈 나누기   ④ 광내기
⑤ 시멘트풀 먹이기 및 갈기   ⑥ 황동 줄눈대 대고 고정용 몰탈바르기   ⑦ 바탕처리
⑧ 붙임몰탈 바르기   ⑨ 테라쪼종석 바르기   ⑩ 왁스 바르기

【해설】 ⑦→③→⑥→①→②→⑧→⑨→⑤→⑩→④

문제 7) 테라코타의 장식용 사용용도 3가지를 쓰시오. (3점)

【해설】 ① 돌림띠 ② 창대 ③ 주두

문제 8) 다음 〈보기〉의 합성수지 재료 중 열경화성수지를 고르시오. (3점)

〈보기〉 ① 아크릴   ② 염화비닐   ③ 폴리에틸렌   ④ 멜라민   ⑤ 페놀   ⑥ 에폭시

【해설】 ④, ⑤, ⑥

문제 9) 다음 〈보기〉는 벽돌쌓기에 대한 내용이다. 괄호안을 채우시오. (3점)

〈보기〉 시멘트벽돌 표준형의 규격은 190mm×90mm×(①)mm이다. 1.0B의 소요량은 (②) 매/m²이며, 할증률을 포함하면 (③)매/m²이다.

【해설】 ① 57   ② 149   ③ 157

문제 10) 어느 건설공사의 한 작업이 정상적으로 시공할 때 공사기일은 13일, 공사비는 170,000원이고, 특급으로 시공할 때 공사기일은 10일, 공사비는 320,000원이라 할 때 이 공사의 공기단축시 필요한 비용구배(Cost slope)를 구하시오. (4점)

【해설】 $\dfrac{320,000-170,000}{13-10} = \dfrac{150,000}{3} = 50,000$원/일

문제 11) 다음 보기의 빈칸을 채우시오. (4점)

〈보기〉 목조양식구조는 (①)위에 지붕틀을 얹고, 지붕틀의 (②)위에 (③)와 같은 방향으로 (④)를 깐다.

㉮ 처마도리   ㉯ 깔도리   ㉰ 평보

【해설】 ① - ㉯,   ② - ㉰,   ③ - ㉯,   ④ - ㉮

건축실내의 설계

[제38회 작품명] 전시장내 컴퓨터 홍보용 부스

1. 요구사항
   주어진 도면은 전시장내 컴퓨터 제품을 홍보하고 전시하는 공간의 평면이다.
   다음의 요구조건에 따라 도면을 설계하시오.

2. 요구조건
   ① 설계면적 : 12m×6m×2.7m(H)
   ② 컴퓨터 Set 8대, 출력기 2대, 45인치 모니터 1대, 20인치 Multi vision 3×3 1Set, Storage, Pipe chair(간이의자), Info Desk, Conference Table 배치.
   그 외 가구는 작도자가 임의로 추가하여 배치할 수 있다.

3. 요구도면
   ① 평면도 SCALE : 1/30
      (가구배치 포함/평면계획의 Design 의도·방향등을 180자 내외로 쓰시오.)
   ② 천정도(설비, 조명기구 배치 및 범례표 작성) SCALE : 1/30
   ③ 전개도 B방향 1면 (벽면재료 표기) SCALE : 1/50
   ④ 단면도(A-A') SCALE : 1/30
   ⑤ 실내투시도 SCALE : N.S
      (계획의 포인트가 좋은 지점에서 1소점 또는 2소점 투시도법으로 작성하되, 작성과정의 투시보조선을 반드시 남길 것)

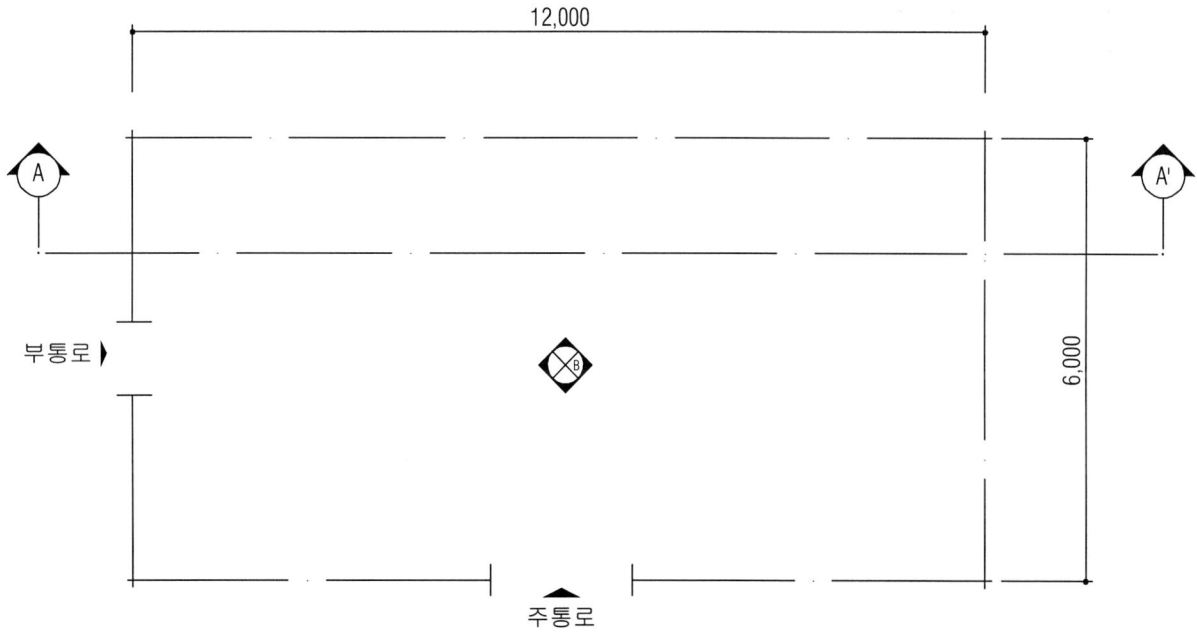

평 면 도

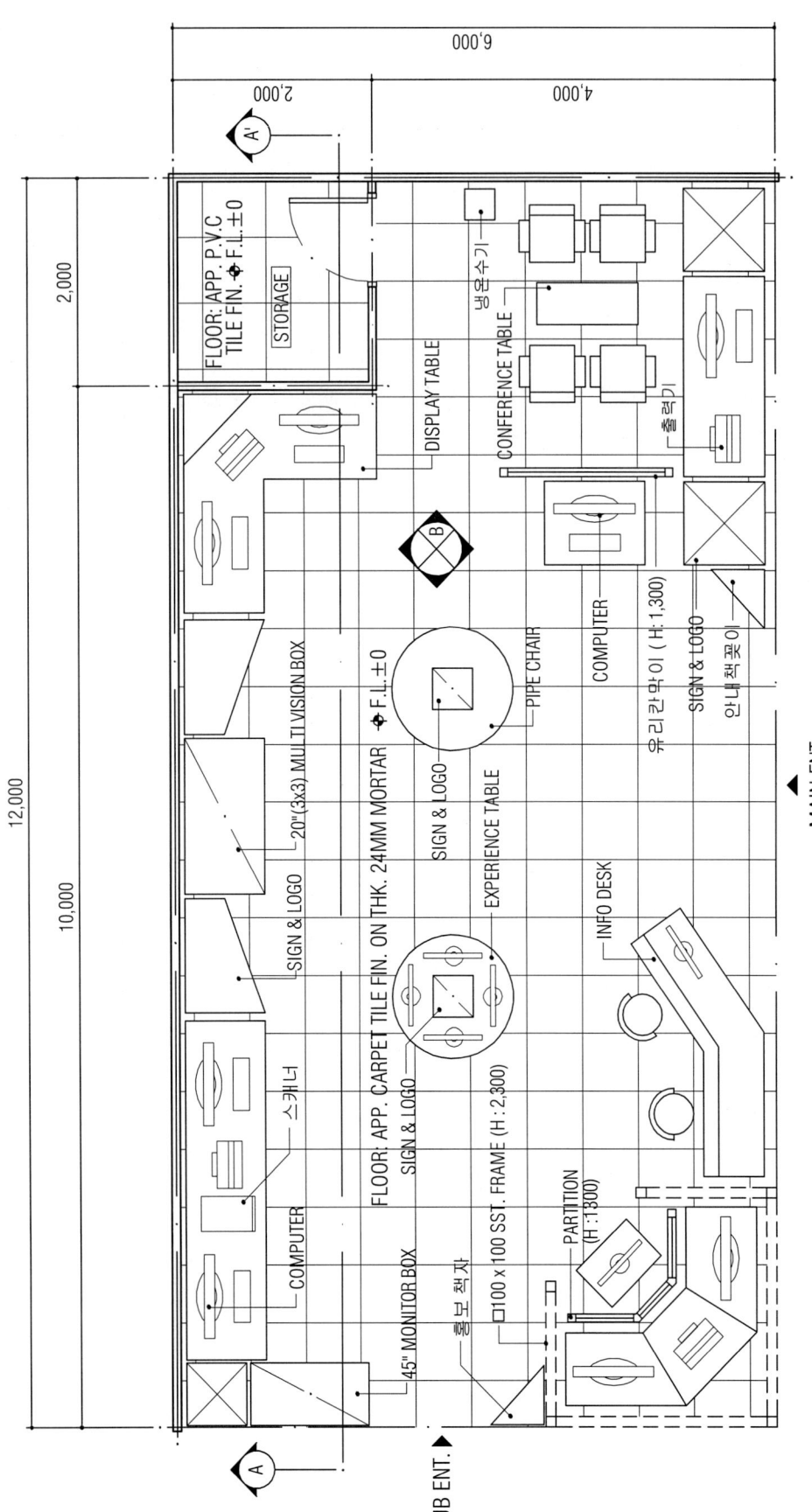

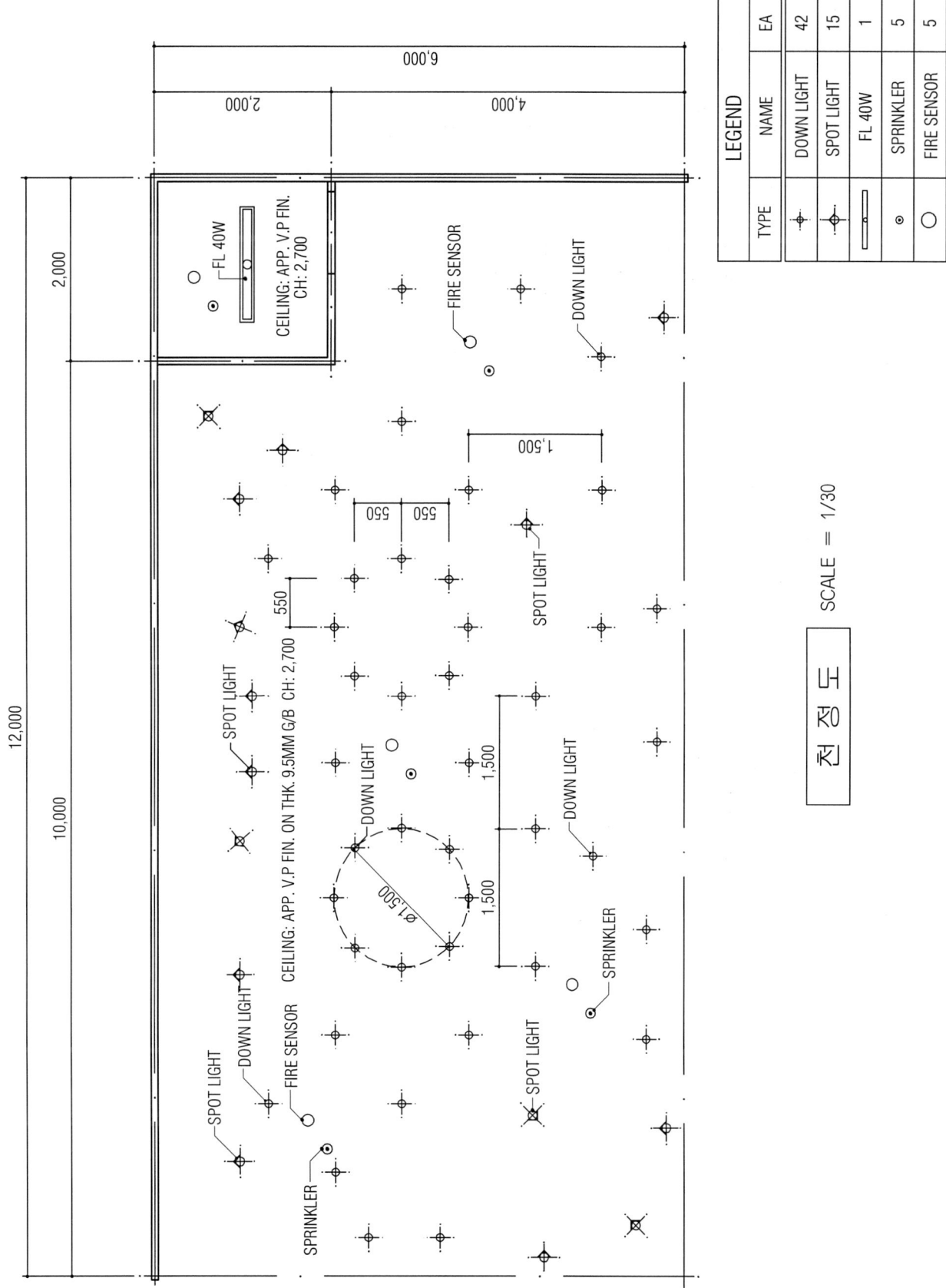

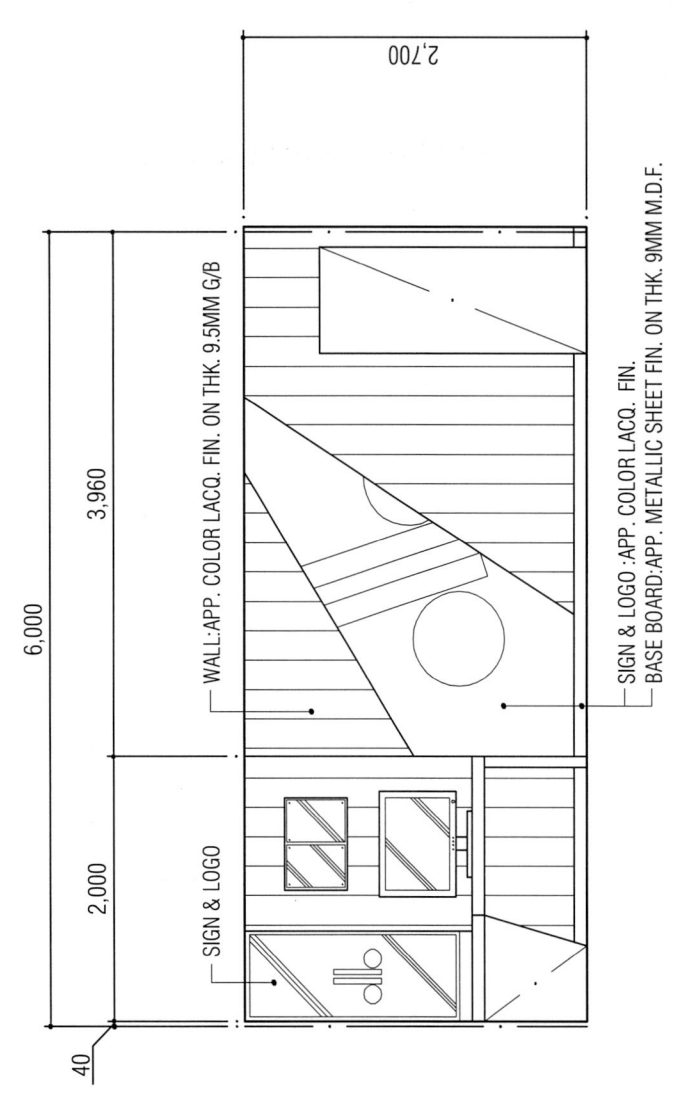

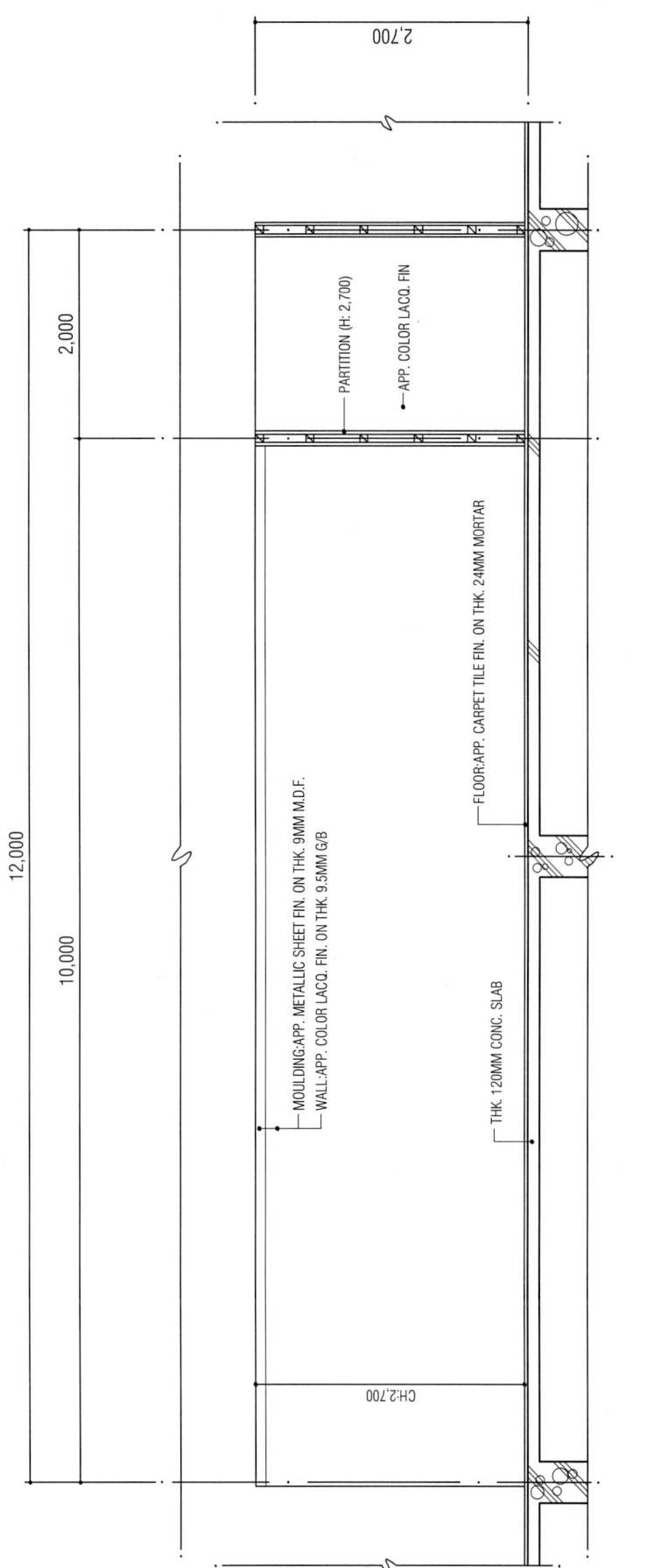

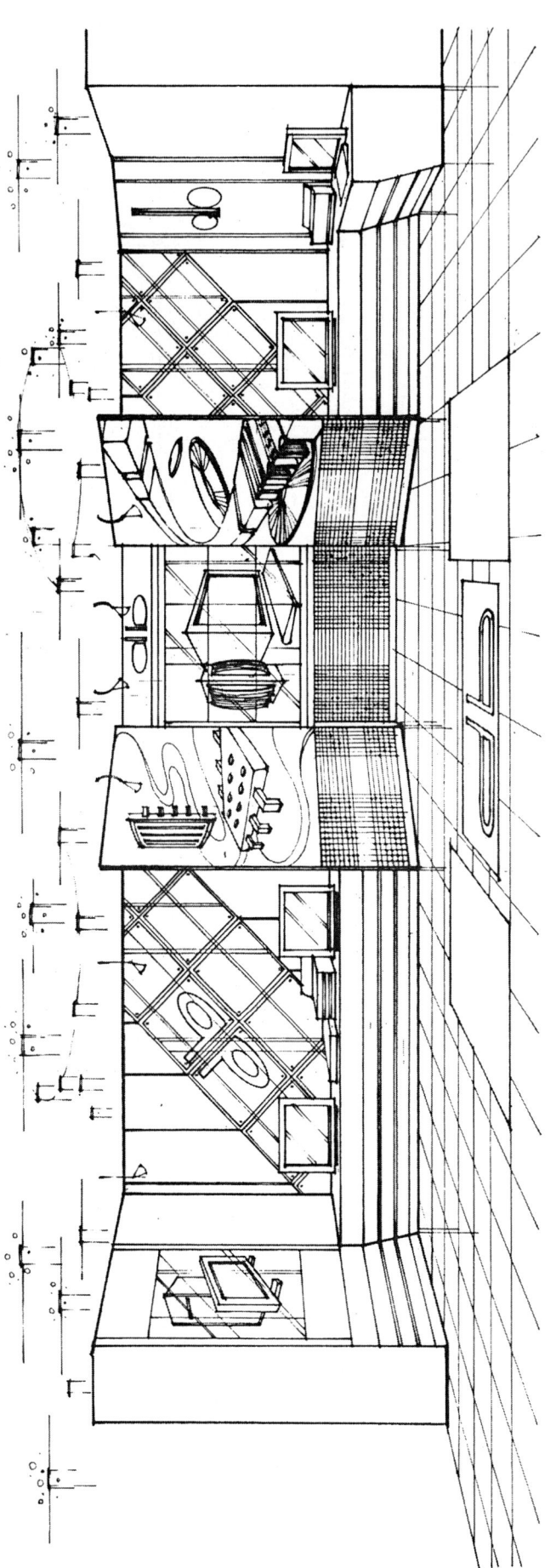

(2003. 10. 26시행)

제39회 실내건축기사
시공실무

문제 1) 10×10cm 각, 길이 6m인 나무의 무게가 15kg, 전건중량 10.8kg 이라면 이 나무의 함수율은 얼마인가? (3점)

【해설】 함수율 = $\dfrac{15-10.8}{10.8} \times 100 = \dfrac{4.2}{10.8} \times 100 = 38.89\%$

문제 2) 미서기 창호에 필요한 철물 3가지를 쓰시오. (3점)

【해설】 ① 호차 ② 레일 ③ 꽂이쇠

문제 3) 목조계단 설치순서를 쓰시오. (4점)
① 디딤판, 챌판   ② 계단옆판, 난간어미기둥   ③ 1층멍에, 계단참, 2층받이보
④ 난간동자, 난간두겁

【해설】 ③→②→①→④

문제 4) 다음 보기와 관련 있는 것끼리 연결하시오. (3점)
〈보기〉 ㉮ 바라이트 모르타르   ㉯ 합성수지 혼화모르타르   ㉰ 질석 모르타르
     ① 방사선 차폐용   ② 경량용   ③ 경도, 치밀성, 광택용

【해설】 ㉮ - ①, ㉯ - ③, ㉰ - ②

문제 5) 석고플라스터 시공시 주의사항 2가지를 쓰시오. (2점)

【해설】 ① 실내온도가 5℃ 이하일 때는 공사를 중단하거나 난방하여 5℃ 이상으로 유지한다.
② 통풍을 최소로 조정하고, 시공 후 서서히 통풍을 유도한다.

문제 6) 치장벽돌 쌓기 순서를 보기에서 골라 채우시오. (5점)
① 청소 및 바탕처리 ②( ) ③ 건비빔 ④( ) ⑤ 벽돌나누기 ⑥( )
⑦ 수평실치기 ⑧( ) ⑨ 줄눈누름 ⑩( ) ⑪ 치장줄눈 ⑫ 보양

㉮ 세로규준틀   ㉯ 규준벽돌쌓기   ㉰ 줄눈파기   ㉱ 중간부쌓기   ㉲ 물축이기

【해설】 ② - ㉲, ④ - ㉮, ⑥ - ㉯, ⑧ - ㉱, ⑩ - ㉰,

문제 7) 다음 외부 쌍줄비계의 면적을 구하시오. (4점)

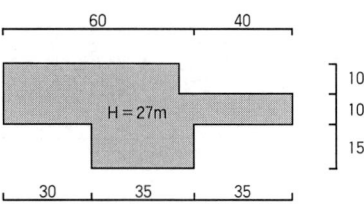

【해설】 A = H{2(a+b) + 0.9×8} = 27{2(100+35) + 0.9×8}
= 27{(2×135) + 7.2} = 27 × (270+7.2)
= 27 × 277.2 = 7,484.4m²

문제 8) 다음이 설명하는 비계명칭을 쓰시오. (4점)
① 건물 외벽면 50~90cm 정도의 한쪽 기둥에 띠장을 걸친 것.
② 하나의 기둥에 2개의 띠장을 걸치고, 그 위에 장선을 걸고 발판을 깐 것.
③ 건물 외부에 안팎으로 2줄 기둥을 180~240cm의 간격으로 세우고, 띠장과 장선을 걸고 발판을 깐 것.
④ 작업하는 높이의 위치에 발판을 수평으로 매는 것.

【해설】 ① 외줄비계 ② 겹비계 ③ 쌍줄비계 ④ 수평비계

문제 9) 목조 졸대 바탕 회반죽 바르기 시공순서이다. 괄호안을 채우시오. (3점)
재료비빔 - (①) - 초벌 - (②) - 정벌 - (③)

【해설】 ① 수염붙이기 ② 재벌 ③ 마무리 및 보양

문제 10) 다음 공정표를 작성하시오. (5점)

작업명	A	B	C	D	E	F
선행작업	None	None	None	None	A, B	B
작업일수	5	4	3	8	3	2

【해설】

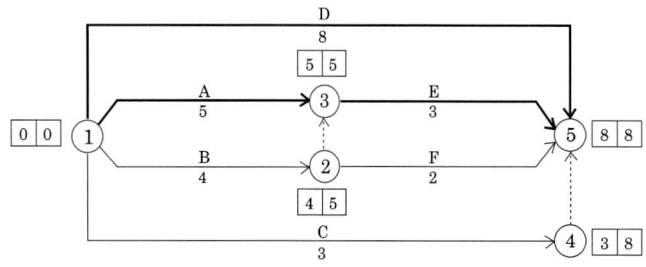

CP〉Activity : A→E and D   Event : ①→③→⑤ and ①→⑤

문제 11) 다음 재료에 대해 쓰시오. (4점)
① 열반사유리　　　② 합유리　　　③ 강화유리　　　④ 망입유리

【해설】 ① 열반사유리 : 반사유리라고도 하며, 표면에 반사막을 입혀 단열효과를 증대시킨다.

② 합유리 : 접합안전유리라고도 하며, 2장 이상의 판유리 사이에 폴리비닐을 넣고 고열(150℃)로 접합한 유리이다.

③ 강화유리 : 성형 판유리를 500~600℃ 가열 후 급랭시켜 강도를 높인 유리이다.

④ 망입유리 : 유리내부에 금속망을 삽입하여 도난방지 및 방화문에 사용한다.

건축실내의 설계

[제39회 작품명] 귀금속 전시·판매점

1. 요구사항
   주어진 도면은 도심 상업중심지역의 1층에 위치한 귀금속 전시 판매점이다.
   요구조건에 따라 설계하시오.

2. 요구조건
   ① 설계면적 : 7.5m × 9.0m × 2.7m
   ② 필요공간 및 가구
      - 서비스실(보석 수리 및 감정)
      - SHOW WINDOW
      - 화장실(남·여 변기 각 1개, 세면기 공용)
      - 전시공간
   ※ 화장실 벽은 벽돌벽으로 할 수 있으며 그 외의 벽은 유리가 사용된 칸막이 벽으로 개방형으로 한다.

3. 요구도면
   ① 평면도(가구배치 포함/Design Concept 200자 내외) SCALE : 1/50
   ② 천정도(설비, 조명기구 배치 및 범례표 작성) SCALE : 1/50
   ③ 전개도 B방향 1면 (벽면재료 표기) SCALE : 1/30
   ④ 주단면도(A-A´) SCALE : 1/30
   ⑤ 실내투시도 SCALE : N.S

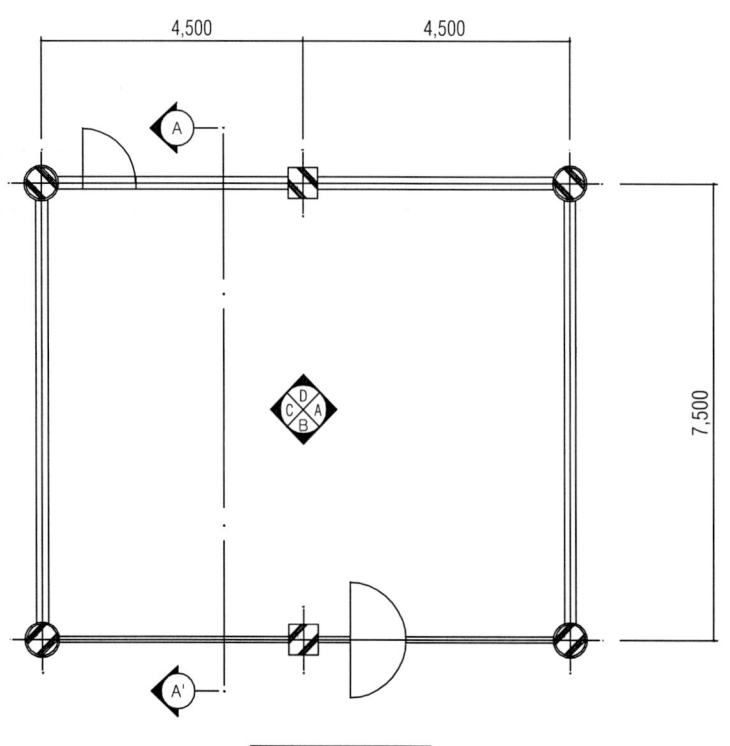

평면도

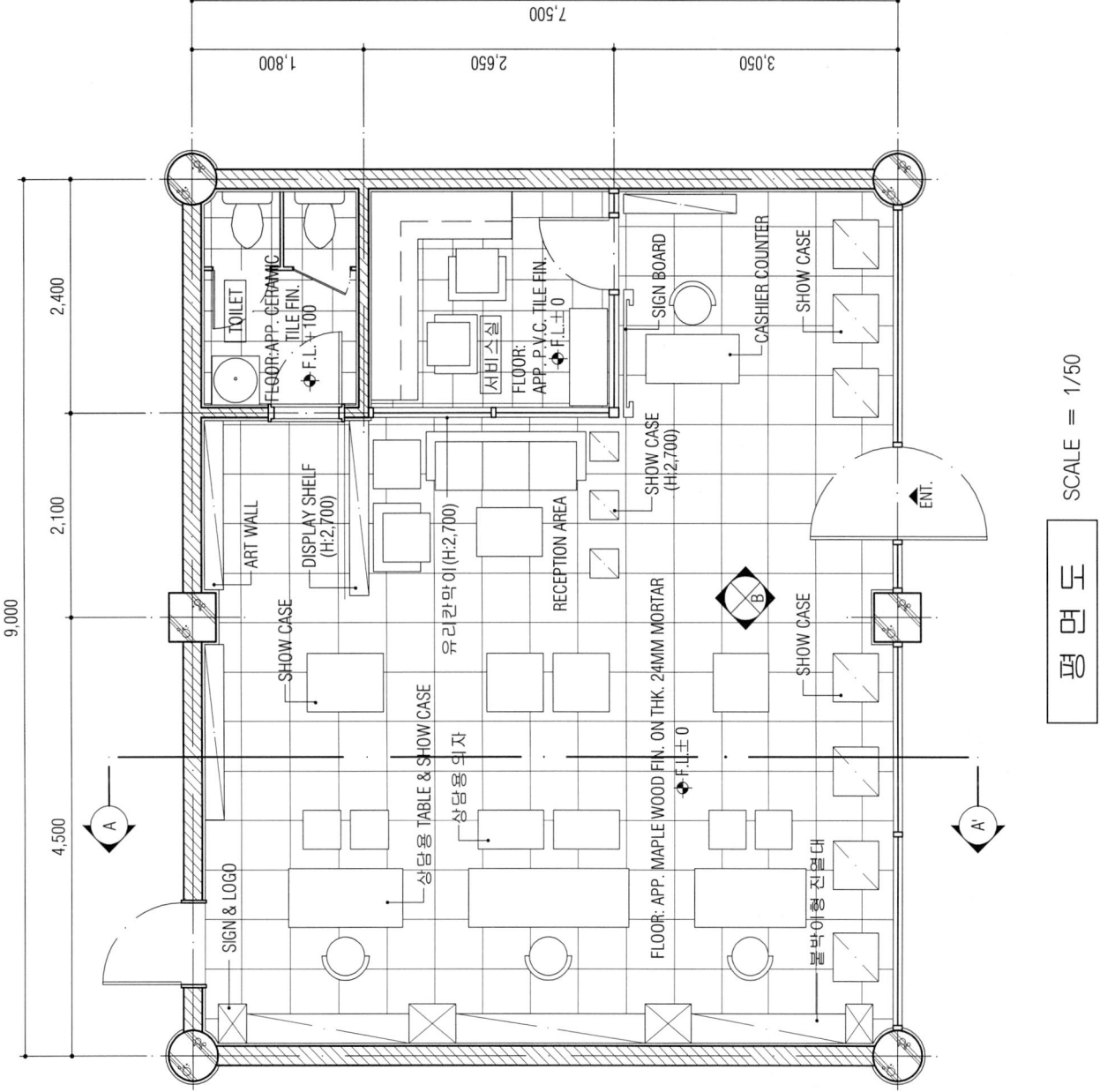

CONCEPT

고가의 귀금속을 판매전시하는 공간이다. 주출입구 부분의 전창에는 외부 고객들의 시선을 유도하기 위해 쇼윈도 공간으로 계획하였으며, 점원의 위치를 주출입구 가까이에 배치하여 매장전체를 한눈에 파악하고 들어오고 나가는 고객을 관리할 수 있도록 하였다. 접대공간은 유리 파티션으로 이루어진 오픈 서비스실 가까이에 구획하여 고객의 상품에 대한 신뢰감과 구매욕구 충동을 유도하였다. 매장 안쪽 상담공간에는 쇼케이스를 집중배치하여 다양한 상담을 통한 고객의 상품구매가 이루어지도록 하였다.

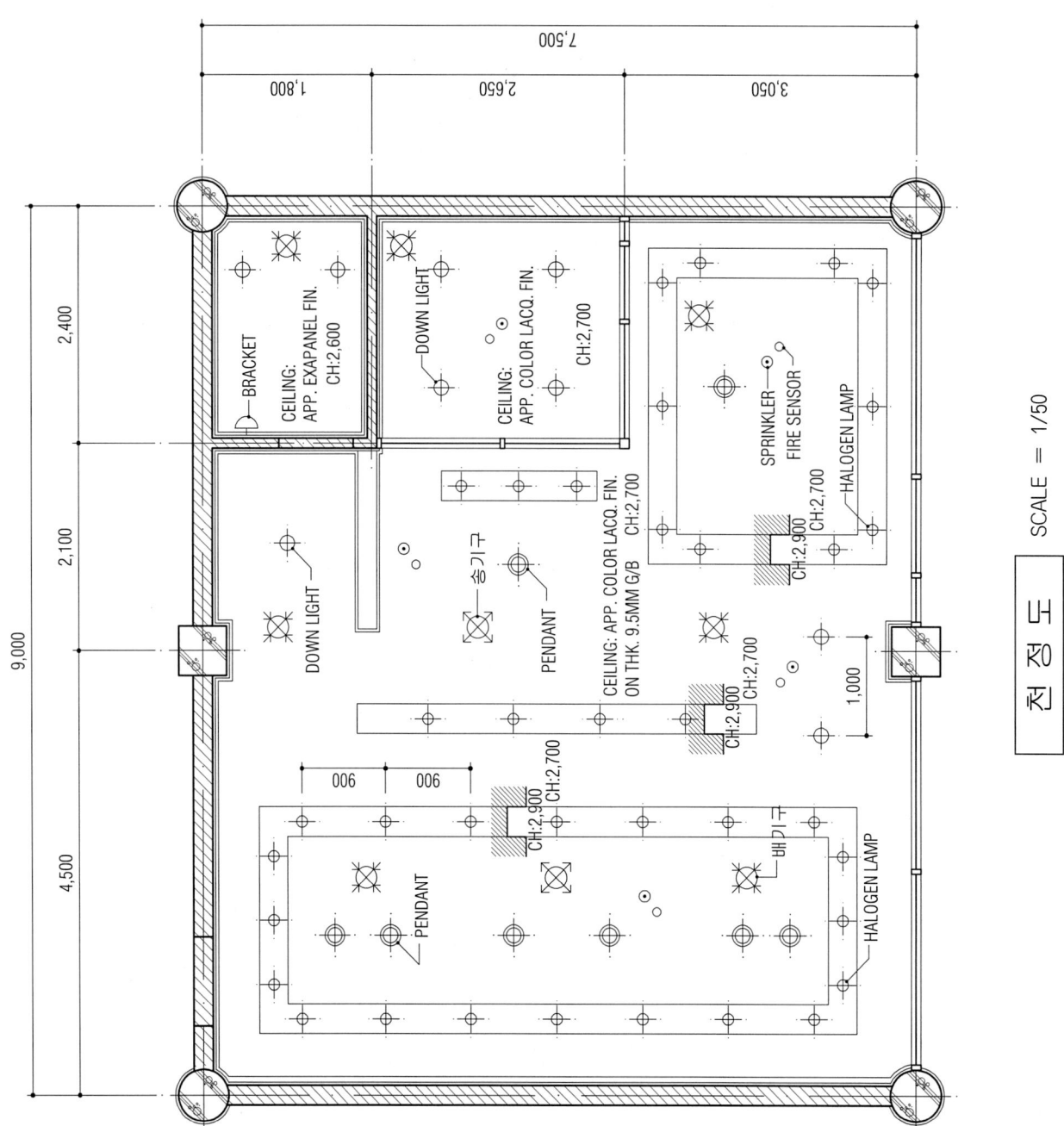

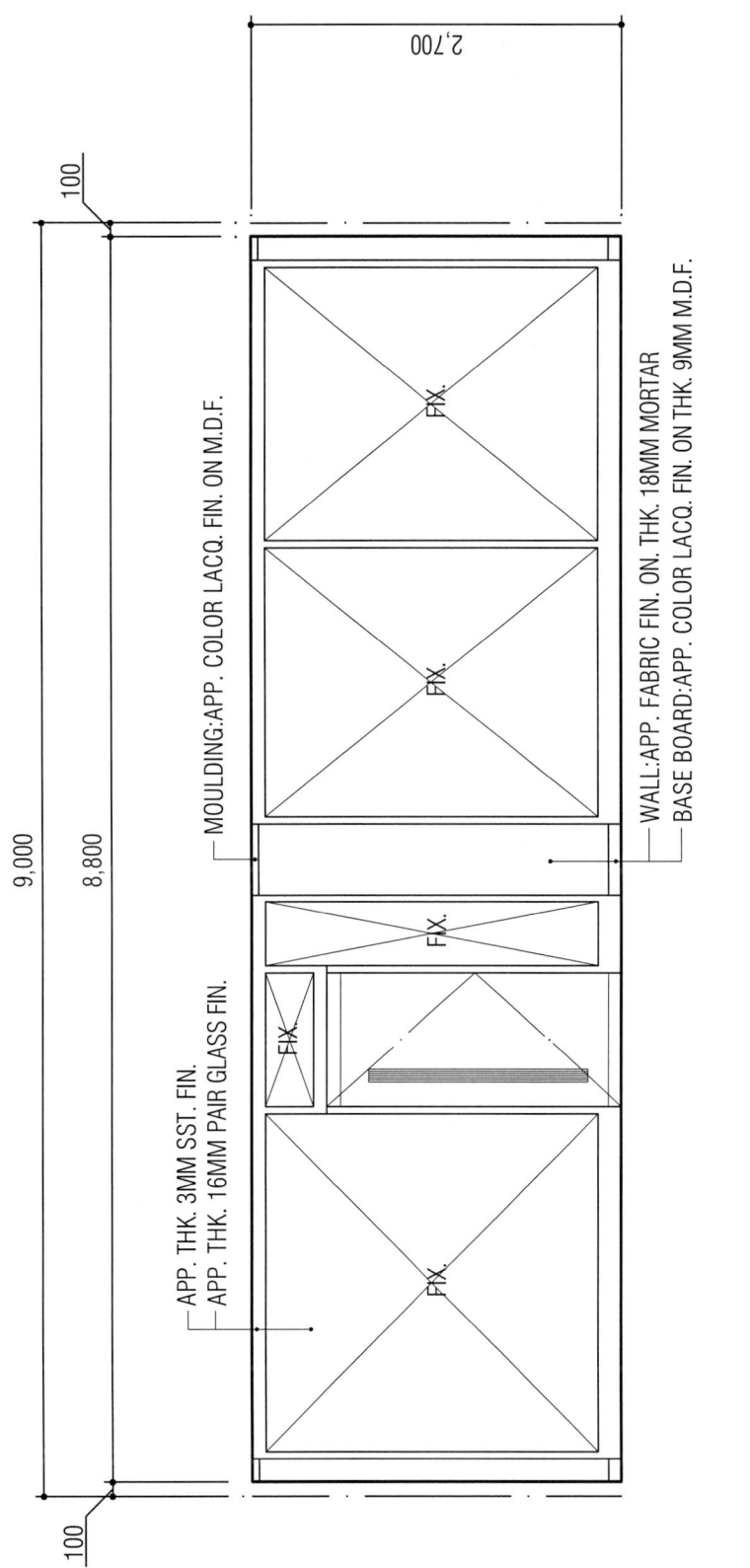

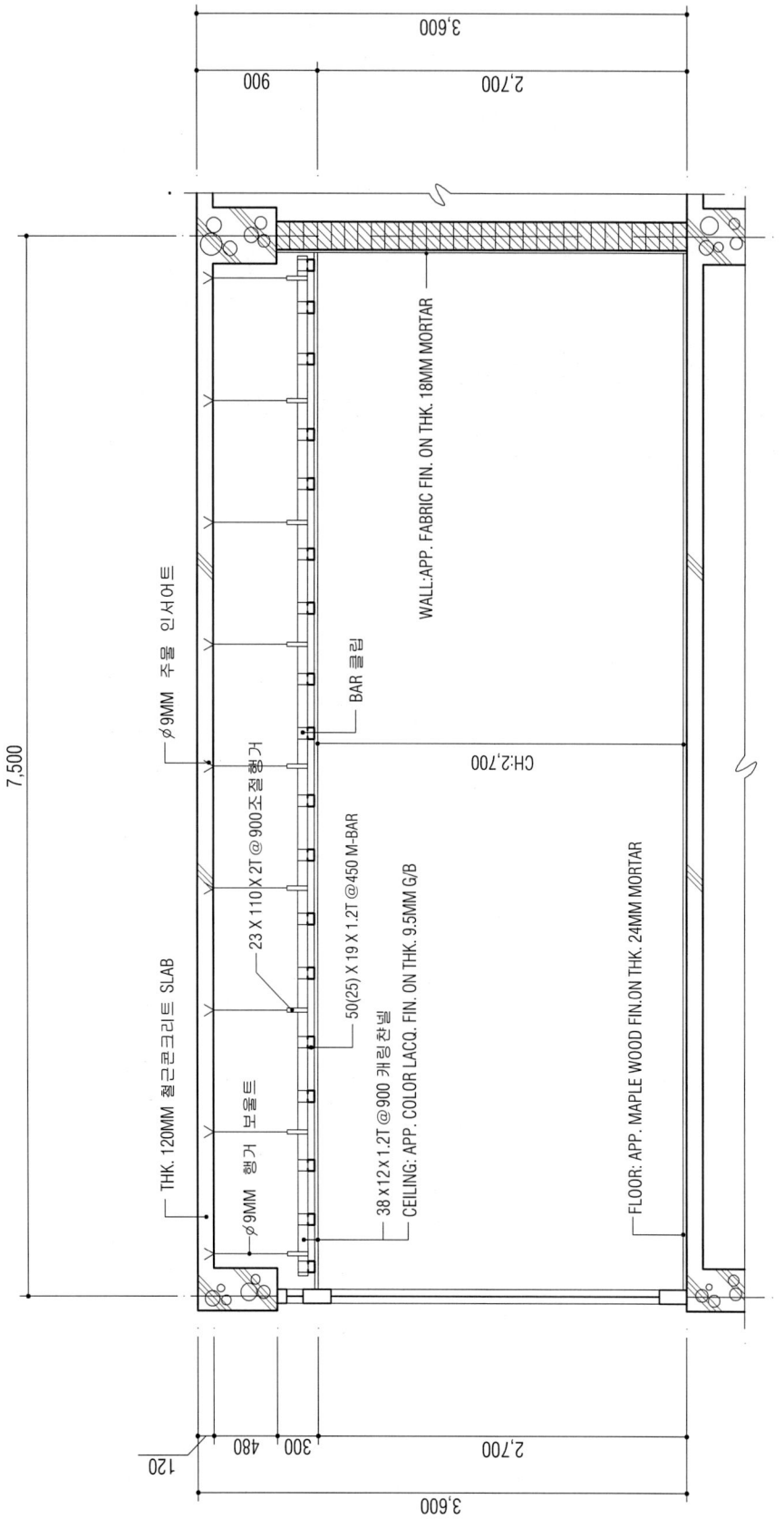

단면도 A-A' SCALE = 1/30

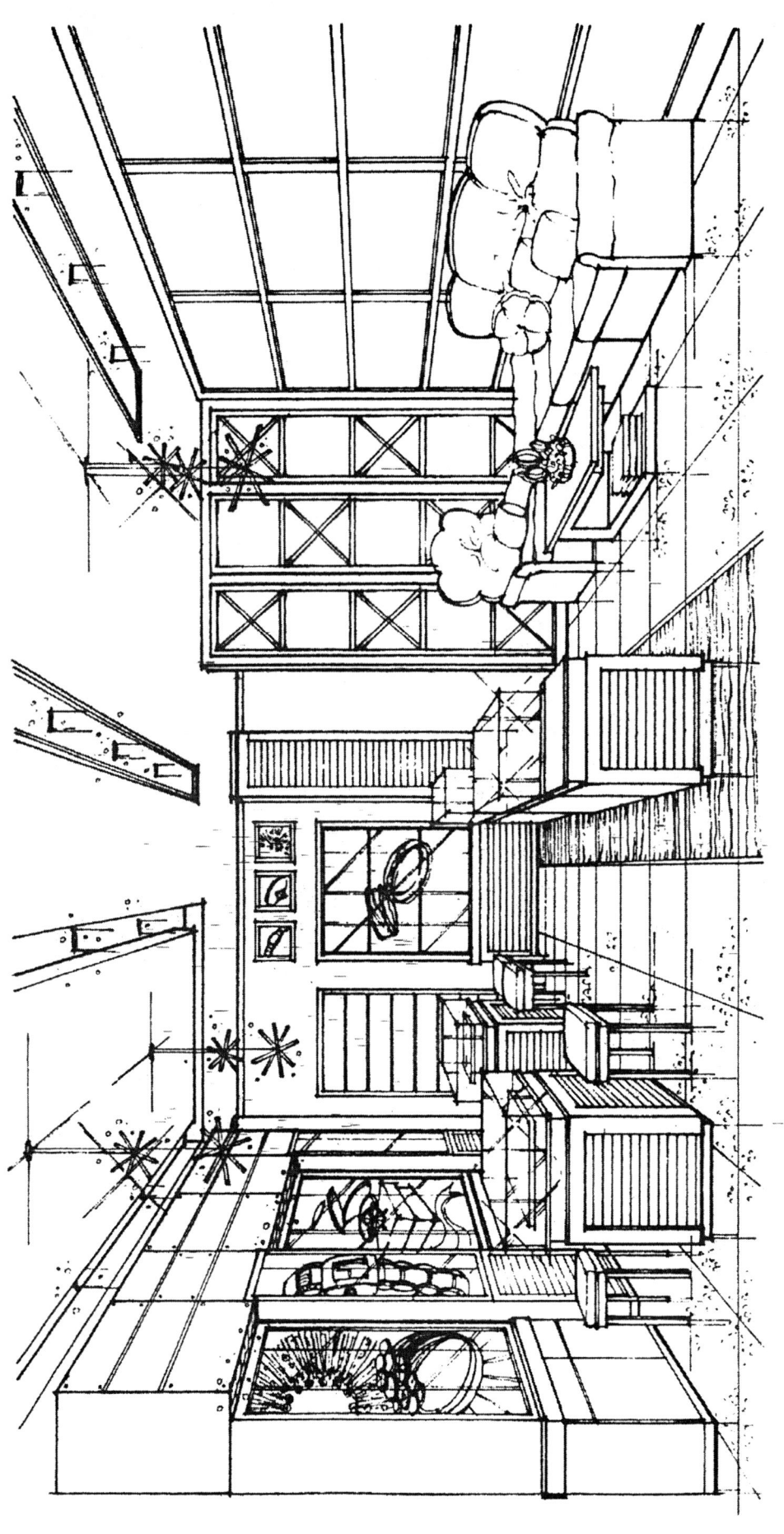

제 5 편

투시도
컬러링 작품

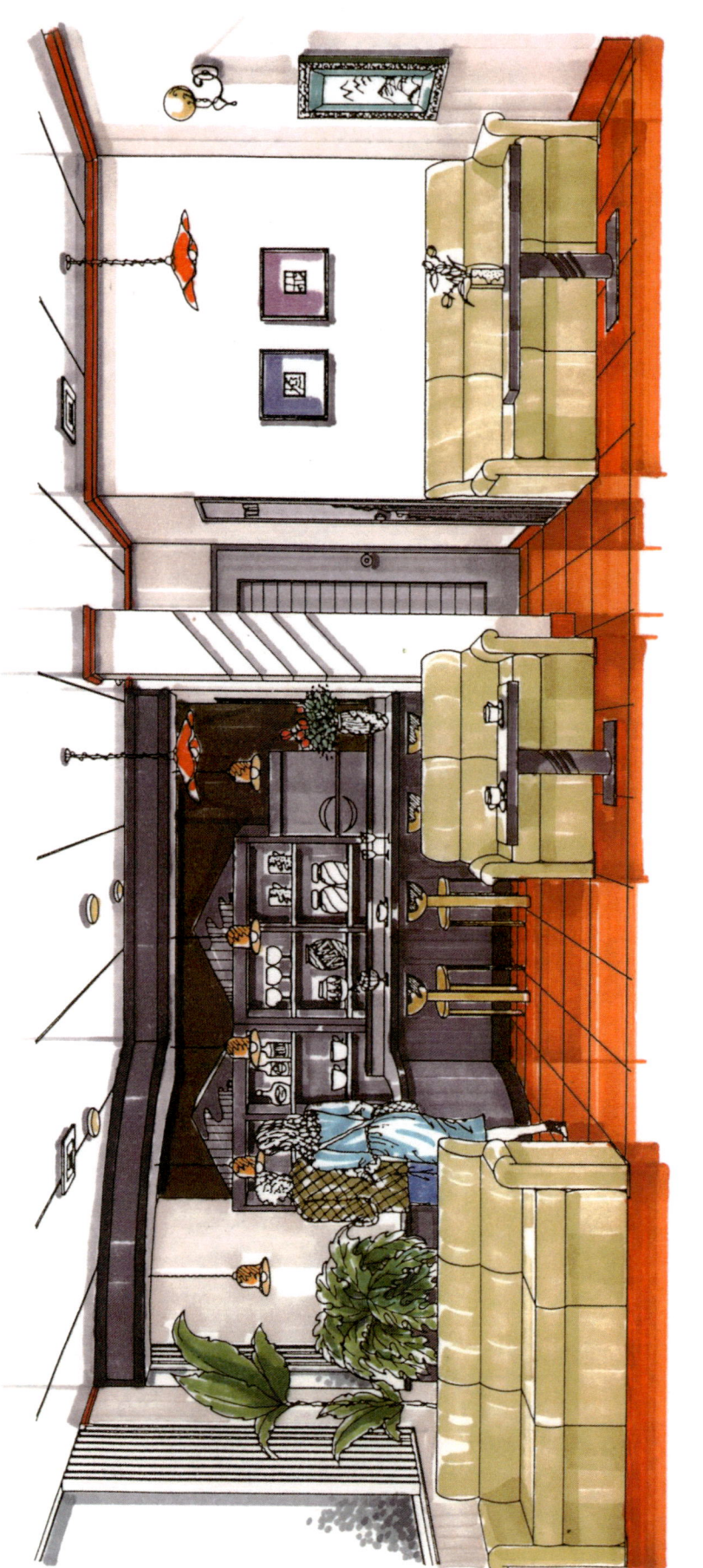

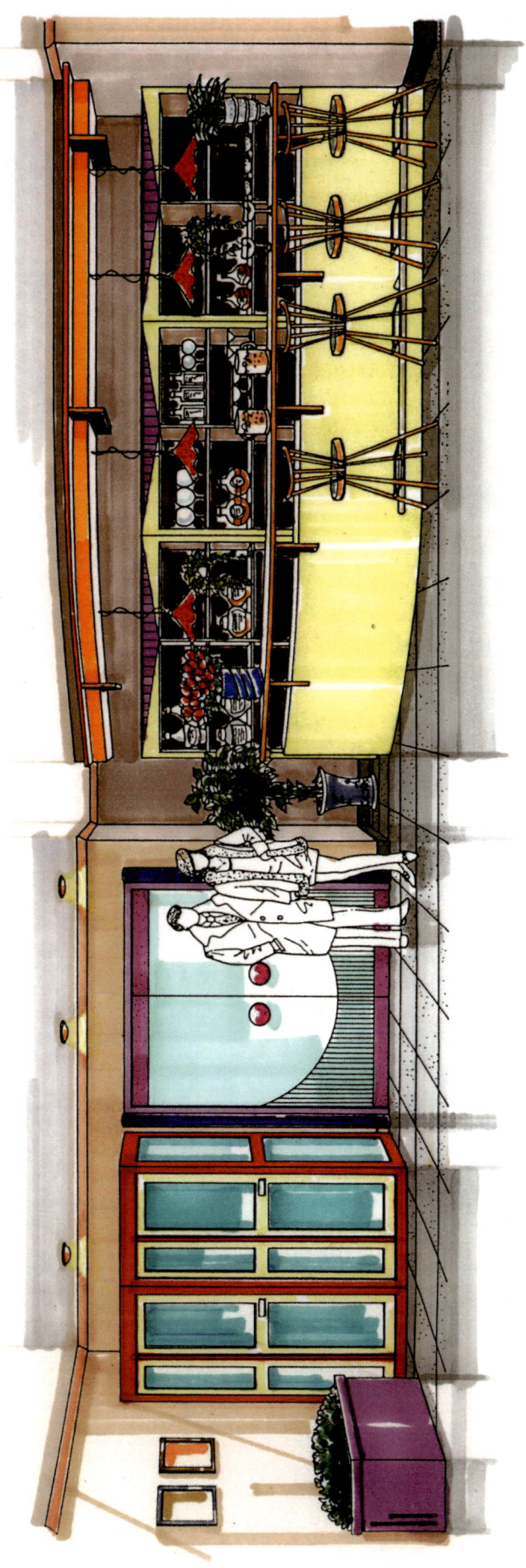

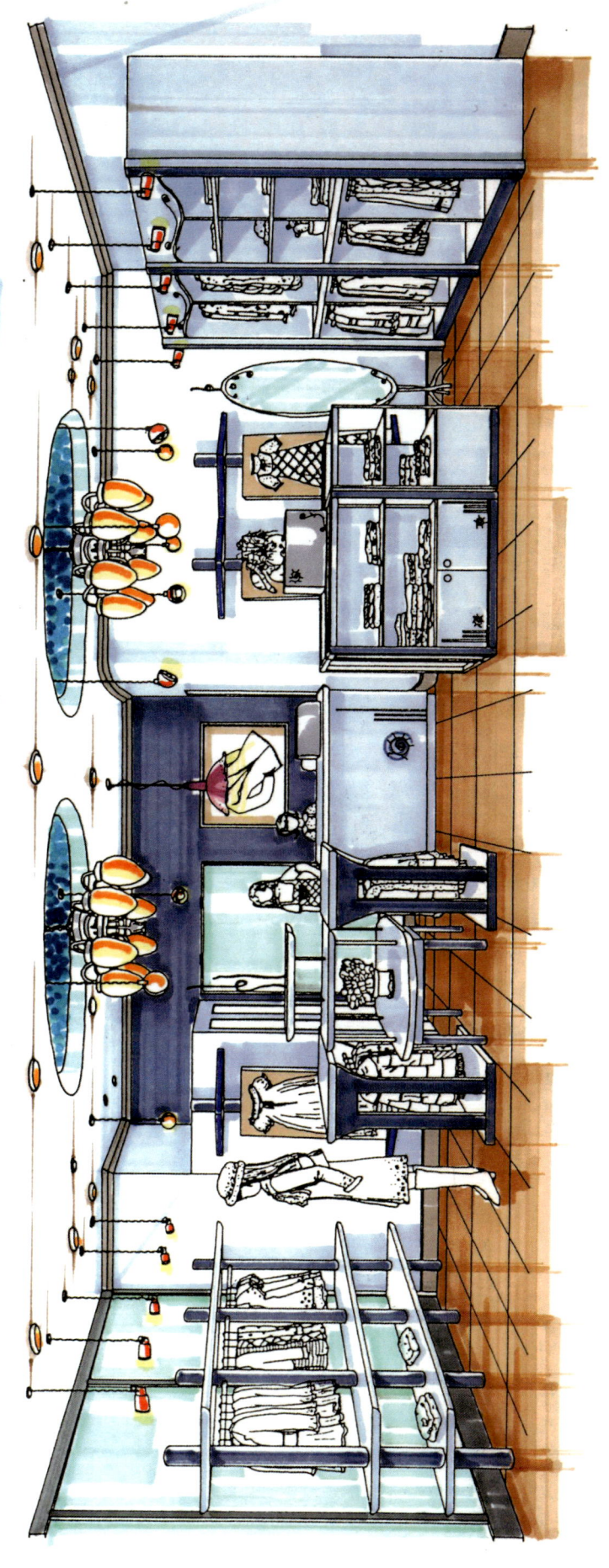

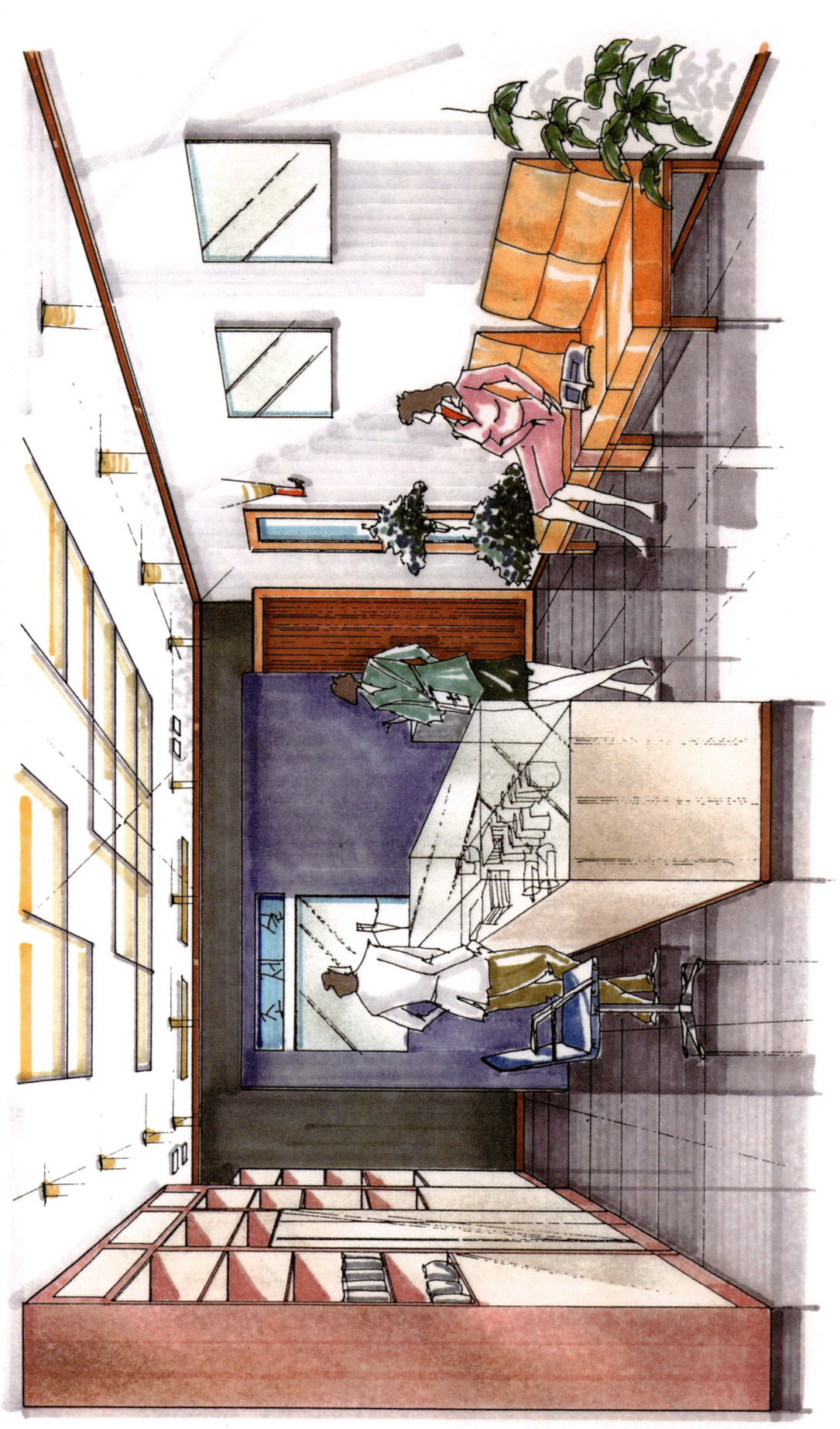

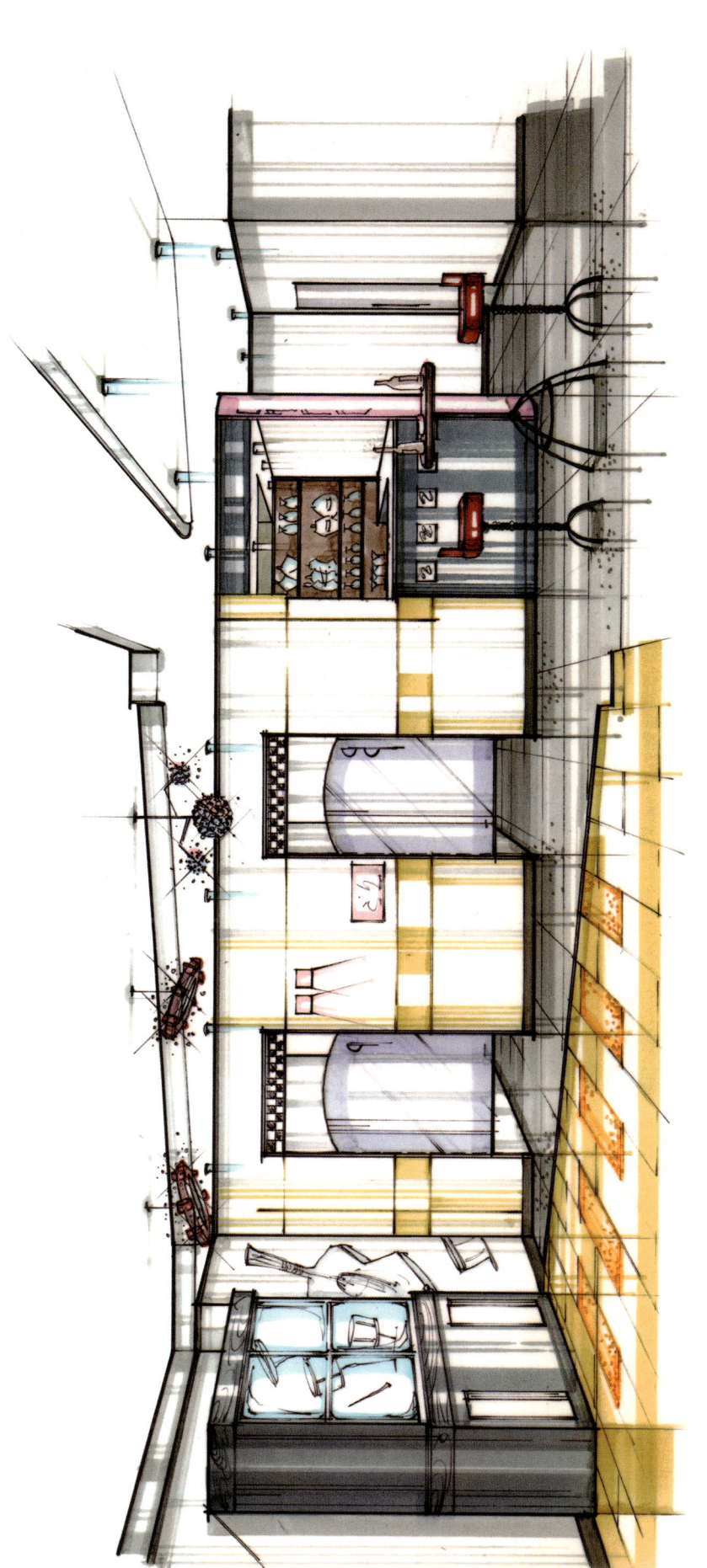

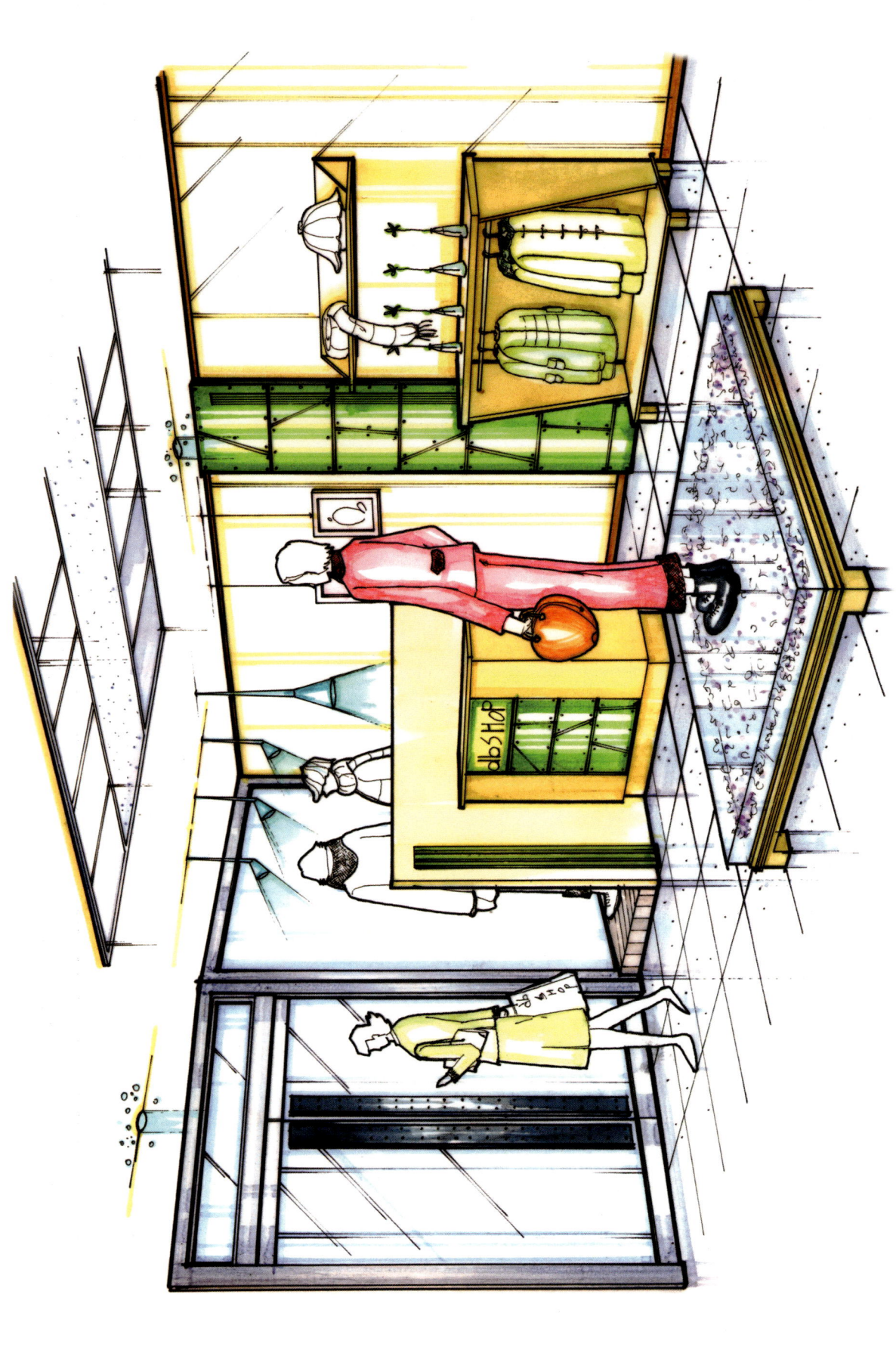

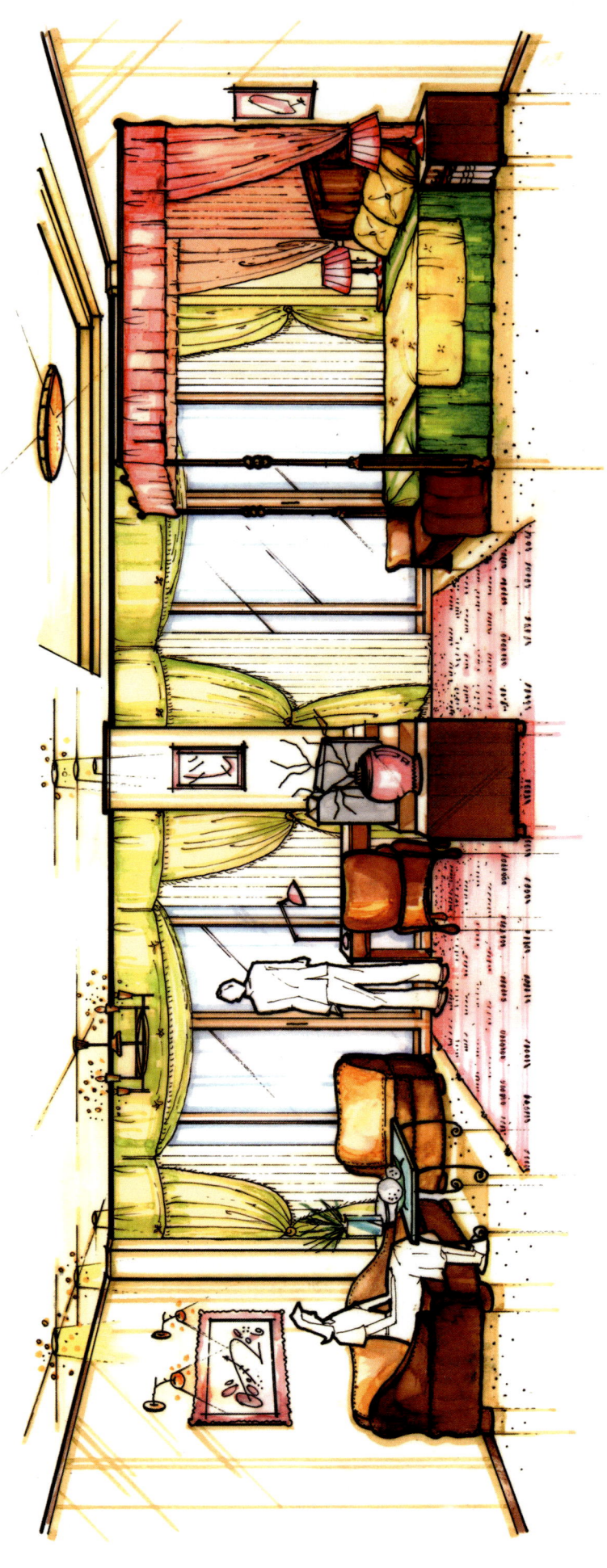

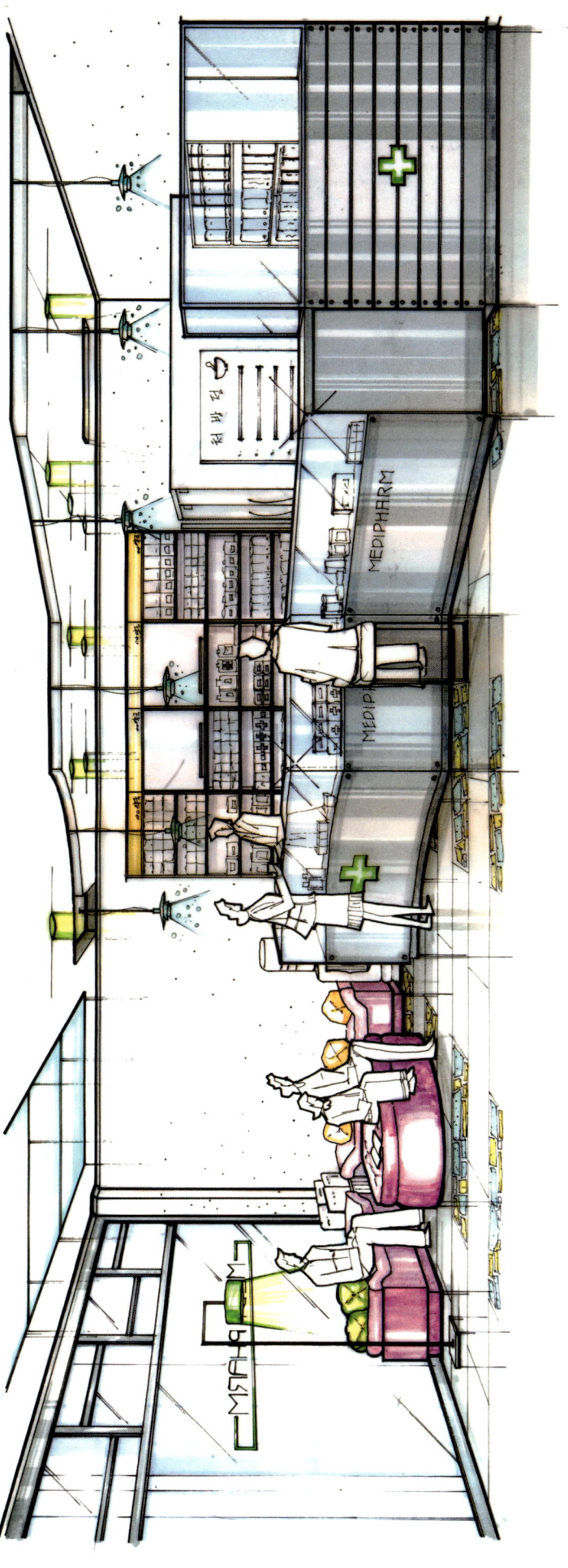

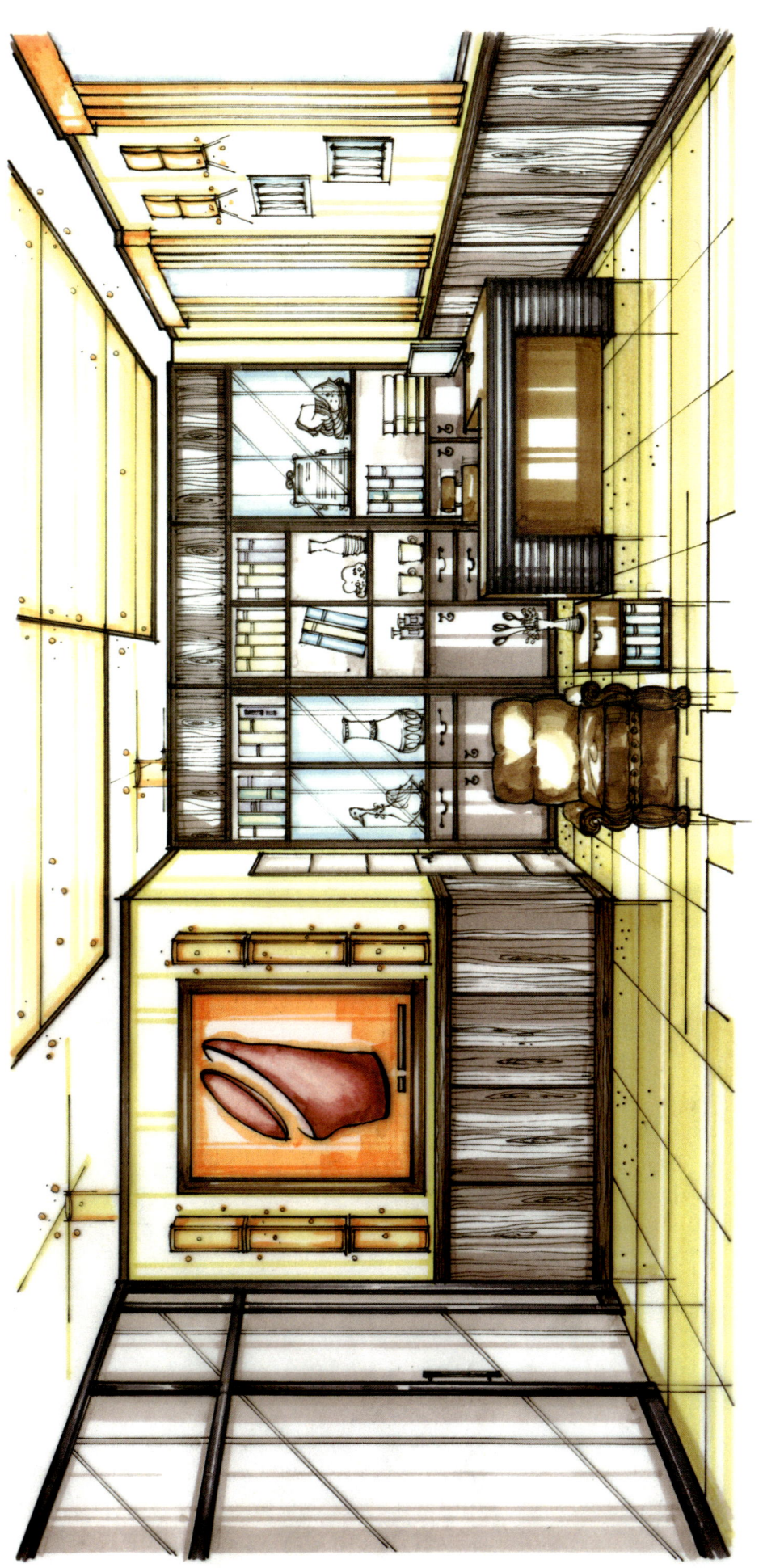

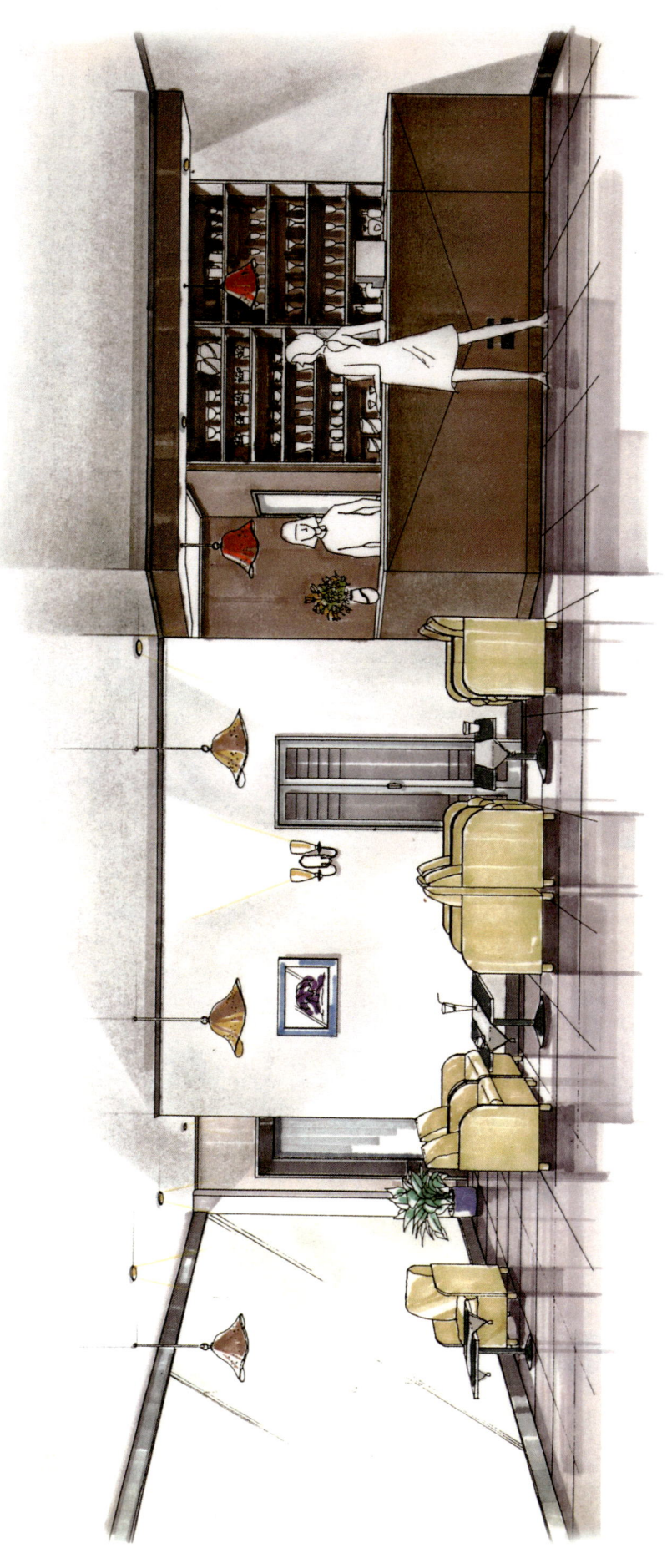

(제1회~제39회)
실내건축기사 2차실기

(제40회부터는 실내건축기사 2차실기Ⅱ에 수록)

초판 · 2001년 8월 22일
발행 · 2022년 7월 5일(개정 2판)
저자 · (주)동방디자인학원
발행인 · 김 경 호

발행처 도서출판 동방디자인
등록 · 제13-265호
서울 영등포구 영등포동1가 111-2 백산빌딩
편집부(02)2675-8880, FAX(02)2631-2199
http://www.architerior.co.kr
ISBN 978-89-86881-70-7

정가 32,000원

본 도서에 수록된 과년도문제는 (주)동방디자인학원 홈페이지(www.dbad.co.kr)에서도 보실 수 있습니다.

본 도서의 투시도법 및 모든 내용은 (주)동방디자인학원에서 연구·개발·창작한 내용과 작품들로서
다른 출판물 또는 온라인상의 인용 및 복사를 절대 금합니다.
적발시 형사처벌 대상이 됩니다.